ambiente
y
democracia

RACIONALIDAD AMBIENTAL
La reapropiación social de la naturaleza

por

ENRIQUE LEFF

siglo
veintiuno
editores

siglo xxi editores, s.a. de c.v.
CERRO DEL AGUA 248, DELEGACIÓN COYOACÁN, 04310, MÉXICO, D.F.

siglo xxi editores argentina, s.a.
TUCUMAN 1621, 7 N, C1050AAG, BUENOS AIRES, ARGENTINA

portada de ivonne murillo

primera edición, 2004
© siglo xxi editores, s.a. de c.v.
isbn 968-23-2560-9

Para Jacquie y Tatiana
y a la memoria de Sergio

La problemática ambiental emerge como una *crisis de civilización*: de la cultura occidental; de la racionalidad de la modernidad; de la economía del mundo globalizado. No es una catástrofe ecológica ni un simple desequilibrio de la economía. Es el desquiciamiento del mundo al que conduce la cosificación del ser y la sobreexplotación de la naturaleza; es la pérdida del sentido de la existencia que genera el pensamiento racional en su negación de la otredad. Al borde del precipicio, ante la muerte entrópica del planeta, brota la pregunta sobre el sentido del sentido, más allá de toda hermenéutica. La crisis ambiental generada por la hegemonía totalizadora del mundo globalizado –por la voluntad homogeneizante de la unidad de la ciencia y la unificación forzada del mercado– no es ajena al enigmático lugar del yo ante el otro que cuestiona Rimbaud al afirmar "je est un autre", dando el banderazo de salida a la desconstrucción del yo, sacudiéndolo de la complacencia de su mismidad en la autoconciencia del sujeto de la ciencia y lanzándolo al encuentro con la alteridad; o la disociación entre el Ser y la significación del mundo –la falta de correspondencia entre las palabras y las cosas– que señala Mallarmé al evidenciar la ausencia de toda rosa en la palabra rosa.

La crisis ambiental, como cosificación del mundo, tiene sus raíces en la naturaleza simbólica del ser humano; pero empieza a germinar con el proyecto positivista moderno que busca establecer la identidad entre el concepto y lo real. Mas la crisis ambiental no es sólo la de una falta de significación de las palabras, la pérdida de referentes y la disolución de los sentidos que denuncia el pensamiento de la posmodernidad: es la crisis del *efecto del conocimiento sobre el mundo*. Más allá de las controversias epistemológicas sobre la verdad y la objetividad del conocimiento; más allá del problema de la representación de lo real a través de la teoría y la ciencia, el conocimiento se ha vuelto contra el mundo, lo ha intervenido y dislocado. Esta crisis de la racionalidad moderna se manifestó, antes que como un problema del conocimiento en el campo de la epistemología, en la sensibilidad de la poesía y del pensamiento filosófico. Pero la crítica a la razón del Iluminismo y de la modernidad, iniciada por la crítica de la metafísica (Nietzsche, Heidegger), por el racionalismo crítico (Adorno, Horkheimer, Marcuse), por el pensamiento estructuralista (Althusser, Foucault, Lacan) y por la filosofía de la posmodernidad (Levinas, Deleuze, Guattari, Derrida), no ha bastado para mostrar la radicalidad de la ley límite de la naturaleza frente a los desvaríos de la racionalidad económica. Ésta ha debido mostrarse en lo real de la naturaleza, fuera del orden simbólico, para hacerle justicia a la razón. La crisis ambiental irrumpe en el momento en el que la racionalidad de la modernidad se traduce en una razón *anti-natura.* No es una crisis funcional u operativa de la racionalidad económica imperante, sino de sus fundamentos y de las formas de conocimiento del mundo. La racionalidad ambiental emerge así del cuestionamiento de la sobreeconomización del mundo, del desbordamiento de la racionalidad cosificadora de la modernidad, de los excesos del pensamiento objetivo y utilitarista.

La crisis ambiental es un efecto del conocimiento –verdadero o falso–, sobre lo real, sobre la materia, sobre el mundo. Es una crisis de las formas de comprensión del mundo, desde que el hombre aparece como un animal habitado por el lenguaje, que hace que la historia humana se separe de la historia natural, que sea una historia del significado y el sentido asignado por las palabras a las cosas y que genera las estrategias de poder en la teoría y en el saber que han trastocado lo real para forjar el sistema mundo moderno.

Los mestizajes culturales a lo largo de la historia de la humanidad fusionaron códigos genéticos y códigos de lenguaje a través de las diversas formas culturales de significación y apropiación cultural de la naturaleza. La racionalización económica del mundo, fundada en el proyecto científico de la modernidad, ha llegado a escudriñar los núcleos más íntimos de la naturaleza, hasta hacer estallar la energía del átomo, descubrir los hoyos negros del cosmos y penetrar el código genético de la vida. Las cosmovisiones y las formas del conocimiento del mundo han creado y transformado al mundo de diversas maneras a lo largo de la historia. Pero lo inédito de la crisis ambiental de nuestro tiempo es la forma y el grado en que la racionalidad de la modernidad ha intervenido al mundo, socavando las bases de sustentabilidad de la vida e invadiendo los mundos de vida de las diversas culturas que conforman a la raza humana, en una escala planetaria.

El conocimiento ha desestructurado a los ecosistemas, degradado al ambiente, desnaturalizado a la naturaleza. No es sólo que las ciencias se hayan convertido en instrumentos de poder, que ese poder se apropie la potencia de la naturaleza, y que ese poder sea usado por unos hombres contra otros hombres: el uso bélico del conocimiento y la sobreexplotación de la naturaleza. La racionalidad de la modernidad está carcomiéndose sus propias entrañas, como Saturno devorando a su progenie, socavando las bases de sustentabilidad de la vida y pervirtiendo el orden simbólico que acompaña a su voluntad ecodestructiva. La epistemología ambiental ya no se plantea tan sólo el problema de conocer a un mundo complejo, sino cómo el conocimiento genera la complejidad del mundo. La reintegración de la realidad a través de una visión holística y un pensamiento complejo es imposible porque la racionalidad del conocimiento para aprehender y transformar el mundo, ha invadido lo real y trastocado la vida. La transgénesis y la complejidad ambiental inauguran una nueva relación entre ontología, epistemología e historia.

La crisis ambiental no es tan sólo la mutación de la modernidad a la posmodernidad, un cambio epistémico marcado por el postestructuralismo, el ecologismo y la desconstrucción, la emergencia de un mundo más allá de la naturaleza y de la palabra. No es un cambio cultural capaz de absorberse en la misma racionalidad ni de escaparse de la razón. La crisis ambiental inaugura una nueva relación entre lo real y lo simbólico. Más acá de la pérdida de referentes de la teoría, más allá de la identidad del *Logos* con lo real y de la significación de las palabras sobre la realidad, la entropía nos confronta con lo real, más que con una ley suprema de la materia: nos sitúa dentro del límite y la potencia de la naturaleza, en la apertura de su relación con el orden simbólico, la producción de sentidos y la creatividad del lenguaje. Contra la epopeya del conocimiento por aprehender una totalidad concreta, objetiva y presente, la epistemología ambiental indaga sobre la historia de lo que no fue y lo que aún no es (externalidad denegada, posibilidad subyugada, otredad reprimida), pero que trazado desde la potencia de lo real, de las fuerzas en juego en la realidad, y de la creatividad de la diversidad cultural, aún es posible que sea. Es la utopía de un futuro sustentable.

Entre los pliegues del pensamiento moderno, emerge una racionalidad ambiental que permite develar los círculos perversos, los encerramientos y encadenamientos que enlazan a las categorías del pensamiento y a los conceptos científicos al núcleo de racionalidad de sus estrategias de dominación de la naturaleza y de la cultura. En sordina, a través de la neblina de los gases de efecto invernadero que cubre la tierra y ciega las ideas, este libro va desentrañando el efecto

de la racionalidad teórica, económica e instrumental, en la cosificación del mundo, hasta llegar al punto abismal en el que se desba-
rranca en la crisis ambiental. Muestra las causas epistemológicas de
esta crisis, de las formas de conocimiento que ancladas en la metafísica y la ontología del ente, llegan a desestructurar la organización
ecosistémica del planeta y a degradar el ambiente. Critica los conceptos con los que la filosofía guardó celosamente la comprensión
del mundo –el valor, la dialéctica, la ley, la economía, la racionalidad– y la esperanza de su trascendencia a través de la autoorganización de la materia, la evolución de la vida y la cultura, la reconciliación de los contrarios o una ecología generalizada. La ideología del
progreso y el crecimiento sin límites topa con la ley límite de la naturaleza, iniciando la resignificación del mundo para la construcción
de una racionalidad alternativa.

La racionalidad ambiental reconstruye al mundo desde la flecha
del tiempo y de la muerte entrópica del planeta, pero también desde la potencia de la neguentropía y de la resignificación de la naturaleza por la cultura. La condición existencial del hombre se hace
más compleja cuando la temporalidad de la vida enfrenta la erosión
de sus condiciones ecológicas y termodinámicas de sustentabilidad,
pero también cuando se abre al futuro por la potencia del deseo, la
voluntad de poder, la creatividad de la diversidad, el encuentro con
la otredad, y la fertilidad de la diferencia.

La desconstrucción de la razón que han desencadenado las fuerzas ecodestructivas de un mundo insustentable, y la construcción de
una racionalidad ambiental, no es tan sólo una empresa filosófica y
teórica. Ésta arraiga en prácticas sociales y en nuevos actores políticos. Es al mismo tiempo un proceso de emancipación que implica la
descolonización del saber sometido al dominio del conocimiento
globalizador y único, para fertilizar los saberes locales. La construcción de la sustentabilidad es el diseño de nuevos mundos de vida,
cambiando el sentido de los signos que han fijado los significados de
las cosas. No es una descripción del mundo que proyecta la realidad
actual hacia un futuro incierto, sino des-cripción de lo ya escrito,
prescrito, inscripto en el conocimiento de la realidad, del saber consabido que se ha hecho mundo. La racionalidad ambiental recupera
el sentido críptico del ser para desenterrar los sentidos sepultados y
cristalizados, para reestablecer el vínculo con la vida, con el deseo de
vida, para fertilizarla con el *humus de la existencia*, para que la tensión
entre Eros y Tanatos se resuelva a favor de la vida, donde la muerte

entrópica del planeta sea revertida por la creatividad neguentrópica de la cultura. Si el Iluminismo generó un pensamiento totalitario que terminó anidando la pulsión de muerte en el cuerpo, en los sentimientos, en los sentidos y en la razón, la racionalidad ambiental es un pensamiento que arraiga en la vida, a través de una política del ser y de la diferencia.

La racionalidad ambiental inquiere y cuestiona los núcleos férreos de la racionalidad totalitaria porque desea la vida. Formula nuevos razonamientos que alimenten sentimientos que movilicen a la acción solidaria, al encantamiento con el mundo y la erotización de la vida. Construye saberes que antes de arrancar su verdad al mundo y sujetarlo a su voluntad dominadora, nos lleven a vivir en el enigma de la existencia y a convivir con el otro. La ética de la otredad no es la dialéctica de los contrarios que lleva a la reducción, exclusión y eliminación del adversario –del otro opuesto–, incluso en la trascendencia y redención del mundo donde se impone un pensamiento dominante. La ética ambiental explora la dialéctica de lo uno y lo otro en la construcción de una sociedad convivencial y sustentable. Ello implica no sólo la desconstrucción del *Logos*, sino de la unidad y del pensamiento único como eje rector de la construcción civilizatoria –desde el monoteísmo de la tradición judaica hasta la idea absoluta hegeliana–, para poder pensar y vivir la otredad, para establecer una política de la diferencia.

La racionalidad ambiental indaga así sobre la fundación de lo uno y el desconocimiento del otro, que llevó al fundamentalismo de una unidad universal y a la concepción de las identidades como mismidades sin alteridad, que se ha exacerbado en el proceso de globalización en el que irrumpe el terrorismo y la crisis ambiental como decadencia de la vida, como voluntad de suicidio del ser y exterminio del otro, como la pérdida de sentidos que acarrea la cosificación del mundo y la mercantilización de la naturaleza. La racionalidad ambiental busca contener el desquiciamiento de los contrarios como dialéctica de la historia para construir un mundo como convivencia de la diversidad.

Este libro no es un intento más por comprender, interpretar y resignificar la realidad, para armonizar la globalización económica con el pensamiento de la complejidad. No se trata de rebarajar las cartas para adivinar el futuro en el juego de abalorios de la sustentabilidad. Pues lo que entraña la crisis ambiental no es tan sólo los límites de los signos, de la lógica, de la matemática y de la palabra para aprehender lo real; no son tan sólo las fallas del lenguaje para decir y decidir el mundo. La palabra que ha nombrado y designado las cosas para forjar mundos de vida, se ha tornado en un *conocimiento*. Y el conocimiento ya no sólo nombra, describe, explica y comprende la realidad. La ciencia y la tecnología trastocan y trastornan lo real que buscan conocer, controlar y transformar.

La racionalidad ambiental desconstruye a la racionalidad positivista para marcar sus límites de significación y su intromisión en el ser y en la subjetividad; para señalar las formas como ha atravesado el cuerpo social, intervenido los mundos de vida de las diferentes culturas y degradado el ambiente a escala planetaria. La racionalidad ambiental inaugura una nueva mirada sobre la relación entre lo real y lo simbólico una vez que los signos, el lenguaje, la teoría y la ciencia se han hecho conocimientos y racionalidades que han reconfigurado lo real, recodificando la realidad como un mundo-objeto y una economía-mundo. La racionalidad ambiental construye nuevos mundos de vida en la rearticulación entre la cultura y la naturaleza que, más allá de una voluntad de forzar la identidad entre lo real y lo simbólico en un monismo ontológico, reconoce su dualidad y diferencia en la constitución de *lo humano*. Del desquiciamiento de la naturaleza y de la razón que se expresa en la crisis ambiental, emerge una nueva racionalidad para reconstruir el mundo, más allá de la ontología y la epistemología, desde la otredad y la diferencia.

Este libro nace de piezas en bruto cinceladas sobre la dura piedra del pensamiento en el que fueron tomando forma mis primeras reflexiones sobre epistemología ambiental y ecología política desde hace veinticinco años. He retomado algunos de esos textos, en la medida que en ellos indagaba sobre algunos de los núcleos y bloques ejemplares de la racionalidad de la modernidad –sobre todo del pensamiento y el discurso crítico de la modernidad– frente a los cuales se fue delineando, contrastando y construyendo el concepto de racionalidad ambiental: el valor económico; el pensamiento ecologista; el discurso y la geopolítica del desarrollo sostenible; la entropía en el proceso económico; las relaciones de poder en el saber; la relación entre cultura y naturaleza; los movimientos sociales de reapropiación de la naturaleza. Estos textos se encontraban atrapados en su magma original como aquellos esclavos de Miguel Ángel en que la forma lucha por nacer de su marmóreo origen. En su sintaxis teórica se asomaba la categoría de racionalidad ambiental como una intuición apenas insinuada. Vuelvo al cincel para desprender a estos textos de su forma arcaica, para darle movimiento a la roca original de su pensamiento indagador, para desconstruirlos y reconstruirlos desde la perspectiva de una racionalidad ambiental emergente que pone al descubierto los límites del pensamiento de la modernidad, para pensar la condición del tiempo de la sustentabilidad.

Los textos de cada capítulo son esclavos de su tiempo, de las formas de pensamiento, los giros de lenguaje y la sintaxis teórica con los que fueron articulados y estructurados. El tiempo vuelve a golpear la piedra dura en la que cristalizan las ideas para dejar que de sus entrañas fluya una nueva savia. Como en una pintura en movimiento donde las diversas escenas del paisaje epistémico se van expresando en la tela fluida del tiempo, se entretejen las discursividades y argumentaciones de la *episteme* moderna, hasta que van enmudeciendo, acalladas por sus propias contradicciones y sus límites de significación, para dar voz así a esa otredad que es el saber ambiental que establece los puntos de referencia y las líneas de demarcación desde donde se configura una nueva racionalidad.

La racionalidad ambiental se va constituyendo al contrastarse con las teorías, el pensamiento y la racionalidad de la modernidad. Su concepto se fue gestando en la matriz discursiva del ambientalismo naciente, para ir creando su propio universo de sentidos. Este libro es la forja de este concepto. Su construcción teórica no es la de una creciente formalización o axiomatización del concepto para mostrar su verdad objetiva, sino la de la emergencia de nuevos sentidos civilizatorios que se forjan en el saber ambiental, más allá de todo idealismo teórico y de la objetivación del mundo a través del conocimiento. La racionalidad ambiental se forja en una ética de la otredad, en un diálogo de saberes y una política de la diferencia, más allá de toda ontología y de toda epistemología que pretenden conocer y englobar al mundo, controlar la naturaleza y sujetar a los mundos de vida.

El capítulo primero aborda el concepto de valor en el que Karl Marx funda uno de los pilares del pensamiento crítico de la economía convencional. Más allá de la historicidad del concepto de valor-trabajo por efecto del progreso tecnológico, su desconstrucción adquiere nuevas perspectivas al contrastar el principio de un valor objetivo con los principios de la racionalidad ambiental. El capítulo segundo cuestiona al pensamiento ecológico –principalmente en la propuesta del naturalismo dialéctico de Murray Bookchin– y debate la cuestión del monismo-dualismo ontológico en la perspectiva de la complejidad ambiental. El capítulo 3 indaga sobre el dislocamiento del orden

simbólico y del entendimiento del mundo por la hiperrealidad generada por el conocimiento. El pensamiento de Jean Baudrillard se funde en el discurso y a la geopolítica del desarrollo sostenible, replanteando la sustentabilidad como un nuevo encuentro entre lo real y lo
simbólico. El capítulo 4 avanza en ese propósito al confrontar a la teoría económica desde la ley límite de la entropía, contrastando los
aportes de Nicholas Georgescu Roegen y de Ilya Prigogine y actualizando mi propuesta para la construcción de un paradigma de producción sustentable y productividad neguentrópica. El capítulo 5 ocupa
el centro del libro para desarrollar el concepto de racionalidad ambiental a partir del pensamiento crítico de Max Weber sobre la racionalidad de la modernidad. En el capítulo 6 retomo el tema del saber
ambiental y las relaciones de poder que allí se entretejen a partir de
Michel Foucault, abriendo una reflexión crítica en el campo de la ecología política sobre la sustentabilidad y llevando el pensamiento de la
posmodernidad hacia una política del ser, de la diferencia y de la diversidad cultural. El capítulo 7 abre la construcción de la racionalidad
ambiental demarcándola del postulado de la racionalidad comunicativa de Jurgen Habermas y atrayendo el pensamiento ético de Emmanuel Levinas sobre la otredad al campo ambiental para pensar la construcción de un futuro sustentable como un diálogo de saberes. En el
capítulo 8 desarrollo la aplicación del concepto de racionalidad ambiental en la relación cultura-naturaleza como campo privilegiado de
la reconstrucción de la relación de lo Real y lo Simbólico en la perspectiva de la sustentabilidad; parto de mis anteriores argumentos sobre la construcción de una racionalidad productiva asentada en la significación cultural de la naturaleza, actualizando una reflexión sobre
las relaciones entre cultura ecológica y racionalidad ambiental y enla-
zándolos con el pensamiento de George Bataille sobre el don y la pulsión al gasto. El capítulo 9 lleva la reflexión sobre la racionalidad ambiental a su construcción social, a través de la constitución de nuevos
actores políticos y su despliegue en los movimientos ambientalistas
emergentes. Retomo aquí mis reflexiones sobre estos movimientos sociales y la relación entre pobreza y degradación ambiental, para mirar
la reinvención de identidades en las luchas actuales de reapropiación
de la naturaleza y la cultura de las poblaciones indígenas, campesinas
y locales.

La racionalidad ambiental se construye debatiéndose con la racionalidad teórica que habita la visión materialista de la historia de
Marx, el naturalismo dialéctico de Bookchin, la retórica posmoderna

de Baudrillard, la ley de la entropía de Georgescu-Roegen, la termodinámica disipativa de Prigogine, el pensamiento de la complejidad
de Morin, la racionalidad comunicativa de Habermas y la ontología
de Heidegger. El libro debate los aportes y límites de esos autores y
de los grandes relatos fundados en conceptos-esencias, de los principios ordenadores que han generado una visión realista y objetiva,
omnicomprensiva y totalitaria del mundo, de donde va emergiendo
la racionalidad ambiental: del valor-trabajo; de la autoorganización
generativa, evolutiva y dialéctica de la materia y la ecologización del
mundo; de la entropía como ley límite de la naturaleza y muerte ineluctable del planeta; de la organización simbólica como ordenadora
de la relación entre cultura y naturaleza; de las relaciones de poder
en el saber; de la diferencia frente a la ontología genérica del Ser; de
una ética de la otredad más allá de la racionalidad comunicativa; de
la invención de identidades más allá de todo esencialismo.

El libro va desconstruyendo estos bloques de racionalidad lleván-
dolos hasta el límite de su significancia, donde quedan atrapados en
su propio laberinto teórico y discursivo, para descubrir sus puntos
ciegos y encontrar la puerta de salida entre las sombras de lo impensado y lo que queda por pensar. Los nudos se desanudan, el tejido se
desteje, los conceptos se disuelven, se esfuman, pero se entretejen
nuevas tramas discursivas por las que avanza una indagatoria que
abre vías al pensamiento en una exploración infinita, donde se mantiene el sentido de la búsqueda de una comprensión del mundo que
no está fijada por un paradigma y una estructura teórica que fuercen
una identidad entre lo real posible y una idea establecida, donde la
construcción de la realidad quede sometida a una ley. Esta es la trama de la racionalidad ambiental que se muestra en la mirada aguja
que recorre las teorías que han sostenido y sometido al mundo, para tejer una nueva razón que ilumine nuevos sentidos civilizatorios y
construya nuevas realidades.

De umbral en umbral, el concepto de racionalidad ambiental se
contrasta con los conceptos que sostienen a la racionalidad de la modernidad hasta llevarlos a sus propios límites de comprensión de la
complejidad ambiental. La racionalidad ambiental aparece como un
concepto mediador entre lo material y lo simbólico, un pensamiento
que recupera el potencial de lo real y el carácter emancipatorio del
pensamiento creativo, arraigado en las identidades culturales y los
sentidos existenciales, en una política del ser y de la diferencia, en la
construcción de un nuevo paradigma de producción sustentable fun-

dado en los principios de la neguentropía y la creatividad humana. La racionalidad ambiental reivindica una nueva relación teoría-praxis, una política de los conceptos y estrategias teóricas que movilizan las acciones sociales hacia la sustentabilidad. Más allá del realismo totalizador de las teorías que han dado soporte al pensamiento de la modernidad, la racionalidad ambiental busca repensar la relación entre lo real y lo simbólico en el mundo actual globalizado, la mediación entre cultura y naturaleza, para confrontar a las estrategias de poder que atraviesan la geopolítica del desarrollo sostenible.

El libro no es un *collage* de mis escritos anteriores sobre estos temas. Éstos se han injertado, amalgamado y entretejido, abriendo vasos comunicantes y reconstituyendo el cuerpo textual en el que se va construyendo el concepto de racionalidad ambiental. Estos textos han sido piezas clave de este tapiz discursivo; han servido como bastidor y tela de fondo en las cuales se dibuja este concepto. Estas ideas saltan fuera de su imagen representativa para moverse por el mundo, donde la racionalidad ambiental se construye en los procesos sociales de reapropiación de la naturaleza. De esta manera se va articulando un pensamiento y un discurso con un conjunto de prácticas productivas y procesos políticos, donde el concepto de racionalidad ambiental se va delineando, adquiriendo sustancia y atributos, desplegándose al contrastarse con los núcleos y esferas de racionalidad teórica y con procesos de racionalización social de la modernidad, y aplicándose en la construcción de sociedades y comunidades sustentables.

La elaboración de este libro ha implicado una labor de artesano, en la que he tomado mis propios borradores y ensayos para elaborar un cuadro mayor, en el que éstos se han reacomodado en el espacio discursivo y la arquitectura del libro, estableciendo nuevas perspectivas e iluminando el centro ocupado por el personaje principal: la racionalidad ambiental. Este tejido discursivo no es el de un gobelino, sino un tapiz de diferentes texturas; sus textos se entrelazan en un juego de contextos, con sus diferentes planos y perspectivas, sin aspirar a una representación final. Muchas de las reflexiones que se anuncian en el libro han sido apenas esbozados: la relación entre cultura y racionalidad, entre el ser y el saber; la incorporación del saber en identidades y el arraigo del saber en territorios de vida; los procesos sociales y las formas culturales de reapropiación de la naturaleza, de los servicios ambientales y los bienes comunes del planeta; las estrategias de poder que permitan construir un mundo de diversidades culturales, un proceso de globalización que articule islas de productividad neguentrópica y un futuro sustentable construido por un diálogo de saberes. Son brechas abiertas para seguir pensando y construyendo: los valores de mediación de una ética de la otredad, que sin reducir la diversidad a una unidad-valor, permitan a las autonomías proliferar sin temor al relativismo axiológico generado por el culto a la unidad aseguradora; que establecezca valores para la convivencia de las diferencias que contengan el estallido de la violencia y la animadversión hacia lo otro por la confrontación de intereses, de sentidos, de regímenes de verdad y de matrices de racionalidad; la legitimación social de un derecho a la diferencia que cierre el paso a la dialéctica de la violencia de los contrarios como explicación y voluntad de la evolución de la historia. Son cabos sueltos y puentes colgantes, como lianas en espera de que otros monos gramáticos, epistémicos y políticos se abracen de ellos para desplazarse por las copas de los árboles y las florestas del saber. Es un tejido abierto a seguir entretejiendo las ideas que nacen de la racionalidad ambiental.

No faltará quien cuestione la relación que establezco entre el concepto de racionalidad ambiental y las esferas de la sensibilidad, de la ética, y del saber, hasta ahora externas al orden de la racionalidad formal e instrumental, de la racionalidad económica, jurídica y tecnológica que han constituido la columna vertebral del proyecto de modernidad. Pero esta racionalidad ha empezado a resquebrajarse y está inundada por islas de irracionalidad. En tanto, el orden de la cultura, los procesos de significación y la producción de sentido, se amalgaman con la razón en tanto que son razonables; que las diversas culturas en su relación con la naturaleza, al construir sus formas de significación entre el lenguaje y la realidad, lo real y lo simbólico, construyen diferentes matrices de racionalidad. La racionalidad ambiental articula los diversos órdenes culturales y esferas del saber, más allá de las estructuras lógicas y los paradigmas racionales del conocimiento.

El concepto de racionalidad ambiental se va constituyendo así en un soporte del pensamiento crítico que no pretende constituir un paradigma científico, un conocimiento axiomatizado y sistematizado, capaz de inducir un proceso de racionalización hacia la consecución de fines y medios instrumentalmente trazados de la sustentabilidad, un concepto capaz de "finalizarse" a través del pensamiento teórico y la acción social. Este libro, consistente con la condición del saber ambiental, aspira a desconstruir la racionalidad opresora de la vida, pero como el lenguaje en el que se expresa, no podrá decir una

última palabra. Abre un camino para hacer caminos, para labrar territorios de vida, para encantar la existencia, fuera de los cercos de
objetividad de una razón de fuerza mayor que anule los sentidos a la
historia.

Escribo desde México y la mayor parte de este libro fue elaborado
en los años que he trabajado en el Programa de las Naciones Unidas
para el Medio Ambiente como coordinador de la Red de Formación
Ambiental para América Latina y el Caribe. Quizá lo plasmado en este libro hubiera podido pensarse y escribirse en cualquier lugar del
planeta. Pero la potencia de la racionalidad ambiental se me ha manifestado por la presencia y la vivencia de la riqueza ecológica y cultural de esta maravillosa región del mundo que ha conducido mi reflexión sobre estos temas. Muchas notas, ideas y textos fueron confec-
cionados en incontables viajes en los que hemos construido alianzas
con gobiernos y universidades; solidaridades con grupos académicos,
sociales y gremiales, en favor de la educación ambiental. Las reflexiones de este libro se entrelazan con un movimiento social cada vez
más amplio por una Ética de la Sustentabilidad que se expresa en un
Manifiesto por la Vida; muchos nombres se inscriben ya en la construcción de un Pensamiento Ambiental Latinoamericano y una Alianza
por la Educación Ambiental, en la que destacan los empeños de la
Confederación de Trabajadores de la Educación de la República Argentina (CTERA). En el campo abierto por la ecología política, la racionalidad ambiental dialoga con los movimientos sociales por la
construcción de sociedades sustentables y por la reapropiación de su
naturaleza y sus territorios de vida. Este libro nace y se inserta en ese
proceso social de construcción de un futuro sustentable.

¡Todos los nombres! A cuántos tendría que nombrar para dejar
constancia de mi agradecimiento a las personas que en distintos momentos han estimulado y dado impulso al pensamiento que se plasma en este libro, que han dejado su huella a través de escritos, de
diálogos, de debates; de presencias y encuentros; de solidaridades y
complicidades; de vida compartida. Aquellos que de forma más patente han inquietado mi pensamiento y atraído mi pulsión por pensar y mi pasión de escribir, están inscritos en las referencias bibliográ-
ficas a lo largo del libro, en mis alianzas y demarcaciones con sus
pensamientos. Son presencias sin las cuales no existiría este libro.
Pues no hay pensamiento que no surja en el contexto de su tiempo,
en congruencia o discordia con lo ya afirmado por alguien y escrito
por otro, del Alef al Omega de la cultura humana. Otras presencias,

más cercanas, han acompañado mi camino a través de invitaciones a dar cursos y conferencias, a escribir un texto, a compartir congresos y seminarios, donde el diálogo en vivo ha estimulado mis reflexiones sobre estos temas. ¿Cómo hacer justicia a todos los que a lo largo de estos años, al convocarme a un coloquio me han puesto a pensar y a escribir; a los colegas y los interlocutores quienes al debatir estos temas me han hecho consciente de nuevos problemas en los que había que pensar, de posiciones que era necesario fundamentar, de argumentos que faltaba elaborar? Este pensamiento está enlazado en las redes de economía ecológica, ecología política y educación ambiental, en las que he fraguado alianzas de ideas y de vida con entrañables amigas y amigos ambientalistas, cuya lista, para mi fortuna, es extensa. Entre todos ellos debo agradecer a los alumnos de mi seminario de ecología política de la UNAM, con quienes hemos establecido un espacio para el debate y la creación libre de las ideas. Y sobre todo, a esas presencias y ausencias que forman el tejido íntimo de mi vida, de mis padres, mis hermanas y mi hermano, de amigas y amigos entrañables e imprescindibles; y mi universo más cercano, donde destella la luz de Jacquie, de Tatiana y de Sergio, artífices y soportes de mi existencia.

Finalmente, quiero dejar constancia de mi agradecimiento a mis amigos de Siglo XXI, mi casa editorial y hogar de sus autores, por haber consentido en mi obsesión de que este libro, como los anteriores, viera la luz en este año par, y por su cariño y cuidado en la edición del texto.

ENRIQUE LEFF

18 de noviembre de 2004

1. LA TEORÍA OBJETIVA DEL VALOR, LA REVOLUCIÓN CIENTÍFICO-TECNOLÓGICA Y LAS FUERZAS PRODUCTIVAS DE LA NATURALEZA

INTRODUCCIÓN

Los economistas de todas las escuelas han firmado el acta de defunción de la teoría del valor como el principio que habría de asentar el proceso de producción en un sustento objetivo y en una sustancia material, ya sea en las fuerzas de la naturaleza o la potencia del trabajo. Sin este anclaje en lo real, el proceso económico ha quedado determinado por las leyes ciegas del mercado, subjetivado en el interés individual, guiado por el espíritu empresarial, y sostenido por el potencial tecnológico que, convertidos en principios de una ciencia económica, han legitimado una racionalidad desvinculada de las condiciones ecológicas de la producción, de un juicio moral sobre la distribución de la riqueza y de las formas de significación cultural de la naturaleza.

Ni el ecomarxismo –en su "contribución a la crítica de la economía política"–, ni la economía ecológica –en sus esfuerzos por incorporar las condiciones ecológicas y económicas del proceso productivo– han logrado restaurar un principio y una sustancia de valor como fundamento del proceso económico. En este vacío teórico ha germinado la teoría del "valor total" del neoliberalismo ecológico y de la economía ambiental.[1] En este contexto cobra interés una hermenéutica de la teoría del valor en Marx y del orden epistemológico y discursivo del materialismo histórico, para descubrir las razones de la *desvalorización del valor* dentro de la propia teoría en que se inscri-

---

[1] El concepto de "valor económico total" –la suma del valor real directo, del valor de uso indirecto, del valor de opción y del valor intrínseco– expresa la voluntad omnívora de la economía ambiental para recodificar al mundo –a todas las cosas y todos los valores– en términos de capital (capital natural, capital humano, capital científico y tecnológico). El concepto de "valor económico total" es una estrategia totalitaria para la apropiación económica del mundo, desde el valor económico actual de los bienes naturales y los servicios ambientales, hasta los valores contingentes asignados a esa naturaleza humana que se expresan en la "voluntad de pagar" de individuos ecologizados y empresarios conservacionistas.

be su concepto, es decir, las limitaciones de la racionalidad teórica que comprende la dialéctica social de la que el concepto de valor es fundamento.

El análisis de la teoría del valor muestra la historicidad de la teoría marxista de la producción y abre una reflexión sobre las formas dominantes de explotación de la naturaleza y del trabajo en el momento actual –la capitalización de la naturaleza–, así como los procesos de apropiación y distribución desigual a partir de las estrategias de poder inscritas en la lógica del mercado y la racionalidad del conocimiento. Esta indagatoria abre nuevas perspectivas para la construcción de una racionalidad ambiental en la cual la fuerza de trabajo, los potenciales de la naturaleza, el poder de la ciencia y la tecnología, y la potencia del saber son movilizados por intereses sociales diferenciados y valores culturales diversos hacia una economía sustentable.

ORIGEN DEL VALOR

La teoría del valor no es el centro a partir del que se trazaría un círculo perfecto del pensamiento marxista; sin embargo, la teoría del valor-trabajo constituyó uno de los pilares más sólidos y una argumentación fundamental del materialismo histórico como una teoría objetiva y cuantitativa, siguiendo los cánones epistémicos de las ciencias naturales de su tiempo. Con la teoría del valor-trabajo Marx cuestiona las bases ideológicas de la ciencia económica emergente y plantea un principio explicativo del proceso de producción capitalista.

En Smith la teoría del valor se encontraba aún atrapada en ese juego de representaciones y similitudes que constituye la configuración epistemológica del saber en la era clásica, que resulta en una circularidad tautológica de la relación trabajo-mercancía (Foucault, 1966). Con Ricardo aparece el trabajo como principio generador del valor, pero éste se resuelve en la categoría de salario o en una mercancía-patrón. En Marx, la categoría de *tiempo de trabajo socialmente necesario* aparece como la *sustancia del valor;* es el principio estructural y cuantitativo que permite un conocimiento objetivo sobre la dinámica del capital. La teoría del valor constituye así el nudo conceptual que enlaza al conjunto de procesos económico-sociales que dan cuenta del proceso de producción. La naturaleza que fuera la fuente originaria del valor en la doctrina fisiocrática queda desterrada del campo de la economía, relegada como objeto de trabajo a la función de dotar al proceso económico de materias primas y recursos naturales. Para Marx "lo concreto es concreto por ser la síntesis de múltiples determinaciones". La teoría del valor explica una de dichas determinaciones, aquella que, inserta dentro del modo de producción capitalista, impulsa el desarrollo de las fuerzas productivas. Estas fuerzas productivas se desarrollan en relación con el cambio tecnológico generado dentro de las relaciones sociales de producción que oponen a la clase capitalista (propietarios de los medios de producción) con la clase proletaria (poseedores de la fuerza de trabajo) en un campo de lucha de clases.

El materialismo histórico debatió largamente sobre el proceso que habría de determinar la superación del modo de producción capitalista, entre la lucha de clases y el desarrollo de las fuerzas productivas. Empero no reparó en los constreñimientos que imponían los presupuestos de positividad que la teoría objetiva del valor había legado de la episteme de su tiempo a su proyecto de emancipación. Armado del método dialéctico, el materialismo histórico pudo develar las causas de la explotación social y de la naturaleza, pero fue incapaz de ver la historicidad misma de la teoría del valor, es decir, la forma como la teoría del valor habría de desvalorizarse dentro de su propia dialéctica *histórica*, antes de ser destituida por la revolución proletaria. La positividad del valor fue negada por el objetivismo de la racionalidad teórica del materialismo histórico. Pero dejemos que el propio Marx exprese las contradicciones de su razonamiento.

Para Marx toda mercancía tiene una utilidad particular, resultado de la acción de un trabajo específico que transforma objetos de trabajo distintos para producir una diversidad de valores de uso intercambiables. Pero lo que hace que estos trabajos distintos puedan tener una unidad fundamental de medida es que pueden reducirse a un cierto desgaste de energía humana, de "músculos, nervio y cerebro". Ciertamente es el modo de producción capitalista en su construcción de la realidad, y no Marx con su teoría, lo que desustantiva al hombre de su ser para reducirlo a pura fuerza de trabajo, a esa función dentro del modo de producción capitalista que da su soporte empírico a la teoría del valor-trabajo. El trabajo productor del valor para Marx es un trabajo simple y directo, y en general resulta de la aplicación de la mano para accionar los medios de producción para transformar la materia. La generalización de este tipo de trabajo surge del progreso técnico, que con el desarrollo de la gran industria va transformando las formas de trabajo (en cuanto a su diversidad de movimientos y complejidad en el uso de la energía corporal y mental) hasta reducirlas a un trabajo manual simple y repetitivo. En este sentido, la determinación que hace del tiempo de trabajo la unidad sobre la cual se establecen las equivalencias del intercambio de mercancías es resultado del movimiento histórico que genera el progreso técnico, que a su vez produce el principio empírico de la teoría cuantitativa del valor en la dinámica del modo de producción capitalista. En este sentido Marx afirma que:

La utilización de la cantidad de trabajo como única medida del valor, sin importar su calidad, supone a su vez que el trabajo simple se ha convertido en el pivote de la industria [y que] los trabajos se han igualado por la subordinación del hombre a la máquina o por la división extrema del trabajo.[2]

TRABAJO SIMPLE, TRABAJO ABSTRACTO, TRABAJO COMPLEJO

El fundamento teórico de la teoría del valor gira en torno del concepto de trabajo abstracto. En la teoría marxista este concepto representa el núcleo productor y la sustancia de los fenómenos económicos; pero a su vez es el resultado de un proceso histórico que produce el trabajo simple y directo como principio productor del valor. De esta manera Marx elude tanto el individualismo metodológico de la economía vulgar como el idealismo racionalista que produce la realidad histórica a partir del pensamiento. En este sentido, Marx afirma:

Esta abstracción del trabajo en general no es el resultado mental de una totalidad concreta de trabajos. La indiferencia con respecto del trabajo particular corresponde a una forma de la sociedad en la que los individuos pasan con facilidad de un trabajo a otro [...] El trabajo se ha convertido entonces, no solamente en tanto que categoría, sino en la realidad misma, en un medio de producir la riqueza en general.[3]

[2] K. Marx, "Misère de la Philosophie", en Œuvres, Économie. I, París, Ed. Gallimard, 1965, pp. 28-29 [Miseria de la filosofía, México, Siglo XXI, 1981, pp. 33-34].

[3] K. Marx, "Introduction Générale à la Critique de l'Économie Politique", en Œuvres [...], op. cit., p. 259 [Introducción general a la crítica de la economía política/1857, México, Siglo XXI, 1997, pp. 54-55]. "Indiferente a la materia particular de los valores de uso, el trabajo creador de valor de cambio es por lo mismo indiferente a la sus-

Marx reconoció la historicidad de los conceptos del materialismo histórico al afirmar que:

Las categorías más abstractas, a pesar de su validez (a causa de su abstracción) para todas las épocas, no son menos, dentro de esta determinación abstracta, el producto de condiciones históricas, y no tienen su plena validez que para ellas y dentro de su límite.[4]

Marx enfrentó al fetichismo abstracto de la economía vulgar basado en una relación ahistórica entre factores de la producción (capital y trabajo), partiendo de las condiciones de empiricidad producidas por la historia, es decir, aquellas que generaron el trabajo productivo de valor como efecto de las relaciones sociales de producción capitalista. De esta manera, si bien Marx cuestiona la reificación de la realidad que produce el modo de producción capitalista y su aparente naturalidad que hace ver las relaciones sociales como relaciones entre cosas, su teoría crítica se alimenta de las bases empíricas y epistémicas de las ciencias naturales de su tiempo:

El valor de cambio aparece así como la determinación natural de los valores de uso en la sociedad, como una determinación que les concierne en tanto que cosas y gracias a la cual se substituyen una a la otra en el proceso de cambio según relaciones cuantitativas determinadas; forman equivalentes igual que los cuerpos químicos simples se combinan según relaciones determinadas y forman equivalentes químicos.[5]

tancia particular del trabajo mismo. [...] representa un trabajo homogéneo, indiferenciado [...] trabajo en el cual la individualidad del trabajador se ha borrado [...] el trabajo que crea el valor de cambio es trabajo general abstracto [...] Para medir los valores de cambio de las mercancías en base al tiempo de trabajo que contienen, es necesario que los diferentes trabajos sean reducidos a un trabajo indiferenciado, homogéneo, simple, a un trabajo de igual calidad, y que no se distinga sino en su cantidad. [...sólo entonces] el tiempo de trabajo materializado en los valores de uso de las mercancías es a la vez la sustancia que hace de ellos valores de cambio. [...] y la medida que determina la cantidad de su valor. [...] Esta reducción aparece como una abstracción [...] Sin embargo se trata de una abstracción que cada día se traduce en actos en el proceso de la producción. La resolución de todas las mercancías en tiempo de trabajo no es una abstracción más grande, ni menos real [...] que la resolución de todos los cuerpos orgánicos en aire." K. Marx "Critique de l'Économie Politique", en Œuvres[...], op. cit., pp. 280-281.

[4] K. Marx, "Introduction", Œuvres..., op. cit., pp. 259-260 [p. 55].

[5] K. Marx, "Critique", Œuvres, op. cit., p. 285.

El pensamiento marxista no logró superar la objetividad de la teoría del valor, que habría de encontrar sus límites en la historicidad misma de su objeto científico y en una realidad que se iría transformando como efecto de su propia dinámica interna. Ésta habría de generar la no correspondencia entre los conceptos atemporales del materialismo histórico –modo de producción, formación social, relaciones sociales de producción, desarrollo de las fuerzas productivas– con los conceptos temporales que constituyen la teoría del valor –el trabajo abstracto y el tiempo de trabajo socialmente necesario como principios de la acumulación de capital–, cuya temporalidad depende de las transformaciones propias de la realidad a la que corresponden.

Aunque el trabajo abstracto, en su manifestación empírica como trabajo simple y directo, es la fuente de todo valor, en realidad su determinación cuantitativa no surge de la aplicación de un tiempo de trabajo indeterminado. Para que el trabajo abstracto produzca una cantidad de valor, éste debe ser un *tiempo de trabajo socialmente necesario*. El carácter social y necesario del trabajo significa, por una parte, el hecho de que los valores de uso producidos como cristalización de un determinado tiempo de trabajo representan una "utilidad" real en el mercado de mercancías. Pero además implica que el tiempo de trabajo que determina su valor de cambio depende a su vez del desarrollo de las fuerzas productivas del trabajo que modifican su productividad.[6] En este sentido, es necesario comprender la forma en que el progreso técnico afecta el tiempo de trabajo social productor de valor.

Una vez que el desarrollo de la gran industria reduce todo trabajo a la aplicación de movimientos simples y directos, cada progreso técnico impone ciertas condiciones medias de intensidad para la aplicación de la fuerza de trabajo, de manera que en tiempos iguales produce valores iguales. De esta forma, el valor que contiene cualquier mercancía estará ponderado por la intensidad media que requiere su fabricación.[7] Pero al mismo tiempo, el progreso técnico

[6] "Por aumento de la fuerza productiva o de la productividad del trabajo, entendemos en general un cambio en los procesos que reducen el tiempo socialmente necesario para la producción de una mercancía, de tal forma que una cantidad menor de trabajo adquiere la fuerza de producir más valores de uso." (K. Marx, "Le Capital", vol, I, en *Œuvres* [...], *op. cit.*, p. 852) [*El capital*, México, Siglo XXI, 1987, t. I, vol. 2, p. 382].

[7] "Toda fuerza de trabajo individual es igual a las otras, en tanto que posee el carácter de una fuerza social media y funciona como tal (de manera que) no emplea en la producción de la mercancía sino el tiempo de trabajo necesario en promedio, o el

hace variar la productividad de la fuerza de trabajo, de modo que establecer el tiempo de trabajo socialmente necesario que resulta del proceso de innovación y difusión técnica ha constituido un problema teórico y técnico fundamental para la teoría marxista del valor.

VALOR Y PROGRESO TÉCNICO

El cálculo en valor plantea inicialmente el problema de determinar cuáles son las condiciones técnicas que definen el tiempo de trabajo socialmente necesario en una formación capitalista en la que existe una heterogeneidad de técnicas y una productividad diferencial de las fuerzas productivas, no sólo entre las diversas ramas productivas, sino incluso en la industria productora de un mismo valor de uso. En la obra de Marx surge una confusión teórica a este respecto, ya que en algunos pasajes el tiempo de trabajo socialmente necesario aparece determinado por la técnica más productiva, mientras que en otros el valor se establece por las condiciones técnicas medias en un momento dado. Cuando Marx analiza el efecto de la máquina de vapor en la producción de tejidos, afirma que, después de su introducción, los valores de uso producidos en condiciones técnicas inferiores reducen su contenido de valor; el tiempo de trabajo que los produjo o que los sigue produciendo se desvaloriza, ya que "el producto de su hora de trabajo individual no representaba más que la mitad de una hora social de trabajo y no daba más que la mitad de su valor".[8] Sin embargo, en otros pasajes de *El capital* Marx atribuye el establecimiento del tiempo de trabajo socialmente necesario a las condiciones técnicas medias, y no a la técnica más productiva. En este sentido Marx afirma que:

El valor individual de cada pieza, producida en las condiciones (técnicas) excepcionales, va a caer por debajo del valor social [...ya que] cuenta menos trabajo que la masa de los mismos artículos producidos en las condicio-

---

tiempo de trabajo socialmente necesario." (K. Marx, "Le Capital", vol. I, en *Œuvres, op. cit.*, p. 566) [*El capital, op. cit.*, t. I, vol. 1, p. 48].

[8] K. Marx, "Le Capital", vol. I, en *Œuvres, op. cit.*, p. 566 [*El capital, op. cit.*, t.I, vol.1, p.48]. "Supongamos que un artículo representa seis horas de trabajo. Si se produce una invención que permite producirlo [...] en tres horas, el artículo ya producido, que circula en el mercado, no tendrá más que la mitad de su valor primitivo." (K. Marx, "Le Capital" vol. I, en *Œuvres, op. cit.*, p. 1031) [*op. cit.*, p. 653].

nes sociales medias. [...] Ahora bien, valor de un artículo quiere decir, no su valor individual, sino su valor social, y éste está determinado por el tiempo que cuesta, no en un caso particular, sino en promedio.[9]

Ya sea que se opte por una u otra interpretación del tiempo de trabajo socialmente necesario, el capitalista individual que introduce una nueva técnica reduce el tiempo de trabajo necesario para producir sus mercancías, lo que le procura una mayor plusvalía relativa y una sobreganancia sobre sus competidores. Pero éste no es un criterio teórico satisfactorio para determinar cuál es el tiempo de trabajo socialmente necesario como determinante de la formación de valor. Si la técnica más productiva es la que establece el tiempo de trabajo socialmente necesario, entonces puede hablarse de una desvalorización de las mercancías producidas en condiciones técnicas inferiores. Pero si éste se fija por las condiciones técnicas promedio, entonces dependería tanto del proceso de difusión técnica, como del peso específico del conjunto de técnicas que en cada momento conforman las condiciones medias de las fuerzas productivas aplicadas a producir un bien determinado.

La solución que se dé a este problema teórico repercute en las hipótesis sobre la eliminación progresiva de la ley del valor. Si la técnica más productiva es la que determina el tiempo de trabajo socialmente necesario, entonces la aparición de una tecnología totalmente automatizada en una rama industrial desvalorizaría todos los artículos que se producen en ella. Pero si son las condiciones técnicas promedio, entonces la desaparición de la teoría del valor debería esperar a que se produjera una generalización completa de la automatización de los procesos productivos. Marx busca resolver este problema teórico postulando que "el trabajo de una productividad excepcional cuenta como trabajo complejo o crea en un tiempo dado más valor que el trabajo social medio del mismo género".[10] Sin embargo, este subterfugio teórico no resuelve la cuestión de fondo y plantea nuevos problemas: por una parte, nada indica que todo progreso técnico, al

[9] *Ibid.*, p. 854 [*op. cit.*, p. 385].

[10] *Ibid.*, p. 856 [*op. cit.*, pp. 386-387]. Maximilian Rubel indica en sus notas a la obra de Marx que "el texto alemán habla de 'potenzierte Arbeit', subrayando el adjetivo, lo que parecería indicar que no se trata de un trabajo calificado, sino de un trabajo de mayor intensidad. La traducción inglesa dice 'intensified labour' (*op. cit.*, p. 1661) Esto, sin embargo, no aclara el problema, puesto que se trata de la introducción de una innovación técnica, y no sólo de un aumento en la intensidad del trabajo.

aumentar la productividad del trabajo, deba al mismo tiempo reque-
rir un trabajo complejo, en cuyo caso las condiciones empíricas que
permiten constituir al trabajo simple y directo como determinantes
de la formación del valor desaparecerían con el desarrollo tecnológico. Por otra parte, sólo la reducción del trabajo complejo a trabajo
simple permitiría una evaluación de la cantidad de valor que produce. M. Rubel afirma así que

La reducción del trabajo complejo a trabajo simple no es un hecho de la experiencia, contrariamente a lo que Marx afirma en la *Crítica*. [...] y en *El capital*. En cuanto a las leyes que rigen esta reducción, no serán jamás formu-
ladas en ningún libro de *El capital*.[11]

De esta forma, el tiempo de trabajo socialmente necesario, como
determinante empírico y cuantitativo de la formación del valor, se va
transformando en un principio abstracto, cuyos efectos serían perceptibles a través de los precios del mercado y de una demanda que fija-
rían, como resultado, el tiempo de trabajo destinado a producir cada
mercancía. La competencia de capitales en el mercado de mercancías
sería el proceso encargado de traducir a su unidad cuantitativa simple
el valor variable de las mercancías provenientes de las diferentes actividades productivas, en las que las innovaciones tecnológicas se producen en diferentes tiempos, afectando en forma variable la productividad de la fuerza de trabajo.[12] Marx afirmaría así que:

La ley del valor determina cuánto de su tiempo disponible puede gastar la sociedad en la producción de cada tipo de mercancía. En la división manufacturera del taller, el número proporcional fijado primeramente por la práctica, después por la reflexión, gobierna *a priori* a título de regla la masa de
obreros aplicados a cada función particular; en la división social del trabajo,
no actúa sino *a posteriori*, como necesidad fatal, oculta, muda, visible sólo en
las variaciones barométricas de los precios del mercado, que se imponen y
dominan [...] la arbitrariedad irregular de los productores mercantiles.[13]

---

[11] *Ibid.*, p. 1636.
[12] "Para aplicar una medida similar, debemos contar con una escala comparativa
de las diferentes jornadas de trabajo: es la competencia la que establece esta escala."
(K. Marx, "Misère de la Philosophie", en *Œuvres, op. cit.*, p. 28) [*Miseria de la filosofía,
op. cit.*, p. 33].
[13] Marx dirá en el libro III de *El capital*, que los valores "se disimulan detrás de los
precios de producción y los determinan en última instancia" (K. Marx, *op. cit.*, p.
1592) [*El capital, op. cit.*, t. III, vol. 8, pp. 1106-1107].

LA LEY DEL VALOR Y LA LEY DE LA OFERTA Y LA DEMANDA

Con la división en ramas técnicas que genera el proceso de acumulación ampliada del capital, el principio empírico y cuantitativo del proceso económico capitalista se va transformando en una esencia invisible, que sólo es perceptible a través de sus efectos en el movimiento de los precios del mercado. La economía política aparece así constituida, como cualquier otra ciencia, por conceptos que representan la estructura oculta de la materia que determina y regula sus manifestaciones empíricas (así el inconsciente en psicoanálisis, los genes en biología o los núcleos atómicos en física). La particularidad epistemológica del materialismo histórico radica en la transformación de un principio teórico y empírico a la vez –el tiempo de trabajo simple y directo que genera un momento histórico determinado–, el cual pierde su soporte empírico y teórico como resultado de la dinámica del propio proceso económico que explica. La ley del valor, que en un primer momento aparece como causa determinante de la ley de la oferta y la demanda al generar la sustancia en torno a la cual se equilibran los precios del mercado, va subordinando su jerarquía teórica hasta convertirse en un efecto regulado por la competencia de los capitales individuales y por la ley de la oferta y la demanda del mercado de mercancías.

Marx indica claramente que para que un cierto tiempo de trabajo produzca valor, debe producir simultáneamente un valor de uso, una utilidad, un bien para el cual existe una demanda efectiva. En este sentido, toda mercancía para la cual no existe una demanda pierde automáticamente su valor. Dentro del modo de producción capitalista, tanto la oferta como la demanda son producto de la dinámica de la acumulación capitalista y no del libre juego de factores productivos en el mercado o de un principio subjetivo fundado en los deseos o necesidades de los hombres. Son las leyes del valor y de la plusvalía las que determinan la oferta de mercancías al mismo tiempo que inducen y modelan su demanda. El desarrollo de las fuerzas productivas como resultado de la competencia de los capitales individuales y la búsqueda de nuevos sectores de inversión para la revalorización de la plusvalía producida, influyen en las orientaciones de la ciencia y la tecnología y determinan la cantidad y diversidad de la oferta de mercancías. Este proceso modifica al mismo tiempo la estructura del empleo, la distribución del ingreso y la demanda efectiva, de manera que la plusvalía generada pueda *realizarse* en el intercambio de mercancías, y revalorizarse nuevamente para alimentar a la reproducción ampliada del capital.

VALOR Y PLUSVALÍA

Con la teoría de la plusvalía Marx demuestra que el proceso económico no es determinado por las leyes del mercado que regulan la oferta y la demanda y el libre juego de factores productivos, sino por la lucha de clases, que dentro de la estructura social capitalista moviliza el progreso técnico y la distribución económica entre capitalistas y trabajadores. Con la ley del valor busca una medida cuantitativa del proceso económico que se produce como efecto de dicha estructura, y no como resultado del juego de categorías económicas como el salario, el costo de producción y la ganancia. Por estas razones, la ley de la oferta y la demanda, si bien puede anular *a posteriori* una cierta cantidad de valor constituido por la aplicación de un tiempo de trabajo, no puede convertirse en el principio constitutivo del valor.

La determinación que imprimen las condiciones técnicas sobre el tiempo de trabajo socialmente necesario vuelve a plantearse con el concepto de plusvalía relativa. El progreso técnico aparece allí como un proceso determinado por la dinámica de la acumulación capitalista, permitiendo extraer una plusvalía relativa creciente de la fuerza de trabajo una vez que las luchas proletarias limitan la posibilidad de incrementar la plusvalía absoluta por un aumento en la duración o la intensidad de la jornada de trabajo.[14] El incremento de la productividad en las industrias productoras de bienes-salario disminuye el valor de la fuerza de trabajo al reducir el tiempo de trabajo socialmente necesario para su mantenimiento, de manera que el capitalista puede apropiarse una mayor parte del valor producido durante la

---

[14] "El modo de producción se consideraba dado cuando examinamos la plusvalía proveniente de la duración prolongada del trabajo. Pero desde que es necesario ganar plusvalía por la transformación del trabajo necesario en sobre trabajo, ya no basta que el capital, dejando intactos los procesos de trabajo tradicionales, se contente con prolongar simplemente su duración. Entonces le es necesario transformar las condiciones técnicas y sociales." (K. Marx, "Le Capital", en *Œuvres, op. cit.*, p. 852) [*El capital, op. cit.*, t. I, vol. 2, pp. 382-383]. "Una vez establecidos los límites de la jornada de trabajo, la tasa de plusvalía no puede elevarse sino por el incremento de la intensidad o de la productividad del trabajo." (K. Marx, "Le Capital", *op. cit.*, p. 1003) [*op. cit.*, p. 620].

jornada de trabajo. De esta manera, la producción de plusvalía relativa a través de la reducción del tiempo de trabajo necesario se vincula con los efectos que sobre la producción del valor ejerce la reducción del tiempo de trabajo socialmente necesario. El progreso
técnico, al mismo tiempo que desvaloriza al capital y las mercancías
que produce, aumenta la plusvalía relativa que extrae de la fuerza de
trabajo, contrarrestando la tendencia hacia la baja de la tasa de ganancias. Estos procesos se conjugan para aumentar la tasa de ganancia del capitalista innovador en el sector de bienes-salario. Sin embargo, para fines teóricos, es necesario analizar separadamente el aumento en la tasa de ganancias que produce el incremento de plusvalía relativa del que surge como efecto de la desvalorización del capital fijo instalado por la incorporación de un adelanto técnico por
parte de un capitalista frente a sus competidores. Marx funde ambos
procesos al afirmar que:

El capitalista que emplea una técnica perfeccionada se apropia en consecuencia en forma de sobre-trabajo, una parte más grande de la jornada de
trabajo que sus competidores. Él hace por su cuenta particular lo que el capital hace en grande y en general en la producción de plusvalía relativa.[15]

El capitalista que emplea una técnica perfeccionada desvaloriza
las mercancías que producen sus competidores con técnicas menos
productivas. Pero esto no le permite apropiarse más sobretrabajo,
porque el tiempo de trabajo necesario sólo se reduce con la generalización de la utilización de un progreso técnico en la producción de
bienes-salario. Mientras que el capitalista innovador extrae sobreganancia en tanto que su innovación técnica no se generaliza, la plusvalía relativa que releva la tasa media de ganancia se produce por la
generalización del incremento de la productividad de los bienes-salario. Al eliminar la especificidad de estos dos procesos se confunde
la teoría del valor con la teoría de la plusvalía.

---

[15] *Ibid.*, p. 856 [*op. cit.*, p. 387].

COMPOSICIÓN ORGÁNICA DEL CAPITAL
Y APROPIACIÓN PRODUCTIVA DE LA NATURALEZA

El problema del cálculo del tiempo de trabajo socialmente necesario, o de la cantidad de valor que contiene una mercancía, se hace aún más complejo al considerar que este valor no sólo es producto del trabajo vivo directo que la máquina extrae del trabajador, sino que toda mercancía incorpora también una parte proporcional del valor contenido en el capital fijo, es decir, en las materias primas, bienes intermedios y equipo que se consumen en la producción de un valor de uso determinado. Las materias primas y bienes intermedios que entran en la composición de un nuevo producto transfieren a éste su valor original, el cual se suma al que produce el tiempo de trabajo socialmente necesario empleado en el proceso productivo; su valor se ve afectado, como el de cualquier otra mercancía, por los efectos del progreso técnico en el tiempo de trabajo socialmente necesario para producirlos. El caso de la maquinaria y el equipo es diferente, puesto que la cantidad de valor que estos medios de producción transfieren al producto no sólo depende del valor que incorporan en el proceso de producción de los bienes de capital, sino también de su ritmo de utilización física y obsolescencia técnica, así como del lapso de tiempo en el que conservan su función productiva antes de ser desplazados por bienes de producción más productivos.

Marx presupone que "el tiempo de reproducción del capital corresponde al tiempo necesario para su consumo".[16] De esta forma, dos técnicas que contienen el mismo valor, pero distinta durabilidad debido a su constitución material como valores de uso, habrán transmitido el mismo valor al producto, y si la composición orgánica de dicho capital es proporcional a su duración, ambas técnicas habrán producido la misma plusvalía, lo que permite su recapitalización al término de la usura del equipo. Esto podría constituir una hipótesis pertinente para una teoría abstracta del capital, pero en la realidad de la competencia entre capitales, el reemplazo de un equipo por otro más productivo depende del ritmo de producción de una innovación tecnológica, así como de un balance entre los beneficios que implica el poder monopólico de una tecnología más productiva,

---

[16] K. Marx, *Grundrisse*, vol. 3, Anthropos, París, 1968, p. 305 [*Elementos fundamentales para la crítica de la economía política (Grundrisse) 1857-1858*, México, Siglo XXI, 1986].

frente a los costos de una rápida reposición del capital invertido. Esto hace que el tiempo de reproducción del capital, y sobre todo su revaloración en la forma de una innovación tecnológica, no correspondan con su tiempo de usura natural.

Si un equipo es reemplazado antes del término de su usura natural, de su obsolescencia técnica o de su revalorización económica, esto no implica lógicamente que el valor que transmitió a las mercancías que produjo durante su vida útil haya sido igual al valor total que transmite un equipo similar que funcione durante un periodo más largo de tiempo a manos de un competidor incapaz de introducir una innovación tecnológica. El valor que transmite una maquinaria a las mercancías que produce no sólo dependería entonces de su propio valor, sino del tiempo de producción e incorporación de una innovación tecnológica que determina el tiempo útil de transmisión de valor, distinto al tiempo "normal" de operación de la máquina en cuestión. En todo caso, sea por la ley de la competencia o por el proceso de innovación tecnológica, surge de allí un grado de indeterminación en la ley del valor. La parte alícuota del valor que transfiere un equipo a las mercancías que con él se producen depende del tiempo que se mantenga operando como resultado de la competencia entre capitales; pero el reemplazo de los bienes de capital depende a su vez de la aparición de una innovación técnica. Ahora bien, la creatividad que genera una innovación –que eleva la productividad de los nuevos equipos y las condiciones técnicas medias de la producción– depende cada vez más de inversiones en el sector tecnológico, pero no está determinada por el tiempo de trabajo manual o intelectual aplicado a un descubrimiento científico y su desarrollo tecnológico, ni por la cantidad de valor destinado a la producción de estos conocimientos. Marx afirma en este sentido que:

El progreso incesante de la ciencia y de la tecnología dota al capital de una potencia de expansión, independiente, dentro de ciertos límites, de la magnitud de las riquezas de las que se compone [...] el progreso de la potencia productiva del trabajo que se produce sin el concurso del capital que se encuentra en función, pero de la que se beneficia desde que cambia de piel, lo deprecia también más o menos durante el intervalo de tiempo en el que continua funcionando bajo su antigua forma.[17]

---

[17] K. Marx, "Le Capital", *Œuvres, op. cit.*, p. 1112 [*op. cit.*, p. 749].

LAS FUERZAS PRODUCTIVAS DE LA CIENCIA Y LA DESVALORIZACIÓN DEL VALOR

Desde el momento en que la acumulación de capital induce la producción y la aplicación tecnológica de la ciencia como un requisito para la reproducción del capital, se vuelve imposible el cálculo del valor que contiene el capital incorporado a una nueva técnica, y en consecuencia la cantidad de valor que transmite a las mercancías que produce. La introducción de estos nuevos medios de producción desvaloriza la maquinaria y equipo que siguen operando, así como el valor de las mercancías que producen. De esta forma, el valor que transmite el equipo viejo al producto ya no sólo depende del tiempo de trabajo que contiene y que extrae de la fuerza de trabajo. El valor de una máquina en el momento en el que aparece una nueva tecnología en el mercado no puede revaluarse a partir del tiempo de trabajo socialmente necesario para producir la nueva maquinaria, sino a partir de su productividad, que no tiene una relación cuantitativa con el costo o el tiempo de trabajo necesarios para su producción. Su valor se vuelve incalculable, puesto que ya no depende del tiempo de trabajo vivo directo aplicado en la producción de bienes de producción y de consumo, sino de un trabajo intelectual mediato, que es irreductible a trabajo simple directo. De esta manera se van socavando las bases conceptuales necesarias para fundar una teoría cuantitativa del valor y se abren las vías para una teoría cualitativa del valor; pero ésta no está exenta de los problemas de toda teoría que intente fundarse en el principio de un cálculo objetivo de valor.

El progreso técnico es una necesidad inherente del capital para elevar la producción de plusvalía relativa y al mismo tiempo para desvalorizarse y vencer los efectos del aumento de la composición orgánica del capital sobre la tendencia hacia la baja de la tasa de ganancia. Pero este proceso de valorización-desvalorización-revalorización del capital se produce en un movimiento contradictorio que va desplazando a la formación del valor como el principio determinante de la dinámica del capital. En general, toda revalorización del capital incorporado a una nueva tecnología implica la introducción de un capital fijo con menor valor, y con menor capacidad para extraer valor de la fuerza de trabajo.[18] Sin embargo, la expansión misma del

[18] Marx apunta que, "estando dadas las bases generales del sistema capitalista, el desarrollo de los poderes productivos del trabajo social surge siempre a un cierto punto de la acumulación para convertirse desde entonces en el mecanismo más podero-

capital provoca un aumento de la masa de trabajo incorporada al proceso productivo y se contrapone a la disminución del valor producido en un proceso individual.

La reducción y la desaparición de la ley del valor-trabajo como principio cuantitativo que determina el desarrollo del capital, no ha eliminado las relaciones de explotación en que se funda la producción capitalista. La resolución de las contradicciones internas del capital en los países con un mayor grado de desarrollo capitalista implicó desde sus inicios la implantación de este modelo en las formaciones precapitalistas. La ganancia capitalista siguió dependiendo en gran medida de la explotación del trabajo y de los recursos de los países "subdesarrollados" o "periféricos". En este sentido, aunque la revolución científico-tecnológica tiende a desvalorizar el equipo productivo y a reducir en gran parte el trabajo vivo directo que éste pone en movimiento –y que por lo tanto crea valor–, las mercancías producidas con estos avances tecnológicos han seguido incorporando el valor producido en la elaboración de las materias primas y productos intermedios que alimentan la acumulación del capital, incluso aquellos elementos del capital que son producidos con técnicas tradicionales y que incorporan la oferta ecológica de recursos naturales en los que se desvanece todo posible cálculo de valor. De allí que el pensamiento marxista se haya mantenido fiel hasta el fin a una teoría del valor-trabajo como determinante de la dinámica del proceso de acumulación e internacionalización del capital. Pero esto no autoriza a pensar en una teoría *cuantitativa* del valor, ni a seguir ignorando la importancia creciente de la aplicación de las fuerzas naturales y tecnológicas de producción a través de la aplicación de la ciencia en la producción de mercancías.

so. [...] El desarrollo de las potencias productivas del trabajo social que dicho progreso acarrea se manifiesta a través de los cambios cualitativos [...] en la composición técnica del capital [...] es decir, que la masa de herramientas y de materiales aumenta cada vez más en comparación con la suma de fuerzas de trabajo necesarias para hacerlos funcionar. En la medida que el incremento del capital vuelve al trabajo más productivo, disminuye la demanda de éste en proporción de su propia magnitud. [...] Esos cambios en la composición técnica del capital se reflejan en su composición valor, en el crecimiento progresivo de su parte constante a expensas de su parte variable. [...] Sin embargo el decrecimiento de la parte variable del capital en relación con su parte constante, ese cambio en la composición valor del capital, sólo indica lejanamente el cambio en su composición técnica. La razón es que el progreso de las potencias del trabajo, que se manifiesta por el incremento del equipo y de los materiales puestos en movimiento por una suma menor de trabajo, hace también disminuir de valor a la mayor parte de los productos que funcionan como medios de producción." (K. Marx, "Le Capital", *Œuvres, op. cit.,* pp. 1134-1135) [*op. cit.,* pp. 772-775].

TRABAJO MANUAL Y TRABAJO INTELECTUAL:
TEORÍA CUANTITATIVA Y CUALITATIVA DEL VALOR

El problema fundamental para elaborar una teoría *cualitativa* del valor, manteniendo los principios básicos del pensamiento marxista, surge de la desarticulación que se produce entre las condiciones de producción del valor a partir del tiempo de trabajo y el proceso de desarrollo de las fuerzas productivas; pues si bien son las condiciones técnicas de las fuerzas productivas las que le confieren al trabajo el carácter de *socialmente necesario*, la producción misma de estas fuerzas productivas –naturales y tecnológicas– aparece como un proceso *externo* a la producción de valor,[19] o como un proceso uniforme históricamente, que por lo tanto no afecta las relaciones de valor.[20] Marx no integra el proceso de innovación tecnológica al ciclo de rotación del capital al considerar que "las fuerzas naturales que se ofrecen gratuitamente pueden ser incorporadas al proceso de producción donde actuarán con más o menos eficacia. El grado de ésta depende de los métodos y de los progresos científicos que no cuestan nada al capitalista".[21]

Desde el momento en el que se concibe el desarrollo de las fuerzas productivas como un proceso independiente de la formación del valor, se rompe la consistencia de la teoría del valor como determinante de la acumulación capitalista. Esta desarticulación teórica se produce también por la falta de conexión entre el trabajo manual y el trabajo intelectual como determinantes del desarrollo de las fuerzas productivas. Aunque Marx no sólo admite la existencia del trabajo complejo frente al trabajo simple, sino que lo considera como una categoría conceptual para dar cuenta del trabajo colectivo dentro de una jerarquía de fuerzas de trabajo, el trabajo intelectual aparece siempre como una propiedad que el capital extrae de la clase proletaria y que concentra para explotar su fuerza de trabajo.[22] Pero nun-

[19] "Hemos introducido el desarrollo de las fuerzas productivas como un elemento exterior" (K. Marx, *Grundrisse*, vol. 2, *Œuvres, op. cit.*, p. 145).

[20] "El desarrollo progresivo de las fuerzas productivas sociales actúa uniformemente o casi sobre el tiempo de trabajo exigido para la producción de las diferentes mercancías" (K. Marx, "Critique de l'Économie Politique", en *Œuvres, op. cit.*, pp. 289-290).

[21] K. Marx, "Le Capital", Livre 1, en *Œuvres. Économie. I, op. cit.*, p. 931 [*op. cit.*, pp. 470-472].

[22] "Lo que los obreros parcelarios pierden se concentra frente a ellos en el capital. La división manufacturera les opone las potencias intelectuales de la producción como la propiedad de otro y como un poder que los domina. Esta escisión empieza a

ca se hace explícita la conexión necesaria entre el valor producido por la explotación del trabajo manual (del proletariado) y el trabajo intelectual que incrementa el poder de explotación del capital. Puesto que la ciencia aparece como una "fuerza productiva independiente del trabajo", no es posible articular el proceso de innovación que da al trabajo su carácter socialmente necesario ni pensar el progreso tecnológico como efecto de la formación de valor. Tampoco es posible incorporar el concepto de valor a las fuerzas naturales que pone en marcha la ciencia para la producción de mercancías. De esta forma, el trabajo científico, y su cristalización en el desarrollo de las fuerzas productivas que adopta el capital, aparecen como un trabajo *no productivo*, en el sentido capitalista, es decir, no productor de valor. Sólo el trabajo simple directo que estos medios de producción bombean de la fuerza de trabajo es fuente de valor y, como tal, determinante de la dinámica del capital.

El trabajo científico adquiere otra perspectiva dentro de la teoría de la plusvalía y de la circulación. Marx afirma que en el sistema capitalista "el fin determinante de la producción es la plusvalía. No se considera pues productivo sino el trabajador que produce una plusvalía para el capitalista, y cuyo trabajo fecunda al capital".[23] Fecundar al capital no significa simplemente extraer una plusvalía en el proceso productivo, sino que implica también la capacidad de reproducir las condiciones de explotación de la fuerza de trabajo. Para la reproducción ampliada del capital no basta con extraer una cantidad de valor que pueda recapitalizarse en forma de capital fijo al término de la usura de una maquinaria o equipo. La acumulación capitalista y la competencia de capitales hacen necesario que la plusvalía producida, para ser recapitalizada, cristalice en medios de producción de una productividad creciente,[24] es decir, en un progreso tecnológico. En este sentido, no hay trabajo más fecundo para el capital que el trabajo científico-tecnológico, ya que más que el trabajo

surgir desde la cooperación simple. [...] se desarrolla en la manufactura, que mutila al trabajador al punto de reducirlo a una parcela de sí mismo; se completa al fin con la gran industria que hace de la ciencia una fuerza productiva independiente del trabajo y que la enrola al servicio del capital" (K. Marx, "Le Capital", Œuvres, op. cit., p. 905, subrayado mío) [op. cit., p. 440].

[23] *Ibid.*, p. 1002 [*op. cit.*, p. 616].

[24] "La plusvalía no es pues convertible en capital sino porque el producto neto en el que esta plusvalía existe, contiene ya los elementos materiales de un nuevo capital" (K. Marx, "Le Capital", *Œuvres, op. cit.*, p. 1084) [*op. cit.*, p. 715].

simple directo, permite que la plusvalía producida en el proceso directo pueda ser recapitalizada y reproducido el ciclo del capital. Además,

al descubrir nuevos materiales útiles o nuevas cualidades de la materia ya en uso, la máquina [la ciencia en general] multiplica las esferas de inversión para el capital acumulado. Al enseñar los métodos adecuados para reutilizar los excrementos [del capital] en el curso circular de la reproducción y del consumo social, convierte, sin concurso alguno del capital, esos no-valores en tantos otros elementos adicionales de la acumulación.[25]

Por todo esto, si bien la producción de valor depende cada vez menos del trabajo simple directo, la revalorización del capital depende cada vez más del trabajo científico y de la innovación tecnológica. En la medida en que la propia acumulación capitalista determina una tendencia hacia la sustitución creciente del trabajo vivo directo y su conjugación con la aplicación directa de las fuerzas de la ciencia en la producción de mercancías, tiende a desaparecer la determinación específica del valor como principio fundamental de la dinámica estructural del capital.[26]

DESARROLLO DE LAS FUERZAS PRODUCTIVAS/RELACIONES SOCIALES DE PRODUCCIÓN

El cambio en la dinámica del capital que genera la revolución científico-tecnológica plantea el problema de pensar la dialéctica entre el desarrollo de las fuerzas productivas y la transformación de las relaciones sociales de producción. Puesto que el valor producido por la fuerza de trabajo es el fundamento para la comprensión del proceso

---

[25] *Ibid.*, pp. 1111-1112 [*op. cit.*, pp. 748-749].

[26] "En la medida misma que el tiempo –quantum de trabajo– surge del capital como el único elemento determinante de la producción, el trabajo directo tomado como principio de creación de los valores de uso desaparece, o al menos se reduce cuantitativamente y cualitativamente a un rol ciertamente indispensable, pero subalterno, en relación con el trabajo científico en general, de la aplicación tecnológica de las ciencias naturales, y de la fuerza productiva general resultado de la organización social del conjunto de la producción" (K. Marx, "Principes d'une Critique de l'Économie Politique", en *Œuvres, op. cit.*, vol. 2, p. 301).

económico, Marx afirma que "si la producción pudiera efectuarse sin trabajo alguno, no existiría ni valor, ni capital, ni producción de valor".[27] De esta manera Marx transita del momento histórico pasado que produjo las condiciones sociales para pensar en la formación de valor como el principio fundamental de la dinámica del capital, a un futuro utópico, en el que todo trabajo habría desaparecido. En otro texto Marx apunta:

El intercambio de trabajo vivo contra trabajo materializado, en otras palabras, la determinación del trabajo social en tanto que oposición entre capital y trabajo asalariado, constituye el último desarrollo de la relación de valor y del sistema de producción fundado sobre el valor. Su condición permanente, es la masa del tiempo de trabajo inmediato, el quantum de trabajo aplicado en tanto que factor de producción decisivo de la riqueza. Pero a medida que se desarrolla la gran industria, la creación de la verdadera riqueza depende menos del tiempo y de la cantidad de trabajo empleados que de la acción de los factores puestos en movimiento en el curso del trabajo, cuya poderosa eficacia no tiene comparación con el tiempo de trabajo inmediato que cuesta la producción; más bien depende del estado general de la ciencia y del progreso tecnológico [...] Cuando, en su forma inmediata, el trabajo haya cesado de ser la gran fuente de la riqueza, el tiempo de trabajo cesará y deberá cesar de ser la medida del trabajo, así como el valor de cambio dejará de ser la medida del valor de uso. El sobre-trabajo de las masas humanas dejará de ser la condición del desarrollo de la riqueza general. [...] Desde entonces, la producción fundada sobre el valor de cambio se derrumba, y el proceso inmediato de la producción material se despoja de su forma y de sus contradicciones miserables.[28]

El desarrollo de las fuerzas productivas aparece así como el factor determinante de la transformación de las relaciones sociales de producción, al eliminar la ley del valor.[29] De allí que algunos teóricos posmarxistas desplazaran el centro de la explotación social en la era

---

[27] K. Marx, "Principes", en *Œuvres. Economie. II, op. cit.*, p. 250.

[28] *Ibid.*, pp. 305-306.

[29] "En tanto que el progreso de la producción reside en la mecanización y en la industrialización extensiva, el capital constituye su forma de movimiento eficiente, adecuada. A escala histórica, podemos encontrar allí una cierta justificación de la existencia del capital, en tanto que forma social externa, transitoria, del desarrollo de la civilización. [...] las relaciones de producción no son sino una forma del movimiento de las fuerzas productivas" (Richta, 1969: 30-34).

de la automatización del modo de producción capitalista a la razón tecnológica y a la racionalidad del pensamiento científico.[30] La revolución científico-tecnológica fue ocupando el centro del pensamiento crítico sobre el devenir histórico y la dialéctica social, convirtiéndose incluso en un medio trascendente para la liberación del hombre, desplazando a segundo término la lucha de clases en la transformación de las relaciones sociales de producción y el cambio social.[31]

El progreso tecnológico ha generado una sustitución progresiva del trabajo manual directo por trabajo intelectual indirecto en la producción de mercancías, hasta que llegó a desaparecer la determinación cuantitativa del valor-trabajo. El desarrollo de las fuerzas productivas condujo a que la producción de la riqueza dependiera cada vez más del empleo de las fuerzas naturales de producción magnificadas por la ciencia y la tecnología que del trabajo vivo directo, generando el derrumbe de la producción fundada en la ley del valor. Empero, las transformaciones del proceso de trabajo generadas por la cientifización de la producción no han eliminado las relaciones sociales de producción capitalista –las formas asimétricas de propiedad-apropiación y de explotación-control social– fundadas en el poder sobre los medios de producción de una clase capitalista que hoy basa su poder económico y político en la capitalización de la naturaleza y en la propiedad privada del conocimiento científico-tecnológico.

La teoría del valor ha quedado atrapada en sus insuficiencias, inconsistencias y contradicciones que han llevado a una hermenéutica de concepto de naturaleza que le subyace como una metafísica de la

---

[30] "La razón, en tanto que pensamiento conceptual, en tanto que comportamiento, produce necesariamente la dominación. El logos es la ley, el comando, el orden por el poder del conocimiento" (Marcuse, 1968: 190).

[31] "El cambio político no puede convertirse en un cambio social y cualitativo sino en la medida en que cambiara el sentido del progreso técnico, es decir, en la medida en que pueda desarrollar una nueva tecnología [...] Para que la realidad tecnológica pueda ser trascendida, es condición necesaria previa que ésta se cumpla; realizándose, constituiría al mismo tiempo la racionalidad que permitiría esta trascendencia [...] Si la racionalidad tecnológica alcanzara su perfección, traduciría la ideología en realidad, y trascendería al mismo tiempo la antítesis materialista de esta cultura" (Marcuse, 1968: 252, 255, 258). Saltan a la luz las contradicciones a las que lleva este "pensamiento dialéctico": la dominación es producida no por una estructura social sino por una "razón tecnológica"; pero las condiciones de su desaparición son la plena realización del desarrollo científico-tecnológico. En lo político implica que la liberación depende del desarrollo de las fuerzas productivas y la automatización generalizada de los procesos de trabajo, y no de una práctica política tendiente a transformar las relaciones sociales de producción.

producción, de una dialéctica trascendental que, fundada en un concepto de naturaleza, ha iluminado y guiado al pensamiento marxista en su lucidez y en sus oscuridades.

EL CONCEPTO DE NATURALEZA EN MARX

El principio de un valor objetivo, del valor-trabajo formado por un tiempo de trabajo socialmente necesario, de una ley social como principio del pensamiento crítico sobre la "economía vulgar", de la construcción teórica que externalizó a la naturaleza del proceso de formación de valor, remite a un fondo ontológico y epistemológico, a un concepto de naturaleza como base de objetividad de los procesos materiales, incluso de la objetividad del proceso social que reifica la realidad al considerarla como relaciones entre cosas. En el materialismo histórico, la historia pierde su naturalidad; pero al mismo tiempo queda atrapada en las mallas de una racionalidad objetivista, de un orden ontológico que orienta la praxis social a través de una teleología de la historia fundada en la producción.

Alfred Schmidt realizó una exégesis de *El concepto de naturaleza en Marx* (Schmidt, 1976), sobre el saber de fondo en el que se produce la teoría marxista y que orienta la práctica política. Esta concepción naturalista de la historia se expresa en la obra filosófica de Marx como una categoría ontológica, más que como un concepto de naturaleza construido dentro de su teoría del modo de producción capitalista. El concepto de naturaleza en Marx remite así a una categoría ontológica transhistórica que permitiría comprender la totalidad del mundo.

el proceso laboral productor de valor de uso en su movimiento histórico (y) la interpretación recíproca de naturaleza y sociedad, tal como se produce en el seno de la naturaleza como realidad que abarca ambos [...] la sociedad se muestra a la vez como un contexto natural [...] en el sentido metafísico de una teoría de la totalidad del mundo [...] La naturaleza para Marx es un momento de la praxis humana y al mismo tiempo la totalidad de lo que existe [...] El concepto marxista de naturaleza resulta idéntico al de la realidad en conjunto (*Ibid.*, 11, 12, 23, 25).

La elevación a un rango ontológico del "concepto" de naturaleza opera una confusión entre la categoría de lo Real y la categoría de lo

Natural. De esta forma se obstaculiza el camino para una ontología que permita captar lo real constituido por diferentes niveles de materialidad, así como la relación entre lo Real y lo Simbólico en la constitución de una racionalidad social. La "interpretación recíproca de naturaleza y sociedad" no es considerada aquí como la articulación o interdeterminación entre procesos naturales y procesos sociales, sino que se reduce a la interiorización del mundo por la praxis humana que constituye un "todo natural". A partir de esta concepción de la naturaleza, Schmidt elabora una interpretación fenomenológica del marxismo. De esta forma, desarticula el concepto de valor de uso del concepto de valor de cambio para construir una apreciación metafísica y ahistórica de la relación entre naturaleza y sociedad, entre el hombre y su actividad productiva, reduciendo el ser de lo real, de la naturaleza y de la historia a la existencia del hombre.

Al formalismo mecanicista que parte de Descartes y Newton y al racionalismo del *a priori* kantiano, el marxismo opone una ontología de la praxis histórica que no logra desprenderse del trasfondo metafísico de un concepto realista de naturaleza. Con Feuerbach se da el tránsito del idealismo trascendental de Kant y Hegel al subjetivismo humanista que antecede a Marx y que influye en sus escritos de juventud.[32] La praxis humana se convierte en el principio de lo real para el hombre, en el proceso de constitución de su mundo, de su conocimiento y de su transformación. Marx no se detuvo en esta fenomenología de la historia; su aportación fundamental consistió en descubrir la estructura socioeconómica en la que se enmarca la praxis humana, las determinaciones del proceso histórico en el que se produce toda práctica social. El postulado epistemológico del primado de lo real sobre el pensamiento, de la praxis sobre la conciencia, fue el punto de inflexión fundamental para una epistemología materialista de la historia: de lo natural, físico-biológico; de lo social, histórico-simbólico. Esto llevó a diferenciar los niveles de materialidad que conforman lo real, abriendo el pensamiento crítico para escapar de la visión subjetivista y naturalista de la historia. Cuando Marx habla en *El capital* de la sumisión del hombre a "leyes naturales" sobre las que no tiene ningún dominio, se refiere a las leyes ob-

---

[32] Para Feuerbach, "la metafísica o lógica sólo es una ciencia real, inmanente, cuando no se separa del así llamado espíritu subjetivo [...] Sólo el hombre es la realidad, el sujeto de la razón. Es el hombre el que piensa, no el yo, no la razón" (cit. en Schmidt, 1976: 22).

jetivas de la historia. La determinación mecanicista de la naturaleza da curso a la naturalidad de una determinación histórica, de las leyes del valor y la plusvalía. Marx afirma así que:

El acto de la visión [...] es una relación física entre cosas físicas. Pero la forma valor y la relación de valor de los productos del trabajo no tienen absolutamente nada que hacer con su naturaleza física. Es solamente una relación social determinada entre los hombres la que reviste aquí para ellos la forma fantástica de una relación entre cosas (Marx, 1965: 606) [*El capital, op. cit.*, pp. 88-89].

El concepto de praxis abre la posibilidad de superar el monismo naturalista de Feuerbach, es decir, el carácter abstracto de una ontología general que relaciona la naturaleza y toda conciencia de ella con el proceso vital de la sociedad y donde la relación entre lo Real y el Saber quedan reducidos a un conocimiento sobre la naturaleza,[33] como una conciencia práctica del mundo.[34] La metafísica de la naturaleza que subyace a la filosofía de la praxis, desconoce la especificidad del conocimiento científico como aprehensión cognoscitiva de lo real –y de sus aplicaciones técnicas– frente a las otras formas de saber que surgen del carácter práctico transformacional de la praxis social. El predominio de la categoría ontológica de Naturaleza ha arrojado una cortina de humo que impidió pensar el orden ontológico propio de la naturaleza dentro de la teoría del modo de producción capitalista, así como el papel que desempeñan la producción y aplicación de conocimientos científicos en la acumulación capitalista.

El concepto de naturaleza en Marx no es una categoría ontológica omnicomprehensiva que subyace a la dialéctica trascendental de la historia. Este significado se filtra en los presupuestos ontológicos y en el tejido teórico-discursivo del materialismo histórico y de su objeto teórico. De esta forma, los conceptos de valor y de renta diferen-

---

[33] "La naturaleza es el único objeto de conocimiento. Incluye en sí tanto las formas de la sociedad humana, como también, inversamente, sólo aparece mental y realmente en virtud de esas formas" (Schmidt, 1976: 25).

[34] Schmidt se apoya en la *Ideología alemana* y en los *Manuscritos parisinos* de Marx, donde afirma que "la naturaleza fijada en separación del hombre, no es nada para el hombre", para aseverar que para Marx las ciencias "no proporcionan ninguna conciencia inmediata de la realidad natural, porque la relación humana con ésta no es primordialmente teórica, sino de carácter práctico-transformacional"; no "existe una naturaleza históricamente no modificada que sea objeto de conocimiento de las ciencias naturales" (Schmidt, 1976: 28, 46).

cial hacen intervenir a los procesos naturales, en tanto que éstos afectan el tiempo de trabajo socialmente necesario para la producción de mercancías, así como las tasas de plusvalía y de ganancia. Desde esta perspectiva, toda propuesta monista sobre la unidad naturaleza-sociedad aparece como una postulación ideológica. Para el materialismo histórico no existe ni la sociedad en general ni la naturaleza en general, sino como objetos empíricos o categorías metafísicas incapaces de ser articuladas en un discurso científico. Para la teoría de la historia, los modos de producción articulan el medio ambiente en el que se desarrollan; por su parte, la naturaleza existe como procesos que son aprehendidos teóricamente por las diferentes ramas de las ciencias físico-biológicas y que a través del conocimiento tecnológico se insertan en el proceso capitalista de producción. De esta forma se produce una articulación teórica y técnica entre naturaleza y sociedad en el proceso capitalista de producción (Leff, 1994a: cap. 1).

Marx no sólo ve la unidad del mundo como la unificación trascendental de naturaleza y sociedad a través del proceso de trabajo. El materialismo marxista no consiste en el hecho de que "todo es materia", o en pensar el mundo como "una determinación metafísica según la cual todo ente aparece como material de trabajo". El materialismo histórico busca dar cuenta de la estructura social que convierte a la naturaleza en objetos de trabajo, en valores de uso naturales capaces de ser incorporados al proceso de producción de valor y plusvalía. El materialismo marxista no es una visión del mundo como una relación entre cosas; esto es justamente aquello que Marx criticó como el fundamento metafísico de la alienación de los sujetos sociales. Con la fetichización de la mercancía, Marx pone al descubierto el efecto ideológico producido por el proceso capitalista de producción que hace aparecer a la realidad como una relación entre cosas. Por ello Marx, en los *Grundrisse*, afirma que:

El materialismo tosco de los economistas, que trata las relaciones sociales de la producción de los hombres y las determinaciones que las cosas reciben en tanto se subsumen bajo esas relaciones, como si fueran propiedades naturales de las cosas, es igualmente un tosco idealismo, e incluso fetichismo, pues atribuye las relaciones sociales a las cosas como si fueran determinaciones inmanentes a ellas, y así mistifica tales relaciones (cit. en Schmidt, 1976: 148).

Marx da así el primer paso contra la metafísica naturalista al demarcar el materialismo histórico de una visión naturalista de la historia, del realismo ingenuo de la dialéctica de la naturaleza de Engels, y de una visión monista que habría de reducir la comprensión del mundo a una dialéctica abstracta entre sujeto y objeto del trabajo, a una fenomenología trascendental que en el proceso laboral guiaría una teleología histórica hacia la desalienación del hombre frente a la naturaleza. Sin embargo esta demarcación del pensamiento cosificador que lúcidamente denuncia Marx no fue suficiente para superar la metafísica de la naturaleza que acompaña a la dialéctica trascendental inscrita en el proceso laboral y que seguirá confirmando el saber de fondo del naturalismo dialéctico del ecologismo emergente.[35]

La conversión de la naturaleza en objetos de trabajo y de sus productos en mercancías, el intercambio generalizado entre estos productos en función del tiempo de trabajo socialmente necesario –de su valor–, no es un presupuesto filosófico materialista ni una dialéctica del proceso laboral de la historia humana en general, sino de la estructura social, la racionalidad teórico-práctica y el modo de producción de la sociedad capitalista. Schmidt sólo ve en el trabajo "una manifestación de la fuerza natural"; desconoce las determinaciones históricas y económicas de la acumulación capitalista que modifican los procesos de trabajo y sus tasas de explotación en función de la lucha de clases: la del capitalista por elevar la tasa de ganancia y por buscar nuevas fuentes de producción de valor y plusvalía; la del proletariado por reducir la jornada de trabajo y mejorar sus condiciones de vida.

Schmidt se previene de identificar su hermenéutica marxista con una dialéctica de la naturaleza o una visión evolucionista de la historia. De esta manera afirma que no debe subsumirse la historia social en la natural ni aplicar las leyes naturales directamente a las relaciones sociales, como ocurre con el darwinismo social, donde "la historia humana es un apéndice de la historia natural, y sus leyes de movimiento son meras formas fenoménicas de las leyes biológicas". Sin embargo, una cierta visión ecologista no deja de acechar la compren-

---

[35] De esta manera, el propio Schmidt afirmaba que: "La naturaleza se vuelve dialéctica porque produce al hombre como sujeto mutable, conscientemente activo, que se le enfrenta como 'potencia natural'. En el hombre se relacionan entre sí el medio de trabajo y su objeto. La naturaleza es el sujeto-objeto del trabajo. Su dialéctica consiste en que los hombres cambian su naturaleza en tanto quitan gradualmente a la naturaleza externa su carácter extraño y exterior, la median consigo mismos, la hacen trabajar telécticamente para ellos [...] la dialéctica del proceso laboral como proceso natural se amplía a la dialéctica de la historia humana en general (Schmidt, 1976: 56-57).

sión de la organización social y del proceso productivo. Para Schmidt, la clave del proceso de intercambio en Marx estaría en el concepto de *stoffwessel* (que la versión inglesa traduce por *metabolism* y la castellana por "intercambio orgánico"; y afirma que "con el concepto de intercambio orgánico Marx describe el proceso social según el modelo de un fenómeno natural" (Schmidt, 1976: 99). Schmidt "descubre" en la noción de *stoffwessel* un concepto central en *El capital* –que en realidad sólo señala el aspecto general de transformación de la materia en el proceso de trabajo–, para adjudicarle a Marx una concepción ecologista de la sociedad.[36] Al subsumir las formas sociales de apropiación de la naturaleza en los momentos abstractos de un intercambio de materia y un intercambio de valor, se ha abierto una vía falsa a una antropología ecológica que quisiera pensar a la formación social como una articulación de las determinaciones formales-históricas de la ley del valor y las condiciones materiales a partir de un análisis energético-ecológico de los procesos de trabajo.

Schmidt busca responder a los problemas que plantea la interrelación dialéctica entre naturaleza y sociedad en la teoría del conocimiento de Marx. Su exégesis de los textos marxistas lo lleva a ver en el trabajo el término que vincula la legalidad propia de la materia con los fines humanos, de manera que si bien las "leyes de la naturaleza subsisten independientemente y fuera de la conciencia y la voluntad de los hombres", sólo son apropiables por éste "a través de las formas de su proceso laboral" (Schmidt, 1976: 112). Schmidt absorbe así las determinaciones sociales en la naturalidad de los fines humanos. A través del trabajo, el hombre sometería las leyes naturales a sus propios fines.[37]

Los fines del trabajo dependen por un lado de las necesidades y

[36] "Tanto es cierto que toda naturaleza está mediada socialmente, como también lo es, inversamente, que la sociedad está mediada naturalmente como parte constitutiva de la realidad total. Este último aspecto de la vinculación caracteriza la especulación latente en Marx sobre la naturaleza." Schmidt queda atrapado en esa identificación especular entre naturaleza y sociedad al afirmar que: "el sujeto y el objeto de trabajo están, en última instancia, determinados por la naturaleza; en el proceso inmediato de trabajo [...] en el intercambio orgánico entre hombre y naturaleza, el *aspecto material* se impone a sus determinaciones formales históricas; en el proceso de intercambio, que se basa en el proceso laboral, las determinaciones formales históricas se imponen a su aspecto material" (Schmidt, 1976: 87, 97, 99-100).

[37] "Los contenidos teléticos perseguidos en el trabajo son limitados tanto para Hegel como para Marx. En ambos hay una limitación objetiva fijada por el material de que se dispone y por sus leyes, y una limitación subjetiva establecida por la estructura de impulsos y necesidades del hombre" (Schmidt, 1976: 114).

deseos subjetivos del hombre, y por otro de las leyes del material de que dispone para satisfacerse. Pero ni el sujeto es principio de sus propios deseos y necesidades, ni las leyes de la naturaleza son inmanentes y estáticas, ni la ciencia es en sí misma una vía de liberación. Marx produce el conocimiento del proceso histórico que condiciona el deseo humano, para transformarlo en una demanda creciente de mercancías, y que opera sobre el deseo de saber que determina el proceso de producción de conocimientos científicos; no para someter la materia y la naturaleza a los "fines del hombre", sino a la lógica del capital. Schmidt mira la historia como un proceso orientado por los fines del hombre en abstracto; el proceso dialéctico entre naturaleza y sociedad se convierte en el medio para alcanzar los fines del ser humano. La actividad teleológica del hombre es el proceso trascendental que permite al sujeto reunir los momentos separados del objeto y el sujeto del trabajo, de la sociedad con la naturaleza:

Sólo con la vida orgánica, con la aparición del hombre como sujeto autoconsciente y activo, puede reunirse la naturaleza consigo misma, pues en el trabajo ésta se deshace de sí misma, y el hombre se contrapone a sí mismo, según dice Marx, como 'sustancia natural' y como 'potencia natural' que se pone fines. El ser para sí del hombre consiste en su capacidad de hacer trabajar para él a la naturaleza en su mecanismo y su quimismo, a través de los cuales se realizan los fines humanos. La actividad teleológico-finita del hombre no rompe la conexión de la naturaleza. Para explicarla no se requiere ningún principio trascendente a ésta. Los fines que al comienzo son extraños a la naturaleza no sólo se sirven de ella sino que tienen a su vez causas naturales (Schmidt, 1976: 120).

De esta forma Schmidt identifica la vida orgánica con la historia. El valor de cambio y el valor de uso pierden sus determinaciones específicas; el intercambio de mercancías puede reducirse en última instancia a un intercambio de materia, a un metabolismo, puesto que: "lo que vale para una sustancia natural tratada aisladamente en relación con los estadios de su transformación, caracteriza en general la relación existente entre hombre y naturaleza en la historia de la sociedad". Esta concepción de las relaciones entre naturaleza y sociedad aparece como un reflejo de "la unidad contradictoria de los momentos del conocimiento en Marx, donde se compenetran por mediación de la praxis histórica el realismo gnoseológico y el subjetivismo" (Schmidt, 1976: 121).

El papel predominante de la praxis en la transformación del mundo es un argumento fundamental de la filosofía marxista; pero no se restringe a una mediación entre un realismo objetivista y un humanismo subjetivista. La praxis en el mundo moderno no está guiada por procesos de cognición y la emergencia de una conciencia del mundo dentro de una fenomenología biologista, sino que se inscribe dentro del ordenamiento ontológico y epistemológico que configura una racionalidad social determinada. Lo que caracteriza al cambio de episteme en la modernidad es que las cosas dejan de ser percibidas en su relación de diferencias y similitudes; la palabra deja de designar la cosa; lo real aparece como el efecto de un proceso de producción a partir de las estructuras y principios de la vida, la lengua y la historia (Foucault, 1966). Allí se inserta la praxis histórica en un conjunto de prácticas sociales, de prácticas productivas, de prácticas discursivas.

Marx critica en las *Tesis sobre Feuerbach* al materialismo tradicional por haber concebido la realidad como objeto dado en la intuición y no como actividad sensorial humana, como praxis. Schmidt desconoce el efecto del proceso capitalista en la objetivación de la realidad y en la materialidad del conocimiento. Para él, si en el periodo precapitalista –antes del conocimiento moderno– predomina el saber sensualista de lo real, la sociedad industrial habría transformado las condiciones de este saber objetivo en una subjetivación creciente de la realidad. De esta manera afirma que "Como en el comienzo de la edad moderna la naturaleza se reduce cada vez más a un momento de las actividades sociales, las determinaciones de la objetividad van entrando gradualmente en el sujeto [de manera que] sólo sería cognoscible, en sentido estricto, lo hecho por los sujetos" (Schmidt, 1976: 136). El primado materialista de la praxis queda así reducido a una fenomenología del sujeto. Es el sujeto quien produce lo real por su trabajo, orientado a sus fines, y no un modo de producción específico lo que determina la subjetividad de los individuos. La subjetivación de la realidad que parte de la separación entre objeto y sujeto en el proceso de trabajo lleva a una reabsorción de lo social en lo natural. Es esto lo que en el humanismo del joven Marx de los *Manuscritos parisinos* abrió las puertas a la utopía de una teleología histórica, en la que se produciría la reconciliación entre el hombre y la naturaleza. El materialismo dialéctico, entendido como una ontología general de lo real, participa de ese imposible proyecto de unificación positivista del saber. Ni la historia es un caso particular de esa ontología general fundada en la categoría de naturaleza, ni la naturaleza queda subsumida en una ontología transhistórica de la producción. La epistemología realista de la teoría crítica marxista impide disolver a naturaleza y sociedad en el orden de una identidad entre humanismo y naturalismo, cuya diferencia ha puesto de manifiesto la crisis ambiental, mostrando que

Es parte inherente y esencial de la civilización que avanza como dominio organizado, el hecho de que la naturaleza, rebajada a mero material de los fines humanos, se vengue de los hombres haciendo que éstos sólo puedan adquirir su dominio con una represión cada vez mayor de su propia naturaleza [...] Una sociedad que siguiera por cierto alimentándose mediante su intercambio orgánico con la naturaleza, pero que al mismo tiempo estuviera estructurada de manera que pudiera renunciar a la explotación excesiva de ésta, permitiría hacer resaltar aún más claramente la verdad del momento realista en la teoría del conocimiento de Marx, es decir, que la naturaleza es también algo existente en sí, independientemente de la intervención manipuladora de los hombres (Schmidt, 1976: 161, 177).

La construcción de tal sociedad ecológica no podría ser, pues, el simple desenvolvimiento de una teleología histórica guiada por los designios de la naturaleza o de un sujeto trascendental de la historia. La construcción de una racionalidad ambiental habrá de ser el resultado de una praxis social que implica una desconstrucción de la metafísica naturalista que subyace a la teoría social y a la comprensión del mundo, es decir una estrategia y una política del conocimiento. En la dialéctica de la historia, el capitalismo rompe con la unidad entre sociedad y naturaleza; la sociedad se separa de su organicidad originaria y el modo de producción instaura la racionalización del dominio de la naturaleza. En este sentido afirmaba Schmidt que

En comparación con la determinación concreta que el proceso laboral asume en su forma específicamente capitalista, es inherente a las formas que lo preceden algo de propiamente ahistórico y de natural [...] Sólo con el tránsito al capitalismo el dominio sobre la naturaleza toma una cualidad nueva: únicamente entonces el proceso laboral, que Marx en un primer momento había definido como igual en sus determinaciones generales para todas las épocas de la sociedad, se transforma en un proceso social de producción, en sentido estricto, para cuyos análisis no bastan aquellas determinaciones generales [...] que caracterizan momentos particulares de la producción preburguesa. Lo que la crítica de la economía política estudia y quiere explicar es más bien la "separación" entre estas condiciones inorgánicas de la existencia humana y esta existencia, una separación que sólo se ha realizado plenamente en la relación entre trabajo asalariado y capital (Schmidt, 1976: 200-201, 205).

En todo caso, el concepto de naturaleza, ya sea en la trascendencia de la separación con la sociedad en una visión organicista o económica del mundo, no logra emanciparse del objetivismo que ha impreso en la racionalidad económica la ontología naturalista y objetivista del mundo. La crítica de Marx a la razón económica queda atrapada en la comprensión misma de "lo natural", en la complicidad entre la naturalización y la economización del mundo, en la concepción del progreso civilizatorio, sobredeterminado y condicionado por la base económica, por el modo de producción, en la dialéctica trascendental que lleva, con el modo de producción capitalista, a subordinar el valor de uso al valor abstracto, a la lógica del mercado, enajenando al ser en la cosificación del mundo. Pues como señala Echeverría,

Según él [Marx], para construir un mundo propio, la vida moderna necesita descansar sobre un dispositivo económico peculiar, consistente en la subordinación, sujeción o subsunción del proceso "social-natural" de reproducción de la vida humana bajo un proceso "social-artificial", sólo transitoriamente necesario: el de la reproducción del valor mercantil de las cosas en la modalidad de una "valorización del valor" o "acumulación del capital". En la base de la vida moderna actúa de manera incansablemente repetida un mecanismo que subordina sistemáticamente la "lógica del valor de uso", el sentido espontáneo de la vida concreta, del trabajo y el disfrute humanos, de la producción y el consumo de "los bienes terrenales", a la "lógica" abstracta del "valor" como sustancia ciega e indiferente a toda concreción, y sólo necesitada de validarse con un margen de ganancia en calidad de "valor de cambio". Es la realidad implacable de la enajenación, de la sumisión del reino de la voluntad humana a la hegemonía de la "voluntad" puramente "cósica" del mundo de las mercancías habitadas por el valor económico capitalista (Echeverría, 1998: 63).

El modo de producción capitalista somete a la naturaleza a la lógica del mercado y a las normas de producción de plusvalía, al tiempo que las potencias de la naturaleza y el ser humano se convierten en objetos de apropiación económica. Pero esto no anula los procesos organizativos y productivos de la naturaleza y los sentidos de las culturas. El fenómeno de la vida y los procesos neguentrópicos de organización ecológica, dominados por la racionalidad de la producción capitalista, están latentes, en espera de ser incorporados a una nueva racionalidad productiva.

VALOR CUALITATIVO, PODER DEL CONOCIMIENTO
Y REAPROPIACIÓN SOCIAL DE LA NATURALEZA

Las reflexiones anteriores muestran la importancia que Marx atribuyó a la ciencia y al progreso tecnológico en el proceso de reproducción del capital y en la superación del modo de producción capitalista. Sin embargo, sus análisis nunca llevaron a conceptuar el carácter determinado y determinante del trabajo intelectual y de la producción científica en el proceso contradictorio de valorización-desvalorización-revalorización del capital por el efecto del desarrollo tecnológico de las fuerzas productivas. Marx reconoce el carácter determinante de la ley del valor y de la plusvalía en el desarrollo del conocimiento científico y sus aplicaciones tecnológicas para elevar la productividad de los procesos productivos y para la revalorización del capital. Mas no llegó a caracterizar a este "sector" productor de conocimientos, ni a integrar al trabajo intelectual como trabajo productivo dentro del proceso económico y la valorización del capital.

Los análisis de Marx parten del efecto producido por el trabajo intelectual incorporado a los medios de producción en la elevación de la productividad del trabajo manual, es decir en su efecto sobre el tiempo de trabajo socialmente necesario que es afectado por la competencia entre capitales y por los ciclos de rotación del capital. Pero el trabajo intelectual no es considerado como un proceso determinado y determinante del proceso de reproducción del capital. Esto no tendría mayor importancia si el papel que desempeñara la producción de conocimientos fuera accesorio para el proceso de valorización del capital, o si éste pudiera ser explicado a partir de la ley del valor. Pero en el estudio de la rotación del capital y de la competencia entre capitales el concepto de valor se vuelve cada vez más elusivo, y el propio Marx admite las dificultades a las que se enfrenta para aprehender a partir de allí el movimiento real del capital.[38]

[38] De esta forma, ante las dificultades para explicar la igualación de la tasa de ganancia de sectores productivos con tiempos de rotación y con composiciones orgáni-

La revolución científico-tecnológica, desencadenada por la dinámica del capital, ha llevado a disolver el principio que dio fundamento a la teoría del valor, es decir, al trabajo simple y directo como determinante cuantitativo de la producción de mercancías. Este hecho tiene dos repercusiones fundamentales para el pensamiento marxista. La primera se refiere a la relación orgánica entre teoría y praxis, entre racionalidad y acción social; la segunda a la especificidad epistemológica de la ciencia de la historia. Las condiciones de sustentabilidad de la producción plantean la necesidad de resignificar los conceptos del materialismo histórico para entender las determinaciones del proceso de producción y de reproducción del capital en la innovación y aplicación de conocimientos científicos y tecnológicos, así como para poder conceptuar la función productiva del trabajo intelectual y de la naturaleza en el proceso de reproducción-transformación del capital. Pero aun generando estos avances teóricos para integrar las funciones manuales e intelectuales del trabajo productivo con los potenciales productivos de la naturaleza, el condicionamiento social de la producción de conocimientos no podrá reducirse a las determinaciones que le impone la formación cada vez más indeterminada del valor en el proceso de reproducción ampliada y ecologizada del capital. El poder explicativo del concepto de valor y la teoría de la producción en las condiciones de producción de conocimientos se va desdibujando, no obstante que las leyes científicas y los medios tecnológicos sean en efecto el mayor soporte del desarrollo de las fuerzas productivas.

El conocimiento de las determinaciones socioeconómicas de la producción de conocimientos en su función productiva se desplaza así hacia el condicionamiento histórico sobre la producción de conocimientos en su función teórica de aprehensión de lo real y en la forma como el conocimiento transforma el mundo. Ello habrá de llevar a indagar sobre la construcción de la teoría económica y la racionalidad que de allí se desprende en cuanto al conocimiento y la transformación del mundo real. Esta indagación, fundamental para comprender la crisis ambiental como una crisis del conocimiento, rebasa las capacidades de comprensión que puede aportar el materialismo histórico y habrá de llevar a su desconstrucción para construir una nueva racionalidad social y productiva.[39]

cas de capital diferentes, Marx escribe: "Puede parecer que la teoría del valor sea aquí incompatible con el movimiento real y los fenómenos empíricos de la producción, y que sea necesario renunciar a comprender estos últimos (K. Marx, *Ibid*: 945).

[39] De las cenizas de la "revolución" como significante del cambio, de la novedad,

La dialéctica entre el conocimiento y la transformación del mundo en el pensamiento marxista ha constituido su "totalidad orgánica". Marx no pensó que las leyes internas del capital llevarían directamente a la disolución del modo de producción capitalista. Pero al plantear la dinámica del capital como efecto de leyes objetivas y cuantitativas abrió el camino para que Lukács (1923) pensara en el surgimiento de la conciencia de clase como producto de esta legalidad. De esta manera, la práctica revolucionaria adquiría un carácter objetivo, determinado por las leyes internas del capital. Al desaparecer la ley del valor como principio cuantitativo determinante de las transformaciones sociales, las prácticas políticas dejan de ser el efecto de un mecanismo automático. La acción social no es el efecto de un determinismo teleológico, y se inscribe en el contexto de una racionalidad que confiere los sentidos y valores de la organización social. La historia, la lucha de clases y los movimientos populares son los procesos que generan y transforman las estructuras sociales y sus leyes tendenciales temporales. Estas estructuras no cambian simplemente como efecto de leyes inmanentes, sino por las relaciones de poder que se desarrollan en su seno. Las prácticas sociales transforman la realidad social y modifican de esta forma sus leyes internas. Por ello no existen leyes absolutas que rijan la praxis, pero ésta no se realiza libre de las determinaciones y condiciones que configuran una racionalidad social.

La revolución científico-tecnológica está operando una transformación del proceso de trabajo e interviniendo a la naturaleza. Las fuerzas de la naturaleza magnificadas por la ciencia se han convertido en las fuerzas predominantes en la producción de la riqueza, al tiempo que el equilibrio de los sistemas ecológicos se ha vuelto una condición de sustentabilidad del proceso económico. La compleji-

---

de la insurgencia, la emancipación y la justicia en la modernidad, la *desconstrucción* es el *mot d'ordre* del pensamiento y la condición posmodernos. De esta manera, la reconstitución de las relaciones sociales de producción y el desarrollo de las fuerzas productivas son parte del mismo proceso de desconstrucción del logocentrismo de las ciencias (Derrida, 1989) en las que se forja la racionalidad económica, de la deslegitimación del régimen hegemónico de su discurso y la legitimación de otros saberes, abriendo el cauce a nuevos juegos de lenguaje que obedecen a reglas diferentes, que "desplazan la idea de razón y reemplazan el principio de un metalenguaje universal por el de una pluralidad de sistemas formales y axiomáticos capaces de argumentar enunciados denotativos [...] lo que habrá de conducir a 'inventar' el contraejemplo, es decir, la inteligibilidad; trabajar a la argumentación es buscar la 'paradoja' y legitimarla con nuevas reglas del juego del razonamiento" (Lyotard, 1979).

dad ambiental que articula los procesos de productividad ecológica y de innovación tecnológica y que anida en la constitución de identidades culturales y sentidos existenciales, sustituye progresivamente al tiempo de trabajo como determinante de la producción de valores de uso y de mercancías. La productividad de la naturaleza, el desarrollo científico, el equilibrio ecológico, la innovación tecnológica y los valores culturales se han convertido en una condición sistémica del proceso económico.

La producción y la distribución de la riqueza dependen de estrategias de producción y apropiación del conocimiento. Estos procesos naturales y cognoscitivos no son determinados por la ley del valor. Sin embargo, los descubrimientos científicos tampoco se producen simplemente como efecto de una lógica interna de la ciencia –del crecimiento del conocimiento por la libre creación o la planificación de la empresa científica; por la refutación y verificación de sus hipótesis y teorías (Popper, 1973); por la estructura y revoluciones de los "paradigmas" científicos (Kuhn, 1970)–, ni por una razón tecnológica (Marcuse, 1967), independientes de la dinámica social, de la pulsión por conocer y las estrategias de poder en el saber (Foucault, 1980). La creación científica y la innovación tecnológica no se convierten en los nuevos principios determinantes del desarrollo sustentable ni fundan una ética del conocimiento capaz de dirimir y solucionar los conflictos en torno a la apropiación productiva de la naturaleza. Lo anterior implica la necesidad de pensar y construir una nueva racionalidad productiva sustentada en los principios de la entropía y la complejidad ambiental, integrando las formaciones ideológicas, la producción científica, los saberes personales y colectivos, las significaciones culturales y las condiciones "reales" de la sustentabilidad ecológica.[40]

La economía fundada en el tiempo de trabajo ha sido desplazada por la economía basada en el poder del conocimiento científico como medio de producción e instrumento de apropiación de la natu-

---

[40] Véanse los capítulos 4 y 5 *infra*. Karl Polanyi planteó un criterio fundamental para romper la visión objetivista y positivista de la ciencia, no sólo al inscribir dentro del proceso de producción de conocimientos objetivos la pulsión epistemofílica del científico y su "saber personal" (Polanyi, 1958), sino al sacar a lo Real del cerco de la realidad presente y esbozar la idea del futuro como la potencia de lo Real y del Conocimiento, cuestionando la idea de su identidad y correspondencia: "Lo Real es aquello que se espera que se revele indeterminadamente en el futuro [...] el ideal de exactitud debe abandonarse" (Polanyi, 1946: 10).

raleza.[41] La acumulación y la concentración del capital ya no se basan tan sólo en la sobreexplotación de la naturaleza y de la mano de obra barata del tercer mundo, sino también en nuevas estrategias de apropiación capitalista de la naturaleza dentro de la nueva geopolítica del desarrollo sostenible (véase el capítulo 3, *infra*), incluyendo la apropiación gratuita y el pillaje de los recursos genéticos, la subvalorización de los bienes naturales y servicios ambientales, y el acceso subvencionado a hidrocarburos y recursos hídricos que mantiene una agricultura supercapitalizada y un planeta hiperurbanizado.

La valorización de la complejidad ambiental implica transformar la actual métrica que reduce la diversidad ontológica y axiológica del mundo a los valores objetivos, cuantitativos y uniformes del mercado, a una teoría cualitativa de una economía sustentable, capaz de integrar los procesos económicos, ecológicos y culturales dentro de un pluralismo epistemológico y axiológico capaz de expresar los antagonismos entre la racionalidad económica y la racionalidad ambiental –incluyendo la multiplicidad de racionalidades culturales que la conforman– en los procesos de apropiación de la naturaleza y la incorporación de las condiciones ecológicas de sustentabilidad de los procesos productivos.

La complementariedad de los valores objetivos y subjetivos asignados a la naturaleza en la construcción de una racionalidad ambiental demanda nuevos acercamientos que permitan integrar la valoración de las condiciones ecológicas de sustentabilidad y los significados y sentidos de la naturaleza construidos desde la cultura –a través de las identidades que se forjan en la relación entre lo material y lo simbólico– que se expresan en los derechos comunales y ambientales de las poblaciones indígenas y campesinas para la reapropiación de su patrimonio de recursos naturales (véase el capítulo 8, *infra*). De esta manera se plantea la necesidad de desconstruir la racionalidad económica, abriendo nuevas perspectivas para la construcción de una racionalidad ambiental orientada por un ecosocialismo democrático y sustentable.

---

[41] La legitimación de los derechos de propiedad intelectual sobre los recursos genéticos de la biodiversidad y el poder de invadir las regiones tropicales del tercer mundo con productos transgénicos expresan el poder de esta economía ecologizada y cientifizada.

LA CRÍTICA POSMODERNA AL CONCEPTO DE VALOR

La teoría marxista del valor-trabajo se ha desdibujado y colapsado por las contradicciones internas de su aparato teórico ante el cambio tecnológico; ha sido sofocada por el peso mismo de su armadura conceptual, de sus bases epistémicas, de su objetivación de la realidad histórica. En la raíz de estas "contradicciones" hay una razón más profunda. La pérdida de referentes en la realidad es la manera como se manifiesta el "error metafísico y epistemológico" de la teoría económica y de los conceptos de producción, de trabajo, de necesidad y escasez que fundan la racionalidad económica de la modernidad. Si el pensamiento posmoderno busca en la gramática las fuentes de la ideología de la representación que ha burlado el sentido de la existencia humana (Derrida, 1967), Baudrillard centra su crítica al marxismo en el concepto mismo de producción. Marx no sólo habría producido en *El capital* una teoría del orden productivo de su tiempo sino una ontología transhistórica fundada en el principio de producción y en el código de la economía política. El materialismo histórico habría quedado cautivo de la lógica de la representación, que el materialismo dialéctico no fue capaz de trascender:

No obstante su radicalidad en el análisis *lógico* del capital, la teoría marxista mantiene un consenso *antropológico* con las opiniones del racionalismo occidental en la forma definitiva que adquiere en el pensamiento burgués del siglo XVIII. Ciencia, técnica, progreso, historia... en esas ideas tenemos toda una civilización que se comprende a sí misma como produciendo su propio desarrollo y que toma su fuerza dialéctica para completar a la humanidad en términos de totalidad y felicidad. Tampoco inventó Marx los conceptos de génesis, desarrollo y finalidad. No cambió nada básico: nada en relación con la *idea* del hombre *produciéndose* a sí mismo en su determinación infinita, y trascendiéndose continuamente hacia su propio fin [...] Diferenciar los modos de producción no cuestiona la evidencia de la producción como una instancia determinante. Sólo generaliza el modo de la racionalidad económica sobre toda la historia humana, como el modo genérico del devenir humano [...] El hombre no sólo es explotado como una fuerza de trabajo por un sistema de economía política capitalita, sino que también está metafísicamente sobredeterminado como un productor por el *código* de la economía política [...] Necesidades y trabajo son la doble potencialidad del hombre o su doble cualidad genérica. Éste es el mismo dominio antropológico en el cual el concepto de producción se esboza como el "movimiento fundamental de la existencia humana", que define una racionalidad y una sociabilidad apropiadas para el hombre [y que] generaliza el modo de la racionalidad económica sobre toda la historia humana, como el modo genérico del devenir humano [...] Si uno plantea la hipótesis de que *nunca ha habido y nunca habrá nada sino el único modo de producción regido por la economía política capitalista* [...] entonces incluso la generalización "dialéctica" de este concepto es solamente la universalización *ideológica* de los postulados de este sistema [...] Para cuestionar el proceso que nos somete al destino de la economía política y al terrorismo del valor, y para repensar la descarga y el intercambio simbólico (Bataille), los conceptos de producción y de trabajo desarrollados por Marx [...] deben ser resueltos y analizados como conceptos ideológicos, interconectados con el sistema general de valor. Y para encontrar un dominio más allá del valor económico [...] debemos romper el *espejo de la producción* en el que se refleja toda la metafísica del Occidente (Baudrillard, 1980, cit. en Poster, 1988: 104-105, 113).

La propia dialéctica del modo de producción capitalista, objeto de la economía política, llega al límite de su poder explicativo; sus conceptos se desanudan y se evapora su poder explicativo. El vínculo entre el valor de uso y la demanda, asentados en la necesidad y la utilidad, y el valor de cambio, fundado en la equivalencia de los trabajos y las utilidades, se disuelve, al tiempo que la "lógica del valor de cambio" se vuelve autónoma, configura un código general en el cual se subsume el ser de todas las cosas, y va trasmutando las necesidades, los deseos y las utilidades en una misma sustancia etérea de valor, fuera de todo referente y todo sentido. El código económico gira vertiginosamente por encima de toda lógica y toda razón. Es el imperio de la ley estructural del valor sobre el valor de uso ceñido a una significación cultural:

Esta revolución consiste en que los dos aspectos del valor, que algunas veces se pensó que estuvieran coherente y eternamente vinculados, como por una ley natural, se desarticulan; *el valor referencial se nulifica en beneficio del juego estructural del valor*. La dimensión estructural gana autonomía excluyendo a la dimensión referencial, estableciéndose sobre la muerte de esta última. Terminados los referenciales de la producción, de la significación, del afecto, de la sustancia, de la historia, toda la equivalencia de contenidos "reales" que daban su peso al signo al anclarlo con un cierto peso de utilidad y de gravedad –su forma de equivalente representativo. Todo eso queda rebasado por el otro estadio del valor, el de la relatividad total, de la conmutatividad generalizada, de la simulación combinatoria. Simulación en el sentido que de ahora en adelante los signos se intercambiarán entre sí, sin interactuar con lo real [...] La misma operación ocurre en el nivel de la fuerza de trabajo y del proceso de producción: la eliminación de todas las finalidades de contenido de la producción permite a ésta funcionar como un código, y permite al signo monetario evadirse en una especulación indefinida fuera de toda referencia a lo real de la producción (Baudrillard, 1976: 18).

Y sin embargo, si bien el signo monetario parece liberarse de todo referente como valor de uso y flotar en el goce pleno de una espectacular especulación sin un anclaje en lo real, no logra desprenderse de su vínculo con la naturaleza. El discurso del desarrollo sostenible es una de las expresiones más claras de este simulacro, mediante el cual todo lo real es desustantivado de su ser y al mismo tiempo recodificado por el signo unitario del mercado, generando la sobreeconomización del mundo (véase el capítulo 3, *infra*). Y sin embargo, lo real sigue resistiendo y respondiendo a esa falla de la teoría desde la ley límite de la naturaleza. Desde las entrañas del proceso económico siguen gestándose los efectos destructivos de la naturaleza que habrían de manifestarse, con el crecimiento de la economía global, en la crisis ambiental. Es ello lo que ha generado en la teoría económica una preocupación por sus "externalidades" –las condiciones ecológicas de la producción–, buscando internalizar lo negado y desconocido por la teoría acerca del mundo sobredeterminado por la estructura económica, por un devenir llevado por la idea de progreso, por una liberación dependiente del desarrollo de las fuerzas productivas guiadas por la ciencia y la tecnología. El mundo objetivado por la necesidad de mantener un proceso creciente de producción, guiado por el principio de realidad generado por la racionalidad tecnoeconómica, se encuentra con su Otro, con el ambiente.

Para Baudrillard el desplazamiento de la economía política del signo –fundada en un sistema de representaciones– hacia el campo de la simulación –regida por la ley del código– significa el fin de la era de la producción y el inicio de la era de la simulación:

La "economía política del signo" resultaba aún de una extensión de la ley del valor de la mercancía y de su verificación en el dominio de los signos. Mientras que la configuración estructural del valor pura y simplemente pone fin al régimen de la producción y de la economía política, así como al de la representación y de los signos. Todo esto, junto con el código, se tambalea con la simulación [...] Fin del trabajo, fin de la producción, fin de la economía política. Fin de la dialéctica significante-significado que permitió la acumulación del saber y del sentido, el sintagma lineal del discurso cumulativo. Fin simultáneo de la dialéctica valor de cambio-valor de uso, que hacía posible la acumulación de la producción social. Fin de la dimensión lineal del discurso y de las mercancías. Fin de la era clásica del signo. Fin de la era de la producción (Baudrillard, 1976: 20).

Lo anterior marca una mutación epistémica desde el principio de realidad y la ley del valor inscritos en la metafísica de la representación, hacia el orden del simulacro y la simulación:

El principio de realidad coincidía con una determinada fase de la ley del valor. Hoy todo el sistema se tambalea en la indeterminación, toda la realidad es absorbida por la hiperrealidad del código y de la simulación. Es el principio de simulación el que nos rige ahora, en lugar del antiguo principio de realidad. Las finalidades han desaparecido; somos generados por modelos. No hay más ideología; sólo hay simulacros. Para aprehender la hegemonía y la hechicería del actual sistema –de la revolución estructural del valor–, debemos restituir toda la genealogía de la ley del valor y de los simulacros (Baudrillard, 1976: 8-9).

La nueva geopolítica de la globalización económica y del desarrollo sostenible, y las estrategias de apropiación de la naturaleza que allí se despliegan, ya no se fundan en una teoría del valor sino en una estrategia simbólica que tiene por fin recodificar todos los órdenes del ser en términos de valores económicos. De la cosificación de la naturaleza como condición de su apropiación productiva por el capital transitamos hacia una sobreeconomización del mundo. La superación de la racionalidad capitalista no sólo plantea la necesidad de resolver sus contradicciones con el trabajo asalariado y con las condiciones ecológicas de la producción como una "segunda contradicción del capital" (J. O'Connor, 1991); al mismo tiempo lleva a cuestionar el pensamiento metafísico que redujo el mundo a entes y la naturaleza a cosas, y que en su fase actual de globalización económico-ecológica tritura la realidad y engulle los mundos de vida para someterlos al código global del valor económico. En este sentido, Baudrillard plantea la necesidad de trascender los presupuestos metafísicos que fundan los conceptos de la economía política y el concepto de valor económico:

La idea de que un concepto no es meramente una hipótesis interpretativa sino una traducción del movimiento universal se funda en la pura metafísica. Los conceptos marxistas no escapan a ello. Por lo tanto [...] el concepto de historia también debe ser concebido como histórico [...] e iluminar solamente el contexto que lo produjo, aboliéndolo. En cambio, en el marxismo se ha transhistorizado a la historia: se redobla en sí misma y se universaliza en consecuencia [...] De esta manera, al universalizarse canceló su "diferencia", en una regresión hacia la forma dominante del código y a la estrategia de la economía política [...] Ello indica la presente forma explosiva y mortal de los conceptos críticos. En cuanto se constituyen en universales, dejan de ser analíticos y empieza la religión del sentido [...] Se establecen como si expresaran una "realidad objetiva". Se convierten en signos: significantes de un "real" significado [...] y han caído en el *imaginario del signo*, o la *esfera de la verdad*. Ya no están más en la esfera de la interpretación y han entrado en la de la *simulación represiva* (Poster, 1998: 114).

La metafísica de la producción y del trabajo que se expresa en el discurso teórico del materialismo histórico no se resuelve por el pensamiento dialéctico que lo funda y debería pensar su trascendencia. El materialismo dialéctico no logra liberarse del propósito de objetivar a la naturaleza, inscrito y enquistado en la propia teoría:

Sólo el trabajo funda el mundo objetivo y al hombre histórico [...] sólo el trabajo funda una dialéctica real de la superación y la realización [...] La culminación dialéctica de todo esto es el concepto de naturaleza como "el cuerpo inorgánico del hombre": la naturalización del hombre y la humanización de la naturaleza [...] la dialéctica de medios y fines que está en el corazón del principio de transformación de la naturaleza [...] implica virtualmente la autonomización de los medios (la autonomización de la ciencia, la tecnología y el trabajo; la autonomización de la producción como actividad genérica; la autonomización de la dialéctica misma como esquema general de desarrollo) (Poster, 1988: 107-108).

La metafísica de la producción ha migrado hacia el pensamiento ecológico en búsqueda de esta superación, tanto en el discurso de una ecología política fundada en una dialéctica (ecologizada) de la naturaleza (véase el capítulo 2 *infra*), como en las estrategias del desarrollo sostenible para la capitalización de la naturaleza (véase el capítulo 3 *infra*). La emergencia del pensamiento ecologista es el último bastión que intenta recuperar el pensamiento dialéctico, buscando resolver el desgarramiento del hombre actual entre la extrema objetivación del mundo en el valor y el código económico, y su reintegración al intercambio simbólico sin referentes –sin soportes, anclajes y sentidos– en lo real. Pero este *naturalismo dialéctico* tampoco logra escapar de la voluntad de dominio del pensamiento "universal y objetivo" que lleva a "racionalizar a las sociedades primitivas […] y a decodificarlas de acuerdo con sus propios conceptos" (Poster, 1988: 115).

En vano buscaremos una teoría posmarxista del valor, una ley objetiva del valor, que no sea una hoja de cálculo de gastos y balances energéticos, una bitácora de instrumentos económicos para la valorización económica de los bienes y servicios ambientales, y de los valores subjetivos entendidos como preferencias del consumidor. Más allá de preconizar una diversidad de valores (Altvater, 1993) o un pluralismo epistemológico (Norgaard, 1994), no ha sido formulada una nueva teoría económica que conjugue las fuerzas de la naturaleza con los significados culturales de la naturaleza, más allá del dominio del valor económico.

La construcción de una nueva racionalidad que supere la dicotomía y la polaridad entre el mundo sobreeconomizado y el mundo sobresimbolizado –que lo libere del simulacro del exceso de objetividad–, no se plantea como una superación de la necesidad económica y el acceso a un mundo de postescasez –más allá de la producción– donde el ser humano aparece como un "ser para el consumo", invadido por la ficción del signo, la simulación de realidades virtuales y los modelos semiológicos que seducen al sujeto. El sobredimensionamiento del hombre como ser productivo, la recodificación económica de la vida humana, cierra las perspectivas para mirar la producción desde nuevos puntos de vista al desconocer los límites y potenciales de la naturaleza, así como los saberes y racionalidades que se configuran en la diversidad cultural. Para trascender el objetivismo de la racionalidad económica es necesario fundar *otra racionalidad productiva*, donde el valor renace allí desde los significados asignados a la naturaleza desde la cultura, por los valores-significados de las culturas.

De la misma manera que la narrativa del *homo economicus* convierte al ser humano en fuerza de trabajo, el discurso ecologista le asigna una función como custodio de la biodiversidad en el orden económico-ecológico del desarrollo sostenible. La codificación del ser como elementos aleatorios del capital es redoblada por el naturalismo implícito en el concepto de naturaleza y del valor de uso. La racionalidad ambiental trasciende así las intenciones de una teoría económica o ecológica del valor, pues éstas remiten a un valor objetivo que elude al ser. Lo que está en juego en los conflictos ambientales no se dirime ni por el valor económico objetivo, ni por valores ecológicos intrínsecos, sino por valores culturalmente asignados a la naturaleza. En este sentido Sartre ha afirmado que:

El fundamento del valor no es el ser: Si lo fuese, el valor dependería de algo que no es mi decisión, mi voluntad, y dejaría de ser un valor para mí. Por el contrario, el valor se muestra en una libertad "activa", una libertad que "lo hace existir como valor por el sólo hecho de reconocerlo como tal". Por eso "mi libertad es el único fundamento de los valores y *nada*, absolutamente nada me justifica si adopto este o aquel valor, esta o aquella escala de valores" (Givone, 1995: 234).

La producción y la economía deben redimensionarse dentro de una nueva racionalidad. Para ello será necesario repensar los conceptos marxistas de relaciones sociales de producción y desarrollo de las fuerzas productivas desde los potenciales de la naturaleza y los sentidos de la cultura. Ello implica desplazar la teoría económica fundada en la productividad del capital, el trabajo y la tecnología, hacia un nuevo paradigma fundado en la productividad ecológica y cultural, en una productividad sistémica que integre el dominio de la naturaleza y el mundo de vida de sujetos culturales en las perspectivas abiertas por la complejidad ambiental (Leff, 2000). La controversia entre la racionalidad económica y la racionalidad ambiental en las perspectivas del desarrollo sustentable llevan a contraponer a la lógica del valor de cambio −de la ley estructural del valor− una racionalidad productiva fundada en valores-significados. La racionalidad ambiental lleva a repensar la producción a partir de los potenciales ecológicos de la naturaleza y las significaciones y sentidos asignados a la naturaleza por la cultura, más allá de los principios de la "calidad total" y la "tecnología limpia" de la nueva ecoindustria, así como de la calidad de vida derivada de la "soberanía del consumidor". La racionalidad ambiental que de allí emerge se aparta de una concepción conservacionista y productivista de la naturaleza para convertirse en una estrategia para la reapropiación social de la naturaleza, basada en la valorización cultural, económica y tecnológica de los bienes y servicios ambientales de la naturaleza. La racionalidad ambiental desemboca en una política del ser, de la diversidad y de la diferencia que replantea el valor de la naturaleza y el sentido de la producción.

2. LA COMPLEJIDAD AMBIENTAL
Y EL FIN DEL NATURALISMO DIALÉCTICO

INTRODUCCIÓN

La descomposición del concepto de valor –del valor-trabajo al valor-signo– que buscaba establecer las condiciones materiales de la producción como principio de la organización económica y un principio de realidad en la comprensión de la historia, ha culminado en la capitalización de la naturaleza y la sobreeconomización del mundo. La racionalidad económica ha llevado a recodificar el mundo –a todos los entes y los órdenes ontológicos– en términos de valor económico, pero se ha quedado sin un referente y un soporte en el orden de la naturaleza. Ni la dialéctica de la naturaleza, ni la dialéctica de la historia, logran comprender y trascender este proceso que, partiendo de la sujeción del ser a la metafísica, desemboca en el imperio del orden económico que convierte al ser en *ser para la producción*, en *homo economicus*. La sobreobjetivación de la naturaleza en el orden económico produce su reflejo deformado en la antropología que estableció el análisis de la cultura a través de una estructura simbólica sin relación con la naturaleza. De allí nace la preocupación por volver a la naturaleza olvidada para arraigar el pensamiento en lo Real, en un "paradigma perdido" (Morin, 1973), que, como fuente de objetividad, abra la posibilidad de recomponer el mundo dividido y fragmentado por el conocimiento. Allí se desliza el pensamiento crítico hacia un pensamiento de la complejidad que se inscribe dentro de la *episteme* emergente del ecologismo. El colapso ecológico ha concitado un retorno a la naturaleza. La crisis ambiental se expresa como una angustia de separación de la cultura de sus raíces orgánicas, buscando reconstituir el orden social desde sus bases naturales de sustentación. El ecologismo emerge como uno de los movimientos sociales más significativos del fin del siglo xx, buscando restituir las condiciones que impone el orden natural a la supervivencia de la humanidad y a un desarrollo sustentable. Este movimiento está llevando a revalorizar las relaciones económicas, éticas y estéticas del hombre con su entorno, penetrando en los valores de la democracia, de la justicia y de la convivencia entre los hombres; y entre éstos y la naturaleza.

El ecologismo no sólo se ha constituido en un movimiento en defensa de la naturaleza, sino en una nueva cosmovisión basada en la comprensión del mundo como un sistema de interrelaciones entre las poblaciones humanas y su entorno natural. Ello ha alimentado un pensamiento de la complejidad, fundado en una ecología generalizada (Morin, 1977, 1980, 1993). Esta visión ecologizada del mundo ha sido transferida al campo de lo social: de la filosofía, la política y la economía. De esta manera nacen la ecología humana, la bioética y la ecología profunda (Devall y Sessions, 1985; Naess y Rothenberg, 1989; Jonas, 2000), buscando arraigar el orden social y moral en una ontología de la naturaleza y de la vida, enriquecida por la complejidad de la organización ecológica. Empero, este reenraizamiento de lo social en sus bases naturales ha implicado un desconocimiento del orden simbólico que, desde las significaciones del lenguaje y la organización de la cultura, organizan los mundos de la vida del ser humano, sus relaciones sociales y sus relaciones de poder, las cuales no pueden subsumirse dentro de un sistema de relaciones ecológicas y ser comprendidas dentro de un orden biológico.

En este campo ideológico se ha configurado la corriente ecoanarquista de Murray Bookchin (1989,1990), con la pretensión de fundamentar la ecología social en una filosofía natural –un *ecologismo dialéctico*–, para orientar la construcción de una sociedad ecológica. La ecología social no sólo aporta un análisis de la sociedad desde sus condicionamientos ecológicos y las complejas interrelaciones de sus procesos; al mismo tiempo busca conducir las estrategias y prácticas del ecologismo hacia un proceso de descentralización basado en la creatividad de la vida y en la autogestión de las comunidades sobre su proceso de desarrollo. La ecología social de Bookchin orienta nuevos estilos de vida y formas de organización social basados en una teoría de evolución ecosocial, donde los principios ecológicos adquieren valor ontológico como una "verdad objetiva liberadora" para construir una "sociedad ecológica". Su proyecto de fundar la filosofía política del ecologismo en una renovada dialéctica de la naturaleza y en una "ética ontológica" plantea problemas a la teoría y a la acción social capaces de sentar las bases teóricas y forjar los sentidos existenciales para la construcción de una racionalidad ambiental.

LA ÉTICA AMBIENTALISTA Y LA NATURALIZACIÓN DE LA SOCIEDAD

La teoría social se ha dividido en dos grandes campos: una teoría crítica y un acercamiento empírico-analítico-positivista de la realidad. La dialéctica llegó a convertirse en el fundamento teórico e ideológico del racionalismo crítico, en el método (el materialismo dialéctico) que fundamenta el conocimiento de la historia y del sistema capitalista (el materialismo histórico), y que orientaría la construcción del socialismo. El pensamiento dialéctico ha sobrevivido a la caída del socialismo real. Aunque ha perdido el sentido ontológico y la supremacía epistemológica que pretendieron otorgarle desde Hegel, Engels y Lukács hasta Sartre y Lefebvre, frente a la lógica formal, la dialéctica sigue aún inspirando el discurso teórico y político.

Si Marx buscó fundar el socialismo en el método de pensamiento del materialismo dialéctico, Bookchin busca construir una sociedad ecológica inscribiendo la razón dialéctica en una base ontológica sólida: en la organización ecológica de la naturaleza. Bookchin comprende que la degradación ecológica tiene sus orígenes en la dominación del hombre por el hombre, así como en la dominación del hombre sobre la naturaleza, y rastrea los momentos históricos en que se establecieron estas jerarquías y formas de dominación en las desigualdades de clases y de género; pero la eliminación de estas formas de inequidad aparece como la expresión de una racionalidad ecológica, sin reconocer las fuentes de esas relaciones de dominación en el orden simbólico y en la racionalidad económica a lo largo de la historia, ni sus formas actuales en el discurso y las políticas de la globalización económico-ecológica. Su dialéctica no emana de las estrategias de poder que se plasman en las formaciones discursivas de la globalización económica y que emergen de los intereses en conflicto por la apropiación de la naturaleza.

La filosofía de la naturaleza de Bookchin se funda en una teoría evolutiva que llevaría el germen de una sociedad ecocomunitaria, ignorando los procesos culturales de significación que han orientado la coevolución del hombre con la naturaleza. Bookchin busca rearraigar el orden simbólico, las fuentes del poder y el cambio social en la naturaleza, no en la razón crítica y en la acción estratégica, de manera que la evolución de la sociedad ecológica hacia sus estadios de autoconciencia vendría a disolver en su desarrollo dialéctico las anteriores contradicciones y opresiones de la historia. La libertad estaría ya prescrita y predestinada en el orden biológico. En este sentido, Bookchin afirma:

Lo que unifica a la sociedad con la naturaleza en un continuo gradual y evolutivo es el extraordinario grado en el cual los seres humanos, viviendo en una sociedad racional y ecológicamente orientada, incorporan la creatividad de la naturaleza [...] Las formas de vida que crean y alteran conscientemente el ambiente, de modos que lo hacen más racional y ecológico, representan una vasta e indefinida extensión de la naturaleza hacia [...] la evolución de una naturaleza completamente *autoconsciente* [...] Dada esta concepción de la naturaleza como una historia acumulativa de niveles cada vez más diferenciados de organización material (especialmente de formas de vida) y de subjetividad creciente, la ecología social establece una base para una concepción significativa de la humanidad y sobre el lugar de la sociedad en la evolución natural [...] La humanidad se convierte, en efecto, en una expresión potencial de la naturaleza convertida en un proceso autoconsciente y autoformativo (1989: 35-37:201).

Bookchin sugiere que la conducta humana no debe verse simplemente como una respuesta adaptativa al ambiente, ya que la conciencia puede orientar acciones individuales y la evolución social hacia la libertad, a partir de las potencialidades y la creatividad de la naturaleza:

Por las propias raíces biológicas de su poder mental, ellos [los seres humanos] están literalmente *constituidos* por la evolución para intervenir en la biosfera [...] su presencia en el mundo de la vida marca un cambio crucial en la dirección de la evolución, desde una que es principalmente adaptativa a una que es, al menos potencialmente, creativa y moral (Bookchin, 1989:72).

Bookchin arraiga su dialéctica ecológica en una moral naturalista, y define como racional el pensamiento y las acciones que se constituyen y comportan conforme a las leyes ecológicas. La subjetividad humana y el conocimiento aparecen como extensiones de la evolución natural una vez que ésta alcanza su estado último en la autoconciencia del hombre. Bookchin sugiere así la necesidad de "volver a entrar dentro del continuo de evolución natural y desempeñar un papel creativo en él" (1989:73). Sin embargo, no ofrece un pensamiento estratégico para esa reconstrucción social. Este proceso de liberación dependería de una ética naturalista que habría de emerger y seguir el desarrollo espontáneo de la evolución biológica. La conciencia ecológica habría de generar un movimiento libertario mundial basado en un interés humano unificado, guiado por los valores ecoanarquistas que emergen de la generalización de la condición de postescasez de la sociedad actual.[1]

La idea de un proceso global que estaría llevando al mundo (incluso a los países más industrializados) a un estadio de postescasez es cuestionada por la crisis económica, la dificultad de elevar las tasas de crecimiento económico y la creciente desigualdad económica en la dinámica de la globalización económica, así como la persistente destrucción de la naturaleza y de la pobreza en el mundo. Bookchin no parece percibir los límites termodinámicos que impiden seguir acelerando el progreso hacia esa "abundancia" que a su paso va socavando las bases ecológicas del planeta, ni las raíces de la desigualdad del orden económico-ecológico dominante, ni las estrategias del poder que bloquean la difusión de los avances científicos que habrían de "liberar" a la humanidad de sus cadenas "preecológicas". La hipótesis de que la sociedad afluente llevará a la transición a una sociedad ecológica es aún menos convincente; no hay evidencias sobre la capacidad del sistema económico para ecologizarse, del progreso tecnológico para desmaterializar la producción, de la voluntad real de los países para reducir sus emisiones de gases con efecto invernadero, de la sociedad de consumidores para generar un rechazo generalizado al sobreconsumo, ni de un cambio en las preferencias personales que favorezca los valores del ecologismo, la frugalidad y la solidaridad.[2]

Bookchin sustenta sus argumentaciones en principios morales y filosóficos que están lejos de ser confirmados por la historia actual y

---

[1] "Nuestra mayor necesidad es crear un interés del ser humano general que pueda unificar a la humanidad como un todo [...] no existe la más remota posibilidad de que [una sociedad ecológica libre] se pueda alcanzar hoy a menos de que la humanidad sea libre para rechazar las nociones burguesas de abundancia, precisamente porque la abundancia esté disponible para todos" (Bookchin, 1989:171-170). Hoy en día el avance de la pobreza y de la pobreza extrema en el mundo, así como de las desigualdades económicas, están lejos de confirmar la transición hacia una sociedad donde la abundancia esté disponible para todos. Por su parte, la divergencia de intereses y estrategias para transitar hacia una sociedad sustentable, así como la resistencia de las comunidades indígenas y los grupos ambientalistas a seguir las políticas del "desarrollo sostenible" guiado por las estrategias neoliberales para capitalizar a la naturaleza a través de los mecanismos del libre mercado, anulan la posibilidad de unificar a la humanidad en torno a un interés "ecológico" general (véanse los capítulos. 7-9 *infra*).

[2] Bookchin revisó su posición sobre la viabilidad de una sociedad de postescasez en la introducción a la segunda edición (1990) de su libro *Post-scarcity society*. Sin embargo, ello no cambia de manera fundamental los presupuestos éticos y teóricos básicos que guían su visión sobre la construcción de una sociedad ecológica.

que apoye su idea sobre la transición a una "sociedad ecológica". Para Bookchin la moral natural vendría a unificar a la raza humana en una nueva empresa (r)evolucionaria. Sin embargo, los instrumentos de control ideológico, tecnológico y económico obstaculizan la incorporación de las condiciones ecológicas y los principios de equidad social y democracia política en nuevas formas de organización productiva y social, así como la emergencia de una nueva conciencia y de estrategias de poder capaces de cambiar el orden dominante. Bookchin mantiene un amplio debate con la ecología profunda. Si ésta se funda en una bioética normativa, la ecología social descansa en principios éticos que habrían de emerger de una conciencia evolutiva para guiar el proceso liberador de la humanidad en su era ecológica:

Los principios ecológicos que dieron forma a las sociedades orgánicas reemergen en la forma de principios sociales para dar forma a la utopía [...] la reemergencia de "los pueblos" [...] debe tratar cuestiones que se definen mejor como problemas éticos y no simplemente económicos. Sólo por un acto supremo de conciencia y de probidad ética esta sociedad podrá cambiar en lo fundamental (Bookchin, 1971/1990:23, 41).

La representación societal que emerge de la ecología social aparece como una fuerza moral capaz de controlar la economía y ajustar la tecnología a condiciones ecológicas que permitan la supervivencia de los pueblos y una producción sustentable. Bookchin busca en la naturaleza ese principio ético capaz de ejercer un control sobre los actuales procesos ecodestructivos y de guiar a la sociedad hacia la sustentabilidad. Si bien reconoce el carácter creativo de la naturaleza, y no le es ajena la idea de la ecotecnología, no incorpora la fecundidad y los potenciales de su organización ecosistémica como base para generar una nueva economía fundada en los potenciales ecológicos de la naturaleza y los sentidos provenientes de la diversidad cultural.

Su visión de la utopía como la realización completa de un proyecto revolucionario del cual se encargaría la dialéctica interna de la naturaleza, sigue siendo rehén del totalitarismo ideológico y teórico.[3]

---

[3] Bookchin idealiza la utopía como una revolución total; presupone que la tensión entre realidad y potencialidad "continuará surgiendo hasta que la utopía sea alcanzada [...] este estilo de vida y los procesos conducentes al mismo son indispensables en la reconstrucción del proceso revolucionario, para despertar sus sensibilidades hacia todo lo que debe cambiar de manera que la revolución sea completa" (Bookchin, 1971/1990: 17,18)

Esta idea del cambio social que debe conducir hacia una sociedad ecológica contrasta con la propuesta de construir una racionalidad ambiental a partir de la emergencia del saber ambiental y las transformaciones del conocimiento que éste induce (Leff, 1986/2000; 1998/2002), que implican una "revolución permanente" y la incompletitud del conocimiento. Dentro de esta racionalidad ambiental, la utopía se plantea como una política de la diversidad y de la diferencia, fundada en las potencialidades de la naturaleza, la tecnología y la cultura, que se construye socialmente a través de una teoría política y de acciones estratégicas, y no por una simple "actualización" de lo real existente.

Bookchin revuelve los sedimentos del pensamiento dialéctico para articular una retórica mesiánica y liberadora sin una visión crítica sobre el cambio social. Su narrativa de una sociedad desalienada, sin clases y sin propiedad privada, ignora la dialéctica del poder y el deseo que constituyen la naturaleza humana, sin llegar a plantear una teoría estratégica y una práctica capaz de desconstruir el sistema dominante y de construir un orden social alternativo. El anarquismo de Bookchin es "una emergencia libidinal de las personas, como una revuelta del inconsciente social que viene desde [...] las luchas más tempranas de la humanidad contra la dominación y la autoridad" (Bookchin, 1971/1990: 21). De esta manera "vincula la reconstrucción de la sociedad con la reconstrucción de la psique". Uniendo los rasgos de la espontaneidad en la naturaleza humana con la evolución biológica, Bookchin confunde la especificidad de la naturaleza humana (el orden simbólico, del inconsciente, de la cultura y del poder) con el orden biológico, desconociendo así los obstáculos (humanos y no naturales) que impiden la transición a un desarrollo justo y sustentable a través de estrategias simbólicas y políticas.[4] Esta "filosofía natural" desemboca en una espontaneidad alejada del pensamiento crítico y de la acción estratégica. Sus hondas raíces ecológicas resultan en la pasividad de los actores sociales del ecologismo, en espera de que las fuerzas de la naturaleza sean actualizadas en la sociedad por un proceso natural de autoconsciencia y de cambios espontáneos. Esta teoría es incapaz de explicar la crisis socioambiental y desarrollar una estrategia efectiva para la construcción de una "sociedad ecológica".

---

[4] "La creencia en la acción espontánea es parte de una creencia aún más grande: la creencia en el desarrollo espontáneo. Cada desarrollo debe ser libre para hallar su propio equilibrio [...éste] implica desatar las fuerzas internas del desarrollo para que pueda encontrar su orden auténtico y su estabilidad" (Bookchin, 1971/1990: 23).

MONISMO ONTOLÓGICO Y HOLISMO ECOLÓGICO:
LA NEGACIÓN DEL NATURALISMO DIALÉCTICO

Con el propósito de establecer un campo teórico unificado para ver
su continuo evolutivo y expandir el funcionamiento de la naturaleza
(¿su dialéctica?) al terreno de la sociedad y del pensamiento, Bookchin busca fundar la ecología social en un monismo ontológico. Las
categorías de naturaleza y ser –lo natural, lo cultural y lo social–,
pierden su especificidad ontológica y epistemológica. La naturaleza
de la naturaleza se confunde con las formas del ser; las producciones
humanas (el pensamiento, la cultura y la historia) aparecen como
"segunda naturaleza". Bookchin busca elaborar un naturalismo dialéctico que le permita

derivar orgánicamente la segunda naturaleza de la naturaleza primera [...]
usando un modo de pensamiento que distingue las fases del continuo evolutivo de donde emerge la naturaleza segunda, preservando la naturaleza
primera como parte del proceso (1990: 164).

Bookchin encuentra en este naturalismo dialéctico lo que de manera más elaborada desarrolla el "pensamiento de la complejidad"
como un proceso de "autoorganización de la *physis*" en la perspectiva de una "ecología generalizada" (Morin, 1977, 1980). La naturaleza segunda aparece así como un epifenómeno de la evolución "natural" de la naturaleza. Esta concepción de la realidad puede describir,
pero no ofrece una explicación de la constitución de la jerarquía, la
dominación, el patriarcado, las clases y el estado, que fueron emergiendo con este desarrollo. Esta filosofía naturalista no puede aprehender el "punto de inflexión" donde de la naturaleza emerge la cultura, y la diferencia irreductible de lo real y lo simbólico.
    Bookchin intenta forjar una dialéctica de la naturaleza en el mol-
de de la ecología, desarrollar nuevas "formas de la razón que sean orgánicas y que al mismo tiempo conserven sus cualidades críticas"
(Bookchin, 1990: 11). Busca así establecer la superioridad del naturalismo dialéctico frente a la razón analítica y la teoría de los sistemas.[5] En esta perspectiva, Bookchin critica con acierto la racionali-

---

[5] "La razón convencional descansa en la identidad, no en el cambio [...] Lo que
han tenido en común pensadores desde Heráclito en adelante [...] es una visión de la
realidad como un proceso evolutivo: del Ser como un Devenir en continuo desarrollo" (Bookchin, 1990: 13,12).

dad científica que mira la realidad social como hechos dados, sin reconocer que éstos son la objetivación de una visión determinada del mundo, una construcción social de lo real. Con su obsesión por la objetividad de los datos, las variables y los hechos, la visión cientificista pierde de vista la potencialidad de lo real, la fertilidad del devenir, la apertura hacia la novedad, el campo de lo posible y la construcción del futuro. Esta racionalidad niega la utopía como un proyecto prospectivo generador de cambios sociales. En su *Dialéctica del iluminisno*, Horkheimer y Adorno habían afirmado:

El iluminismo es totalitario. El iluminismo reconoce *a priori* como ser y acaecer, sólo aquello que se deja reducir a la unidad: su ideal es el sistema, del cual se deduce todo y cualquier cosa. En eso no se distinguen sus versiones racionalista y empirista [...] El postulado baconiano de *una scientia universalis* es –pese al pluralismo de los campos de investigación—tan hostil a lo que no se puede relacionar como la *mathesis universalis* leibiziana al salto. La multiplicidad de las figuras queda reducida a la posición y el ordenamiento, la historia al hecho, las cosas a la materia [...] La unificación de la función intelectual, por la que se cumple el dominio sobre los sentidos, la reducción del pensamiento a la producción de uniformidad, implica el empobrecimiento tanto del pensamiento como de la experiencia (Horkheimer y Adorno, 1944/1969:19, 52).

El pensamiento dialéctico ofrece principios generales para percibir la transformación de lo real. Sin embargo, para que esta lógica pueda aprehender la realidad como conocimiento concreto, debe haber una correspondencia (nunca identidad) entre el pensamiento y lo real que se manifiesta en el movimiento de los procesos materiales. Para Marx la dialéctica se expresa en la contradicción social como una relación estructural entre intereses de clase opuestos; lo concreto se condensa en el concepto como la articulación de determinaciones múltiples que hacen inteligible la realidad. Así, Marx invirtió la dialéctica idealista de Hegel y fundó el materialismo dialéctico. La dialéctica deja de ser una lógica que se forma en la mente como reflejo de la realidad o que genera una autoconsciencia de los hombres a través de un proceso evolutivo.

En el materialismo histórico la razón dialéctica surge en el pensamiento como una necesidad de aprehender un proceso social generado por el conflicto entre clases y de las contradicciones internas del capital como modo de producción. Engels (1968) trató de dar bases ontológicas más generales al materialismo dialéctico enraizándolo en una *dialéctica de la naturaleza*. Más allá del predominio ontológico del ser sobre el pensar y de la praxis sobre la teoría en el pensamiento de Marx, Engels quiso ajustar las leyes de la naturaleza a los principios generales de la dialéctica (totalidad, negación y contradicción; cambio de cantidad en calidad; la relación del todo y las partes), de manera que éstos pudieran ser confirmados por la realidad. Sin embargo, estos principios sólo representan un acercamiento metateórico que no suple la necesidad de elaborar conceptos teóricos específicos para aprehender las determinaciones, la dinámica propia y las transformaciones de cualquier proceso material. Esto es lo que produjo el desarrollo de la ciencia en el siglo XIX, desde la física, la biología evolutiva y la termodinámica hasta el materialismo histórico y el psicoanálisis. Bookchin señala con acierto los desvaríos de la dialéctica en el "idealismo" de Hegel y en el "materialismo" de Engels:

Hegel reificó la dialéctica como un sistema cosmológico que se aproximó a la teología al tratar de reconciliarla con el idealismo, con el conocimiento absoluto, y con el desarrollo de un logos místico [...] De la misma manera, la dialéctica se entremezcló con un crudo materialismo cuando Engels lo vistió con las "leyes" del materialismo dialéctico [...] Engels estaba tan enamorado de la materia y del movimiento como "atributos" irreductibles del Ser, que en su trabajo la cinética basada en el movimiento tendió a invadir su dialéctica del desarrollo orgánico (Bookchin, 1990: 15).

Bookchin tiene razón en su crítica de Engels; pero la misma crítica podría aplicársele a él, pues tan enamorado está de la evolución y de la ecología como modelo para la dialéctica de la naturaleza, que la transfiere acríticamente al orden social.[6] Bookchin busca rescatar el pensamiento dialéctico amalgamándolo en la evolución biológica, y establecer una filosofía de la naturaleza que pueda guiar la acción social a través de leyes racionales y objetivas. Como resultado, postula una ontología organicista y una ecología generalizada. Bookchin afirma que su "naturalismo dialéctico puede contestar preguntas tales como ¿qué es naturaleza?; ¿cuál es el lugar de la humanidad en la naturaleza?; ¿qué es la fuerza de la evolución natural y cuál es la

---

[6] Bookchin admira así "la extraordinaria coherencia que ofrece la razón dialéctica y su extraordinaria aplicabilidad a la ecología, particularmente a una ecología enraizada en el desarrollo evolutivo" (Bookchin, 1990: 16).

relación de la sociedad con el mundo natural?" Piensa que el naturalismo dialéctico "puede dar coherencia [...y] agregar una perspectiva evolutiva al pensamiento ecológico ...a pesar del rechazo de Hegel a la evolución natural y su recurso a las teorías mecanicistas de la
evolución que estaban en boga hace un siglo" (Bookchin, 1990: 16).

Pero, ¿cómo podían los principios generales de la razón dialéctica dar coherencia y ofrecer una perspectiva evolutiva a la ecología?
El carácter evolutivo de la ecología proviene de su objeto científico,
de sus articulaciones conceptuales con la biología evolutiva y con las
teorías de los sistemas complejos, y no del pensamiento metafísico.
Ciertamente la ecología puede "informar" a la acción social para internalizar las condiciones ecológicas de una organización social y
una producción sustentable; mas ello no implica la necesidad de
"ecologizar" el pensamiento humano y de generalizarlo para explicar la conciencia social y la acción política. La ecología contribuye al
análisis de los sistemas complejos emergentes (Funtowicz y Ravetz,
1994); sin embargo, no conduce a la reconversión del orden social
dentro de un modelo ecológico ni a fundar una sociedad ecológica
en los principios del naturalismo dialéctico.

Bookchin va a la búsqueda de una filosofía de la naturaleza para
apoyar una moral de la "isonomía". Ciertamente la ética de la naturaleza ha sido pervertida por el predominio de la epistemología sobre las condiciones ontológicas del ser; la racionalidad científica de
la modernidad –del mecanicismo al positivismo lógico y al estructuralismo– ha cristalizado en una racionalidad de dominio sobre la
naturaleza. La fenomenología abre una vía para reconstruir las diversas formas del ser en su relación con la naturaleza, pero justamente
esa indagación implica un imposible retorno a una filosofía natural.
La vuelta hacia una metafísica de la naturaleza –concebida como un
proceso evolutivo de autoorganización de la naturaleza que alcanza
su estadio último en la conciencia humana, en la moral y en el conocimiento–, resulta en un idealismo renovado que reduce el pensamiento crítico a una autorreflexión del organismo biológico sobre la
conciencia del sujeto del conocimiento y de la acción social.

El naturalismo ontológico y el esencialismo ecologista han perdido sentido en la tecnologización del mundo actual y la percepción
de la historia como una construcción social a través del lenguaje y la
cultura, del orden simbólico y de estrategias de poder en el saber
(Foucault). El sujeto autoconsciente de la ciencia ha sido descentra-
do por el psicoanálisis, descubriendo las raíces inconscientes del de-

seo y del poder. Nada es menos "natural" que el sujeto y la conciencia, el deseo y el poder. La dialéctica encuentra su sentido en el campo del psicoanálisis y de la organización cultural como la negación de lo orgánico y la emergencia de lo simbólico. En esta perspectiva, el sujeto no podrá alcanzar la idea absoluta y el conocimiento total; no logrará su realización y su completitud por la reflexión de la naturaleza en el conocimiento como un acto de autoconsciencia.[7]

El molde de la biología evolucionista no corresponde ya a ninguna dialéctica de la trascendencia. Lo real aparece modelado por el caos, el azar y la indeterminación, según el paradigma que inaugura el orden de la vida organizado por el código genético (Monod), y por la incertidumbre y el caos determinista en la ciencia de la complejidad (Prigogine).[8] Sin embargo, el cambio del paradigma evolucionista hacia el código genético no podría tampoco generar la vía de una reunificación de lo real y lo simbólico. En ello fracasan las perspectivas epistemológicas que buscan anclarse y arraigar en una naturaleza objetiva (sea ésta el código genético, la ecología generalizada o la organización cibernética de los autómatas), para establecer el hilo conductor que guiaría el proceso de "autoorganización de la *physis*" que permitiría unificar en un "método" la "naturaleza de la naturaleza" y el "conocimiento del conocimiento" (Morin).[9]

[7] Lacan se sirvió del reverso del pensamiento dialéctico para plantear este imposible encuentro de la verdad con el saber: "La verdad no es otra cosa sino aquello de lo cual el saber no puede enterarse de lo que sabe sino haciendo actuar su ignorancia" (Lacan, 1976: 777).

[8] Es lo que permite a Baudrillard afirmar que, "Concluida la evolución dialéctica, es el indeterminismo discontinuo del código genético lo que rige la vida –el principio teleonómico: la finalidad ya no está en la conclusión, no hay ni conclusión ni determinación; la finalidad está allí por adelantado, inscrita en el código" (Baudrillard, 1976: 92).

[9] Baudrillard habría de demarcarse de ese afán de unificación monista criticando a esos teóricos para quienes "El código debe tener un asiento 'objetivo'; ¿qué mejor trono que la molécula y la genética? Monod es el teólogo severo de esa trascendencia molecular; Edgar Morin es su acólito extático [...] En cada uno, el fantasma del código, que es equivalente a la realidad del poder, se combina con el idealismo de la molécula [...] una vez más encontramos el sueño delirante de reunificar el mundo bajo un principio unitario" (Baudrillard, 1976: 92).

DIALÉCTICA Y TOTALIDAD. ECOLOGÍA Y SISTEMAS

El materialismo dialéctico, con el cual Engels pretendió unificar el pensamiento y la materia, no sobrevivió la prueba de la historia y de la razón crítica. Sin embargo, el pensamiento dialéctico halló suelo fértil en la ecología y en la teoría de sistemas luego que autores como Lukács, Kosik y Goldmann le dieron un nuevo sentido, privilegiando la categoría de totalidad por encima de los principios de negación y contradicción:

No es el predominio de los motivos económicos en la explicación de la historia lo que distingue de manera decisiva al marxismo de la ciencia burguesa, sino el punto de vista de la totalidad. La categoría de totalidad –el predominio universal y determinante del todo por encima de las partes– constituye la esencia del método que Marx ha tomado de Hegel y transformado para construir la base original de una ciencia completamente nueva [...] *El predominio de la categoría de totalidad es el soporte del principio revolucionario en la sociedad* (Lukács, 1923/1960: 39).

La categoría de totalidad se convirtió en el caballo de Troya que introdujo la Idea Absoluta al territorio del materialismo dialéctico. Con la incorporación paradigmática de la teoría general de sistemas como un método transdisciplinario para la articulación de las ciencias, la categoría de totalidad perdió su sentido revolucionario. Bookchin ha criticado acertadamente la teoría general de sistemas (von Bertalanffy, 1976) por su enfoque positivista y su falta de bases ontológicas; a cambio, ha hipostasiado a la ecología como base material y conocimiento de un proceso de autoorganización que se desenvuelve "dialécticamente" hacia un estado acabado de completitud y totalidad.

La evolución de los ecosistemas naturales, el comportamiento de los sistemas complejos y el devenir en el pensamiento dialéctico comparten, como principios comunes, la novedad y la emergencia. Al subsumir la dialéctica como método de pensamiento y argumentación (la dialógica, la negación, la oposición de los contrarios) en la ecología, la razón crítica se disuelve en la evolución biológica, la organización ecológica y la cibernética; la dialéctica se convierte en interrelación, interdependencia y retroalimentación. Bookchin establece un paralelo entre el pensamiento orgánico y la dialéctica como opuestos al pensamiento analítico y la abstracción formal. El pensamiento orgánico-dialéctico sería superior a la teoría de sistemas precisamente porque el primero puede explicar los procesos materiales diferenciados que son reducidos por la teoría de los sistemas a sus estructuras analógicas comunes:

El poder de la tradición orgánica occidental –más precisamente de la dialéctica– (incluso en el alto nivel conceptual de Hegel) descansa en la construcción de la diferencia entre fenómenos naturales y sociales desde lo que está implícito en sus niveles abstractos, no en [...] reducir su rica concreción articulada a "datos" abstractos y lógicamente manipulables [...] La dialéctica [...] trata de comprender el desarrollo de los fenómenos desde su nivel de homogeneidad abstracta, latente en la rica diferenciación que marcará su madurez, mientras que la teoría de sistemas trata de reducir los fenómenos desde su particularidad altamente articulada hasta el nivel de abstracción homogénea tan necesaria para la simbolización matemática. La dialéctica [...] es una lógica de la evolución que va de la abstracción hacia la diferenciación; la teoría de los sistemas es una lógica de involución que va de la diferenciación hacia la abstracción (Bookchin, 1990: 153).

Bookchin acierta al señalar el carácter aontológico y reduccionista de la teoría de sistemas. Pero su reconocimiento de la diferenciación de procesos materiales no es coherente con su afirmación de un monismo ontológico. Bookchin busca fundamentar su argumentación en un naturalismo dialéctico capaz de aprehender la especificidad de los diferentes procesos que emergen con la autoorganización de la naturaleza, desde la materia física hasta el orden simbólico, desde la evolución biológica hasta la conciencia de los sujetos de una nueva sociedad ecológica. En esta visión del "desarrollo de la materia" (que genera una mayor complejidad y procesos de diferenciación), pasa por alto la constitución de nuevos órdenes ontológicos –el orden simbólico, cultural, histórico y social–, y las formas específicas de conocimiento que les corresponden, es decir sus órdenes epistemológicos. Los diferentes órdenes de lo real son aprehendidos mediante conceptos teóricos específicos, no por la extensión de los principios de la biología evolutiva y de los sistemas ecológicos hacia la sociedad.

La comprensión del mundo como "totalidad" plantea el problema de integrar los diferentes niveles de materialidad que constituyen al ambiente como un sistema complejo, y la articulación del conocimiento de estos órdenes diferenciados de lo real, para dar cuenta de estos procesos. En esa construcción epistémica, el pensamiento dialéctico ha sido seducido por el pensamiento organicista, por la teoría de sistemas –buscando la unidad de las ciencias en las estructuras analógicas de diferentes órdenes de materialidad–, y por el estructuralismo genético, desde donde la evolución del pensamiento y de los conceptos científicos parece emerger del desarrollo complejo de la materia. En este sentido, Kosik vio "la reunificación de lo real a través de las analogías estructurales entre los más diversos dominios de la realidad", al grado de que "todas las esferas de la realidad objetiva son sistemas o agregados de elementos que ejercen, unos sobre otros, una influencia recíproca". Kosik adoptó una postura crítica del reduccionismo monista al afirmar que:

sólo una concepción dialéctica de los aspectos ontológicos y epistemológicos de una estructura y de un sistema pueden dar una solución fértil y evitar los extremos del formalismo matemático y de una ontología metafísica [...] las analogías estructurales entre las diferentes formas de las relaciones humanas (lenguaje, economía, parentesco, etc.) pueden llevar a una comprensión más profunda y a una explicación de la realidad social sólo si se respetan tanto las analogías estructurales como la especificidad de los fenómenos considerados (Kosik, 1970: 31).

En una visión que integraría al estructuralismo genético con el pensamiento dialéctico, Kosik pensó la diferenciación ontológica de la materia y el ser como una jerarquía de niveles de complejidad de diferentes estructuras en la transformación evolutiva de la totalidad concreta:

En el pensamiento dialéctico, la realidad es concebida y representada por la totalidad, que no es sólo un conjunto de relaciones, hechos y procesos, sino que incluye también su creación, su génesis y su estructura (Kosik, 1970: 34).

Sin embargo, Kosik terminó adoptando una epistemología realista y una visión evolutiva de los conceptos al afirmar que la complejidad emergente de la materia se refleja en el proceso evolutivo de producción teórica. De esta manera, argumentó que para aprehender procesos materiales de complejidad creciente (materia física, sistemas vivos, orden simbólico), las categorías que se aplican en los primeros niveles (los de procesos mecánicos) sirven como un primer acercamiento que puede enriquecerse por categorías lógicas más elaboradas. Sin embargo, los conceptos teóricos no evolucionan en un proceso progresivo de adecuación del pensamiento a la realidad.

Como ha argumentado el racionalismo crítico y la epistemología estructuralista, los conceptos mecanicistas y organicistas han funcionado como obstáculos epistemológicos en la construcción de conceptos que corresponden a la organización del orden simbólico y social (Bachelard, 1938). La aplicación de una visión mecanicista a los sistemas biológicos veló la inteligibilidad de la vida (Canguilhem, 1971, 1977), así como la extensión de los principios organizadores de la vida y de los procesos ecológicos a la sociedad humana desconoce la especificidad del orden histórico y simbólico; del poder, el deseo y el conocimiento (Lacan, 1971; Foucault, 1966, 1969).

La diferenciación de la materia y de los conceptos (única manera de aprehender lo concreto de la articulación de procesos que constituye el ambiente) no se puede reducir a la emergencia de nuevos rasgos, caracteres y funciones en la autoorganización de la materia viviente. La "evolución" del ser arroja al mundo la emergencia de formas diferentes de organización de la materia y del pensamiento, que no pueden reducirse a un monismo ontológico basado en la generalización de principios ecológicos. Se plantea así una necesaria producción de conceptos para aprehender la especificidad de diferentes órdenes de lo real. Estos conceptos no pueden reducirse a las categorías generales de la dialéctica ni subsumirse en la biología evolutiva como una teoría orgánica transdisciplinaria capaz de unificar lo natural y lo social. Estos principios ontológicos y epistemológicos son condiciones necesarias para aprehender la articulación de los diferentes órdenes de lo real: físico, biológico, histórico y simbólico.[10]

La totalidad como concreción de la complejidad es una categoría epistemológica que puede aplicarse como principio metodológico a diferentes órdenes ontológicos. En este sentido, la totalidad concreta aparece en el pensamiento como categoría para aprehender la síntesis de las determinaciones múltiples de un proceso. Para que el concepto represente lo concreto, debe haber una forma de correspondencia objetiva con lo real. Esta concreción no emerge de los

---

[10] En contraposición con la visión sistémica y ecológica de la sociedad, el concepto de ambiente se construye como un orden emergente de complejidad que articula procesos materiales y simbólicos –físicos, biológicos, culturales, sociales– que implican diferentes órdenes ontológicos y epistemológicos (Leff, 1994: caps. 1 y 2). Este concepto opone las tendencias a derivar una ley general para unificar los distintos órdenes ontológicos de lo real; asimismo, cuestiona la posibilidad de encontrar un principio en la organización de la naturaleza que pudiera extenderse hacia el orden de lo simbólico, de la cultura y del cambio social.

hechos y los datos "puros" de la realidad, ni tampoco resulta de un reflejo de la naturaleza en la conciencia subjetiva. La naturaleza, la materia y el ser se organizan en órdenes ontológicos distintos, que no tienen ninguna "conciencia de sí" (el sujeto psicológico no tiene una conciencia de sus procesos inconscientes). La totalidad concreta de estos órdenes materiales aparece en el pensamiento conceptual por medio de la producción de *objetos teóricos de conocimiento.* Este proceso epistemológico da sentido, significado y valor a lo real. El concepto aprehende la realidad en su "correspondencia" con los procesos materiales, dando así cuenta de la especificidad de los diferentes órdenes ontológicos de lo real. Sin embargo, esta relación entre el concepto de su objeto de conocimiento, lo real y la realidad empírica, nunca alcanza la identidad en el proceso de "representación cognoscitiva" del ser y del ente. En consecuencia, lo real y lo simbólico no pueden fundirse en un monismo ontológico que haría corresponder una naturaleza y una lógica por la autorreflexión de la materia en la mente en un proceso ecológico evolutivo.

Ante el predominio del uso instrumental de la ciencia moderna, Bookchin ve en la ecología la posibilidad de "restaurar e incluso trascender el estado liberador de las ciencias y filosofías tradicionales" (1971/1990: 80). Sin embargo, la ecología –como la teoría general de los sistemas– no resulta revolucionaria por su enfoque integrador y por su voluntad de totalidad. Más aún, la ecología se ha generalizado y extendido hacia los dominios de la historia –del orden simbólico y social–, desconociendo el carácter específico de la naturaleza humana –las relaciones del poder, los intereses sociales, el deseo humano, la organización cultural, la racionalidad económica–, que no pueden subsumirse en un orden ecológico genérico y generalizado.

El ecologismo busca recuperar las conexiones entre el todo y las partes, en un sentido tanto dialéctico y trascendental como existencial; a través de un método para pensar la complejidad busca reconciliar la armonía del individuo en el cosmos que fuera rota tanto por la enajenación del hombre ante la creación divina, como del orden social –del cosmos, el logos y la polis–, desde los gnósticos hasta la deriva del nihilismo en el existencialismo. Esta separación entre el orden cósmico y el ser humano no sólo es un síntoma de un orden social totalitario opresivo y enajenante, sino de la condición del ser humano como ser simbólico.[11]

---

[11] "Así pues, precisamente aquello en virtud de lo que el hombre es superior a toda la naturaleza, lo que le distingue y singulariza, el espíritu, ya no nos lleva a consi-

La voluntad de identidad y totalidad del monismo ontológico ha sido cuestionada tanto por el estructuralismo crítico como por las teorías postestructuralistas. Cuando vemos a la naturaleza y a la sociedad desde la perspectiva de la cultura y del orden simbólico –del sentido y los valores; del inconsciente y del deseo–, resulta imposible aspirar a la totalidad. El ambiente puede ser conceptualizado como una estructura socioecológica compleja que incorpora bases ecológicas de la sustentabilidad y condiciones sociales de equidad y democracia. Sin embargo, los principios y valores que guían la reorganización de la sociedad como una nueva utopía aparecen como un deseo que induce un proceso interminable de transformación social y del saber que ningún conocimiento –por holístico que sea– puede saciar. Esta "falta en ser" y "falta de conocimiento" no puede llenarse con el progreso de ciencia, el poder de la tecnología, o la actualización de la naturaleza orgánica en la conciencia humana.

El *saber ambiental* viene así a cuestionar la pretensión de alcanzar la verdad como la identidad de un saber holístico con una realidad total. El deseo que anima la búsqueda de una unidad y totalidad del conocimiento ha encantado y encadenado a los seres humanos a un mundo homogéneo e instrumental, reprimiendo la vitalidad y la productividad de lo heterogéneo, de la diferencia y la diversidad en el campo del conocimiento y de la cultura, desconociendo al ambiente como el gran Otro de los paradigmas positivistas, como esa fuente de creatividad que impulsa la construcción de otra racionalidad (Leff, 1998).[12]

El proyecto de fundar la dialéctica en un concepto de totalidad, y la voluntad de extender su dominio de aplicación a un campo que incluya a todos los órdenes de la naturaleza, la materia, el espíritu y el ser, lleva a generar una retórica metafísica en lugar de contribuir a la elaboración de una teoría crítica del ambiente. En este sentido, es necesario revalorizar la contribución de la dialéctica al conocimiento crítico capaz de guiar la construcción de una racionalidad ambiental y una sociedad ecocomunitaria. El pensamiento dialéctico

derar su ser perteneciente a un nivel superior dentro de la totalidad del ser, sino por el contrario designa el abismo insuperable que le separa del resto de la realidad. Apartado de la comunidad del ser en un todo, es precisamente su conciencia quien hace de él un extraño en el mundo, y en todo acto de verdadera reflexión da nuevas pruebas de que ésa es su condición. Tal es el estado del hombre. Se acabó el cosmos, con cuyo *logos* inmanente se puede sentir emparentado el mío propio; se acabó el orden del todo, en el que el hombre tiene su lugar propio" (Jonas, 2000: 282).

[12] Cf. caps. 5 y 6, *infra*.

debe reenlazarse con los procesos emergentes de la complejidad ambiental para ver los efectos del pensamiento metafísico y científico en la crisis ambiental y para reorientar la ciencia, el pensamiento y la acción hacia la construcción de una racionalidad ambiental (Leff, 2000).

El pensamiento de la complejidad abre nuevos abordajes para entender la articulación de procesos materiales, más allá de los límites de comprensión que se derivan de sus paradigmas científicos específicos y de la razón instrumental, incorporando principios éticos y valores culturales. Empero, la complejidad emergente no incluye en forma "natural" al conocimiento crítico, los intereses sociales y las formaciones ideológicas que orientan la construcción de una "sociedad ecológica" y una racionalidad ambiental. Frente a los métodos de la complejidad que emergen de la ecología y de la cibernética, que explican la realidad como sistemas de interrelaciones y retroalimentaciones, el pensamiento dialéctico aporta la fertilidad de la contradicción discursiva y la confrontación de intereses que movilizan el proceso de construcción social. Más allá de una dialéctica fundada en la negación, la antítesis y la alternancia de positividades en el horizonte del devenir histórico y la emergencia de la novedad, el pensamiento dialéctico demarca territorios y abre la invención del futuro en la relación del ser con la otredad y con la nada como origen y fuente de creatividad de lo inédito.[13]

La reorganización de la sociedad como una red de ecocomunidades descentralizadas para alcanzar los fines de la sustentabilidad debe llevar a definir críticamente la transición hacia un nuevo orden social que rompa con la hegemonía del mundo centralizado, unificado y totalitario. Mientras que la política del consenso busca ajustar los intereses de diferentes actores sociales a un "futuro común" (WCED, 1987) dentro del orden económico insustentable y dominante, mediante la acción comunicativa (Habermas, 1989, 1990), el pen-

---

[13] Louis Althusser (1970) afirmaba que, para Lenin, la función de la filosofía es la de trazar líneas de demarcación en el campo teórico. Demarcar posiciones en la teoría y en la política es decir no, afirmar lo que no es, lo que no cabe dentro de la totalidad del sistema teórico y social establecido. Es el no frente a una idea, una propuesta, una afirmación, un estado de cosas. Es la creatividad del pensamiento que dice lo que no es para dar curso a lo que aún no es. Ese no no es solamente una afirmación que contradice lo afirmado en un discurso positivo; no es el No de la falsificación de una teoría. La racionalidad ambiental se demarca de la racionalidad dominante para delinear el terreno donde habrá de construir su diferencia y decir el aún no de la palabra, del pensamiento y de la acción.

samiento dialéctico revela la oposición de fuerzas e intereses en la apropiación social de la naturaleza. El pensamiento complejo provee un esquema heurístico para analizar procesos interrelacionados que determinan los cambios socioambientales, mientras que la dialéctica, como pensamiento crítico, ilumina el camino interminable de realización –una revolución permanente en el pensamiento y de transformación social–, que moviliza a la sociedad para la construcción de una nueva racionalidad social.

LA CRÍTICA DE SARTRE
AL MONISMO ONTOLÓGICO Y AL NATURALISMO DIALÉCTICO

En su *Crítica de la razón dialéctica*, Sartre desarrolló una de las reflexiones modernas más lúcidas del pensamiento dialéctico y una postura filosófica frente a la metafísica naturalista. Sartre afirma el carácter crítico de la razón dialéctica como la forma de pensamiento que hace inteligible la acción humana en la historia. Pero también sitúa a la dialéctica en su contexto histórico, preguntándose por las condiciones que hacen posible esta forma de razonamiento para aprehender lo "histórico real". Sartre interroga así desde la razón crítica la historicidad y los fundamentos de la razón dialéctica:

El materialismo histórico tiene este rasgo paradójico de ser al mismo tiempo la única verdad de la historia y una total *indeterminación* de la verdad. Esta verdad totalitaria ha fundado todo, menos su propia existencia [...] Así, el marxismo se nos muestra a nosotros, los ideólogos, como el develamiento del ser y al mismo tiempo como una interrogante que ha permanecido en el nivel de una demanda insatisfecha (Sartre, 1960: 118).

La respuesta a esta "paradoja" del pensamiento dialéctico es particularmente pertinente hoy ante la crisis del marxismo, frente al cuestionamiento de su estatus teórico y de su sentido praxeológico para guiar las transformaciones sociales de nuestro tiempo. Si el materialismo histórico es incapaz de explicar *su verdad*, entonces será necesario repensar la razón dialéctica como racionalidad teórica, pensamiento metodológico y acción política.

Sartre aborda la cuestión ontológica y epistemológica de la razón dialéctica afirmando que:

La dialéctica es un método y un movimiento en el objeto: se funda [...] en la afirmación básica que concierne tanto a la estructura de lo real y a nuestra *praxis* [...] el proceso de conocimiento responde al orden dialéctico y el movimiento del objeto es *en sí* dialéctico, y estas dos dialécticas hacen una sola [...] que define una racionalidad del mundo [...] La razón dialéctica va más allá del campo de la metodología. Ella expresa [...] lo que es el universo total: no se limita a orientar la investigación, ni a prejuzgar sobre la forma de aparición de los objetos [...] *define al mundo como debiera ser para que el conocimiento dialéctico sea posible*, muestra al mismo tiempo [...] el movimiento de lo real y el de nuestro pensamiento [...] La única unidad posible de la dialéctica como una ley del desarrollo histórico y de la dialéctica como el conocimiento en movimiento de este desarrollo, debe ser la unidad de un movimiento dialéctico. El ser es la negación del conocer y el conocer llega a ser por la negación del ser (Sartre, 1960: 119, 131, cursivas mías).

Esta relación paradójica entre el ser y el conocer no es la que sugiere la *aletheia* de Heidegger, de una verdad siempre en fuga de la aprehensión de lo real por el pensamiento. La "unidad" de la dialéctica entre historia y conocimiento no implica un movimiento homogéneo de la materia y del pensamiento, ni la reducción de ambas esferas en el campo unificado de un monismo ontológico. La "negación dialéctica" entre el conocimiento y el ser en el campo de la historia –la relación entre el conocimiento y el movimiento de los procesos sociales reales–, se puede ejemplificar con la "extinción" de la teoría del valor en el materialismo histórico. En este sentido, la teoría del valor-trabajo es negada por el desarrollo de las fuerzas productivas generado por el cambio tecnológico en la reproducción de las relaciones capitalistas de producción; su valor teórico es confrontado por el movimiento histórico que va eliminando la base material sobre la cual el concepto de valor –el tiempo de trabajo socialmente necesario– se fundó como la fuente del plusvalor y de la acumulación de capital.[14] La dialéctica entre historia y conocimiento muestra el movimiento de la historia en el orden teórico, que desde una metafísica del mundo como "naturaleza de la naturaleza" conduce a la formación del concepto de valor y al efecto del pensamiento metafísico en la construcción del orden histórico por la objetivación y cosificación del mundo. La desconstrucción del orden teórico y del orden histórico van de la mano, pero no la unifica una identidad. Esta relación

---

[14] Cf. cap. 1, *supra*.

dialéctica entre conceptos teóricos y cambio histórico se aplica a todas las categorías filosóficas y a la relación entre razón crítica y praxis social. La transformación de las condiciones de producción plantea la necesidad de nuevos conceptos para aprehender la dinámica de la economía capitalista en su fase postindustrial y ecológica.

Sartre indaga "los límites, la validez y la extensión de la razón dialéctica" (Sartre, 1960: 120) y sostiene que "la praxis desborda al conocimiento en su eficacia real" (p. 122). La razón dialéctica –ya sea que se la considere como una forma de pensamiento o incorporada al proceso evolutivo de la naturaleza– puede orientar, pero no anticipa ni predetermina lo que la praxis genera. La potencialidad (la creatividad e indeterminación) de la praxis trasciende al pensamiento.[15] Ése es el significado de la dialéctica entre la teoría y los movimientos sociales en la construcción de una racionalidad ambiental.[16] Sin embargo, el monismo ontológico de Bookchin elude la pregunta por el sentido del pensamiento dialéctico y se afirma en el ecologismo que unificaría al ser y al pensamiento por la evolución de la materia hasta alcanzar la autoconsciencia de la naturaleza. La física moderna fundó un nuevo racionalismo (Bachelard, 1938/1972); Bookchin busca reconstruir el pensamiento dialéctico a partir del evolucionismo ecológico eludiendo la cuestión epistemológica de la relación entre las formas del ser y del conocer. La historia de la razón dialéctica no ha sido otra que la de la dificultad de reconciliar a la dialéctica como una ley del ser y como una forma de razonamiento: de su significado en el orden de la naturaleza, del pensamiento y del conocimiento. En la Idea Absoluta de Hegel el pensamiento es al mismo tiempo constitutivo y constituido, unificando el Ser y el Conocimiento. Pero esta posición idealista encierra una contradicción epistemológica. Pues, como advierte Sartre,

¿No existe una contradicción insuperable entre el conocimiento del ser y el ser del conocimiento? El error ha sido tratar de reconciliar ambos, presentando al pensamiento *como el ser*, llevado por el mismo movimiento de la historia como un todo [...] si el conocimiento no es el todo, entonces seguiría su propio desarrollo como una sucesión empírica de momentos, y esta experiencia dará lo que es experimentado como contingencia y no como necesi-

[15] Emmanuel Levinas habrá de resignificar esta propuesta como la construcción del mundo desde la otredad, más allá de la ontología. (Cf. cap. 7, *infra*.)

[16] Cf. cap. 9, *infra*.

dad [...] nada puede autorizar [al conocimiento] a decidir que el movimiento de su objeto sigue su propio movimiento, ni que [el pensamiento] regula su movimiento por el de su objeto. Si el ser material, la praxis y el conocimiento son realidades irreductibles, ¿no tendríamos entonces que apelar a una armonía preestablecida para reconciliar sus desarrollos? [...] Si la investigación de la verdad debe seguir un acercamiento dialéctico, ¿cómo podríamos probar, sin idealismos, que se reúne con el movimiento del Ser; y si contrariamente a esto, el conocimiento debe permitir que el Ser se desarrolle por sus propias leyes, ¿cómo evitar que los procesos [...] aparezcan sólo como hechos empíricos? (*Ibid*: 122).

El estructuralismo marxista ofreció una respuesta a esta pregunta con la construcción de objetos de conocimiento y la producción de conceptos científicos de las diferentes esferas ontológicas (Althusser, 1969). Las formas específicas de organización de los diversos procesos materiales que conforman lo real son aprehendidas a través de la construcción de los objetos teóricos de las ciencias; no se reducen a principios dialécticos que corresponderían a leyes generales de Ser ni con los objetos empíricos de la realidad. Los conceptos teóricos, en experimentación con la realidad, prueban la "correspondencia" de sus leyes con las regularidades de procesos materiales específicos. En cambio, Bookchin busca fundar su teoría en un monismo ontológico (ecológico) ignorando el problema del conocimiento en la razón dialéctica. En su naturalismo dialéctico, la naturaleza llega a ser autoconsciente en un proceso evolutivo; este se extiende al reino del pensamiento como un epifenómeno del organismo biológico, sin una reflexión crítica sobre las condiciones de ser, del pensamiento y de la relación de conocimiento. Anticipando a Bookchin, Sartre afirmó:

El monismo materialista ha buscado sustituir de manera muy superficial al dualismo de la materialidad del pensamiento y del ser total. Sin embargo, de esta manera ha restablecido como antinomia [...] el dualismo entre el Ser y la Verdad [...] No hay *conocimiento* propiamente dicho. El ser *no se manifiesta más*, de forma alguna: simplemente evoluciona según sus propias leyes [...] hasta que alcanza su propia [autoconsciencia] sin la reflexión crítica del pensamiento, que hasta ahora le ha dado su significado a la dialéctica [...] Cuando el materialismo dialéctico busca establecer una dialéctica de la naturaleza, el resultado no es [...] una síntesis general del conocimiento humano, sino una simple organización de hechos [...] El objeto del pensamiento es la naturaleza tal como es; el estudio de la historia es una especificación del mismo: debemos seguir el movimiento que engendra la vida de la materia, al hombre de las formas elementales de vida, la historia social de las primeras comunidades humanas. Esta concepción tiene la ventaja de disolver el problema: presenta a la dialéctica como exterior: la naturaleza humana residiría entonces fuera, en una regla *a priori*, en una naturaleza extra humana, en una historia que comienza con las nebulosas [...] todo vuelve siempre a la totalidad de la historia natural donde la historia es una especificación [...] Sin embargo, el principio absoluto de que "la naturaleza es dialéctica" no es susceptible de ser verificado (Sartre, 1960: 123-125).

El monismo ontológico y el naturalismo dialéctico de Bookchin derivan en la autoconsciencia del sujeto teórico y del actor social, sin una reflexión sobre el sentido crítico del pensamiento y el significado estratégico de la acción social. Al ecologizar la dialéctica, Bookchin cae en el mismo error que Engels: piensa que el objeto del materialismo dialéctico es la naturaleza (o la sociedad) como tal. De esta manera afirma que: "es en esta racionalidad *humana* en la que la naturaleza finalmente actualizó su propia evolución de la subjetividad a través de largos eones de desarrollo neuronal y sensorial" (Bookchin, 1990: 161). El pensamiento queda allí reducido a la epigénesis de un proceso evolutivo, a un "acto reflejo" con la cosa significada y no como un acto significante recreador de lo Real. El concepto aparece como la reflexión de la realidad en la conciencia y no como un proceso de producción social de significados. Hoy en día ni la lingüística, ni el psicoanálisis, ni la epistemología postestructuralista podrían autorizar tal identidad entre el concepto y lo real, la palabra y la cosa.

Por arraigar la dialéctica en la ecología, Bookchin niega la especificidad de la razón dialéctica dentro del orden simbólico para introducirla como un momento del Ser en la evolución biológica. Con ello busca darle fundamento teórico a su discurso ecoanarquista, pero al costo de desconocer el problema del conocimiento y su relación con la construcción de lo real social. De esta manera pierde su función reflexiva, sin la cual su narrativa gira alrededor de sí misma sin establecer una conexión entre teoría crítica y praxis social. Su teoría "ecoevolucionista" conduce a la pasividad, esperando que la evolución actualice las potencialidades de la materia en la conciencia ecológica de las personas, para disolver las contradicciones de la historia entre naturaleza y sociedad.[17]

[17] "Cómo podría el hombre 'empírico' pensar? Él se queda frente a su propia historia tan incierto como ante la naturaleza: la ley no genera por sí misma el conoci-

Sartre critica así la visión que impone a la naturaleza leyes dialécticas y destaca el significado de la dialéctica en el movimiento de la sociedad:

Engels reprocha a Hegel el imponer a la materia las leyes del pensamiento. Pero eso es justamente lo que él hace cuando fuerza a las ciencias a verificar la razón dialéctica que ha descubierto en el mundo social. Sólo en el mundo histórico y social [...] tratamos *verdaderamente* con la razón dialéctica [...] si existe algo como la razón dialéctica, esto se descubre y se funda en y por la praxis humana, de hombres situados en una cierta sociedad, en cierto momento de su desarrollo. A partir de este descubrimiento debemos establecer los límites y la validez de la evidencia dialéctica: la dialéctica será efectiva como método en tanto siga siendo una ley necesaria para la inteligibilidad de la estructura racional del ser [...] es en el interior de una sociedad, que tiene sus herramientas y sus instituciones, donde descubriremos los hechos materiales –pobreza o riqueza del subsuelo, factores climáticos, etc.– que la condicionan [...] mientras que la dialéctica de la naturaleza no puede ser el objeto sino de una hipótesis metafísica. Los pasos seguidos por el espíritu, que consisten en descubrir en la praxis la racionalidad de la dialéctica, para proyectarlo como una ley incondicional en el mundo inorgánico y volver de allí a las sociedades proclamando que la ley de naturaleza, en su opacidad irracional, la condiciona, son un procedimiento aberrante [...] que remplazan, en nombre del monismo, la racionalidad práctica del hombre haciendo la historia (Sartre, 1960: 128-129).

La paradoja del monismo ontológico de Bookchin, con el cual pretende fundar una filosofía que sostenga su ecología social, es que la teoría aparece como la reflexión de la evolución natural en el pensamiento, unificando la materia y la mente. De esta manera, lo real llegaría a ser transparente en su expresión en el pensamiento. Este idealismo ecológico se opone a todo principio materialista del conocimiento, donde la dialéctica de lo concreto se construye a través de estrategias teóricas capaces de aprehender lo real, que no es manifiesto a través de los sentidos y de los datos puros de la realidad. Ésa es la condición ineludible del conocimiento humano, donde el pensamiento puede liberar procesos o pervertir la realidad a través de

miento de la ley. Al contrario; si se la acepta pasivamente, transforma su objeto en pasividad, eliminando toda posibilidad de recoger su polvo de experiencias en una unidad sintética [...] si la razón dialéctica ha de ser *la racionalidad*, debe ofrecer la Razón de sus propias razones" (Sartre, 1960: 127).

las estrategias de poder inscritas en el orden del saber (Foucault). Pero nada hay en el orden natural que contenga el germen de esta perversión; nada en el reino de la naturaleza puede revelarnos el enigma de la producción de sentidos que moviliza el cambio social y la posibilidad de construir un nuevo orden social que incorpore los principios ecológicos en la moral humana, en la organización social y en la producción sustentable.

El existencialismo y el pensamiento dialéctico no resuelven el dilema de un dualismo que deja desamparado al ser humano ante un cosmos indiferente; ante una naturaleza que no lo contiene; ante una ética sin fundamento ontológico. Jonas busca en su *Principio vida* una salida a la "metafísica dualista" del existencialismo de Heidegger:

La expresión de estar arrojado al mundo es un resto de una metafísica dualista para cuyo uso el punto de vista metafísico carece de todo derecho. ¿Cómo se puede estar arrojado sin alguien que arroje y un lugar desde el que se arroje? El existencialista debiera decir más bien que el ser humano –ese sí mismo consciente, preocupado, sentiente— ha sido arrojado *por* la naturaleza. Si eso sucedió de manera ciega, tenemos que el ser dotado de vista es un producto de lo ciego, el que se preocupa un producto de lo despreocupado, y que una naturaleza teleológica ha sido suscitada ateleológicamente (Jonas, 2000: 301).

Esta reflexión, antes de poner al descubierto la inconsistencia de la ontología heideggeriana, como "restos de una metafísica dualista", pone en evidencia su estrecha comprensión del problema. Pues si del ser biológico emerge el ser consciente como un proceso epigenético, una vez que el ser-ahí está en el mundo deja de estar "arrojado por la naturaleza". Por ello es inútil querer reintegrar la existencia a un origen natural en lugar de afianzarla en la diferencia insalvable del orden natural y el orden simbólico. El rompimiento entre el hombre y el ser total que está en la base del nihilismo no sólo es el resultado de una operación del pensamiento que disoció el ser y el ente, como ha denunciado Heidegger, sino de la disociación que se establece con la emergencia del orden simbólico que establece una diferencia no reintegrable al orden natural. Por ello, querer salvar al hombre del aislamiento o la alienación del todo al que está condenado, por la vía de un naturalismo dialéctico, eliminaría la idea del hombre en cuanto tal. Jonas buscará un "camino que evite la alienación dualista y sin embargo guarde lo suficiente de la intuición dualista para conservar la humanidad del hombre", postulando una ética fundada en "una ontología de la naturaleza del ser en su conjunto" y en "un principio que se pueda descubrir en la naturaleza de las cosas".[18] Más allá de los malabarismos de esta ética objetiva para mantener al mundo en un equilibrio inestable entre monismo y dualismo y en una ontología de la naturaleza, la encrucijada de la sustentabilidad convoca a una ontología de la diferencia y una ética de la otredad para construir una nueva racionalidad social.[19]

MONISMO-DUALISMO. EL PROBLEMA DEL CONOCIMIENTO

El pensamiento occidental, obsesionado por las ideas universales y la unidad de las ciencias, está siendo cuestionado en el pensamiento posmoderno por haber disociado lo real y lo simbólico, las ciencias lógico-fácticas de la naturaleza y las ciencias del espíritu. La separación entre pensamiento y realidad, así como la disyunción entre el ser y el ente, se remontan a la filosofía griega, y se han expresado a lo largo de la historia del pensamiento en posiciones controversiales entre materialismo e idealismo. Su ruptura se extrema con el pensamiento cartesiano, donde la disociación entre la idea y la materia se demultiplica en una serie de díadas polares: mente-cuerpo, objeto-sujeto, razón-sentimiento, naturaleza-cultura, antropología-biología, ciencias empíricas y saberes especulativos. El pensamiento ecologista se debate así entre teorías monistas y teorías dualistas sin haber alcanzado una clara sistematización de los diferentes campos temáti-

---

[18] "La respuesta que la ontología acabase dando todavía podría volver a llevar el fundamento del deber desde el yo del hombre, a donde se le había relegado, a la naturaleza del ser en su conjunto [...] La reunificación [entre ontología y ética; entre el reino 'objetivo' y el 'subjetivo'] sólo puede efectuarse [...] desde el lado 'objetivo', es decir, mediante una revisión de la idea de naturaleza [...] De la dirección interna de su evolución total quizá se pueda obtener una determinación del hombre de conformidad con lo cual la persona, en el acto de su autocumplimiento, esté haciendo realidad un interés de la sustancia original. De allí se seguiría un principio de la ética que en último término no estaría fundado en la autonomía del sí mismo ni en las necesidades de la sociedad, sino en una asignación objetiva por parte de la naturaleza del todo [...] en un principio que se pueda descubrir en la naturaleza de las cosas" (Jonas, 2000: 326-327).

[19] Cf. cap. 7, *infra*.

cos y programas de investigación donde tal dilema se plantea, sin haber logrado clarificar las controversias entre diferentes acercamientos filosóficos: ontológicos, epistemológicos y metodológicos.

Desde la filosofía trascendental de Kant y hasta la ciencia de la complejidad de Prigogine, la epistemología ha buscado disolver el dualismo ontológico que se estableció como un principio metodológico para la producción de conocimiento científico a partir de la disyunción entre objeto y sujeto del conocimiento: son las formas posibles de conocimiento (categorías *a priori* del entendimiento, conceptos y objetos de conocimiento) las que organizan las regularidades de los fenómenos del mundo para el entendimiento. El conocimiento es una *relación de conocimiento* que busca aprehender la materia, la naturaleza, a través de una correspondencia entre el pensamiento y la realidad, entre el concepto y lo real, entre la palabra y la cosa. Más allá de las "teorías del reflejo" (de la realidad en el pensamiento), objeto del empiriocriticismo de Lenin (1908), las teorías fenomenológicas y biológicas del conocimiento parten de la intencionalidad del ser (Husserl), de los esquemas de pensamiento y acción en sus procesos de adaptación y transformación del medio (de la realidad), que establecen una dialéctica en la que la naturaleza es incorporada en el pensamiento, o mediante la cual el pensamiento que emerge en el proceso de autoorganización busca su correspondencia (ajuste/equilibrio) con la realidad (Piaget, 1968). De esta manera, la ciencia vendría a neutralizar la posible "autonomía" del orden simbólico en el ordenamiento del mundo a través del conocimiento objetivo. Toda hermenéutica interpreta la realidad refiriéndose a una realidad; el constructivismo no es una libertad de la imaginación por encima y más allá de lo real. El conocimiento hace corresponder lo real y lo simbólico; pero lejos de fundirlos en una identidad monista, la epistemología no ha logrado disolver su diferencia.

El ecologismo busca la reunificación naturaleza-cultura por la vía de un monismo ontológico que encontraría su complemento en una epistemología y una metodología derivadas de un pensamiento de la complejidad. Sin embargo, el debate teórico en torno del monismo-dualismo no se resuelve por la voluntad de disolver la separación entre lo Real y lo Simbólico en una visión totalizadora y omnicomprensiva del mundo. El problema no se plantea ya en términos de separaciones absolutas entre estos pares de órdenes opuestos. Éstos cada vez se vuelven más plásticos, el razonamiento que buscaba justificar su perfecta separación o su ideal unificación cede ante la presencia de "entes híbridos" y la construcción de nuevos esquemas de un pensamiento complejo en los que se plantean las interrelaciones e interacciones entre lo material y lo simbólico.

De esta manera, el pensamiento ecologista posmoderno ha incorporado en sus narrativas una posición antiesencialista –el rechazo a una "naturaleza" definible del hombre que remita su existencia a un orden objetivo de esencias en el todo de la naturaleza– y la comprensión del mundo como un conjunto de órdenes "híbridos" entre lo orgánico, lo simbólico y lo tecnológico (Haraway, 1991).[20] Asimismo, la idea del arraigo *(embeddedness)* del conocimiento y la encarnación *(embodyment)* del saber habla –más allá del conocimiento personal y la intervención del sujeto en la producción científica, o de la apropiación subjetiva de conocimientos objetivos–, de su asentamiento en un territorio y de su incorporación en unas identidades. El monismo ontológico del ecologismo trata de descubrir o construir una organicidad sin fisuras entre ideologías, cosmologías, teorías y órdenes ontológicos de lo Real; una unificación entre procesos cognoscitivos, procesos naturales y prácticas culturales. El rigor epistemológico no siempre ha acompañado a nuevos esquemas de pensamiento que buscan acomodar los presupuestos teóricos a la práctica social del ecologismo. En este sentido, dentro de los debates actuales de la antropología ambiental, Philippe Descola aboga por

Un modelo transformacional para dar cuenta de los ampliamente implícitos esquemas de praxis a través de los cuales cada sociedad objetiva tipos específicos de relaciones con su ambiente. Cada variación local resulta de una combinación particular de tres dimensiones básicas de la vida social: modos de identificación o el proceso por el cual las fronteras ontológicas son creadas y objetivadas en sistemas cosmológicos tales como el animismo, el tote-

---

[20] La emergencia de un mundo constituido por órdenes híbridos del ser rompe con la ontología y la epistemología herederas del pensamiento metafísico. La hibridación de lo Real y lo Simbólico no es la retroalimentación y articulación de órdenes ontológicos y epistemológicos como los concibe un pensamiento de la complejidad. No son órdenes culturales mestizados por la integración de razas y la compenetración de los valores generados por las exogamias y emigraciones cada vez más aceleradas en un mundo globalizado. La hibridación se refiere al efecto del conocimiento sobre lo real que conoce, de la vida por los símbolos y la tecnología que la invaden. De manera que un *cyborg* no se comporta siguiendo las leyes del organismo, los fines de la tecnología y los sentidos de un texto: es una conjunción de vida, tecnología y símbolos; pero no existe aún una ciencia que la describa y un saber que la comprenda, más allá de su percepción como entes y existentes, desde la narrativa que los enuncia.

mismo o el naturalismo; modos de interacción que organizan las relaciones entre y dentro de las esferas de los humanos y los no humanos de acuerdo con principios tales como reciprocidad, depredación o protección; y modos de clasificación (básicamente el esquema metafórico y el esquema metonímico) a través de los cuales los componentes elementales del mundo son representados como categorías socialmente reconocidas (Descola y Pálsson, 1996: 17).

El razonamiento teórico es atraído por el interés investigativo. Si bien es posible convenir que los conceptos de naturaleza que se desprenden de diferentes culturas y momentos históricos son "construidos", ello no sostiene la idea de que lo Real sea una construcción social sin caer en el más aberrante idealismo. Si bien no debemos trasponer la visión dualista del mundo construida por la cultura occidental a los mundos de las culturas tradicionales, tampoco es lícito tratar de reconstruir el pensamiento posmoderno desde las cosmologías premodernas. Debemos pues prevenirnos de trasponer las categorías de ontología y epistemología al pensamiento de las sociedades tradicionales, o de extender sus procesos cognoscitivos al terreno de la sociedad racionalizada.[21]

La tesis monista podría ser pertinente para los programas de investigación de la antropología ambiental, en el sentido de que permitiría trascender el debate entre universalismo y relativismo, y de esta manera seguir tratando a la naturaleza y a la cultura como sustancias autónomas, "abriendo el camino para una verdadera comprensión ecológica de la constitución de entidades individuales y co-

---

[21] Pues si bien puede postularse que en las sociedades primitivas o tradicionales sus formas de simbolización de la naturaleza, sus imaginarios y sus formas de identificación orientan sus acciones configurando "esquemas de praxis" que "objetivan su ambiente", no es claro el sentido en el que "las fronteras ontológicas son creadas por, y al mismo tiempo objetivadas en, sistemas cosmológicos". Sobre la imposibilidad de establecer analogías entre las cosmovisiones y procesos cognoscitivos de las culturas "no occidentales" y aquellas herederas de la metafísica, la ontología y la epistemología, Roger Bastide señalaba que en el pensamiento occidental, "al lado de un pensamiento de articulación (al fin de cuentas, identificador) que hace que los conceptos penetren unos en los otros, también existe un pensamiento de división, que separa, delimita, aísla los conceptos, una vez que las participaciones no funcionan sino dentro de un determinado dominio del cosmos, sin pasar de un sector al otro. El pensamiento africano, tal como se desprende de nuestras investigaciones, no puede ser definido ni por la participación de Lévy-Brühl, ni por la clasificación de Durkheim. Ambos son complementarios, ya que la clasificación no es de seres, como entre los occidentales, sino de fuerzas y participaciones" (Bastide, 2001: 258).

lectivas" (Descola y Pálsson, 1996: 98). De esta manera se traslada el dilema ontológico-epistemológico al terreno de un pragmatismo metodológico que abre una lógica combinatoria de las diversas formas culturales de producción de sentido y asignación e significados a la naturaleza, pues según afirma Descola,

Las entidades que forman nuestro universo sólo tienen significado e identidad a través de las relaciones que las constituyen en cuanto tales. Aunque las relaciones son anteriores a los objetos que conectan, ellas mismas se actualizan en el proceso por el cual producen sus términos. Una antropología no dualista sería entonces una especie de fenomenología estructural en la que se describen y comparan sistemas locales de relaciones, no como redes funcionales que difieren en sus respectivas escalas y tipos de conexiones [...] sino como variaciones dentro de un grupo de transformaciones, como un conjunto de combinaciones estructuradas por compatibilidades e incompatibilidades entre un número finito de elementos. Entre esos elementos figurarían relaciones de objetivación de humanos y no humanos, modos de categorización, sistemas de mediación y tipos de posibilidades (*affordances*) técnicas y perceptivas orientadas hacia ambientes específicos. Una vez que nos hayamos deshecho de la vieja retícula ortogonal naturaleza-cultura, podrá surgir un nuevo paisaje antropológico multidimensional, en el que las hachas de piedra y los quarks, las plantas cultivadas y el mapa del genoma, los rituales de caza y la producción de petróleo, puedan llegar a ser inteligibles como una serie de variaciones dentro de un solo conjunto de relaciones que abarque a humanos y no humanos (Descola y Pálsson, 1996: 120-121).

Más allá de todo creacionismo y del sentido sociológico de las perspectivas constructivistas; más allá del hecho concreto de que los conceptos de naturaleza son construcciones ideológicas, teóricas y discursivas; más allá de que el conocimiento intervenga y transforme a la naturaleza, el punto nodal del debate entre monismo y dualismo como problema ontológico y epistemológico estriba en reconocer la condición misma del ser y del conocer, es decir, *la diferencia entre ser y pensar, entre lo real y lo simbólico*. Ésta es una premisa fundamental para evitar el creacionismo y el idealismo, así como su doble, el materialismo y el determinismo objetivo. Desde allí se pueden trazar entonces los puentes, los enlaces y las interrelaciones entre lo real y lo simbólico para llegar a entender cómo las formas de comprensión del mundo, de inducción y deducción, los procesos cognoscitivos, la construcción de paradigmas teóricos y el desarrollo de tecnologías, se revierten sobre el orden material de las cosas estructurando y des-estructurando los procesos ónticos, interviniendo y transformando a la naturaleza y generando entes híbridos, hechos de símbolos e imaginarios, de materia biológica y de artefactos tecnológicos.

Este debate se inscribe ya en el campo de la epistemología y no en el de las gnoseologías populares, de las cosmovisiones de los pueblos, donde no se establecen separaciones entre el orden natural y el simbólico, entre el mundo material y los mundos de vidas de las personas. El dilema entre monismo y dualismo es el de la relación del lenguaje y del orden simbólico con lo real y lo material; responde a la pregunta de cómo existe lo real, cómo conocemos lo real, y cómo se transforma la naturaleza conducida no sólo por sus "leyes internas" –su orden-desorden–, sino por los modos como la conocemos, y de esta manera actuamos (con ella, sobre ella). Este posicionamiento ontológico y epistemológico es necesario para escapar al biologismo, en el que el conocimiento es un sistema adaptativo a la naturaleza, y al constructivismo, donde la naturaleza es socialmente construida e interpretada por el pensamiento. Si la conciencia es una epigénesis del organismo pero que una vez que emerge no se mantiene como su sombra, si el conocimiento no es un mero reflejo del ser en el pensar, debemos admitir que todo conocimiento teórico –más allá de las determinaciones biológicas de la intuición, la cognición y la conciencia–, se organiza en el orden simbólico –del lenguaje que significa las cosas–, y desde allí va al encuentro con lo real.

La tesis dualista no implica un separatismo maniqueo entre lo real y lo simbólico; apunta a la imposible fusión y confusión de ambos órdenes. Pues es condición del conocimiento y del orden simbólico su infinita reflexión sobre lo real. El pensamiento que se dirige al objeto de su reflexión pertenece al orden simbólico (el inconsciente, el lenguaje, la ideología, el saber); el conocimiento implica un desdoblamiento entre lo real y su concepto, entre los procesos convertidos en "objetos de conocimiento" y la teoría con la cual buscamos comprenderlos, aprehenderlos, transformarlos. Desbrozar esta cuestión lleva a especificar el sentido de *lo real* y a diferenciarlo de *la realidad*, para evitar polarizar las perspectivas epistemológicas entre el realismo determinista y el constructivismo hermenéutico, donde lo real no tendría existencia propia y estaría socialmente e históricamente construido. Pues todas las cosmovisiones y epistemologías cambian la interpretación de los procesos materiales, pero no erradican lo real; ninguna idea concebida por el hombre y por la cultura cambia la dinámica del universo ni la constitución del átomo que siguen presentándose a la inteligibilidad de la razón. Por estructurados que estén el inconsciente y la cultura por el orden simbólico, éste no termina absorbiendo y negando lo real que sostiene el vínculo estructural con lo imaginario y lo simbólico. El hecho mismo de que la naturaleza ha sido intervenida por la ciencia y la tecnología –el conocimiento del átomo y de la genética– no funde el principio dualista que funda el conocimiento en un monismo ontológico.

Aun cuando en las cosmovisiones de las culturas "tradicionales" –en sus mitos, ritos, narrativas y prácticas sociales– no se evidencie una concepción "dualista" y testimonien el ser y el sentir su existencia fusionada con la naturaleza, ello no elimina el dilema de saber si la unidad naturaleza-cultura es obra de la naturaleza que se manifiesta en el lenguaje, o si es la forma particular como la lengua organiza la percepción, la cognición y la significación de la naturaleza. Esta cuestión no ha quedado zanjada por la investigación etnolingüística –desde Humboldt hasta Descola, pasando por Whorf, Sapir y Lévy Strauss–, entre los universales lingüísticos, las determinaciones de la naturaleza, los arquetipos del inconsciente, las estructuras del pensamiento y la emergencia de la conciencia. La desnaturalización de la naturaleza no arrastra consigo el ocaso de lo real.

Lo real y lo simbólico no se funden en una identidad y en una mismidad. De la misma manera que el conocimiento no se cierra en una realidad fija haciéndole corresponder un concepto a lo real, la fuente del sentido de la palabra y el lenguaje no se agota en una relación de significante a significado. La significancia y la reinterpretación del mundo se dan en un juego infinito de relación entre lo real y lo simbólico, entre las palabras y las cosas, entre la cultura y la naturaleza, que no se encierra en el monismo ontológico de la autogeneratividad de la materia, ni en el monismo epistemológico guiado por la unidad de la Idea Absoluta, los *a priori* de la razón y los universales del lenguaje humano.

Lo real es el referente de los objetos de conocimiento de las ciencias, de los paradigmas científicos que buscan aprehender racionalmente la estructura y la dinámica de procesos materiales y simbólicos. En este nivel epistemológico hay correspondencia pero no identidad entre el ser de esos órdenes ontológicos y las teorías y conceptos generados para comprenderlos. No hay monismo epistemológico; la teoría no es una copia de lo real que explica. Lo real está conformado por órdenes ontológicos diferenciados. La realidad está constituida por entes, por cosas, por realidades construidas socialmente. El orden económico no es inmanente. Fue producido a través de la constitución de una racionalidad económica que, más que un modelo de comprensión de lo real, construyó una realidad a su imagen y semejanza. Marx descubre así cómo las relaciones de clase en el modo de producción capitalista estructuran y construyen a la racionalidad económica como una estrategia de poder en el saber.

En la dialéctica entre lo real y lo simbólico, el conocimiento que interviene en la realidad haciéndola cada vez más compleja no se completa con los enfoques interdisciplinarios y un saber holístico. La intervención del conocimiento en lo real genera la hiperrealidad; produce esos *cyborgs*, hechos de organismo, tecnología y texto (Haraway, 1991). Pero la hibridación del conocimiento con la realidad no disuelve el dualismo entre lo real y lo simbólico en un monismo ontológico en el que se confundiría el conocimiento que construye la realidad y la naturaleza que participa en el conocimiento. La "hibridación ontológica" generada por el conocimiento implica una nueva ciencia y nuevos saberes, en la medida en que la transgénesis genera un nuevo orden orgánico-tecnológico-económico que no alcanzan a comprender las ciencias establecidas. Pero ello no disuelve la diferencia ontológica, metodológica y epistemológica entre lo real y lo simbólico en el momento del conocimiento.

La realidad se construye socialmente y conforma mundos de vida a través de las formas de conocer esa realidad que es modelada y moldeada por las formas de conocerla. El esencialismo y el apriorismo que resultan del pensamiento racional occidental remiten a la inmutabilidad de las cosas del mundo, a un entendimiento de la realidad presente como principio inmanente del ser y como una objetividad a la que el conocimiento debe ajustarse como necesidad histórica y devenir ineluctable. Ése es el error de las epistemologías positivistas, que parten de la objetivación y cosificación del mundo para luego convertirlo en razón suprema de lo real existente y en la que está predestinada la realidad posible. Es este principio de racionalidad el que ha sido cuestionado tanto por la "ciencia de la complejidad" (Prigogine y Stengers, 1984) como por el pensamiento posmoderno.

Hermann Broch expresa bellamente, en las reflexiones del poeta Virgilio, el indisoluble dualismo entre el mundo de la palabra y el mundo de la materia:

Nombres y nombres [...] el nombre de las cosas creadas junto con las cosas [...] nunca más podrá el poeta reclamar su dignidad, no, ni siquiera si el trabajo primordial de la poesía fuera el de exaltar los nombres de las cosas, ah, incluso cuando suena su momento más grande, el de conseguir lanzar una mirada hacia la fuente creativa del habla, bajo cuya luz profunda flota la palabra para la cosa, la palabra intocada y casta en la fuente del mundo de la materia, el poema, aunque capaz de duplicar la creación en palabras, nunca fue capaz de fundir la duplicación en una unidad, incapaz de hacerlo porque la reversión aparente, la adivinación, la belleza, porque todas esas cosas que determinaron, que devinieron poesía, tuvieron lugar únicamente en el mundo duplicado; el mundo de la palabra y el mundo de la materia permanecieron separados, doble el hogar del mundo, doble el hogar del ser humano, doble el abismo de lo creacional, pero doble también la pureza del ser [...] la cual llevaba en sí misma la semilla de la destrucción del mundo, la falta de castidad básica de la existencia (Broch, 1945:188).

Lo que está en juego en la cuestión del monismo-dualismo es la libertad. Pues si tanto la conciencia como el saber están contenidos en el "todo" de lo real existente, la libertad no tiene más horizontes que los del azar dentro de los códigos genéticos o los de la necesidad predeterminada por el código económico. Hay allí novedad y emergencia, pero no libertad y vida recreada por el orden simbólico, la palabra y la significación que se afianzan en la vida a pesar de los constreñimientos de la realidad, la objetividad y la cosificación del mundo. El dualismo es la consecuencia inevitable de la condición de existencia del existente, de la hipóstasis del yo y su despliegue hacia su relación de alteridad con el mundo, con los otros, con lo Otro fuera de lo Mismo, de una totalidad ensimismada, ya sea la del ecologismo, la fenomenología o la dialéctica que remiten a lo Uno y a lo Mismo. Es la condición misma del sujeto cognoscente como ser simbólico. Por ello afirma Levinas que

La sexualidad, la paternidad y la muerte (las relaciones no objetivas ni presentes que emergen del orden simbólico) introducen en la existencia una dualidad que concierne al existir mismo de cada sujeto. El existir en cuanto tal se torna doble. La noción eleática del ser queda superada. El tiempo ya no constituye la forma degradada del ser, sino su acontecimiento mismo. La noción eleática del ser domina la filosofía de Platón, en la que la multiplicidad se subordina a lo uno y el papel de lo femenino está pensado mediante las categorías de pasividad y actividad, reducido a la materia [...] A partir de

Platón, el ideal de lo social se buscará en un ideal de fusión. Se pensará que, en su relación con otro, el sujeto tiende a identificarse con él, abismándose en una representación colectiva, en un ideal común. Es la colectividad que dice "nosotros" que, vuelta hacia el sol inteligible, hacia la verdad, siente al otro junto a sí y no frente a sí (Levinas, 1993: 137-138).

La libertad que renace de esa diferencia ontológica es lo que abre el pensamiento a "participar en el (libre) juego de la idea, reactivar la acción soberana de la forma, dejar ser a las cosas que son, significa no tanto transferir en los sentidos y en los colores las puras armonías inteligibles, ni mucho menos revelar las esencias arquetípicas, sino más bien liberar la realidad del principio de razón y restituirla al puro ser por sí" (Givone, 1995:83). Esa relación del pensamiento creativo y la potencia de lo real no puede darse dentro de un esquema monista. Sólo el dualismo deja ser al Ser y libera al pensamiento para dejar fluir la potencia del concepto en la esfera autónoma del pensamiento y la virtualidad del ser. Es el pensamiento libre el que permite afirmar una ontología no esencialista, en tanto que "no sigue un dictamen, no realiza una esencia, sino que crea dejando ser" (Givone, 1995: 95).

El monismo ontológico naturaliza a la dialéctica despojándola de su constitución simbólica; pierde sus referentes en lo real y su sentido en el pensamiento. La naturaleza ecologizada emigra hacia una referencialidad artificial, generada por una estrategia discursiva que busca reordenar el mundo, pero que no responde ni corresponde más con una construcción a partir de la potencia de lo real en su vínculo creativo con el pensamiento. El monismo ontológico anula la dialéctica entre el ser y el pensar, la diferencia entre lo real y lo simbólico, para forjar un sistema de equivalencias en una combinatoria que tiende a igualar el estatus ontológico de las cosas, del ser y de la razón.

La racionalidad ambiental forja un pensamiento que no pretende ni imitar, ni representar, ni simular, ni modelar a la naturaleza y al orden ecológico. Busca recuperar la potencia de lo real y del pensamiento para construir otra realidad posible. El problema del dualismo –que puede ser trazado en la modernidad desde su origen cartesiano como el problema de la separación mente-cuerpo (Rorty, 1979)– es planteado en la posmodernidad en términos diferentes. Más allá del dualismo entendido como la separación entre la *res cogitans* y la *res extensa;* más allá de la crítica a la metafísica de la representación; más allá de todo ese maniqueísmo y polaridades de términos y entidades sin conexiones, la epistemología de la complejidad ambiental se abre desde la diferencia indisoluble entre lo Real y lo Simbólico hacia procesos en los que el conocimiento se hace cuerpo y tierra al arraigarse en un Territorio e incorporarse en el Ser.

NATURALISMO DIALÉCTICO, ECOLOGÍA POLÍTICA Y RACIONALIDAD AMBIENTAL

El pensamiento dialéctico, que una vez fuera "el método" de la teoría crítica, se enfrenta a la razón de su razonamiento, la prueba de su aplicación para la construcción de una racionalidad ambiental a través de un diálogo de saberes. Esa revisión se hace necesaria en la medida en que el pensamiento dialéctico se desliza hacia las figuras retóricas del simulacro discursivo.[22] El futuro sustentable aparece como una utopía en el horizonte de un devenir, en el que Bookchin confía que la tecnología y la dialéctica social podrán disolver la tensión entre lo existente y lo real posible, y guiar la transición hacia un nuevo orden social. Este anarquismo lleva en la teoría al individualismo metodológico y en la práctica a la "acción espontánea" para la construcción de una "sociedad ecológica".[23]

El valor revolucionario del pensamiento dialéctico no es un poder inmanente de la materia contenido en la productividad de la naturaleza, en los potenciales ecológicos y los poderes de la tecnología; éste se alimenta de la creatividad derivada de un principio de antítesis

---

[22] El discurso de Bookchin es profuso en el uso retórico de la dialéctica. De esta manera afirma: "así como la abundancia invade el inconsciente para manipularlo, así el inconsciente invade la abundancia para liberarla" (1971/1990:14). Mas el inconsciente no conoce abundancia ni totalidad alguna; al contrario, se organiza a partir de una "falta en ser" (Lacan) que impide al sujeto alcanzar su completitud. Bookchin desconoce esta verdad y afirma: "Cuando estamos ante el umbral de la sociedad de postescasez, la dialéctica social empieza a madurar [...] Lo que debemos crear para reemplazar a la sociedad burguesa no es sólo la sociedad sin clases que imaginó el socialismo, sino la utopía no represiva concebida por el anarquismo" (pp.15-16). La liberación de la represión reclama, más allá de una retórica emancipatoria, una teoría y una estrategia política efectiva para la construcción de una nueva racionalidad social.

[23] "Los problemas de la 'transición' que ocupó a los marxistas por casi un siglo se eliminan no sólo por el avance de la tecnología, sino por la misma dialéctica social. Los problemas de la reconstrucción social se han reducido a tareas prácticas que se pueden resolver espontáneamente por actos autoliberatorios de la sociedad" (Boockchin, 1971/1990: 62).

y negación de lo real que no es intrínseco a lo real, sino a la fertilidad de la otredad que es desencadenada por la dialógica, por la contradicción de los sentidos que se manifiesta en las formas diferenciadas de significación de lo real y en los intereses discordantes en la comprensión del mundo y la apropiación de la naturaleza. La dialéctica que se expresa a través de un diálogo de saberes es lo que produce una revolución permanente hacia lo nuevo y la diversidad de una sociedad ecológica.[24] En este sentido, la dialéctica recupera su función como "motor de la historia" y de la historicidad de lo real, que resiste la voluntad de congelar la sociedad y proscribir el futuro, proclamando el fin de la historia para mantener la inercia reproductiva de la racionalidad económica dominante.

La dialéctica, como movimiento trascendental de la historia, ha tenido efectos perversos en el materialismo histórico cuando ha visto en la tecnología y el desarrollo de las fuerzas productivas el medio para trascender la alienación y la necesidad. Para Bookchin el reino de la libertad sería alcanzado después de pasar las fases necesarias de explotación y dominación que se justificarían por un principio de escasez objetiva, y que se disolverían por el desarrollo de las fuerzas productivas de la sociedad y la realización espontánea de las potencialidades de la naturaleza. El naturalismo dialéctico que se dibuja como desarrollo de una potencialidad intrínseca de la naturaleza presupone un progreso hacia la totalidad y la completitud, como la realización de la verdad en la autoconsciencia de la especie humana. Este discurso idealista, fundado en los principios de la evolución biológica, anula la dialéctica como razón crítica. Más aún, desconoce la dialéctica de la historia, en la cual la naturaleza, antes que seguir un proceso evolutivo propio, es significada, intervenida e interpelada por la cultura y por las estrategias de poder que atraviesan el desarrollo y la aplicación de la ciencia y la tecnología (de la biotecnología y la ingeniería genética) en los actuales procesos de capitalización de la naturaleza.

El naturalismo dialéctico, como principio organizativo de la realidad y las ideas, se ha desplazado hacia la teoría constructivista y hermenéutica, donde el concepto mismo de naturaleza aparece como una construcción social, mediada por significaciones culturales. Los recursos naturales se definen a través de cosmologías y valores culturales, por intereses sociales y poderes económicos. El naturalismo

---

[24] Cf. cap. 7, *infra*.

dialéctico desconoce las estrategias del poder del conocimiento que determinan el campo teórico y político de la cuestión ambiental. En la era de la globalización económica y ecológica, la historia no se moviliza por el desarrollo espontáneo de la naturaleza, sino por el conflicto de intereses sociales por la apropiación de la naturaleza que se expresan hoy en día en las estrategias discursivas y en la geopolítica del desarrollo sustentable.[25]

Confrontando los enfoques del estructuralismo genético y la teoría de sistemas, Bookchin intenta ecologizar el pensamiento dialéctico y guiar prácticas ecocomunitarias inspiradas en el concepto hegeliano de *actualización*. Éste aparece como una expresión que sintetiza la dialéctica entre la potencialidad de la idea y la transformación de lo real. Para Bookchin el rasgo más importante de la dialéctica es su capacidad para aprehender la potencialidad del ser. Así, enfatiza la propiedad de "autodesarrollo [como] la actualización completa de la potencialidad en sus ricas fases autoincorporativas de crecimiento, diferenciación, maduración y totalidad [que] nunca son tan completas como para dejar de ser la potencialidad para un desarrollo aún más amplio" (1990: 167). Desde esa perspectiva de la actualización, Bookchin propone:

modificar la dialéctica filosófica [...] para convertirla en un modo ecológico de pensamiento [...] Una dialéctica ecológica tendría que responder al hecho de que Aristóteles y Hegel no trabajaron con una teoría evolutiva de la naturaleza [...] como para reemplazar la noción de *scala naturae* por la noción de un rico y mediado continuo [...] "Actualidad", para usar el término hegeliano, es la culminación en el momento de la madurez, de manera que la objetividad de lo potencial, que sostengo que es crucial para desarrollar una verdadera ética objetiva, se subordina a su actualización. Al dar una enfática prioridad histórica a la naturaleza como base del proceso de entendimiento, la dialéctica ecológica nos obliga a reformular términos hegelianos como lo 'real' y lo 'actual' (1990: 167-169)

Bookchin busca superar el idealismo hegeliano por el cual lo real se actualiza en su concepto, agregándole el peso de la "objetividad de lo potencial" de "lo que está necesariamente latente en lo potencial". Bookchin cambia el énfasis en el significado que le da Hegel como la realización racional de lo potencial, por la realización de un

---

[25] Cf. cap. 3, *infra.*

devenir inscrito en la potencia objetiva de la naturaleza y base del "proceso de entendimiento", a través de cuyas mediaciones se configura una "ética objetiva", de manera que la actualidad estaría inscrita en el carácter evolutivo de los procesos ecológicos. De esta manera elimina el sentido de la utopía, del conocimiento y de la acción social; del potencial de la relación del orden real y el orden simbólico; de las relaciones de otredad que generan "lo que aún no es" en la perspectiva de un futuro sustentable, y que no están inscritas de antemano en el orden de la naturaleza.

La racionalidad ambiental, como construcción social y realización de un potencial, puede ser "actualizada" (realizada) por el saber, la acción social y las relaciones de otredad, no por un proceso evolutivo de la naturaleza. La racionalidad ambiental emerge de las potencialidades y posibilidades contenidas en diferentes procesos materiales, órdenes ontológicos y formaciones simbólicas: potenciales ecológicos, significados culturales, desarrollos tecnológicos, estrategias políticas y cambios sociales. Estos procesos de construcción de una sociedad ecológica son movilizados por un saber que constituye a los actores sociales del ambientalismo, que generan el cambio social y la transición hacia la sustentabilidad. Así, el concepto de racionalidad ambiental –síntesis de valores, racionalidades y sentidos civilizatorios– expresa lo real como potencia de lo que puede "llegar a ser" (lo potencialmente actualizable) en la realidad. En cambio, el naturalismo dialéctico de Bookchin, purificado de todo principio de contradicción, otredad, diferencia y conflicto social, aparece como un proceso de evolución, actualización y autoconsciencia de la naturaleza:

Una visión ecológica de la dialéctica inclinaría la filosofía dialéctica hacia la diferenciación más que hacia el conflicto y redefine el progreso para enfatizar el papel de elaboración social en lugar de la competencia social. Es *desarrollo*, no solamente "cambio"; es *derivativa*, no simple "movimiento"; es *mediación*, no sólo "proceso"; y es *acumulativa*, no un simple continuo (Bookchin, 1990: 170).

Así, Bookchin enraiza su ecoanarquismo en una filosofía natural y en una ecología generalizada donde el progreso sería alcanzado por una "creciente auto-conciencia y mutualidad" (p. 170), más que por un movimiento histórico que emerge de intereses opuestos. Esta proyección de su ética naturalista, se cubre de un velo dialéctico para legitimar su ideología como discurso científico y filosófico. El ecologismo desplaza así a la historia y a la cultura (al orden social y simbólico). La dialéctica se funde en la ecología, siguiendo el sueño de Engels de ver a la dialéctica como la reflexión de la naturaleza de manera más orgánica.

Goldmann, uno de los últimos pensadores modernos que indagó sobre la dialéctica en su función como pensamiento utópico y en la transformación de la realidad social, la concibió como estructuras significantes, acercando el pensamiento dialéctico al campo de la racionalidad, en una postura intermedia entre la razón hegeliana y el naturalismo evolucionista:

Cuando tratamos con las ciencias humanas y sobre todo con la historia y la cultura, el concepto principal de inteligibilidad, el de *estructura significante*, representa al mismo tiempo una realidad y una norma, precisamente porque define al mismo tiempo el motor real y el fin hacia el cual se orienta esta totalidad, que es la sociedad humana [...] No debemos suponer que la naturaleza evoluciona progresivamente hacia estructuras legales, geométricas o causales; sin embargo, la hipótesis de una historia dominada por las tendencias hacia estructuras de una creciente significación y coherencia, para alcanzar al final una sociedad transparente, compuesta tan sólo por tales estructuras, es una de las principales hipótesis *positivas* en el estudio de las realidades humanas (Goldmann, 1959: 111).

Frente a estas posturas racionalistas, que anunciarían el fin de la filosofía (del pensamiento crítico) en la construcción de la realidad, Marcuse (1937/1968) habría afirmado que "Cuando la razón se ha realizado como la organización racional de la humanidad, la filosofía se queda sin objeto". El materialismo histórico buscó fundarse en una razón crítica para construir el socialismo como una sociedad más racional. Bookchin critica el economicismo del materialismo histórico y postula la fundación ecológica de la sociedad. Empero, si la ecología explica el potencial de un orden social racional, si la conciencia es la autorreflexión en el pensamiento de una racionalidad ecológica, entonces la filosofía y la razón crítica claramente se habrán quedado sin objeto.

La civilización humana está lejos de haber llegado al fin de la historia, del pensamiento y del sentido. La sociedad moderna está transitando hacia un orden global que intenta resolver el conflicto en torno a la apropiación de la naturaleza por la vía de una política del consenso y la democracia, que supere la contradicción y la lucha de clases, sometiendo todos los órdenes del ser a la ley universal del mercado. Una política de convivencia en la diversidad tiende a remplazar el significado de la diferencia como oposición y negación del otro. Sin embargo, este progreso hacia formas y medios más pacíficos para la resolución de conflictos no autoriza una visión organicista de la sociedad. Al reducir lo social a un orden ecológico generalizado se desconoce que los cambios históricos son generados por intereses conflictivos y por fuerzas políticas opuestas. La dialéctica socioambiental se expresa a través de una disputa de sentidos en torno a la construcción del futuro y moviliza posiciones contrastadas que se encuentran en los caminos hacia el desarrollo sustentable y los intereses involucrados en la apropiación social de la naturaleza. Mas la dialéctica no está inscrita en la naturaleza, sino en el pensamiento. Es una dialógica marcada por la búsqueda y el encuentro de *sentidos*. Como señala González Casanova, es contradicción entre sentidos diversos y opuestos:

Por dialéctica se entienden los intentos de dar sentido a las contradicciones. Esos intentos varían según se quiera dar sentido a las palabras de un discurso o a los hechos de una oposición. Varían según se piense en las contradicciones de la vida, de la historia humana, de una civilización, de un sistema social, de un modo de producción y dominación, de un estado o un régimen político. La búsqueda dialéctica se centra en encontrar el sentido de un discurso, de un texto y su contexto, o de la vida y la historia, o de la modernidad, el capitalismo, el socialismo, el comunismo, la democracia, realmente existentes y alternativos. El sentido se busca en las contradicciones presentes y entre contradicciones con historia, pasado y futuro, desentrañadas desde el andar y el luchar [...] La dialéctica varía [...] según se dé importancia o no a las interacciones de los actores como interdefiniciones de unos actores por otros en los hechos y los conceptos; esto es, según se postule o no que es imposible comprenderse a uno mismo sin considerar las relaciones con el otro, según se acepte o rechace que uno se define en parte porque el otro lo redefine a uno o lo obliga a redefinirse, y uno obliga al otro, hasta sin querer, a que se redefina (González Casanova, 2004: 215-216).

La dialéctica nace, se expresa y desemboca en la relación de alteridad que abre los sentidos de la historia. En ello consiste la radicalidad de la dialéctica actual. La sustentabilidad no se juega entre dos lógicas opuestas (económica/ecológica) o en un campo de concertaciones teóricas y discursivas que nulifican sus contradicciones –sus diferencias ontológicas, epistemológicas, semánticas, políticas– por el predominio de la racionalidad económica o de una racionalidad comunicativa, sino en el campo antagónico de los intereses en torno a la reapropiación de la naturaleza, en el principio de diferencia que se decanta en el campo político, en la apertura hacia la otredad, hacia un diálogo de saberes. La dialéctica social que lleva a la construcción de sociedades sustentables no está guiada por el paradigma de la ecología, sino por la configuración de nuevas identidades y saberes que entran en juego en la revalorización y resignificación de la naturaleza.

La racionalidad económica e instrumental dominante niega el orden ecológico. Los principios de organización, estabilidad y productividad ecológica permean al pensamiento para producir una nueva utopía y proveer nuevas bases materiales capaces de sustentar un orden social alternativo, más orgánico y democrático. Se abre así la historia hacia nuevas opciones y posibilidades para orientar el cambio social y la organización productiva, fundados en bases ecológicas. En esta perspectiva la naturaleza recobra su lugar en el proceso productivo, como condición de sustentabilidad y como potencial ecológico. Mas la acción social orientada hacia la construcción de sociedades sustentables no se funda en la filosofía del naturalismo dialéctico, sino en la *excedencia del ser y del pensar* que, más allá de la generatividad de la materia, de la significación entre la palabra y la cosa, de la relación de conocimiento entre el concepto y lo real abre el camino para la construcción de una racionalidad ambiental.[26]

El pensamiento dialéctico podrá fertilizar a esta nueva racionalidad elucidando el campo conflictivo de los intereses en juego y los procesos estratégicos en el campo del poder que movilizan los cambios ambientales globales y los procesos de reapropiación de la naturaleza. Empero, el orden social no podrá reducirse al orden biológico; la ética, el poder y el conocimiento no podrán subsumirse en las leyes de la evolución biológica y la organización ecológica de la na-

---

[26] No se puede concebir este abordaje como un conocimiento en el que el sujeto cognoscente se refleja y se absorbe. Sería destruir simultáneamente esta exterioridad del ser, por una reflexión total a la cual aporta el conocimiento. La imposibilidad de la reflexión total no debe ser planteada negativamente como la finitud de un sujeto cognoscente que, mortal y de antemano comprometido en el mundo, no accede a la verdad, sino en la medida de la *excedencia* de la relación social en la que la subjetividad permanece de cara a la verdad [...] y no se mide por ella [...] La multiplicidad supone pues una objetividad planteada en la imposibilidad de una reflexión total, en la imposibilidad de confundir en un todo el yo y el no yo (Levinas, 1977: 234).

turaleza para ver emerger de allí una sociedad ecológica. El ecologismo, como forma de entendimiento que orienta las prácticas de convivencia y las acciones sociales de transformación del mundo, impide dar cuenta de las estrategias de poder por la apropiación social de la naturaleza y orientar la construcción de una *racionalidad ambiental.* La racionalidad ambiental penetra las mallas nebulosas de la metafísica de la representación, del imaginario dialéctico, de la teoría del conocimiento, para repensar la relación entre lo Real y lo Simbólico en la dimensión del ser y del saber.[27] El totalitarismo de la realidad cosificada y del mundo objetivado ha puesto fin al naturalismo dialéctico.

[27] Cf. cap. 6, *infra.*

3. EL RETORNO DEL ORDEN SIMBÓLICO: LA CAPITALIZACIÓN DE LA NATURALEZA Y LAS ESTRATEGIAS FATALES DEL DESARROLLO SOSTENIBLE

LA OBJETIVACIÓN DEL MUNDO Y LA METÁSTASIS DEL CONOCIMIENTO

Con el advenimiento de la modernidad y de la racionalidad del Iluminismo, la naturaleza no sólo se ha fracturado y fragmentado. Más simple y llanamente, ha fracasado. Sin un orden ontológico que contenga al ser, sin un cosmos ordenador del mundo, sin una naturaleza capaz de ofrecer referentes ciertos al conocimiento, leyes traducibles en normas de vida y sentidos existenciales, el orden simbólico se ha dislocado, ha caído en el delirio. La dialéctica hegeliana y el materialismo dialéctico, ambos herederos de la metafísica y arrastrados hacia el naturalismo y el objetivismo por el orden del saber de la modernidad, han sido incapaces de saldar la división entre lo real y lo simbólico. El juego de los opuestos se abre en la posmodernidad hacia un pensamiento de la diferencia, atrapado por el simulacro del orden simbólico:

> Trabajar sobre los indecidibles, como hace Derrida, significa desconstruir el texto de la metafísica mostrando que las oposiciones en las cuales él se articula son sólo diferencias; al mismo tiempo menos y más que oposiciones: menos, porque los términos opuestos se dan *no* en correspondencia con una estructura originaria fracturada, sino sólo en virtud de una decisión, de un golpe de dados, que los constituye como opuestos sin ningún fundamento; pero esa decisión no es el lugar de una posible conciliación, puesto que ella es un no lugar, a su vez pura huella de un original que no se manifiesta y no puede manifestarse, y, en ese sentido, lo indecidible revela la oposición como más que oposición, dado que la muestra como insuperable. La dualidad irreductible a unidad es así contagiada de un delirio que la multiplica en un proceso sin fin (Vattimo, 1998: 135).

La voluntad de conocimiento engendrada por la epistemología ha generado un exceso de objetividad del mundo. El afán de iluminar el mundo por medio de la razón hasta hacerlo transparente, de

[88]

nombrar y normar las cosas con las palabras y el lenguaje hasta designarlas sin ambivalencia, de ordenar la realidad empírica con formulaciones lógicas y fórmulas matemáticas hasta alcanzar la verdad absoluta, ha engendrado una realidad omnipresente en el horizonte de la existencia humana. Esta *hiperrealidad* ha dislocado el orden simbólico. Lo existente aparece y se muestra en un juego de espejos entre el ser burlado por la seducción del objeto y el discurso sarcástico que de él emerge, como un juego de simulaciones entre el modelo y lo real modelado por designios de una razón sin sentidos ni referentes.

Baudrillard articula una narrativa sobre el reflejo deformado del conocimiento y de lo real, sobre las certezas sustentadas en los principios de cientificidad, determinación y objetividad que sostienen el proyecto epistemológico de la modernidad. Baudrillard ve en las estrategias fatales del Objeto la forma como el ente se escenifica en un mundo cosificado, en el cual la realidad "aparece" ante el sujeto fuera de todo devenir, de toda historia, de toda causalidad, de toda referencialidad. La aparición (producción) de esta hiperrealidad en un mundo sobreobjetivado desplaza la ontología de lo real hacia una estrategia de simulación. Los modelos no representan a la realidad, sino que la simulan; y al simularla la construyen a su imagen y semejanza.

El modelo, al contrario del concepto, no es del orden de la representación, sino del orden de la simulación (virtual, aleatorio, disuasivo, irreferencial) y es un contrasentido total querer aplicarle la lógica de un sistema de representación [...] se trata de la *indiferencia profunda al principio de realidad bajo el golpe de la pérdida de toda ilusión*. Todos los viejos dispositivos de conocimiento, el concepto, la escena, el espejo, buscan crear la ilusión, subrayan una proyección verídica del mundo. Las superficies electrónicas carecen de ilusión, ofrecen lo indecidible (Baudrillard, 1983: 97, 96).

La hiperrealidad es la contraparte del modelo, de la realidad que emerge del intento de moldearla y aprehenderla mediante el conocimiento objetivo hasta forzar la identidad entre el concepto y lo real. El modelo y lo real quedan presos dentro de su propia ficción. Por ello la construcción del mundo ha derivado en una imposibilidad de aprehender lo real, ha engendrado una hiperrealidad que está fuera de toda ontología y de toda epistemología. Al tiempo que la ciencia se aferra al ideal positivista de la unidad de la ciencia para controlar el mundo a través de la correspondencia entre el concepto y lo real, en la "era del código" el conocimiento se aparta cada vez más de su referente fáctico, para construir realidades virtuales y mundos de vida flotantes. Pero esta "caída" en la relación entre el mundo y el pensamiento no podría ser una mutación natural del objeto y su reflejo en el conocimiento. La relación perversa entre el modelo y la hiperrealidad –la deformación del concepto y el desmoronamiento de lo real– es el efecto de la construcción social de la realidad generada por las formas dominantes de conocimiento del mundo. Las estrategias fatales del Objeto han sido generadas por la sobreobjetivación del mundo. La simulación de la realidad viene de esa relación especular entre el modelo y el objeto que se miran frente a frente desde ese orden imaginario que flota por encima y más allá de la relación entre lo real y lo simbólico. Habrá pues que cuestionar la racionalidad que ha generado el principio de representación, el principio de realidad que produce una hiperrealidad que se degrada en la simulación y la pérdida de referentes entre la idea y el ente, el concepto y lo real.

La hiperrealidad –la monstruosidad del Mundo Objeto– no resulta de una evolución de la materia, de una teleología de la existencia. Son las formas de conocimiento del ente y de las cosas las que han generado la objetivación del mundo. De allí nace esa hiperrealidad que lanza una mirada seductora al sujeto para atraparlo en su pura presencia, en una actualidad no causada y sin perspectivas. La metafísica y la racionalidad científica se hacen cuerpo en forma de Objeto, cuerpo gangrenado sin sensibilidad, sin razón y sin sentido. Si en las sociedades precientíficas predominaron la magia, la fatalidad del destino y los enigmas de la naturaleza, ahora la intervención del conocimiento en la naturaleza, en las cosas, desencadena el riesgo y la incertidumbre.

Si la verdad no habrá de mostrarse en el objeto ni ser de allí extraída por un sujeto; si ya no es posible derivar la verdad de una determinación objetiva, habremos de cuestionar a la epistemología como "mecanismo de pensamiento" que transforma al mundo, y preguntar al oráculo del saber sobre el enigma que mueve a sus designios. Pues más allá del concepto en el que cristalizan las determinaciones de lo real, más allá del encadenamiento de significantes que desencripta la verdad oculta de las cosas, las estrategias de poder han penetrado en el lenguaje hasta saturar y agotar las fuentes de significación de lo real. Esta metástasis del conocimiento rebasa aquello que Lévi-Strauss llamaba el *exceso de significante*, es decir, el hecho de que la significación desborda siempre a aquello que es designado por un significante.[1]

La crisis ambiental y la "catástrofe" de nuestros mundos de vida no han sido provocadas por la proliferación de los significados desencadenados después de Babel, sino por la saturación del sentido y de los sentidos provocados por el concepto que busca apresar y fijar la realidad. La verdadera fatalidad de la hiperrealidad del mundo no es la del excedente de significante que radica en la potencia de significación y sentido de la palabra, del lenguaje, de los sueños y de la poesía. Las estrategias fatales son la respuesta de un Mundo Objeto que ha desbordado al sujeto del conocimiento. Su seducción se produce en su retirada de la significación y su caída en un vacío de sentido. No es la nada de la que emerge el pensamiento; no es la relación de otredad y el infinito inefables que movilizan a la palabra. Es ese todo –al que aspira el proyecto epistemológico– más que nada, lo que ha congelado al mundo en una glacial transparencia que ya no toca el calor de la palabra y el silencio de la mirada. Es la negación del orden simbólico por el dominio de la pura objetividad, por la pretensión de una objetividad verdadera, casta y pura, universal y total. La entropización del mundo es efecto de la objetivación descarrilada por una racionalidad repulsiva a toda razón, a todo conocimiento. Se trata del desencadenamiento de efectos más allá de toda causa determinable, allí donde la multicausalidad, la articulación de ciencias y el diálogo de saberes, no alcanzan a comprender, a aprehender y a controlar el desbarrancamiento del sistema-mundo-objeto.

Este descarrilamiento se produce en otra vía que aquella por la cual Rilke veía que lo que sucede va siempre adelante de lo que pensamos y de nuestras intenciones de alcanzarlo, del hecho de lo real siempre en fuga del conocimiento. Vivimos en una realidad producida por la epistemología que se ha convertido en generadora de

---

[1] "La idea de que el significante antecede, desperdigado por todas partes, en una profusión que felizmente jamás agota al significado. Ese orden sobreabundante del significante es el de la magia (y de la poesía), no es un orden del azar ni de la indeterminación [...] La seducción mágica del mundo debe ser reducida, aniquilada. Y lo será el día que todo significante haya recibido un significado, cuando todo se haya convertido en sentido y realidad. Habremos llegado evidentemente al fin del mundo. Literalmente el mundo habrá llegado a su fin cuando todos los encadenamientos seductores hayan cedido su lugar a los encadenamientos racionales. Ésa es la empresa catastrófica en la que estamos comprometidos: resolver toda la fatalidad en la causalidad o en la probabilidad ...es la verdadera entropía" (Baudrillard, 1983: 168).

efectos que no son previsibles ni atendibles por la teoría. Se trata de un objeto –un sistema– que rechaza todo saber, en el que incluso el pensamiento de la complejidad y la ecología generalizada se convierten en un modelo de simulación de la realidad, en el que toda trascendencia queda bloqueada por un sistema de objetos que funciona como un mecanismo ecológico-cibernético fuera de toda voluntad y sentido. El exceso de centralidad del objeto y de la objetividad del conocimiento ha conducido a la crítica posmoderna al logocentrismo de la ciencia (Derrida, 1967, 1989), generando un descentramiento de los objetos de conocimiento hacia su ambiente externalizado (Leff, 1986b):

Un ejemplo de esta excentricidad de las cosas, de esa deriva en la excrescencia, es la irrupción, en nuestro sistema, del azar, de la incertidumbre y de la relatividad. La reacción a ese nuevo estado de cosas no ha sido un abandono resignado de los viejos valores, sino más bien una loca sobredeterminación, una exacerbación de sus valores de referencia, de función, de finalidad, de causalidad [...] una hiperdeterminación: redundancia de la determinación en el vacío. La finalidad no desaparece en beneficio de lo aleatorio, sino en beneficio de una hiperfinalidad, de una hiperfuncionalidad [...] la hipertelia no es un accidente en la evolución de algunas especies animales, sino ese desafío de finalidad que responde a una indeterminación creciente (Baudrillard, 1983: 11-12).

El *ambiente* se va configurando así dentro como un nuevo saber y una nueva racionalidad en el campo de externalidad de las ciencias, en el horizonte invisible del conocimiento, más allá de las fronteras del Mundo Objeto (Leff, 1986b, 1994a, 1994b, 1998, 2000).[2] Más allá de la posibilidad de recomponer el mundo desarticulado mediante un pensamiento de la complejidad, que sería inteligible gracias a una articulación de ciencias y un diálogo de saberes abierto hacia el conocimiento no científico –una hibridación entre ciencias, técnicas y saberes–, el conocimiento sucumbe ante la *sobreobjetivación del mundo* que desborda la capacidad de entendimiento racional del sujeto a través de una teoría de sistemas, un método interdisciplinario, una ética ecológica o una moral solidaria. El mundo objetivado y cosificado por la racionalidad científica y económica desencadena una reacción incontrolable por una gestión racional del riesgo y aniqui-

[2] Cf. caps. 5-7, *infra*.

la de antemano toda utopía como construcción social de un futuro sustentable.

El saber, que no resulta de la deducción de la razón ni por inducción de la realidad por el pensamiento, es seducido y eludido por el objeto. El proyecto racionalista de aprehensión del mundo desde la razón es confrontado por una ontología del objeto que no se transforma "según los encadenamientos racionales [...] sino según un ciclo incesante de metamorfosis, según los encadenamientos seductores de las formas y las apariencias" (Baudrillard, 1983: 167). Mas las formas y apariencias del Objeto no seducen al sujeto de la manera como éste es atraído por el sensualismo que lleva al conocimiento empírico, sino por códigos y designios que se configuran en el orden simbólico, dentro de estrategias de poder en el saber que rigen la metamorfosis de los objetos y la metástasis del sistema de conocimientos.

Baudrillard pasa de la metafísica de la representación a la metafísica del código: monta en escena un discurso que simula las manifestaciones del Mundo Objeto como metáfora del dominio del ADN, del código genético. Más allá de las analogías de los "ismos" –isonomías, isomorfismos– del estructuralismo, de las teorías "anti" que ha generado el racionalismo crítico, de las doctrinas de la lógica dialéctica y el pensamiento de la complejidad, del campo social construido en torno a la producción y el trabajo, a la ética y la moral; más allá de la ontología, de la significación y del sentido de la palabra, el mundo posmoderno aparece como un juego de simulaciones entre el ADN como operador de las posibilidades de manipulación de los códigos genéticos y los códigos de lenguaje que los imitan en una pura simulación del ente. El discurso científico y teórico es cómplice de este simulacro modelado y camuflado bajo el disfraz del código genético:

Los grandes simulacros construidos por el hombre pasan de un universo de leyes naturales a un universo de fuerzas y tensiones de fuerzas, y hoy, a un universo de estructuras y oposiciones binarias. Después de la metafísica del ser y de las apariencias, después de la de la energía y la determinación, la metafísica de la indeterminación y del código [...] Es en efecto en el código genético donde la "génesis de los simulacros" encuentra hoy su forma más acabada. En el límite de un exterminio siempre creciente de las referencias y las finalidades, de una pérdida de las similitudes y las designaciones, encontramos el signo digital y programático, cuyo "valor" es puramente *táctico*, en la intersección de otras señales [...] cuya estructura es la de un código micromolecular de comando y control [...] Así se diseña el modelo estratégico actual que [...] reencontraremos, bajo el signo riguroso de la ciencia, en *El azar y la necesidad* de Jacques Monod. Concluida la evolución dialéctica, es el indeterminismo discontinuo del código genético lo que regula la vida –el principio *teleonómico*: la finalidad ya no está localizada en la conclusión; ya no hay ni fin ni determinación–; la finalidad está de antemano inscrita en el código (Baudrillard, 1976: 89, 92).

La metafísica del simulacro cancela toda idea de la historia y todo proyecto de transición hacia un propósito pensado, anticipado y proyectado por una utopía. El intercambio simbólico queda atrapado en un mundo sin referentes en el que la teoría se habría emancipado de lo Real. Más allá de la hermenéutica que resignifica los hechos y sucesos, está la narrativa como imaginario puro, sin referentes reales, pero que no enmascara menos una estrategia de poder que no es la de la *cosa en sí*, sino del poder simbólico depositado en el objeto, en el mundo objeto. El mismo juego teórico de Baudrillard es un facsímil del mundo regido por las reglas del código genético, descubiertas e inventadas por Monod. La genética se convierte así en el modelo organizador del mundo; regenera la metafísica de la representación, esta vez a imagen y semejanza del código genético; engendra la clonación de la realidad como prototipo de la existencia, produce un ideal desidealizado, una cultura de la diferencia indiferenciada:

Una vez más encontramos el sueño delirante de reunificar al mundo bajo un principio unitario [...] Puesto que el programa actual no tiene que ver nada con la genética; es un programa social e histórico. Lo que la bioquímica ha hipostasiado es el ideal de un orden social regulado por un cierto código genético o cálculo micromolecular de PBS *(planning programming budgetary system)* que irradia al cuerpo social con sus circuitos operacionales. La tecnocibernética devela aquí su "filosofía natural", como la llama Monod (Baudrillard, 1974: 141).

El mundo actual se encuentra atrapado en una encrucijada entre la modernidad y la posmodernidad; transita por un puente sobre el vacío de determinación, causalidad, objetividad, estructura y unidad del conocimiento que deja el paradigma mecanicista de la ciencia que corre bajo sus pies; avanza a través de la incertidumbre y la pérdida de referencialidad empírica del concepto, para llegar a la otra orilla, la de un mundo complejo, que demanda una nueva racionalidad para orientar acciones políticas y estrategias emancipatorias que permitan hacer frente al discurso de la simulación que nos seduce.

El poder de seducción del objeto sobre la razón reafirma la imposibilidad de nombrar al mundo y designar la condición humana, siempre a la deriva en el juego de apariencias que no puede salvar ninguna estrategia de representación, de una realidad siempre en fuga del concepto; no es sólo un intento más de marcar el límite de la producción, de la epistemología en su pretensión de aprehender la realidad para gobernarla y controlarla; para sobrepasar el reino de la magia y del saber por la razón y la ciencia, para llegar a través del Iluminismo a la claridad de las cosas y al reino de la libertad, allí donde trasluce la *transparencia del mal*. La transparencia del objeto, sin tiempo ni lugar, conduce al dislocamiento del ente fuera de toda representación y del ser fuera de todo sentido. Es lo obsceno fuera de escena, la máscara transparente de las cosas sin imagen, arrancadas del orden simbólico que les da sentido, que deja entrever su verdadero rostro en el rastro donde son destazados los restos del cuerpo del conocimiento y se desangra el ser de las cosas. Es el

Fin del secreto [y la] irrupción de la transparencia [...] que pone fin al horizonte del sentido. La saturación de los sistemas los lleva a su punto de inercia [...] a las teorías flotantes, satélites de un referente ausente [...] pasaje del crecimiento a la excrescencia, de la finalidad a la hipertelia, de los equilibrios orgánicos a las metástasis cancerígenas. Es el lugar de una catástrofe y no de una crisis (Baudrillard, 1983: 29).

Lo real enloquece dentro de la prisión a la que lo somete el conocimiento, generando una hiperrealidad que escapa al orden de lo simbólico. La racionalidad económica es "hipertélica, en el sentido de que no tiene otro fin que el crecimiento sin consideración de los límites" (p. 36). El pensamiento metafísico en su universalidad, la ciencia en su dominio de lo real, han cosificado y objetivado al mundo al punto en el que han creado un Objeto que desborda todo posible proyecto de conocimiento del mundo. Hemos abierto las fauces de una monstruosidad incognoscible e incontrolable que nos devora. Esta trasmutación del orden de lo real y lo simbólico, esta ruptura del espejo de la representación, hace que la reintegración del mundo sea una ilusión que está más allá del propósito de abrir el cer-

co de las ciencias hacia la interdisciplinariedad y un diálogo de saberes, para comprender el nuevo orden híbrido de lo real: los objetos
transgénicos. Estamos irremediablemente atrapados por el simulacro de vida que genera la transgénesis de la cultura posmoderna, por
la seducción de un orden pervertido por el imperio del Objeto. No
se trata de la seducción de la pura presencia del objeto, de su aparición de forma inusitada: una luna, una mirada, un hecho insólito; no
es la seducción que ejerce el objeto estético: un cuadro, un paisaje,
una mujer. La seducción de la hiperrealidad y del transobjeto es de
otro orden; es la de la intervención de lo simbólico en lo real que lleva a desnaturalizar a la naturaleza y a convertirla en ficción y maqui-
llaje de lo real.

El discurso de Baudrillard refleja la condición del sujeto en la posmodernidad, dominado y seducido por el Objeto. No es un discurso
teórico que intenta aprehender una realidad. Es la manifestación
textual de las estrategias fatales del Objeto Mundo una vez rota la
imagen especular del conocimiento, perdido el referente de todo saber. Si Dios habla por la boca del profeta, el Objeto se expresa en el
texto de Baudrillard. La relación de simulación (ya no de conocimiento) establece esa identidad vaporosa y contundente entre el código de
lenguaje, el pensamiento codificado y los modelos de codificación
que exuda el gen.

Y sin embargo, ante este discurso que reconoce el poder absoluto
del Objeto, el pensamiento crítico alcanza a vislumbrar que este proceso de descomposición (metástasis del objeto y del texto) tiene sus
referentes en la criticidad del Objeto Mundo, del mundo sobreobjetivado y sobreeconomizado donde se manifiestan los efectos de la
crisis ambiental. Las estrategias fatales del *objeto en sí* se expresan en
el discurso del desarrollo sostenible, en cuyos enunciados se traslucen las estrategias de poder que ejerce el mundo objetivado, la imposibilidad de abrir sus objetos de conocimiento y reorientar sus tendencias, sus falsos fundamentos ideológicos para frenar la carrera
hacia la muerte entrópica del planeta.

Para Baudrillard la estrategia fatal por excelencia es la teoría. El
sujeto del conocimiento orientado hacia un objeto –una hiperrealidad– aparece como el más elusivo de los entes, pues la "estrategia"
del objeto excede cualquier forma de conocimiento. Mas el *objeto en
sí* no es el autor de esa estrategia fatal. Es el resultado de la objetivación del ser que opera las formas de conocimiento. La transgénesis
no es generada por un gen maléfico, sino por el efecto de la invasión

tecnológica sobre la vida y la economización del mundo. La catástrofe de la hiperrealidad se produce en la abstracción del evento puro,
que absorbe su propio significado, que hace al origen de las cosas
coincidir con su fin, donde el origen y el destino son ininteligibles y
están fuera del juego humano del poder.[3] Sin embargo, Baudrillard
alcanza a esbozar algunos indicios de ese lugar, esa "otra parte" de
donde proviene la caída:

Los sistemas racionales de la moral, del valor, de la ciencia, de la razón, no
conducen sino a la evolución lineal de las sociedades, a su historia visible.
Pero la energía profunda que impulsa incluso a esas cosas viene de otra parte. Del prestigio, del desafío, de todos los impulsos seductores o antagónicos, incluso suicidas, que no tienen nada que ver con una moral social de la
historia o del progreso (Baudrillard, 1983: 81).

Ante esta caída en el vacío de los referentes y los significados, del
hombre que gira sin rumbo ni destino como efecto de este mundo
sobreobjetivado, se abre la pregunta sobre el posible retorno al orden simbólico, sobre la resignificación del mundo. Baudrillard no
ofrece una teoría sobre esta posible reconstrucción del mundo, sino
que teje un discurso que corresponde a las estrategias fatales de la hiperrealidad que reconoce, se autoseduce con su "verdad" y queda
atrapado en los reflejos de su propia representación. Queda velada
allí la factura de la metafísica que genera esa hiperrealidad, que anula y sujeta al sujeto en la hiperobjetivación del mundo. Esta narrativa del mundo actual relata la realidad transgénica, pero no descons-

[3] "El esquizofrénico ha sido privado de toda escena, abierto a todo a pesar de sí mismo en la más grande confusión [...] Lo que lo caracteriza es menos el alejamiento de
lo real [...] que la proximidad absoluta, la instantaneidad total de las cosas, sin defensa, sin vuelta atrás, el fin de la interioridad y de la intimidad, la sobreexposición y la
transparencia al mundo, que lo atraviesan sin que pueda hacerles frente. Ya no puede
producir más los límites de su propio ser, ya no puede reflejarse más : no es sino una
pantalla absorbente, una placa giratoria e insensible de todas sus redes de influencia
[...] Si ello fuera posible, este éxtasis obsceno y generalizado de todas las funciones sería el estado de transparencia deseado, el estado de reconciliación del sujeto y del mundo, en el fondo sería para nosotros el juicio final y ya hubiera tenido lugar. Dos even-
tualidades, iguales tal vez: nada ha acontecido aún, nuestro malestar viene del hecho
de que nada en el fondo ha comenzado verdaderamente (liberación, revolución, progreso...): utopía finalista. La otra eventualidad es que todo ha acontecido ya. Ya estamos más allá del fin. Todo lo que era metáfora ya se ha materializado, colapsado en la
realidad. Nuestro destino está allí: es el fin del fin. Estamos en un universo transfinito"
(Baudrillard, 1983: 76).

truye su génesis ni apunta a una posible desrealización. El mundo queda atrapado por el Objeto. Lo Real no responde al llamado de lo simbólico.

La racionalidad ambiental busca discernir los efectos del pensamiento metafísico y científico en la sobreeconomización del mundo y los impactos y consecuencias de la entropización del planeta en la pobreza, la inequidad y la degradación socioambiental. En la dilución de lo real que preconiza el pensamiento de la posmodernidad, el discurso crítico vuelve la mirada hacia la entropía como la ley límite de la naturaleza (lo Real) frente al desvarío y las estrategias fatales del discurso del desarrollo sostenible que postula el crecimiento sin límites. Si la comprensión racional del mundo ha generado la complejización del ser y la muerte entrópica del planeta, toda propuesta de una gestión racional –científica– del ambiente estaría fundada en una falacia y condenada al fracaso. La racionalidad científica parte de un concepto de naturaleza ya prefijado e inteligible desde la escena primaria del ordenamiento de un mundo sujeto a leyes causales. Sin embargo, ello no lanza al ser a la deriva del saber, a la renuncia a toda inteligibilidad de lo real, fuera de la razón y de un pensamiento para reapropiarse el mundo. La racionalidad ambiental acoge el orden simbólico, el enigma del ser y la vida.

El pensamiento de la posmodernidad ha venido a cuestionar a la racionalidad científica y sus fuentes metafísicas, ontológicas y epistemológicas que están en la raíz de la crisis ambiental. Si la transición hacia la sustentabilidad se da en un puente levadizo entre una modernidad inacabada (irrealizable) y una posmodernidad que rompe con el mito de la representación, tampoco vivimos en un puro vacío ontológico, fuera de toda necesidad y todo referente. La vuelta al ser y la transición hacia un futuro sustentable están tensadas por una diferencia real: el hiperconsumo, que regido por la ley de la demanda a través de la manipulación del deseo sigue remitiendo al imperativo de la ganancia y a la necesidad de la producción, de la explotación del trabajo, de la expoliación de la naturaleza, de la contaminación del ambiente; de una pobreza que no alcanza a esconder su rostro. La diferencia no es una metáfora sino que está inscrita en lo real. El pensamiento de la *diferancia* (Derrida, 1989) se convierte en una política de la diferencia y no queda recluido en la metonimia de los signos y en un encadenamiento infinito de significaciones ficticias. La diferencia encuentra su referente en identidades (con raza, piel y color); la pobreza extrema se expresa por encima de las estadísticas, de su función en la economía global y de las falsas esperanzas de igualdad y emancipación dentro del orden establecido.

La ontología de la simulación, el simulacro del Mundo Objeto y el modelo de la racionalidad moderna ofrecen la tela de fondo y el hilo que tejen el discurso del desarrollo sostenible como una ficción, cuya hiperrealidad no es connatural con lo natural, sino obra misma del reflejo del conocimiento (la metafísica, la epistemología, la ciencia) en la destrucción y reconstrucción de la realidad. El colapso ecológico y la crisis ambiental son el síntoma y el efecto de estas formas de conocimiento, donde hoy en día se decantan diversas estrategias de poder por la reapropiación de la naturaleza. En esa malla discursiva anida la insoportable levedad de la globalización económica y se despliegan las estrategias fatales del desarrollo sostenible.

LA CRISIS AMBIENTAL Y EL DISCURSO DE LA SUSTENTABILIDAD

El principio de sustentabilidad emerge en el discurso teórico y político de la globalización económico-ecológica como la expresión de una *ley límite* de la naturaleza ante la autonomización de la ley estructural del valor. La crisis ambiental ha venido a cuestionar los fundamentos ideológicos y teóricos que han impulsado y legitimado el crecimiento económico, negando a la naturaleza y a la cultura, dislocando la relación entre lo Real y lo Simbólico. La sustentabilidad ecológica aparece así como un criterio normativo para la reconstrucción del orden económico, como una condición para la supervivencia humana y para un desarrollo durable; problematiza las formas de conocimiento, los valores sociales y las bases mismas de la producción, abriendo una nueva visión del proceso civilizatorio de la humanidad.

La visión mecanicista del mundo que produjo la razón cartesiana y la dinámica newtoniana se convirtió en el principio constitutivo de la teoría económica, predominando sobre los paradigmas organicistas de los procesos de la vida y orientando el desarrollo *antinatura* de la civilización moderna. De esta forma, la racionalidad económica desterró a la naturaleza de la esfera de la producción, generando procesos de destrucción ecológica y degradación ambiental que fueron apareciendo como *externalidades* del sistema económico. La noción de sustentabilidad emerge así del reconocimiento de la función que cumple la naturaleza como soporte, condición y potencial del proceso de producción.

La crisis ambiental se hace evidente en los años sesenta, mostrando la irracionalidad ecológica de los patrones dominantes de producción y consumo, y marcando los límites del crecimiento económico. De allí surge el interés teórico y político por valorizar a la naturaleza con el propósito de internalizar las externalidades ambientales del proceso de desarrollo. De este debate emergen las "estrategias del eco-desarrollo", promoviendo nuevos "estilos de desarrollo" fundados en las condiciones y potencialidades de los ecosistemas y en el manejo prudente de los recursos (Sachs, 1982). La economía se ve inmersa dentro de un sistema físico-biológico más amplio que la contiene y condiciona (Passet, 1979, Naredo, 1987). De allí habría de surgir la economía ecológica como un nuevo paradigma que busca integrar el proceso económico con la dinámica poblacional y el comportamiento de los ecosistemas (Costanza *et al.*, 1989).

La economía ecológica arroja una mirada crítica sobre la degradación ecológica y energética resultante de los procesos de producción y consumo, intentando situar el intercambio económico dentro del metabolismo general de la naturaleza. Sin embargo, la producción sigue estando guiada y dominada por la lógica del mercado. La protección del ambiente es considerada como un costo y condición del proceso económico, cuya "sostenibilidad" depende de las posibilidades de valorizar a la naturaleza. Sin embargo, el cuestionamiento a la economía desde la ecología no ha llevado a desconstruir la racionalidad económica dominante y a fundar una nueva teoría de la producción en los potenciales de la naturaleza y en los sentidos de las culturas, con lo que las políticas ambientales siguen siendo subsidiarias de las políticas neoliberales.

El discurso del desarrollo sostenible fue oficializado y difundido ampliamente a raíz de la Conferencia de las Naciones Unidas sobre Medio Ambiente y Desarrollo, celebrada en Río de Janeiro en 1992. Sin embargo, la conciencia ambiental comenzó a expandirse desde los años setenta, a partir de la Conferencia de las Naciones Unidas sobre el Medio Ambiente Humano, celebrada en Estocolmo en 1972. Es en ese momento cuando se señalan los límites de la racionalidad económica y los desafíos que genera la degradación ambiental al proyecto civilizatorio de la modernidad. La escasez, como principio que fundamenta la teoría y práctica económica, movilizando y desplazando los recursos productivos de un umbral a otro de su escasez relativa, se convirtió en una *escasez global*. Ésta ya no puede resolverse mediante el progreso técnico, la sustitución de recursos escasos por otros más abundantes, o el aprovechamiento de ambientes no saturados para la disposición de los desechos generados por el crecimiento desenfrenado de la producción.

La publicación en 1972 de *Los límites del crecimiento* (Meadows *et al.*, 1972) difundió por primera vez a escala mundial una visión crítica de la ideología del "crecimiento sin límites", haciendo sonar la alarma ecológica y planteando los límites físicos del planeta para proseguir la marcha acumulativa de la contaminación y del crecimiento demográfico. En 1971 Georgescu-Roegen publicó *La ley de la entropía y el proceso económico*, donde mostraba el vínculo entre el proceso económico y la segunda ley de la termodinámica que rige la degradación de la materia y la energía en todo proceso productivo, y, con ello, los límites físicos que impone la ley de la entropía al crecimiento económico y a la expansión de la producción. El crecimiento económico avanza a costa de la pérdida de fertilidad de la tierra y la desorganización de los ecosistemas, enfrentándose a la ineluctable degradación entrópica de todo proceso productivo. Es esto lo que habría de manifestarse en el calentamiento global del planeta, efecto de la creciente producción de gases con efecto invernadero y la disminución de la capacidad de absorción de dióxido de carbono por la biosfera, debido al avance de la desforestación.

En respuesta a esta crisis ambiental se propusieron y difundieron las estrategias del ecodesarrollo, postulando la necesidad de crear nuevas formas de producción y estilos de vida basados en las condiciones y potencialidades ecológicas de cada región, así como en la diversidad étnica y la capacidad de las poblaciones locales para la gestión participativa de los recursos. El discurso del ecodesarrollo emerge en un momento en que las teorías de la dependencia, del intercambio desigual y de la acumulación interna de capital orientan la planificación del desarrollo. Sin embargo, su potencial crítico se fue disolviendo en sus propias estrategias teóricas y prácticas. Su propuesta se fue desdibujando ante la dificultad de flexibilizar a las instituciones y a los instrumentos de la planificación para romper la lógica economicista e internalizar una "dimensión ambiental" al proceso de desarrollo. El ecodesarrollo quedó atrapado en las mallas de la teoría de sistemas con la que buscaba reintegrar al sistema económico un conjunto de variables (crecimiento poblacional, cambio tecnológico) y de condiciones ambientales (procesos ecológicos, degradación ambiental). Este esquema teórico alimentó la esperanza de una práctica de planificación encargada de asimilar y abolir las externalidades ambientales. El método sistémico habría así de resolver los problemas ambientales, con lo cual el ambiente se disolvería en el terreno del conocimiento y desaparecería del campo de la planificación.[4]

La degradación ambiental irrumpió en la escena política como síntoma de una *crisis de civilización*, marcada por el modelo de modernidad regido bajo el predominio del conocimiento científico y la razón tecnológica sobre la naturaleza. La cuestión ambiental problematiza así las bases mismas de la producción; apunta hacia la desconstrucción del paradigma económico de la modernidad y a la construcción de una nueva racionalidad productiva, fundada en los límites de las leyes de la naturaleza, así como en los potenciales ecológicos y en la creatividad humana. Empero, la visión sistémica y pragmática del ecodesarrollo careció de una base teórica sólida para construir un nuevo paradigma productivo y veló el potencial de los saberes culturales y de los movimientos sociales por la apropiación de la naturaleza en la transparencia de las prácticas de la planificación ambiental. Empero, el concepto de ambiente fue cobrando un sentido estratégico en el proceso político de supresión de las "externalidades del desarrollo" –la explotación económica de la naturaleza, la degradación ambiental, la desigual distribución social de los costos ecológicos y la marginación social–, que aumentaban por encima de los cambios teóricos y prácticos promovidos para ecologizar la producción y capitalizar a la naturaleza.

En los años ochenta, las estrategias del ecodesarrollo fueron desplazadas por el discurso del *desarrollo sostenible*. Si bien esta noción se había insinuado desde los textos de la Estrategia Mundial de la Conservación en 1980 –que sería retomada por las *Estrategias para una vida sostenible* (IUCN/UNEP/WWF, 1991)–, fue en *Nuestro futuro común* (WCED, 1987) –mejor conocido como el Informe Brundtland, publicado por la Comisión Mundial sobre Medio Ambiente y Desarrollo a solicitud del Secretario General de las Naciones Unidas para evaluar los avances de los procesos de degradación ambiental y la eficacia de las políticas ambientales para enfrentarlos y generar una visión compar-

---

[4] "A medida que el sistema dispone de políticas referentes al medio ambiente, este último se estrecha; el buen éxito de tales políticas se evaluará [...] por la desaparición misma del concepto de medio ambiente, que terminará por ser asimilado al sistema" (Sachs, 1982:36).

tida por todas las naciones del orbe sobre las condiciones para alcanzar la sustentabilidad ecológica y la supervivencia del género humano–, donde empezó a plasmarse el sentido del desarrollo sostenible. Allí se formuló la definición del desarrollo sostenible como el "proceso que permite satisfacer las necesidades de la población actual sin comprometer la capacidad de atender a las generaciones futuras". De allí en adelante, la noción de desarrollo sostenible se convirtió en el referente discursivo y el "saber de fondo" que organiza los sentidos divergentes en torno a la construcción de sociedades sustentables.

El discurso del desarrollo sostenible busca establecer un terreno común para una política de consenso capaz integrar los diferentes intereses de países, pueblos y clases sociales que plasman el campo conflictivo de la apropiación de la naturaleza. La ambivalencia del discurso del desarrollo sostenible se expresa ya en la polisemia del término *sustainability*, que integra dos significados: el primero, traducible como *sustentabilidad*, implica la incorporación de las condiciones ecológicas –renovabilidad de la naturaleza, dilución de contaminantes, dispersión de desechos– del proceso económico; el segundo, que se traduce como *sostenibilidad*, implica perdurabilidad en el tiempo del proceso económico. Si la crisis ambiental es producto de la negación de las bases naturales en las que se sostiene el proceso económico, entonces la sustentabilidad ecológica aparece como condición de la sostenibilidad temporal del proceso económico. Sin embargo, el discurso del desarrollo sostenible ha llegado a afirmar el propósito de hacer sostenible el crecimiento económico a través de los mecanismos del mercado, asignando valores económicos y derechos de propiedad a los recursos y servicios ambientales, mas no ofrece una justificación rigurosa sobre la capacidad del sistema económico para incorporar las condiciones ecológicas y sociales (sustentabilidad, equidad, justicia, democracia) de este proceso a través de la capitalización de la naturaleza.

Más allá de la difícil ecologización de la economía, y del imposible propósito de alcanzar la sustentabilidad ecológica por la vía de la economización y la mercantilización de la naturaleza, el discurso de la sustentabilidad entraña significaciones y valores que trascienden a la posible manipulación del mundo como objeto. *Sustainable development* ha sido traducido al francés como *développement durable*, noción que al poner el acento en el tiempo, abre su significado hacia una acepción fenomenológica y existencial, frente al economicismo del desarrollo sostenible y el ecologismo del desarrollo sustentable. Pues *durable*, en francés, acarrea el sentido que le atribuyó Henri Bergson en su debate con Newton, cuando ante la idea mecanicista del tiempo reversible propuso el concepto de *durée* como "tiempo vivido", como el tiempo de un devenir *(becoming)* (Prigogine y Stengers, 1984: 294)

La Conferencia de las Naciones Unidas sobre Medio Ambiente y Desarrollo, celebrada en Río de Janeiro en junio de 1992, elaboró y aprobó un programa global (conocido como la *Agenda 21*) para dar institucionalidad y legitimidad a las políticas del desarrollo sostenible. De esta forma se fue prefigurando una estrategia discursiva para disolver las contradicciones entre medio ambiente y desarrollo. Los acuerdos de Río han sido renovados diez años después en la Cumbre Mundial sobre Desarrollo Sostenible, celebrada en Johannesburgo en 2002, estableciendo un Plan de Implementación para alcanzar los objetivos del desarrollo sostenible.

En este proceso, el discurso del desarrollo sostenible se ha ido divulgando y vulgarizando hasta formar parte del discurso oficial y del lenguaje común. Empero, más allá del mimetismo retórico que ha generado, no ha logrado engendrar un sentido conceptual y praxeológico capaz de unificar las vías de transición hacia la sustentabilidad. Las contradicciones no sólo se hacen manifiestas en la falta de rigor del discurso, sino en su puesta en práctica, donde surgen los disensos en torno al discurso del desarrollo sostenible y los diferentes sentidos que adopta este concepto en relación con los intereses contrapuestos por la apropiación de la naturaleza (Redclift, 1987; Martínez Alier, 1995, Leff, 1998; Escobar, 1999, cap. 4).

El año de 1992 marcó los 500 de la conquista de los pueblos de América Latina, de la colonización cultural y de la apropiación capitalista del ambiente y los recursos que otrora fueran el hábitat de los pueblos prehispánicos y prelusitanos, de las culturas mesoamericanas y andinas, de los pueblos amazónicos y patagónicos, de las poblaciones mestizas y afrodescendientes que fueron ocupando las tierras del continente. Con ello, la emancipación de los pueblos indígenas surgió como uno de los hechos políticos más relevantes del fin del siglo xx. Éstos han ido ganando espacios políticos para legitimar sus derechos culturales a sus territorios étnicos; a sus lenguas y costumbres; a su dignidad y autonomía. Allí se está fraguando una nueva conciencia sobre los derechos de los pueblos indígenas a autogestionar los recursos naturales y el entorno ecológico donde han coevolucionado sus culturas.

LA CAPITALIZACIÓN DE LA NATURALEZA
Y LAS ESTRATEGIAS FATALES DEL DESARROLLO SOSTENIBLE

Las estrategias de apropiación de los recursos naturales del tercer mundo en el marco de la globalización económica se han reconfigurado en el marco del desarrollo sostenible. Ante la imposibilidad de asimilar las condiciones de sustentabilidad y los principios que orientan la construcción de una racionalidad ambiental, la política del desarrollo sostenible va desactivando, diluyendo y pervirtiendo las perspectivas que abre el concepto crítico de *ambiente* a un desarrollo alternativo. Si en los años setenta la crisis ambiental llevó a proclamar el freno al crecimiento antes de alcanzar el colapso ecológico, a partir de los años ochenta el discurso neoliberal anuncia la desaparición de la contradicción entre ambiente y crecimiento. Los mecanismos de mercado se postulan como el medio más certero para asimilar las condiciones ecológicas y los valores culturales al proceso de crecimiento económico. En la perspectiva neoliberal desaparecen las causas económicas de los problemas ecológicos. La crisis ambiental ya no es efecto de la acumulación de capital, sino del hecho de no haber otorgado derechos de propiedad (privada) y asignado valores (de mercado) a los bienes comunes. Una vez establecido lo anterior –afirma el discurso del desarrollo sostenible–, las clarividentes leyes del mercado se encargarían de ajustar los desequilibrios ecológicos y las diferencias sociales, la equidad y la sustentabilidad.

El discurso del desarrollo sostenible promueve el crecimiento económico negando las condiciones ecológicas y termodinámicas que establecen los límites y posibilidades para una economía sustentable. La naturaleza está siendo incorporada al capital mediante una doble operación: por una parte se busca internalizar los costos ambientales del progreso asignando valores económicos a la naturaleza; junto con ello se instrumenta una operación simbólica, un "cálculo de significación" (Baudrillard, 1974) que recodifica al hombre, a la cultura y a la naturaleza como formas aparentes de una misma esencia: el capital. Así, los procesos ecológicos y simbólicos son reconvertidos en capital natural, humano y cultural, para ser asimilados al proceso de reproducción y expansión del orden económico, reestructurando las condiciones de la producción mediante una gestión económicamente racional del ambiente.[5]

[5] "Las condiciones de la producción no sólo son transformadas por el capital. También deben ser transformadas en y a través del discurso [...] Una vez completada la

La ideología del desarrollo sostenible libera al mercado, desencadenando un proceso incontrolado y desregulado de producción, un delirio de la razón económica, una manía de crecimiento (Daly, 1991). El discurso de la sustentabilidad aparece así como un simulacro que niega los límites del crecimiento para afirmar la carrera desenfrenada hacia la muerte entrópica del planeta. Se afirma así un proceso que se aparta de toda ley de conservación ecológica y reproducción social para dar curso a un proceso que desborda toda norma, referente y sentido para controlarlo. El discurso de la sustentabilidad opera como una estrategia fatal, una inercia ciega que se precipita hacia la catástrofe. El discurso de Baudrillard se refleja y encuentra su referente en el discurso del desarrollo sostenible y en sus manifestaciones en la crisis ambiental cuando afirma que:

Estamos gobernados no tanto por el crecimiento sino por crecimientos. Nuestra sociedad está fundada en la proliferación, en un crecimiento que prosigue a pesar de que no puede medirse frente a ningún objetivo claro. Una sociedad excrescente cuyo desarrollo es incontrolable, que ocurre sin considerar su autodefinición, donde la acumulación de efectos va de la mano con la desaparición de las causas. El resultado es un congestionamiento sistémico bruto y un malfuncionamiento causado por una hipertelia: por un exceso de imperativos funcionales, por una suerte de saturación [...] Las causas mismas tienden a desaparecer, a volverse indescifrables, generando la intensificación de procesos que operan en el vacío. Mientras exista una disfunción del sistema, una desviación de las leyes conocidas que gobernaban su operación, existe siempre la perspectiva de trascender el problema. Pero cuando el sistema se precipita sobre sus supuestos básicos, desbordando sus propios fines, de manera que no puede encontrarse ningún remedio, no estamos contemplando ya una crisis sino una catástrofe [...] Lo que llamamos crisis es de hecho la anticipación de su inercia absoluta (Baudrillard, 1993: 31-32).

El capitalismo ha engullido al mundo, lo ha enmascarado y velado en su propia imagen, llevado por "esa estrategia exponencial en la cual las cosas, privadas de su finalidad o de su referencia, se reiteran en una suerte de juego en un abismo". La sobreeconomización del mundo ha generado una

conquista semiótica de la naturaleza, se vuelve imperativo el uso racional y sustentable del ambiente. Allí radica la lógica subyacente de los discursos del desarrollo sostenible y de la biodiversidad" (Escobar, 1995: 202-203).

revolución en las cosas que no se da más en su superación dialéctica, sino en su potenciación, en su elevación a la potencia dos, a la n potencia, de ese ascenso a los extremos en ausencia de toda regla del juego [...] Parece que las cosas, habiendo perdido su determinación crítica y dialéctica, sólo pudieran redoblarse en su forma exacerbada y transparente [que] nos lleva hacia un éxtasis que es también el de la indiferencia (Baudrillard, 1983: 38, 46).

Lo que está en acto en esa excrecencia del Mundo Objeto no es la celebración del gasto, la manifestación exacerbada de la pulsión al derroche en la que Bataille veía el destino gobernado por el exceso, por "una organización aventurera, eventualmente absurda, un proyecto de energía devastadora, una antieconomía, un prodigio, un desafío a la naturaleza conservacionista" (1983: 86-87). Se trata de una compulsión al consumo que, contra el principio de escasez de la economía, desborda la ideología del progreso. La cuestión no se plantea como un dilema del sujeto –del control racional frente a la desmesura del deseo–, sino de la racionalidad económica misma, cuyo falso principio de racionalización de la escasez lo conduce a todos los excesos, que pervierte la ética iluminada por el pensamiento de la complejidad y la naturaleza ecologizada.

La retórica del desarrollo sostenible ha reconvertido el sentido crítico del concepto de ambiente en un discurso voluntarista, proclamando que las políticas neoliberales habrán de conducirnos hacia los objetivos del equilibrio ecológico y la justicia social por la vía más eficaz: el crecimiento económico guiado por el libre mercado. Este discurso promete alcanzar su propósito sin una fundamentación sobre la capacidad del mercado para dar su justo valor a la naturaleza, desmaterializar la producción, revertir las leyes de la entropía y actualizar las preferencias de las generaciones futuras. Esto lleva a cuestionar la posible sustentabilidad del capitalismo (M. O'Connor, 1994), es decir del irrefrenable impulso hacia el crecimiento de la racionalidad económica y su impotencia para detener la degradación entrópica que genera. La racionalidad económica resiste a su desconstrucción y monta un simulacro en el discurso del desarrollo sostenible, una estrategia de simulación, un juego falaz de perspectivas –*trompe l'oeil*–, que burla la percepción de las cosas y pervierte toda razón y acción en el mundo hacia un futuro sustentable. El discurso del desarrollo sostenible se vuelve como un bumerang, decapitando al ambiente como concepto que orienta la construcción de una nueva racionalidad social. La estrategia discursiva de la globalización se convierte en un tumor semiótico y genera la metástasis del pensamiento crítico; disuelve la contradicción, la alteridad, la diferencia y la alternativa, para ofrecernos en sus excrementos retóricos una revisión del mundo como expresión del capital. El ambiente ya no sólo es refuncionalizado para valorizar y reintegrar sus externalidades dentro de la racionalidad económica que lo genera, al tiempo que lo rechaza. El ambiente es reapropiado por la economía, fragmentando y recodificando a la naturaleza como elementos del sistema: del capital globalizado y la ecología generalizada.

No ha faltado quien haya querido ver en el origen común de sus conceptos la vía para reintegrar la economía al sistema más amplio de la ecología, por el reconocimiento de su idéntica raíz etimológica: *oikos*. Mas esta operación hermenéutica y su táctica semiótica no podrían unificar los sentidos diferenciados dentro de los cuales se han construido los paradigmas de la economía y de la ecología, así como las diferentes cosmovisiones y significaciones culturales donde se han desarrollado los saberes sobre la vida y la producción, ni disolver las estrategias de poder de la economía que han dominado a la ecología. El discurso del desarrollo sostenible ha colonizado a la naturaleza convirtiéndola en capital natural. La fuerza de trabajo, los valores culturales, las potencialidades del hombre y su capacidad inventiva se trasmutan en capital humano. Todo es reductible a un valor de mercado y representable en los códigos del capital. El capital clona identidades para asimilarlas a una lógica, a una razón, a una estrategia de poder para la apropiación de la naturaleza como medio de producción y de reproducción de la racionalidad económica. De esta manera, las estrategias de seducción y simulación del discurso del desarrollo sostenible constituyen el mecanismo extraeconómico por excelencia de la posmodernidad para mantener el dominio sobre el hombre y la naturaleza.

El capital, en su fase ecológica, está pasando de las formas tradicionales de apropiación primitiva, salvaje y violenta de los recursos de las comunidades –la rapiña del tercer mundo denunciada por Pierre Jalée (1968)–, de los mecanismos económicos del intercambio desigual entre materias primas de los países subdesarrollados y los productos tecnológicos del primer mundo (Amin, 1973, 1974; Emmanuel, 1971), a una estrategia discursiva que legitima la apropiación de los recursos naturales y ambientales que no son directamente internalizados por el sistema económico. A través de esta operación simbólica, se define la biodiversidad como patrimonio común de la humanidad, las comunidades del tercer mundo como un capital humano y sus saberes como recursos patentables por un régimen de derechos de propiedad intelectual. El discurso de la globalización aparece así como una mirada glotona más que como una visión holística; en lugar de aglutinar y dar integridad a la naturaleza y la cultura, las fragmenta como partes constitutivas del "desarrollo sostenible" para globalizar racionalmente al planeta y al mundo bajo el principio unitario del mercado. Esta operación simbólica somete a todos los órdenes del ser a los dictados de una razón global y universal. De esta forma, prepara las condiciones ideológicas para la capitalización de la naturaleza y la reducción del ambiente a la razón económica. Las estrategias fatales del discurso del "desarrollo sostenible" resultan de su pecado capital: su gula infinita e insaciable.

Las políticas del desarrollo sostenible buscan reconciliar a los contrarios de la dialéctica del desarrollo: el medio ambiente y el crecimiento económico. La tecnología sería el medio instrumental para revertir los efectos de la degradación entrópica en los procesos de producción, distribución y consumo de mercancías (el monstruo devora sus propios desechos y los reintegra a sus entrañas; la máquina anula la ley natural que la crea). El discurso del crecimiento sostenible levanta una cortina de humo que vela las causas de la crisis ecológica. Ante el calentamiento global del planeta se desconoce la degradación entrópica que produce la actividad económica –cuya forma más degradada es el calor– y se niega el origen antropogénico del fenómeno al calificar sus efectos como desastres "naturales". De esta manera, el discurso del desarrollo sostenible no sólo significa una vuelta de tuerca más a la racionalidad económica, sino que da un salto mortal, un vuelco y un torcimiento de la razón: su móvil no es internalizar las condiciones ecológicas de la producción, sino postular el crecimiento económico como un proceso sostenible, sustentado en los mecanismos del libre mercado y en la tecnología como medios eficaces para asegurar el equilibrio ecológico y la justicia ambiental.

El desarrollo sostenible llegó a proclamar su triunfo anticipado, basado en las posibilidades de "desmaterializar la producción".[6] La tecnología ha sido llamada a disolver la escasez de recursos haciendo descansar la producción en un uso indiferenciado de materia y energía (Barnett y Morse, 1963); los demonios de la muerte entrópica

---

[6] Ésta ha sido el proyecto prometeico que han emprendido el Wuppertal Institut y el World Resources Institute con el propósito de reducir el uso de recursos naturales por unidad de producto gracias al aumento en la eficiencia tecnológica y cambios en la estructura de la demanda.

serían exorcizados por la eficiencia tecnológica. La racionalidad tecnológica ha sido a su vez transferida al campo de la ecología. La ecoeficiencia y el manejo ecosistémico se han convertido en los instrumentos idóneos para la gestión del desarrollo sostenible, ampliando el espacio biosférico para extender los límites del crecimiento económico. El sistema ecológico funciona como una tecnología de reciclaje y dilución de contaminantes; la biotecnología inscribe a los procesos de la vida en el campo de la producción; el ordenamiento ecológico reubica las actividades productivas, refuncionalizando el espacio que da soporte a la producción y el consumo de mercancías.

Las políticas del desarrollo sostenible se inscriben en las vías de ajuste que aportaría la economía neoliberal a la solución de los procesos de degradación ambiental y al uso racional de los recursos ambientales; al mismo tiempo, responde a la necesidad de legitimar a la economía de mercado, que en su movimiento inercial resiste el estallido que le está predestinado por su inercia mecanicista. Como un alud de nieve, en su caída va adhiriéndose una capa discursiva con la que intenta contener su colapso. Así, prosigue un movimiento ciego hacia un destino sin futuro, sin horizontes ni perspectivas, que cierra las vías para desconstruir el orden económico antiecológico y transitar hacia un nuevo orden social, guiado por los principios de sustentabilidad ecológica, democracia participativa y racionalidad ambiental.

Las estrategias fatales de capitalización de la naturaleza han penetrado al discurso oficial de las políticas ambientales y de sus instrumentos legales y normativos. Con base en los fines comunes del desarrollo sostenible se convoca a todos los actores sociales (gobierno, empresarios, académicos, ciudadanos, campesinos, indígenas) a una operación de concertación y participación en la que se integran las diferentes visiones y se enmascaran los intereses contrapuestos en una mirada especular, convergente en la representatividad universal de todo ente en el reflejo del argénteo capital. Así se disuelve la posibilidad de disentir frente al propósito de un futuro común, una vez que el desarrollo sostenible se define, en buen lenguaje neoclásico, como la contribución igualitaria del valor que adquieren en el mercado los diferentes factores de la producción.[7]

Esta estrategia discursiva busca codificar y reconvertir a la cultura

---

[7] Este discurso conciliador plantea reunir a todos los grupos de interés para alcanzar consensos y dirimir conflictos socioambientales, sin advertir que si bien existen intereses y posiciones negociables, existen otras que no podrán armonizarse en el "concertante" de los protagonistas del drama actual de la desigualdad social y la insustentabilidad.

y a la naturaleza dentro de la lógica del capital. Asimismo, intenta llevar las disputas sobre los sentidos de la sustentabilidad y la desposesión de los recursos naturales y culturales de las poblaciones hacia un esquema concertado, donde sea posible dirimir los conflictos en un campo neutral. A través de esta mirada especular (especulativa), se pretende que las poblaciones indígenas se reconozcan como capital humano, que resignifiquen su patrimonio de recursos naturales y culturales (su biodiversidad) como un capital natural, que acepten una compensación económica negociada por el daño o por la cesión de su patrimonio de recursos naturales y genéticos a las empresas transnacionales de biotecnología. Éstas serían las instancias encargadas de administrar racionalmente los "bienes comunes de la humanidad" en beneficio del equilibrio ecológico y de garantizar la distribución equitativa de sus beneficios, de lograr el bienestar de la sociedad actual y el de las generaciones futuras. De la valorización de los costos ambientales se pasa hacia la legitimación de la capitalización del mundo como forma abstracta y norma generalizada de las relaciones sociales. Este simulacro del orden económico, que levita sobre las relaciones ecológicas y sociales de producción, pretende liberar al hombre de las cadenas de la producción para reintegrar su cuerpo exhausto a la metástasis del orden simbólico donde se configuran los designios del desarrollo sostenible.

Así, las estrategias del capital para reapropiarse la naturaleza van degradando el ambiente en un mundo sin referentes ni sentidos, sin relación entre el valor de cambio y la utilidad del valor de uso. La economía del desarrollo sostenible funciona dentro de un juego de poder que otorga legitimidad a la ficción del mercado, conservando los pilares de la racionalidad de la ganancia y el poder de apropiación de la naturaleza fundado en la propiedad privada del conocimiento científico-tecnológico. Las estrategias fatales de la globalización económica conducen a una nueva geopolítica de la biodiversidad, del cambio climático y del desarrollo sostenible.

LA GEOPOLÍTICA DE LA BIODIVERSIDAD, DEL CAMBIO CLIMÁTICO Y DEL DESARROLLO SOSTENIBLE

En el proceso de objetivación del mundo, el valor de cambio se desvinculó de su conexión con lo real, la economía se desprendió de la condición de materialidad de la naturaleza y de la necesidad humana; la generalización de los intercambios comerciales se convirtió en ley universal, invadiendo todos los dominios del ser y los mundos de vida de las gentes. Con la invención de la ciencia económica y la institucionalización de la economía como reglas de convivencia universales, dio inicio un proceso de cinco siglos de economización del mundo. Este proceso de expansión de la racionalidad económica ha llegado a su punto de saturación y a su límite, como efecto de su extrema voluntad de globalizar al mundo devorando todas las cosas y traduciéndolas a los códigos de la racionalidad económica, razón que conlleva la imposibilidad de pensar y actuar conforme a las condiciones de la naturaleza, de la vida y la cultura. Este proceso económico no sólo exuda externalidades que su propio metabolismo económico no puede absorber; más aún, a través de su credo fundamentalista y totalitario se enclava en el mundo destruyendo el ser de las cosas –la naturaleza, la cultura, el hombre– para reconvertirlas a su forma unitaria y universal.

En este sentido, el proceso de globalización –los crecientes intercambios comerciales, las telecomunicaciones electrónicas con la interconexión inmediata de personas y flujos financieros que parecen eliminar la dimensión espacial y temporal de la vida, la planetarización del calentamiento de la atmósfera, e incluso el aceleramiento de las migraciones y los mestizajes culturales–, ha sido movilizado y sobredeterminado por el dominio de la racionalidad económica sobre los demás procesos de globalización. La sobreeconomización del mundo induce la homogeneización de los patrones de producción y de consumo, y atenta contra un proyecto de sustentabilidad global fundado en la diversidad ecológica y cultural del planeta.

Desde los orígenes de la civilización occidental, la disyunción del ser y el ente que opera el pensamiento metafísico preparó el camino para la objetivación del mundo. La economía afirma el sentido del mundo en la producción; la naturaleza es cosificada, desnaturalizada de su complejidad ecológica y convertida en materia prima de un proceso económico; los recursos naturales se vuelven simples objetos para la explotación del capital. En la era de la economía ecologizada la naturaleza deja de ser un objeto del proceso de trabajo para ser codificada en términos del capital. Mas ello no le devuelve el ser a la naturaleza, sino que la trasmuta en una forma del capital –capital natural–, generalizando y ampliando las formas de valorización económica de la naturaleza. En este sentido, junto con las formas de explotación intensiva, se promueve un uso "conservacionista" de la naturaleza. La biodiversidad aparece no sólo como una multiplicidad de formas de vida, sino como "reservas de naturaleza" –territorios y hábitat de diversidad biológica y cultural–, que están siendo valorizados por su riqueza genética, sus recursos ecoturísticos y su función como colectores de carbono.

Pero ¿sobre qué criterios podría asignarse un valor económico a la biodiversidad y a los servicios ambientales que ofrece? Y más aún, ¿bajo que principios científicos, éticos y económicos se establecen las nuevas formas de apropiación de estas riquezas biológicas del planeta?

Las políticas que están siendo diseñadas y aplicadas para la conservación y la valorización económica de la biodiversidad no responden tan sólo a una preocupación por la pérdida de especies biológicas y por su importante función en el equilibrio ecológico del planeta. La biodiversidad se ha revelado como un enorme banco de recursos genéticos que son la materia prima de los grandes consorcios de la industria farmacéutica y de alimentos. Sin embargo, para los pueblos que se encuentran asentados en las áreas de mayor biodiversidad, ésta es el referente de significaciones y sentidos culturales que son trastocados al ser transformados en valores económicos; por otra parte, la biodiversidad es la manifestación del potencial productivo de un ecosistema, ante el cual se plantean las estrategias posibles de su manejo sustentable, así como las formas de apropiación cultural y económica de sus territorios de biodiversidad.

En el discurso del desarrollo sostenible, la fase actual del capital ecologizado y la capitalización de la naturaleza aparece como un nuevo estadio en el cual el capital sería capaz de exorcizar sus demonios y resolver las contradicciones que lo han acompañado desde su acumulación originaria y hasta la globalización económica actual. Sin embargo, llegado a su límite, y ante la imposibilidad de estabilizarse como un organismo vivo, el capital sigue una inercia expansionista que descarga sobre la naturaleza los desechos del proceso de "creación destructiva" del capital. La geopolítica de la biodiversidad y del cambio climático no sólo prolonga e intensifica los anteriores procesos de apropiación destructiva de los recursos naturales, sino que cambia las formas de intervención y apropiación de la naturaleza, llevando a su límite la lógica económica, en tanto que su inercia de crecimiento desborda los límites de sustentabilidad del planeta.

Economistas ecológicos como René Passet, Herman Daly, José Naredo y Joan Martínez Alier han advertido las limitaciones del mercado para regular efectivamente los equilibrios ecológicos y su capacidad para internalizar los costos ambientales a través de un sistema de normas legales, de impuestos o de un mercado de permisos transables para la reducción de las emisiones de gases causantes del efecto invernadero y del calentamiento global del planeta. Sugieren así que la economía debe constreñirse a los límites de una expansión que asegure la reproducción de las condiciones ecológicas de una producción sustentable y de regeneración del capital natural, de un principio precautorio basado en el cálculo del riesgo y la incertidumbre y a límites impuestos a través de un debate científico-político fuera del mercado.[8]

Sin embargo, la racionalidad económica carece de flexibilidad y maleabilidad para ajustarse a las condiciones de sustentabilidad ecológica del planeta. El debate político se ha enriquecido con los aportes de la ciencia sobre los riesgos ecológicos de la desforestación, la erosión genética y el calentamiento global, pero no ha logrado desasirse de las razones de fuerza mayor del mercado. La ley de la entropía, que establece los límites físicos y termodinámicos al crecimiento económico, es negada por la teoría y las políticas del desarrollo sostenible. Mas la teoría crítica de la economía basada en las leyes de la naturaleza, antes de haber llegado a fundar la positividad de un nuevo paradigma económico (de una economía ecológica), ha abierto las compuertas al campo emergente de la *ecología política*, donde el debate científico se desplaza hacia los conflictos ambientales. El tema de la sustentabilidad se inscribe en las luchas sociales por la apropiación de la naturaleza, orientando la reflexión teórica y la acción política hacia el propósito de desconstruir la lógica económica y de construir una racionalidad ambiental.[9]

La geopolítica del desarrollo sostenible se configura en el contexto de la globalización económica que, al tiempo que conlleva una desnaturalización de la naturaleza –la transgénesis que invade la vida–, promueve una estrategia de apropiación que busca "naturalizar"

---

[8] En este sentido, ante la ficción del secuestro del carbono por la naturaleza y la toma de la naturaleza como rehén de la economía, posturas más lúcidas y críticas de la economía ecológica afirman que "Este objetivo de reducción debe fijarse fuera del mercado, a través de un debate científico-político en un terreno de incertidumbres factuales y científicas, lo mismo que de política de intereses. Así, la cuestión no es la internalización exacta de las externalidades en el sistema de precios (lo cual es imposible en el caso de tratar con acontecimientos futuros e inciertos), según las indicaciones de un mercado ecológicamente ampliado" (Martínez-Alier y Roca, 2000:459).

[9] Cf. caps. 6 y 9, *infra*.

–dar carta de naturalización– a la mercantilización de la naturaleza. En esa perversión de "lo natural" se juegan las controversias entre la economización de la naturaleza y la ecologización de la economía. A esta muerte de la naturaleza sobrevive lo "sobrenatural" del orden simbólico en la resignificación política y cultural de la naturaleza.

Las formas emergentes de intervención de la naturaleza, así como nuevas manifestaciones de sus impactos y riesgos ecológicos, han puesto en uso común y en la retórica oficial nociones antes reservadas para los medios científicos y académicos; esta terminología se inscribe dentro de nuevas estrategias conceptuales que alimentan a la ecología política, donde se expresan visiones controversiales, conflictos de intereses contrapuestos y estrategias diferenciadas en el proceso de reapropiación de la naturaleza. La economía política, engarzada en la relación de la fuerza de trabajo, el capital y la tierra, se desplaza hacia una ecología política en la que los antagonismos de las luchas sociales se definen en términos de identidad, territorialidad y sustentabilidad. Las relaciones de producción y las fuerzas productivas ya no se establecen entre el capital y el proletariado industrial –entre capital, trabajo y tecnología–; se redefinen por sus vínculos con la naturaleza. En el nuevo discurso sobre la biodiversidad y del desarrollo sustentable-sostenible, los conceptos de territorio, de autonomía y de cultura se han convertido en conceptos políticos que cuestionan los derechos del ser y las formas de apropiación productiva de la naturaleza.[10]

El manejo ecosistémico de los recursos naturales es regido ahora por un código global de ajuste a las condiciones del mercado. Con el "mecanismo de desarrollo limpio" (MDL), establecido dentro de

---

[10] El concepto de territorio condensa, mejor que ningún otro, el reanudamiento entre lo real y lo simbólico en el campo de la ecología política, entre modelos cognoscitivos, soportes materiales y acciones sociales en las formas humanas de ser en el mundo. A diferencia del espacio geográfico, el territorio ha sido siempre el espacio habitado por relaciones de poder, espacios demarcados donde se establecen dominios y propiedades, donde se siembran y cultivan las culturas. Son espacios étnicos. Más allá de la sintomática trasposición metafórica de la política del espacio geográfico, que ha movido la historia por la conquista de territorios al terreno más etéreo de las ideas en el que se demarcan objetos de conocimiento y se establecen los dominios disciplinarios del saber (Foucault, 1980), el territorio es "lugar" de significación de prácticas, hábitat de culturas, soporte del Ser, al tiempo que el ser cultural forja sus territorios simbólicos y existenciales en relación con lo real que habita. La relación cultura-naturaleza se juega en el territorio, en términos de territorializaciones y desterritorializaciones (Guattari, 2000), que son las formas de geografiar la tierra a partir de prácticas en las cuales se reconfiguran identidades (Gonçalves, 2001) (véase cap. 6, *infra*.)

las políticas de la globalización económico-ecológica, se busca inducir la restauración ecológica de la economía. Este "mecanismo" se basa en engañosas certezas científicas sobre la capacidad de absorción (captura, secuestro) de carbono por parte de las actividades agrícolas y las reservas de biodiversidad, sobre la funcionalidad de las tasas de descuento de una economía especulativa y la eficacia del mercado para reconvertir las tierras en los nuevos "latifundios genéticos" (Gonçalves, 2002a, 2002b) para los fines del desarrollo sostenible. Las políticas del "desarrollo sostenible" se fundan en un supuesto control del proceso de largo plazo a través del automatismo del mercado, desconociendo la incertidumbre que rige a los procesos económicos y ambientales, la ineficacia de las políticas públicas y los intereses encontrados sobre las estrategias de apropiación de la naturaleza. El candor teórico y el interés político se unen a la fascinación por las fórmulas científicas, la sofisticación de las matemáticas y la fe en el mercado, sin un rigor conceptual de las premisas sobre las cuales se construyen estos modelos de regresión múltiple hacia el no saber.

La geopolítica del desarrollo sostenible mira con optimismo la solución de las contradicciones entre economía y ecología; propone la reconversión de la biodiversidad en colectores de gases de efecto invernadero (principalmente bióxido de carbono) y establece nuevos derechos transables de contaminación. De esta manera deja en manos del mercado el balance posible entre economía y ecología, salda por adelantado la deuda ecológica de los países industrializados y los exculpa del excedente de sus cuotas de emisiones, extendiendo la huella ecológica sobre la biosfera, mientras induce la reconversión ecológica forzada de los países del tercer mundo hacia las finalidades globales del desarrollo sostenible.

EQUIDAD Y SUSTENTABILIDAD:
DISTRIBUCIÓN ECOLÓGICA E INTERCAMBIO DESIGUAL

Luego de los esquemas de sustitución de importaciones e industrialización de los años sesenta y setenta, inspirados en las teorías de la dependencia, las economías latinoamericanas han vuelto a basar sus economías en su frondosa naturaleza –en su generosa dotación de recursos naturales y servicios ambientales y en sus ventajas comparativas en los mercados verdes emergentes–, orientándolas a la exportación dentro de las estrategias y mecanismos del desarrollo sostenible. Al tiempo que las normas de la sustentabilidad, los regímenes ambientales y los certificados verdes hacen aparecer nuevas formas de proteccionismo comercial disfrazadas de competencia por la calidad ambiental y la conservación ecológica, el crecimiento económico sustentado ecológicamente no deja de ser un simulacro, cuyas falacias se hacen manifiestas con la erosión de la biodiversidad –a pesar de las reservas de la biosfera y los sistemas de áreas protegidas–, la pérdida de sustentabilidad de los ecosistemas, el calentamiento global y las crisis económicas y financieras de los países del Sur.

En la era de la producción intensiva en conocimiento, este "factor estratégico de la producción" se ha concentrado en los países del Norte, tanto en el sector industrial como en el agrícola. Esto no sólo se debe al mayor número de científicos y tecnólogos y a su capacidad para financiar un sistema de investigación altamente productivo. Ello se debe a su vez a la implementación de una estrategia de poder que les ha llevado a establecer derechos de propiedad intelectual dentro del nuevo orden global de la OMC, abriendo la posibilidad para que los consorcios transnacionales de biotecnología se apropien de la riqueza genética de los países biodiversos e invadan sus territorios con productos transgénicos. La desigual distribución ecológica generada por estos "mecanismos de desarrollo sostenible" ha ahondado la dependencia de los agricultores del Sur a través del régimen de patentes, que permite a las empresas de biotecnología captar los mayores beneficios económicos provenientes del control y la explotación de los recursos genéticos (Bellmann *et al.*, 2003).[11]

Para algunos investigadores, el mecanismo de desarrollo limpio (MDL) y el mecanismo de implementación conjunta (MIC) ofrecen la panacea de una triple ganancia –económica, social y ecológica–, porque "transfieren capitales de los países industrializados a los países en desarrollo [...] se beneficia a las zonas rurales más pobres donde con frecuencia se localizan los bosques y se mantiene la cubierta forestal, en especial la de los bosques primarios, elemento crucial para conservar la diversidad biológica tropical" (Castro, 1999).[12] Sobre la premisa

---

[11] Hoy en día los cinco gigantes de la biotecnología concentran más riqueza que los grandes consorcios petroleros y las transnacionales de otros sectores industriales, como lo indican los análisis de Silvia Ribeiro y Hope Shand (Leff y Bastida, 2001).

[12] Las estrategias *"win-win"* del mecanismo de desarrollo limpio muchas veces se traducen en proyectos y acciones *"lose-lose"*. Como señalan Martínez-Alier y Roca en re-

del "valor total de la biodiversidad" –que concentra su valor en su riqueza genética, su capacidad de absorción de bióxido de carbono y su oferta de riquezas escénicas–, estas estrategias de revalorización de la naturaleza se justifican mediante sofisticados cálculos del valor de la biodiversidad basados en la asignación de precios a la función de captura de carbono y las tasas de descuento que conforman los modelos de simulación del neoliberalismo ambiental (Pearce y Moran, 1994).

Sin embargo, los cálculos sobre la capacidad de "secuestro de carbono" por ecosistemas clímax y plantaciones comerciales son más una ficción que una hipótesis científica verificable, capaz de traducirse en una política de conservación ecológica efectiva y en una distribución económico-ecológica equitativa.[13] Más elusiva es la aplicación de tasas de descuento para actualizar los precios de la captura de carbono y los procesos económico-ecológicos asociados, sujetos a altos grados de incertidumbre, así como a las luchas sociales y los conflictos ambientales de los que dependen las formas de apropiación y de manejo productivo de la biodiversidad. Con la captura virtual del excedente de carbono por los bosques tropicales y del valor arbitrario que adquiere en los mercados de permisos de emisión de gases de efecto invernadero, los países industrializados pretenden cumplir su responsabilidad en el calentamiento global del planeta y el desbordamiento de su huella ecológica más allá de sus fronteras nacionales. Estas transacciones no se establecen a través de un valor real y de precios justos para la captura de carbono, sino del poder negociador entre las partes. Puesto que los países pobres venden baratas sus funciones de captura de carbono –de la misma manera que lo hacen con el petróleo, los recursos estéticos y las riquezas genéticas que albergan sus reservas de biodiversidad–, los países del norte encuentran en este artificio legal (en la ficticia justeza del mercado y el comercio justo) un salvoconducto para saldar sus deudas ecológicas, sin que eso signifique una reducción efectiva de sus emisiones a niveles que aseguren el equilibrio ecológico y la sustentabilidad del planeta.

lación con la reconversión de 75 mil hectáreas de monte andino en Ecuador para su reforestación con eucaliptos y pinos: "al plantar pinos en los páramos, cuyos suelos tienen mucha materia orgánica, se desprende más carbono que el que ellos absorberán: una solución lose-lose" (Martínez- Alier y Roca, 2000: 461).

[13] En realidad son el manejo de bosques nativos y los procesos de regeneración de ecosistemas secundarios los que presentan mayores capacidades de captura de bióxido de carbono por la intensificación de la fotosíntesis en los procesos de formación de biomasa, a la vez que ofrecen mayores oportunidades de empleo en la gestión participativa y en la apropiación colectiva de sus productos (Cf. Leff, 1994a, cap. 7).

Ésta es la eficacia de la retórica y de la política del desarrollo sostenible y de sus estrategias de simulación, que al tiempo que concentra el poder económico sobre la naturaleza, elude el interés global por la conservación y burla los derechos colectivos de las poblaciones indígenas. De esta manera, la mercantilización de la naturaleza bajo la geopolítica económico-ecológica emergente ahonda las diferencias entre países ricos y pobres bajo los principios del desarrollo sostenible. La nueva globalidad justifica las ventajas comparativas entre los países del Norte y los países del Sur, que se ven constreñidos a valorizar la capacidad de sus suelos, sus bosques y su biodiversidad para absorber los excedentes de emisiones de gases de efecto invernadero de los países ricos y a mercantilizar en condiciones inequitativas los recursos genéticos y ecoturísticos de sus reservas de biodiversidad. Las diferencias entre países centrales y periféricos ya no sólo resultan del pillaje y la sobreexplotación de los recursos. Las asimetrías de la distribución ecológica son camufladas bajo las nuevas funciones asignadas a la naturaleza por la lógica del "desarrollo limpio".

Para algunos gobiernos estas políticas resultan positivas tanto en el plano económico como en el ecológico. El caso de Costa Rica se ha vuelto ejemplar por sus políticas de desarrollo sostenible bajo las reglas del MDL y los MIC, promoviendo la conservación de la biodiversidad y la siembra de bosques artificiales para incrementar la capacidad de captura de las emisiones excedentes de los países del Norte. En este sentido, la biodiversidad adquiere un papel económico pasivo y engañoso en el balance de las emisiones de gases de efecto invernadero y los procesos de mitigación del calentamiento del planeta. Este intercambio de funciones parecería brindar beneficios a los países tropicales: a cambio de la artificialización de los ecosistemas del Norte, del avance de la industrialización y la agricultura altamente capitalizada y tecnologizada, el Sur se permitiría el lujo de vivir de una "economía natural" –de la generosidad de la madre tierra–, aprovechando las "ventajas comparativas" de la localización geográfica de sus territorios para la captura de gases de efecto invernadero.

Más allá de la lógica de distribución de costos y beneficios actuales derivados de la gestión económica de la biodiversidad sometida a las reglas del mercado, sus efectos transgeneracionales son incalculables e inactualizables. Así, la disputa sobre una justa distribución de los beneficios derivados de los recursos genéticos –de la apropiación económica de la información genética, la bioprospección y la implantación de nuevas especies transgénicas– no se dirime en términos de una justa distribución de ganancias económicas, sino por el impacto de largo plazo en la conservación de la biodiversidad y sus efectos en la seguridad ecológica y la calidad de vida de la gente, principios y objetivos que no entran en la evaluación económica del negocio de la biotecnología y los cultivos transgénicos (Pengue, 2000). De allí que el "principio precautorio", así como las visiones e intereses de los pueblos sobre las formas de uso y apropiación de la biodiversidad, deban prevalecer sobre la incierta contabilidad del valor económico incalculable de estos impactos.

En la geopolítica del desarrollo sostenible se ponen en juego ventajas y desventajas comparativas derivadas de la localización geográfica de los países y de la distribución de su oferta y sus riesgos ecológicos. Más allá de los posibles beneficios de la valorización de la biodiversidad, la situación geográfica de los países tropicales y del Sur ha tenido un efecto perverso en la concentración de impactos ambientales. Así, los efectos del enrarecimiento de la capa de ozono se han concentrado en la Antártica y en el Cono Sur, en tanto que los desastres ecológicos y humanos ocasionados por el impacto de huracanes y fenómenos meteorológicos derivados de fenómenos como el Niño o la Niña, tienden a manifestarse con mayor fuerza y frecuencia en la franja intertropical del planeta.

Por otra parte, la geopolítica de la globalización le confiere al mercado la capacidad de internalizar los costos ambientales y de constituir un nuevo capital natural con los bienes y servicios ambientales que hasta ahora han sido campos tradicionales de apropiación y manejo de un patrimonio de recursos naturales y bienes comunales que funcionan fuera del mercado. Más aún, asume *a priori* la voluntad de los pueblos del tercer mundo –en particular poblaciones indígenas y campesinas– de colaborar en este propósito, cediendo a las iniciativas del mercado temas fundamentales del desarrollo sustentable –manejo de recursos naturales, pobreza rural, seguridad alimentaria– que han vinculado a estas poblaciones con su entorno en prácticas no mercantiles que aseguran la autosuficiencia de las comunidades y la sustentabilidad de sus ecosistemas.

Los impactos ecológicos generados por la globalización económica están a su vez afectando formas ancestrales de convivencia y de manejo sustentable de la naturaleza. De esta manera, los desastres "naturales" se han convertido en los últimos años en una "razón de fuerza mayor" que han obligado a las comunidades indígenas y campesinas a abandonar sus prácticas milenarias de uso del fuego en el sistema de roza-tumba-quema, muchas veces acusados de ser los causantes de estas tragedias "ecológicas". Sería más justo reconocer que el calentamiento global del planeta –que no ha sido generado en primera instancia por los pueblos indígenas y poblaciones locales y del que son contribuyentes menores–, ha vuelto más vulnerables sus ecosistemas y más riesgosas sus prácticas, constriñendo sus opciones para un desarrollo sustentable autónomo a las estrategias globales del "desarrollo sostenible".

Junto con la simulación de una supuesta distribución equitativa de los beneficios derivados de los cambios en el uso del suelo y la valorización económica de los servicios ambientales que induce el MDL, la equidad ante al problema del calentamiento global se ha planteado en términos de la reducción de los niveles actuales de emisiones y de cuotas entre países y entre personas. La reducción proporcional por países, como fuera planteado desde el inicio en el Convenio de Cambio Climático, estaría aceptando como base de este esfuerzo global las desigualdades existentes entre naciones, y condenando a los países en desarrollo –incluyendo a China e India– al subdesarrollo. Frente a este criterio, Agarwal y Narain (1991) propusieron el de una distribución ecológica por habitante –la cual estaría favoreciendo los altos índices demográficos de esos países– y la formación de un fondo para el desarrollo sustentable. En realidad, ninguna de estas opciones ofrece una solución para la muerte entrópica del planeta generada por la racionalidad económica dominante. Para alcanzar los objetivos de la sustentabilidad y de la equidad será necesario desconstruir la racionalidad económica y construir una racionalidad ambiental fundada en el *principio de productividad neguentrópica.*[14]

Hoy en día el signo más elocuente del límite ecológico al crecimiento económico y a la producción de entropía está dado por el desequilibrio ecológico causado por el calentamiento global y la capacidad de captura y dilución de bióxido de carbono por la biosfera y los océanos. Los mecanismos que han derivado de los acuerdos alcanzados para la implementación del Protocolo de Kioto en el marco del Convenio de Cambio Climático (con sus mercados emergentes sobre cuotas y derechos de contaminación), no permitirían reducir las emisiones más allá de aquellos niveles que no contravengan las condiciones e intereses del mercado: el crecimiento económico, la valorización de sus costos ecológicos según las reglas del mercado y la "des-

---

[14] Ver cap. 4, *infra.*

materialización de la producción" que haga posible el progreso tecnológico. La apuesta del MDL es incrementar la captura de los excedentes de gases de efecto invernadero por las capacidades de fotosíntesis y biosíntesis de los bosques, los suelos y los océanos, elevando los umbrales y niveles del equilibrio ecológico del planeta. Si bien el MDL se orienta en este sentido, al mismo tiempo propone que la solución del problema no debe residir en última instancia en la captación del CO_2 a través del incremento de la biomasa del planeta, pues existe siempre el riesgo de que el carbono en forma vegetal tarde o temprano sea expulsado hacia la atmósfera debido a incendios forestales, quema de leña y otros procesos en forma de gases de efecto invernadero. Se propone así reducir la emisión de estos gases desde la fuente, una solución tecnológica a la degradación entrópica generada por la propia tecnología (Fearnside, 2001).[15] La curvatura de esta debilitada sustentabilidad se hará asintótica antes de cruzar las coordenadas de la racionalidad económica estabilizando los ritmos de emisiones y el equilibrio entrópico del planeta. La racionalidad económica, y tecnológica no podrán revertir esos procesos de degradación ambiental y orientarlos hacia un desarrollo *sustentable*.

La constreñida operatividad del MDL, sujeta al funcionamiento de artificios del mercado, así como a la ratificación y el cumplimiento de los compromisos internacionales por parte de los gobiernos y a las resistencias a desacelerar la economía en beneficio del ambiente, ha llevado a propuestas más radicales, como el reclamo de la *deuda ecológica* de los países pobres. Si bien es imposible calcular el valor actual utilizando tasas retroactivas de descuento, así como dar un valor crematístico real a los bienes y servicios ambientales, la movilización social en torno a la deuda ecológica no deja de ser un carismático recurso ideológico y político, que al nombrar la inequidad histórica, nutre la resistencia a la globalización y apoya las acciones políticas a favor de la sustentabilidad. Empero, la solución a la deuda ecológica, al intercambio desigual y a la inequitativa distribución de beneficios en el marco de la geopolítica del desarrollo sostenible, es impo-

---

[15] A diferencia de los grupos de interés que esgrimen este argumento contra la inclusión de los bosques en el mecanismo de desarrollo limpio, las organizaciones de base en Brasil y la Amazonía abogan por su inclusión. Claramente, lo que están defendiendo es su interés porque la biodiversidad y los bosques sigan siendo un territorio y un hábitat, frente a los criterios especulativos de quienes no viven en la biodiversidad sobre el peligro de la acumulación de carbono en forma de materia vegetal que eventualmente sería devuelta a la atmósfera.

sible dentro de una regla equitativa de intercambio, pues más allá de
la inconmensurabilidad de los valores –económicos, ecológicos, culturales– involucrados,

estamos en una sociedad en la cual el intercambio se vuelve cada vez más im-
probable, en la que las cosas cada vez menos pueden negociarse realmente,
porque se han perdido las reglas o porque el intercambio, al generalizarse,
ha hecho emerger los últimos objetos irreductibles al intercambio, y éstos se
han convertido en la verdadera encrucijada [...] Lo incambiable es el objeto puro, aquel cuya potencia impide, ya sea poseerlo, ya sea intercambiarlo
(Baudrillard, 1983: 52).

Además, la equidad a través del intercambio es imposible porque
éste supone forzar el valor de mercado como unidad de medida, con
lo cual se pierde el valor ecológico y cultural de la naturaleza, que
irremediablemente se desustantiva y desnaturaliza para ser codificada como valores económicos. Como apunta Gorz,

El orden basado en el mercado es fundamentalmente amenazado cuando la
gente encuentra que no todos los valores son cuantificables, que el dinero
no puede comprarlo todo, y que eso que no puede comprar es algo esencial,
o incluso *lo* esencial (Gorz, 1989:116).

En este campo de controversias y de búsqueda de opciones, el
predominio de las estrategias de valorización económica de la naturaleza está excluyendo otras alternativas de manejo productivo de la
biodiversidad, lo cual ha venido generando una oposición de las poblaciones indígenas a someter el valor de sus bosques a la función de
captura de carbono. El MDL no representa un instrumento neutro para los diferentes países y actores sociales del desarrollo sostenible.
Las ventajas percibidas por algunos países difícilmente pueden generalizarse como un modelo o una norma para otras regiones y comunidades que no entran tan decididamente en el juego de la "implementación conjunta".[16] Las transacciones económico-ecológicas

---

[16] En este sentido, los pueblos indios representados en el Primer Foro Internacional de los Pueblos Indígenas sobre Cambio Climático, celebrado en Lyon, Francia, en
septiembre de 2000, expresaron su oposición a la inclusión de los sumideros de carbono bajo el MDL porque "significa una forma reducida de considerar nuestros territorios y tierras a la captación o liberación de gases de efecto invernadero, lo cual es
contrario a nuestra cosmovisión y filosofía de vida. La inclusión de sumideros provo-

–como en el intercambio de deuda por naturaleza– operan en espacios y montos marginales, de manera que sus estrategias compensatorias no alcanzan a frenar las causas y los efectos ecodestructivos generados por la racionalidad económica dominante. El progreso tecnológico orientado hacia la reconversión ecológica está disminuyendo los ritmos de producción de gases de efecto invernadero, pero no llega a revertir un proceso que ya ha rebasado los umbrales del equilibrio ecológico y que ha empezado a desencadenar severos impactos en el ambiente y en la humanidad, sobre todo en los territorios y las comunidades más vulnerables.

Más allá del simulacro del desarrollo sostenible se están abriendo posibilidades para construir una nueva economía, fundada no sólo en la productividad económico-tecnológica y las estrategias del conservadurismo ecológico, sino en una nueva racionalidad productiva basada en el potencial productivo de los ecosistemas y en la apropiación cultural de la naturaleza. Esto ofrece nuevas vías para generar formas diversificadas de producción sustentable deslindándose del mercado como ley suprema del mundo globalizado. Se trata de la desconstrucción de la racionalidad económica y de la construcción de nuevos territorios de vida.

CONSTRUYENDO NUEVOS TERRITORIOS DE VIDA: HACIA UNA POLÍTICA
DE LA DIFERENCIA, LA IDENTIDAD, EL SER Y EL TIEMPO

Ante el proceso de globalización regido por la racionalidad económica y las leyes del mercado está emergiendo una política del lugar, del espacio y del tiempo (Leff, 2001b) movilizada por los nuevos derechos culturales de los pueblos (CNDH, 1999; Sandoval y García, 1999), legitimando reglas más plurales y democráticas de convivencia social y de reapropiación de la naturaleza. En esta reafirmación

cará además una nueva forma de expropiación de nuestras tierras y territorios y la violación de nuestros derechos que culminaría en una nueva forma de colonialismo [...] creemos que [el MDL] es una amenaza por la continua invasión y pérdida de nuestras tierras y territorios y la apropiación de ellas a través del establecimiento o la privatización de nuevos regímenes de áreas protegidas [...] Nos oponemos rotundamente a la inclusión de sumideros, plantaciones, plantas de energía nuclear, megahidroeléctricas y de energía del carbón. Además nos oponemos al desarrollo de un mercado de carbono que ampliaría el alcance de la globalización."

de las identidades se manifiesta lo real de la naturaleza y lo verdadero de la cultura frente a una lógica económica que, habiéndose constituido en el más alto grado de racionalidad del ser humano, ha generado un proceso de degradación socioambiental que afecta las condiciones de sustentabilidad y el sentido de la existencia humana.

La *sustentabilidad* se enraiza en bases ecológicas, en identidades culturales y en territorios de vida; se despliega en el espacio social donde los actores sociales ejercen su poder de control de la degradación ambiental y movilizan potenciales ambientales en proyectos autogestionarios para satisfacer las necesidades y aspiraciones que la globalización económica no puede cumplir. El *territorio* es el *locus* de los deseos, demandas y reclamos de la gente para reconstruir sus mundos de vida y reconfigurar sus identidades a través de sus formas culturales de valorización de los recursos ambientales y de nuevas estrategias de reapropiación de la naturaleza. Si la economía global genera el espacio donde las sinergias negativas de la degradación socioambiental hacen manifiestos los límites del crecimiento, en el espacio local se forjan nuevas *territorialidades* (Guattari, 1989) y emergen las sinergias positivas de la racionalidad ambiental para construir un nuevo paradigma de productividad ecotecnocultural.[17] Sus geografías son las marcas que los movimientos sociales van dejando sobre la biosfera para inscribirse en *su territorio,* escribir *su historia* y reapropiarse *su naturaleza* (Gonçalves, 2001).

El territorio es *lugar* porque allí arraiga una identidad en la que se enlazan lo real, lo imaginario y lo simbólico. El ser cultural elabora su identidad construyendo un territorio, haciéndolo su morada. Las geografías se vuelven verbo. Las culturas, al significar a la naturaleza con la palabra, la convierten en acto; al irla nombrando, van construyendo territorialidades a través de prácticas culturales de apropiación y manejo de la naturaleza.[18] Sus tierras "comunes" no son tierras libres ni naturaleza virgen; estos espacios han sido significados por la cultura, trabajados, recorridos, transformados, convertidos en territorios étnicos y culturales, frente a la racionalidad del capital y del estado moderno que promueven un desarrollo económico que ha querido desprenderse de la naturaleza dominándola e instrumentándola, haciéndola "recurso natural" (Thompson, 1998). La globalización

[17] Ver cap. 4, *infra.*

[18] El *seringueiro* toma su nombre del árbol de la *seringa* y llama *seringal* al lugar por donde camina y lucha para establecer su ser; funda un territorio donde forja una identidad que da sentido y sustento a la vida.

económica es insustentable porque desvaloriza a la naturaleza, al tiempo que desterritorializa y desarraiga a la cultura de *su lugar*. El mercado va erradicando al espacio vivido como proceso determinante de la transformación del medio. Frente a la racionalidad del capitalismo mundial integrado, hoy se reafirman las geografías de las culturas, generando una "tensión de territorialidades" de donde emergen nuevos actores sociales que dislocan el espacio en el cual se construyen nuevos sentidos existenciales y prácticas productivas, donde se reconfiguran las identidades en su lucha de resistencia frente a la globalización del mercado para reafirmar su *ser en la naturaleza*.

En el territorio se precipitan tiempos diferenciados donde se articulan identidades culturales y potencialidades ecológicas. Es el lugar donde convergen los *tiempos de la sustentabilidad*: los procesos de restauración y productividad ecológica, de innovación y asimilación tecnológica, de reconstrucción de identidades culturales. El eslogan "pensar globalmente y actuar localmente", tan tenazmente promovido por el discurso del desarrollo sostenible, ha sido una artimaña para inducir en las culturas locales el pensamiento único y el saber de fondo de la racionalidad económica de un mundo hegemónico en el que no caben "otros mundos". Empero, los retos de la sustentabilidad y de la democracia, de la entropía y la otredad, abren el cerco del pensamiento único globalizado y lo desplazan hacia las singularidades locales, conduciendo la construcción de una racionalidad capaz de amalgamar la potencia de lo real (ecología) y el sentido de lo simbólico (cultura): una racionalidad ambiental que acoge a la diferencia (las diversas matrices de racionalidad cultural) asumiendo su relatividad y su inconmensurabilidad.

El tiempo se estructura alrededor de eventos significativos, tanto sociales como económicos, como señalaba Evans Pritchard. Cada cultura define sus tiempos a través de sus cosmologías y sus sistemas simbólicos. El tiempo no es sólo la medida de eventos externos (fenómenos geofísicos, ciclos ecológicos, procesos de degradación y regeneración de la naturaleza), sino que se entreteje a través de la historia en las formas culturales de significación de sus mundos de vida, en la actualización de *identidades étnicas* y *seres culturales*. Frente a la codificación económica de la naturaleza fuera del ser y del tiempo, la racionalidad ambiental libera a la naturaleza designada por la metafísica y consignada por la racionalidad económica, para restituirle su lugar en la cultura y en la palabra nueva.

Una nueva política del lugar, de la identidad y de la diferencia está siendo construida a partir del sentido del ser y del tiempo en las luchas actuales por la identidad, por la autonomía y por el territorio. Lo que subyace al clamor por el reconocimiento de los derechos a la supervivencia, a la diversidad cultural y la calidad de vida de los pueblos, es una *política del ser, del devenir y de la transformación*, que valoriza el derecho de cada individuo, de cada pueblo y cada comunidad a forjar su propia vida y construir su futuro. Los *territorios culturales* están siendo fertilizados por un tiempo que recrea las estrategias productivas y los sentidos existenciales. No es sólo la reivindicación de los derechos culturales a preservar los usos y costumbres de los pueblos, sus lenguas autóctonas y sus prácticas tradicionales, sino una *política cultural* para la reconstrucción de identidades que proyectan a seres individuales y colectivos hacia un futuro, más allá del Mundo Objeto prefijado y excluyente. La política de la diferencia se manifiesta así como la resistencia a la hegemonía homogeneizante de la globalización económica y como la afirmación de la diversidad creativa de la vida desde su heterogénesis ecológico-cultural. La producción que objetiva la naturaleza entraña a su vez la significación de la naturaleza y de la producción cultural de valores de uso-significado, abriendo el cerco objetivador y totalizador de la producción impuesto por los códigos de la racionalidad económica:

La dimensión semiótica del proceso de reproducción social consiste en un producir-cifrar y un consumir-descifrar objetos-significaciones que sólo puede llevarse a cabo en la medida en que un código diferente de todos los que rigen a los seres vivos puramente naturales [...] el componer/descomponer libremente la forma del objeto práctico es un producir/consumir significaciones que juega con los límites del código, que rebasa la obediencia ciega de las reglas que rigen su realización (Echeverría, 1998: 186).

La sustentabilidad emerge como una fractura de la razón modernizadora, que lleva a construir una racionalidad productiva fundada en el potencial ecológico de la biosfera y en los sentidos civilizatorios de la diversidad cultural. La racionalidad ambiental no es la actualización de la razón pura en la complejidad ambiental; es una estrategia conceptual que orienta una praxis de emancipación del mundo sobreobjetivado y del logocentrismo del conocimiento. Es una vuelta al orden simbólico para resignificar el mundo. Sin embargo, la instauración de valores culturales no se da como una asignación de códigos predesignados a la naturaleza. La identidad no es una esencia inscrita en el código de la cultura. La autonomía cultural se establece en un proceso de resistencia y confrontación con la racionalidad económica y con la geopolítica del desarrollo sostenible. En ese proceso se reinventan los significados, intereses y derechos de la cultura con la naturaleza. Mas si la sustentabilidad tiene por condición desprenderse del peso del Mundo Objeto y de la hiperrealidad generada por las formas dominantes de conocimiento, tampoco podrá realizarse en la abstracción del orden simbólico sin referentes ni conexiones con lo real. La recuperación del sentido de la vida se enlaza así con los potenciales y los límites de la naturaleza y de la cultura.

La política de la diferencia fundada en una ontología del ser y la ética de la otredad, se plantea en la perspectiva de una reconstrucción del mundo y una apertura de la historia. La política de la diferencia emerge del punto de saturación de la globalización y como resistencia al cerco impuesto sobre el ser diverso por un pensamiento único y homogeneizante. El derecho a la diferencia es un reclamo fundado en el principio primigenio del ser, pero que se manifiesta como reacción a los principios de universalidad, naturalidad, superioridad que promueve el proceso de globalización, que van absorbiendo y desustantivando las formas diversas de ser. La política de la diferencia no emerge ni de la confrontación ni del consenso de las singularidades de las distintas culturas que han surgido a lo largo de la historia, pues, como señala Baudrillard,

Otras culturas nunca han hecho reclamos de universalidad. Como nunca reclamaron ser diferentes hasta que la diferencia les fue inyectada por la fuerza como parte de una suerte de guerra del opio cultural. Estas culturas viven con base en su propia singularidad, su propia excepcionalidad, en la irreductibilidad de sus propios rituales y valores. No encuentran consuelo en la ilusión letal de que todas las diferencias pueden reconciliarse –ilusión que para ellas significa solo su aniquilamiento [...] Dominar los símbolos universales de la otredad y la diferencia es dominar al mundo [...] En la lógica de la diversidad en la unidad, del consenso de las diferencias, lo radicalmente Otro es intolerable: no puede ser exterminado, pero tampoco puede ser aceptado, de manera que tiene que promoverse el otro negociable, el otro de la diferencia. Es aquí donde empieza una forma más sutil de exterminio, una forma que envuelve a todas las virtudes de la modernidad (Baudrillard, 1993: 132, 133).[19]

_____

[19] La crítica de esta lógica de reunificación, consenso y negociación de las diferencias en el contexto de una racionalidad comunicativa, y una propuesta para superar

Sin embargo, la etapa en que las culturas vivían en la inocencia y desconocimiento de su "diferencia", habitando simplemente en la autonomía de su singularidad, ha quedado atrás en la historia de la humanidad. En el encuentro de culturas, el conquistador que se impone al otro conquistado desencadena la dialéctica del amo y el esclavo. El proceso de globalización de la economía ha disuelto el mundo de coexistencia de la diversidad; desconoce a la cultura y la naturaleza, englobándolas en el código del valor de mercado. La sobreeconomización del mundo avanza subyugando culturas, sometiendo la diferencia, eludiendo la otredad e ignorando a su gran Otro: el ambiente.

El discurso de la globalización económica, al tiempo que pregona su reconocimiento de las diferencias étnicas, despliega una estrategia para convertirlas al credo de las leyes supremas del mercado y para recodificarlas en términos de valores económicos. Si bien se ha incorporado el principio de equidad al imperativo de la sustentabilidad, las políticas del desarrollo sostenible han incrementado las desigualdades sociales al inducir una estrategia de asimilación y exterminio del ambiente y de la diversidad cultural como lo absolutamente otro de la racionalidad económica.

La política de la diferencia es una política de resistencia de la cultura a ser englobada por el mercado y la razón económica; a partir de ese principio de demarcación de la globalización económica se construye una nueva racionalidad que emerge de la potencia del ser (de la naturaleza, la cultura, la tecnología), de la hibridación de procesos materiales y simbólicos que abren la vía hacia un mundo interrelacionado e interdependiente que ya no tiene un eje central y un solo polo de atracción, sino que se constituye en la convivencia de individualidades singulares, de diversidades culturales y de racionalidades diferenciadas en nuevos territorios existenciales.

La otredad que viene del ambiente no sólo se manifiesta en su presencia antagónica, como una reacción hacia la racionalidad dominante y un proceso ineluctable de descomposición; aparece sobre todo como principio ontológico del ser (Heidegger) y un valor ético (Levinas) que abren alternativas a la globalización homogeneizante. En esta perspectiva, la diferenciación no es el proceso "virulento", la metástasis que lleva a la clonación por contagio de la contigüidad y

el principio dialéctico de la reconciliación de los contrarios desde el principio ético de una otredad radical, serán desarrolladas en el cap. 7, *infra.*

a legitimar las desigualdades ecosociales, siguiendo la narrativa bau-
drillardiana. La "fatalidad" de la degradación ambiental no viene de
un "agente no humano"; su "hiperrealidad" es producto del pensamiento globalizador y cosificante, de la epistemología y las formas de
conocimiento que avanzan afirmando su positividad, objetivando al
mundo y negando el no saber (Bataille, 2001).

Baudrillard transparenta, tematiza y temporaliza las estrategias fatales de la hiperrealidad que irrumpe en la escena del mundo (del
pensamiento) en la posmodernidad. Sin embargo la simulación y el
simulacro no son inherentes a lo real-en-sí, a una esencia ontológica
de las cosas. Son un *efecto del conocimiento sobre lo real*, pero están al
mismo tiempo en la "naturaleza" misma del orden simbólico. Reflejan en el mundo la imposibilidad de nombrar la diferencia como "estructura originaria", la prohibición de proferir el nombre de un
"dios" como origen y causa de todas las cosas:

La *différance*, apenas enunciada, desaparece, se oculta identificándose con
las efectivas diferencias que constituyen la concatenación del significante.
Nombrar la diferencia no hace más que abrir el sistema de las diferencias
que constituyen lo simbólico en su efectiva estructura diferencial; revela las
diferencias como *différance*, es decir, en su naturaleza de *simulacros* [...] de
huellas sin original, y de este modo sometidas a una suerte de *epoché*, de sus-
pensión del consentimiento metafísico que las *archai* han pretendido siempre en el ámbito de la mentalidad representativa (Vattimo, 1985: 134).

Sólo lo real manifiesto en la crisis ambiental devuelve ese juego de
diferencias suspendido en el orden simbólico hacia un referente material: lleva la diferencia que emerge del juego abstracto del lenguaje a la diferencia que produce la relación entre lo real y lo simbólico, el conocimiento y el mundo, el ser y el saber. Es el arraigo en el
mundo y en los mundos de vida de la ley (naturaleza) y el sentido
(cultura). Es la puesta en acto de una política de la diferencia en el
campo conflictivo por la apropiación social de la naturaleza.

La retórica del desarrollo sostenible es fundamentalmente una estrategia de poder que transfiere el control de la producción de la
teoría a un dispositivo ideológico. Esta operación simbólica funciona dentro de los aparatos ideológicos del capital transnacional buscando legitimar las nuevas formas de apropiación de la naturaleza a
las ya no sólo podrían oponerse los derechos tradicionales a la tierra,
el trabajo o la cultura. La resistencia a la globalización lleva a desac-

tivar el poder de simulación y perversión de las estrategias de la globalización económico-ecológica. Frente a ellos emergen nuevos derechos ambientales y culturales (Leff, coord., 2001) y una voluntad de poder para construir una racionalidad social y productiva que, más allá de burlar el límite como condición de existencia, refunde la producción desde los potenciales de la naturaleza y los sentidos de la cultura.

La geopolítica del desarrollo sostenible se inscribe dentro de una geopolítica del conocimiento, en estrategias de poder en el saber donde juega por una parte el conocimiento hegemónico producido por el modelo de la civilización europea, y por otra los saberes excluidos, subyugados, colonizados (Foucault, 1980; Lander, 2000; Mignolo, 2000). La racionalidad ambiental atraviesa ese campo de fuerzas. Arraigar la sustentabilidad en nuevos territorios de vida implica, más allá de construir nuevas epistemologías y ontologías, generar estrategias del saber para enfrentar las estrategias del conocimiento que han colonizado los saberes y las prácticas de seres culturales diferenciados que habitan un planeta biodiverso.

La capitalización de la naturaleza está generando así diversas manifestaciones de resistencia cultural al discurso y a las políticas del neoliberalismo ambiental, al igual que nuevas estrategias para la reapropiación del patrimonio histórico de recursos naturales y culturales de los pueblos. Se está dando así una confrontación de posiciones entre las estrategias para asimilar las condiciones de sustentabilidad a los mecanismos del mercado y movimientos de resistencia que se articulan con la construcción de un nuevo paradigma de sustentabilidad, en el cual los recursos ambientales aparecen como potenciales capaces de reconstruir el proceso económico dentro de una nueva racionalidad productiva, planteando un proyecto social fundado en las autonomías culturales, la democracia y la productividad de la naturaleza (Leff, 1994a). Ello implica a su vez reconectar el orden simbólico y cultural, dislocado y alienado, con el orden de lo real, con la naturaleza como una ley límite y como potencial para la construcción de un mundo sustentable. La racionalidad ambiental enfrenta de esta manera a las estrategias fatales de la globalización y del desarrollo sostenible.

4. LA LEY LÍMITE DE LA NATURALEZA: ENTROPÍA, PRODUCTIVIDAD NEGUENTRÓPICA Y DESARROLLO SUSTENTABLE

LA LEY DE LA ENTROPÍA Y EL VALOR ECONÓMICO

En el devenir de la humanidad la economía emerge desde el momento en que los pueblos y las naciones fueron inventando diversos modos de producción que implicaban diferentes formas de apropiación de la naturaleza. Éstas constituyeron en su inicio economías de subsistencia que, en la medida que las sociedades evolucionaron hacia estructuras cada vez más jerárquicas, fueron generando excedentes que fueron concentrados por las clases más poderosas. Más adelante, con el desarrollo del transporte naval, se intensificaron las relaciones de intercambio comercial entre diversas culturas. Este comercio se incrementó con el auge del capitalismo mercantil, fundado en la explotación de la naturaleza de los abundantes recursos de los territorios conquistados por las potencias monárquicas europeas; más tarde, con el auge del capitalismo industrial, fue dando lugar al intercambio desigual entre mercancías naturales y tecnológicas, hasta llegar al momento actual de intervención biotecnológica y capitalización de la naturaleza.

Con la generalización del intercambio mercantil emerge en el mundo el orden de la economía. Sin embargo éste no penetra en el imaginario social de manera generalizada sino en el momento en el que se instaura como una ley que legitima su funcionamiento. La producción teórica viene a operar esta función simbólica con la emergencia de la ciencia económica inaugurada por Smith y Ricardo en el siglo XVIII. En ese momento la economía comienza a regir el orden humano. Más allá del esquema marxista que ve la evolución de la organización social a partir de sus modos de producción y sus condiciones materiales de existencia, con el surgimiento de la ciencia económica se establece una racionalidad que comienza a dominar el orden natural de las cosas del mundo, las formas de producción de riquezas, las reglas de intercambio de mercancías y el valor de la naturaleza. Este orden económico, fundado en el "equilibrio" de los factores de la producción bajo el principio de la escasez, va construyendo una racionalidad que lleva en ciernes la desnaturalización de la naturaleza misma y la insustentabilidad del proceso de producción.

La ciencia económica nace dentro de la visión mecanicista que funda el paradigma científico de la modernidad que de esta manera se extiende al campo de la producción. La economía emerge como la ciencia de la asignación racional de recursos escasos y del equilibrio de los factores de la producción: capital, trabajo, y ese factor "residual" –la ciencia y la tecnología–, en que descansa la elevación de la productividad y que se ha convertido en la fuerza productiva predominante. La naturaleza es así desnaturalizada, fraccionada y mutilada, desconociendo su organización ecosistémica y termodinámica, para ser convertida en *recursos naturales* discretos, en materias primas que entran como simples insumos al proceso de producción, pero que no son productoras de una sustancia de valor. La naturaleza es concebida como un bien abundante y gratuito, como un orden con una capacidad propia de regeneración, cuya existencia no dependía directamente del comportamiento económico. La naturaleza es recluida dentro de un "campo de externalidad" del sistema económico.

Mientras en el siglo XIX y XX las ciencias físicas empezaron a cuestionar sus orígenes newtonianos, la economía reafirmó su fundamento mecanicista como un sistema ideal cercano al equilibrio, basado en dos factores básicos de producción: capital y trabajo. Por lo tanto los procesos naturales se valuaron sólo por la contribución a la productividad del capital, a la fuerza de trabajo y a la tecnología. Los servicios ambientales se consideraron un regalo eterno de la naturaleza, un sistema externo del cual la actividad económica podía extraer recursos ilimitados. En la perspectiva teórica de la ciencia económica emergente la naturaleza no contribuía a la formación de valor. De esta manera, la autodestrucción de la base ecológica y de las condiciones ambientales de producción quedó velada por las estrategias de conocimiento que fueron legitimando a los paradigmas de la ciencia económica. Así, los procesos ecológicos que sustentan el equilibrio ecológico y la productividad natural del planeta fueron negados por el sistema económico.

La naturaleza está tomando su revancha por este desconocimiento de la humanidad. La degradación ecológica del planeta aparece como la explosión de una verdad ontológica negada por la teoría económica. Con la crisis ambiental, la economía ya no enfrenta problemas de escasez relativa de recursos –aquella que era resuelta por el progreso tecnológico y la apertura de nuevos campos de explotación de la naturaleza–, sino una *escasez global* que no es "natural", sino generada por la destrucción de las condiciones ecológicas de sustentabilidad de la economía global, como efecto de los niveles de entropía generados a escala planetaria por el proceso económico: desforestación y pérdida de cobertura vegetal, contaminación del aire, agua y suelos, calentamiento global.

La crisis ambiental ha hecho su irrupción en un mundo en el que la economía se ha quedado sin ley del valor, en que la naturaleza se desnaturaliza y se cosifica, en que la dialéctica busca anclarse en las leyes de la naturaleza, en que el mundo se convierte en una hiperrealidad donde lo simbólico parece perder su referencialidad y su conexión con lo real.[1] Justo en ese punto, cuando las estrategias del código económico triunfan sobre la ley del valor, cuando los conceptos pierden su referencia con lo real, cuando lo simbólico parece emanciparse de lo fáctico y la ecología fracasa en su intento de arraigar al mundo en el orden de la vida; cuando se colapsa el proyecto de la racionalidad científica y el mundo parece flotar en la incertidumbre y en la relatividad de los signos, cuando la hiperrealidad generada por las estrategias fatales del código parece burlar al pensamiento y el discurso del desarrollo sostenible seduce al interés práctico en la búsqueda de un equilibrio guiado por un mercado sin valores; cuando el constructivismo y la hermenéutica llevan al pensamiento a la conformidad de la imaginación y al juego de sentidos más allá de cualquier determinismo ontológico; cuando quedan vencidas la ley y la norma fundadas en la naturaleza y en la ética; en ese vacío ontológico y en ese reino de la simulación, emerge la entropía como la *ley límite* de la racionalidad económica. La naturaleza se impone ante las falacias, las ficciones y las especulaciones del discurso del desarrollo sostenible: las de un orden simbólico autónomo desprendido de su conexión con lo real.

Esta psicosis del conocimiento del mundo no es la invención de una nueva mirada crítica del mundo posmoderno que hace prevalecer el dominio del código y del objeto, sino el resultado de la racio-

---

[1] "El principio de realidad coincidía con una determinada fase de la ley del valor. Hoy todo el sistema se tambalea en la indeterminación, toda la realidad es absorbida por la hiperrealidad del código y de la simulación. Ahora es el principio de simulación el que nos rige, en lugar del viejo principio de realidad. Las finalidades han desaparecido, somos generados por modelos. No hay más ideología; no hay sino simulacros" (Baudrillard, 1976: 8-9).

nalidad económica que ha producido la sobreobjetivación, sobre-economización y sobretecnologización del mundo. Es este proceso económico el que ha generado

Una revolución [que] ha puesto fin a la economía "clásica" del valor, una revolución del valor mismo que, más allá de su forma mercancía, la lleva a su forma radical. Esta revolución consiste en que los dos aspectos del valor, que creímos que eran coherentes y que estaban eternamente vinculados como por una ley natural, están desarticulados, *el valor referencial se nulifica a favor del juego estructural del valor*. La dimensión estructural se vuelve autónoma excluyendo la dimensión referencial, estableciéndose sobre la muerte de ésta. Se acabaron los referenciales de producción, de significación, de afecto, de sustancia, de historia, toda esa equivalencia con contenidos "reales" que daban su peso al signo al anclarlo con una cierta carga útil, de gravedad: su forma de equivalente representativo. El otro estadio del valor toma su lugar, el de la relatividad total, de la conmutación general, combinatoria y simulatoria. Simulación en el sentido de que de ahora en adelante los signos se intercambiarán entre ellos sin intercambiarse para nada con lo real (Baudrillard, 1976: 18).

La economía es el orden en el que más radicalmente se manifiesta el dislocamiento de la razón moderna, el desprendimiento de la teoría de su referente ontológico. La racionalidad económica ha transformado al *ser humano* en *homo economicus*, despojándolo de su relación simbólica con la naturaleza para someterlo a la acción mecánica de las leyes del mercado. La economía ha promovido un crecimiento sin límites, negando las condiciones (potenciales y constreñimientos) de la naturaleza. En la teoría económica la naturaleza aparece como una fuente infinita de recursos disponibles para su apropiación y transformación económica guiada por las leyes del mercado; su falla proviene de su visión del proceso económico como un flujo circular de valores económicos y precios de factores productivos. Sin embargo, desde un análisis termodinámico, la producción aparece como un proceso irreversible de degradación entrópica, de transformación de baja en alta entropía. La externalización de la naturaleza del sistema económico ha sido el efecto, justamente, del desconocimiento de la entropía (la segunda ley de la termodinámica), que establece los límites de la naturaleza al crecimiento económico, ocultado las causas de la crisis ambiental y de la insustentabilidad ecológica de la economía.

El concepto de entropía confronta a la racionalidad económica al introducir un límite al crecimiento económico y a la legalidad del mercado, al tiempo que establece el vínculo con las leyes de la naturaleza que constituyen las condiciones –físico-biológicas, termodinámicas y ecológicas– de una economía sustentable. Entre los precursores de la economía ecológica que abordaron las condiciones ecológicas del proceso económico, Nicholas Georgescu-Roegen (1971) fue quien develó la relación íntima entre economía y naturaleza, al establecer la relación fundamental entre el proceso económico y la segunda ley de la termodinámica.[2] La entropía aparece así como una *ley-límite* que impone la naturaleza a la expansión del proceso económico. De esta manera devela la causa última de la insustentabilidad de la racionalidad económica que emerge de la falla constitutiva de la ciencia económica. Georgescu-Roegen atribuye el "pecado original" de la economía a la visión mecanicista que funda su paradigma científico desde su origen y la acompaña en sus desarrollos y aplicaciones hasta nuestros días:

Pues el pecado está allí, aun si vemos al proceso económico exclusivamente desde el punto de vista físico [...] La economía, en la forma en la que esta disciplina se profesa generalmente hasta ahora, es mecánica en el mismo sentido fuerte en el que generalmente pensamos que lo es la mecánica clásica [...] La misma falla fue incorporada a la economía por sus fundadores, quienes, en testimonio de Jevons y Walras, no tenían una aspiración mayor que la de crear una ciencia económica siguiendo el patrón exacto de la mecánica [...] la concepción del proceso económico como una analogía mecánica ha dominado desde entonces por completo el pensamiento económico. En esta representación, el proceso económico ni induce cambio cualitativo alguno, ni se ve afectado por el cambio cualitativo del ambiente en el que se encuentra anclado. Es un proceso aislado, autocontenido y ahistórico –un flujo entre producción y consumo sin salidas ni entradas, como lo pintan los libros de texto elementales [...] en ninguno de los numerosos modelos económicos existe una variable que dé cuenta de la contribución perenne de la naturaleza (Georgescu-Roegen, 1971: 1,2).

_____

[2] Antes de Georgescu-Roegen, Frederick Soddy (1877-1956) había señalado la imposibilidad de mantener un crecimiento exponencial de la economía, debido justamente a la existencia de la ley de la entropía (cf. Martínez-Alier y Schlüpmann, 1991, cap. VIII, pp. 157-181).

Para Georgescu-Roegen este mecanicismo está en la base del desconocimiento de la contribución de la naturaleza al proceso económico, tanto en el estudio de la renta en Ricardo, donde la tierra es un factor inmune a cualquier cambio cualitativo, como en la teoría de la producción y la reproducción económica de Marx, para quien la naturaleza que se ofrece al proceso económico en forma gratuita no contribuye a la formación de valor, quedando desvinculada de las condiciones de la producción. La "paradoja" de la historia de la economía y de su obsesión mecanicista es que en el tiempo en que Jevons y Walras colocaban las piedras angulares de la economía moderna, las revoluciones teóricas en el campo de la física –de la termodinámica estadística, la teoría de la relatividad y la mecánica cuántica– estaban derrumbando el dogma mecanicista, tanto en las ciencias naturales como en la filosofía. Pero más paradójico aún es el hecho de que la termodinámica había surgido como una física del valor económico.[3] El descubrimiento de la ley de la entropía, formulada por Sadi Carnot en 1824 y más tarde por Claussius en 1856, fue impulsado por la necesidad de incrementar la eficiencia de la tecnología. El problema al que se abocaron fue el de determinar las condiciones bajo las cuales se podía obtener la mayor eficiencia del trabajo mecánico producido por una unidad de calor libre.

La ley de la entropía es hija de la racionalidad económica y tecnológica, del imperativo de maximizar la productividad y minimizar la pérdida de energía. Esa racionalidad, en su búsqueda de orden, control y eficiencia, desencadenó las sinergias negativas que habrían de conducir hacia la degradación de la naturaleza. En este sentido, la escasez como principio que funda a la ciencia económica cambia de signo y adquiere un nuevo significado. El problema de los límites del crecimiento no surge por el agotamiento de los recursos naturales (renovables y no renovables), ni por los límites de la tecnología para extraerlos y transformarlos; ni siquiera por los costos crecientes de generación de recursos energéticos. Los límites del crecimiento económico los establece la *ley límite de la entropía*, que gobierna los fenómenos de la naturaleza y que conduce el proceso irreversible e ineluctable de degradación de la materia y la energía en el universo. La

---

[3] "La nueva ciencia de la termodinámica comenzó como una física del valor económico y, básicamente, aún puede considerársela así. La propia ley de la entropía emerge como la más económica en naturaleza de todas las leyes naturales [puesto que] la ley de la entropía es tan sólo un aspecto de un hecho más general, que esta ley es la base de la *economía* de la vida en todos los niveles" (Georgescu-Roegen, 1971: 3).

Tierra no escapa a esa ley universal; pero en este minúsculo punto de nuestra galaxia este proceso es acelerado por la imposición de una racionalidad económica que incrementa y magnifica la transformación de la materia y la energía de baja entropía hacia estados de alta entropía, cuya manifestación más clara en la actualidad es el calentamiento global del planeta.

La acumulación de capital, las tasas de explotación de los recursos y los patrones dominantes de consumo han llegado a sobrepasar la capacidad de carga y de dilución de los ecosistemas, llevando a formas y ritmos sin precedentes de degradación ecológica, de extinción biológica, de erosión de suelos y destrucción de biodiversidad. Esta crisis ambiental no solamente ha llevado a cuestionar la racionalidad económica prevaleciente y a revisar el papel de la naturaleza en la economía, planteando el imperativo de internalizar las condiciones ecológicas y culturales para un desarrollo sustentable, equitativo y diverso. La racionalidad económica ha trastocado los mecanismos de autoorganización de los sistemas biológicos que sostienen el equilibrio ecológico global del planeta y de los que dependen tanto la productividad primaria de los ecosistemas como los procesos de regeneración de la naturaleza, destruyendo las condiciones de sustentabilidad de la economía. El mercado es incapaz de asignar valores económicos a la productividad de la naturaleza y de los servicios ambientales que correspondan con las condiciones ecológicas para un desarrollo sustentable. Más aún, éstos resultan inconmensurables con los valores de la equidad social y la diversidad cultural. La racionalidad económica no puede subsumirse dentro de las leyes biológicas, pero tampoco le es posible incorporar los derechos colectivos, los intereses sociales y las normas institucionales para el manejo participativo democrático de los recursos naturales.

Hoy en día el problema del agotamiento de los recursos naturales no sólo se plantea en términos de las reservas probadas de hidrocarburos y minerales en el planeta. La despetrolización de la economía es un imperativo que no se impone desde las condiciones técnicas, económicas, e incluso políticas de acceso, apropiación y transformación de los hidrocarburos, sino de la creciente producción de entropía (de gases de efecto invernadero, de calor) asociada con la extracción, transformación y consumo de energía fósil, incluso de la producción de hidrocarburos sintéticos por la licuefacción del carbón o el uso directo de este elemento, así como de otras fuentes tradicionales de energía (termoeléctricas a partir de la fisión y fusión atómica, obtención de metales no ferrosos de los fondos oceánicos y energía hidroeléctrica) (Dragan y Demetrescu, 1986: 138-140).

La ley de la entropía como condición y límite del proceso económico se convierte así en un argumento adicional que cuestiona la validez de la teoría del valor fundada en el trabajo y el cambio tecnológico.[4] Más aún, la entropía como condición de sustentabilidad del proceso económico cambia el sentido de la relación del valor económico con la naturaleza. Pues en la ley clásica del valor, y en toda la economía anterior a Georgescu-Roegen, la actividad económica convertía a la naturaleza en un capital económico a través del trabajo, en un proceso en el que la naturaleza era abundante, renovable y gratuita, y por lo tanto inocua en términos de su contribución, tanto a la formación del valor económico como a la degradación entrópica. Por el contrario, al asociar la ley de la entropía con el proceso productivo, la contribución de la naturaleza a la producción de riqueza material adquiere un valor inverso, en el sentido de que en el proceso económico la materia y la energía pasan de la abundancia a la escasez, de la utilidad a la desutilidad, y del aprovechamiento al desecho, en un proceso ineluctable de degradación de entropía. El proceso económico podría definirse entonces como la transformación de la energía existente de formas utilizables, hacia estados de energía inutilizable, ofreciendo en el camino tan sólo "utilidades temporales" (Dragan y Demetrescu, 1986: 147).

El vínculo del proceso económico con la ley de la entropía, la dependencia de la economía con la naturaleza, viene a cuestionar la idea de una economía emancipada de la necesidad, el imaginario de un crecimiento económico sin límites y la ilusión de haber entrado en una era de postescasez, "más allá de la producción". Al mismo tiempo reconoce la escasez material producida por el crecimiento económico –el agotamiento de bienes naturales, la contaminación de los servicios ambientales, la desestructuración de los ecosistemas y la degradación de la energía–, como un efecto de la ley ineluctable de la entropía magnificada por el proceso económico. La segunda ley de la termodinámica, como ley límite de la naturaleza, restablece las relaciones entre lo real del orden natural y el orden simbólico de los signos del mercado.

Esta constatación ha abierto una reflexión para refundar el proceso económico a partir de los principios de la termodinámica –desde

---

[4] Ver cap.1, *supra*

sus bases energéticas y sus condiciones ecológicas de sustentabilidad–, y para reconsiderar la teoría del valor económico con base en
las leyes de la naturaleza. En este sentido Georgescu-Roegen apunta-
ba que:

Puesto que el proceso económico materialmente consiste en una transformación de baja entropía en alta entropía, es decir, en desechos [calor], y puesto
que esta transformación es irrevocable, los recursos naturales deberían representar necesariamente una parte de la noción de valor económico. Y porque
el proceso económico no es automático, sino volitivo, los servicios de todos los
agentes, humanos y materiales, también pertenecen a la misma faceta de esa
noción. En cuanto a la otra faceta, deberíamos notar que sería totalmente ab-
surdo pensar que el proceso económico existe sólo para producir desechos.
La conclusión irrefutable es que el producto verdadero de ese proceso es un
flujo inmaterial, el disfrute de la vida. Este flujo constituye la segunda faceta
del valor económico (Georgescu-Roegen, 1971:18).

Georgescu-Roegen busca fundar una nueva teoría económica en
un principio material (la ley de la entropía) y en un principio ético,
cultural y subjetivo (el disfrute de la vida). No se plantea pues una
teoría cuantitativa del valor –una física de la economía–, y se aparta
conscientemente de todo intento de recuperar una teoría del valor-
energía preconizada por Engels en su *Dialéctica de la naturaleza*. Georgescu-Roegen rompe con los cánones de la ciencia objetiva y abre un
campo heurístico más comprehensivo e integrado del proceso económico, reconociendo el papel de la cultura en las formas de producción y en la evolución del consumo exosomático de energía, que
generan la degradación entrópica de la materia. En este sentido afirmó que:

Aunque parezca paradójico, la ley de la entropía es una ley de la materia elemental que no nos deja otra alternativa que reconocer el papel de la tradición cultural en el proceso económico. La disipación de la energía, como la
proclama esa ley, se produce automáticamente en todas partes. Esto es así
porque la reversión de la entropía, como se ve en cada línea de producción,
lleva la marca indeleble de la actividad propositiva. Y la manera como esta
actividad es planeada y llevada a cabo ciertamente depende de la matriz cultural de la sociedad en cuestión [...] La evolución exosomática se abre camino a través de la tradición cultural, y no sólo a través del conocimiento tecnológico (1971: 18-19).

Para Georgescu-Roegen –siguiendo a Schrödinger (1944)–, lo que permite a las "estructuras de soporte de la vida" *(life bearing structures)* mantener su organización es su capacidad para succionar energía de baja entropía de su ambiente; pero hace depender esa función, más que de una ley física, de una cualidad del orden vital que denomina propósito *(purpose)*:

Independientemente de sus inclinaciones filosóficas, todos reconocen que los procesos ordenadores, que son "mucho más complejos y mucho más perfectos que los de cualquier dispositivo automático conocido por la tecnología hasta ahora", ocurren sólo en las estructuras de soporte de la vida. Esta actividad peculiar de los organismos vivos es tipificada de la manera más transparente por el demonio de Maxwell, el cual selecciona de su ambiente altamente caótico y dirige las partículas de gas para algún *propósito* definido [...] Los físicos, en oposición a los sociólogos positivistas, han admitido, uno tras otro, que el propósito es un elemento legítimo de las actividades de la vida, donde la causa final está en su propio derecho, pero que no lleva a ninguna contradicción si uno acepta la complementariedad en lugar del monismo [...] El dominio de los fenómenos de la vida representa un caso muy especial [...] puesto que la vida se manifiesta por un proceso entrópico que, sin violar ninguna ley natural, no puede derivarse completamente de estas leyes... ¡incluyendo las leyes de la termodinámica! Entre el orden físico-químico y el de la vida hay una ruptura más profunda que entre la mecánica y la termodinámica. Ninguna forma de causalidad que pudiera ajustarse a otros fenómenos podría hacerlo para las ciencias de la vida (1971: 190-194).

Esa característica particular del mundo orgánico es lo que hace que la vida pertenezca a un orden ontológico diferente al del resto de la naturaleza y permite a la bioeconomía escapar de la epistemología mecanicista.[5] Sin embargo, el *establishment* económico se ha mostrado

---

[5] Georgescu-Roegen afirma su posición dualista frente al monismo mecanicista, y no confunde la "causa final" –la teleonomía y el azar que caracterizan a la vida (Monod)– con el "propósito" de la vida humana. Georgescu-Roegen mantiene la diferencia entre naturaleza inerte, la naturaleza viva y la naturaleza humana. Sin embargo, no indaga en el dominio más radical y fundamental de la diferencia entre naturaleza y cultura, entre lo real y lo simbólico, en el sentido del propósito como significación, deseo y voluntad humana, que está en la base más profunda del dualismo ontológico y epistemológico de las relaciones entre naturaleza y sociedad. Pues no habrá que confundir el azar y la teleonomía que guían a los procesos biológicos (Monod), o las fluctuaciones, desequilibrios e irreversibilidad de las estructuras disipativas (Prigogine), con el propósito orientado y extraviado por el orden simbólico, por el lenguaje, el deseo y el poder.

inconmovible ante la emergencia de la ley de la entropía en el escenario de la ciencia. Resulta sintomático que la ciencia emergente de la complejidad, que cuestiona radicalmente las creencias y certezas que han guiado la percepción del devenir y el sentido civilizatorio de la humanidad (la idea de progreso, la reversibilidad de los procesos, el crecimiento sin límites) haya tenido tan poca repercusión en el pensamiento teórico y en la conciencia cotidiana sobre el mundo.[6] Ese enigma nos lleva a indagar las implicaciones de la ley de la entropía para la construcción de una racionalidad ambiental y la transición hacia un futuro sustentable.

La ley de la entropía vincula el proceso económico con las leyes de la naturaleza dentro de nuestro planeta vivo. Sin embargo, la bioeconomía no ha logrado una definición consistente del concepto de entropía dentro de la pluralidad teórica y dispersión discursiva de los diversos campos donde ha sido formulada, ni de su transferencia y traducción con el debido rigor teórico y epistemológico para fundar un *concepto económico de entropía*. Esta exigencia teórica no implica el forzamiento de una unificación terminológica o de un principio científico, abandonado a lo largo de la historia del concepto de entropía dentro de sus diferentes paradigmas teóricos. De lo que se trata es de dar coherencia al concepto en la economía de los diferentes discursos teóricos, a los usos científicos y metafóricos que se han producido, desde la teoría clásica de Carnot-Claussius sobre sistemas cercanos al equilibrio, la termodinámica estadística de Boltzmann, y la termodinámica de las estructuras disipativas de Prigogine, hasta sus aplicaciones a los procesos ecológicos, económicos, culturales y sociales. Ello implica a su vez la necesidad de acotar tanto temporal como espacialmente el concepto de entropía como potencial y como límite del proceso económico en este planeta y en la perspectiva de

---

[6] George Steiner advierte que no existe una historia adecuada de las implicaciones filosóficas y psicológicas de la ley de la entropía; y se pregunta sobre la influencia de la segunda ley de la termodinámica en la sensibilidad y el lenguaje, sobre todo en cuanto a las ideas y a las formulaciones lingüísticas sobre los tiempos futuros. La pregunta no es ociosa, pues como advierte Steiner, "el buen sentido sólo es convincente a medias cuando replica que las remotas inmensidades del tiempo consideradas en las especulaciones teóricas sobre la entropía no pueden conmover a una imaginación sana, que las magnitudes y las generalidades estadísticas de este orden no son vividas de un modo concreto [...] Pero cualquiera que sea el grado de diversidad individual y cultural, existe un punto en el tiempo, existen coordenadas de la muerte térmica, donde la amenaza de la entropía máxima *podría* cargarse de realidad para la conciencia colectiva" (Steiner, 1992/2001:168).

la transición hacia un estado de sustentabilidad ecológica y termodinámica.

ENTROPÍA, BIOECONOMÍA Y ECONOMÍA ECOLÓGICA

Georgescu-Roegen introdujo la ley de la entropía a la crítica de la economía estándar, readaptando el concepto tal como fuera formulado en la teoría clásica de la termodinámica de los procesos cercanos al equilibrio (más que de la termodinámica estadística o de las estructuras disipativas) para aplicarla al proceso económico, donde verá su manifestación empírica en la pérdida irrecuperable de materia y energía útil (reciclable), tanto en el sistema ecológico como dentro del proceso económico.[7] En este sentido afirma que:

Separar y clasificar *(sorting)*, sin embargo, no es un proceso natural [...] desordenar *(shuffling)* es la ley universal de la materia elemental. Por ello surge la aparente contradicción entre las leyes físicas y la facultad distintiva de las estructuras de soporte de vida *(life-bearing structures)* [...] Es por esta actividad peculiar que la materia viva mantiene su propio nivel de entropía, aunque el organismo *individual* finalmente sucumba a la ley de la entropía. No hay nada erróneo al decir que la vida se caracteriza por la lucha contra la degradación entrópica de la mera materia. Pero sería un error craso interpretar esta aseveración en el sentido de que la vida puede prevenir la degradación del sistema en su totalidad, incluyendo el ambiente. La entropía del sistema total deberá incrementarse, con vida o sin ella (Georgescu-Roegen, 1971: 192).

La noción de entropía como ley límite de la naturaleza permite enfrentar la "resistencia a reconocer nuestras limitaciones en relación con el espacio, el tiempo, la materia y la energía" (1971: 6) y el

---

[7] La entropía como "ley límite de la naturaleza", que comprende en su forma más general, y al mismo tiempo concreta, la diversidad de procesos de degradación ambiental, presenta la "paradoja" de que el concepto mismo de entropía se aleja de las condiciones de equilibrio termodinámico (Claussius), de probabilidad estadística (Boltzmann) y de las estructuras disipativas (Prigogine), donde adquiere su valor científico, para volcarse al campo de la economía como un concepto heurístico, pero que al mismo tiempo es el significante más elocuente del olvido de la naturaleza por parte de la economía.

deseo de encontrar una fuente inagotable de energía: el movimiento perpetuo, el crecimiento sin límites. La *bioeconomía* propuesta por Georgescu-Roegen sienta así las bases para comprender la insustentabilidad de la economía a partir del incremento inexorable de entropía en los procesos de producción y consumo inducidos por la racionalidad económica. La bioeconomía emerge como una teoría heurística que vincula a la economía con las leyes de la termodinámica. Su mayor reto es el de integrar el funcionamiento de la entropía como ley límite, con los procesos neguentrópicos generadores de orden, vida, creatividad y productividad de la naturaleza. Las imprecisiones que de allí surgen remiten al problema de definir y concretar las leyes de la entropía en el campo de la economía, estableciendo la relación entrópica-neguentrópica entre la organización ecosistémica del planeta Tierra, el proceso económico y el universo que las contiene. Ello implica revisar el sentido teórico y práctico de las leyes de la entropía, provenientes de la termodinámica clásica (Carnot, Claussius), la termodinámica estadística (Boltzmann) y la termodinámica de las estructuras disipativas (Prigogine), así como del sentido de sus aplicaciones en el campo de la ecología, la tecnología y la economía, para dar consistencia a un concepto de entropía que dé cuenta de la integración de estos procesos que confluyen y configuran un paradigma bioeconómico, es decir, de una economía fundada en las leyes de la naturaleza y los sentidos de la cultura, que abra las vías de la sustentabilidad en el contexto de la globalización económico-ecológica.

El concepto económico de entropía requiere así ser especificado en su escala planetaria y en los niveles locales donde opera. Ello implica romper el imaginario de una ley general de la entropía en el sentido de una degradación ineluctable e irreversible que operaría de la misma manera a escala cósmica y planetaria, en los procesos cercanos al equilibrio (procesos tecnológicos) y los procesos alejados del equilibrio (procesos biológicos, ecológicos, económicos). Ciertamente la vida en el planeta Tierra no habrá de cambiar el curso de la ley universal de la entropía a escala cósmica ni la flecha del tiempo en la vida terrenal. Pero ése no es el problema teórico y práctico de la economía frente a la naturaleza en términos de la conservación de la vida en el planeta y de la sustentabilidad económica y social. El reto que se plantea es el de saber si la productividad de la vida puede equilibrar la degradación entrópica que genera la racionalidad económica, la cual, en vez de crear orden del caos (Prigogine), genera entropía a partir del orden de la naturaleza, revirtiendo el principio del consumo productivo de la naturaleza (Marx) en un consumo improductivo, entrópico e insustentable.

Georgescu-Roegen atrae el concepto de entropía a un nuevo terreno teórico, aplicando el principio de la segunda ley de la termodinámica al proceso macro-económico y ampliándolo con su "cuarta ley de la entropía" para incluir, junto con la degradación de la energía útil, la pérdida irrecuperable de materia en el proceso económico. Sin embargo, Georgescu-Roegen no elabora una nueva economía sobre los principios de la vida y los potenciales de la organización ecológica del planeta; no incorpora un concepto de neguentropía (a partir de Schrödinger) que, más allá de la crítica al proceso económico desde la entropía como ley límite de la naturaleza, dé fundamento a una bioeconomía propiamente dicha, fundada en la productividad de la vida. Cierto es que aun dentro de un sistema abierto y alejado del equilibrio la economía no escapa a la degradación entrópica, proveniente tanto del desgaste y los límites del reciclaje de materiales (la cuarta ley), como de la degradación de la energía utilizada (segunda ley), al pasar de energía de baja a energía de alta entropía, y por su transformación en calor. Pero ello no implica desconocer los procesos neguentrópicos que emergen de la organización de los sistemas ecológicos en la biosfera como fuente de una productividad sustentable y sostenida y como único proceso capaz de equilibrar los procesos económicos responsables de la degradación entrópica de la Tierra.

El incremento de la entropía en la economía y en la biosfera debe plantearse en relación con la productividad neguentrópica proveniente de la función fotosintética de la naturaleza y de la producción subsecuente de entropía generada por los procesos metabólicos de la materia viva y su transformación tecnológica en el proceso económico. Sabemos que todo organismo vivo se mantiene vivo succionando neguentropía de su ambiente, y que la fotosíntesis genera materia viva (biomasa) captando y transformando la energía radiante del sol en bioenergía, a través de complejos procesos biológicos y ecológicos. Ciertamente la entropía generada por los sistemas vivos es externalizada hacia su ambiente. Sin embargo, subsiste una ambigüedad en la definición de las fronteras entre el sistema vivo y su entorno, el cual debe establecerse no tanto para cada ser vivo individual cuanto en escalas de ecosistemas acotados y de sus relaciones con sus procesos "internos" de circulación de nutrientes, materia y energía, así como sus relaciones con su entorno próximo en diferentes niveles espaciales, hasta el funcionamiento global de la biosfera y su relación con el espacio cósmico.

Tomemos el caso de un ecosistema biodiverso (un bosque tropical no intervenido, una reserva natural), que actúa como un verdadero colector de energía radiante. Este sistema succiona energía solar y la procesa para convertirla en biomasa a partir de la fotosíntesis y gracias a su compleja organización ecosistémica. Este ecosistema, natural o bajo manejo, genera entropía como resultado de los procesos metabólicos a todo lo largo las cadenas tróficas y de los flujos de materia y energía en el ecosistema. Pero, ¿cómo determinar la entropía que allí se produce y cómo definir y delimitar el sistema al que descarga la entropía que produce y disipa –a ecosistemas contiguos, a la biosfera, a la atmósfera– desde la absorción y biosíntesis de la energía solar, hasta las transformaciones de materia y energía que se operan en el ecosistema para mantenerse en equilibrio dinámico a través de sus procesos de evolución hacia un estado clímax o de sucesión ecológica? ¿Cómo determinar que un ecosistema biodiverso genera más entropía que la neguentropía que produce, de manera que tome sentido la afirmación de que el sistema total produce entropía con o sin vida? ¿En qué sentido y magnitud se incrementa la entropía del sistema Tierra al aumentar los bosques, la biodiversidad y la biomasa en la biosfera?

Georgescu-Roegen no adopta un acercamiento ecosistémico al problema de la degradación entrópica, sino que sigue el principio termodinámico de la física, adaptándolo para entender el desgaste de materia y energía en los procesos económicos. La extensión de las leyes de la entropía al campo de la bioeconomía ha llevado a concebir los procesos de degradación ecológica insertos en un proceso más general, que caracteriza a la muerte entrópica guiada por la flecha del tiempo, como resultado tanto de una ley cosmológica ineluctable del universo como de la degradación entrópica que genera el proceso económico guiado por el signo unitario del mercado, y cuya manifestación empírica más clara hoy en día es el calentamiento global de la Tierra.

La economía ecológica ha propuesto integrar a la economía como un subsistema que opera dentro de un proceso más amplio, que incluye a las condiciones biogeoquímicas y ecológicas de la producción. En este sentido, el comportamiento económico debería desarrollarse como una extensión de los sistemas vivos, subsumiendo a la economía dentro del sistema más amplio de la ecología humana, y reconstruyendo la racionalidad económica a partir de los principios de la ecología y la termodinámica (Georgescu-Roegen, 1971; Passet, 1979; Grinevald, 1993). Desde las perspectivas de la economía ecológica se ha intentado articular al proceso económico con las fuentes de la vida, y sujetar a la economía a las condiciones ecológicas del sistema ambiental, para asegurar un proceso productivo sustentable. El proceso económico aparece así integrado a los procesos termodinámicos que rigen la transformación de la materia y la energía en los diferentes momentos de producción, distribución y consumo. Sin embargo, la reconversión ecológica de la economía no se logra simplemente añadiendo a los cálculos económicos estándar una evaluación ecológica y una medida energética de la ineficiencia de las externalidades del proceso económico: la disminución de rendimientos energéticos, la desforestación y la pérdida de la fertilidad de la tierra, las deseconomías del crecimiento y la degradación ambiental, la disipación creciente de masa y energía. Estos procesos son inconmensurables con los precios de mercado y no pueden evaluarse en términos estrictamente económicos (Martínez-Alier, 1995).[8]

El paradigma emergente de bioeconomía se basa pues en un concepto físico-económico de entropía y en una visión sistémica de las interrelaciones de los procesos económicos con el ambiente biogeoquímico. Esta nueva mirada sobre la producción, a partir de las leyes de la termodinámica, ha ayudado a entender el creciente flujo de energía degradada que conduce a la insustentabilidad ecológica del proceso económico, así como a la erosión de la biodiversidad y a la exacerbación del conflicto que surge de las luchas sociales por la supervivencia y por el acceso a los recursos naturales ante la creciente escasez ecológica que genera la racionalidad económico-tecnológica dominante. Sin embargo, esta visión del ambiente como restricción, como costo y como límite impuesto por las leyes de la ecología y de la termodinámica, es insuficiente para revertir las actuales tendencias de la racionalidad económica hacia la degradación entrópica. Para al-

---

[8] Passet (1985) ha enfatizado la necesidad de concebir la interdependencia de la esfera productiva y el ambiente, sin reducir los procesos ecológicos a una lógica de mercado ni el proceso económico a las leyes de la ecología y la termodinámica. De esta manera ha propuesto que los "mecanismos reguladores con los cuales el ambiente natural y las sociedades aseguran su reproducción", deberían aplicarse como un conjunto de normas capaces de constreñir el proceso económico (*gestión normative sous contrainte*). En forma similar, Daly (1991) ha propuesto un concepto fuerte de sustentabilidad a partir del cual el crecimiento económico debería controlarse para no sobrepasar el límite que permita la renovación del *stock* de recursos naturales.

canzar un desarrollo sustentable es necesario internalizar la contribución de la productividad ecológica al proceso económico y concebir el ambiente como un potencial para la construcción de una racionalidad productiva alternativa.

Los procesos biológicos que contribuyen al *stock* de materias primas habían sido considerados hasta antes de la crisis ambiental como una oferta gratuita de recursos naturales. Ahora son evaluados por la economía ambiental como un costo del crecimiento económico. Sin embargo, para fundar un nuevo paradigma productivo de una economía sustentable, los bienes y servicios ambientales deben comprenderse como un *potencial productivo* que depende tanto de los límites físicos y de la escasez de recursos, como de estrategias sociales para administrar los potenciales ecológicos de la naturaleza. Los sistemas vivos no solamente establecen un conjunto de condiciones que debe respetar la economía y que funcionan como umbrales de capacidad de carga de los ecosistemas. La naturaleza, como un conjunto de sistemas de soporte de la vida, potenciales ecológicos y servicios ambientales, es condición fundamental de una economía sustentable.

Las condiciones ecológicas de la producción aparecen así como un potencial para un proceso alternativo de producción. Esta posibilidad ha sido negada por las corrientes dominantes de la economía y ha sido insuficientemente explorada por la economía ecológica y la bioeconomía. Estas escuelas reconocen que la energía solar actúa como la fuente primaria de la vida y que los organismos vivos funcionan como sistemas complejos emergentes, que gracias a sus procesos de autoorganización retardan la degradación entrópica. Estos paradigmas emergentes cuestionan el modelo mecanicista de la economía desde la perspectiva de su ineficiencia energética y de la entropía creciente generada en el trasflujo *(throughput)* de energía en los procesos productivos que destruyen las bases biológicas y ecológicas de la producción. Por su parte, los sistemas termodinámicos abiertos y las estructuras disipativas ofrecen una base científica para desmitificar los falsos fundamentos de la ideología del progreso y del crecimiento económico sin límites. Sin embargo, el proceso de producción de biomasa a partir de la fotosíntesis y su contribución a la producción económica, ha sido subestimado por la bioeconomía. Por lo tanto, se han subvalorado paradigmas alternativos de desarrollo sustentable, basados en la productividad de la naturaleza –de una economía alimentada por la energía solar y sintetizada por las plantas verdes (Georgescu-Roegen, 1993a)– como estrategias viables para una economía ecológica fundada en el principio de productividad ecotecnológica. *La entropía debe pasar de un concepto crítico a un concepto positivo.* Ello implica pasar de las leyes de la entropía como límite de la economía, al de los procesos disipativos como un potencial para un paradigma de producción sustentable, es decir, una bioeconomía fundada en la productividad neguentrópica proveniente del proceso fotosintético y de la organización ecológica de la biosfera, de la organización simbólica y la significación cultural de la naturaleza.

Edwin Schrödinger (1944) concibió la vida en la tierra como un proceso termodinámico que se nutre de la extracción de *entropía negativa* del universo. Esta fuente de vida se traduce en un proceso de producción de biomasa y recursos vegetales a través de la captura y transformación de la energía radiante del sol a través de la fotosíntesis. De esta manera, los procesos neguentrópicos se convierten en un potencial productivo, en un recurso de la naturaleza para el proceso económico. Georgescu-Roegen llegó a afirmar, siguiendo la idea de Schrödinger, que "toda estructura generadora de vida se mantiene en un estado de casi equilibrio succionando baja entropía del ambiente y transformándola en entropía más alta" (Georgescu-Roegen, 1971: 10). Sin embargo no llegó a extraer las consecuencias teóricas y prácticas de este principio, pues para él, como para muchos de sus seguidores, este proceso neguentrópico sólo se manifestaba en la vida pasajera de los seres vivos pero, siguiendo el principio de máxima potencia de Lotka (1922), terminaba incrementando los niveles de entropía del sistema, ya que: "Un ser vivo puede evadir tan sólo la degradación entrópica de su propia estructura. No puede evitar el incremento de la entropía en el sistema total, que consiste en su estructura y su ambiente [y] la presencia de la vida causa que la entropía del sistema se incremente más rápido de lo que sucedería de otra manera" (Georgescu-Roegen, 1971: 11).

El esquema de Georgescu-Roegen comprende la vida, la actividad económica y el consumo como procesos que se alimentan de baja entropía, entendida esta como "la condición *necesaria* para que una cosa sea útil". De allí que la "utilidad" de la tierra y su contribución al valor económico se traduzcan en soporte de una productividad neguentrópica, ya que "la tierra es la única red con la que podemos atrapar la forma más vital de baja entropía para nosotros." (1971: 278).[9]

---

[9] La noción de "tierra" se acerca a la concepción del ecosistema como "ecosistema recurso", como organización vital que funciona como colector y transformador de ra-

Sin embargo Georgescu-Roegen no da ese paso, el cual requiere la construcción de un concepto económico de entropía que incluya los procesos neguentrópicos para darle la consistencia teórica necesaria que permita orientar sus aplicaciones prácticas al campo de la bioeconomía en el terreno estratégico de la sustentabilidad.

En el esfuerzo por construir un nuevo paradigma de bioeconomía derivado de las leyes de la termodinámica, éstas se han extendido y transferido a diferentes campos teóricos, discursivos y prácticos, creando "muchas confusiones conceptuales y terminológicas [...] sobre la entropía, la vida y la actividad económica (Grinevald, 1993: 251). En este sentido, han surgido muy diversas controversias sobre el uso y el significado de la entropía, desde la formulación científica de la segunda ley de la termodinámica por Carnot-Claussius y Boltzmann hasta Prigogine, incluyendo los usos heurísticos en el campo de la economía y la sociedad.

Con la "cuarta ley de la entropía" Georgescu-Roegen extiende el segundo principio de la termodinámica para comprender la degradación de materia y energía en el proceso económico, es decir, la pérdida irrecuperable de desechos y residuos a través del sistema económico y de las tecnologías de reciclaje que se acumulan en la biosfera, la atmósfera y la estratósfera como partículas contaminantes y como energía degradada en forma de calor. Estos procesos no son reductibles a una ley unitaria y cuantitativa, ni se desprenden directamente de las leyes de la entropía en su acepción clásica.[10] Sin embargo, ello no invalida su manifestación como una ley límite del proceso económico-tecnológico, pues se mantiene como verdadero el hecho de la pérdida ineluctable de materia y de energía útil en cualquier transformación de la naturaleza y en particular en su consumo productivo en el proceso económico. El concepto heurístico

diación solar en biomasa, como principio de productividad neguentrópica. Pues la tierra no sólo es una fuente de baja entropía, sino que es al mismo tiempo el soporte ecosistémico de la bioproductividad económica.

[10] Mayumi ha dado buenas razones de por qué la "cuarta ley" no puede considerarse como una ley científica, como las leyes de la entropía de Claussius o Boltzmann. En este sentido argumenta que "el concepto de entropía es, en esencia, entropía de la difusión de la energía. En consecuencia, la degradación de la materia en bloque al nivel de nuestros sentidos, no se puede tratar en los términos de la entropía en termodinámica" (Mayumi, 1993: 403). Lozada va más allá en su crítica a las aplicaciones del concepto de entropía, afirmando con Prigogine la imposibilidad de unificar los campos de la entropía en los niveles micro y macro, desde las máquinas térmicas hasta los procesos económicos y la escala cósmica del universo (Lozada, 1993: 396).

de entropía conlleva un significado práctico que permite conectar la pérdida de materia en los procesos de producción y consumo, así como la degradación de energía disponible como efecto del proceso económico, es decir, como producto de la obsolescencia planificada y la lógica del crecimiento económico, y no sólo por el desgaste normal de los valores de uso.

La limitación de la bioeconomía de Georgescu-Roegen surge de su concepción de la relación entre economía y entropía dentro de un sistema cerrado, sin haber considerado suficientemente el hecho de que la biosfera es un sistema abierto que recibe energía radiante del sol, que es transformada en biomasa a través de la fotosíntesis. La bioeconomía no debe restringirse a incorporar las limitaciones que establecen las condiciones ecosistémicas de la tierra y termodinámicas del universo al crecimiento económico: la capacidad de carga para ciertos procesos de producción, el equilibrio ecológico para la producción de gases de efecto invernadero, la escasez y las condiciones de renovabilidad de los recursos naturales. La bioeconomía –como lo expresa la síntesis de sus significantes– debería pasar, de su concepto crítico, a fundar un nuevo paradigma económico, concebido a partir del proceso neguentrópico productor de biomasa a través de la fotosíntesis, sustentado por ecosistemas autoorganizados. En este sentido, las perspectivas del desarrollo sustentable no deben limitarse a establecer un cuerpo de normas para controlar las tendencias de los patrones de producción y consumo hacia la degradación entrópica, sino orientar la construcción de un paradigma de desarrollo sustentable a partir de procesos ecotecnológicos basados en el potencial productivo de los sistemas vivos y de la organización cultural. La construcción de una bioeconomía fundada en la organización neguentrópica de la vida y en los potenciales ecológicos del planeta requiere una revisión crítica de la forma en que el concepto de entropía ha sido asimilado por la biología y la ecología.

ENTROPÍA, VIDA Y ECOLOGÍA

Joseph Lotka extendió los principios de la segunda ley de la termodinámica (tanto en el sentido teórico de Clausius aplicado a los sistemas termodinámicos cercanos al equilibrio, como en la termodinámica estadística de Boltzmann) de las ciencias físicas al campo de la

biología. Lotka afirmó que la selección natural aumenta la masa total del sistema orgánico, incrementando el flujo total de energía a
través del sistema en tanto exista un gradiente inutilizado de materia
y de energía disponible. Más allá de las interpretaciones de este postulado determinista sobre el incremento en la producción de entropía asociado con la evolución biológica, su falla fundamental consiste en ver la evolución como un proceso irreversible pero unidimensional de degradación entrópica, sin considerar la complejidad del
ordenamiento neguentrópico de las estructuras disipativas. Para Lotka "la maximización de la producción de entropía es *relativa a las
fuentes disponibles de energía y vías existentes* para la disipación de la
energía", es decir, depende de los arreglos estructurales del ecosistema, de las cadenas tróficas y ciclos de nutrientes y energía y de la "explotación competitiva de fuentes de energía ambiental bien definidas" (M. O'Connor, 1991: 114-115).

El concepto de entropía fue incorporado más tarde en el campo
de la ecología como una medida del orden y la complejidad de los
ecosistemas. A partir de ese presupuesto, la ecología ha buscado relacionar la productividad natural con medidas de diversidad y complejidad de los ecosistemas. Sin embargo, los ecólogos se han enfrentado a la dificultad de establecer relaciones cuantitativas entre la diversidad de especies, la complejidad y la productividad de los ecosistemas, y su traducción en términos y unidades de entropía.[11]

[11] Margalef ha señalado que "La analogía formal de expresiones utilizadas para
computar un índice de diversidad de las proporciones de individuos que caen en diferentes especies, con expresiones de entropía, no justifica el fundar las propiedades
termodinámicas de los ecosistemas en valores de índices de diversidad." Sin embargo,
él mismo afirma que "es apropiado hablar de la entropía producida para sostener una
unidad de biomasa en el ecosistema; esta entropía es proporcional en términos generales al flujo total de energía. Si el sistema tiene muchos niveles tróficos, el flujo de
energía por unidad de biomasa es menor porque una fracción de la energía pasa a
través de los diferentes niveles. En un sistema sujeto a cambios frecuentes en los cuales una alta proporción de la sustancia de los productores primarios es descompuesta
por bacterias, la energía es usada ineficientemente y relativamente se produce más entropía por unidad de tiempo y unidad de biomasa que en un ecosistema más diverso
y eficiente" (Margalef, 1968:19-21). Por su parte, Giampietro (1993:206), revisando el
principio de máximo poder de Lotka, ha afirmando que "los sistemas autoorganizados muestran una tendencia natural a evolucionar hacia diseños –transformaciones
energéticas, patrones jerárquicos, controles de retroalimentación o acciones amplifi-
cadoras– que hacen posible un aumento en la cantidad de energía disponible y su uso
eficiente para sostener su estructura y funciones". Sin embargo, no se ha desarrollado
un método para medir la evolución de este orden complejo, su entropía interna y sus
descargas de entropía hacia el exterior. La aplicabilidad de este principio se restringe

Varios seguidores de Georgescu-Roegen han reafirmando el funcionamiento de la ley de la producción máxima de entropía a partir de las formulaciones de Lotka, según el cual, a medida que es más complejo y organizado un ecosistema, su dinámica *maximiza* la producción de entropía que es expulsada hacia su ambiente.[12] Sin embargo, del hecho de que el sistema vivo se organice absorbiendo entropía negativa de su entorno (Schrödinger) no se desprende que el aumento en la complejidad del sistema –su productividad neguentrópica– vaya de la mano de un incremento paralelo de entropía producida por el mayor grado de organización y complejidad del sistema ecológico. De sostenerse tal afirmación, la vida misma se haría imposible o sería muy limitada, pues entrañaría un crecimiento de la entropía de la biosfera; la neguentropía explicaría el fenómeno de la vida y algunas "islas" de organización y orden que emergen de las estructuras disipativas, pero no habría de constituirse en el fundamento de la sustentabilidad de la vida, y menos aún del proceso económico, que continuaría su ineluctable trayectoria hacia la muerte entrópica del planeta.

Esta "paradoja" plantea la necesidad de definir el sistema bajo consideración –desde un ecosistema natural bajo conservación o manejo hasta la biosfera–, el cual no sólo funciona como un conjunto de organismos vivos, sino como un sistema que, gracias a su ordenamiento ecológico, mantiene una productividad sustentable y sostenida de materia vegetal a partir de la fotosíntesis. La estructura del ecosistema ordena procesos ecológicos: la circulación y reciclaje de materia y energía, los procesos de sucesión ecológica y de evolución biológica. Ello lleva a indagar en qué sentido (y en qué escalas de magnitud) el funcionamiento del ecosistema y la sucesión ecológica que maximizan la captación de energía solar y de productividad natural –es decir la producción *neguentrópica* de biomasa–, podrían maximizar la producción

por "la dificultad de definir fronteras claras en el espacio y en el tiempo para los componentes que interactúan en un sistema jerárquico de múltiples niveles" (Gianpietro, 1993: 207-208).

[12] En este sentido Günther afirma que "el proceso ordenador de este sistema autopoiético está asociado con la sucesión de los ecosistemas hacia la maximización de su capacidad para captar energía solar y producir entropía" (en este caso: calor térmico que se exporta del sistema). Esto podría ser el reflejo de un cambio hacia la máxima producción de entropía del sistema, ya que "el sistema (vivo) aumenta en organización y en consecuencia decrece su entropía interna al incrementarse los mecanismos de reciclaje y retroalimentación que evolucionan conforme el sistema se aleja del equilibrio. En consecuencia, esperaríamos que la producción máxima de entropía incrementase la complejidad del sistema" (Günther, 1993: 268, 265).

de entropía que expulsa el sistema fuera de sus fronteras y por la definición de sus entornos. La aplicación del concepto de entropía a los sistemas ecológicos abre una serie de preguntas. ¿Cómo delimitar espacialmente la frontera y el espacio externo hacia el cual todo ecosistema complejo expulsa su entropía para mantener su proceso de autoorganización, estabilidad y productividad? ¿Cómo puede medirse la producción de máxima entropía de los procesos de fotosíntesis y productividad ecológica de los ecosistemas? ¿Tiene necesariamente el metabolismo y la evolución de los organismos vivos un efecto desestructurante del ambiente circundante que da soporte a la vida, y cómo establecer las fronteras de su entorno? ¿Cuál sería el sentido de esta maximización de entropía generada por los mecanismos autoorganizadores de los ecosistemas en estado clímax de equilibrio o de sucesión ecológica? ¿Qué relación guarda la productividad ecológica (neguentrópica) de los ecosistemas con la producción de entropía?

La respuesta a estas preguntas habría de llevar a discriminar entre la entropía que genera el proceso fotosintético (el calor producido por la reacción química de la fotosíntesis), la que produce el metabolismo de cada organismo viviente, y la disipación de energías conjugadas del ecosistema como macroorganismo por los intercambios energéticos de los diferentes niveles tróficos del ecosistema y, a una escala mayor, de la biosfera. Asimismo será necesario establecer claramente el sistema y el entorno hacia los cuales cada uno de estos niveles y formas de degradación de la energía disipan su entropía: al ecosistema, a la biosfera, a la atmósfera, o finalmente al universo, donde efectivamente la entropía habrá de seguir aumentando, con o sin vida en la Tierra. Habrá que dilucidar las relaciones existentes y los balances posibles entre ordenamiento neguentrópico y degradación entrópica a partir de la función ordenadora del ecosistema y de la productividad natural que genera la fotosíntesis y la transformación en la energía de baja entropía de las plantas.

Dentro de la concepción de la bioeconomía fundada en el principio de máximo poder, el problema de la sustentabilidad, el ordenamiento ecológico y la productividad neguentrópica de los ecosistemas complejos, el valor conservacionista de las reservas de biodiversidad y los bosques adopta un sentido relativo y un valor temporal limitado, en tanto que serían contrarrestados y rebasados por la degradación entrópica generada por los procesos metabólicos, económicos y tecnológicos de la biosfera. En este sentido, y dentro del debate de la geopolítica de la sustentabilidad, y de los efectos de la creciente degradación entrópica del planeta –que se traduce en la creciente producción de gases de efecto invernadero y en el calentamiento global del planeta–, no tendría sentido conservar los bosques tropicales y reservas de biodiversidad como colectores de radiación solar y de bióxido de carbono, ya que los procesos neguentrópicos que llevan a la organización de estos ecosistemas complejos incrementarían como resultante la producción de entropía. Quedaría cuestionada la posibilidad de reverdecer el planeta.

Lo que está en juego es la pertinencia de pensar e impulsar la transición hacia una economía basada en fuentes renovables de energía (fundamentalmente de la radiación solar), lo que conlleva el incremento de la capacidad de absorber los excedentes de emisiones de carbono, transitando de esta manera, más que a una economía de estado estacionario (Daly, 1991), a una economía basada en un balance entre la productividad neguentrópica de biomasa y la producción entrópica de los procesos de transformación tecnológica y del metabolismo de los seres vivos. Entre el razonamiento teórico para fundar una bioeconomía y las razones que orientan las políticas del desarrollo sostenible, existe una contradicción que expresa la confrontación entre dos estrategias opuestas. Así, la geopolítica del desarrollo sostenible sugiere limitar la capacidad de acumulación de carbono en las plantas por el riesgo eventual de que las propias políticas económicas generen condiciones para que ese carbono se revierta sobre la atmósfera, entre otras causas, por incendios forestales naturales o inducidos. De esta manera, la vida en sí del planeta, y la organización de sus ecosistemas complejos que la hacen posible, aparecen como las causas "naturales" de la producción máxima de entropía, lo que acaba siendo un razonamiento ilógico, una contradicción conceptual y un hecho no validado empírica y experimentalmente en el nivel del comportamiento entrópico de los sistemas vivos.

James Kay aplicó los principios de la termodinámica de procesos disipativos al estudio de ecosistemas, adoptando un análisis de los procesos ecológicos como sistemas autoorganizativos, holárquicos y abiertos *(self-organizing holarchic open systems)*. Desde la perspectiva de una ciencia "posnormal", postula un concepto de integridad ecológica[13] que asume la incertidumbre y se funda en la teoría de las catás-

---

[13] "El concepto de integridad ecológica implica "dejar de administrar a los ecosistemas para alcanzar un estado fijo, ya sea un bosque clímax ideal y prístino o un campo de maíz. Los ecosistemas no son cosas estáticas, sino entidades dinámicas constitui-

trofes, del caos determinista y la termodinámica de procesos disipativos alejados del equilibrio (Kay *et al*, 1999). Adoptando y adaptando las propuestas de Schrödinger, Margalef y Prigogine, los autores mantienen que un sistema neguentrópico se organiza absorbiendo exergía (energía de alta calidad) de su entorno (energía solar y otros potenciales de energía útil) y mantiene su estructura organizada disipando esa exergía, evitando así la tendencia hacia el equilibrio termodinámico. En este sentido, y siguiendo el principio de Lotka, apuntan que "los procesos autoorganizativos disipativos emergen siempre que hay suficiente exergía disponible para darles soporte. Los procesos disipativos reestructuran las materias primas disponibles de manera que disipan la exergía."[14]

Sin embargo queda sin resolver la pregunta fundamental: ¿cuanta exergía se disipa en relación con la exergía acumulada como organización neguentrópica? ¿En qué forma se disipa la exergía dentro del mismo sistema y en el entorno, generando entropía (calor) que se difunde hacia ecosistemas contiguos y que se refleja hacia la atmósfera? ¿Que significa concretamente este principio en términos de la sustentabilidad del planeta y de la sustentabilidad local? ¿Con qué base empírica se afirma que la entropía global aumenta y cuál es la resultante final en términos de una degradación global de la energía como "costo" de las "islas de neguentropía" (de biodiversidad, de complejidad ecosistémica, de productividad ecológica) que generan los procesos neguentrópicos?

Para estos autores la dinámica de los ecosistemas sigue dos momentos alternados y complementarios: en un primer momento el ecosistema absorbe exergía hasta llevarlo a un umbral en el que emergen los procesos disipativos:

das por procesos autoorganizativos. Los objetivos de manejo que implican mantener algún estado fijo en un ecosistema o la maximización de alguna función (biomasa, productividad, número de especies) o minimizar alguna otra función (irrupción de plagas) siempre llevarán al desastre en algún punto, no importa qué tan bien intencionadas sean. Debemos reconocer que los ecosistemas representan un equilibrio, un punto óptimo de operación que está en continuo cambio para adaptarse a un ambiente cambiante" (Kay y Schneider, 1994: 8).

[14] En otra parte, Kay reitera que "los sistemas en no equilibrio, a través de su intercambio de materia y/o energía con el mundo externo, pueden mantenerse por un periodo de tiempo alejados del equilibrio termodinámico en estados estacionarios estables producidos localmente. Esto lo hacen al costo de incrementar la entropía del sistema 'global' más amplio en el cual se asientan; en consecuencia, siguiendo la segunda ley, la entropía global, en el sentido global, debe incrementarse" (Kay, 2000: 4).

La primera trayectoria es la rama termodinámica que va de la "explotación" a la "conservación" que culmina en la comunidad "clímax". El atractor biológico es el sistema autotrófico (v.g. un bosque). El canon se expresa, por ejemplo, como el crecimiento del bosque hasta alcanzar su madurez y es energizado por la energía solar. Sin embargo, en el proceso de incrementar la utilización de la energía solar, y en consecuencia de construir más estructura, mucha exergía se acumula en la biomasa. Esto tiene el efecto de alejarse más y más del equilibrio conforme se desarrolla. Cuando [...] el accidente inevitable (fuego, tormenta de viento, irrupción de plagas) sucede, de repente mucha exergía queda disponible en forma de biomasa muerta. Esta exergía energiza un nuevo atractor biológico, el sistema heterotrófico o de descomposición. Ésta es la rama termodinámica que corre de la "descarga" a la "reorganización". Conforme el sistema progresa en este camino, desprende los nutrientes guardados en tanto que utiliza la exergía acumulada. Eventualmente la exergía guardada se agota y el sistema heterotrófico se colapsa. Sin embargo en el proceso ha desprendido los nutrientes necesarios para que reemerja el sistema alimentado por la energía solar (Kay *et al.*, 1999: 14).

En este análisis, el fuego o las plagas irrumpen en la dinámica del ecosistema aprovechando la exergía acumulada en la biomasa. Surge de allí la paradoja de que cuanto más efectivo es el proceso de organización neguentrópica, cuanto más eficaz es el sistema en insumir exergía, más probable es que sea consumido por otro proceso autoorganizativo (fuego, irrupción de plagas, etc.). Por otra parte, esta narrativa "científica" que pretende trascender el determinismo de la ciencia "normal" queda atrapada en el esquematismo y la linealidad de su argumentación: hay un tiempo de acumulación y otro de disipación. La "holisticidad" del análisis sistémico no se desprende de una visión parcializada de los procesos complejos. Aplicada esta perspectiva al manejo conservacionista de los bosques y la biodiversidad, este "modelo" se presenta como un proceso en el que la conservación lleva a un punto en el cual el sistema utiliza la exergía disponible tan completamente como es posible, pero eso la lleva al punto de mayor riesgo, pues es el punto más alejado del equilibrio.

Este análisis estaría así dando bases a la argumentación dentro de las negociaciones del "mecanismo de desarrollo limpio" contra el uso de los bosques tropicales como secuestradores de carbono, como una medida para abatir los niveles del calentamiento global.[15] En el con-

---

[15] La desforestación y el cambio de uso del suelo aparecen como una causa creciente del calentamiento global junto con las emisiones provenientes de combustibles

texto de las políticas para un desarrollo sostenible, el incremento en la capacidad de captura del carbono –causante del calentamiento global– mediante una intervención que favoreciera la organización neguentrópica de producción de biomasa (reforestación, manejo y aprovechamiento de los bosques), generaría a futuro mayores niveles de emisiones, ya que el carbono acumulado en las plantas y bosques sería eventualmente devuelto a la atmósfera. Las argumentaciones sobre la conservación de los bosques cambian de signo cuando se los constriñe a una función temporal de mitigación, y cuando las perspectivas son abiertas por la propuesta de una nueva racionalidad productiva que favorece la reforestación del planeta y la magnificación de la productividad fotosintética y ecológica como base de una nueva economía neguentrópica.

Esta polémica debe llevarnos a analizar más de cerca el sentido teórico y práctico de los procesos entrópicos y neguentrópicos en la construcción de la sustentabilidad. Por ahora no parecen existir bases científicas sólidamente fundadas para afirmar que la productividad neguentrópica proveniente de la fotosíntesis y el ordenamiento ecológico –que se incrementa con la mayor complejidad y diversidad del ecosistema–, maximice a su vez la producción de entropía como resultado de los procesos metabólicos de cada organismo y de los intercambios de materia y energía dentro del ecosistema natural o bajo manejo. El sentido –entrópico-neguentrópico– de estos procesos dependerá de la estructura de cada ecosistema natural, así como de las estrategias de conservación, manejo y transformación de sus recursos bióticos y abióticos. El valor heurístico del concepto de entropía, aun sin poder aportar valores y medidas conmensurables de orden, complejidad y equilibrio ecológico, abre la posibilidad de abor-

---

fósiles: "Las emisiones de carbono por el cambio de uso de tierras tropicales indican una contribución sustancial al calentamiento global. Para los países tropicales a escala mundial en el periodo 1981-1990, las emisiones netas del desmonte de vegetación natural y bosques secundarios (incluyendo tanto los flujos de biomasa como de suelos) fueron de 2.0×10^9 toneladas de carbono (t C), correspondientes a $2.0\text{-}2.4 \times 10^9$ del equivalente de C en CO_2 considerando los potenciales de calentamiento global adoptados dentro del Protocolo de Kioto. Sumando a ello las emisiones de 0.4×10^9 t C por cambios de categorías en el uso del suelo, aparte de la desforestación, se llega a un total para el cambio del uso de la tierra (sin considerar la captación de bosques intactos, quemas recurrentes de sabanas o fuegos en bosques intactos) de 2.4×10^9 t C, equivalente a $2.4\text{-}2.9 \times 10^9$ toneladas de carbón equivalente del CO_2. Si uno considera las emisiones anuales promedio de combustibles fósiles de 6.0×10^9 t C en el periodo 1981-1990 [...] los 2.4×10^9 t C de las emisiones provenientes del cambio del uso de la tierra representan el 29% del total combinado" (Fearnside, 2001: 171).

dar la relación entre la productividad neguentrópica y los procesos de degradación entrópica del metabolismo de los sistemas vivos y del proceso económico-tecnológico de transformación de la materia.

Grinevald (1993), siguiendo a Vernadsky, padre de le geoquímica, ha observado que los organismos vivos llevan a cabo funciones auto-organizativas y productivas a través de complejas interrelaciones establecidas por comunidades biológicas con el ambiente biogeoquímico. A través de ciclos de materia y energía y de las retroalimentaciones que movilizan los procesos de evolución biológica y sucesión ecológica, las pérdidas de energía disponible son reemplazadas constantemente por la energía solar. Sólo cuando estos complejos mecanismos se alteran por la intervención del hombre, como en los sistemas agrícolas intensivos en insumos energéticos de origen fósil, la entropía crece por la disminución de los "mecanismos" ecológicos encargados de mantener la productividad natural. De la misma manera, la desforestación disminuye la capacidad de dilución de la biosfera del exceso de bióxido de carbono generado por la industria. Grinevald ha señalado así que

Vernadsky adoptó la idea, compartida con Bergson, Auerbach y muchos otros pensadores anteriores a Schrödinger, de que la vida es un proceso que revierte el incremento de la entropía, y no, como enfatizara Georgescu-Roegen, que acelera el incremento del flujo de entropía. El caso es una cuestión sobre la diferencia entre sistemas cerrados y abiertos, de sistemas totales y sistemas delimitados. Las estructuras vivas son sistemas abiertos y disipativos delimitados, siempre acoplados a un sistema global, el ambiente. Contrariamente a la visión de que la vida es un orden opuesto a la degradación de la energía y el incremento de la entropía, o que al menos la retarda, la conclusión de Georgescu-Roegen es que la actividad de la vida *acelera* de hecho el flujo de energía que conecta al organismo vivo y al ambiente total (Grinevald, 1993: 247).

Como señala Grinevald, "la vida es también una potencia natural específica, con una actividad propositiva ordenadora como un demonio de Maxwell". La actividad "ordenadora" de la organización ecológica es el soporte de una capacidad de productividad neguentrópica, cuya función es mantener un equilibrio ecológico del planeta, absorbiendo el exceso de bióxido de carbono y gases de efecto invernadero generados por el proceso económico. O'Connor a su vez argumenta contra la idea generalizada en el sentido de que los sistemas disipativos incrementan la entropía global del sistema para mantener su orden, contribuyendo así al calentamiento global por la dispersión de energía degradada en forma de calor.[16]

En este sentido, la disipación y la degradación de energía en un ecosistema complejo y altamente productivo aparecen como potenciales de transformación, reorganización y productividad, que operan tanto en la productividad natural de los ecosistemas como en el balance de entropía-neguentropía y de la sustentabilidad global del planeta. Aquí se complementan la emergencia de estructuras diferenciadas, la reorganización de energía libre, la degradación de la energía útil y la disipación de la entropía. Si efectivamente los ecosistemas más complejos y productivos degradan más energía en forma de calor, habría aun que preguntarse: ¿hacia dónde se disipa ese calor?; ¿cómo circula en el ecosistema y contribuye a la productividad neguentrópica de la biosfera?; ¿cómo se diferencia del calor proveniente de la contaminación industrial? Pues existen diferentes calidades de calor –diferentes *exergías*–, y diferentes vías de disipación. El ecosistema más complejo podría degradar más materia y energía, pero ésa se recicla en el ecosistema como nutrientes y como energías utilizables, al tiempo que el calor evapora el agua que en forma de lluvia contribuye a la productividad del ecosistema. De manera que la degradación de la energía no es un proceso irreversible lineal, ni el calor producido se manifiesta directamente en el calentamiento global del planeta.[17]

El concepto de entropía se muestra así sintónico con su referente, los procesos termodinámicos. No es un concepto unívoco que integre los diferentes procesos y vías en los que la materia y la energía se organizan y disipan. La entropía refleja la crisis de identidad entre el concepto y lo real en la teoría de la representación, no por la falta de correspondencia y de sentido para aprehender los procesos naturales, sino por la falta de determinación de los procesos naturales y sociales a los que se refiere y la variedad de niveles de organización que no se reducen a una ley natural y a un sentido unívoco del concepto. Más allá de los usos teóricos y metafóricos del concepto de

---

[16] "La dispersión de 'calor degradado' de un sistema hacia su ambiente, junto con la dispersión de materiales, frecuentemente es considerada como el epítome de la degradación irreversible de estructuras de energía potencial 'útiles' (Georgescu-Roegen, 1971) [...] Pero esta 'disipación' no debe verse como una degradación sino como una faceta de una reestructuración organizacional" (O'Connor, 1991: 105).

[17] Omar Masera (comunicación personal).

entropía para comprender el caos, el desorden, la desorganización, la ineficacia, la pérdida de energía útil y la irreversibilidad del tiempo en sus aplicaciones a procesos alejados del equilibrio epistemológico de las ciencias naturales (la entropía en la comunicación, en la organización burocrática y empresarial), más allá de su carácter heurístico, su sentido se decanta en los diferentes procesos y realidades que conforman el campo de la sustentabilidad; no sólo en la incertidumbre, probabilidad e irreversibilidad de los procesos, sino como ley límite de la naturaleza frente a la ley del mercado y la racionalidad económica, que se manifiesta en la degradación de la energía y el calentamiento global del planeta.

La ley de la entropía como ley límite de la naturaleza atrae al orden simbólico hacia el mundo terrenal. No devuelve la naturaleza a un orden ontológico que pudiera ofrecer seguridad y completitud al ser desamparado por la dislocación el orden simbólico, sino una naturaleza complejizada, marcada por el caos y la incertidumbre. Sin retorno a la naturaleza determinista, a una naturaleza capaz de contener y darle sentido al ser, la entropía establece la conexión con lo real, vínculo sin el cual el orden simbólico se desborda hacia una órbita delirante. Más allá de la polisemia del concepto de entropía y de las diferentes acepciones teoréticas de la segunda ley de la termodinámica (Carnot, Claussius, Boltzmann, Prigogine), hay un real que se expresa como ley límite irrevocable, a la que debe constreñirse la racionalidad económica antes de desbocarse en la perdición de su goce por la vía de las estrategias de poder del mercado. La renuncia a tal goce abre la vía a la construcción de otras relaciones sociales y ecológicas de producción fundadas en los potenciales de lo real (productividad neguentrópica) y nuevas formas de significación de la naturaleza.

Más allá del propósito de modelar los procesos termodinámicos, la economía ecológica propone una intervención racional para reorientar sus dinámicas. Si bien el reconocimiento de las estructuras disipativas implica renunciar a la certidumbre y el control de los procesos que intervienen en la gestión de la sustentabilidad, tampoco se reduce a una observación desinteresada de los eventos económico-ecológicos. Los conceptos de entropía y de neguentropía ofrecen una comprensión heurística sobre los procesos de ordenamiento y productividad ecológica en relación con los procesos de degradación entrópica generados por la racionalidad económica en sus formas de intervención sobre la naturaleza; sirven para saber que el consumo productivo de naturaleza induce un proceso irreversible de producción de entropía en el sentido de degradación de energía útil, y finalmente de producción de calor, como forma degradada de la energía, así como el hecho de que este proceso sólo se puede compensar por la productividad neguentrópica de biomasa, contribuyendo así al equilibrio ecológico que asegure condiciones de sustentabilidad a la vida y a la economía. [18]

El problema de la sustentabilidad no se agota en una comprensión de la complejidad en términos de fluctuaciones, irreversibilidad, estructuraciones, orden y posibilidad (Prigogine). El problema no sólo estriba en la imposibilidad de dar una medida termodinámica conmensurable y exacta de estos procesos. El problema teórico y práctico de la construcción de un paradigma neguentrópico de producción no se plantea en términos del acoplamiento de los procesos autoorganizativos y disipativos a la coevolución de sistemas ecológicos y económicos, sino de las estrategias teóricas y políticas para la construcción social de una racionalidad ambiental que reduzca la entropía generada por los procesos económico-tecnológicos dominantes y movilice la reconstrucción ecológico-económico-cultural del sistema productivo hacia un futuro sustentable. Se trata pues de la construcción de un paradigma productivo que integre el orden ecológico (la productividad neguentrópica y el potencial ecológico) con el orden simbólico (la significación cultural, la creatividad humana).

[18] O'Connor ha señalado que "la interrelación entre diferentes niveles de estructura, entre constreñimientos al nivel macro y actividades a nivel micro, conduce hacia una fenomenología compleja de estabilidad y cambio en diferentes escalas espaciales y temporales". En este sentido señala que "la multiplicidad de escalas relevantes en términos de estructura y cambio, cada una de las cuales requiere sus propias modalidades de análisis, es la razón por la cual las medidas y conceptos de organización unidimensionales resultan tan faltos de utilidad [así como el hecho de que] el concepto de entropía en sí no puede servir de mucho como una variable explicativa de tendencias organizacionales cuando prevalecen condiciones alejadas del equilibrio [pues] aun aceptando que la producción de entropía está asociada ineluctablemente con todo cambio y actividad de desarrollo, no es obvio que el curso particular de los eventos, históricos y otros, pueda explicarse en forma deductiva de los principios de la termodinámica" (O'Connor, 1991: 108, 111, 113). Sin embargo, esta idea se mantiene en un nivel de abstracción y relatividad al sugerir que "todo tipo de diferentes modelos y conceptos –multifacéticos y más o menos situados y específicos– son necesarios y pertinentes para el análisis de sistemas socioeconómicos y ecológicos", sin especificar las relaciones entre economía y ecología, producción entrópica y neguentrópica.

LA FUENTE DE NEGUENTROPÍA: FOTOSÍNTESIS Y PRODUCTIVIDAD PRIMARIA
DE RECURSOS BIOLÓGICOS

La fotosíntesis es el proceso neguentrópico más significativo para la
construcción de una bioeconomía como un paradigma positivo fundado en el potencial productivo de la naturaleza. Si bien es cierto
que la fotosíntesis del planeta Tierra no revierte la entropía global
del universo, es determinante en la dinámica ecológica de la biosfera, incluyendo el proceso económico. El proceso fotosintético y la organización de la vida en la biosfera, que extraen "entropía negativa"
–en el sentido de Schrödinger–, implican diferentes escalas físicas y
temporales en relación con los procesos metabólicos y la disipación
de la entropía en su organización ecológica. La producción de entropía de cualquier organismo viviente en la tierra –la muerte entrópica de cada individuo–, así como la muerte entrópica del universo,
corresponden a procesos diferenciados en escala, tiempo y significado en relación con la formación neguentrópica de biomasa a través
de la fotosíntesis.

El proceso económico está inserto dentro de un sistema ecológico planetario y cósmico que es un sistema abierto en el cual la materia vegetal se crea extrayendo entropía negativa del sol. Las descargas de entropía de este proceso de autoorganización no alteran
el tiempo en que el sol se extinguirá. Cualquier cosa que ocurra al
hombre y al planeta Tierra no afectará el proceso de expansión del
universo, ni incrementará su entropía cósmica en niveles significativos. Por otra parte, la manera como la fotosíntesis expulsa entropía hacia su entorno más próximo (hacia la biosfera, la atmósfera y
la estratosfera), depende del orden ecosistémico global del planeta, de la dinámica poblacional y del proceso económico de los que
se desprenden los procesos metabólicos, de producción, transformación y consumo que generan la producción de entropía en el
planeta.

La construcción de un paradigma ecotecnológico de producción,
basado en un balance entrópico-neguentrópico del proceso económico, requiere así diferenciar los distintos procesos (niveles y escalas) donde opera la transformación de la materia y la energía en la
naturaleza y la producción, en los procesos ecológicos, tecnológicos
y económicos. Las leyes de la entropía en sistemas cerrados y cercanos al equilibrio no se aplican a sistemas abiertos disipativos alejados
del equilibrio, como es el caso de los organismos vivos, la innovación

científica o la organización cultural. Debemos pues distinguir entre el proceso neguentrópico por el cual se forma la materia vegetal de otros procesos de autoorganización biológica y ecológica –la evolución biológica, la sucesión ecológica, el metabolismo de los organismos vivos–, y diferenciarlos de los procesos técnicos industriales que degradan la energía útil disponible y generan alta entropía en forma de calor, contaminación y desechos. En los sistemas ecológicos un mayor orden, complejidad y estabilidad se asocia con la productividad ecológica, mientras que los sistemas tecnológicos aparecen como productores de entropía a pesar de sus posibles retroalimentaciones cibernéticas y el reciclaje de materiales y energía. Si los sistemas tecnológicos tienden a maximizar la degradación entrópica, los sistemas ecológicos funcionan como orden productivo neguentrópico.

Georgescu-Roegen no llevó su crítica de la economía fundada en la entropía hacia la construcción de una verdadera bioeconomía, ya que en su opinión, si bien la vida se caracteriza por ser un proceso neguentrópico, no puede evitar la degradación del sistema en su totalidad, incluyendo al ambiente. La ley de la entropía aparece así como una pulsión de muerte intrínseca a la vida y a la actividad económica. Empero, la racionalidad ambiental rompe con ese fatalismo teórico para fundar una economía en la productividad ecológica y en la creatividad humana, como un potencial capaz de generar una producción sustentable a través del incremento de la productividad neguentrópica derivada de la fotosíntesis, de los procesos biológicos y de la organización ecológica. Para ello, no debe confundirse la entropía del universo, siempre en aumento, y la validez de las leyes de la entropía en sistemas cerrados cercanos al equilibrio, con los flujos de materia y energía en los ecosistemas y su productividad natural derivada de su carácter de sistemas abiertos, alejados del equilibrio, con la degradación entrópica generada por los procesos económicos y tecnológicos con los que se interrelacionan en un paradigma de producción sustentable.

La construcción de un paradigma de productividad neguentrópica implica la necesidad de definir las diferentes escalas y los diferentes procesos involucrados, así como las fronteras de lo que se considera el ambiente para el sistema bioeconómico. La cuestión fundamental en la perspectiva de alcanzar un estado de sustentabilidad de la vida y de la producción en el planeta Tierra está en el balance entre la formación neguentrópica de la biomasa y la degradación de la masa y energía en los procesos metabólicos de los seres vivos, las cadenas tróficas de los ecosistemas y la transformación tecnológica en los procesos de producción. La ingeniería ecológica puede reducir en términos relativos la inevitable degradación entrópica de los procesos tecnológicos, es decir, contribuir a desmaterializar la producción para contrarrestar la cuarta ley de la termodinámica propuesta por Georgescu-Roegen, pero jamás podrá lograr reciclar por completo los desechos ni evitar el irreversible camino hacia la muerte de un organismo específico. Sin embargo, los sistemas vivos y los ecosistemas extraen de la energía radiante del sol la "entropía negativa" que requieren para sus procesos de autoorganización y para crear materia viva a través de la fotosíntesis.

Para analizar las posibilidades de poner en práctica este nuevo enfoque bioeconómico, basado en el concepto de la productividad ecotecnológica y en los principios de una racionalidad ambiental, es importante evaluar el balance actual entre la producción neguentrópica de biomasa y la degradación entrópica generada por el proceso económico, y hacer un análisis prospectivo sobre los cambios necesarios en el conocimiento, las instituciones y las prácticas productivas, para orientar la transición hacia una economía coevolutiva (Norgaard, 1984, 1994), de manera que la productividad neguentrópica de los recursos naturales pueda estabilizar la degradación entrópica de los procesos de transformación económicos y tecnológicos. Para ello es necesario evaluar la capacidad actual de formación de biomasa en la biosfera, así como diseñar políticas y estrategias orientadas hacia la productividad sustentable de los recursos naturales, incrementando la productividad de biomasa a través de procesos de alta eficiencia fotosintética y de nuevas tecnologías ecológicas capaces de reducir la degradación entrópica de los procesos productivos.

En este sentido se plantea la construcción de un paradigma de productividad ecotecnológica que concibe el desarrollo sustentable como un balance entrópico-neguentrópico en los procesos tecnológicos y ecológicos, relacionando los flujos de materia y energía con la productividad sostenible de bienes y servicios. En el nivel ecológico de producción, el reordenamiento de los ecosistemas maximizará la formación neguentrópica de biomasa, pero no evadirá la degradación entrópica en el manejo de los recursos. En el nivel tecnológico, las innovaciones deben orientarse a reducir la degradación de la energía utilizable. Más aún, la biotecnología puede incrementar la eficiencia de los procesos fotosintéticos y de sucesión ecológica para maximizar la productividad ecológica y los procesos de absorción de gases de efecto invernadero.[19]

La *realización* de este paradigma ecotecnológico se concreta a través de valores y prácticas culturales. La cultura media a las prácticas del desarrollo sustentable desde el momento en que éstas son concebidas como procesos de gestión participativa y apropiación colectiva de la naturaleza. Es imposible evaluar en términos de entropía las acciones creativas, organizativas y productivas de toda organización cultural y sus efectos en el balance entópico-neguentrópico y en la sustentabilidad global del planeta. Sin embargo, el sentido que aportan las estructuras disipativas al campo social sirve para cuestionar toda una tradición en el campo de la antropología ecológica y cultural, que desde White y Steward ven la evolución cultural como la constitución de estructuras jerárquicas de poder que van ganando complejidad asociadas con un inexorable incremento en la degradación de las fuentes energéticas que le sirven de soporte (Adams, 1975).

La teoría económica ha legitimado una racionalidad productiva que destruye las condiciones de sustentabilidad del proceso económico, desestructurando y degradando los procesos de autoorganización de los sistemas vivientes que dan soporte al equilibrio ecológico del planeta Tierra. Esta racionalidad económica no puede subsumirse dentro de un orden ecológico más amplio, que a su vez sea capaz de incorporar la especificidad de la organización sociocultural –procesos simbólicos, intereses sociales, estructuras institucionales–, que determinan en última instancia los procesos de significación, valorización y apropiación de la naturaleza, y las condiciones sociales para el uso sustentable y equitativo de los recursos naturales.

Para dar bases teóricas y operativas a este nuevo paradigma productivo es necesario construir el concepto de *productividad ecotecnológica* desde los sentidos del concepto de entropía en el campo de la bioe-

---

[19] Przybylsky Tadeusz (1993) ha enfatizado el valor de la entropía en relación con el balance ecológico de los gases atmosféricos del planeta (oxígeno y dióxido de carbono). La desforestación disminuye la producción de biomasa y como resultado de ello reduce la tasa de asimilación de bióxido de carbono en la atmósfera. De esta manera el concepto de entropía se relaciona con el equilibrio ecológico. La reducción de la biomasa incrementa la entropía al degradar el ordenamiento ecológico y la productividad neguentrópica del proceso fotosintético. La destrucción de los ecosistemas forestales, la erosión de las tierras fértiles y la desertificación favorecen la acumulación de gases de efecto invernadero y el calentamiento global del planeta.

conomía y de las estructuras disipativas.[20] Para ello es necesario construir un *concepto heurístico de entropía*, destacando tanto los *potenciales* de una producción neguentrópica fundada en la organización ecológica de la biosfera, como los *límites* que plantea la ineluctable degradación entrópica generada por los procesos metabólicos y tecnológicos. Ello conduciría a fundar un nuevo *paradigma de producción* que incorpora tanto las condiciones entrópicas de todo proceso de transformación de masa y energía como el proceso neguentrópico de formación de biomasa a partir de los procesos fotosintéticos de la biosfera, para basar en ellos una producción sustentable de valores de uso para satisfacer necesidades humanas culturalmente diferenciadas. Este hecho ha sido soslayado tanto por la ecología –más preocupada en la productividad primaria de los ecosistemas, la conservación de la biodiversidad, los procesos de desforestación, la emisión y dilución de los gases de efecto invernadero–, como por la bioeconomía –preocupada por la degradación entrópica del proceso económico–, y la economía ecológica, interesada en asignar precios a las funciones de sumidero de los bosques.

La construcción de sociedades sustentables implica la necesidad de construir un paradigma de productividad ecotecnológica –incluyendo su expresión en las teorías y prácticas de la agroecología y la agroforestería–, capaz de transformar la racionalidad económica dominante a través de la activación de nuevos principios productivos fundados en la productividad ecológica sustentable del planeta. Más allá de los mecanismos compensatorios propuestos por el Protocolo de Kioto, esta nueva racionalidad productiva sería capaz de contrarrestar, a partir del potencial fotosintético del planeta y de la productividad neguentrópica de biomasa, los excedentes de producción de gases de efecto invernadero generados por el proceso económico que, guiado por su inercia de crecimiento y por su incapacidad de

---

[20] En escritos anteriores propuse el concepto de *productividad ecotecnológica* como la articulación de dos niveles de productividad: la productividad primaria de los ecosistemas –la producción de biomasa proveniente de la fotosíntesis– y la productividad tecnológica que transforma los recursos naturales en valores de uso naturales y en mercancías para el consumo humano (Leff, 1975). Este paradigma productivo fue planteado como una "racionalidad productiva alternativa" que daría soporte a una "sociedad neguentrópica" (Leff, 1984). En esta estrategia conceptual la producción sustentable es concebida como un potencial sinérgico que emerge, sincrónicamente, de la articulación de un sistema complejo de recursos naturales, procesos tecnológicos y valores culturales, y diacrónicamente de la coevolución de los procesos de sucesión ecológica, innovación tecnológica, organización cultural y cambio social (Leff, 1986a, 1994a).

subsumirse en las condiciones de equilibrio ecológico, acelera la marcha hacia la muerte entrópica del planeta. Esto lleva a la necesidad de evaluar el potencial actual para sustentar a una población humana que muy posiblemente llegará a 12 mil millones durante este siglo, sin acelerar las tendencias hacia el agotamiento de los recursos no renovables, el incremento de la contaminación de los servicios ambientales, y la emisión de gases de efecto invernadero con sus efectos en el calentamiento global del planeta.

El potencial productivo proveniente de la formación de biomasa se ha considerado insuficiente para responder a las necesidades de la población humana actual.[21] Empero, la producción de biomasa en la biosfera se ha estimado en el orden de 2.4×10^{12} toneladas métricas, con una tasa de formación anual de 1.7×10^{11}, equivalente a 10^{19} kilocalorías (Rodin *et al.*, 1975),[22] en tanto que el gasto energético de

---

[21] "La energía solar ha estado aquí desde la emergencia de las plantas clorofílicas. La hemos estado usando por milenios [...] pero no en la medida que pudiera sostener un desarrollo de los sectores vitales de la vida exosomática a la que estamos acostumbrados" (Georgescu-Roegen, 1993a:14).

[22] Éstos son estimados teóricos, ya que la equivalencia entre el peso de la biomasa y su valor calorífico depende del estado de oxidación de las moléculas de carbón que se producen, las cuales varían entre 3-10 Kcal/g. La producción primaria neta total de la biosfera, la comunidad de todos los organismos de la superficie de la Tierra, es de alrededor de 170×10^9 toneladas de materia orgánica seca al año. Las comunidades terrestres son en promedio más productivas que las marinas, y más o menos dos terceras partes de la productividad global ocurre en la Tierra. Debido a la acumulación de biomasa en forma de madera en la tierra, la disparidad de la biomasa es aún más grande; la biomasa en la tierra es de alrededor de $1\,800 \times 10^9$ toneladas, más de mil veces la biomasa en forma de plantas y de plancton marino. La eficiencia global de la producción primaria es de alrededor de 0.27% para la producción primaria neta y 0.6% para la producción primaria bruta en relación con la energía del sol en la región visible en la superficie de la Tierra. El hombre cosecha alrededor de $1\,200 \times 10^6$ toneladas anuales de alimento vegetal y alrededor de 90×10^6 de alimento animal de la biosfera. Estas cosechas y las descargas de energía provenientes de la industria son aún pequeñas comparadas con la biosfera como un todo, pero las presiones del hombre en la biosfera se están incrementando de manera exponencial (Whittaker, 1975). Otros autores estiman que la producción fotosintética total por año es de alrededor de 220 mil millones de toneladas de materia seca (Hall y Rosillo-Calle,1999: 101-102, 109, 118). Ésta contrasta con "una extracción energética anual de cerca de 3 500 millones de petróleo, 2,000 millones tep (toneladas equivalentes de petróleo) de gas natural, y 2 400 millones tep de carbón, es decir, 8 000 millones tep escasas de recursos fósiles, destinadas a cubrir la demanda de corriente eléctrica, carburantes, energía de calefacción, y materias base de la industria química [...] Para una producción media de unas 15 toneladas de materia seca por hectárea sería necesaria una superficie de cultivo o de arbolado inferior a 12 millones de km^2 para suplantar el petróleo, el gas natural y el carbón como energías fósiles que cubren las necesidades energéticas del

la economía mundial se calcula en el orden de $8.1x10^{16}$ kilocalorías (WRI, 1990). Sin embargo, la productividad primaria ha estado declinando a ritmos crecientes en las últimas décadas debido a los procesos de desforestación y erosión de los suelos. Al mismo tiempo, el incremento en la extracción y consumo de fuentes no biológicas de energía (petróleo, gas, carbón, energía hidráulica) aumenta la entropía de la biosfera. Ambos procesos alteran las estructuras y los procesos auto-organizativos de los ecosistemas de los que depende la formación de biomasa, y afectan el balance geofísico entre el oxígeno y los gases de efecto invernadero en la atmósfera, incidiendo de manera conjugada en el calentamiento global del planeta.

Hasta ahora se ha subestimado el potencial de la energía solar para construir una economía basada en los potenciales ecológicos del planeta.[23] Se considera que la cantidad de energía solar que se puede capturar y transformar por la biosfera es entre 1 y 2% el total de energía que llega al planeta. Sin embargo el punto en discusión no es qué tan pequeño o grande es este porcentaje, sino cuánto es suficiente para sostener una economía basada en un equilibrio entrópi-

mundo (en el supuesto de que toda la energía fósil fuese sustituida sólo por biomasa y ésta se cultivase exclusivamente para su combustión directa, sin utilizar las llamadas sustancias residuales del cultivo de productos comestibles, ni el potencial del biogás procedente de desechos orgánicos)" (Scheer, 2000: 81-82).

[23] En cuanto a la capacidad de sustitución de las fuentes fósiles por materias primas de origen solar en la industria química, Scheer observa que hacia 1989 "La industria química procesaba anualmente 900 mil millones de toneladas de materias básicas fósiles en todo el mundo. Esta cifra contrasta con una producción anual de la biosfera de 170 billones de toneladas, que corresponden tan sólo a la superficie terrestre del globo, [es decir] casi dos mil veces más que lo que se necesita para elaborar los productos petroquímicos" (Scheer, 2000:269). Sin embargo sus argumentaciones se basan más en la creciente contaminación química y los riesgos a la salud, y en la necesidad de transitar hacia tecnologías limpias, que en la construcción de una nueva racionalidad productiva fundada en los potenciales neguentrópicos del planeta. Ciertamente la diversidad biológica en la que toma cuerpo esta productividad natural enfrenta el criterio hasta ahora dominante de la ventaja que ofrece la homogeneidad de las materias primas de origen fósil, sobre todo cuando a éste se agrega el de las economías de escala. No obstante, la correcta evaluación de los costos y riesgos ecológicos involucrados, así como la bioseguridad y la distribución económica y ecológica, se convierten en criterios para promover economías locales de menor escala pero más sustentables. La apuesta de Scheer es coincidente con nuestra propuesta de una productividad ecotecnológica sostenida fundada en los principios de la racionalidad ambiental, cuando apunta que "Sobre la base de energías y materias primas solares vuelven a ser posibles las retroalimentaciones del desarrollo económico global con los ciclos ecológicos, con estructuras de economía y cultura regional estables, y con instituciones democráticas" (2000: 32).

co-neguentrópico. La energía equivalente de la productividad primaria neta de los ecosistemas aún excede la cantidad de energía de origen fósil que se produce y consume por los procesos económicos. Estos datos son importantes para ver las potencialidades actuales de los procesos naturales y transitar de una economía contaminante y no renovable a una economía enraizada en las fuentes de neguentropía de los sistemas ecológicos y en la productividad sustentable de recursos renovables. Para ello es necesario generar prácticas agroecológicas y agroforestales orientadas a magnificar la capacidad de captura de energía solar y su transformación en biomasa, así como estrategias que permitan una distribución y apropiación más equitativas de los recursos ambientales del planeta.

La fuente principal de esta bioeconomía es el potencial de formación de biomasa de la tierra. El potencial biológico de la formación de biomasa se ha estimado en una tasa anual promedio del 8% en los ecosistemas tropicales del planeta. Sin embargo, la formación de biomasa no aparece como una producción directa de valores de uso, de manera que esta biomasa diferenciada debe seguir procesos tecnológicos de transformación para producir satisfactores para las necesidades humanas. La productividad primaria neta de los ecosistemas puede aumentar a través de procesos fotosintéticos y biotecnológicos que incrementen los rendimientos ecológicos sustentables en vez de destruir el soporte ecológico de la producción, como en el caso de los sistemas agrícolas basados en la homogenización de cultivos comerciales y la aplicación intensiva de agroquímicos. El desarrollo científico y tecnológico debe orientarse para incrementar los procesos de productividad primaria y para transformar sus productos en valores de uso de baja entropía. La productividad primaria de los ecosistemas puede transformarse a través de procesos de regeneración selectiva de los ecosistemas. Ello no sólo permitirá generar una alta producción sustentable de las especies de mayor interés para el consumo humano sin degradar el potencial productivo de los ecosistemas, sino que el manejo de la sucesión secundaria permite magnificar la capacidad de captación de bióxido de carbono por estos procesos disipativos alejados del equilibrio. La biotecnología puede incrementar la productividad ecológica preservando la capacidad productiva de los ecosistemas complejos, dándoles un manejo productivo y sustentable a los recursos naturales (Leff, 1986a).

Este paradigma de productividad ecotecnológica no tiene como finalidad alcanzar un crecimiento sostenido de la economía, puesto que aun recuperando y magnificando la productividad neguentrópica y la capacidad de producción de biomasa, la biosfera presenta límites ecológicos y termodinámicos que deberán llevar, junto con los procesos demográficos y productivos, a un "equilibrio dinámico" que conserve el potencial de este "orden productivo". En esta perspectiva es posible prever un escenario donde la población humana llegará a un estado estacionario en el curso del presente siglo, en tanto que se opera la transición del presente orden económico insustentable hacia un sistema bioeconómico sustentable. Al mismo tiempo se promueve la apropiación social de los bienes y servicios ambientales –de las estructuras disipativas de la biosfera– en la construcción de una racionalidad ambiental para edificar sociedades sustentables.

NEGUENTROPÍA, SUSTENTABILIDAD Y CULTURA

La crisis ambiental ha impuesto la necesidad de internalizar las condiciones ecológicas para dar bases de sustentabilidad a la economía. El mundo se ha convertido en un sistema complejo que desborda las capacidades de las ciencias naturales y sociales para aprehender sus dinámicas emergentes, impredecibles con base en los dominios disciplinarios del conocimiento. De esta manera se ha impuesto la necesidad de reconstruir los paradigmas científicos y elaborar nuevos acercamientos sistémicos y métodos interdisciplinarios para aprehender la complejidad ambiental, trascendiendo el espacio restricto de la articulación de las disciplinas científicas y abriendo un espacio para la incorporación de nuevos saberes.

La necesidad de nuevos métodos interdisciplinarios para estudiar la complejidad de los sistemas socioeconómicos y para democratizar el conocimiento, como base para una gestión sustentable del potencial ambiental, ha llevado a revisar las concepciones del mundo generadas por la visión mecanicista de la realidad, desplazando al conocimiento cuantitativo, unitario y matematizado de las ciencias hacia paradigmas heurísticos más comprensivos –aunque menos mensurables–, más arraigados en el interés social y más cercanos a los sentidos existenciales y a los mundos de vida de la gente. De esta manera la "ciencia posnormal" incorpora los saberes de la gente para un proceso participativo de toma de decisiones en la apropiación social de la naturaleza (Funtowics y Ravetz, 1993; 1994).

Los enfoques provenientes de la ley de la entropía adquieren un carácter heurístico, conectando sus significados científicos con sus sentidos sociales en una nueva percepción del orden ecológico y del proceso económico. Lo anterior no implica la conmensurabilidad ni una fácil traducción de los procesos físicos, biológicos y sociales en los que se expresa la ley de la entropía como ley límite de la naturaleza, como potencial productivo o como una medida del orden cultural. El desplazamiento de la polisemia de los conceptos científicos de entropía, de sus valores cuantitativos y probabilísticos acotados en sus campos de experimentación –la termodinámica de sistemas cercanos al equilibrio, de una medida de orden físico y cultural, de la termodinámica de estructuras disipativas– hacia sus sentidos heurísticos y metafóricos, no evapora la verdad científica en una ficción. La degradación de la energía (la flecha del tiempo) y la creatividad y productividad de la materia (del orden a partir del caos) son signos y realidades de la dialéctica entre entropía y neguentropía –entre naturaleza y cultura– en la que se juegan los *sentidos* de la sustentabilidad. Pues más allá del sentido metafórico que nos permite ver a la sociedad organizada como una estructura disipativa, el orden cultural incide en las formas y grados en que la ley de la entropía se expresa en la degradación ambiental, en el equilibrio ecológico y en la productividad ecotecnológica, a través de las racionalidades productivas y los hábitos de consumo de cada cultura.

La economía convencional y las perspectivas del desarrollo sostenible no han tomado en cuenta los límites físicos, las condiciones ecológicas, los constreñimientos sociales y los sentidos culturales que constituyen las condiciones ambientales de la sustentabilidad. El neoliberalismo ambiental sigue desconociendo los aportes críticos de la bioeconomía, que desde Soddy hasta Georgescu-Roegen y Daly han señalado la ineluctable degradación entrópica del proceso económico. Sin escapatoria posible de la ley de la entropía, a lo más que pueden aspirar las políticas del neoliberalismo económico es a retardar el colapso del sistema a través de sus programas de conservación de la biodiversidad, de la materia y la energía; de sus estrategias para "desmaterializar la producción" sujeta a los avances de la tecnología "limpia", del control de las emisiones de gases de efecto invernadero y sus efectos en el calentamiento global a través de los permisos transables de emisiones; y del cambio de los patrones de producción y de consumo fundado en una ética empresarial y en la "soberanía" de los consumidores. En el mejor de los casos, estas acciones podrán desacelerar el ritmo de destrucción ecológica, para seguir marchando con paso más lento, pero no menos firme, por el camino que conduce hacia el colapso ecológico y la muerte entrópica del planeta.

El cambio social y las transformaciones productivas orientadas hacia la sustentabilidad no resultan de extender el concepto de entropía al orden cultural y al campo social o de aplicar las leyes de la termodinámica y los principios de la ecología a la gestión ambiental. El carácter organizativo de los sistemas ecológicos y el funcionamiento de los sistemas termodinámicos deben guiar procesos productivos sustentables, pero ello implica la asimilación cultural de los conceptos de entropía y de neguentropía. La transición hacia la sustentabilidad no se conduce por la aplicación de leyes naturales a la sociedad, sino por significados y estrategias sociales –que incluyen valores culturales, deseos humanos y poderes políticos–, que ponen en juego a los paradigmas científicos y tecnológicos, pero que van más allá de la aplicación compulsiva de una ingeniería ecológica y una energética social, basadas en las teorías de la ecología y de la termodinámica.[24]

La visión entrópica de la economía disipa las ilusiones de que el reciclaje tecnológico de materiales, la desmaterialización de la producción y el crecimiento económico sin límites, que emergen de la racionalidad económica y tecnológica dominantes puedan conducir hacia la construcción de sociedades sustentables. Al mismo tiempo, los propósitos del desarrollo sustentable y de la justicia ambiental se basan en valores culturales y sociales que movilizan a la sociedad por la autonomía y la participación en procesos de reapropiación de la naturaleza, que trascienden a la incorporación de los conceptos científicos de entropía y autoorganización como formas de conocimiento y fines sociales. La gente lucha hoy por principios de autodetermi-

---

[24] La prescripción de un determinado orden social en términos de su entropía resulta elusivo cuando efectivamente una sociedad más jerarquizada y desigual –como lo ha sido la sociedad capitalista, la experiencia histórica del socialismo real y el actual orden global–, induce procesos más entrópicos de uso y transformación de la naturaleza que sociedades tradicionales menos jerarquizadas y más "ecológicas". En este sentido, Giampietro ha afirmado que "cuando el sistema analizado es un sistema con una dinámica compleja que involucra diversos niveles, su caracterización de su comportamiento como 'ordenado' o 'desordenado' se vuelve elusiva; ello significa que la asociación frecuente del incremento de entropía con un aumento del 'desorden' sólo puede explicarse por una evaluación 'antropomórfica', más que como cambios en los niveles de entropía" (Giampietro, 1993: 219). En todo caso, la asimilación de los conceptos de entropía y neguentropía en la organización social abren una vía para la construcción de sociedades sustentables.

nación y de autogestión, sin fundar estas demandas legítimas en las leyes de la entropía. Empero, ante las perspectivas poco promisorias del "desarrollo sostenible", la racionalidad ambiental, informada por el concepto de entropía, postula un nuevo paradigma productivo basado en las potencialidades neguentrópicas de los ecosistemas naturales y de la organización cultural. El paradigma de productividad ecotecnológica abre la posibilidad de transitar hacia una economía sustentable, moldeando el desarrollo de las fuerzas productivas con las condiciones de productividad y equilibrio ecológico y con las significaciones y sentidos de la cultura, balanceando la ineluctable degradación entrópica de todos los procesos vivos y productivos con la transformación neguentrópica de la energía solar en una fuente sustentable de recursos bióticos.

Este paradigma de *producción neguentrópica* involucra procesos que trascienden la crítica que ha abierto la ley límite de la entropía a la concepción del proceso productivo y a la teoría económica. Más allá del propósito de internalizar las condiciones ecológicas de sustentabilidad a la racionalidad económica prevaleciente, la construcción de un paradigma productivo fundado en una racionalidad ambiental, implica la necesidad de desarrollar estrategias teóricas, investigaciones científicas y acciones prácticas que abran las vías para que los potenciales de la naturaleza se conviertan en una fuente activa de riqueza. Este nuevo paradigma no se construye solamente sobre la base de los derechos humanos y culturales que plasman el nuevo discurso de la sociedad civil y de las comunidades rurales por sus autonomías, sus territorios y su patrimonio de recursos naturales. Es necesario fundar estas estrategias políticas en una nueva teoría de la producción. Los principios de productividad ecotecnológica y de racionalidad ambiental confrontan así a la racionalidad económica antiecológica impuesta sobre los potenciales de la naturaleza y los sentidos de la diversidad cultural, dando soporte a un nuevo paradigma económico, basado en los potenciales de la naturaleza y los sentidos de la cultura.

La construcción de una racionalidad ambiental y el tránsito hacia la sustentabilidad implican procesos sociales que no son conducidos solamente por el control social de las leyes de la termodinámica. Los procesos sociales que intervienen en la gestión de los recursos y la apropiación de la naturaleza –la democracia, la autonomía, la autogestión productiva–, no se comprenden ni se reducen a la incorporación de leyes físico-biológicas en el orden simbólico cultural y político. De los principios y perspectivas que emergen de los procesos disipativos se desprende que el manejo ecosistémico (neguentrópico) de los recursos naturales no podría seguir una vía predeterminada y que toda intervención humana sobre estos procesos ecosistémicos seguiría caminos alternativos, guiados por las preferencias de los actores sociales hacia diferentes estados posibles, pero sin una certeza absoluta sobre la emergencia de nuevos procesos en esta vía de construcción de un futuro sustentable. De esta manera, la construcción de la sustentabilidad estará guiada por una resignificación y revalorización social de la naturaleza que habrá de conducir hacia la apropiación cultural de los procesos ecológicos.

Este cambio de perspectiva desplaza al enfoque determinista que orientaría una posible planificación de las prácticas sociales basada en la predicción del comportamiento de los ecosistemas. El problema no sólo se complica porque los ecosistemas sean sistemas complejos autoorganizativos, sino porque son afectados por la economía global y por una diversidad de prácticas de apropiación de la naturaleza, donde no sólo intervienen los conocimientos científicos para moldear el ecosistema (conservarlo, manejarlo), sino diferentes saberes culturales. De manera que una vez que aceptamos al grado de libertad (de incertidumbre) con el que se modifica (a veces en forma catastrófica) el comportamiento de los ecosistemas, el papel de la ciencia ecológica en la toma de decisiones no es tan sólo el de informar sobre los escenarios posibles, sobre "las posibilidades ecológicas (atractores) para saber cuáles promover y cuáles desestimular" (Kay, 2001: 7). La cuestión es saber cómo habrán de evolucionar los ecosistemas hacia una productividad sustentable y sostenida considerando su intervención desde las diferentes cosmovisiones y valorizaciones culturales de la naturaleza.

Esta propuesta trasciende las perspectivas ecológicas abiertas por los procesos disipativos de los sistemas abiertos holárquicos, al hacer intervenir en la complejidad del manejo ecosistémico el orden simbólico y cultural. En la perspectiva de la construcción de una racionalidad ambiental, la dinámica de los ecosistemas no se rige por el juego de "atractores" que conducen los destinos inciertos de los sistemas evolutivos a través de sus fluctuaciones y estados catastróficos. La "creatividad" y el "propósito" se inscriben como condición de lo real en el orden simbólico, de la significación y del sentido. Los saberes culturales van modulando y actuando sobre los procesos ecosistémicos para guiarlos a estados de mayor productividad ecotecno-

lógica (de máxima utilización de exergía y productividad neguentrópica), de manera que los riesgos ecológicos implícitos en estos procesos (vgr. el uso del fuego) se convierten en procesos socialmente
intervenidos, controlados y reorientados por el conocimiento, el saber y la acción social. De esta manera, se prepara un cambio de paradigma social de producción, fundado en las bases y principios de
la termodinámica, así como en las significaciones culturales, en el
manejo participativo de los recursos y la apropiación social de la naturaleza.

Ello implica pasar de la idea de los sistemas ecológicos como sistemas autoorganizativos y del nuevo papel asignado a la ciencia posnormal en la toma de decisiones y la orientación de las acciones hacia un futuro sustentable,[25] hacia la construcción de una racionalidad
ambiental, donde la complejidad ecosistémica se integra a la complejidad ambiental que emerge desde la cultura y los saberes en la gestión participativa de la naturaleza. Esta complejidad ambiental rebasa los marcos de una termodinámica de segundo orden y al principio
de correspondencia entre el modelo teórico y una realidad complejizada. Los modelos morfogenéticos causales, de autocatálisis y retroalimentaciones de procesos, se desplazan hacia el campo de la relación
del orden simbólico, de la significación y el sentido que se forjan en
el orden cultural, y el orden complejo de la materia. La asimilación
cultural del orden complejo de lo real que se expresa en los procesos
entrópicos, caóticos y neguentrópicos no es un simple reflejo en la
mente de la complejidad del mundo externo. La dialéctica entre entropía y neguentropía expresa este nuevo encuentro entre lo Real y
lo Simbólico que reconstruye el campo de la economía.

Los movimientos sociales por la apropiación de los procesos productivos, fundados en los potenciales de la naturaleza y de la cultura,
están llevando así a desarrollar estrategias de manejo sustentable de
los recursos naturales afines con los principios de autonomía cultural,

[25] En este sentido, James Kay afirma que "En el paradigma posnormal, el papel del
científico en la toma de decisiones se desplaza de la inferencia de lo que habrá de ocu-
rrir, es decir, hacer predicciones que son la base de decisiones, a proveer a los tomadores de decisiones y a la comunidad con una apreciación [...] de cómo el futuro podría evolucionar [...] La ciencia, haciendo uso de diferentes tradiciones epistemológicas, ayuda a identificar constreñimientos conocidos y posibilidades de los sistemas holárquicos abiertos. Un diálogo explora lo deseable y lo factible, y los reconcilia en una
visión de cómo proseguir. Los científicos informan este diálogo proveyendo las narrativas a través de un proceso en el cual participan como iguales con otros en la tarea de
articular la visión, y de identificar caminos para el futuro" (Kay *et al.*, 1999: 8, 18).

equidad social y justicia ambiental, internalizando las condiciones ecológicasde la naturaleza y la ley límite de la entropía en la gestión productiva de la biodiversidad a escala local y en el ámbito comunitario.[26] En esta hibridación de procesos biofísicos, culturales y económicos, los saberes ambientales de las comunidades habrán de incorporar el principio de productividad neguentrópica, generando nuevas prácticas productivas que se plasman en la construcción de una nueva racionalidad productiva y un paradigma de sustentabilidad. La construcción de sociedades sustentables conduce a nuevas formas de organización social que incorporan las condiciones termodinámicas y ecológicas de la producción para alcanzar los propósitos de un desarrollo sustentable, diverso y equitativo. Frente a la vía de sociedades centralizadas, segmentadas y desiguales sometidas a los designios de la globalización económica y la normatividad ecológica, se abre la alternativa de un mundo sustentable, integrado por comunidades descentralizadas que produzcan sus condiciones de vida en armonía con su entorno ecológico. En tanto que la economía de mercado genera una tendencia homogenizante que erosiona las fuentes de la productividad ecológica y de la diversidad cultural, la racionalidad ambiental orienta la construcción de una sociedad neguentrópica basada en redes de economías locales y regionales, abriendo nuevas posibilidades para un desarrollo democrático y sustentable.

TIEMPO Y ENTROPÍA. LA CONSTRUCCIÓN DE UN FUTURO SUSTENTABLE

La bioeconomía de Georgescu-Roegen se inscribe en el dominio de la teoría "negativa", como parte del pensamiento reactivo, que dice no a la economía convencional, que marca su ineluctable límite entrópico, que transgrede pero no trasciende el orden de lo pensable y de lo posible dentro de la racionalidad establecida. El "descubrimiento" de las estructuras disipativas ha puesto sobre la tierra el principio científico de la segunda ley de la termodinámica surgido de las condiciones ideales de los sistemas cercanos al equilibrio. La flecha del tiempo indica el camino ineluctable hacia la muerte entrópica del planeta, pero también de creatividad de la materia y el sentido irreversible del tiempo. Nietzsche se adelantó a Prigogine en esa percepción del mundo

---

[26] Ver cap. 9, *infra.*

como devenir –como *ser-siendo* –, al carácter constructivo de la materia y del ser, del mundo abierto al futuro y la irreversibilidad del tiempo, frente al mecanicismo y la metafísica que instauraron un pensamiento que afirma la realidad inmutable, la verdad por encima del
sentido, allí donde incluso la dialéctica, el conocimiento positivo y el
pensamiento crítico aparecen como "fuerzas reactivas" al devenir,
donde el positivismo erige una barrera contra el tiempo. Prigogine
abre una nueva visión de la ciencia hacia la emergencia del orden a
partir del caos y la creatividad de la materia, que en última instancia
habría de aplicarse y confirmarse en sus términos más generales en
el orden social y en la historia humana, un paradigma que habría de
resolver el dualismo entre ciencia y filosofía. Y sin embargo, la caracterización genérica de las estructuras disipativas no disuelve la diferencia entre la temporalidad de la materia y la temporalidad que forja el orden simbólico, del tiempo como "materia" fundamental del
ser y la existencia humana; del futuro abierto por las relaciones de
otredad (Levinas) y por la voluntad de poder (Nietzsche).[27] En este
sentido, Nietzsche, ese primer desconstructor del orden metafísico y
científico, señalaba que

¡Las fuerzas reactivas triunfan, la negación vence dentro de la voluntad de
poder! No solamente se trata de la historia del hombre, sino de la historia
de la vida, y de la Tierra, por lo menos en su cara habitada por el hombre.
Por todas partes vemos el triunfo del "no" sobre el "sí", de la reacción sobre
la acción. Incluso la vida se vuelve adaptativa y reguladora, se reduce a sus
formas secundarias: ya ni siquiera comprendemos lo que significa actuar. Incluso las fuerzas de la tierra se agotan sobre esta cara desolada (Deleuze,
2000: 33).

[27] Habría que indagar sobre el tiempo de estos acontecimientos: sobre el tiempo
interno de la desujetación y la creatividad; sobre los tiempos políticos del cambio social; sobre esos tiempos que se enganchan con los tiempos cósmicos, biológicos y termodinámicos, pero cuya temporalidad no es una temporalidad genérica de las fluctuaciones y la creatividad de la materia. Pues las "flechas del anhelo hacia la otra orilla" (Nietzsche) son lanzadas desde un corazón que no late al mismo ritmo que la flecha del tiempo de la entropía universal. Habrá que desentrañar los enigmas de ese
tiempo que convierte el saber de la entropía, de la ley límite y potencial de la naturaleza, en una voluntad de poder, pues en su lucidez el loco afirma frente a los oídos
sordos del mundo dominado: "Mi tiempo aún no es. Este tremendo evento está aún
en camino, aún vagabundeando; aún no ha llegado a los oídos de los hombres. El re-
lámpago y el trueno necesitan tiempo; la luz de las estrellas necesita tiempo; los actos
necesitan tiempo, aun después de haber sido realizados, para ser vistos y oídos"
(Nietzsche, 1974: III,125).

Es ésta la faz oscura del positivismo, la faceta reduccionista del nihilismo, en la que lo Real y el Deseo se anulan en una realidad establecida, impuesta y fijada a través de las formas que adopta el conocimiento y la moral, en un principio universal y unitario que niega lo múltiple y el devenir. En este sentido, interpretando a Nietzsche, Deleuze señala:

La afirmación es la más alta potencia de la voluntad. Pero ¿qué es lo afirmado? La Tierra, la vida. Pero ¿qué forma tienen la Tierra y la vida cuando son objeto de afirmación? [...] Lo que el nihilismo condena y se esfuerza por negar no es tanto el Ser [...] es más bien lo múltiple, es más bien el devenir. El nihilismo considera el devenir como algo que *se debe* expiar y que debe ser reabsorbido en el Ser; considera lo múltiple como algo injusto que debe ser juzgado y reabsorbido en lo Uno (Deleuze, 2000: 43).

Nietzsche –desde la voluntad de poder– y Prigogine –desde la flecha del tiempo– abren el pensamiento al devenir para desconstruir la racionalidad mecanicista de la economía. Mas ello implica algo más que extender la visión del ser y el devenir abierta por las estructuras disipativas de Prigogine hacia el campo social. Sobre todo habrá que entender que la voluntad de poder no es una estructura disipativa, que el principio del eterno retorno[28] es un juego de desanudamiento del orden simbólico que no sigue un esquema general de fluctuaciones y desestabilizaciones para abrirse a lo nuevo. Es una negación que abre una afirmación más allá de la dialéctica de la negación y del pensamiento crítico y que pasa a la construcción de una nueva racionalidad. Pues sólo la activación del deseo de vida podrá

---

[28] El eterno retorno como lo propio de todo devenir no es el retorno de lo Mismo a lo Mismo, no es una compulsión a la repetición del Ser ni se inscribe, más allá de un sentido analógico o metafórico, en el juego de retroalimentaciones en el proceso de autoorganización de la materia. "Regresar es precisamente el ser del devenir; lo uno de lo múltiple, la necesidad del azar. Hay que evitar hacer del eterno retorno un *retorno de lo Mismo*... Lo Mismo no regresa, el regresar y sólo él es lo Mismo de lo que deviene" (Deleuze, 2000: 46). El eterno retorno no es la manifestación de una identidad inamovible; es la irreversibilidad del tiempo vivido, el juego de una memoria ineluctable e indefectible que habita la represión y la apertura del Ser en la apertura hacia el futuro, hacia el porvenir, hacia lo que aún no es del Ser en su devenir. Afirmación enigmática entre la voluntad, el pensamiento, el querer y la acción en la producción de la "libertad de la voluntad" que rebasa la comprensión heurística de una termodinámica aplicada al orden del ser-ahí. Pues, ¿qué desencadena el deseo al punto de que la voluntad de poder querer dé lugar a un querer poder, que la voluntad de poder genere la potencia de la acción capaz de desconstruir el pasado para abrir el futuro?

desconstruir la epistemología objetivista del ente y transformar la teoría económica para generar una teoría de la producción que sea un "agenciamiento" de los potenciales de la naturaleza y los sentidos de la cultura; para iniciar un movimiento social de transformación y apropiación de las estructuras disipativas al servicio de la vida, de la vida humana, de la construcción de un mundo *durable*, de mundos de vida diversos y de sociedades sustentables. En este sentido se abre la posibilidad de construir un nuevo paradigma de producción sustentable que se inscribe en el proceso de construcción de una racionalidad ambiental.

5. LA CONSTRUCCIÓN DE LA RACIONALIDAD AMBIENTAL

La crisis ambiental ha sido el gran aguafiestas en la celebración del triunfo del desarrollismo, expresando una de las fallas más profundas del modelo civilizatorio de la modernidad. La economía, la ciencia de la producción y la distribución, mostró su rostro oculto en el disfraz de su racionalidad *contra natura*. El carácter expansivo y acumulativo del proceso económico ha suplantado el principio de escasez que funda a la economía, generando una escasez absoluta, traduciéndose en un proceso de degradación global de los recursos naturales y los servicios ambientales.[1] Este hecho se hace manifiesto en el deterioro de la calidad de vida, así como en la autodestrucción de las condiciones ecológicas del proceso económico (J. O'Connor, 1988). La degradación ecológica es la marca de una crisis de civilización, de una modernidad fundada en la racionalidad económica y científica como los valores supremos del proyecto civilizatorio de la humanidad, que ha negado a la naturaleza como fuente de riqueza, soporte de significaciones sociales, y raíz de la coevolución ecológico-cultural. A pesar de la marca indeleble de esta falta, la caída del socialismo real se ha convertido en un argumento triunfalista para la racionalidad económica unipolar, para la expansión y globalización del mercado sin contrapesos políticos y de un nuevo crecimiento, con controles ecológicos, pero sin límites.

En este sentido, la viabilidad del desarrollo sustentable se ha convertido en uno de los mayores retos teóricos y políticos de nuestro tiempo. De allí ha surgido el imperativo de ecologizar la economía, la tecnología y la moral. En esa perspectiva se inscriben los intentos de la economía neoclásica para internalizar las externalidades ambientales con los criterios de la racionalidad económica, o los de la

---

[1] "La escasez de recursos es lo que hace posible y necesario el cálculo económico racional. Pero paradójicamente, su mismo éxito en el proceso de crecimiento y expansión ha llevado a un déficit en la calidad vital de la naturaleza, socavando a su vez el principio de escasez, y por lo tanto, de la racionalidad económica misma" (Altvater, 1993: 6).

economía ecológica para fundar un nuevo paradigma, capaz de integrar los procesos ecológicos, poblacionales y distributivos con los procesos de producción y consumo. La economía ambiental (la economía neoclásica de los recursos naturales y de la contaminación) supone que el sistema económico puede internalizar los costos ecológicos y las preferencias de las generaciones futuras, asignando derechos de propiedad y precios de mercado a los recursos naturales y servicios ambientales, de manera que éstos puedan integrarse a los engranajes de los mecanismos del mercado que se encargarían de regular el equilibrio ecológico y la equidad social. Sin embargo, la reintegración de la naturaleza a la economía se enfrenta al problema de traducir los costos de conservación y restauración en una medida homogénea de valor. La economía ecológica ha señalado la inconmensurabilidad de los procesos energéticos, ecológicos y distributivos con la contabilidad económica, así como la imposibilidad de reducir los valores de la naturaleza, la cultura y la calidad de vida a la condición de simples mercancías,[2] y los límites que imponen las leyes de la entropía al crecimiento económico. La valorización de los recursos naturales está sujeta a temporalidades ecológicas de regeneración y productividad, que no corresponden con los ciclos económicos, y a procesos sociales y culturales que no pueden reducirse a la esfera económica. La internalización de las condiciones ambientales de la producción implica así la necesidad de caracterizar a los procesos sociales que subyacen y desde donde se asigna un valor –económico, cultural– a la naturaleza.

La crisis de recursos ha desplazado a la naturaleza del campo de la reflexión filosófica y de la contemplación estética para reintegrarla al proceso económico. La naturaleza ha pasado de ser un objeto de trabajo y una materia prima a convertirse en una condición, un potencial y un medio de producción. La conservación de los mecanismos reguladores y los procesos productivos de la naturaleza aparecen así como condición de supervivencia y fuente de riqueza, induciendo procesos de apropiación de los medios ecológicos de producción y la

---

[2] No existe un instrumento económico, ecológico o tecnológico de evaluación con el cual pueda calcularse el "valor real" de la naturaleza en la economía. Contra la pretensión de reducir los valores diversos del ambiente a una unidad homogénea de medida, William Kapp (1983) advirtió ya desde 1970 que en la evaluación comparativa de la racionalidad económica, energética y ambiental, intervienen procesos heterogéneos, para los cuales no puede haber un denominador común. Más allá de la imposibilidad de unificar esos procesos materiales heterogéneos, la economía misma se ha quedado sin una teoría objetiva del valor (ver cap. 1, *supra*).

definición de nuevos estilos de vida. Sin embargo, la problemática ambiental rebasa el propósito de realizar "ajustes (ecológicos) estructurales" al sistema económico y de construir un futuro sustentable a través de acciones racionales con arreglo a valores ambientales.

Desde tiempos inmemoriales la sociedad humana ha incorporado normas morales que probaron ser fundamentales para la supervivencia y la convivencia humanas. La prohibición del incesto fue una ley interna de la cultura que el hombre aprendió antes de ser formulada por ningún antropólogo, y el mito de Edipo marcó la condición del deseo desde donde se ha trazado la historia de la subjetividad y de la cultura humana. Sin embargo, la racionalidad científica del iluminismo fue construyendo un proyecto ideológico que pretendía emancipar al hombre de las leyes límite de la naturaleza. De esta manera, la razón cartesiana y la física newtoniana modelaron una racionalidad económica basada en un modelo mecanicista, desconociendo las condiciones ecológicas que imponen límites y potenciales a la producción. La economía fue desprendiéndose de sus bases materiales para quedar suspendida en el circuito abstracto de los valores y los precios del mercado.

La toma de conciencia sobre los límites del crecimiento que surge de la visibilidad de la degradación ambiental –más que de las formulaciones científicas sobre la segunda ley de la termodinámica– emerge como una crítica al paradigma normal de la economía. Al borde del precipicio sonó la alarma ecológica anunciando una catástrofe tan inesperada como impensable en la autocomplacencia del progreso científico-tecnológico, y la convicción, tanto en el campo capitalista como socialista, de que el desarrollo de las fuerzas productivas abriría las puertas a una sociedad de postescasez y a la liberación del hombre del reino de la necesidad. Al descubrirse el velo teórico y quedar al desnudo la realidad flagrante de la degradación ambiental, se planteó una fractura teórica y social de mayores consecuencias que la revolución copernicana ante el poder teológico construido en torno al sistema tolemaico.

Sin embargo, el paradigma económico –el sistema científico e institucional– ha sido incapaz de asimilar la crítica que plantea la ley de la entropía a la racionalidad económica. Ante las propuestas de poner el freno al crecimiento y del tránsito a una economía de estado estacionario –fundados en el reconocimiento de las leyes de la termodinámica que condenan al proceso económico a la degradación entrópica–, la teoría y las políticas económicas buscan eludir el límite y acelerar el proceso de crecimiento, montando un dispositivo ideológico y una estrategia de poder para capitalizar a la naturaleza. De allí emergen el discurso neoliberal y la geopolítica del desarrollo sostenible reafirmando al libre mercado como el mecanismo más clarividente y eficaz para ajustar los desequilibrios ecológicos y las desigualdades sociales. Más allá de los obstáculos epistemológicos, de las controversias en torno a los sentidos de la sustentabilidad y del enfrentamiento de intereses para ecologizar a la economía y disolver las "contradicciones" de la racionalidad económico-tecnológica –formal-instrumental– dominante, varias cuestiones están en el centro de esta polémica, como por ejemplo la eficacia de las políticas ambientales para incorporar los valores de la naturaleza, ya sea mediante instrumentos económicos (subsidios, impuestos e incentivos; cuentas verdes e indicadores de sustentabilidad) o de normas ecológicas que establezcan las condiciones externas que deba asumir la economía de mercado. Dentro de este espectro de reformas a la racionalidad económica se sitúa el debate de las posibles soluciones tecnológicas (tecnologías más limpias, desmaterialización de la producción), así como el lugar de los valores y la moral de los individuos para corregir las desviaciones del sistema económico a través de una ética conservacionista y la "soberanía de los consumidores".

La crisis ambiental ha puesto al descubierto la insustentabilidad ecológica de la racionalidad económica. De allí el propósito de internalizar las externalidades socioambientales del sistema económico o de subsumir el proceso económico dentro de las leyes ecosistémicas en las que se inscribe. Ello plantea el problema de la inconmensurabilidad entre sistemas económicos y ecológicos, entre procesos físicos, biológicos, termodinámicos, culturales, poblacionales, políticos y económicos, que conforman diferentes órdenes de materialidad, y la diferencia de las posibles estrategias para compatibilizar políticas económicas y ambientales y para transitar hacia un desarrollo sustentable. Tres grandes vertientes han sido planteadas para enfrentar los retos de la sustentabilidad:

a) la economía ambiental que busca incorporar las condiciones ambientales de la sustentabilidad –los procesos energéticos, ecológicos y culturales externos al sistema económico–, a través de una evaluación de costos y beneficios ambientales y su traducción en valores económicos y precios de mercado.

b) la economía ecológica que establece el límite entrópico del proceso económico y la inconmensurabilidad entre procesos ecológicos y los mecanismos de valorización del mercado, buscando desarrollar un nuevo paradigma que integre procesos económicos, ecológicos, energéticos y poblacionales.

c) la posibilidad de pensar y construir una nueva racionalidad productiva, fundada en la articulación de procesos ecológicos, tecnológicos y culturales que constituyen un *potencial ambiental de desarrollo sustentable.*

Una cuestión fundamental en este debate se refiere a la posibilidad de globalizar y extender la racionalidad económica hacia todas las comunidades y espacios de sociabilidad, es decir, la capacidad de universalizar la razón económica frente a las limitaciones que le impone la naturaleza misma de los sistemas vivos y de los ecosistemas (sus condiciones de conservación y regeneración), así como los valores culturales de pueblos y comunidades que se resisten a ser absorbidos por la lógica del mercado y reducidos a las razones del poder dominante. Si una argumentación razonada y consistente, así como la realidad evidente, muestran que ni la eficacia del mercado, ni la norma ecológica, ni una moral conservacionista, ni una solución tecnológica, son capaces de revertir la degradación entrópica, la concentración de poder y la desigualdad social que genera la racionalidad económica, entonces es necesario plantearse la posibilidad de *otra racionalidad*, capaz de integrar los valores de la diversidad cultural, los potenciales de la naturaleza, la equidad y la democracia, como valores que sustenten la convivencia social, y como principios de una nueva racionalidad productiva, sintónica con los propósitos de la sustentabilidad. Para ello es necesario dilucidar los principios que fundan y los retos que plantea la construcción de una racionalidad ambiental.

LA CRÍTICA DE LA ECOLOGÍA A LA RACIONALIDAD ECONÓMICA

Desde el socialismo utópico y el marxismo, y hasta el racionalismo crítico, la racionalidad económica ha sido criticada por fundarse en la explotación de la naturaleza y del trabajador, por su carácter concentrador del poder que segrega a la sociedad, aliena al individuo y subordina los valores humanos al interés económico e instrumental.[3]

---

[3] En este sentido Weber señaló que "El cálculo *riguroso* de capital está, además, vinculado socialmente a la 'disciplina de explotación' y a la apropiación de los medios de

Si Marx puso sobre bases sociales a la dialéctica hegeliana, el ecologismo está refundando a la economía política desde sus raíces socioecológicas. La crítica ecológica a la racionalidad económica es radical; proviene de la constatación de que el proceso económico implica un proceso de transformación de masa y energía, regido por la segunda ley de la termodinámica, la que le decreta un ineluctable proceso de degradación entrópica (Georgescu-Roegen, 1971). El proceso económico está inmerso en un sistema ecológico que es abierto pero finito; por lo tanto, está sujeto a las leyes de la naturaleza. Ello significa que todo proceso productivo transforma recursos de baja entropía en desechos de alta entropía, que tanto el reciclaje de materia como el movimiento perpetuo son imposibles.[4]

El condicionamiento ecológico y termodinámico de todo proceso productivo no es sólo un problema teórico. Su manifestación en la realidad es visible en los índices crecientes de destrucción ecológica (degradación de ecosistemas complejos de los que depende la conservación de la biodiversidad y la regeneración de recursos renovables provenientes de la energía solar, la fuente inagotable de energía limpia más importante); contaminación (producción de desechos que rebasan la capacidad de dilución de los ecosistemas terrestres, aéreos y acuáticos), y degradación de materia y energía, manifiesta en el calentamiento global del planeta.

Los países del norte se han empeñado en encontrar una solución tecnológica a la escasez global de recursos mediante procesos más eficientes que disminuyan el consumo de materia y energía, y eleven la productividad de los recursos naturales. Así, el Wuppertal Institut en Alemania se ha enfrascado en un ambicioso proyecto que explora la posibilidad de desmaterializar la producción en un factor de cuatro y hasta diez veces (Hinterberger y Seifert, 1995). Más allá de las dificultades reales a las que se ha enfrentado tal pretensión, la reducción de la cantidad de masa y energía que entra, se transforma y degrada en cada proceso productivo individual y en el proceso económico global tiene un límite. La tecnología no podrá llegar a alimentar al proceso de producción con masa y energía indiferenciada (Barnett y Morse, 1963), ni alcanzar un reciclaje total de desechos; menos aún podrá negar y exorcizar los demonios de la degradación entrópica. De

producción materiales, o sea a la existencia de una *relación de dominación*" (Weber, 1922/1983: 83).

[4] Ver cap. 4, *supra*.

manera que si la economía global sigue un ritmo positivo de crecimiento, la disminución relativa de la entropía por la desmaterialización de la producción que pueda lograr la innovación tecnológica tarde o temprano será anulada por el propio crecimiento económico. Lo que está en juego es la posibilidad de estabilizar la economía (su escala global), por una parte, y por otra equilibrar el balance entre entropía y neguentropía del proceso económico.[5] Por ello no hay una solución meramente tecnológica para una economía sustentable, si no es construyendo otra racionalidad productiva que permita un balance entre producción neguentrópica de biomasa a partir de la fotosíntesis y la transformación entrópica de los recursos finitos del planeta.[6] La producción de gran escala que promueve la globalización económica no compensa, mediante las ventajas comparativas del comercio internacional y del mecanismo de desarrollo limpio, la destrucción de los ecosistemas, la sepultura de prácticas tradicionales, la vulnerabilidad y el riesgo ecológico y la inseguridad económica frente a los poderes y vaivenes del mercado mundial. La globalización económica acelera la apropiación destructiva de la naturaleza y la degradación entrópica del planeta. En este sentido, la diversidad cultural y la diversificación de estilos de desarrollo actúan como un principio conservacionista que desactiva los efectos ecodestructivos de la producción en gran escala para el mercado globalizado.

Las propuestas de la economía ecológica y de la tecnología para subsumir al sistema económico dentro de sus condiciones ecosistémicas de sustentabilidad se enfrentan a las limitaciones de la racionalidad económica para asimilar las condiciones ecológicas de la sustentabilidad dentro de sus mecanismos operativos.[7] El sistema económico, fundado en la rentabilidad de corto plazo, no puede funcionar sino como un proceso acumulativo y expansivo, alimentándose

---

[5] "Finalmente lo que importa no es el impacto del progreso tecnológico en el consumo de recursos por unidad de PIB, sino el incremento en la tasa de agotamiento de los recursos (de la polución y la degradación entrópica) que resulta de dicho progreso" (en Daly, 1993: 93).

[6] Ver cap. 4, *supra*.

[7] Los instrumentos teóricos de la economía neoclásica, cubiertos en su velo de racionalidad formal, han mostrado su falacia e inconsistencia. Así, la validez de la "regla de Hotelling", que establece que los costos de extracción de la unidad marginal del recurso deben crecer a una tasa igual a la tasa de interés del mercado, regulando así el balance entre equilibrios ecológicos y económicos y acercándolos a un óptimo social, es refutada por la aplicación de políticas económicas que han generado un acelerado desequilibrio ecológico y degradación ambiental.

de *stocks* y flujos crecientes de materia y energía procedentes de los ecosistemas locales y de la ecosfera global del planeta. No basta así con postular la estabilización de la economía (y de la población) en algún momento en este siglo, sin cuestionar la posibilidad de desescalar y desconstruir la economía para internalizar las condiciones de sustentabilidad ecológica. La ecologización de la economía no es un problema de adecuación de ritmos y escalas, sino de cambio de estructura y construcción de una nueva racionalidad.

En esta perspectiva, no sólo es imposible un crecimiento económico sostenido; también una economía de estado estacionario, tal como ha sido propuesta por Daly (1993), regida por los principios de la racionalidad económica, es insostenible a largo plazo. En el marco de esta racionalidad la única salida posible sería una estrategia de decrecimiento; pero la racionalidad económica –a diferencia de las semillas *terminator*– no tiene inscritos en su "código genético" los mecanismos de su propia desactivación. Las políticas neoliberales, orientadas a recuperar y mantener un crecimiento económico sostenido, niegan las leyes de la termodinámica. Por ello la economía ecológica cuestiona los programas neoliberales de crecimiento sostenible (Quiroga, 1994). La economía global, en su inercia acumulativa, ha alcanzado una escala que rebasa los límites de sustentabilidad del planeta; las externalidades del sistema han generado un estado de escasez absoluta, una deseconomía global y generalizada. Desde esa perspectiva surgió la propuesta de transitar hacia una "economía de estado estacionario" (Daly, 1991) basada en los siguientes principios:

a) que los recursos no renovables sean explotados a ritmos que permitan su reposición por recursos renovables;[8]

b) que las emisiones de desechos no excedan la capacidad de asimilación de los ambientes locales y del ecosistema planetario.

El estado estacionario sería aquel en el cual se mantienen constantes tanto la población como el *stock* de artefactos o capital exosomáti-

---

[8] La sustitución de recursos no renovables por renovables se basa en el hecho de que "En tanto que el agotamiento nos fuerza a explotar progresivamente recursos de más baja ley, el trasflujo total de materia y energía deberá incrementarse de manera de generar el mismo trasflujo neto de los minerales requeridos para mantener los *stocks* constantes. También, una fracción más grande del capital constante tendrá que dedicarse a medios cada vez más intensivos en capital para aprovechar recursos minerales [...] La economía de estado estacionario busca conducir la economía hacia el máximo aprovechamiento posible de energía solar y recursos renovables y a alejarnos de las prácticas insustentables actuales de vivir sobre todo del capital geológico acumulado" (Daly, 1993: 379).

co. Daly adopta el concepto de capital de Fisher, como un *stock*, es decir, un inventario de bienes de producción, bienes de consumo y cuerpos humanos. La satisfacción de necesidades se entiende como un flujo inconmensurable que se traduce en un "ingreso psíquico" (Daly, 1993:326). Para alcanzar este estado, Daly sugiere dejar operar a la economía dentro de ciertas "condiciones físicas de equilibrio ecológico que deben ser impuestas al mercado en términos de agregados cuantitativos de orden físico" (1993: 249). La posibilidad de introducir estas reformas a la economía dependería del "crecimiento moral" de la gente, y de una jerarquía de valores objetivos, capaz de ordenar y concertar intereses diversos, controlando al mercado y reordenando a la economía. En una economía así normada,

Los precios de mercado no deberían decidir sobre las tasas de flujo de masa-energía a través de la frontera economía-ecosistema o decidir la distribución de recursos entre diferentes personas [...] La primera es una decisión ecológica, la segunda una decisión ética que debe determinar los precios, en vez de ser determinada por ellos (Daly, 1993: 374-375).

La propuesta de Daly constituye, si no un modelo axiomatizado de una racionalidad ecológica para la sustentabilidad, sí un conjunto de principios –ecológicos, morales y religiosos– que deberían de conducir la acción racional con arreglo a ciertos valores y ciertas condiciones de sustentabilidad. En este sentido, la economía ecológica estaría proponiendo una norma a la racionalidad formal del capital. En principio nadie podría oponerse a los objetivos buscados por esta regulación social y ecológica del mercado.[9] Y, sin embargo, no es claro que la economía pueda conducir su función de asignar racional y eficientemente factores productivos y recursos, dejando que las condiciones ecológicas y distributivas sean fijadas por principios y valores extraeconómicos. Daly reconoce que aun una economía de estado estaciona-

---

[9] En este punto coinciden otros autores. Para Altvater "el error del discurso neoliberal no radica en el énfasis en la formación a través del mercado de precios relativos, sino en el hecho de erigirse como el principio racional que estructura todas las esferas de la vida social [...] La economía de mercado [...] surgió de la desincorporación de la racionalidad económica de los lazos sociales existentes [...] Hoy, la ulterior evolución de la sociedad sólo es posible si la racionalidad económica de los procedimientos del mercado se arraiga firmemente en un sistema social complejo de regulación del dinero y la naturaleza fuera del mercado" (Altvater, 1993: 255, 260). El desarrollo sostenible dependería así de la posibilidad de ecologizar y democratizar al mercado, delimitando y normando el campo de actuación de la economía.

rio sería insostenible y deja en manos de Dios los destinos de la humanidad. De esta manera afirma que su propuesta no podría sino llevar a la economía "a un estado de casi equilibrio, como una estrategia de buena administración [...] para cuidar la creación de Dios por tanto tiempo como él quiera que dure" (Daly, 1993: 280). El destino del desarrollo sustentable estaría signado en una encrucijada, entre el fatalismo de la muerte entrópica y la esperanza en la voluntad divina. Ello no ofrece salidas a la crisis del sistema. El problema no radica en definir las reglas que deben normar al proceso económico, sino las vías de transición hacia una economía en estado estacionario. Mas no hay signos perceptibles en ninguna parte –después de más de 30 años de haberse planteado los límites entrópicos al crecimiento, más de 20 años de políticas neoliberales y más de 15 años de una búsqueda de soluciones a través del paradigma emergente de la economía ecológica– de que la racionalidad económica contenga los mecanismos para poder desacelerarse y alcanzar un estado estacionario (en equilibrio con la naturaleza), sin que el proceso lleve a su colapso, y con ello al de la naturaleza misma. La desconstrucción de la racionalidad económica sería tan quimérica como intentar convertir un avión supersónico en pleno vuelo en un helicóptero capaz de aterrizar en este mundo antes de estrellarse contra el tiempo. Y sin embargo...

La diferenciación de racionalidades, más allá de la inconmensurabilidad entre procesos, es fundamental para pensar la construcción de una racionalidad ambiental. La economía no ha mostrado ser una disciplina capaz de delimitar su campo de conocimiento, de acoger otras racionalidades, de abrirse a la alteridad y a la alternativa. Al contrario, es una razón totalitaria, que se expande y globaliza, que impone un proceso de racionalización que va ocupando todas las esferas de la vida social y del orden ecológico. La economía tiende por su propia "naturaleza" a desbordar la esfera de la producción para capitalizar a la naturaleza y a la cultura. La incorporación en la economía de las condiciones ecológicas de sustentabilidad, así como su desescalación y reconversión hacia una economía ecológicamente sustentable, no es un problema metodológico, de un ajuste de cuentas entre paradigmas teóricos; implica sobre todo un proceso histórico en el que las estrategias de poder en el saber han llevado a institucionalizar y a legitimar la racionalidad económica.

Si el crecimiento económico no es sostenible, si la racionalidad económica no contiene los mecanismos para su desactivación, entonces es necesario construir *otra racionalidad productiva* que pueda operar conforme a los principios de la sustentabilidad. Si los recursos de la naturaleza son limitados, si la segunda ley de la termodinámica es inescapable, si la flecha del tiempo es ineluctable y se manifiesta en la desestructuración de los ecosistemas y la degradación del ambiente; si la capacidad de la ciencia y la tecnología para revertir la entropía y para desmaterializar a la economía es ilusoria e incierta; entonces una razón guiada por un instinto de supervivencia y por la erotización de la vida debe llevar a la humanidad a buscar nuevas vías civilizatorias, antes de quedar atrapada en la complacencia generalizada dentro del fanatismo totalitario del orden económico establecido, en la creencia de que ello representa el estadio más alto de desarrollo de la civilización y que expresa la voluntad de los dioses. Más allá del propósito de incorporar los costos ecológicos dentro de una racionalidad que los rechaza y excluye, es necesario formular una nueva economía que funcione sobre la base de los potenciales ecológicos del planeta, del poder del saber, la ciencia y la tecnología, y las formas culturales de significación de la naturaleza.

Para la economía ecológica y la bioeconomía, los límites entrópicos deben acoplarse con una moral que limita el consumo exosomático. Empero, la solución no radica en una ética de la frugalidad y el tiempo libre, sino en una reorientación del deseo para generar nuevos procesos emancipatorios y la construcción de un nuevo paradigma productivo fundado en la productividad ecológica, los valores culturales, los significados subjetivos y la creatividad humana. La construcción de un nuevo paradigma productivo fundado en principios y bases de racionalidad ambiental implica una estrategia de desconstrucción de la racionalidad económica a través de actores sociales capaces de movilizar procesos políticos que conduzcan hacia las transformaciones productivas y del saber para alcanzar los propósitos de la sustentabilidad, más que a través de normas que puedan imponerse al capital y a los consumidores para reformar la economía. Más allá de la capitalización de la naturaleza por la vía de una racionalización económico-ecológica formal, la sustentabilidad se debate en el campo emergente de la ecología política, donde entran en juego las percepciones e intereses de los grupos mayoritarios de la sociedad, de las poblaciones del tercer mundo y de los pueblos indios, que se resisten a ser globalizados, reducidos a la condición de productores y consumidores del sistema de mercado reverdecido. Frente a las perspectivas del desarrollo sostenible, estos movimientos sociales reivindican sus espacios de autonomía para reapropiarse de su patrimonio de recursos naturales y culturales y para definir nuevos estilos de vida.[10]

En un escenario de diversidad cultural, soberanía nacional y autonomías locales, el nuevo orden sustentable no podrá construirse por la globalización del mercado, sino a través de procesos socioculturales en los que se definen nuevas estrategias de apropiación, uso y transformación de la naturaleza y donde la economía global habrá de reconstituirse como la articulación de economías locales sustentables. Estos procesos de transformación implicarán el encuentro de diversas racionalidades, algo mucho más complejo y complicado, pero más viable como estrategia de sustentabilidad, que los dictados del mercado.

La complejidad ambiental –que emerge del encuentro del orden físico, biológico, cultural y político; de ontologías, epistemologías y saberes; de lo real, lo imaginario y lo simbólico– no es sino resultado del fracaso de la epopeya homogeneizadora de la racionalidad económica de la modernidad; y es esta condición límite de la modernidad lo que reabre la historia hacia mundos de utopías, de creatividad y de posibilidades. De allí la necesidad de una construcción racional del futuro, que renueve las utopías, que incluya los aspectos no racionales (deseos, aspiraciones, valores) que no se reducen a valores de mercado. Ello implica comprender las sinrazones del sistema actual e incorporar los aspectos irracionales del ser que al fin y al cabo definen la calidad de vida de los hombres y mujeres que habitan este mundo.

LÍMITES DEL MERCADO. VALORIZACIÓN DEL AMBIENTE
Y PRODUCCIÓN DE SENTIDOS

El problema de la valorización de la naturaleza y la cultura como medio para asegurar las condiciones de sustentabilidad del sistema económico, no sólo radica en la imposibilidad de asignarles precios reales y justos a través de los mecanismos del mercado, sino en las consecuencias éticas que acarrea la sobreeconomización del mundo. La contradicción entre economía y ecología surge de la compulsión al crecimiento de la racionalidad económica. Esta dinámica económi-

[10] Ver caps 8-9, *infra.*

ca implica un uso creciente de materia y energía, enfrentándose a los umbrales de capacidad de carga, a la resistencia y a las condiciones de regeneración de la naturaleza; a la capacidad de dilución y reciclaje ecológico de residuos de los ecosistemas, y en última instancia al ineluctable incremento de la entropía, manifiesto tanto en la degradación de energía utilizable en los procesos tecnológicos como en la desestructuración de ecosistemas de los que depende la producción neguentrópica de biomasa.

Las limitaciones del mercado para regular los procesos ecológicos que constituyen la base de sustentabilidad del proceso económico no sólo se deben a que los procesos económicos, ecológicos y energéticos son inconmensurables, sino al hecho de que su "movilización" depende de racionalidades culturales diferentes y específicas. Por el carácter mismo de los recursos naturales y los servicios ambientales como bienes comunes y "posicionales" (Hardin, 1968), conforme los recursos se van se agotando, desestructurando y saturando, los ecosistemas pierden su carácter de valores de uso, limitando el funcionamiento de la racionalidad económica (Altvater, 1993).[11] La capitalización de la naturaleza individualiza a los recursos y a las personas, esto es, los abstrae de los sistemas ecológicos y culturales en donde adquieren su valor y su sentido como bienes comunes y comunales (Thompson, 1998). El individualismo metodológico implícito en el que se apoya la racionalidad económica crea la ilusión de que las personas podrían evitar el colapso ecológico a través de su conciencia ciudadana, sus demandas individuales y su "soberanía" como consu-

---

[11] "El valor de uso de los bienes posicionales no está ligado a mercancías individuales, sino a un ambiente de cuya calidad depende la posibilidad de ser producidos o usados. El consumo, distribución y acumulación de productos en los límites ecológicos no puede ser regulado por el mercado y por medio del dinero, puesto que simplemente no tienen el carácter de bienes que puedan ser consumidos libremente sobre una base individual. El principio ordenador de la racionalidad económica, con sus señales de precios y pagos, se convierte aquí en un principio de desorden que rebota sobre la economía. La falta de oportunidades de crecimiento debe traer a discusión criterios de asignación que no sigan definiendo la justicia como resultado de los procedimientos del mercado. Los sistemas económico y social reclaman una reorganización fundamental cuando la producción regida por el valor de cambio sólo es capaz de crear valores de uso con una capacidad limitada para satisfacer necesidades. En consecuencia, la acumulación capitalista de ninguna manera es ilimitada, aun cuando la tendencia expansionista del capital no reconozca fronteras. En vista de los limitados recursos y de la capacidad de carga de la tierra como ecosistema, los límites ecológicos se vuelven límites sociales y finalmente barreras a la racionalidad económica" (Altvater, 1993:230).

midores. El sentido de la existencia y la calidad de vida son presa del mercado. El sujeto ecologizado se parecería a ese famoso barón de Münchhausen, quien se salva de hundirse en el pantano al que ha caído jalándose de sus propios cabellos (Pêcheux, 1975: 30).

Frente a la crítica ecológica, la razón económica ha construido su propia defensa. La teoría del equilibrio y el crecimiento ha reafirmado como sus premisas verdaderas, falacias teóricas. De esta manera, presupone que el valor de los recursos se incrementará conforme aumenta la tasa de interés; que ésta conlleva un ritmo paralelo de crecimiento económico, y que estas variables establecen la tasa óptima de explotación de los recursos naturales. El sistema económico supone la existencia de agentes económicos racionales, cuyo comportamiento es coherente con las señales del mercado. Ello ha llevado a hipostasiar un principio racionalista del hombre como agente económico –su constitución como *homo economicus*–, sin ver que es justamente la institucionalización de la teoría económica la que genera sujetos ideológicos que van ajustando su comportamiento como sujetos "racionales", una vez que han sido convertidos en productores y consumidores para el mercado. La racionalidad económica es una construcción social y no el resultado de la evolución natural de la civilización humana:

El conflicto entre el mercado y las exigencias elementales de una vida social organizada suministró al siglo XIX su dinámica y produjo las tensiones y presiones típicas que finalmente destruyeron a esa sociedad [...] La verdadera crítica de la sociedad humana no es que estuviera basada en la economía [...] sino que su economía estaba basada en el propio interés. Tal organización de la vida económica es enteramente antinatural [...] Los pensadores del siglo XIX supusieron que en sus actividades económicas el hombre luchaba por la ganancia [...] que en su actividad económica tendería a regirse por lo que describían como el racionalismo económico, y que toda conducta contraria era resultado de una injerencia externa. De esto se desprendía que los mercados eran instituciones naturales, que surgirían naturalmente si solamente se dejaba en paz a los hombres. Así pues, nada podía ser más normal que un sistema económico que consistiera en mercados y bajo el único control de los precios de mercado, y una sociedad humana basada en tales mercados aparecía, por tanto, como la meta de todo progreso [...] En realidad [...] la conducta del hombre en su estado primitivo y a través del curso de la historia ha sido casi la contraria de la implicada en esa opinión [...] el mercado ha sido el resultado de una intervención consciente y con frecuencia violenta por parte del gobierno que impuso la organización mercantil a la sociedad para fines no económicos (Polanyi, 1992: 327-328).

La racionalidad económica ha desarrollado una estrategia de poder para legitimar su principio de racionalidad fundado en el modelo cientificista de la modernidad. Desde esa perspectiva, no sólo se define como racional la conducta de los actores sociales que se rigen por las motivaciones del mercado, la ganancia y la utilidad, sino que se busca deslegitimar los modos de organización social guiados por otros valores. En el discurso apologético de la globalización económica (que engloba al discurso del desarrollo sostenible) las prácticas tradicionales, así como las demandas de las comunidades locales y las sociedades no capitalistas, aparecen como derechos y valores, pero carentes de racionalidad. La racionalidad que rige el comportamiento de estas sociedades "tradicionales" no se constituye a través de leyes "objetivas" de su mundo ideal y material, si bien en toda organización cultural lo real es incorporado en los mundos de vida de los sujetos sociales a través de procesos de significación, de racionalización y de producción de sentidos, dentro de diferentes códigos culturales.

La globalización económica instala la soberanía del consumidor en el lugar de la soberanía de los pueblos, que en sus procesos históricos establece las reglas de cohesión y solidaridad social y los imaginarios colectivos que definen las necesidades y deseos de la gente dentro de organizaciones culturales diferenciadas. De estos principios emergen hoy en día las luchas de resistencia de los pueblos a subsumirse dentro de las reglas homogeneizantes del mercado globalizador, a ser reducidos a elementos de un "capital humano", a disolver sus valores y estilos de vida. Desde la ética surge una crítica a la racionalidad económica, planteando el carácter irreductible de los principios de autonomía, solidaridad y autosuficiencia a la razón reduccionista del mercado. La reivindicación de la calidad de vida en el debate ambiental va más allá de la percepción economicista sobre la producción y administración del ocio y del tiempo libre. El desarrollo sustentable no sólo está guiado por la racionalidad del equilibrio ecológico, sino por la "finalidad" del placer y el gozo, lo que da mayor complejidad al significado de la producción y el consumo. El bienestar, jalado por el deseo, no se agota ni en la acumulación de bienes ni en la frugalidad del consumo, sino en la calidad de vida derivada de procesos de significación cultural y sentidos subjetivos del valor de la vida. Y éstos son tan reales y fundamentales para los ciudadanos del mundo de la abundancia como para las comunidades indígenas que reclaman sus derechos de ser, así como condiciones económicas, políticas y ecológicas para satisfacer sus necesidades básicas.

La lógica del mercado dio lugar a un proceso de racionalización tecnológica fundado en el control y la eficiencia social, cerrando las vías a otras opciones históricas. Las cosmovisiones de las culturas tradicionales, fundadas en una visión más orgánica de la vida y de la relación con la naturaleza, fueron sustituidas por la visión mecanicista que emerge de la racionalidad cartesiana y la revolución industrial. La posmodernidad está generando una cultura de la diferencia, de la otredad y de la calidad de vida. Frente a los postulados del fin de la historia y de las ideologías se abre una nueva búsqueda de sentidos subjetivos, existenciales y civilizatorios. Ello implica una revisión de la dicotomía que ha generado la modernidad entre razón y sentimientos, entre fundamentos racionales y principios morales, entre las ciencias duras, los saberes personales y las prácticas tradicionales de las diferentes etnias, que integran conocimientos empíricos y valores culturales. En este sentido, la racionalidad ambiental cuestiona a la racionalidad de la modernidad, para valorizar otros principios de productividad y convivencia. Ello lleva a descubrir que las prácticas cotidianas, los sentimientos, los saberes empíricos y las tradiciones, los mitos y los ritos, constituyen diferentes matrices de racionalidad que dan coherencia y sentido a las diferentes formas de organización cultural. Las diferentes racionalidades culturales no son integrables dentro de un patrón único o estandarizado de *racionalidad ambiental;* no se subsumen en el modelo hegemónico y uniformador "de una lógica polar, dicotómica y excluyente" (De Oliveira Cunha, 1996).

La insustentabilidad ecológica y la imposible valoración económica de lo humano, la cultura, la ecología y el largo plazo, plantean el límite de la vía unidimensional y reduccionista de la racionalidad económica e instrumental. Al mismo tiempo se abre la posibilidad de pensar futuros alternativos y de generar otros valores y principios productivos para construir nuevos sentidos civilizatorios, desde la valorización de lo diverso y lo cualitativo. Sin embargo, la ética ambiental es incapaz de contener la destrucción de la naturaleza en tanto que sus principios remitan simplemente al establecimiento de códigos de conducta que se institucionalicen a través de normas sancionables dentro de los principios jurídicos del derecho positivo que complementa a la lógica formal de la racionalidad económica. Las políticas de la sustentabilidad están recodificando los valores conservacionistas dentro de la racionalidad del mercado, traduciendo los principios éticos en una evaluación de costos, en una voluntad y disponibilidad de pago, donde lo sustantivo de la cultura pasa a ser negociado a través de procedimientos jurídicos normales y traducidos en dinero. En este marco jurídico, las comunidades indígenas sólo podrían aspirar a reapropiarse de su patrimonio histórico de recursos mostrando su voluntad y capacidad para preservarlo como reservas de biodiversidad, convirtiéndolo en valor económico como reservas de recursos genéticos, espacios escénicos y capacidad de captura de carbono. De esta manera, éstas pueden ser pagadas como recursos ecoturísticos o ser capitalizadas por empresas de biotecnología dispuestas a apropiarse de su capital genético y su valor económico potencial. En esta perspectiva, sólo se podría preservar a la naturaleza a través de su reconversión en valores transables en el mercado. Así, la racionalidad económica mercantiliza la naturaleza, las conductas ecológicas y los valores culturales.

Sin embargo, la naturaleza y la cultura se resisten a tal sometimiento. El principio de democracia en la gestión de los recursos naturales no puede convertirse en un mecanismo de sujeción que legitimaría la participación en la toma de decisiones sólo en tanto los sujetos asumieran una posición negociadora dentro del esquema contable fijado por la racionalidad económica. La gestión democrática de la biodiversidad implica un proceso de concertación que permita dirimir conflictos, pero que también abre opciones para diferentes estrategias de apropiación, gestión y transformación de la naturaleza, dentro de los principios de racionalidad ambiental.

Ante el imperio de la racionalidad económica, la única acción racional es la que reconoce su "principio de realidad", ante el cual la sola opción posible es la que conduce a las estrategias de adaptación y supervivencia del más apto. Sin embargo, reconocer el mundo en que vivimos no implica que su racionalidad garantice bases de supervivencia de equidad y de sustentabilidad de largo plazo. Desactivar o desacelerar la inercia del proceso económico podría desencadenar un colapso del sistema que tuviera además efectos negativos para la sociedad y el medio ambiente. Pero ello no lleva a otorgarle la razón a este modelo o carta de naturalidad como producto de la evolución de la civilización humana o capacidad al mercado para recomponer el mundo. Ninguna ciencia permite reconocer que ésta sea la única o la mejor vía para el futuro de la humanidad. Así como la revolución

científica confrontó al orden teológico de su tiempo al sacar a la
Tierra del centro del universo y ponerla en su lugar incierto en el cosmos, un cambio de racionalidad debe operarse ahora frente a un orden social construido sobre la base de un interés económico que no
ofrece garantías de sustentabilidad y de justicia para la humanidad.
La construcción de una nueva racionalidad –una racionalidad ambiental– es la *gran transformación* que había imaginado y sustentado
Karl Polanyi en la libertad de una sociedad compleja ante la sobreeconomización del mundo y la pretensión autorreguladora del mercado.

La cuestión de la sustentabilidad plantea una encrucijada a la civilización humana, plagada de incógnitas, de riesgos e incertidumbres. Hoy percibimos la crisis de la racionalidad económica sobre la
cual se ha construido el mundo moderno. Pero al mismo tiempo se
han desmoronado los referentes teóricos e ideológicos, las cosmologías y las utopías, para guiar una transformación de la realidad, para
construir una racionalidad que oriente y dé viabilidad al tránsito hacia un desarrollo sustentable y democrático. Para responder al reto
del ambientalismo frente al límite de la razón económica no basta el
diagnóstico certero de la destrucción ecológica del planeta, la finitud de la existencia humana y la muerte entrópica del universo. En
el límite del paradigma neoliberal, frente al abismo del fin de la historia, es necesario construir una nueva racionalidad para crear (que
no descubrir) nuevos mundos. Debemos pues incorporar los límites
y potencialidades de lo Real que emergen de la complejidad ambiental, así como las condiciones del ser, y rastrear los signos de las respuestas posibles en la imaginación sociológica y en la creatividad política, para generar respuestas al riesgo ecológico y a los retos de la
sustentabilidad. Debemos construir alternativas racionales, fundadas
en el saber actual sobre las condiciones ecológicas del proceso productivo, en los valores de la democracia y en los principios de la diversidad cultural. Ello implica la necesidad de elaborar estrategias
para desconstruir esta racionalidad insustentable y construir una racionalidad ambiental.

RACIONALIDAD AMBIENTAL: ESTADO Y SOCIEDAD

La nueva racionalidad que se forja en los intersticios de los escombros
y las murallas de la racionalidad que funda la modernidad no surge

tan sólo de la confrontación con la racionalidad económica, sino con el todo social que la contiene, con el orden jurídico y el poder del estado. El ambiente emerge del campo de externalidad al que ha sido centrifugado por la centralidad de la racionalidad económica y el logocentrismo de las ciencias. De esta manera, la cuestión ambiental ha venido a problematizar las teorías científicas y los métodos de investigación para aprehender una realidad en vías de complejización que desborda la capacidad de comprensión de los paradigmas establecidos. Se ha planteado así la necesidad de interiorizar un saber ambiental emergente en el cuerpo de las ciencias naturales y sociales, para construir un conocimiento capaz de integrar la multicausalidad y las relaciones de interdependencia de los procesos de orden natural y social que determinan, condicionan y afectan los cambios socioambientales, así como para construir una racionalidad productiva fundada en los principios del desarrollo sustentable. De allí ha surgido un pensamiento de la complejidad (Morin, 1993) y métodos interdisciplinarios para la investigación de sistemas complejos (García, 1986, 1994), así como una estrategia epistemología para fundamentar las transformaciones del conocimiento que induce la cuestión ambiental (Leff *et al.*, 1986, 1994). Esta estrategia conceptual parte de un enfoque prospectivo sobre la construcción de una racionalidad social abierta hacia la diversidad y la complejidad, que confronta el proceso de racionalización de la modernidad fundado en la búsqueda de una unidad de la ciencia y en la unificación del mundo a través del mercado, lo que implica la necesidad de abrir las ciencias sociales y la reflexión sociológica a la cuestión ambiental, ya que:

Históricamente, la elección de las grandes dimensiones analíticas en la ciencia social [...] se ha hecho sin referencia a consideraciones ecológicas: la noción hegeliana sobre la racionalidad encarnada por el estado; la visión marxista sobre la lucha de clases como "motor de la historia"; los estados "naturales" de desarrollo de Compte; los "óptimos" de Pareto [...] En consecuencia, en la interfase vital hombre-ambiente, el análisis de vínculos entre fenómenos del ambiente natural y la actividad socioeconómica humana es radicalmente incompleto. Aparte de los considerables avances de la ecología humana [...], no existe ningún paradigma teórico acordado [...] Como resultado, las metodologías de investigación tienden a ser, ya sea *ad-hoc* [...] o indeseablemente rígidas para su aplicación a fenómenos del "mundo real" [...] Una buena parte de la teoría sociológica está orientada a la estructura y no a los procesos, y tiende a enfocarse hacia las instituciones. Esto ha llevado a tres problemas específicos: los de estabilidad y cambio, de fronteras y de inflexibilidad. La sociología tiene dificultad para abordar el cambio porque sus modelos han sido estáticos y sus acercamientos a los procesos de cambio social han sido apriorísticos. Ha tenido problemas con las fronteras porque el énfasis en las instituciones ha llevado a una tendencia a enfocar procesos dentro y entre ellas, y a ignorar la riqueza de las interacciones informales [...] frecuentemente ha sido incapaz de explicar fenómenos bien comprobados, porque no encuadran dentro de ninguno de sus paradigmas explicativos (Walker, 1987: 760, 774).

La construcción de una racionalidad ambiental es un proceso de producción teórica y de transformaciones sociales. La racionalidad ambiental es una categoría que aborda las relaciones entre instituciones, organizaciones, prácticas y movimientos sociales, que atraviesan el campo conflictivo de *lo ambiental* y afectan las formas de percepción, acceso y usufructo de los recursos naturales, así como la calidad de vida y los estilos de desarrollo de las poblaciones. Este conjunto de procesos sociales –donde se entretejen las relaciones entre las formaciones teóricas e ideológicas, la producción de saberes y conocimientos, la organización productiva y las prácticas sociales inducidas por los valores del ambientalismo–, orienta las acciones para construir una nueva racionalidad social y para transitar hacia una economía global sustentable.

La cuestión ambiental es una problemática eminentemente social, generada por un conjunto de procesos económicos, políticos, jurídicos, sociales y culturales. Este campo emergente ha sido abordado por un pensamiento de la complejidad en el que predomina una visión ecológica del mundo. La conexión entre lo social y lo natural ha estado guiada por el propósito de internalizar normas ecológicas y tecnológicas a las teorías y las políticas económicas, dejando al margen el análisis del conflicto social y las relaciones de poder que allí se plasman y se hacen manifiestas en torno a las estrategias de apropiación social de la naturaleza. Los procesos de destrucción ecológica y degradación socioambiental (pérdida de fertilidad de los suelos, marginación social, desnutrición, pobreza y miseria extrema), han sido resultado de prácticas inadecuadas de uso del suelo y de los recursos naturales, que dependen de un modelo depredador de crecimiento y de patrones tecnológicos guiados por la racionalidad de la maximización del beneficio económico de corto plazo, el cual revierte sus costos sobre los sistemas naturales y sociales.

La resolución de los problemas ambientales, así como la posibilidad de incorporar condiciones ecológicas y bases de sustentabilidad a los procesos económicos –de internalizar las externalidades ambientales en la racionalidad económica y los mecanismos del mercado– y para construir una racionalidad ambiental y un estilo alternativo de desarrollo, implica la activación de un conjunto de procesos sociales: la incorporación de los valores del ambiente en la ética individual, en los derechos humanos y en las normas jurídicas que orientan y sancionan el comportamiento de los actores económicos y sociales; la socialización del acceso y la apropiación de la naturaleza; la democratización de los procesos productivos y del poder político; las reformas del estado que le permitan mediar la resolución de conflictos de intereses en torno a la propiedad y aprovechamiento de los recursos y que favorezcan la gestión participativa y descentralizada de los recursos naturales; las transformaciones institucionales que permitan una administración transectorial del desarrollo; la integración interdisciplinaria del conocimiento y de la formación profesional y la apertura de un diálogo entre ciencias y saberes no científicos.

La construcción de una racionalidad ambiental es un proceso político y social que pasa por la confrontación y concertación de intereses opuestos; por la reorientación de tendencias (dinámica poblacional, crecimiento económico, patrones tecnológicos, prácticas de consumo); por la ruptura de obstáculos epistemológicos y barreras institucionales; por la innovación de conceptos, métodos de investigación y conocimientos, y por la construcción de nuevas formas de organización productiva. El saber ambiental, aun en sus construcciones teóricas y conceptuales más abstractas, emerge del cuestionamiento de una racionalidad insustentable, con el fin práctico de solucionar problemas y de elaborar políticas de desarrollo sustentable (Walker, 1987; Dwivedi, 1986). En un sentido más crítico y propositivo, el saber ambiental se orienta hacia la construcción de una nueva racionalidad social. En esta perspectiva, las formaciones teóricas e ideológicas, así como las prácticas del ambientalismo, emergen con un sentido prospectivo y utópico, reorientando valores, instrumentando normas y estableciendo políticas para construir sociedades sustentables.

El saber ambiental adquiere un sentido estratégico en la reconstrucción de la realidad social (Mannheim, 1936, 1940). El saber ambiental se configura desde su espacio de externalidad y negatividad, como un nuevo campo epistémico en el que se desarrollan las bases conceptuales para abordar la realidad compleja en la que se articulan procesos de diferentes órdenes de materialidad (físico, biológico, social), fundamentando y promoviendo la construcción de una nueva racionalidad social que incorpora las condiciones ecológicas y sociales de un desarrollo equitativo y sustentable. Estas transformaciones teóricas y sociales implican la necesidad de dilucidar los procesos ideológicos, los intereses sociales y las formas de organización que se plasman en la ética, los principios y los objetivos del movimiento ambientalista, así como la praxeología que orienta la acción social hacia la construcción de una racionalidad ambiental.

MAX WEBER Y EL CONCEPTO DE RACIONALIDAD

La cuestión ambiental confronta la racionalidad que ha constituido la jaula de hierro en la cual se ha forjado la modernidad –la orientación de la acción hacia fines preestablecidos; la preeminencia de la razón económica y tecnológica, la sobreeconomización y sobreobjetivación del mundo– para construir una nueva racionalidad, que recupere el sentido del pensamiento y la acción en el orden social y los mundos de vida de las personas, que integre la razón y los valores, la naturaleza y la cultura. Para ello será necesario recuperar el concepto de racionalidad de Weber y atraerlo al problema actual de la sustentabilidad.

El concepto de racionalidad constituye la pieza clave para el análisis que hace Weber de la constitución de la sociedad moderna: las formas de la conciencia y su materialización en la racionalidad de las instituciones sociales de la modernidad y en particular el racionalismo de la cultura occidental, que orienta la acción racional con arreglo a fines y de esa manera conduce un proceso de racionalización que legitima dichos fines y moviliza deseos, aspiraciones y conductas sociales para alcanzarlos. En este contexto teórico-metodológico, la racionalidad social se define como el sistema de reglas de pensamiento y de acción que se establecen dentro de esferas económicas, políticas e ideológicas, legitimando determinadas acciones y confiriendo un sentido a la organización de la sociedad en su conjunto. Estas reglas orientan procesos, prácticas y acciones sociales hacia ciertos fines, a través de medios socialmente construidos, que se reflejan en sistemas de creencias, normas morales, arreglos institucionales y patrones de producción. Para Weber, la acción social puede ser:

1) *racional con arreglo a fines:* determinada por expectativas en el comportamiento, tanto de objetos del mundo exterior como de otros hombres, y utilizando esas expectativas como "condiciones" o "medios" para el logro de fines propios racionalmente sopesados y perseguidos. 2) *racional con arreglo a valores:* determinada por la creencia consciente en el valor –ético, estético, religioso, o de cualquiera otra forma como se le interprete– propio y absoluto de una determinada conducta, sin relación alguna con el resultado, o sea puramente en méritos de ese valor, 3) *afectiva,* especialmente emotiva, determinada por afectos y estados sentimentales actuales, y 4) *tradicional:* determinada por una costumbre arraigada (Weber, 1983: 20).

Weber distingue distintos tipos de racionalidad –teórica, formal, instrumental y material o sustantiva–, que operan sobre las esferas institucionales de la economía, el derecho y la religión. La *racionalidad teórica,* que permite el control consciente de la realidad a través de la elaboración de conceptos cada vez más precisos y abstractos, se articula en la modernidad a una *racionalidad formal,* cuya expresión más contundente y dominante es el cálculo en capital, que rige los modos de producción y los mundos de vida de las personas. Estas concepciones del mundo se reflejan en la esfera jurídica en las reglas procesales abstractas del derecho, y en la esfera económica se traducen en teorías de la producción y en principios del cálculo económico que determinan las formas sociales de apropiación de la naturaleza, la explotación de los recursos y la degradación del ambiente. La *racionalidad instrumental* implica la consecución metódica de determinado fin práctico a través de un cálculo preciso de medios eficaces. En la esfera económica, se traduce en la elaboración y uso de técnicas eficientes de producción y en formas eficaces de control de la naturaleza, así como en la racionalización del comportamiento social para alcanzar ciertos fines (económicos, políticos); en la esfera del derecho se plasma en los ordenamientos legales que norman la conducta de los agentes sociales.

La *racionalidad material* o *sustantiva* ordena la acción social en patrones basados en postulados de valor. Si bien la opción entre distintos sistemas de valores no puede justificarse racionalmente, la forma como los sujetos orientan sus acciones con arreglo a estos valores es susceptible de evaluación en términos de procesos de racionalización ideológica, de consistencia de sus "exigencias" y "mandatos", y de la eficacia de las acciones sociales para alcanzar sus fines. Weber afirmará que el concepto de racionalidad material

es completamente equívoco. [En él] se plantean *exigencias* éticas, políticas, utilitarias, hedonistas, estamentales, igualitarias o de cualquier otra clase y de esa suerte se miden las consecuencias de la gestión económica [...] con arreglo a valores o a fines *materiales* [...] Actúa estrictamente de un modo racional con arreglo a valores quien, sin consideración de las consecuencias previsibles, obra en servicio de sus convicciones sobre lo que el deber, la dignidad, la belleza, la sapiencia religiosa, la piedad o la trascendencia de una "causa", cualquiera que sea su género, parecen ordenarle. Una acción racional con arreglo a valores es siempre [...] una acción según "mandatos" o de acuerdo con "exigencias" que el actor cree dirigidos a él (y frente a los cuales el actor se cree obligado) (Weber, 1983: 64-65; 20-21).

Los postulados de valor varían en contenido, comprensión y consistencia interna en su relación con las bases materiales que dan soporte a toda acción conducente a su consecución. Sin embargo, la acción orientada por valores puede también romper o desbordar los principios de la racionalidad formal e instrumental dentro de un esquema de relaciones entre fines y medios eficaces. La racionalidad sustantiva acoge a la diversidad cultural, la relatividad axiológica y el conflicto social que emergen entre valores e intereses diferentes. En este sentido, la racionalidad sustantiva no es un campo restricto a la acción tradicional, guiada por la costumbre, por la dominación de gerontocracias y economías patrimoniales, sino que se abre hacia otros valores más actuales que soportan o confrontan a los principios de la racionalidad formal e instrumental.

Para Weber el prototipo de la racionalidad moderna es la racionalidad formal, sobre todo en su expresión en la racionalidad económica que funciona con base en un cálculo en capital y a la cual se subordina la racionalidad instrumental. Así, considera que

El centro de gravedad del desarrollo técnico está en su condicionamiento económico; sin el cálculo racional como base de la economía y, por consiguiente, sin la existencia de condiciones histórico-económicas en extremo concretas, tampoco hubiera surgido la técnica racional (Weber, 1983: 49).

El concepto de racionalidad en Weber no es un concepto unívoco; sus sentidos se especifican en cada una de las esferas de racionalidad[12] y ha mostrado su potencia teórica en el campo de la sociología para explicar la constitución y funcionamiento del estado moderno y la empresa capitalista. El concepto de racionalidad abre importantes perspectivas para el análisis de la problemática ambiental; no por su referencia directa a la relación entre procesos sociales y naturales, sino porque hace posible reflexionar de manera integrada sobre los diferentes procesos –ideológicos, técnicos, institucionales, económicos y jurídicos– que permiten pensar, legitimar y sancionar acciones sociales; que determinan las transformaciones de la naturaleza y dan coherencia y eficacia a los principios materiales y a los valores éticos del ambientalismo. Es en términos de formas de racionalidad y de procesos de racionalización –más que de modos de producción– como es posible comprender el complejo de procesos sociales que determinan la constitución de relaciones de producción depredadoras de la naturaleza, o que proyectan la acción social hacia la construcción de otra racionalidad productiva, hacia la puesta en práctica de un proceso de gestión participativa de la sociedad sobre sus recursos productivos, orientada por los objetivos de un desarrollo sustentable.

En el análisis de la conducta humana, Weber pone el acento en el concepto de la significación vivida o de sentido subjetivo, a diferencia de Pareto, que descarta los aspectos subjetivos como una desviación o residuo de la conducta lógica ideal. Weber abre así la posibilidad de incorporar al estudio de la racionalidad social los aspectos cualitativos de los valores culturales, así como las motivaciones y fuerzas sociales que se plasman en el campo de la ecología política. Mientras que Pareto resalta los rasgos ideales comunes, Weber comprende los sistemas sociales e intelectuales dentro de sus rasgos singulares. Con el concepto de racionalidad sustantiva, Weber rechaza la validez de una jerarquía universal de fines, contraponiendo una diversidad de valores y estableciendo la inconmensurabilidad de fines y medios entre diferentes racionalidades.[13] Los procesos de racionalización –movimientos

[12] El propio Weber admite que los conceptos de racionalidad o racionalización adoptan diferentes acepciones según se trate del "tipo de racionalización a que el pensador sistemático somete una imagen del mundo, con el resultado de un creciente dominio teórico de la realidad mediante conceptos cada vez más precisos, o bien de la racionalización en el sentido de la consecución metódica de un determinado fin práctico mediante el cálculo cada vez más preciso de los medios adecuados" (Weber, 1963: 265, cit. Habermas, 1989: 228).

[13] Para Weber "la defensa del pluralismo cultural se basa en un pluralismo axiológico primigenio, en donde cada valor representa una forma especial tan válida como cualquier otra" (Gil Villegas, 1984: 46).

sociales, transformaciones teóricas, innovaciones tecnológicas, cambios institucionales, ordenamientos jurídicos– que orientan la construcción de una racionalidad ambiental son susceptibles de ser sistematizados y de asignarles prioridades, pero no es posible establecer en ellos un orden jerárquico de racionalidad.[14] En este sentido, Weber abre el pensamiento sociológico al análisis de la diversidad cultural, de los sentidos subjetivos y los valores éticos que movilizan a los actores sociales del ambientalismo en una perspectiva afín con los principios de pluralidad política y diversidad cultural.

El concepto de racionalidad, como un sistema de razonamientos, valores, normas y acciones que relaciona medios y fines, permite analizar la coherencia de un conjunto de procesos sociales que intervienen en la construcción de una teoría de la producción y la organización social fundada en los potenciales de la naturaleza y en los valores culturales. El concepto de racionalidad ambiental permitiría sistematizar los principios materiales y axiológicos de su teoría, organizar la constelación de argumentos que configuran el saber ambiental, y analizar la consistencia y eficacia del conjunto de acciones desplegadas para el logro de sus objetivos. Al mismo tiempo permite ver la confrontación y la convivencia de racionalidades que no se subsumen en una lógica unificadora, sus estrategias de poder y el diálogo posible que establecen dentro de una política de la diferencia.[15]

El pensamiento ambiental ha elaborado principios conceptuales, políticos y éticos que sostienen una teoría alternativa del desarrollo, que incorpora los potenciales de la naturaleza y los valores de la democracia participativa a nuevos esquemas de organización social. Esta teoría está legitimando un conjunto de derechos que norman el comportamiento social, que ordenan procesos materiales y movilizan acciones sociales para generar estrategias alternativas de producción, así como nuevos patrones de consumo y estilos de vida. La puesta en práctica de los principios del ambientalismo requiere instrumentos eficaces para la gestión ambiental. Así se han venido ela-

---

[14] "La historia no puede sujetarse al significado trascendental del inexorable avance dialéctico de la 'razón' hegeliana o las leyes evolucionistas de cualquier tipo o al eje de una sola esfera institucional, tal como la economía [...] La historia es un laberinto de procesos de racionalización que llegan a constituirse en órdenes legítimos dentro de una sociedad. Algunos de estos procesos convergen, otros chocan, otros más se dividen para coincidir en un momento futuro y algunos llegan a traslaparse, surgiendo y luchando con otros procesos en diversas esferas. Por esta razón, los distintos procesos no pueden jerarquizarse en un patrón legal de evolución" (Gil Villegas,1984: 44).

[15] Ver caps. 6 y 7, *infra*.

borando ordenamientos legales e innovaciones técnicas para el control de la contaminación y la evaluación de impacto ambiental, que norman la toma de decisiones sobre proyectos de desarrollo; asimismo, se ha planteado la necesidad de elaborar inventarios e indicadores de sustentabilidad (CEPAL, 1991) y cuentas del patrimonio de los recursos naturales y culturales (Sejenovich y Gallo Mendoza, 1996), para incorporar las condiciones ecológicas y las externalidades ambientales a los instrumentos del cálculo económico y evaluar prácticas alternativas de manejo de los recursos.

Los principios de racionalidad económica y tecnológica son así cuestionados por las condiciones ecológicas y por los principios de diversidad y equidad del desarrollo sustentable. Así como la racionalidad capitalista está dominada por una racionalidad formal e instrumental, la racionalidad ambiental se sostiene en sus principios de racionalidad teórica y sustantiva, que incluye los valores de la diversidad étnica y cultural, de lo cualitativo sobre lo cuantitativo. Estos valores se articulan con los principios materiales y los potenciales productivos que sustentan un paradigma de productividad ecotecnológica[16] para impulsar un desarrollo sustentable. Ello implica la necesidad de elaborar sus propios instrumentos de evaluación y ejecución, y los medios que aseguren la eficacia de las estrategias políticas y las acciones sociales para alcanzar sus objetivos.

La constitución de una racionalidad social fundada en los principios de sustentabilidad implica un conjunto de procesos de desconstrucción y transformación de la racionalidad económica así como de los aparatos ideológicos, las prácticas institucionales y las instancias de poder que legitiman e instrumentan sus procedimientos y sus acciones. La construcción de una racionalidad ambiental implica la administración transectorial del estado y la gestión participativa de la sociedad para el desarrollo sustentable, la construcción de un saber ambiental interdisciplinario, la incorporación de normas ambientales al comportamiento de los agentes económicos, las conductas individuales y las organizaciones sociales. Pero más allá de plantearse nuevos valores, objetivos y fines a los que habría que orientar el pensamiento y la acción racional, la cuestión ambiental expresa la crisis de la racionalidad en la que se ha fundado el proyecto de modernidad. La racionalidad ambiental se construye desconstruyendo la racionalidad económica y científica de la modernidad.

[16] Ver cap. 4, *supra*.

LA CONSTRUCCIÓN DEL CONCEPTO DE RACIONALIDAD AMBIENTAL

El discurso ambientalista apunta hacia un conjunto de cambios institucionales y sociales necesarios para contener los efectos ecodestructivos de la racionalidad económica y asegurar un desarrollo sustentable. La sociedad capitalista ha generado un proceso de racionalización formal e instrumental creciente, que ha moldeado todos los ámbitos de la organización burocrática, los métodos científicos y los patrones tecnológicos, así como los diversos órganos del cuerpo social y los aparatos del estado, penetrando en la piel y en la intimidad de los mundos de vida de las personas. La cuestión ambiental no sólo plantea la necesidad de introducir reformas al estado, de incorporar normas al comportamiento económico, de producir técnicas para controlar los efectos contaminantes y disolver las externalidades sociales y ecológicas generadas por la racionalidad del capital. Sobre todo cuestiona la posibilidad de alcanzar la sustentabilidad dentro de la racionalidad social fundada en el cálculo económico, en la formalización, control y uniformización de los comportamientos sociales, y en la eficiencia de sus medios tecnológicos.

Los principios de racionalidad en los que se ha fundado la civilización moderna han inducido un proceso global de degradación socioambiental que ha socavado las bases de sustentabilidad del proceso económico, minando los principios de equidad social y negando los valores de la diversidad. La cuestión ambiental abre así nuevas perspectivas al desarrollo, descubriendo nuevos potenciales ecológicos y sociales, transformando los sistemas de producción y de conocimiento, estableciendo nuevos principios éticos que –antes y más allá de toda ontología, de toda epistemología y de todo imperativo de objetividad, eficacia y productividad– reorientan el comportamiento de la sociedad dentro de una racionalidad alternativa.

Pero ¿en qué sentido podemos hablar de "racionalidad" –de *otra racionalidad*– cuando pretendemos desenmascarar y desconstruir los cimientos mismos que dan cuerpo y sentido al concepto moderno de racionalidad? El concepto de racionalidad ha quedado cercado (codificado, significado) por el principio de una conducción "racional" del pensamiento y de la acción para alcanzar fines racionalmente establecidos. Ello ha instaurado un criterio discriminatorio en la razón, en el pensamiento y en la acción entre las diferentes formas de ordenamiento simbólico y de significación del mundo, así como en los comportamientos sociales –en las tradiciones, las costumbres y las emociones–, por la idea de alcanzar fines preestablecidos a través de la construcción social de medios eficaces. La dicotomía entre la razón (un tipo particular de ordenamiento de la razón), los sentimientos y los comportamientos, ha exacerbado la disyunción originaria en el pensamiento metafísico occidental entre el ser y el ente en la comprensión del mundo. Y es este proceso globalizante y totalitario de racionalización formal –cuya expresión más acabada es la racionalidad científica y económica–, lo que ha conducido a la crisis ambiental.

La crítica a la racionalidad de la modernidad ha desbordado al pensamiento crítico al que de Marx a Habermas, pasando por Weber, Horkeimer, Adorno y Marcuse, se ha recurrido para combatir las formas de manifestación e imposición de esa racionalidad en la sociedad. Y sin embargo, el distanciamiento con respecto a ese cerco de racionalidad formal, instrumental, capitalista, no podría ser una renuncia a la razón, a la conducción de la acción a través de sentidos no pensados. Éste salto fuera del imperativo categórico de la razón de la modernidad implica poner el pensamiento al servicio de lo "por pensar" (Heidegger). Ese nuevo pensamiento pone en juego diversas formas de comprensión, de entendimiento, de valoración. El abstencionismo de la razón no podrá avizorar los potenciales ocultos ni desentrañar los sentidos que habrán de movilizar la acción social ante la muerte entrópica del planeta y la muerte simbólica de la humanidad. Más allá del propósito de Weber de comprender cómo la sociedad moderna se construyó a partir de los axiomas de la racionalidad, es necesario comprender las vías por las cuales esa racionalidad ha destruido las bases de sustentabilidad y los sentidos existenciales del mundo actual. Esta desconstrucción del proceso histórico construido sobre el predominio del criterio de racionalidad va de la mano de la construcción de una *nueva racionalidad* capaz de orientar las acciones sociales hacia un futuro sustentable, sobre la base de otros principios teóricos y éticos.

La racionalidad ambiental que orienta la construcción de la sustentabilidad implica un encuentro de racionalidades –de formas diferentes de pensar, de imaginar, de sentir, de significar y de dar valor a las cosas del mundo. En ese contexto, las contradicciones entre ecología y capital van más allá de una simple oposición de dos lógicas abstractas contrapuestas; su solución no consiste en subsumir la racionalidad económica en la lógica de los sistemas vivos o en internalizar un sistema de normas y condiciones ecológicas en la dinámica del capital. La diferencia entre la racionalidad ambiental y la racionalidad capitalista se expresa en la confrontación de intereses sociales arraigados en estructuras institucionales, paradigmas de conocimiento, formas de comprensión del mundo y procesos de legitimación, que enfrentan a diferentes agentes, clases y grupos sociales.

Las acciones y políticas ambientales no se circunscriben a los principios de una racionalidad ecológica, pues como ha advertido George Canguilhem, si bien la evolución biológica es un proceso finalizado (teleonomía), le faltan sus órganos de legitimación. La "lógica" de la unidad económica campesina y el "estilo" étnico de una cultura, remiten a racionalidades sociales constituidas como sistemas complejos de creencias, comportamientos, acciones y prácticas, irreductibles a una lógica común y unificadora. La racionalidad ambiental no es la expresión de una lógica, sino un nudo complejo de procesos materiales y simbólicos, de razonamientos y significaciones construidas por un conjunto de prácticas sociales y culturales, heterogéneas y diversas. Los principios que organizan estos procesos y les dan sentido a través de reglas, medios y fines socialmente construidos, desbordan a las leyes derivadas de la estructura de un modo de producción. Por ello el propósito de resolver las contradicciones entre la lógica del capital, la dinámica de los procesos ecosistémicos y las leyes biológicas debe prevenirse para no caer en una fácil analogía entre la organización de los sistemas sociales y los sistemas biológicos.[17]

Más allá de la ecologización del orden social, la construcción de una racionalidad ambiental plantea la intervención de un conjunto de procesos sociales: la reforma democrática del estado para encauzar la participación de la sociedad en la gestión de los recursos; la reorganización transectorial de la administración pública; la formación de una ética ambiental; la construcción de un nuevo saber, que

---

[17] "Para poder identificar la composición social con el organismo social, en el sentido propio de este término, sería necesario poder hablar de las necesidades y de las normas de vida de un organismo sin residuo de ambigüedad [...] Pero basta con que un individuo se interrogue en una sociedad cualquiera acerca de las necesidades y las normas de esta sociedad y las impugne, signo de que estas necesidades y esas normas no son las de toda la sociedad, para que se capte hasta qué punto la norma social no es interior, hasta qué punto la sociedad, sede de disidencias contenidas o de antagonismos latentes, está lejos de plantearse como un todo. Si el individuo cuestiona la finalidad de la sociedad, ¿acaso no es ése el signo de que la sociedad es un conjunto unificado de medios, carentes precisamente de un fin con el cual se identificaría la actividad colectiva permitida por la estructura?" (Canguilhem, 1971: 202-203).

más allá de su relación de objetividad con el mundo se da en su relación con el ser. El principio de gestión participativa de los recursos ambientales tiene implicaciones que desbordan a la incorporación de los criterios de racionalidad ecológica dentro de los instrumentos de la racionalidad económica, en el comportamiento de los actores sociales del movimiento ambientalista y en las prácticas de la gestión ambiental. La racionalidad ambiental no es, pues, la expresión de una lógica o de una ley (del valor, del mercado, de la entropía, del equilibrio ecológico); es la resultante de un conjunto de normas, significaciones, intereses, valores y acciones que no se dan fuera de las leyes de la naturaleza, pero que la sociedad no se limita simplemente a imitar. Así, la dialéctica entre lógicas opuestas se traduce en una *dialéctica social* que induce transformaciones del conocimiento y de las bases materiales de los procesos productivos. Es una dialéctica que no se deduce de una ontología de lo real, sino que emerge de una dialógica guiada por la otredad.

La racionalidad capitalista se ha asociado con la racionalidad científica y tecnológica en el propósito de incrementar la capacidad de control social de la realidad y una eficacia creciente entre medios y fines. La problemática ambiental cuestiona la legitimidad de esta racionalidad social fundada en una racionalidad científica que aparece como el instrumento más elevado de racionalidad, capaz de resolver, a partir de su creciente poder predictivo, las "irracionalidades" o externalidades del sistema.[18]

La transición de una racionalidad capitalista hacia una racionalidad ambiental implica la confrontación de intereses y la concertación de objetivos comunes de diversos actores sociales que inciden en todas las instancias de los aparatos del estado (Althusser, 1971). Éstos configuran el campo conflictivo de la cuestión ambiental, que prevalece y se manifiesta más allá del propósito del discurso y la política del desarrollo sostenible de disolver este conflicto a través de un consenso mundial en torno a los retos del "cambio global" y frente al "futuro común" de la humanidad. En ese contexto el saber ambiental emerge como un pensamiento crítico que avanza con un propósito estratégico, transformando los conceptos y métodos de una

---

[18] "El argumento racionalista de la supuesta comunidad de la ciencia afirma que la ciencia proporciona un control predictivo acumulativo del medio ambiente y que su posición evidentemente privilegiada en este sentido sobre todos los demás sistemas de creencias conocidos es una piedra de toque universal de racionalidad." (Hesse, 1985: 174).

constelación de disciplinas y construyendo nuevos instrumentos para la gestión ambiental. Ello conduce a un *primer nivel* en la construcción de una racionalidad ambiental, que implicaría el ordenamiento de un conjunto de objetivos, explícitos e implícitos, del desarrollo sustentable; de instrumentos y medios; de métodos y técnicas de producción; de reglas sociales, normas jurídicas y valores culturales; de sistemas de conocimiento y de significación; de teorías y conceptos. La racionalidad ambiental estaría constituida por un conjunto de criterios para la toma de decisiones de los agentes sociales, para orientar las políticas públicas, normar los procesos de producción y consumo, y legitimar las acciones y comportamientos de diferentes actores y grupos sociales para alcanzar ciertos fines definibles y objetivos del desarrollo sustentable.[19]

En este "primer nivel" la racionalidad ambiental interviene aún dentro de la norma que conduce el pensamiento y la acción con arreglo a nuevos objetivos y valores: al integrar procesos de racionalidad teórica, instrumental y sustantiva, la categoría de racionalidad ambiental permite analizar la consistencia de los principios del ecologismo en sus formaciones discursivas, las reformas administrativas del estado, las normas jurídicas y los cambios institucionales, para alcanzar ciertos fines establecidos. La racionalidad ambiental articula las bases materiales, los instrumentos técnicos, las normas legales y las acciones sociales en una perspectiva integrada, y funciona como un concepto heurístico para analizar y orientar los procesos y las acciones ecologistas hacia esos fines. Sin embargo, el sentido de la racionalidad ambiental desborda los fines del ordenamiento ecológico. La racionalidad ambiental se construye y concreta a través de la relación entre la teoría y la praxis que surge en el terreno práctico de una problemática social generalizada, orientando el saber en el campo estratégico del poder y de la acción política. La categoría de racionalidad ambiental da coherencia a los enunciados teóricos del discurso ambiental y a la eficacia en sus momentos de "expresión", es decir, al poder transformador del concepto en sus aplicaciones prácticas.[20]

---

[19] En este nivel se establecen, por ejemplo, las normas ecológicas industriales; los sistemas de áreas protegidas y reservas de la biosfera; los cálculos de la huella ecológica, las cuentas verdes y los indicadores de sustentabilidad; la legislación ambiental y los sistemas normativos de la geopolítica del desarrollo sostenible, incluyendo los criterios y normas establecidos en los convenios de biodiversidad y cambio climático.

[20] "La riqueza de un concepto científico se mide por su poder deformador. Esta riqueza no puede asignarse a un fenómeno aislado al que le sería reconocida una ri-

La orientación de criterios y acciones para alcanzar los objetivos de la sustentabilidad implica una praxeología que dé eficacia a los diversos procesos que conducen las acciones sociales hacia la concreción práctica de sus fines, y en sus estrategias de poder frente a la racionalidad capitalista, considerando las diferencias y el antagonismo entre ambas racionalidades, pues como apunta Marcuse,

En el desarrollo de la racionalidad capitalista, la irracionalidad se convierte en razón: razón como desarrollo desenfrenado de la productividad, conquista de la naturaleza, ampliación de la masa de bienes; pero irracional, porque el incremento de la productividad, del dominio de la naturaleza y de la riqueza social se convierten en fuerzas destructivas (Marcuse, 1972: 207).

La sobreexplotación de los recursos naturales y de la fuerza de trabajo, la degradación ambiental y el deterioro de la calidad de vida, antes problemas marginales (aunque funcionales) para el sistema económico, fueron adquiriendo en su proceso acumulativo y expansivo del capital un carácter crítico para su crecimiento. De allí el propósito de internalizar las externalidades ambientales refuncionalizando la racionalidad económica y sus paradigmas de conocimiento reorientados hacia los fines de la sustentabilidad. En el concepto de racionalidad ambiental prevalece un valor de adaptación y convivencia sobre la voluntad de dominio de la naturaleza en el que se fundan la racionalidad capitalista y los paradigmas de la ciencia moderna. Los principios, valores y procesos que constituyen una racionalidad ambiental son inconmensurables con una racionalidad capitalista e irreductibles a un patrón unitario de medida; ni las preferencias de los consumidores futuros, ni los procesos ecológicos de largo plazo, ni los valores humanos ni los derechos ambientales son traducibles a valores monetarios actuales. Adelantándose a las argumentaciones de la economía ecológica sobre la inconmensurabilidad, la distribución ecológica y la diferenciación de racionalidades, Weber había afirmado que

queza cada vez mayor de caracteres, y sería cada vez más rico en comprensión [...] Habrá que deformar los conceptos primitivos, estudiar sus condiciones de aplicación y sobre todo incorporar las condiciones de aplicación de un concepto en el sentido mismo del concepto. Es en esta última necesidad en la que reside [...] el carácter dominante del nuevo racionalismo, correspondiente a una fuerte unión de la expresión y de la razón" (Bachelard, 1938: 61).

La comparación de procesos productivos de distinta naturaleza y con medios de producción de distintas clases y múltiple aplicabilidad es cosa que resuelve para sus fines el cálculo de rentabilidad de la explotación sirviéndose de los costos en dinero, mientras que para el cálculo natural se ofrecen aquí difíciles problemas que no pueden resolverse de un modo objetivo [...] el cálculo natural *no* podría resolver el problema de la *imputación* del rendimiento total de una explotación a sus "factores" y disposiciones particulares, en la misma forma que esto lo realiza hoy el cálculo de rentabilidad en dinero; y que por eso, cabalmente, el actual abastecimiento *de masas* por medio de *explotaciones* produciendo en masa opone la más fuerte resistencia a aquella forma de cálculo [...] La imposibilidad de una solución *racional* (a los problemas del cálculo natural para una "socialización plena") sólo indicaría [...] que éste no se apoya en postulados técnicos, sino como en todo socialismo de *convicciones* en postulados éticos y de otra clase, igualmente absolutos; cosa que ninguna ciencia puede emprender [...] La racionalidad formal y material (cualquiera que sea el valor que la oriente) discrepan *en principio* en toda circunstancia [...] Pues la racionalidad formal del cálculo *no dice* en sí *nada* sobre la naturaleza de la distribución de los bienes naturales (Weber, 1983: 78, 79, 80, 83).

Y como insiste Weber, si llegan a "coincidir" la racionalidad formal y la racionalidad material, no es sino por el forzamiento de la primera sobre la segunda:

Como criterio racional de la producción para un *número* máximo de hombres, la experiencia de los *últimos* decenios muestra la coincidencia de la racionalidad formal y la material, por razón del tipo de impulsos que ponen en movimiento la única clase de acción social económica que es adecuada al cálculo en dinero [...] sólo en conexión con la forma de distribución de los *ingresos* puede decirnos algo la racionalidad formal sobre el modo de abastecimiento material (Weber, 1983: 83).

Más allá del sentido que adquiere este primer nivel de comprensión y aplicabilidad de los principios de una racionalidad ambiental, entendida como nuevos imperativos y fines a alcanzar, ésta no podría reducirse a una investigación de operaciones o a un método sistémico con el propósito de organizar más eficazmente medios limitados para alcanzar los objetivos –más ecológicos y complejos, pero cuantificables– de la sustentabilidad. El ambientalismo cuestiona la racionalidad formal e instrumental de la civilización moderna –la codificación y valorización de la naturaleza en términos de un cálculo de capital y la racionalidad económica guiada por las fuerzas ciegas del mercado–, para construir otra racionalidad, fundada en otros principios y valores, en otras fuerzas materiales y medios técnicos, a través de la movilización de recursos humanos, naturales, culturales y gnoseológicos que impiden que sus estrategias puedan ser evaluadas en términos del modelo de racionalidad generado por el capitalismo. De lo que se trata entonces es de analizar los procesos de legitimación y las posibilidades de realización de los propósitos transformadores del ambientalismo, frente a las restricciones que impone a su proceso de construcción la institucionalización de los mecanismos del mercado, de la razón tecnológica y de la lógica del poder establecidos. La racionalidad ambiental se construye así mediante la articulación de cuatro niveles de racionalidad:

a) una racionalidad material o sustantiva que establece el sistema de valores que norman los comportamientos sociales y orientan las acciones hacia la construcción de una racionalidad social fundada en los principios teóricos (saber ambiental), materiales (racionalidad ecológica) y éticos (racionalidad axiológica) de la sustentabilidad.

b) una racionalidad teórica que construye los conceptos que articulan los valores de la racionalidad sustantiva con los procesos materiales que la sustentan. La teoría hace inteligible una concepción de la organización social en su conjunto y de esta manera orienta la acción práctica hacia su construcción. Fuera de toda lógica que se constituiría en una racionalidad formal que codifica y constriñe todos los órdenes de racionalidad (como la lógica formal del capital), la racionalidad teórica ambiental da soporte a la construcción de otra racionalidad productiva, fundada en el potencial ecológico y en las significaciones culturales de cada región y de diferentes comunidades.

c) una racionalidad técnica o instrumental que produce los vínculos funcionales y operacionales entre los objetivos sociales y las bases materiales del desarrollo sustentable a través de acciones coherentes con los principios de la racionalidad material y sustantiva, generando un sistema de medios eficaces –que incluye un sistema tecnológico adecuado y una praxeología para la transición hacia una racionalidad ambiental, así como las estrategias de poder del movimiento ambiental.

d) una racionalidad cultural, entendida como un sistema de significaciones que conforma las identidades diferenciadas de formaciones culturales diversas, que da coherencia e integridad a sus prácti-

cas simbólicas, sociales y productivas. La racionalidad cultural establece la singularidad de racionalidades ambientales heterogéneas
que no se someten a la lógica general de una racionalidad formal, sino que alimenta la constitución de seres culturales diversos.

Más allá de la inconmensurabilidad entre los principios, procesos
y objetivos de racionalidades diferentes, la conformación de una racionalidad ambiental plantea el problema de su construcción teórica
y social, de la posibilidad de que ésta pueda funcionar como una praxeología, "como toda actividad finalizada, con posibilidad de poseer
una 'lógica' que le asegure la eficacia frente a una serie de restricciones" (Godelier, 1969: I, 18). Ello tiene relevancia para comprender el
proceso social de construcción de un paradigma de productividad
ecotecnológica, así como para analizar la eficacia del movimiento ambientalista para revertir los costos sociales y ambientales de la racionalidad económica dominante y para construir otra racionalidad social.
Sin embargo, esta racionalidad trasciende a un nuevo esquema de fines y medios "ecologizados", incluso aquellos que hoy día buscan
incorporar la incertidumbre de los procesos ecológicos y los procesos
disipativos, el análisis multicriterial en la toma de decisiones y la apertura de la ciencia hacia otros saberes en una gestión ambiental.

RACIONALIDAD AMBIENTAL SUSTANTIVA

La cuestión ambiental emerge como una problemática social del desarrollo, planteando la necesidad de normar los procesos de producción y consumo que, sujetos a la racionalidad económica y a la lógica del mercado, han degradado el ambiente y la calidad de vida. De
esta crisis ambiental surgen nuevos valores y fuerzas materiales para
la construcción de un nuevo orden social que se van plasmando como principios de las formaciones discursivas del ambientalismo y
fundamentos de una racionalidad ambiental:

1] El derecho de todos los seres humanos al desarrollo pleno de
sus capacidades, a un ambiente sano y productivo, y al disfrute de la
vida en armonía con su medio ambiente.

2] Los derechos de los pueblos a la autogestión de sus recursos
ambientales para satisfacer sus necesidades y orientar sus aspiraciones desde diferentes valores culturales, contextos ecológicos y condiciones económicas.

3] La conservación de la base de recursos naturales y de los equilibrios ecológicos del planeta como condición para un desarrollo sustentable y sostenido, que satisfaga las necesidades actuales de las poblaciones y preserve su potencial para las generaciones futuras.

4] La valoración del patrimonio de recursos naturales y culturales de la humanidad, incluyendo el valor de la diversidad biológica, la heterogeneidad cultural y la pluralidad política.

5] La apertura de la globalización económica hacia una diversidad de estilos de desarrollo sustentable, fundados en las condiciones ecológicas y culturales de cada región y cada localidad.

6] La eliminación de la pobreza y de la miseria extrema, la satisfacción de las necesidades básicas y el mejoramiento de la calidad de vida de la población, incluyendo la calidad del ambiente, los recursos naturales y las prácticas productivas.

7] La prevención de catástrofes ecológicas, de la destrucción de los recursos naturales y de la contaminación ambiental.

8] La construcción de un pensamiento complejo que permita articular los diferentes procesos que constituyen la complejidad ambiental, comprender las sinergias de los procesos socioambientales y sustentar un manejo integrado de la naturaleza.

9] La distribución de la riqueza y del poder a través de la descentralización económica y de la gestión participativa y democrática de los recursos naturales.

10] El fortalecimiento de la capacidad de autogestión de las comunidades y la autodeterminación tecnológica de los pueblos, con la producción de tecnologías ecológicamente adecuadas y culturalmente apropiables.

RACIONALIDAD AMBIENTAL TEÓRICA

La racionalidad ambiental no puede concretarse tan sólo a partir de sus valores morales, sino que debe arraigarse en procesos materiales que dan soporte a una racionalidad social alternativa, reconstituyendo las relaciones de producción del hombre con la naturaleza y reorientando el desarrollo de las fuerzas productivas sobre bases de sustentabilidad. Estos principios están inspirando nuevas teorías, desde las ecosofías y el pensamiento de la complejidad inspirado en la ecología hasta los enfoques emergentes de la bioeconomía, la economía ecológica y la economía ambiental, para generar una economía sustentable.

La racionalidad ambiental teórica aparece así como una producción conceptual orientada hacia la construcción de una racionalidad social y productiva, fundada en nuevos valores y potenciales. Al dar congruencia a los postulados y principios de una racionalidad ambiental sustantiva, permite activar un conjunto de procesos materiales que dan soporte a nuevas estrategias productivas fundadas en el potencial que ofrece el ambiente, articulando niveles de productividad ecológica, cultural y tecnológica. Este potencial ecotecnológico se va realizando en un proceso prospectivo que orienta las prácticas científicas, tecnológicas y culturales para construir y objetivar esos niveles de productividad. Se plantea así la articulación de un sistema de recursos naturales con un sistema tecnológico apropiado y con sistemas culturales, políticos y económicos, que norman y condicionan la construcción de ecosistemas productivos integrados a las fuerzas productivas y a las relaciones sociales, políticas y económicas de diferentes formaciones ambientales (Leff, 1994a).

La teoría ambiental sistematiza y da coherencia a los postulados de valor de las formaciones ideológicas del discurso ambientalista, y organiza conceptualmente los diferentes procesos naturales y sociales que constituyen el soporte material de la racionalidad ambiental, contrastable, en sus espacios de aplicación y en función de sus objetivos diversos, con las prácticas productivas derivadas de la racionalidad económica o tecnológica dominante. De esta forma, la racionalidad teórica orienta la elaboración de los instrumentos de gestión ambiental y del desarrollo sustentable.

RACIONALIDAD AMBIENTAL TÉCNICA O INSTRUMENTAL

La racionalidad técnica o instrumental establece los medios que confieren su eficacia a la gestión ambiental, incluyendo las ecotécnicas y tecnologías limpias, los instrumentos legales y los arreglos institucionales de las políticas ambientales, así como las formas de organización del movimiento ambiental de donde surgen las fuerzas sociales y las estrategias de poder para transformar la racionalidad económica dominante. El propósito de internalizar los costos ecológicos y las externalidades ambientales en el cálculo económico y de generar un potencial ambiental para un desarrollo sustentable, plantea la necesidad de elaborar un conjunto de instrumentos económicos, legales y técnicos, de procesos de legitimación y racionalización, de organizaciones institucionales y de dispositivos de poder, todo ello para traducir los objetivos de la gestión ambiental en acciones, programas y mecanismos concretos para la construcción de una sociedad ecológica.

La ineficacia de la planificación y la gestión ambiental no sólo se debe al hecho de que el discurso ambiental se ha constituido como un discurso crítico (Marcuse) o un "juicio racional independiente" (Mannheim) para revertir los efectos de la racionalidad capitalista, pero que carece de los instrumentos técnicos para construir, a partir de los elementos de racionalidad teórica y sustantiva, los instrumentos de una racionalidad funcional y operativa. Por el contrario, el propósito de ecologizar a la economía y a la sociedad ha sido cooptado por el discurso del desarrollo sostenible, y las prácticas de planificación del estado han sido marginadas por las políticas neoliberales. Al mismo tiempo, la geopolítica del desarrollo sostenible se ha convertido en un proceso de racionalización económica y tecnológica que convierte la sustentabilidad en un fin objetivable y soluble mediante una racionalidad económica e instrumental.[21]

Empero, los valores que constituyen la racionalidad sustantiva y los principios de la gestión ambiental impiden que sus proyectos y procesos sean evaluados con los instrumentos de la racionalidad económica e instrumental dominantes, y reducidos a una unidad de medida homogénea y de cálculo. De allí se ha planteado la necesidad de elaborar nuevos indicadores de carácter cualitativo y cuantitativo, para dar consistencia a esta nueva racionalidad: cuentas del patrimonio natural y cultural, indicadores ambientales y métodos multicriteriales de toma de decisiones, evaluadores sobre calidad de vida. Sin embargo, la ética ambientalista y los procesos sociales inscritos en el campo de la ecología política rompen el molde de una racionalidad instrumental ecologizada y complejizada, pero orientada hacia fines preestablecidos y objetivables por una lógica económica o ecológica. La apertura hacia la diversidad cultural y la diferencia aparece como lo más sustantivo de la racionalidad ambiental.

---

[21] Ver cap. 3, *supra*.

RACIONALIDAD AMBIENTAL CULTURAL

Weber considera a la cultura como un conjunto de esferas o sistemas conectados empíricamente con el racionalismo occidental. Así reconoce *esferas culturales de valor* que comprenden a la ciencia y la técnica, las artes, la literatura, el derecho y la moral; *sistemas culturales de acción* en los que se elaboran sistemáticamente estas tradiciones en ámbitos organizativos institucionales; los *sistemas centrales de acción* –economía capitalista, estado moderno, familia– que fijan estas estructuras en la sociedad, y los *sistemas de personalidad,* que establecen las disposiciones para la acción y las orientaciones valorativas que subyacen al comportamiento metódico en la vida (Habermas, 1989: 224). Estas esferas culturales de valor, aun en su inconmensurabilidad y su diversidad, se inscriben dentro del proceso de racionalización de esa cultura suprema de la modernidad que emerge del principio de racionalidad.

Weber no se refiere a la dispersión del concepto de racionalidad para pensar las matrices de racionalidad (de pensamiento-acción) de las sociedades tradicionales. Sin embargo, el principio de racionalidad sustantiva que establece el valor de la diversidad y del proceso de diversificación ecológica y cultural desconstruye el concepto de racionalidad cultural entendido como un orden homogéneo –e incluso hegemónico–, para plasmarlo en sus diferencias irreductibles. Si bien este principio de diversificación ha acompañado a la evolución de la naturaleza y de la cultura, no ha sido hasta ahora el principio de una conciencia ética o una deontología universal.

La categoría de racionalidad ambiental integra las diversas organizaciones culturales y las racionalidades de las diferentes formaciones socioeconómicas, de los pueblos y comunidades, que constituyen a las naciones del mundo globalizado. Los valores del ambientalismo incluyen el derecho de los pueblos a resignificar y reapropiarse la naturaleza que habitan, y el principio de gestión ambiental implica la participación directa de las comunidades en el manejo de sus recursos. La racionalidad ambiental no es la racionalización de los valores intrínsecos de la naturaleza o de una "esencia" de las culturas. Los valores "intrínsecos" de la naturaleza que reclaman las políticas conservacionistas son ya un valor cultural asignado a la naturaleza. Los valores que se entretejen en las prácticas tradicionales de una formación cultural incorporan ciertos principios de la organización ecológica del medio en el que se han asentado y florecido diferentes grupos étnicos; a su vez, la cultura imprime su sello en la naturaleza a través de sus formas de significación del medio y de los usos socialmente sancionados de los recursos. La racionalidad ambiental acoge así a las diferentes formas culturales de aprovechamiento de los recursos de las comunidades para satisfacer sus necesidades fundamentales y su calidad de vida. En este sentido, la racionalidad ambiental cultural organiza y da especificidad al proceso de mediación entre la sociedad y la naturaleza, a través de los estilos étnicos y las normas culturales de aprovechamiento de los recursos naturales.[22]

La racionalidad ambiental cultural establece un vínculo entre el principio de diversidad cultural y su realización dentro de organizaciones culturales específicas. De esta manera conduce a un diálogo de saberes, entre los saberes encarnados en identidades culturales y los saberes que desde la ética, la técnica y el derecho fortalecen las identidades y capacidades locales. El proceso de racionalización ambiental implica así la realización de un proceso de desconstrucción de la cultura dominante y hegemónica para incorporar los valores de una cultura ecológica y ambiental, al tiempo que se abre al encuentro con los valores de otras culturas y una política de la interculturalidad, que no está exenta de contradicciones y antagonismos.

La *política cultural* que emerge en el encuentro de racionalidades culturales, se confronta con los principios de la racionalidad ambiental sustantiva –del conjunto de principios y valores ecológicos que se viene legitimando como un orden ecológico universal, incluyendo los nuevos derechos humanos al ambiente. Así, por ejemplo, el calentamiento global ha generado una condición de vulnerabilidad y riesgo en relación con las prácticas tradicionales de uso del fuego para los cultivos itinerantes. De esta manera, la racionalidad ecológica (independientemente de que ésta haya sido causada por la racionalidad económica y no por las propias prácticas tradicionales) impone una razón de fuerza mayor que se convierte en norma y regla de prohibición de prácticas productivas que operaban dentro de una racionalidad ecológica, otrora sustentable y arraigada en la cultura local. En este sentido, la racionalidad ecológica se funde con la racionalidad económica que confronta a las racionalidades culturales locales. Si la racionalidad económica fue la que dominó, subyugó y excluyó a las culturas, ahora la racionalidad ecológica constriñe el despliegue de las prácticas tradicionales y conduce desde la cultura

---

[22] Ver cap. 8, *infra*.

ecológica la configuración de nuevas identidades y nuevas prácticas dentro de la geopolítica del desarrollo sostenible. Por otra parte, la democratización de los derechos humanos –el derecho a tener derechos– está llevando a un encuentro de sus diferencias en diversos contextos culturales. Así, los derechos de la mujer imponen una condición de respeto e igualdad que va penetrando como un juicio externo a las comunidades locales donde la sumisión y opresión de la mujer están aún interiorizadas en los usos y costumbres de sus culturas patriarcales.

Pero mientras los valores ecológicos y los derechos culturales emergentes van penetrando en los regímenes de racionalidad vigentes, llegando a confrontar los valores culturales tradicionales, al mismo tiempo la racionalidad ambiental se erige como una barrera contra el proceso de racionalización que lleva a subsumir a las culturas tradicionales dentro de los cánones de la racionalidad moderna, a través de su extensión a los paradigmas de las ciencias sociales y de la antropología. Tim Ingold (1996) critica con razón la aplicación de los modelos de juicio racional *(rational choice)* y de la conducta adaptativa derivada de la ecología evolutiva para comprender el comportamiento de estos hombres "primitivos".[23] La racionalidad ambiental cultural se demarca así de la racionalidad económica y ecológica dominante.

RACIONALIDAD ECONÓMICA/RACIONALIDAD AMBIENTAL

La construcción de una racionalidad ambiental implica un "proceso de racionalización" que confiere legitimidad a los criterios de toma de decisiones y que orienta un conjunto de acciones hacia los fines del desarrollo sustentable. La construcción de una racionalidad ambiental es la realización de una utopía,[24] de un proyecto social que

---

[23] En este sentido Tim Ingold (1996:42) ha afirmado que "la selección natural aparece (en cuanto modelo de explicación del comportamiento del cazador-recolector) no como un proceso del mundo real, sino como una reflexión de la razón científica en el espejo de la naturaleza, proveyendo al teórico con el pretexto para exhibir modelos *de* comportamiento como si fueran explicaciones *del* comportamiento." Ingold sostiene que, más que estar inscritas en una determinación genética o en un código cultural, sus conductas responden a un proceso de "habilitación" *(enskillment)* que deriva de sus habilidades perceptivas y cognoscitivas frente a los cambios del medio.

[24] Más allá de la utopía de Mannheim como el campo de posibilidades que construye el pensamiento propositivo en la conexión que establece con la potencia de lo

surge como respuesta a otra racionalidad que ha tenido su periodo histórico de construcción, de legitimación, de institucionalización y de tecnologización. La racionalidad ambiental emerge debatiéndose y avanzando a través de la racionalidad capitalista que se plasma en la esfera económica, tecnológica, política y cultural del régimen civilizatorio hegemónico y dominante. El proceso de transición hacia la sustentabilidad se caracteriza por la oposición de intereses y perspectivas de ambas racionalidades, por sus estrategias de dominación y por sus tácticas de negociación. Es un proceso transformador de formaciones ideológicas, prácticas institucionales, funciones gubernamentales, normas jurídicas, valores culturales, patrones tecnológicos y comportamientos sociales que están insertos en un campo de fuerzas en el que se manifiestan los intereses de clases, grupos e individuos, que obstaculizan o movilizan los cambios históricos para construir esta nueva racionalidad social. La construcción de la racionalidad ambiental se inscribe dentro de una dialéctica social, que implica un conjunto de procesos políticos y sociales que expresan la confrontación de dos "lógicas" opuestas.

En la esfera de la racionalidad económica, la racionalidad formal e instrumental es dominante, fundamentándose y legitimándose en los valores de la productividad y la eficiencia que ha llegado a generar una "razón tecnológica" (Marcuse, 1968). Por su parte, la racionalidad ambiental se apoya más en sus valores (pluralidad étnica, racionalidades culturales, economías autogestionarias no acumulativas, diálogo de saberes), que en sus medios instrumentales. El concepto de calidad de vida y de calidad ambiental como objetivos de la estrategia ambiental de desarrollo sustentable funda su racionalidad en los valores cualitativos de sus metas, en una racionalidad sustantiva entendida como un sistema de significaciones y valores culturales caracterizado por su diversidad, por una política de la diferencia y una ética de la otredad.

La diferencia entre estas dos racionalidades (su carácter inconmensurable), va más allá de la posibilidad de transformar los fines

real y la movilización de la acción social hacia el logro de sus objetivos, la utopía ambientalista se presenta como un proyecto realizable a través de estrategias de poder y de saber para vencer los obstáculos que plantea el pensamiento como representante de los intereses establecidos. La utopía no es una trascendencia, sino la realización de lo posible a través de la acción estratégica. La utopía adquiere nuevas perspectivas en el pensamiento de Levinas al inscribirse en una ética de la otredad, que abre un infinito donde la meta a alcanzar no es proyectable como acción consciente dirigida con arreglo a fines previsibles.

del desarrollo a los que apuntan los propósitos de la racionalidad ambiental con los medios de la racionalidad económica y sus instrumentos tecnológicos. La racionalidad ambiental, construida por la articulación de procesos ecológicos, tecnológicos y culturales –con su expresión en diferentes espacialidades y temporalidades–, así como los principios de diversidad cultural y de equidad social en torno a objetivos de carácter más cualitativo, impiden evaluar la gestión ambiental del desarrollo como una función objetivo generalizable y cuantificable en una unidad de medida. En este sentido, la racionalidad ambiental implica "otra razón" que parte de la crítica a la racionalidad tecnológica y el cálculo económico que conforman el instrumental de la civilización moderna orientada por los principios de la ganancia, la eficiencia y la productividad inmediatas.

La crisis ambiental emerge como una manifestación de la exclusión de la naturaleza, la cultura y la subjetividad del núcleo duro de racionalidad de la modernidad. Sin embargo, los criterios científicos para ecologizar a la economía y los juicios éticos para incorporar al orden social los nuevos valores ambientales y los nuevos derechos humanos, no parecen tocar el corazón de la racionalidad que pervierte al sistema. La ética y el pensamiento ecologista no han generado un sentido suficientemente fuerte para contener el ímpetu expansionista y globalizador de la racionalidad económica. La racionalidad ambiental es una racionalidad consciente de los límites de lo racional, es decir, del hecho de que la calidad de vida depende de procesos subjetivos, de valores que no son plenamente comprensibles y expresables a través de un código universal, que no son administrables por una regla objetiva ni instrumentables por un programa de gobierno comprometido con la sustentabilidad. La calidad de vida implica la irrupción de la diferencia, de la diversidad cultural y del valor de la subjetividad, frente al modelo de una racionalidad objetiva que ha fijado lo real en una realidad presente inconmovible e insostenible.

La sumisión de la naturaleza a las leyes del mercado pone en riesgo la preservación del equilibrio ecológico y de la complejidad organizativa que sustenta su coevolución con las diversas culturas que integran a la raza humana. La organización de las culturas y de los ecosistemas aparece así como una condición de sustentabilidad, como un conjunto de principios creativos y potenciales productivos que orientan la reconstrucción social frente a la racionalidad económica que domina el valor de la vida y el sentido de la existencia. La racionalidad ambiental reconoce los diferentes procesos materiales que constituyen el ambiente y la complejidad de sus interrelaciones. En este sentido conduce hacia la construcción de un paradigma de productividad ecotecnológica que se funda en la articulación de un sistema de recursos naturales con un sistema de significaciones culturales y un sistema tecnológico adaptado a las condiciones de sustentabilidad de los ecosistemas y de autogestión de las comunidades. Este sistema productivo se funda en el potencial sinérgico de sus relaciones; articula la dinámica de procesos ecológicos de los que dependen la productividad ecológica de la naturaleza, los procesos culturales de coevolución, innovación y apropiación de la naturaleza, y los procesos tecnológicos que transforman los recursos naturales en satisfactores sociales.

La racionalidad ambiental se construye integrando las esferas de racionalidad teórica, sustantiva, material, instrumental y cultural. Ello implica que esta racionalidad no se sostiene simplemente en principios de una ética conservacionista, sino que estos valores se convierten en principios productivos que dan coherencia a una nueva teoría de la producción, la cual requiere mecanismos que le den eficacia, alimentándose y orientando los avances y aplicaciones de la ciencia y la tecnología. En este sentido, la racionalidad ambiental produce una nueva teoría de la producción orientada a establecer un balance entre la producción neguentrópica de biomasa y recursos renovables y la ineluctable degradación entrópica en la transformación productiva de la naturaleza. Este paradigma ecotecnológico está regulado por racionalidades culturales diversas, es decir, por los procesos cognoscitivos y de significación cultural que permiten una apropiación colectiva de las nuevas teorías, técnicas y métodos por parte de las propias comunidades en un proceso descentralizado de producción. Es en el nivel local donde se definen las racionalidades ambientales de cada comunidad en función de los potenciales ecológicos y culturales de cada región. Allí se enraizan los potenciales ambientales de una nueva racionalidad productiva que orienta la coevolución ecológico-cultural a través de estrategias de manejo sustentable de los recursos naturales. Esta racionalidad productiva no tiene pretensiones de universalidad y hegemonía. Cada cultura deberá delimitar y dar sentido al sistema de recursos naturales y tecnológicos que constituyen sus formas de apropiación y transformación de la naturaleza. La construcción de una racionalidad ambiental plantea así la articulación de las economías regionales y locales al orden global.

De estos principios surge la contraposición entre racionalidad económica y racionalidad ambiental. La primera intenta medir (y de esa manera controlar) los valores de la diversidad cultural y biológica, los procesos de largo plazo, las diferencias sociales y la distribución ecológica a través de la contabilidad económica. La segunda incorpora los valores culturales diversos asignados a la naturaleza y la inconmensurabilidad de los procesos ecológicos de los que dependen la resiliencia, los equilibrios y la productividad de los ecosistemas complejos y de la biodiversidad, así como de los procesos culturales y tecnológicos de los que depende la sustentabilidad del proceso económico. La primera busca regular los equilibrios ecológicos, incorporando las condiciones ecológicas y culturales dentro del orden económico establecido. La segunda arraiga en la racionalidad de las sociedades locales y sus economías de autosubsistencia, fundadas más en los valores tradicionales de culturas diversas y en sus identidades propias, que dan sentido a la producción con la naturaleza. En esta perspectiva, la sustentabilidad se construye como un proceso marcado por una dispersión de intereses sociales que plasman el campo de la ecología política dentro de proyectos culturales diversos.

Estas dos racionalidades se definen por los diferentes modos de apropiación de la naturaleza y se caracterizan por diferentes principios, valores y medios para alcanzar sus objetivos. Así, la contraposición entre racionalidad económica y racionalidad ambiental no es una confrontación teórica entre la visión mecanicista de la racionalidad formal y de las leyes del mercado, y la concepción orgánica y de los sistemas ecológicos, sino que se manifiesta sobre todo en la manera como las motivaciones individuales, las normas culturales y las instituciones sociales interiorizan una regla mecanicista o una visión ecologista del mundo, así como por las diferentes formas de valorización significativa de la naturaleza desde diferentes racionalidades culturales. En este sentido, los procesos de significación y las prácticas culturales desarrolladas a través de la convivencia con las condiciones de resiliencia, conservación y productividad de los ecosistemas se contraponen a la racionalidad que emerge del individualismo metodológico de la economía.

Desde esta perspectiva es posible saldar la controversia entre conservación y crecimiento, entre ecologismo y desarrollismo, como una irresoluble contradicción entre principios de racionalidad económica y valores subjetivos, o en la sumisión de los valores éticos al predominio de los principios de una racionalidad formal a través de acciones con arreglo a valores. La supremacía de la racionalidad económica se desmorona ante la evidencia del deterioro ambiental, la pobreza y la desigualdad social crecientes en el mundo que ha construido. Desde esa situación límite se construye la racionalidad ambiental a través de un concepto que integra las condiciones ecológicas de producción sustentable con los procesos de significación que conforman formas diversas de organización cultural. La controversia entre racionalidades se desplaza del terreno neutro de la discusión teórica al de las estrategias sociales por la apropiación de la naturaleza.

ÉTICA PARA LA VIDA Y RACIONALIDAD AMBIENTAL

Dentro del discurso y las políticas del desarrollo sostenible se han venido acuñando un conjunto de eslogans y clichés con los que se pretende conformar una cierta ética del desarrollo sostenible. Enunciados de principios tales como "pensar globalmente y actuar localmente", el principio precautorio, las responsabilidades comunes pero diferenciadas, el consentimiento previo informado, etc., que surgen de los Principios de Río promulgados en la Conferencia sobre Medio Ambiente y Desarrollo celebrada en Río de Janeiro en 1992, han adquirido derecho de ciudadanía, plasmándose en una *Carta de la Tierra*. Inspirados en el pensamiento ecologista y una teología (ecológica) de la liberación (Boff, 1996), estos principios no sólo circulan en el imaginario abstracto de la conciencia ecológica de una ciudadanía ambiental emergente y en los instrumentos legales que sirven para normar conductas y sancionar acciones de actores sociales. A su vez, se van insertando en las formaciones discursivas y en la negociación de intereses que entran en juego en los instrumentos de la gobernabilidad del desarrollo sostenible. De esta manera, una cierta "ética del desarrollo sostenible" se entreteje en las disputas entre las reglas de la bioseguridad y los imperativos del crecimiento económico, entre las reglas comerciales de la OMC y los regímenes ambientales de los Acuerdos Ambientales Multilaterales, y en las negociaciones de los Convenios sobre Cambio Climático y Biodiversidad. Los principios de racionalidad sustantiva tensan las vías en las que se van plasmando los acuerdos internacionales para conducir "racionalmente" acciones concertadas hacia un "desarrollo sostenible".

Sin embargo, los enunciados "éticos" que se plasman en el discurso del desarrollo sostenible no alcanzan a constituir una deontología, es decir, un conjunto de principios que a través del consenso alcancen legitimidad y operatividad para reorientar los procesos de racionalización de la cultura global; no constituyen principios universales que lleven a establecer una ética formal y a orientar acciones racionales con arreglo a valores, dentro de los cánones prevalecientes de la racionalización social. Menos aún lo son los principios más críticos y radicales de una *ética ambiental* que antepone a los criterios ecológicos los principios de la diversidad cultural, la política de la diferencia y la ética de la otredad (PNUMA, 2002).

Los principios éticos del ecologismo han sido asimilados a las estrategias discursivas y a las políticas del desarrollo sostenible; incluso los valores intrínsecos que fundamentan una política conservacionista son codificados y refuncionalizados dentro del proceso de racionalización económica. Por otra parte, los principios éticos del ambientalismo radical son sistematizados y operacionalizados a través de conceptos, teorías, técnicas, para construir las bases materiales de una nueva racionalidad social y de un paradigma productivo alternativo. Éstos se plasman en un ideario que moviliza a nuevos actores sociales en el campo de la ecología política, y a través de la legitimación de nuevos derechos colectivos llega a incidir en las políticas ambientales y a generar nuevas estrategias productivas, instrumentos tecnológicos y normas jurídicas. De esta manera, los valores del ambientalismo se traducen en potenciales para edificar un nuevo orden económico mundial sobre bases de sustentabilidad ecológica, de equidad social y diversidad cultural. La ética de la sustentabilidad construye estrategias de poder que desplazan el requisito de su consistencia formal como condición de legitimidad para reintegrarse a un orden de racionalidad formal y operativa, en el sentido que señala Habermas:

La racionalidad de los valores que subyacen a las preferencias de acción se mide no por su contenido material, sino por sus propiedades formales, es decir, viendo si son lo suficientemente fundamentales como para poder servir de base a una *forma de vida regida por principios.* Sólo los valores que pueden ser abstraídos y *generalizados* y transformados así en principios, que pueden ser interiorizados como principios básicamente *formales* y aplicados *procedimentalmente,* pueden ejercer una fuerza orientadora de la acción lo bastante intensa como para trascender las situaciones concretas, y, en el límite, penetrar sistemáticamente todos los ámbitos de la vida, poner bajo la fuerza unificadora de una idea toda una biografía e incluso la historia entera de grupos sociales (Habermas, 1989: 232).

La ética ambiental no es una conciencia de especie ni un saber de fondo que al unificar a la humanidad en torno a un principio ecologista genérico pudiera ser acogido por la racionalidad económica o por un nuevo orden ecológico "formal y operativo". No es una moral de época, como la ética protestante, que se constituyó en un modo racional de vida en el ascenso del sistema capitalista (Weber, 1930). La ética ambiental surge y se inscribe dentro de diferentes racionalidades culturales, como en el ejemplo del budismo primitivo, al que Weber considera como una ética racional "en el sentido de un dominio siempre vigilante de todas las tendencias naturales, pero con un fin totalmente distinto" (Weber, 1983: 487). La racionalidad ambiental no toma esos principios y valores como fines a los cuales habría que inventar los medios eficaces para su consecución. La racionalidad ambiental rompe el presupuesto que constituye a la categoría de racionalidad, entendida como la conducción racional de acciones y medios con arreglo a fines predeterminados. Los propósitos de estos valores, al constituirse en objetivos cuantificables y mensurables, abrirían la posibilidad para instrumentar una gestión racional de la sustentabilidad.

La racionalidad ambiental rompe con la supremacía del principio de racionalidad instrumental; ningún fin justifica medios que perviertan el fin buscado; los propósitos de la sustentabilidad no son fines plenamente objetivos y objetivables. Puesto que la construcción de sociedades sustentables involucra un proceso temporal, el fin está en un futuro que no es plenamente prediseñado. Toda racionalidad empecinada en alcanzar el fin caería en la paradoja de anular el futuro como la creatividad que desborda los procesos de racionalización; sería tautológica, redundante y totalitaria. La racionalidad ambiental abre horizontes y futuros en los que los fines no justifican los medios porque sus valores modulan a sus medios. Pero los fines tampoco están dados, no están visibles ni son previsibles, pues lo posible de un futuro sustentable está guiado por el encuentro con la otredad y la apertura hacia un porvenir a través de un diálogo de saberes.[25]

La racionalidad ambiental desborda así el marco conceptual de Weber y de Habermas, en el sentido de que los procesos de racionalización (basados en valores) sólo pueden obrar sobre los órdenes de la vida social porque la estabilidad de los órdenes legítimos depende de que se reconozcan fácticamente pretensiones de validez tales que

---

[25] Ver cap. 7, *infra.*

puedan ser atacadas desde dentro del orden mismo donde se realizan. La ética ambiental no se conforma a la idea weberiana de comprender su diversidad "mediante la adecuada construcción de tipos racionales, es decir, destacando las formas internamente más 'consecuentes' de comportamiento práctico deducibles de premisas bien sentadas" (Weber, 1963: 252, en Habermas, 1989: 258). Weber queda allí atrapado en las mallas teóricas del racionalismo idealista. La racionalidad sustantiva no se estabiliza y legitima con la construcción de tipos racionales, sino a través de estrategias de poder, donde más allá de la dispersión de valores, fines y formas de argumentación –incluso los consensos sobre los valores humanos o ecológicos– los valores se confrontan en la práctica con el poder efectivo de la racionalidad económica y sus instrumentos materiales, imaginarios y simbólicos.

Los valores ambientales penetran con dificultad en las conciencias; alcanzan reconocimientos relativos porque en muchos casos no se pueden fundar en un conocimiento fáctico, en una correlación entre valores, hechos y experiencias; entre racionalidad sustantiva y material –es el caso de los riesgos ecológicos, de la transgénesis, de la ambivalencia de la bioética entre el resguardo de valores tradicionales y religiosos asociados a sus recursos bióticos y los prospectos de sus aplicaciones médicas–, que muchas veces se disuelven en su confrontación con las razones de fuerza mayor de la racionalidad dominante. Los valores entran en un juego de simulaciones dentro de estrategias de poder en las cuales se van legitimando los sentidos relativos y nunca definitivos de relaciones de valores-intereses que conducen en formas ambiguas hacia procesos de racionalización (de normatividad ecológica). Estos valores no son formalizables dentro de una lógica y en el orden de una razón que "se ha convertido en una 'finalidad sin fin', que precisamente por ello, se puede utilizar para cualquier fin" (Horkheimer y Adorno, 1969).

La racionalidad cambia de signo cuando se plantea desde la perspectiva de la existencia que abrió Nietzsche como respuesta al nihilismo al que lleva la racionalidad de la modernidad. En este sentido afirmaba que

Se logró el sentimiento de la *falta de valor* cuando se comprendió que el carácter global de la existencia no debe ser interpretado ni con el concepto de "fin", ni con el concepto de "unidad", ni tampoco con el concepto de "verdad". Con ello no se logra ni alcanza nada; falta la unidad abarcadora en la pluralidad del acontecer: el carácter de la existencia no es "verdadero" [...] uno no tiene ya en absoluto fundamento ninguno para persuadirse de un mundo verdadero (Deleuze, 2000:).

Heidegger dislocó el sentido de la verdad oculto en una noción de razón y un criterio de verdad en los que no había cabida para el sentimiento ni para la "irracionalidad" de acciones que se mostraran inconsistentes con los códigos e intereses de los procesos de racionalización social conducidos por el pensamiento único y hegemónico que llevó a cosificar y objetivar el mundo, excluyendo el sentimiento y los valores éticos del orden de lo racional. En este sentido afirmó:

Quizá lo que aquí [...] llamamos sentimiento o estado de ánimo es más racional y más percipiente, porque es más abierto al ser que toda razón, el cual convertido entretanto en *ratio* se interpretó equivocadamente por racional. El mirar de reojo a lo irracional, como el engendro de lo racional irreflexivo, prestó un servicio raro. El concepto corriente de cosa, ciertamente, conviene en todo tiempo a cada cosa. A pesar de esto, no capta la cosa existente, sino que la atraca (Heidegger, 1958:48).

La ética ambiental rompe así los esquemas de racionalidad fundados en la verdad objetiva y abre las perspectivas a una nueva racionalidad en la que el valor de la vida pueda reencontrarse con el pensamiento y amalgamarse la razón con el sentido de la existencia.

6. ECOLOGÍA POLÍTICA Y SABER AMBIENTAL

EL SABER Y EL DISCURSO AMBIENTAL

La problemática ambiental ha abierto un nuevo campo del saber –y del poder en el saber– que se despliega en las estrategias discursivas y en las políticas del desarrollo sostenible. El saber ambiental no emerge del desarrollo normal e interno de las ciencias, sino del cuestionamiento a la racionalidad dominante. Esta problematización de las ciencias –la crítica a su logocentrismo y a su fraccionamiento en áreas compartimentadas del conocimiento– induce la transformación de diferentes paradigmas del conocimiento para internalizar un saber ambiental "complejo".

La complejidad de los problemas sociales asociados con los cambios ambientales globales ha abierto el camino a un pensamiento de la complejidad y a métodos interdisicplinarios de investigación, capaces de articular diferentes conocimientos para comprender las múltiples relaciones, causalidades e interdependencias que establecen procesos de diversos órdenes de materialidad: físico, biológico, cultural, económico, social. Sin embargo, la demanda de un saber integrado para la comprensión de los procesos socioambientales no se satisface ni se agota en un pensamiento unificado por los isomorfismos estructurales, la formalización lógica y la matematización de los procesos objeto de diferentes campos de conocimiento, en una teoría general de sistemas (Bertalanffy, 1976), ni se restringe a un método interdisciplinario capaz de integrar los conocimientos, disciplinas y saberes existentes (Leff, 1986b, 1994a, cap. 1). El saber ambiental surge de una problemática social que desborda a los objetos del conocimiento y al campo de racionalidad de las ciencias. La cuestión ambiental emerge de una problemática económica, social, política, ecológica, como una nueva visión del mundo que transforma los paradigmas del conocimiento teórico y los saberes prácticos. Por el carácter global de esta problemática social del conocimiento y del saber, la cuestión ambiental inaugura una nueva perspectiva de análisis en el campo de la sociología del conocimiento.

Las perspectivas que abre Foucault en el campo del saber permiten ver la irrupción del saber ambiental como efecto de la saturación de los procesos de racionalización de la modernidad y de los paradigmas científicos –la teoría económica, el pensamiento sistémico, la ecología generalizada– como dispositivos de poder en este proceso de racionalización. El saber ambiental se inscribe en las formaciones ideológicas del ambientalismo y en las prácticas discursivas del desarrollo sustentable, incorporando nuevos principios y valores: de diversidad cultural, sustentabilidad ecológica, equidad social y solidaridad transgeneracional. Pero, sobre todo, emerge con un sentido crítico de la racionalidad dominante y con un sentido estratégico en la construcción de una racionalidad ambiental. De esta manera, el saber ambiental se entreteje en las teorías y prácticas discursivas del desarrollo sustentable-sostenible, transformando saberes y conocimientos, y reorientando el comportamiento de agentes económicos y actores sociales.

En el discurso emergente sobre el cambio global se incorporan diversos temas relativos a la ecologización del orden económico mundial: la innovación de tecnologías "limpias", adecuadas y apropiadas para el uso ecológicamente sustentable de los recursos naturales; la recuperación y el mejoramiento de las prácticas tradicionales (ecológicamente adaptadas) de uso de los recursos para la autogestión comunitaria de los mismos; el marco jurídico de los nuevos derechos ambientales, la normatividad ecológica internacional y la legislación nacional de las políticas ambientales; la organización del movimiento ecologista; la interiorización del saber ambiental en los paradigmas del conocimiento, en los contenidos curriculares de los programas educativos y en las prácticas pedagógicas, y la emergencia de nuevas disciplinas ambientales.

Desde esta perspectiva de análisis es posible ver aparecer las formaciones discursivas del saber ambiental y del desarrollo sostenible como estrategias conceptuales y como efectos de poder en el campo de la ecología política, donde se expresa el conflicto social del cambio global en sus relaciones con el conocimiento, donde circulan y transforman sus conceptos, se legitiman y manipulan sus significados a través del juego de intereses opuestos de países, instituciones y grupos sociales. El saber ambiental no conforma una doctrina homogénea, cerrada y acabada; emerge y se despliega en un campo de formaciones ideológicas heterogéneas y dispersas, constituidas por una multiplicidad de intereses y prácticas sociales: las estrategias de poder inscritas en el discurso teórico de las ciencias (economía, ecología, antropología, derecho); el saber campesino y de las comunidades indígenas integrado a sus sistemas gnoseológicos, sus valores culturales y sus prácticas tradicionales de uso de la naturaleza; el saber ambiental inscrito en las políticas del desarrollo sustentable, en sus estrategias y en sus prácticas discursivas, y sus instrumentos normativos y jurídicos.

Desde allí es posible aprehender el saber ambiental que se va configurando en el tejido discursivo del cambio global, en la disputa de sentidos y los intereses en conflicto que atraviesan el campo ambiental y las políticas del desarrollo sostenible; captar su inserción en diferentes espacios institucionales y su incorporación en diferentes dominios del conocimiento, induciendo transformaciones diferenciadas en los objetos científicos, sus campos temáticos y sus prácticas disciplinarias.

SABER AMBIENTAL Y SOCIOLOGÍA DEL CONOCIMIENTO

La cuestión ambiental aparece como síntoma de la crisis de la razón de la civilización moderna, como una crítica del orden social y del modelo económico dominante, y como una propuesta para fundamentar una racionalidad alternativa. El saber ambiental problematiza al conocimiento científico y tecnológico que ha sido producido, aplicado y legitimado por la racionalidad formal dominante, y se abre hacia nuevos métodos, capaces de integrar los aportes de diferentes disciplinas, para generar análisis más comprehensivos e integrados de una realidad global y compleja en la que se articulan procesos sociales y naturales de diversos órdenes de materialidad, así como saberes insertos en distintas matrices de racionalidad. Los problemas gnoseológicos de la problemática ambiental se han concentrado en sus aspectos axiológicos y metodológicos. Así se ha planteado el estudio de los valores que impulsan la conciencia ambiental y ha surgido la preocupación por elaborar un pensamiento y un método de la complejidad, capaces de aprehender las interrelaciones entre procesos naturales y sociales que determinan los cambios ambientales globales. Sin embargo, menos atención se ha dado a las raíces epistemológicas de la crisis ambiental y a las transformaciones del conocimiento que induce la problemática ambiental.

La cuestión ambiental aparece como una problemática social y ecológica generalizada de alcance planetario, que trastoca todos los ámbitos de la organización social, los aparatos del estado, y todos los grupos y clases sociales. Ello induce un amplio y complejo proceso de transformaciones epistémicas en el campo del conocimiento y del saber, de las ideologías teóricas y prácticas, de los paradigmas científicos y los programas de investigación. Estos procesos no son producidos por el desarrollo interno de las ciencias ni atañen solamente a las políticas científicas y tecnológicas, es decir, a la aplicación de los conocimientos existentes a los fines del desarrollo sustentable. La conflictiva social puesta en juego por la crisis ambiental cuestiona a su vez los intereses disciplinarios y los paradigmas establecidos del conocimiento, así como las formaciones teóricas e ideológicas que, como dispositivos de poder en el orden de la racionalidad formal y científica, legitiman el orden social establecido –la racionalidad económica y jurídica que ha legitimado e institucionalizado las formas de acceso, propiedad y explotación de los recursos naturales–, que aparece a la luz del saber ambiental como la causa última de la degradación socioambiental.

Desde esta perspectiva, la construcción de una racionalidad ambiental implica la necesidad de desconstruir los conceptos y métodos de diversas ciencias y campos disciplinarios del saber, así como los sistemas de valores y las creencias en que se funda y que promueven la racionalidad económica e instrumental en la que descansa un orden social y productivo insustentable. Estas transformaciones ideológicas y epistémicas no son efectos directos trazables desde el emplazamiento al conocimiento por diferentes clases sociales: implican procesos más complejos, que ponen en juego los intereses de diferentes grupos de poder en relación con la apropiación de los recursos naturales, con los intereses disciplinarios asociados con la identificación y apropiación de un saber dentro del cual se desarrollan las carreras científicas y profesionales que se despliegan en las diversas instancias institucionales del poder y la toma de decisiones. En este sentido, el saber ambiental abre una nueva perspectiva a la sociología del conocimiento.

La problemática ambiental induce efectos desiguales en la transformación de diferentes disciplinas y paradigmas científicos y en la producción, integración y aplicación de conocimientos. El saber ambiental emergente cuestiona y reorienta el desarrollo del conocimiento en tres niveles:

1] La orientación de la investigación y la aplicación de saberes científicos y técnicos a través de una demanda social de conocimientos y de políticas científico-tecnológicas.

2] La integración de procesos diversos y de un conjunto de saberes existentes en torno a un objeto de estudio y a una problemática común, y la elaboración de un conocimiento integrado a través de métodos interdisciplinarios y de sistemas complejos (García, 1986, 1994).

3] La problematización de los paradigmas teóricos de diferentes ciencias, planteando la reelaboración de conceptos, la emergencia de nuevas temáticas, la construcción de objetos interdisciplinarios de conocimiento y la constitución de nuevas disciplinas ambientales que desbordan los objetos de conocimiento, los campos de experimentación y los esquemas de aplicación de los actuales paradigmas teóricos (Leff, 1986b, 1994a, caps. 1 y 2).

Desde su lugar en el espacio de exterioridad de las ciencias, el saber ambiental genera una demanda de saber que repercute en el desarrollo, la orientación y la aplicación de conocimientos. El propósito de internalizar una "dimensión ambiental" en las prácticas de la planificación económica y la gestión del desarrollo sustentable exige el diseño y la implementación de políticas científicas y tecnológicas para producir los conocimientos y los instrumentos que demanda la refuncionalización ecológica de la racionalidad económica prevaleciente, y para operar como un medio eficaz en la consecución de los fines de la sustentabilidad.

Las técnicas descontaminantes, los procesos de reciclaje de desechos y residuos y la innovación de "ecotécnicas" configuran un sistema tecnológico adecuado o apropiado, pero no transforman los principios teóricos y metodológicos de las ciencias físicas o biológicas. Con la incorporación de "funciones de daño ecológico" en las funciones de producción, la aplicación del concepto de capital natural y los instrumentos económicos para la gestión ambiental, se intenta internalizar las externalidades ambientales al proceso económico; pero no se cuestiona el edificio paradigmático de la economía neoclásica. La conciencia ambiental produce cambios en la percepción de la realidad social, en las creencias, comportamientos y actitudes de los actores sociales, pero no transforma los métodos de las ciencias sociales. En esta perspectiva sólo es posible establecer un *programa débil* para la sociología ambiental del conocimiento.

Sin embargo, el conjunto de principios, valores, procesos y finalidades que orientan la construcción de una racionalidad ambiental problematiza los paradigmas de conocimiento dominantes y genera transformaciones teóricas en diversos campos de la ciencia. Esto permite plantear un "programa fuerte" de sociología del conocimiento, a través de los efectos que induce la cuestión ambiental –como una problemática social externa, compleja y generalizada– en el desarrollo y la aplicación de diferentes ciencias, a través de intereses y condiciones sociales opuestos. Este *programa fuerte de sociología del conocimiento* se construye sobre nuevas bases epistemológicas, en tanto que la problemática ambiental genera nuevos objetos de conocimiento e intereses teórico-prácticos que desbordan el campo de las disciplinas tradicionales. A su vez promueve nuevas metodologías para la integración de los saberes existentes y la colaboración de diferentes disciplinas para la explicación de realidades complejas; induce la producción de nuevos conceptos y la construcción de nuevos paradigmas del conocimiento.

Los cambios epistémicos que problematizan a las ciencias desde el saber ambiental dependen a su vez de las estructuras del conocimiento de cada campo del conocimiento, que las hacen más dúctiles o rígidas para incorporar un saber ambiental. El saber ambiental no es un saber omnicomprehensivo y totalizador capaz de ser incorporado por los diferentes paradigmas teóricos. Por el contrario, el saber ambiental se va configurando como un campo de externalidad específico a cada uno de los objetos de conocimiento de las ciencias constituidas. En este sentido, la contribución de las ciencias sociales a la definición de un "paradigma ambiental" es un proceso en el cual, al mismo tiempo que las ciencias sociales se orientan en torno al concepto de ambiente y se integran en un campo ambiental del conocimiento, un saber ambiental emergente se va interiorizando dentro de los paradigmas teóricos y las temáticas tradicionales de las ciencias sociales.

Las disciplinas que resultan más profundamente cuestionadas por la problemática ambiental son las ciencias sociales y las ciencias naturales más cercanas a las relaciones entre sociedad y naturaleza, como la geografía, la ecología y la antropología. Estas transformaciones no sólo implican a disciplinas prácticas, como la etnobotánica y la etnotécnica, para recuperar los saberes técnicos de las prácticas tradicionales de uso de los recursos, sino que incluyen los paradigmas teóricos de diversas ciencias biológicas y sociales.

En este sentido, la antropología ecológica ha evolucionado de la antropología cultural de Steward –que veía en el "nivel de integración sociocultural" la articulación de la organización cultural con las condiciones de su medio ambiente– y de la "ley básica de evolución de White" –para quien la evolución de la cultura implica el incremento en el control y uso de energía (Adams, 1975; Rappaport, 1971)–, hacia el neofuncionalismo y el neoevolucionismo en antropología, que incorporan los principios de la racionalidad energética y ecológica, de adaptación funcional de poblaciones al medio y la "capacidad de carga" de los ecosistemas en la explicación de la organización cultural (Vessuri, 1986). Más recientemente ha surgido una antropología ambiental con una perspectiva fenomenológica, cuestionando los enfoques de la ecología evolutiva (Descola y Pálsson, 1996). Por su parte, la ecología funcional ha generado los conceptos de resiliencia, tasa ecológica de explotación y capacidad de carga, para incorporar los efectos de las prácticas productivas y de los procesos económicos en la estructura y el funcionamiento de los ecosistemas (Gallopín, 1986).

La geografía y la ecología han buscado nuevos campos de colaboración (Bertrand, 1982; Tricart, 1978 y 1982; Tricart y Killian, 1982) para "espacializar" a la ecología y darle escalas temporales, de manera de captar los mecanismos de apropiación de los recursos naturales a través de los procesos de producción rural y construir unidades operacionales de manejo de los recursos naturales. Asimismo han surgido nuevas ramas de la geografía física y de la ecología del paisaje, una geografía y una ecología humanas, así como nuevos métodos que buscan integrar el análisis cartográfico de la geografía descriptiva con las explicaciones de la ecología al estudio de los ecosistemas (Toledo, 1994a).

La economía neoclásica ha respondido al reto ambiental con los conceptos de capital natural, de "funciones de daño", "máximo rendimiento sustentable" o "máxima capacidad de explotación" de los recursos naturales en la construcción de una nueva economía ambiental, y ha generado un debate con la economía ecológica sobre la sustentabilidad fuerte y débil (Pearce y Turner, 1990; Daly, 1991); la bioeconomía ha incorporado la ley de la entropía al análisis del proceso económico (Georgescu-Roegen, 1971) y ha propuesto la transición hacia un estado estacionario de la economía (Daly, 1991). Por su parte, el ecomarxismo ha buscado incorporar las condiciones ecológicas de la producción y los procesos naturales en la dinámica del capital y en el desarrollo de sus fuerzas productivas (Leff, 1993; J. O'Connor, 2001).

Estos procesos de transformación ambiental de los paradigmas de las ciencias no se producen por un desarrollo interno de sus programas de investigación, sino por una demanda externa. Este proceso tampoco puede explicarse como una "finalización de las ciencias" (Böhme *et al.*, 1976), en el sentido de que a partir de su maduración se abrirían a una multiplicación de sus aplicaciones técnicas para solucionar problemas socioeconómicos. En estas transformaciones del conocimiento han influido fuertemente la emergencia y la maduración de los campos teóricos de la termodinámica de los sistemas abiertos y de la ecología. Ambos dominios han generado un proceso transdisciplinario, extendiendo sus principios, conceptos y métodos hacia otros campos del conocimiento.

El potencial de transformación transdisciplinaria del saber y de finalización aplicativa de las ciencias depende de la estructura teórica de cada una de las ciencias que son convocadas y demandadas por la cuestión ambiental. De esta forma, la antropología ha mostrado ser un campo particularmente abierto y dúctil a su "ambientalización". Ello no depende tan sólo del hecho de que la organización cultural está sustentada por una base natural donde se entrelazan las formaciones ideológicas y se desarrollan las prácticas productivas que les permite vivir en ese medio (lo mismo podría argumentarse de la dependencia ciega de la economía de su base natural de sustentación). Es el desarrollo y maduración de la antropología evolucionista y funcionalista lo que hace a estas ramas más susceptibles de "ambientalizarse" que a otras disciplinas, como la antropología estructural.

Por su parte, los paradigmas dominantes de la economía han sido mucho más resistentes a incorporar los principios ambientales. Más allá del aporte crítico a la economía desde la segunda ley de la termodinámica (Georgescu-Roegen, 1971), no ha sido fácil incorporar las normas y las condiciones ecológicas de una economía sustentable, los procesos de largo plazo y los valores de la sustentabilidad y la equidad a los paradigmas tradicionales de la economía. No obstante el imperativo de transitar hacia una economía sustentable, el paradigma neoclásico no se "finaliza" ecologizando a la economía. El propósito de dar bases de sustentabilidad a la economía exige redefinir los principios de la economía y elaborar un nuevo paradigma productivo para constituir formaciones económico-socio-ambientales que incorporen la oferta natural de recursos naturales, los tiempos de regeneración y los potenciales ecológicos en los procesos productivos.

Las categorías de racionalidad ambiental y de saber ambiental aparecen así como constructos teóricos capaces de articular un conjunto de formaciones ideológicas y discursivas, de creencias y comportamientos sociales, de procesos de legitimación e institucionalización del saber, con la racionalidad interna de las ciencias y con la aplicación de nuevos conocimientos y técnicas al desarrollo de las fuerzas productivas de la sociedad. El saber ambiental se inserta así en los enunciados explicativos, valorativos y prescriptivos del discurso ambiental, en sus estrategias de producción de sentido, de movilización social, de organización política, que se concretan en las prácticas de la gestión ambiental y en la construcción de sociedades sustentables fundadas en una racionalidad ambiental. De esta manera es posible pensar las relaciones entre la constitución del saber ambiental y de las disciplinas ambientales con la construcción de un paradigma productivo fundado en los procesos materiales que dan soporte a una productividad ecotecnológica, orientado por los objetivos de un desarrollo equitativo, sustentable y duradero.

La racionalidad ambiental que conduce la construcción de la sustentabilidad entraña un sentido prospectivo en un proceso de transformaciones históricas y cambios sociales donde se enlaza la teoría con la praxis. El concepto de racionalidad ambiental se concreta en el proceso mismo de construcción de la realidad de la que da cuenta. Esto lleva a indagar la forma en que las ciencias sociales contribuyen a explicar los procesos sociales que convergen en la realización de los objetivos de una racionalidad ambiental. La cientificidad de las ciencias sociales no se limita al conocimiento objetivo que produce sobre la realidad social cristalizada a través del proceso histórico pasado de racionalización, sino también como las condiciones de "verificación" de las utopías ambientales cuya "realización" orientan. El saber ambiental se confirma en relación con las bases materiales y los sentidos que sustentan su potencial transformador, en su eficacia para movilizar los procesos naturales y simbólicos que dan soporte a la construcción de una racionalidad social alternativa y a la verificación histórica de su potencial transformador, en la sustentabilidad de las prácticas de manejo de los recursos, en la legitimación de los principios de racionalidad ambiental, en la eficacia del movimiento ambiental. La racionalidad ambiental genera un proceso de racionalización teórica, técnica y práctica, que le confiere su coherencia conceptual, su eficacia instrumental y su sentido existencial. Desde esa convalidación interna se confronta y se contrasta con la racionalidad social prevaleciente y se verifica en el proceso de construcción de su referente, a través de procesos de racionalización que se manifiestan en las innovaciones del conocimiento, las transformaciones productivas y los cambios sociales a los que conduce.

El saber ambiental es movilizado desde dos "momentos" de problematización del conocimiento disciplinario prevaleciente. Por un extremo, es "empujado" por las causas de la crisis ecológica, que implica un cuestionamiento al saber teórico e instrumental de la racionalidad social dominante. Desde otro extremo, el saber ambiental es "jalado" por una racionalidad social alternativa, por un saber prospectivo que proyecta una nueva visión de la realidad, reorientando los avances del conocimiento hacia sus objetivos. El saber ambiental entreteje una compleja dialéctica entre realidad social y conocimiento: no es tan sólo una respuesta teórica más adecuada a una realidad social más compleja a partir de acercamientos holísticos y sistémicos. El saber ambiental cuestiona a las teorías sociales que han legitimado e instrumentado la racionalidad social prevaleciente y plantea la necesidad de elaborar nuevos paradigmas del conocimiento y nuevos saberes para construir otra realidad social. Estas características del saber ambiental –sus efectos en las creencias y comportamientos de los agentes sociales, así como en el desarrollo de las ciencias y disciplinas sociales–, abonan el terreno para fundar una ecología política del saber ambiental.

GLOBALIZACIÓN ECONÓMICA Y COMPLEJIDAD AMBIENTAL

La crisis ambiental no es una catástrofe ecológica, sino el efecto del pensamiento con el que hemos construido y destruido el mundo globalizado y nuestros mundos de vida. Esta crisis civilizatoria se presenta como un límite en lo real que resignifica y reorienta el curso de la historia: límite del crecimiento económico y poblacional; límite de los desequilibrios ecológicos y de las capacidades de sustentación de la vida; límite de la pobreza y la desigualdad social. La crisis ambiental es la crisis del pensamiento occidental, de la metafísica que produjo la disyunción entre el ser y el ente, que abrió la vía a la racionalidad científica e instrumental de la modernidad, que produjo un mundo fragmentado y cosificado en su afán de dominio y control de la naturaleza. La crisis ambiental se expresa como un cuestionamiento de la ontología y de la epistemología con las que la civilización occidental ha comprendido el ser y las cosas; de la ciencia y la razón tecnológica con las que ha dominado a la naturaleza y economizado al mundo moderno. La crisis ambiental es sobre todo un *problema del conocimiento* (Leff, 1986b) que lleva a repensar el ser y sus vías de complejización, para reabrir los cauces de la historia y dar curso al saber ambiental hacia la reconstrucción del mundo y la reapropiación social de la naturaleza.

Nuestra percepción del mundo ha estado cercada por la racionalidad de la modernidad. El logocentrismo del conocimiento moderno y la racionalidad económica han conducido un proceso de globalización que tiende a unificar las miradas y las identidades de un mundo diverso y complejo. La construcción de la racionalidad ambiental implica pues desconstruir y reconstruir el pensamiento occidental: remite a la comprensión del pensamiento que arraigó en falsas certezas sobre el mundo; a descubrir y reavivar la complejidad del ser que quedó escindido y bloqueado por la positividad del ente, por una epistemología generada con el fin de apropiarse al mundo cosificándolo, objetivándolo, homogeneizándolo. La racionalidad de la modernidad se desborda sobre la complejidad ambiental al toparse con sus límites, con la alienación y la incertidumbre del mundo *economizado*, arrastrado por un proceso insustentable de producción que se ha constituido en el eje sobre el cual gira el proceso de globalización.

El saber ambiental problematiza el pensamiento metafísico y la racionalidad científica, abriendo nuevas vías de transformación del conocimiento desde los márgenes de la ciencia y la filosofía modernas. En el saber ambiental fluye la savia epistémica que reconstituye las formas del ser y del pensar para aprehender la complejidad ambiental. Si lo que caracteriza al hombre es la constitución del ser por el pensar, la cuestión de la complejidad no se reduce al reflejo de una realidad compleja en el pensamiento. La complejidad ambiental emerge del encuentro de un mundo en vías de complejización con la construcción del pensamiento complejo. El saber ambiental se demarca del pensamiento de la complejidad que ha concebido la complejidad como un proceso de autoorganización de la materia, de la que emerge una conciencia ecológica que vendría a completar y a recomponer el mundo fragmentado y alienado, heredado de esta civilización en crisis, a través del pensamiento sistémico.

La racionalidad ambiental rompe con ese pensamiento sistémico y totalizador para reconstruir el mundo desde la ontología del ser, la potencialidad de lo real, el sentido del orden simbólico y una ética de la otredad; para restablecer el vínculo entre el ser, el saber y el pensar. Esta vía de *comprensión* y acceso a la complejidad ambiental hace su entrada por la puerta de la desnaturalización de la historia que habría culminado en la tecnificación y economización del mundo, donde el ser y el pensar han sido seducidos y absorbidos por la racionalidad formal e instrumental de la modernidad: por el cálculo y la planificación, por la determinación y la legalidad. Este mundo dominado y asegurado llega a su límite y se expresa en la crisis ambiental. La complejidad ambiental no llega por una evolución "natural" de la materia y del hombre que los conduce hacia un mundo tecnificado y economizado, sino como un efecto de la intervención del pensamiento en el mundo. Sólo así es posible dar el salto fuera del ecologismo naturalista y situarse en el ambientalismo como política del conocimiento y de la diferencia, en el campo del poder en el saber ambiental, en un proyecto de reconstrucción social desde el reconocimiento de la diversidad y el encuentro con la otredad.

La sustentabilidad es la marca de una crisis de una época que interroga los orígenes de su emergencia en el tiempo actual y su proyección hacia un futuro posible, que lleva a la construcción de una racionalidad alternativa fuera del campo de la metafísica, del logocentrismo y de la racionalidad económica que han producido la *modernidad insustentable* (Leis, 2001). La construcción de la racionalidad ambiental remite a la reconstitución de identidades a través del saber. La complejidad ambiental implica una reformulación del conocimiento y un nuevo saber; entraña una reapropiación del mundo desde el ser, a través del *poder en el saber* y de la *voluntad de poder*, que es un querer saber.

La solución de la crisis ambiental –global y planetaria–, no podrá darse sólo por la vía de una gestión racional de la naturaleza, del riesgo ecológico y del cambio global. La crisis ambiental interroga al conocimiento, cuestiona el proyecto epistemológico que ha buscado la unidad, la uniformidad y la homogeneidad del ser y el pensar; al proyecto de unificación del mundo a través de la idea absoluta y de la razón totalizadora; a la idea de su trascendencia y el tránsito hacia un futuro sustentable, negando el límite, el tiempo y la historia. La crisis ambiental replantea la pregunta sobre la naturaleza de la naturaleza y el ser en el mundo, desde la flecha del tiempo y la ley de la entropía como condición de la vida, desde la muerte como *ley límite* en la cultura que constituyen el orden simbólico, del poder y del saber; desde la diferencia, la diversidad, la otredad que abren el cauce de la historia.

La crisis ambiental es el resultado del desconocimiento de la ley de la entropía, que ha desencadenado en el imaginario economicista la ilusión de un crecimiento sin límites, de una producción infinita. La crisis ambiental anuncia el fin de este proyecto. Pero por ello su solución no podría basarse en el refinamiento del proyecto epistemológico y científico que ha resultado en la crisis ambiental, el desconocimiento de la ley y la alienación del hombre. El saber ambiental plantea la desconstrucción de la lógica unitaria, de la verdad absoluta, del pensamiento unidimensional, de la ciencia objetiva; del crecimiento sin límites, del control científico del mundo, del dominio tecnológico de la naturaleza y de la gestión racional del ambiente. El saber ambiental abre una nueva comprensión del mundo a partir de la falta del conocimiento, la incompletitud del ser y la historicidad de la verdad desde las relaciones de poder en el saber.[1]

En la crítica al proyecto epistemológico positivista que busca la verdad como adecuación entre el concepto y la realidad, la hermenéutica abre una multiplicidad de sentidos en la interpretación de lo real. No es el abandono de la verdad, sino la dislocación de su sentido para la construcción del mundo movilizado por la *verdad como causa* (Lacan), del deseo que abre al ser hacia el infinito, lo inédito, lo posible; de una verdad que se forjará en la pulsión por decirse y hacerse, en la necesidad de decir lo indecible, que transitará por el pensamiento, el saber y la acción, y a la que siempre le faltará la palabra para decir su verdad final, definitiva y total.

Los sentidos que forjan el mundo se construyen discursivamente desde intereses sociales diferenciados. Sin embargo esta irradiación de "verdades" no es una mera dispersión de certidumbres subjetivas y saberes personales. Como verdades virtuales están tensadas entre las potencialidades de lo real y la fuerza de los sentidos del ser construidos y transmitidos a través del tiempo; de seres que forjan sus "verdades" sobre la naturaleza desde códigos culturales, sentidos colectivos y significaciones personales. Las verdades, como utopías car-

---

[1] "Durante mucho tiempo el individuo se autentificó gracias a la referencia de los demás y a la manifestación de su vínculo con otro (familia, juramento de fidelidad, protección); después se lo autentificó mediante el discurso verdadero que era capaz de formular. La confesión de la verdad se inscribió en el corazón de los procedimientos de individuación por parte del poder [...] una 'historia política de la verdad' debería dar vuelta mostrando que la verdad no es libre por naturaleza, ni siervo del error, sino que su producción está toda entera atravesada por relaciones de poder" (Foucault, 1977: 74, 76).

gadas de sentido, se construyen confrontando los límites y las potencialidades de lo real; en la comprensión de un mundo no predeter-
minado; en la conformación de mundos de vida a partir de una diversidad de sentidos que conllevan la reconstitución del ser en un
tiempo complejizado; en la recuperación de verdades acalladas –que
exigen una exégesis del silencio, de lo no pensado– que ha dejado
en su paso por la historia el dominio de la naturaleza a través del discurso de la ciencia objetiva. Estas verdades son respuestas a la introyección de una violencia represiva –de la palabra perdida, de la subyugación de saberes– como forma de resistencia y estrategia de
emancipación frente a la racionalidad dominante que cuestiona su
identidad y su autonomía. La hermenéutica ambiental no es tan sólo la interpretación de los sentidos de los discursos que atraviesan el
campo de la sustentabilidad para construir un consenso y una verdad
común. La construcción de un mundo sustentable fundado en la diversidad cultural habrá de resultar del enlace de los sentidos diferenciados de seres diversos que se encuentran y fecundan en el presente, proyectándose en la historia sin poder siempre decir sus intenciones, recuperar su memoria pasada y anticipar su futuro.

La incertidumbre, el caos y el riesgo son al mismo tiempo efecto de
la aplicación del conocimiento que pretendía anularlos y condición
intrínseca del ser y el saber. La complejidad ambiental abre una nueva reflexión sobre la naturaleza del ser, del saber y del conocer; sobre
la articulación de conocimientos en la interdisciplinariedad y sobre el
diálogo de saberes, donde se entretejen subjetividades, valores e intereses en la toma de decisiones y en las estrategias de apropiación de
la naturaleza. El saber ambiental cuestiona las formas en que los valores son incorporados al conocimiento del mundo, abriendo un espacio para el encuentro entre lo racional y lo moral, entre la racionalidad formal y la racionalidad sustantiva.

La complejidad ambiental emerge como respuesta al constreñimiento del mundo y de la naturaleza por la unificación ideológica,
tecnológica y económica del conocimiento. La naturaleza estalla
para liberarse del dominio de las ciencias, abriendo los cauces de la
historia desde los potenciales de la naturaleza compleja, desde la actualización del ser a través de la historia y su proyección al futuro a
través de las posibilidades que abre la productividad ecológica, la
potencia del pensamiento y la fecundidad de la otredad. En este sentido, la racionalidad ambiental desencadena una revolución del pensamiento, un cambio de mentalidad y una transformación del cono-

cimiento, para construir un nuevo saber que funda una nueva racionalidad y orienta la construcción de un mundo sustentable, justo y democrático. Es un reconocimiento del mundo que habitamos.

La crisis ambiental remite a una pregunta sobre el mundo, sobre el ser y el saber. La complejidad ambiental abre una nueva comprensión del mundo a través de los saberes y conocimientos arraigados en cosmologías, ideologías, teorías y prácticas que están en los cimientos de la civilización moderna, en la sangre de cada cultura, en el rostro de cada persona. En ese saber del mundo –sobre el ser y las cosas, sobre sus esencias y atributos, sobre sus leyes y condiciones de existencia–, en toda la tematización del conocimiento, subyacen nociones que han dado fundamento y que han arraigado en los saberes culturales de los pueblos y en los saberes personales de la gente. El saber ambiental implica un proceso de desconstrucción de lo pensado para pensar lo aún no pensado, para desentrañar lo más entrañable de nuestros saberes y para dar curso al futuro por venir. Es un saber que se sostiene en la incertidumbre y en el "aún no" del saber, movido por el deseo de vida que se proyecta hacia la construcción de lo inédito, a través del pensamiento y la acción, en la perspectiva del infinito, la diferencia y la alteridad.

COMPLEJIDAD Y DIFERENCIA. IDENTIDAD Y OTREDAD

La complejidad ambiental no es la ecologización del mundo. El pensamiento complejo desborda la visión cibernética de una realidad que se estructura y evoluciona a través de un conjunto de interrelaciones y retroalimentaciones, como un proceso de desarrollo que va de la autoorganización de la materia a la ecologización del pensamiento (Morin, 1977, 1980, 1986). La complejidad no es sólo la incorporación de la incertidumbre, el caos y la posibilidad en el orden de la naturaleza (Prigogine, 1997). El saber ambiental reconoce las potencialidades de lo real, incorpora valores e identidades en el saber e interioriza las condiciones de la subjetividad y del ser en la construcción de una racionalidad ambiental.

El ambiente es la falta de conocimiento que impulsa al saber. Es el otro –lo absolutamente otro– frente al espíritu totalitario de la racionalidad dominante. El saber ambiental se proyecta hacia el infinito de lo impensado –lo por pensar– reconstituyendo identidades en la reapropiación del mundo. La racionalidad ambiental conduce al reposicionamiento del ser a través del saber; emerge desde la potencia de lo real, la fuerza de la diferencia y la movilización del deseo que trasciende al mundo totalitario. El ambiente es el otro complejo en el orden de lo real y lo simbólico, que trasciende la realidad unidimensional y su globalidad homogeneizante, para dar curso al porvenir de un futuro sustentable, abierto a lo infinito por la potencia de la creatividad, la diversidad y la diferencia.

El saber ambiental no es sólo un pensamiento alternativo capaz de incorporar a los saberes subyugados en la retotalización de un mundo ecologizado. La racionalidad ambiental genera lo inédito en el encuentro con la otredad, en el enlace de diferencias, en la complejización de seres y la diversificación de identidades. En el concepto de ambiente subyacen una ontología y una ética opuestas a todo principio homogeneizante, a todo conocimiento unitario, a toda globalidad totalizadora. El saber ambiental enfrenta las estrategias de disolución de las diferencias en un campo común y bajo una ley universal. De esta manera fertiliza el campo de una política de la diferencia, de convivencia en el disenso.

La complejidad ambiental es el espacio donde se encuentran y enlazan la complejidad de lo real y del conocimiento, del ser y del saber, del tiempo y las identidades. La complejidad ambiental es el entrelazamiento del orden físico, biológico y cultural; la hibridación entre la economía, la tecnología, la vida y lo simbólico. Esta complejización de lo real no emerge de una nueva mirada –holística, interdisciplinaria– a un mundo cuya complejidad le es inmanente pero que ha sido invisible para los paradigmas disciplinarios. Más allá de la complejidad creciente de los órdenes ónticos que emergen en el proceso de autoorganización de la materia (el paso del mundo cósmico a la organización viviente y al orden simbólico), la materia se ha complejizado por la *re-flexión del conocimiento sobre lo real*. El conocimiento ha pasado de constituir un conjunto de teorías y formas de organización del pensamiento para el entendimiento de las cosas y del mundo objetivo, a ser un orden conceptual y un conjunto de artefactos que intervienen y transforman lo real, que ha tecnologizado y economizado al mundo. La relación de la teoría con lo real ya no es una simple relación de conocimiento. Más allá de las relaciones que se establecen entre lo ideal y lo material en el orden de la cultura y en las racionalidades de las sociedades "tradicionales" (Godelier, 1984), la racionalización y la tecnologización del conocimiento en la modernidad lo han llevado a intervenir y trastocar el ser mismo de las cosas. De esta manera, el ser biológico ha llegado a hibridarse con la razón tecnológica y con el orden discursivo generando nuevos entes –*cyborgs*– hechos de organismo, tecnología y signos (Haraway, 1991, 1997; Escobar, 1995, 1999).

Lo real siempre fue complejo; las estructuras disipativas siempre existieron y son más reales que los procesos reversibles y en equilibrio de la termodinámica clásica. La ciencia simplificadora, al desconocer lo real, construyó una economía mecanicista y una racionalidad tecnológica que negaron los potenciales de la naturaleza; las aplicaciones del conocimiento fraccionado, del pensamiento unidimensional, de la eficiencia tecnológica, aceleraron la degradación entrópica del planeta por el efecto de sus sinergias negativas. La crisis ambiental es la primera crisis del mundo real producida por el *desconocimiento del conocimiento*, desde la concepción científica del mundo y el dominio tecnológico de la naturaleza que generan la falsa certidumbre de un crecimiento económico sin límites. El pensamiento de la complejidad no es sólo la respuesta de la conciencia a ese "olvido". La complejidad ambiental no es la evolución de la naturaleza hacia formas de complejidad creciente que culminan con la emergencia de una "conciencia ecológica". La construcción de una racionalidad ambiental –que reconoce la complejidad– es una estrategia de poder en el saber (Foucault, 1980) que no corresponde a una evolución natural hacia niveles superiores de autoconciencia.

El proyecto positivista buscaba asegurarse en el mundo a través de un conocimiento que iría emancipando al hombre de la ignorancia y acercándolo a la verdad. La ciencia –que se pensaba liberadora del atraso y de la opresión, del primitivismo y del subdesarrollo–, ha generado un desconocimiento del mundo, un conocimiento que no sabe de sí mismo; que gobierna un mundo alienado del que desconocemos su conocimiento especializado y las reglas de poder que lo gobiernan. El conocimiento ya no representa la realidad; por el contrario, ha construido una hiperrealidad en la que se ve reflejado.[2] La ideología ya no es lo falso y la ciencia lo verdadero. Ambas son solidarias de una concepción del mundo que ha construido una realidad que, en su manifestación empírica, le confirma su verdad absoluta, intemporal e inconmovible.

Las *estrategias fatales* que destila la hiperrealidad del mundo pos-

---

[2] Ver cap. 3, *supra*.

moderno son reflejo del poder que ha cimentado la civilización occidental, desde la comprensión metafísica del mundo hasta las *armaduras* de los paradigmas de la ciencia moderna. Si ya desde Hegel y Nietzsche la no verdad aparece en el horizonte de la verdad, la ciencia misma ha ido descubriendo las fallas del proyecto científico de la modernidad, desde la irracionalidad del inconsciente (Freud) y el principio de indeterminación (Heisenberg), hasta el encuentro con la flecha del tiempo y las estructuras disipativas (Prigogine). El pensamiento de la complejidad y el saber ambiental acogen la incertidumbre, la irracionalidad, la indeterminación y la posibilidad en el campo del conocimiento. Desde la externalidad de la racionalidad modernizante; desde los núcleos del conocimiento que han configurado a los paradigmas de las ciencias, sus objetos de conocimiento y sus métodos; desde los márgenes del logocentrismo de las ciencias, emerge un nuevo saber, marcado por la *diferancia* (Derrida, 1989).[3] El saber ambiental no es la retotalización del conocimiento a partir de la conjunción interdisciplinaria de los paradigmas de las ciencias. Por el contrario, es un saber que problematiza los paradigmas científicos y que genera un haz de saberes donde se enlazan diversas vías de sentido. El saber ambiental disloca el cuerpo rígido de las ciencias, el sentido unívoco de la racionalidad formal y el pensamiento unidimensional que genera la razón tecnológica; mira hacia los horizontes invisibles de la ciencia, abre los caminos de lo impensable de la racionalidad modernizadora y hace escuchar nuevas armonías en los contrapuntos y disonancias de los saberes.

El saber ambiental abre un nuevo campo de nexos interdisciplinarios entre las ciencias y un diálogo de saberes; es el encuentro entre la ciencia objetivadora y un saber que condensa los sentidos que han fraguado en el ser a través del tiempo. La complejidad ambiental es la re-flexión del tiempo en lo real (Prigogine) y en el ser (Heidegger). Es un entrecruzamiento de tiempos: de los tiempos cósmicos, físicos, biológicos y económicos; de los tiempos que se configuran en las teorías sobre el mundo y en las cosmovisiones de las diversas culturas a través de la historia. No es tan sólo el enlazamiento de los

---

[3] "¿Se puede tratar de la filosofía (la metafísica, incluso la ontoteología) sin dejarse ya dictar, con esta pretensión de unidad y unicidad, la totalidad inatachable e imperial de un orden? [...] Podremos, pues, llamar *diferancia* a esa discordia 'activa', en movimiento, de fuerzas diferentes y de diferencia de fuerzas que opone Nietzsche a todo el sistema de la gramática metafísica en todas partes donde gobierna la cultura, la filosofía y la ciencia" (Derrida, 1989: 23, 53).

tiempos objetivados en la historia, de las historicidades diferenciadas de lo real, de la historicidad del pensamiento que se ha hecho historia real; del encuentro de procesos que han sido llevados por la flecha del tiempo hacia la catástrofe ecológica. Es la emergencia de nuevos tiempos donde se articulan las temporalidades de la evolución biológica con los tiempos fenomenológicos; los ciclos de la vida, los ciclos económicos y la innovación tecnológica; es la trasmutación de los tiempos que induce la transgénesis, la actualización de tiempos vividos en la invención de nuevas identidades y la emergencia de nuevos mundos de vida.

La ciencia moderna no sólo ha negado el tiempo de la materia; también el de la historia. Hoy el tiempo se manifiesta en la irreversibilidad de los procesos alejados del equilibrio y del tiempo que ha anidado en el ser cultural que renace del yugo de la dominación y la opresión, expresándose a través del silencio, que ha sido el grito elocuente de una violencia que paralizó el habla de los pueblos. Hoy, los movimientos de emancipación de los pueblos indios y las naciones étnicas están descongelando la historia; sus aguas fertilizan nuevos campos del ser y fluyen hacia océanos cuyas mareas abren nuevos horizontes de tiempo. Hoy, la historia se está rehaciendo en el límite de los tiempos modernos; en la reemergencia de viejas historias y la emancipación de los sentidos reprimidos por una historia de conquista, de sometimiento y de holocausto. Estas historias ancestrales, que en su quietud parecían haber perdido la memoria, despiertan para resignificar tradiciones y reconfigurar identidades, abriendo nuevos cauces en el flujo de la historia.

La complejidad ambiental lleva a repensar el principio de identidad formal –que afirma la mismidad del ente– frente a la complejidad que emana de la diversidad, la pluralidad y la otredad. La reinvención de las identidades en la perspectiva de la globalización confronta la idea del ser humano como un ser-ahí genérico –ser para la muerte–, para ver el mundo habitado por una diversidad de identidades que constituyen las formas diferenciadas del ser y entrañan los sentidos colectivos de los pueblos. La identidad resiste y enfrenta la imposición del pensamiento externo sobre el ser, de las etnociencias hasta la lógica de la globalización ecológico-económica. El llamado al ser en la complejidad disuelve el sentido de la identidad como igualdad del pensamiento formal y de la identificación del sujeto anclado en su "yo" subjetivo, marcado por el límite de su existencia. En el pensamiento de la complejidad el ser es pensado más allá de su condición existencial general (lo constitutivo de todo ser humano) para penetrar en el sentido de las identidades colectivas que se constituyen desde la diversidad cultural, movilizando a los actores sociales hacia la construcción de estrategias alternativas para la construcción de un mundo sustentable. Las nuevas identidades se constituyen en el campo de una *política de la diferencia*, en el encuentro de intereses y valores –muchas veces antagónicos– de nuevos actores sociales por la apropiación de la naturaleza.

La reconfiguración del ser y las identidades en la globalización es el reposicionamiento de los individuos y de los pueblos en el mundo; es la reconstrucción de los mundos de vida de las personas. Es en esta relación del ser, el pensar y el saber que toma sentido pleno el principio de identidad. Es desde la identidad que se plantea el diálogo de saberes en la complejidad ambiental como la apertura desde el ser constituido por su historia, hacia lo inédito y lo impensado; hacia una utopía arraigada en el ser y en lo real, construida desde los potenciales de la naturaleza y los sentidos de la cultura. Las identidades se reconstituyen en la reapropiación del mundo y de sus mundos de vida. En un mundo globalizado, los procesos de mestizaje cultural implican la reconstrucción de identidades fuera de todo esencialismo que remita a una raíz inmutable y a una cultura sin historia. En el contexto de la complejidad ambiental, se reconfiguran las identidades culturales en el orden emergente de los nuevos derechos del ser colectivo, en un proceso de resistencia cultural que parte, como punto de anclaje, de un origen, una tradición y una situación, desde donde confronta las estrategias de poder de la globalización económico-ecológica. La afirmación de las identidades se apoya en derechos que se inscriben en estrategias de vida que confluyen en la construcción social de una racionalidad ambiental, arraigada en las condiciones de la naturaleza (lo real) y los sentidos de la cultura (lo simbólico).

La reconfiguración de las identidades en la complejidad ambiental lleva a interrogar las formas de asentamiento del ser colectivo en su territorio y en su cultura; su resistencia y permanencia en el tiempo. Si la racionalidad científica busca legitimarse en la relación de verdad entre el concepto y lo real, la racionalidad ambiental es el orden donde el saber encuentra su arraigo en el ser. Estas identidades, sin dejar de nombrarse desde su origen –étnico, nacional, religioso–, se *complejizan* en un proceso de mestizajes étnicos y de hibridaciones culturales, para constituir identidades inéditas que se van inventando a través de estrategias de poder para arraigar en un territorio, para reapropiarse su naturaleza y su cultura.

En el juego democrático y en el espacio de la complejidad, la identidad no es sólo la reafirmación del uno en la tolerancia a los demás; es la reconstitución del ser por la introyección de la *otredad* –la alteridad, la diferencia, la diversidad–, en el vínculo entre naturaleza y cultura, a través de un diálogo de saberes. Éste es el sentido del juego dialógico: la apertura a la complejización de *uno mismo* en el encuentro *con los otros* lleva a comprender la identidad como conservación de lo uno y lo mismo en la incorporación de lo otro en un proceso de complejización en el que las identidades sedentarias se vuelven trashumantes, híbridas, virtuales. Así se reconstituyen las identidades en la posmodernidad: desde una ontología no esencialista, fuera del individualismo en el que el yo que habla se reconoce y se afirma en identidades individuales, errantes y pasajeras; desde la falta en ser de todo ser y frente a un otro, en un campo no suturado ni saturado; desde la palabra a través de la cual se expresa la existencia del ser cultural, más allá de los mestizajes culturales y las hibridaciones genéticas en los que fuera posible trazar los rasgos de origen y la esencia constitutiva de su identidad. Hoy, cuando el sujeto individualizado está siempre en proceso de dejar de ser uno para fundirse en el anonimato colectivo –como las monedas que se funden en un signo económico unitario, como las mercancías que se confunden en el patrón oro y en el dinero circulante–, las identidades emergen en el ser y se arraigan en el territorio a través del saber.

Ser y saber; espacio y tiempo; territorio e identidad. Encrucijada y reencuentro. El ser que permanece y al mismo tiempo deviene, se reconstituye y se proyecta hacia un futuro sustentable en un mundo en vías de complejización. El ser se complejiza por la complejización de lo real, del pensamiento, del tiempo y de las identidades, cuya manifestación más elocuente es el renacimiento de las identidades étnicas. El indígena, ese ser marginado, dominado, subyugado; ese ser forjado en una sociedad "tradicional", en una sociedad fría, sin tiempo, sin racionalidad; en un mundo en el que se ha perdido su memoria en la historia de dominación, donde su habla ha encallado en la roca del silencio y la sumisión. Ese ser revive en el tiempo actual transportando sus tiempos inmemoriales, rearraigando en su territorio, reubicándose en el mundo globalizado desde sus luchas de resistencia y sus estrategias de reapropiación de la naturaleza.

El indígena resignifica su historia y reubica su ser en un mundo complejizado como lo *Otro* de la globalización económica y de la ecología generalizada. Frente a las estrategias de capitalización de la naturaleza y de la cultura, el ser indígena se sitúa dentro del discurso de la sustentabilidad, de la globalización, de la democracia; se posiciona frente a las estrategias de control de su patrimonio natural para reafirmar sus identidades y reclamando su autonomía como su derecho de ser y su derecho al territorio. Los pueblos indios están reconstituyendo sus identidades en un proceso que no sólo recupera su historia, su memoria y sus prácticas tradicionales, sino que les plantea la necesidad de reconfigurar su *ser indígena* frente a la globalización económica. Su reclamo no es tan sólo la reivindicación de una deuda ecológica por una historia de conquista y sumisión; es el derecho de ser diferentes, su rechazo a ser integrados al orden económico-ecológico globalizado, a la unidad dominadora y la igualdad inequitativa del proceso de racionalización de la modernidad. Es el derecho a un ser colectivo que revive su pasado y proyecta su futuro; que reconoce su naturaleza y restablece su territorio; que recupera el saber y el habla para ubicarse en su lugar, para decir su palabra en el terreno estratégico del desarrollo sustentable, para construir su verdad desde territorios autónomos que se entrelazan en la solidaridad de identidades colectivas diversas. De la ontología del ser de los entes, de una ontología del ser-ahí genérico (ser para la muerte del ser humano), la ecología política se funda en una ontología del ser diverso, del Ser cultural marcado por su diferencia.[4]

La complejidad ambiental emerge de la confluencia de procesos y de tiempos que han bloqueado la complejidad del pensamiento, degradado la trama ecosistémica y erosionado la fertilidad de la vida; que han subyugado las identidades múltiples de la raza humana. La crisis ambiental es resultado de la sujeción, sumisión, dominio y desconocimiento de lo real complejo, del tiempo complejo, del ser complejo. Desde este forzamiento de la razón, de lo real y del ser, emerge la fuerza de la complejidad, las sinergias del ser complejo donde se enlazan tiempos, donde se entretejen identidades, donde se amalgaman culturas, donde se "hibridan" la naturaleza, la cultura y la tecnología, donde se bifurcan procesos con sentidos diversos hacia la diferenciación

---

[4] "Es la presencia de una pluralidad de ser-ahí que impide pensar la integración hermenéutica del horizonte de la presencia como una *Aufhebung* dialéctica. La resistencia del otro a la integración [...] no es un accidente histórico [...sino] la condición natural de la que parte toda interpretación" (Vattimo, 1998: 144).

del ser. Es el haz que abre un abanico de luces multicolores, en diferentes frecuencias, hacia un mundo infinito y un futuro sustentable.

ECOLOGÍA POLÍTICA Y SABER AMBIENTAL

El saber ambiental no emerge de la profundidad de las ciencias para volver a sumergirse y a disolverse en la racionalidad teórica y los paradigmas prevalecientes de conocimiento. El saber ambiental constituye una nueva racionalidad y una nueva *episteme*. Más allá de la evolución del pensamiento sociológico, desde el estructuralismo hasta el surgimiento de una "ecología generalizada" y el "pensamiento de la complejidad", el saber ambiental rompe el espejo de la representación y la especulación de un mundo objetivado y la transparencia del conocimiento. El saber ambiental es una conciencia crítica del conocimiento que ejerce una vigilancia epistemológica sobre las condiciones sociales de producción del saber y del efecto del conocimiento sobre lo real, que se despliega en estrategias de poder en el saber dentro de la globalización económico-ecológica.

La ecología política emerge dentro de esta nueva perspectiva del saber, dentro de la politización del conocimiento por la reapropiación social de la naturaleza. La ecología política se encuentra así en el momento fundacional de su campo teórico-práctico, en la construcción de un nuevo territorio del pensamiento crítico y de la acción política. Situar este campo en la geografía del saber no significa tan sólo delimitar su espacio, fijar sus fronteras y colocar membranas permeables para facilitar los intercambios teóricos y metodológicos con disciplinas adyacentes. Más bien implica desbrozar el terreno, dislocar las rocas conceptuales y movilizar el arado discursivo que conforman este nuevo campo del saber, para establecer las bases seminales que den identidad y soporte a este nuevo territorio; para pensarlo en su emergencia y en su trascendencia en la configuración de la complejidad ambiental de nuestro tiempo, en la construcción de una racionalidad ambiental y en el horizonte de un futuro sustentable.

La ecología política en germen abre una pregunta sobre la mutación más reciente de la condición existencial del hombre. Partiendo de una crítica radical de los fundamentos ontológicos y metafísicos de la epistemología moderna, más allá de una política fundada en la diversidad biológica, en el orden ecológico y en la organización simbólica que dan su identidad a cada cultura, la ecología política viene a interrogar la condición del *ser* en el vacío de sentido y la falta de referentes generada por el dominio de lo virtual sobre lo real y lo simbólico, de un mundo donde, citando a Marx según Marshal Berman (1988), *todo lo sólido se desvanece en el aire*. A la ecología política le conciernen no sólo los conflictos de distribución ecológica, sino que asume la tarea de explorar con nueva luz las relaciones de poder en el saber que se entretejen entre el mundo globalizado y los mundos de vida de las personas.

Si la mirada del mundo desde la hermenéutica y el constructivismo ha superado la visión determinista de la historia y el objetivismo de lo real, si el mundo está abierto al azar y a la incertidumbre, al caos y al descontrol, al diseño y a la simulación, tenemos que preguntarnos qué grado de autonomía tiene la hiperrealidad del mundo sobreeconomizado, sobretecnologizado y superobjetivado sobre el ser. ¿En qué sentido se orientan el deseo y la utopía en la reconfiguración del mundo guiado por intereses individuales, imaginarios sociales y proyectos colectivos? ¿Qué relaciones y estrategias de poder emergen en este nuevo mundo en el que el aleteo de las mariposas puede llegar a conmover, derribar y reconstruir las armaduras y las jaulas de hierro de la civilización moderna y las rígidas estructuras del poder y del conocimiento? ¿Qué significado adquieren la libertad, la identidad, la existencia, la voluntad de poder?

La ecología política construye su campo de estudio y de acción en el encuentro y a contracorriente de diversas disciplinas, pensamientos, éticas, comportamientos y movimientos sociales. Allí colindan, confluyen y se confunden las ramificaciones ambientales y ecológicas de nuevas disciplinas: la economía ecológica, el derecho ambiental, la sociología política, la antropología de las relaciones cultura-naturaleza, la ética política. La ecología política no constituye un nuevo paradigma de conocimiento o un nuevo orden social. Ocupa un campo que aún no adquiere nombre propio; por ello se la designa con préstamos metafóricos de conceptos y términos provenientes de otras disciplinas para ir nombrando los conflictos derivados de la distribución desigual y las estrategias de apropiación de los recursos ecológicos, los bienes naturales y los servicios ambientales. Las metáforas de la ecología política se hacen solidarias del límite del sentido de la globalización regida por el valor universal del mercado para catapultar al mundo hacia una reconstrucción de las relaciones de lo real y lo simbólico, de la producción y el saber.

La ecología política emerge en el *hinterland* de la economía ecológica para analizar los procesos de significación, valorización y apropiación de la naturaleza que no se resuelven, ni por la vía de la valoración económica de la naturaleza, ni por la asignación de normas ecológicas a la economía; estos conflictos socioambientales se plantean en términos de controversias derivadas de formas diversas –y muchas veces antagónicas– de significación de la naturaleza, donde los valores políticos y culturales desbordan el campo de la economía política, incluso de una economía política de los recursos naturales y servicios ambientales. De allí surge esa extraña politización de "la ecología".

En la ecología política han anidado términos que derivan de campos contiguos –por ejemplo la economía ecológica–, como el de distribución ecológica, definido como una categoría para comprender las externalidades ambientales y los movimientos sociales que emergen de "conflictos distributivos"; es decir, para dar cuenta de la carga desigual de los costos ecológicos y sus efectos en las variedades del ambientalismo emergente, incluyendo movimientos de resistencia al neoliberalismo, de compensación por daños ecológicos y de justicia ambiental.[5] La distribución ecológica comprende pues los procesos extraeconómicos (ecológicos y políticos) que vinculan a la economía ecológica con la ecología política, en analogía con el concepto de distribución en economía, que desplaza la racionalidad económica al campo de la economía política. El conflicto distributivo introduce en la economía política del ambiente las condiciones ecológicas de supervivencia y producción sustentable, así como el conflicto social que emerge de las formas dominantes de apropiación de la naturaleza y la contaminación ambiental. Sin embargo, la distribución ecológica apunta hacia procesos de valoración de la naturaleza que no corresponden a los criterios de racionalidad económica para la asignación de precios de mercado y costos crematísticos al ambiente, movilizando a actores sociales por intereses materiales y simbólicos (de supervivencia, identidad, autonomía y calidad de vida), más allá de las demandas estrictamente económicas de propiedad de los medios de producción, de empleo, de distribución del ingreso y de de-

---

[5] La distribución ecológica designa las asimetrías o desigualdades sociales, espaciales, temporales, en el uso que hacen los humanos de los recursos y servicios ambientales, comercializados o no, es decir, la disminución de los recursos naturales (incluyendo la pérdida de biodiversidad) y las cargas de la contaminación (Martínez-Alier, 1997).

sarrollo. La distribución ecológica se refiere a la repartición desigual de los costos y potenciales ecológicos, de esas "externalidades económicas" que son inconmensurables con los valores del mercado, pero que se asumen como nuevos costos a ser internalizados por la vía de instrumentos económicos, de normas ecológicas o de los movimientos sociales que surgen y se multiplican en respuesta al deterioro del ambiente y la reapropiación de la naturaleza.

En este contexto se ha venido configurando un discurso reivindicativo sobre la idea de la *deuda ecológica*, como un imaginario y un concepto estratégico dentro de los movimientos de resistencia a la globalización del mercado y sus instrumentos de coerción financiera, cuestionando la legitimidad de la deuda económica de los países pobres, buena parte de ellos de América Latina. La deuda ecológica pone al descubierto la parte más perversa, y hasta ahora oculta, del intercambio desigual entre países ricos y pobres, es decir, la destrucción de la base de recursos naturales de los países "subdesarrollados", cuyo estado de pobreza no es consustancial a una esencia cultural o a su limitación de recursos, sino que resulta de su inserción en una racionalidad económica global que ha sobreexplotado su naturaleza, degradado su ambiente y empobrecido a sus pueblos. Esta deuda ecológica resulta inconmensurable, pues no hay tasas de descuento que logren actualizarla ni instrumento que logre medirla. Se trata de un despojo histórico, del avasallamiento de la naturaleza y subyugación de sus culturas que se enmascara en un mal supuesto efecto de la dotación y el uso eficaz y eficiente de sus factores productivos.

Hoy, el "pillaje del tercer mundo" (Fanon) se reviste e instrumenta a través de los mecanismos de apropiación de la naturaleza por la vía de la etno-bio-prospección y los derechos de propiedad intelectual de los países del Norte y las empresas transnacionales de biotecnología, sobre los derechos de propiedad de las naciones y pueblos del Sur. Para estos últimos la biodiversidad representa el territorio donde arraigan los significados culturales de su existencia y el patrimonio de recursos naturales y culturales con el que han coevolucionado en la historia. Estos valores culturales son intraducibles en valores económicos. Esta diferencia irreductible entre racionalidad económica y racionalidades culturales establece el umbral y el límite entre lo que es negociable e intercambiable entre deuda y naturaleza, y lo que impide dirimir el conflicto de distribución ecológica en términos de compensaciones económicas.

El campo de la ecología política se abre en un horizonte que desborda el territorio de la economía ecológica. La ecología política se localiza en los linderos del ambiente que puede ser recodificado e internalizado en el espacio paradigmático de la economía, de la valorización de los recursos naturales y los servicios ambientales. La ecología política se establece en el campo del conflicto por la reapropiación de la naturaleza y de la cultura, allí donde la naturaleza y la cultura se resisten a la homologación de valores y procesos (simbólicos, ecológicos, políticos) inconmensurables y a ser absorbidos en términos de valores de mercado. Allí es donde la *diversidad cultural* adquiere *derecho de ciudadanía* como una *política de la diferencia*, de una diferencia radical, más allá de la distribución equitativa del acceso y los beneficios económicos derivados de la puesta en valor de la naturaleza.

DESNATURALIZACIÓN DE LA NATURALEZA Y CONSTRUCCIÓN DEL AMBIENTE

En el curso de la historia del pensamiento occidental la naturaleza aparece como un orden ontológico y una categoría omnicomprensiva de todos los órdenes de lo real. Más allá de su *existencia en sí* –su carácter óntico–, la naturaleza se construye como el referente necesario del imaginario de la metafísica y de la representación, en el que *la naturaleza se refleja en la idea de la naturaleza*. Este imaginario dualista es el que sostiene la epistemología empirista y positivista de toda teoría del conocimiento y de la filosofía misma, que se establece como el "espejo de la naturaleza" (Rorty, 1979). Lo natural se convirtió en un argumento fundamental para legitimar el orden existente, tangible y objetivo. Lo natural fue hipostasiado como lo que tenía "derecho de ser". En la modernidad, la naturaleza se convirtió en objeto de dominio de las ciencias y de la producción, al tiempo que fue desterrada del sistema económico; se desconoció así el orden complejo y la organización ecosistémica de la naturaleza, en tanto que se fue cosificando como objeto de conocimiento y materia prima del proceso productivo. La naturaleza fue *desnaturalizada* al ser transformada en recurso dentro del flujo unidimensional del valor y la productividad económica. Esta naturalidad del orden de las cosas y del mundo –la naturalidad de la ontología y la epistemología de la naturaleza– fue construyendo una racionalidad *contra natura*, basada en leyes naturales inexpugnables, ineluctables, inconmovibles.

En este sentido, la crisis ambiental es una *crisis de la naturaleza*, no sólo como crisis ecológica, sino del concepto ontológico de naturaleza que está en la base epistemológica de la comprensión, explotación y exclusión de la naturaleza. La naturaleza es uno de los conceptos más amplios del diccionario metafísico y de la gnoseología occidental. Lo natural no sólo se confunde con lo material y con lo real, sino que otorga carta de naturalización a un cierto estado de cosas. Este proceso de legitimación quedó inscrito en las ciencias desde el momento en el que las "leyes naturales" no sólo fueron establecidas como leyes de un cierto orden ontológico de la naturaleza, sino que fueron siendo designadas para legitimar un proceso de racionalización social, en ese campo de poder donde no era suficiente que la ciencia dictara las leyes que organizan un espacio teórico-ontológico, sino donde la naturalidad de las cosas acentuaba la razón de ser de su legalidad. La naturaleza adquiere así una enorme plasticidad conceptual que le permite extenderse al campo sociocultural asociándose a los principios esencialistas que establecen la naturalidad del orden ontológico y su correspondiente campo de conocimiento.

No es fácil desconstruir y desprenderse de ese naturalismo. Las ideas fundamentales de la ecología política están cimentadas aún en metáforas, en nociones frágiles e inestables, contradictorias y polisémicas, en términos sugerentes pero sin suficiente consistencia conceptual. En este diccionario de términos de la ecología política aparecen nociones tales como "naturalezas" y "regímenes de naturalezas": de "naturaleza orgánica", "naturaleza capitalizada", "tecno-naturaleza" (Escobar, 1999);[6] o los "entes híbridos" –de organismo, tecnología

---

[6] En los tres regímenes de naturaleza que analiza Escobar, el sustrato "natural" es orgánico, ecosistémico, biodiverso. La diferencia está en el orden no natural que lo significa y lo invade, que lo "hibrida". Las naturalezas "orgánicas" se caracterizan por estar significadas por lo cultural; su especificidad radica menos en ser "orgánicas" que por el hecho de estar organizadas culturalmente. La biodiversidad no es sólo un ente natural ecosistémico generado por la evolución biológica, sino un ente híbrido de naturaleza y cultura, producto de la coevolución de la naturaleza por las diferentes formas de significación cultural. Son naturalezas cultivadas, culturalizadas. El régimen de naturalezas capitalizadas se caracteriza por estar codificado por las formas de denominación de las ciencias y circunscrito a los procesos de valorización del mercado y del capital. El régimen de la tecnonaturaleza –al que Escobar le asigna una autonomía relativa y un carácter creativo y estratégico en la producción de "alteridad" y novedad–, si bien abre posibilidades diferenciables de los procesos de "hibridación" con la naturaleza "orgánica", no tiene autonomía propia, en tanto que está fuertemente determinado por el proceso de racionalización del capital, como en el caso de la biotecnología. En todo caso, la conjunción de las "naturalezas orgánico-culturales" y la "tecno-

y símbolos– de Donna Haraway (1991, 1997). La ecología política no sólo reivindica a la naturaleza olvidada y sometida por el orden económico que desconoció y negó la organización ecosistémica de lo real natural; al demarcarse de la economía política y de la economía ecológica combate la naturalización de sus regímenes, politiza los territorios ecológicos y los inscribe en la esfera del poder, de la disputa de sentidos y los conflictos sociales por la apropiación social de la naturaleza.

No es sino hasta los años sesenta que la naturaleza se convierte en referente político, no sólo de una política de estado para la conservación de las bases naturales de sustentabilidad del planeta, sino como objeto de disputa y apropiación social, al tiempo que emergen por fuera de la ciencia diversas corrientes interpretativas, en las que la naturaleza deja de ser un objeto que es dominado y desmembrado para convertirse en un cuerpo a ser seducido, resignificado, reapropiado. De allí emergen las diversas ecosofías –desde la ecología profunda (Naess, 1989; Devall y Sessions, 1985), una ética de la vida (Jonas, 2000) o una teología "ecológica" de la liberación (Boff, 1996); del ecosocialismo (O'Connor, 2001) y el ecoanarquismo (Bookchin, 1970, 1989, 1990)– que nutren a la ecología política. En estas perspectivas, la ecología viene a desempeñar un papel preponderante en el pensamiento reordenador del mundo. Se convierte en un paradigma que, basado en la comprensión de lo real y del conocimiento como un sistema de interrelaciones, orienta el pensamiento y la acción en una vía reconstructiva. De esta manera se establece el campo de una "ecología generalizada" (Morin, 1980), configurándose diversas teorías y metodologías que iluminan y acechan el campo de la ecología política, desde las teorías de sistemas y los métodos interdisciplinarios, hasta el pensamiento de la complejidad.

La irrupción de la complejidad ambiental indujo un cambio epistemológico y societario –el paso del paradigma mecanicista a uno cibernético-termodinámico-ecológico–, que si bien contrapone al fraccionamiento de las ciencias la visión holística de un mundo entendido como un sistema de interrelaciones, interdependencias y retroalimentaciones, no renuncia a su voluntad objetivadora del mundo. Se generó así un nuevo centralismo teórico, que si bien empeza-

naturaleza", en tanto se desprenden de su "naturalidad" y salen fuera de los regímenes de racionalización económica, tecnológica, ecológica o cultural que los contiene, contribuyen a la construcción de regímenes de racionalidad ambiental.

ba a enfrentar el logocentrismo de las ciencias, no ha penetrado el cerco de poder del pensamiento totalizador asentado en la ley unitaria y globalizante del mercado. La "ecología" se fue haciendo política y la política se fue "ecologizando", en tanto que la totalidad sistémica se abre desde un orden natural omnipresente, hacia el orden simbólico y cultural, hacia el terreno de la ética y de la justicia (Borrero, 2002).

Las corrientes dominantes de pensamiento ecológico que alimentan la acción social van complejizando a la naturaleza, pero no logran salir de la visión naturalista que, desde la biosociología hasta los enfoques sistémicos y la ecología generalizada, no han logrado romper el cerco de naturalización del mundo en el que la ley natural objetiva vela las estrategias de poder que han atravesado en la historia las relaciones sociedad-naturaleza. Por ello la ecología política es el campo de una lucha por la desnaturalización de la naturaleza: de las condiciones "naturales" de existencia, de los desastres "naturales", de la ecologización de las relaciones sociales. No se trata tan sólo de adoptar una perspectiva constructivista de la naturaleza, sino una política, donde las relaciones entre seres humanos, y entre ellos y la naturaleza se construyen a través de relaciones de poder (en el saber, en la producción, en la apropiación de la naturaleza). En este sentido la ecología política transgrede los procesos de "normalización" de las ideas, los comportamientos y las políticas asentadas en una ontología naturalista del mundo.

Más allá de los enfoques ecologistas, nuevas corrientes del pensamiento ambiental están contribuyendo a la desconstrucción del concepto de naturaleza, enfatizando que la naturaleza es siempre una naturaleza marcada, significada, geografiada. Dan cuenta de ello los recientes estudios de la nueva antropología ambiental (Descola y Pálsson, 2001) y de la geografía ambiental (Gonçalves, 2001), que muestran que la naturaleza no es tan sólo producto de la evolución biológica, y que más allá de la coevolución entre la naturaleza y las culturas que la han habitado, hoy despliegan estrategias cognoscitivas y creativas de reidentificación y reapropiación de sus "naturalezas". La resignificación política de la naturaleza confronta así a la naturaleza capitalizada y tecnologizada por una cultura globalizada que hoy en día impone su imperio hegemónico y homogeneizante bajo el dominio de la tecnología y el signo unitario del mercado.

La ecología política se establece en el encuentro, confrontación y enlace de racionalidades disímiles y heterogéneas en el conflicto social por la apropiación de la naturaleza. Más allá de pensar estas racionalidades como opuestos dialécticos, la ecología política mira la constitución de estas matrices de racionalidad en la perspectiva de una historia ambiental, cuyos orígenes se remontan a una historia de resistencias anticolonialistas y antiimperialistas y de donde nacen nuevas identidades culturales en torno a la defensa de una naturaleza culturalmente significada, desplegando estrategias novedosas de "aprovechamiento sustentable de los recursos" de entre las cuales son ejemplares el movimiento social que llevó a la invención de la identidad del seringueiro y de sus reservas extractivistas en la Amazonía brasileña (Gonçalves, 2001), así como el proceso de las comunidades negras del Pacífico de Colombia (Escobar, 1999, cap. 7). Estas identidades se han configurado a través luchas de resistencia, afirmación y reconstrucción del ser cultural frente a las estrategias de apropiación y transformación de la naturaleza que promueve e impone la globalización económica.

La ecología política se abre así al campo del poder que define, más allá de todo naturalismo o apriorismo de la razón, espacialidades y temporalidades diferenciadas de la relación entre lo real, lo simbólico y lo imaginario; entre economía, tecnología y cultura; entre lo orgánico, la tecnología y el orden simbólico-discursivo; de sus conexiones en la escala global y la demultiplicación de órdenes híbridos a escala local y cultural. La ecología política se inscribe así en el proceso político de construcción de nuevos mundos de vida. Su mira está en los conflictos ambientales que se inscriben en la construcción de futuros sustentables, en la perspectiva de una heterogénesis que no es la de una historia natural y una evolución biológica. En la forja del futuro se redefine el sentido de la utopía como construcción de lo posible por la acción política, por el pensamiento crítico y por una ética de lo bueno y lo justo, más allá de la generatividad biológica del mundo y la emergencia de lo virtual.

SABER ENCARNADO/SABER ARRAIGADO

El imaginario de la representación que funda el proyecto epistemológico de la teoría del conocimiento se sostiene en un presupuesto dualista: la separación entre el cuerpo y la mente. Después de cuatro siglos de este debate que ha ocupado a tantas generaciones de filósofos y epistemólogos –desde Descartes, Bacon y Spinoza hasta Nietzsche, Wittgenstein, Heidegger y los filósofos posmodernos desconstruccionistas (Derrida, Levinas), ya no es posible mantener la discusión en términos de una *res cogitans* fuera del espacio y una *res extensa* fuera del pensamiento. El problema del dualismo se ha concentrado en investigaciones y reflexiones en torno a las relaciones (o la falta de ellas) entre la mente y el cuerpo. Sin embargo, poco sentido tendría hoy en día discutir si las ideas de la mente se expresan en lo real o si los procesos mentales no son otra cosa que la manifestación de procesos orgánicos. Más allá de la *incorporación* de los efectos laberínticos del inconsciente en las formas de somatización del deseo, de la manifestación de los sueños, los pensamientos y los estados anímicos en las ondas cerebrales, más allá del debate en torno al sentido y las falacias de una teoría del conocimiento, hoy en día el hecho incontrovertible al que responde la ecología política es el del conocimiento que invade y penetra el cuerpo de la vida: la estructura genética del organismo y la organización ecosistémica de la biosfera. Es en este sentido que en otra dimensión que la del debate sobre el dualismo ontológico y epistemológico y de la relación mente-cuerpo, idea-materia, hoy en día se replantea la cuestión de las relaciones entre el conocimiento y la vida en términos de la *encarnación* y el *arraigo* del conocimiento.[7]

Desde Wittgenstein y hasta Foucault, las investigaciones en torno a las relaciones que guarda la estructura de la lengua y del discurso con el pensamiento han complejizado las formas como un lenguaje, un habla, una formación discursiva moldea el pensamiento y, de esa manera, abre las vías diferenciadas de sentido que orientan y conducen la acción que se hace *cuerpo social* en una relación de otredad. En este sentido, Levinas ha señalado que

La función fundamental del discurso en el surgir de la razón fue desconocida hasta una época muy reciente. La función del verbo se comprendía en su dependencia frente a la razón: el verbo que refleja el pensamiento. El nominalismo fue el primero que buscó al verbo otra función: la de *instrumento* de la razón. Función simbólica de la palabra que simboliza lo no pensable, antes que significante de contenidos pensados, este simbolismo remitía a la asociación con un cierto número de datos conscientes, intuitivos, que siendo suficientes, no exigían al pensamiento. La teoría no tenía otro objetivo que la explicación de una diferencia entre el pensar, incapaz de apuntar a un obje-

[7] Ver cap. 2, *supra.*

to general, y el lenguaje que parecía referirse a él. Diferencia que la crítica de Husserl ha mostrado como de carácter aparente, al subordinar completamente la palabra a la razón. La palabra es una ventana; si hace de velo, hay que rechazarla. En Heidegger, la palabra esperantista de Husserl toma el color y el peso de una realidad histórica. Pero sigue estando ligada al proceso de la comprensión [...] Merleau-Ponty [...] mostró que el *pensar descarnado*, que piensa la palabra antes de hablarla, el pensamiento que constituye el mundo de la palabra, que la adhiere al mundo –previamente constituido de significaciones, en una operación siempre trascendental–, era un mito. Ya el pensamiento consiste en elaborar el sistema de signos, en la lengua de un pueblo o de una civilización, para recibir la significación de esta operación misma. Va a la aventura, en la medida que no parte de una representación previa, ni de esas significaciones, ni de frases a articular. El pensamiento casi opera, pues, en el "yo puedo" del cuerpo. *Opera en él antes de representar o de constituir ese cuerpo.* La significación sorprende al pensamiento mismo que lo ha pensado [...] No es la mediación del signo la que hace la significación, sino que es la significación (cuyo acontecimiento original es el cara-a-cara) la que hace posible la función del signo [... Ese] "algo" que se llama significación surge en el ser con el lenguaje, porque la esencia del lenguaje es la relación con el Otro (Levinas, 1977/1997: 218-220, cursivas mías).

Hoy, la teoría y el conocimiento han intervenido de otra manera el ser, el ente, el organismo, el cuerpo. La ciencia se hace tecnología; ya no sólo observa, sino que penetra lo real desnaturalizándolo, desustantivándolo, tecnologizándolo. El dualismo entre el concepto y lo real de la relación de conocimiento que reduce la comprensión del mundo a esa identidad que dentro del régimen de racionalidad busca la adecuación entre la naturaleza y la idea, pasa al del instrumento que disecciona, sintetiza, clona y hace estallar el núcleo del ser entre la mismidad y la diferencia.[8] El problema del conocimien-

---

[8] Horkheimer y Adorno (1969: 41, 214, 37-38) habían señalado la paradoja de que "No hay ser en el mundo que no pueda ser penetrado por la ciencia, pero aquello que puede ser penetrado con la ciencia no es el ser [...] con esta operación se cumple el paso del reflejo mimético a la reflexión controlada. En el lugar de la adecuación física a la naturaleza se coloca el 'reconocimiento por medio del concepto', la asunción de lo diverso bajo lo idéntico. Pero la constelación dentro de la cual se instaura la identidad (la inmediata de la mimesis como la mediata de la síntesis, la adecuación a la cosa en el ciego acto vital o la comparación de lo reificado en la terminología científica) es siempre la del terror [...] La apología metafísica delataba la injusticia de lo existente, por lo menos en la incongruencia del concepto y la realidad. En la imparcialidad del lenguaje científico la impotencia ha perdido por completo la

to se desplaza hacia los efectos del conocimiento; de la relación teórica con lo real, se abre a la relación entre el saber y el ser en un proceso de reapropiación del mundo. Es en este cambio de contexto que se plantea el problema de la reencarnación y el rearraigo del saber, en la biosfera, en los territorios de vida y en el cuerpo de la existencia.

El conocimiento y el saber se enraizan en el suelo vital de la biosfera y se incorporan a la existencia por diversas vías de intervención. Los conocimientos tecnologizados, las tecnologías médicas y las tecnologías agrícolas, los agroquímicos y los desechos tóxicos, invaden la tierra, el agua, el aire y el cuerpo a través de sus productos transgénicos; pero también invaden la existencia a través de las estrategias de poder en el saber que penetran tanto en el cuerpo de las instituciones como en el cuerpo humano, a través de ideologías que orientan comportamientos y moldean los sentimientos. Por otra parte, los saberes ambientales arraigan en la tierra a través de nuevas prácticas políticas, sociales y productivas. El saber ambiental se va conformando en el proceso mismo en el que se va configurando una identidad en la que va encarnando y arraigando, desplegándose en prácticas y haciéndose *habitus* (Bourdieu).

La ecología política abre la interrogante sobre si el mundo "puede ser redefinido y reconstruido desde la perspectiva de múltiples prácticas culturales, ecológicas y sociales encarnadas en modelos y lugares locales" (Escobar, 1999:370). ¿Puede construirse una racionalidad global que conduzca los destinos de la humanidad (y del planeta) sobre la base de una política y una estrategia de conexión de racionalidades ambientales locales, que hagan de la diversidad ecológica y cultural la base de una economía y un saber diferenciados? La ecología política demarca y abona un nuevo campo teórico-práctico en el que el saber encarna en el ser y se arraiga en la tierra, en territorios existenciales y mundos de vida.

---

fuerza de expresión, y sólo lo existente halla allí su signo neutral. Esta neutralidad es más metafísica que la metafísica. Finalmente el iluminismo ha devorado no sólo los símbolos, sino también sus sucesores, los conceptos universales, y de la metafísica no ha dejado más que el miedo a lo colectivo del cual ésta ha nacido."

POLÍTICA CULTURAL/POLÍTICA DE LA DIFERENCIA

La diferencia es siempre una diferencia ontológica y radical; está fundada en la raíz del Ser, cuyo destino es diferenciarse y diferirse; diversificarse, ramificarse y reedificarse (Heidegger, 1957/ 1988; Derrida, 1967, 1986; Vattimo, 1985; Deleuze y Guattari, 1987; Guattari, 1989).[9] El pensamiento de la diferencia confronta al pensamiento unitario, aquel que busca acomodar la diversidad a la universalidad y someter lo heterogéneo a la medida de un equivalente universal, cerrar el círculo de las ciencias en una unidad del conocimiento, reducir las variedades ontológicas del ser a las homologías de sus estructuras formales, y encasillar las ideas dentro de un pensamiento único. La ecología política enraiza el trabajo teórico de desconstrucción del logos en el campo político, donde no basta reconocer la existencia de la diversidad cultural, de los saberes tradicionales, de los derechos indígenas, para luego intentar resolver el conflicto que emana de sus diferentes formas de valorización de la naturaleza por la vía del consenso y la equidad que buscan resolver la diferencia en una ecuación, una homología, una mismidad.[10]

Hablamos de ecología política, pero la ecología no es política en sí. Las relaciones entre seres vivos y naturaleza, las cadenas tróficas, las territorialidades de las especies, incluso las relaciones de depredación y dominación, no son políticas en ningún sentido. Si la polí-

---

[9] Con el concepto de rizoma, Guattari ha hecho un "cuestionamiento radical del centralismo decisional que ponen en acción a individuos serializados", y propuesto la "puesta en contacto de una multiplicidad de deseos moleculares [...] la convergencia de los deseos y afectos de las masas y no su reagrupamiento en torno a objetivos estandarizados [...] la unificación deja de ser antagónica a la multiplicidad y la heterogeneidad de los deseos" (Guattari, 1989: 87).

[10] La crítica no se ha hecho esperar entre quienes ven con sospecha el reclamo de la ecología profunda a un derecho a la diferencia en el que creen encontrar una analogía con la política nazi del *Blut und Boden;* un discurso asimilable por la ideología fascista; la idealización de un *comunitarismo* de comunidades aisladas, autárquicas e incomunicadas, encerradas en sus territorios e identidades comunes; el temor al relativismo jurídico y a una moral fuera de toda norma, a la autogestión y las autonomías locales; la reivindicación del disenso, que rompería la armonía de la convivencia democrática, "los valores de la *res publica* en cuyo seno sólo es posible construir libremente, a través de la discusión y la argumentación, el *consenso* de la ley y el *interés general*"; en fin, quienes no ven en la política de la diferencia sino un "individualismo democrático" en el que "la ecología se integra al mercado y se adapta naturalmente a las exigencias de los consumidores" (Ferry, 1992). Estas sospechas se disipan cuando la política de la diferencia se aleja de la superficie y arraiga en una ética de la otredad que trasciende el conservacionismo de la racionalidad comunicativa (ver cap. 7, *infra*).

tica es llevada al territorio de la ecología es como respuesta al hecho de que la organización ecosistémica de la naturaleza ha sido negada y externalizada del campo de la economía y de las ciencias sociales. Las relaciones de poder emergen y se configuran en el orden simbólico y del deseo humano, en su especificidad y diferencia radical con los otros seres vivos que son objeto de la biología.

Desde esta perspectiva, al referirse a las "ecologías de la diferencia", Escobar pone el acento en la noción de "distribución cultural", como los conflictos que emergen de diferentes significados culturales, pues "el poder habita a los significados y los significados son la fuente del poder" (Escobar, 2000:9). La significancia en la que se plasma el poder se produce dentro de estrategias discursivas, movilizando actores sociales hacia ciertos objetivos cargados de sentido. De esta manera surgen movimientos que reivindican valores culturales y los legitiman como derechos humanos. Pues es por la vía de los derechos (humanos) que los valores culturales entran en el campo del poder para enfrentar a los "derechos del mercado".

Mas la noción de distribución cultural puede llegar a ser tan falaz como la de distribución ecológica, si se olvida que la cultura está constituida por la diferencia y se le somete a un proceso de homologación y homogeneización. La inconmensurabilidad no sólo se da en la diferencia entre economía, ecología y cultura, sino dentro del propio orden cultural, donde no existe una equivalencia ni traducción posible entre significaciones diferenciadas. La distribución siempre apela a una materia homogénea: el ingreso, la riqueza, la naturaleza, la cultura, el poder. Pero más allá del derecho genérico a tener derechos, y en particular a los derechos de la cultura, los valores que dan sustancia a cada cultura, objeto de derecho, son radicalmente heterogéneos. En este sentido, los derechos culturales implican trascender, tanto los principios generales del derecho positivo, como la idea genérica del *ser ahí* heideggeriano, aún herederos de una ontología universal, para pensar la política de la diferencia como *derechos del ser cultural*, específico y localizado; del ser que, *siendo*, abre la historia hacia la diferencia desde su "ser diferente". La ecología política opera un proceso similar al que Marx realizó con el idealismo hegeliano, al "poner sobre sus pies" a la filosofía de la posmodernidad (Heidegger, Derrida), al volver al Ser y a la diferencia la *sustancia* de una ecología política. La esencial diversidad del orden simbólico y cultural se convierte en la materia de la *política de la diferencia*.

Pero la diferencia de valores y visiones culturales no se convierte por derecho propio en fuerza política. La legitimación de esa diferencia que le da valor y poder proviene de una suerte de efectos de saturación de la homogeneización forzada de la vida inducida por el pensamiento metafísico y la racionalidad modernizante. Es de la resistencia del ser al dominio de la homogeneidad hegemónica, de la cosificación objetivante, de la igualdad inequitativa, que surge la diferencia en el encuentro con la otredad, en la confrontación de la racionalidad dominante con lo que le es externo y con aquello que excluye, rompiendo con la identidad de la igualdad y la unidad de lo universal. De esa tensión se establece el campo de poder de la ecología política, de la demarcación del pensamiento único y la razón unidimensional, para valorar la diferencia del ser y convertirlo en un campo de fuerzas políticas.

Hoy es posible afirmar que "las luchas por la diferencia cultural, las identidades étnicas y las autonomías locales sobre el territorio y los recursos están contribuyendo a definir la agenda de los conflictos ambientales más allá del campo económico y ecológico", reivindicando las "formas étnicas de alteridad comprometidas con la justicia social y la igualdad en la diferencia" (Escobar, 2000:6,13). Esta reivindicación no se justifica en un esencialismo étnico ni en derechos fincados en los principios jurídicos y metafísicos del individuo, sino en el *derecho del Ser;* tanto en los valores intrínsecos de la naturaleza y los derechos humanos diferenciados culturalmente, como en el derecho a disentir de los sentidos preestablecidos y legitimados por poderes hegemónicos.

La política de la diferencia no sólo implica diferenciar criterios, opiniones y posiciones. También hay que entenderla en el sentido que asigna Derrida (1989) a la *diferancia,* que no sólo establece la diferencia en el aquí y el ahora, sino que la abre al tiempo, al devenir, al advenimiento de lo impensado y lo inexistente.[11] De esta manera,

---

[11] En este sentido, Derrida ha afirmado que "la *diferancia* [...] no es más estática que genética, no es más estructural que histórica [...] es lo que hace que el movimiento de la significación no sea posible más que si cada elemento llamado 'presente', que aparece en la escena de la presencia, se relaciona con otra cosa, guardando en sí la marca del elemento pasado y dejándose ya hundir por la marca de su relación con el elemento futuro [...] constituyendo lo que se llama presente por esta misma relación con lo que no es él [...] es decir, ni siquiera un pasado o un futuro como presentes modificados. Es preciso que le separe un intervalo de lo que no es él para que sea él mismo [...] es lo que podemos llamar espaciamiento, devenir-espacio del tiempo o devenir-tiempo del espacio (temporalización) [...] síntesis 'originaria' e irreductiblemente no-simple [...] no-originaria, de marcas, de rastros, de retenciones y de protenciones" (Derrida, 1989: 48).

frente al cierre de la historia en torno al cerco del pensamiento único y del mercado globalizado, la política de la diferencia abre la historia hacia la utopía de construir sociedades sustentables diferenciadas. El derecho a diferir en el tiempo abre el sentido del ser que construye en el tiempo "lo que aún no es" (Levinas, 1977), aquello que es potencialmente posible desde lo real y del deseo.

La ecología política reconoce en el ambientalismo luchas de poder por la distribución de bienes materiales (valores de uso), pero sobre todo de valores-significaciones asignadas a los bienes, necesidades, ideales, deseos y formas de existencia que definen los procesos de adaptación/transformación de los grupos culturales a la naturaleza. No se trata pues de un problema de inconmensurabilidad de bienes-objeto, sino de identidades-valoraciones diferenciadas por formas culturales de significación, tanto de la naturaleza como de la existencia misma. Esto está llevando a imaginar y construir estrategias de poder capaces de vincular y fortalecer un frente común de luchas políticas diferenciadas en la vía de la construcción de un mundo diverso, guiado por una racionalidad ambiental y una política de la diferencia. De ese otro mundo posible por el que claman las voces del Foro Social Mundial; de otro mundo donde quepan muchos mundos (subcomandante Marcos).

Las reivindicaciones por la igualdad en el contexto de los derechos humanos genéricos del hombre, y sus aplicaciones jurídicas a través de los derechos individuales, son incapaces de asumir este principio político de la diferencia que reclama un lugar propio dentro de una cultura de la diversidad, pues como afirma Escobar,

Ya no es el caso de que uno pueda contestar la desposesión y argumentar a favor de la igualdad desde la perspectiva de la inclusión dentro de la cultura y la economía dominantes. De hecho, lo opuesto está sucediendo: la posición de la diferencia y la autonomía está llegando a ser tan válida, o más, en esta contestación. El apelar a las sensibilidades morales de los poderosos ha dejado de ser efectivo [...] Es el momento de ensayar [...] las estrategias de poder de las culturas conectadas en redes y glocalidades, de manera que puedan negociarse concepciones contrastantes de lo bueno y el valor de diferentes formas de vida y para reafirmar el predicamento pendiente de la diferencia-en-la-igualdad (Escobar, 2000: 21).

La democracia ambiental no se forja en las urnas de los partidos verdes o ecologistas. No es la democracia representativa de los órganos del estado, de las leyes del mercado o de la diseminación del conocimiento. La democracia ambiental convoca a una democracia directa. Es el campo de la reconstitución de identidades (políticas) y la reapropiación de la naturaleza. La política de la diferencia no sólo reconoce la existencia y el valor de los saberes tradicionales como lo hace con deferencia, paternalismo y condescendencia el discurso del desarrollo sostenible. Esos saberes fundan nuevos derechos del ser cultural y un derecho a la diferencia, que es el de no sujetarse a la camisa de fuerza de un imperativo ecológico ni someterse a la ley de hierro del mercado. La justicia ambiental está más allá de la búsqueda de equidad en la distribución ecológica, en la compensación de daños, en la distribución de beneficios de la etno-bio-prospección. La democracia ambiental abre la puerta a otra justicia, la de los derechos colectivos, la del derecho de ser, de crear, de pensar, de producir, de vivir.

ECOLOGÍA POLÍTICA/EPISTEMOLOGÍA POLÍTICA

La ecología política es la política de la reapropiación social de la naturaleza. Sus estrategias no sólo orientan las aplicaciones del conocimiento, sino que se plasman en una lucha teórica por la producción y apropiación de conceptos y en una disputa de sentidos en el campo discursivo de la sustentabilidad. El ambientalismo crítico combate las ideologías que sostienen una racionalidad insustentable y orienta acciones hacia la construcción de sociedades sustentables en un campo de confrontaciones teóricas y de relaciones de poder en el saber. Las categorías filosóficas y los conceptos teóricos bajan de las alturas del pensamiento y arraigan en el campo de las luchas políticas. El sujeto, lo étnico, la identidad, la diferencia dejan de ser categorías epistemológicas y teóricas para convertirse en política cultural, de la identidad, de la diferencia.[12] Así se están reconfigurando los significados de nociones tales como biodiversidad, territorio, autonomía y autogestión, dentro de estrategias discursivas donde se "hacen

---

[12] Eric Hobsbawm (1996) hacía notar así que los conceptos de "identidad colectiva", "grupos de identidad", "política de la identidad" y "etnicidad" sólo empezaron a usarse en el discurso político en los años sesenta. Heidegger había publicado su libro *Identidad y diferencia* en 1957.

derechos", arraigan en actores sociales y conducen acciones hacia la reapropiación social de la naturaleza. Las formaciones discursivas pueden deformar, tergiversar y pervertir los sentidos de las palabras y las cosas; pero también pueden transgredir los significados ya asignados y generar nuevos sentidos.

Una serie de términos que están plasmando el campo ambiental están siendo resignificados a través de esta disputa de sentidos. La ecología política asume una perspectiva antiesencialista, trascendiendo el principio de identidad como esencias originarias inmanentes e inalterables y la existencia de órdenes ontológicos puros, diferenciados y autónomos que permanecen inmutables en el ser y en el tiempo.[13] Mientras abre una reflexión sobre la "hibridación" de lo material, lo textual y lo simbólico en el orden ontológico –y de la relación entre naturaleza, cultura y tecnología en el orden económico–, la epistemología política analiza las relaciones entre órdenes ontológicos, procesos cognoscitivos e identidades culturales en el campo emergente de los conflictos socioambientales.

La comprensión del mundo deja atrás el fundamento ontológico del "ser en tanto que ser" como soporte del proyecto epistemológico que llevó a conocer el mundo –lo real, la cosa– como algo que "es" de cierto modo, que tiene una esencia que define su unicidad, su especificidad, su autenticidad. Más allá de las controversias entre proyectos epistemológicos –del empirismo al logicismo, del realismo al

---

[13] Esta postura antiesencialista emerge tanto de una visión fenomenológica como de la termodinámica de los procesos alejados del equilibrio (Prigogine, 1984, 1997) de esa complejidad ambiental en la que el ser-siendo destruye su esencia. Pues *"La existencia no es un don de derecho, una 'ventaja adquirida'; es una producción contingente constantemente cuestionada, es una ruptura del equilibrio, es una huida hacia adelante que se instala en un modo defensivo o bajo un régimen de proliferación, en respuesta a todos estos cracks, gaps, ruptures..."* (Guattari, 1989: 109). Mas si la identidad y la existencia desbordan el molde rígido de una esencia inmutable, no se desprenden de un pasado desde el cual proyectan un futuro. La memoria de lo vivido y la huella de lo "sido" encarnan en la existencia, no sólo en la carne viva del recuerdo de los holocaustos y genocidios sufridos por los pueblos, sino en huellas más sutiles y enigmáticas que manifiestan en el *ser-aquí-ahora* lo que *fue-allí-entonces* y se proyectan hacia lo que *será-allá-después*, sin que ello emerja a la superficie visible de la realidad empírica. Si Prigogine reinstala el sentido del tiempo en la materia –en una "agencia" de las cosas que las mueve a desenvolverse–, el concepto de *agenciamiento* que propone Guattari inscribe a la subjetividad humana en la transformación del mundo y de sus mundos de vida. Agenciamiento es la movilización de lo que está en potencia en lo real desde las motivaciones y deseos del sujeto y es al mismo tiempo apropiación de ese mundo en transfomación. En el agenciamiento del mundo, las identidades se territorializan –se desterritorializan y se reterritorializan–; se hacen cuerpo y arraigan en la tierra. Es el devenir del Ser-Saber.

idealismo–, las fronteras ontológicas parecen disolverse y los obstáculos epistemológicos se desplazan de las ideologías teóricas que precedían y oscurecían con su cortina de humo el conocimiento concreto de un real, hacia un torbellino de visiones, de modos de cognición y de saberes cuyos referentes tampoco otorgan certificados de veracidad y autenticidad ontológica a la mirada epistemológica. No se trata tan sólo del hecho de que toda observación y todo sujeto afecten el objeto bajo observación; no se trata tan sólo de dar su lugar al sujeto (individual, personal o colectivo) en la construcción del conocimiento. Estamos ante la hibridación de órdenes ontológicos considerados hasta hace poco como entidades autónomas y diferenciadas: el orden físico, biológico, cultural, simbólico, tecnológico. Con la intervención tecnológica de la vida, lo orgánico ya no se rige por las leyes de la biología, sino que aparece como un nuevo orden modelado, diseñado, simulado por la ciencia y la tecnología. El principio ontológico del materialismo que hacía prevalecer al ser sobre el pensar se derrumba. Las relaciones entre órdenes ontológicos y sus correspondientes órdenes epistemológicos no se sostienen más. Hoy el mundo se construye (y destruye) a partir de las formas y estrategias de conocimiento. El conocimiento interviene lo real; lo transforma y reconstituye en una nueva dialéctica entre el ser y el pensar. Más allá de la relación de conocimiento entre órdenes ontológicos y gnoseológicos, en la epistemología ambiental emerge una relación fluida entre registros, códigos y regímenes que interrelacionan lo real, lo imaginario y lo simbólico, no sólo en el sentido de que los diversos órdenes ontológicos de la materia implican diferentes formas de razonamiento, de construcciones lógicas, métodos de investigación y procedimientos de verificación o falsificación, sino en las formas como lo real y lo simbólico están entrelazados por "efectos de conocimiento". En esta perspectiva, el conocimiento no se presenta como una apropiación cognoscitiva del mundo, sino que invade lo real, la materia y la naturaleza, transformándolas por sus estrategias de conocimiento. Por ello el conocimiento nunca es neutro (objetivo). Más allá de cualquier intención subjetiva, está atravesado (constituido) por estrategias de poder que "encarnan" en la materia, en la vida y en el ser.

La epistemología ambiental trasciende el juego de interrelaciones, interdependencias y retroalimentaciones del pensamiento complejo, fundado en una ecología generalizada o en un naturalismo dialéctico. Más allá de todo naturalismo, se localiza en el orden simbólico y en la producción de sentido. La ecología política no se desprende del orden ecológico preestablecido, ni de una ciencia que haría valer una conciencia-verdad capaz de vencer los intereses antiecológicos y antidemocráticos, sino en el campo político donde el destino de la naturaleza y de la humanidad se apuesta en un proceso de creación de sentidos (más que de verdades) y en sus estrategias de poder.

La ecología política se plantea una redefinición del conocimiento desde el saber ambiental. La epistemología ambiental se establece más allá del campo estricto y restricto de la filosofía de la ciencia objetiva, de los fundamentos y presupuestos de los paradigmas teóricos de la ciencia positivista. Si la epistemología "normal" conduce el pensamiento hacia el establecimiento de reglas de construcción del conocimiento científico, de la relación de verdad entre el concepto y lo real, de la teoría y la realidad objetiva, la epistemología ambiental parte del cuestionamiento de los paradigmas cerrados del círculo de las ciencias desde el lugar de externalidad que en ellos ocupa el saber ambiental, para arribar a una indagación sobre la relación del saber y el ser, de su mutua relación constitutiva. La epistemología ambiental emerge allí donde la pulsión epistemofílica (Freud) se vuelve voluntad de saber (Foucault); en ese espacio de permanente tensión entre la objetividad del conocimiento y el saber que forja identidades. La epistemología ambiental surge de la tentación irrenunciable del ser a desbordar el conocimiento normado, la norma del deseo y el saber consabido, para trascender lo sido y aventurarse a explorar lo desconocido, a construir lo que aún no es a través de la experiencia del mundo y el encuentro con el otro (Levinas).

La política de la diferencia se abre a una proliferación de sentidos existenciales y civilizatorios que son la materia de una *epistemología política* que desborda al método del pensamiento complejo y al proyecto interdisciplinario, en su voluntad de integración y complementariedad de conocimientos a través de teorías de sistemas, reconociendo las estrategias de poder que se juegan en el campo del saber y reconduciendo el conflicto ambiental hacia un encuentro y un diálogo de saberes. Ello implica una radical revisión del conocimiento y una reconceptualización del enlace entre lo real, lo simbólico y lo imaginario, donde lo que está en juego es la relación entre el ser y el saber, más allá de toda política de la representación orientada a copiar a la naturaleza, a adoptar un pensamiento complejo y a subsumirse en la ecología como modelo de racionalidad (Leff, 2004).

Ese reanudamiento entre lo real, lo simbólico y lo imaginario es lo que pone en juego la entropía como ley límite de la naturaleza (lo real) en su relación con la racionalidad, la cultura y el lenguaje (lo simbólico), y con el imaginario del discurso de la sustentabilidad. Mientras que el discurso neurótico del desarrollo sostenible afirma su voluntad del goce desconociendo lo real, quedándose en lo imaginario de la teoría a la que da lugar la razón económica, la racionalidad ambiental reconoce la ley ineluctable de la entropía como un real fuera de lo simbólico y lo imaginario *(hors-signifié)* (Lacan) antes y más allá de la teoría, del discurso, del texto, que pone una barrera ante el goce del desarrollo sin límites y relanza las utopías en la construcción de otra realidad por otras vías de racionalización y en otra racionalidad. Pues contra la vía infinita de progreso que pretende la racionalización de la economía, de la ciencia y la tecnología, y de la transparencia del mundo, se levanta un límite en lo real que se engancha con la estructura simbólica del lenguaje para abrir el campo de la vida posible y de una economía sustentable.

La epistemología política de la diferencia lleva a situarse en el imaginario de las representaciones de la naturaleza para desentrañar sus estrategias de poder (del discurso del desarrollo sostenible). Más allá de una hermenéutica de los diferentes sentidos asignados a la naturaleza, la epistemología ambiental indaga las formas como la naturaleza se hace cuerpo (humano) al ser habitado por la lengua como origen y fuente inagotable de poder y diferencia. La naturaleza es incorporada por diferentes lenguajes y culturas, a través de relaciones simbólicas que entrañan visiones, razones, sentimientos, sentidos e intereses que se debaten en la arena política por la apropiación material y simbólica de la naturaleza. Es dentro de esta epistemología política que los conceptos de territorio-región funcionan como lugares-soporte para la reconstrucción de identidades enraizadas en prácticas culturales y racionalidades productivas sustentables, como hoy lo construyen las comunidades negras del Pacífico colombiano. En este escenario,

El territorio es visto como un espacio multidimensional fundamental para la creación y recreación de las prácticas ecológicas, económicas y culturales de las comunidades [...] Puede decirse que en esta articulación entre identidad cultural y apropiación de un territorio subyace la ecología política del movimiento social de comunidades negras. La demarcación de territorios colectivos ha llevado a los activistas a desarrollar una concepción del territorio que enfatiza articulaciones entre los patrones de asentamiento, los usos del espacio y las prácticas de usos-significados de los recursos (Escobar, 1999: 259-260).

La ecología política lleva así a la desconstrucción de la noción ideológico-científica-discursiva de naturaleza, con el propósito de re-significar a la naturaleza, es decir, de articular la sustancia ontológi-ca de lo real del orden biofísico, con el orden simbólico que la signi-fica, que la convierte en referente de una cosmovisión, de una teo-ría, de un discurso sobre el desarrollo sustentable. La ecología polí-tica remite directamente al debate sobre monismo/dualismo en el que hoy se desgarra la teoría de la reconstrucción/reintegración de lo natural y lo social, de la ecología y la cultura, de lo material y lo simbólico. Es allí donde se ha desbarrancado el pensamiento ecolo-gista, bloqueado por efecto del maniqueísmo teórico y la dicotomía polarizada entre el naturalismo de las ciencias físico-biológico-mate-máticas y el antropomorfismo de las ciencias de la cultura; unas atraí-das por el realismo empirista y el ecologismo funcionalista; el otro por el relativismo del constructivismo y de la hermenéutica.

En el naufragio del pensamiento crítico, filósofos y científicos se han agarrado de la tabla de salvación que les ha ofrecido la ecología como ciencia por excelencia de las interrelaciones de los seres vivos con su entorno, llevando a una ecología generalizada que no logra desprenderse de esa voluntad de totalización del mundo del pensa-miento de la complejidad (Morin, 1993). Surgen de allí todos los in-tentos por reconciliar a esos entes no dialogantes (mente-cuerpo; na-turaleza-cultura; razón-sentimiento) –más allá de una dialéctica de contrarios unificados por un creacionismo evolucionista–, de donde habría de emerger la conciencia ecológica capaz de saldar las deudas de una racionalidad antiecológica. Mas ese monismo ecológico no ofrece bases sólidas para guiar las acciones sociales hacia un futuro sus-tentable en una política de la diferencia.[14]

Más allá del diagnóstico de la civilización occidental que mira el malestar de la cultura en la disociación del ser y el ente en el pensa-miento metafísico; más allá de ver la causa de la crisis ambiental en el fraccionamiento del conocimiento y su solución en un pensamiento holístico, un método interdisciplinario y el pensamiento de la comple-jidad, otro eje crítico adjudica a la ontología dualista el origen y la cau-sa de la cosificación del mundo y la pérdida de los sentidos de la vida. Ello ha llevado a diversas búsquedas para una reunificación monista de la naturaleza y la cultura. En este campo se ubican los esfuerzos de una nueva antropología ambiental (Descola y Pálsson, 2001), a partir

---

[14] Ver cap. 2, *supra.*

de la constatación de que las cosmovisiones de las sociedades "tradicionales" no reconocen una distinción entre lo humano, lo natural y lo sobrenatural. Sobre la base de una perspectiva fenomenológica, buscan trasladar este "monismo ontológico y epistemológico" al terreno de la cultura y la racionalidad moderna. Empero, las "matrices de racionalidad" de las culturas tradicionales no constituyen "epistemologías" conmensurables y susceptibles de ser asimiladas por la epistemología que ha fundado la civilización occidental y la modernidad. Si por una parte las culturas tradicionales no son susceptibles de seguir un proceso de racionalización (como lo son los ámbitos de valor y las religiones –el protestantismo– en la sociedad capitalista), la epistemología occidental tampoco es susceptible de reacomodarse a las gnoseologías y cosmologías de las sociedades tradicionales (así como la racionalidad económica no se readapta a los imperativos y condiciones ecológicas de la sustentabilidad). Si bien las gnoseologías y saberes tradicionales pueden inspirar una política de la diferencia, el cuerpo de la epistemología que anima y legitima la política de la globalización económico-ecológica debe desconstruirse desde sus fundamentos.

El pensamiento de la posmodernidad inaugura el fin del universalismo y del esencialismo por la emergencia de entes híbridos, hechos de organismo, símbolos y tecnología (Haraway, 1991). Pero es necesario diferenciar este enlace de lo natural, lo cultural y lo tecnológico en la emergencia de la complejidad ambiental (Leff, 2000), del mundo de vida de los "primitivos" que desconocen la separación entre el cuerpo y el alma, la vida y la muerte, la naturaleza y la cultura. La continuidad y fluidez del mundo primitivo se da en un registro diferente de la relación entre lo real, lo simbólico y lo imaginario en la cultura moderna. La ecología política se sitúa fuera del esencialismo de la ontología occidental y del principio de universalidad de la ciencia moderna. Pues la ciencia ha generado, junto con sus universales, al hombre genérico que se convirtió en el principio de discriminación de los hombres diferentes. Los derechos humanos norman y unifican al tiempo que segregan y discriminan. La epistemología ambiental confronta a todos los conceptos universales y genéricos: el hombre, la naturaleza, la cultura, etc., pero no para pluralizarlos como "hombres", "naturalezas" y "culturas" (con sus propias "ontologías" y "epistemologías"), sino para construir los conceptos de su diferencia. La ecología política habrá de edificarse y convivir en una babel de lenguajes diferenciados, que se comunican e interpretan pero que no se traducen en un lenguaje común unificado.

La epistemología política emerge desde ese orden que inaugura la palabra, el orden simbólico y la producción de sentido. En esta perspectiva, la ecología política se ubica más allá del orden ecológico establecido; de las interrelaciones e interdependencias del pensamiento complejo fundado en una ecología generalizada (Morin) o un naturalismo dialéctico (Bookchin); de una ciencia de la complejidad (Prigogine) o de un principio vida (Jonas) que haría valer una conciencia-verdad capaz de vencer los intereses antiecológicos y antidemocráticos. La ecología política funda un nuevo espacio donde el destino de la naturaleza se juega en un proceso de creación de sentidos-verdades atravesado por estrategias de poder en el saber. La cuestión de la sustentabilidad no se dirime en el terreno del conocimiento, sino en el de la política, en el sentido de que la naturaleza (la biodiversidad) no es una entidad objetiva y que la vida propia (el ser, la transformación, el devenir) de la naturaleza depende del efecto de poder de los imaginarios y formas simbólicas que la intervienen a través de procesos de conocimiento. La epistemología política se arraiga de esta manera en los territorios de la ecología política; donde los conocimientos y los saberes resurgen, se reconfiguran y se enraizan en territorios de vida y en modos de producción, en imaginarios sociales, en hábitos y en prácticas culturales que resignifican y reorientan procesos sociales hacia la sustentabilidad. En este sentido, la construcción de una racionalidad ambiental implica la desconstrucción de la racionalidad dominante, así como la descolonización y la emancipación de los saberes locales.[15]

CONCIENCIA DE CLASE, CONCIENCIA ECOLÓGICA, CONCIENCIA DE ESPECIE

La política de la diferencia desborda al pensamiento ecológico, pues el sentido de la naturaleza que mueve a los actores sociales en el campo de la ecología política no podría proceder ni fundarse en una con-

---

[15] Michel Foucault ha denunciado con rigor las estrategias de poder del conocimiento que han llevado en la historia a colonizar, dominar y subyugar a los saberes "otros". La filosofía, la sociología y la pedagogía latinoamericanas han legado un rico patrimonio de pensamiento crítico. Un compendio reciente de algunos aportes significativos del pensamiento social latinoamericano en el siglo XX puede consultarse en Marini, Dos Santos y López Segrera (1999). Acerca de los nuevos abordajes sobre la colonialidad de los saberes y de las ciencias sociales, véanse Mignolo (2000) y Lander (2000).

ciencia genérica de la especie humana. La "conciencia ecológica" que emana de la narrativa ecologista como una noosfera que emerge desde la organización biológica del cuerpo social humano –esa formación discursiva desde la cual la gente habla del amor a la naturaleza, se conmueve por el cuidado del ambiente y promueve el desarrollo sostenible– no es consistente con bases teóricas ni con visiones y proyectos compartidos por la humanidad en su conjunto. La ética ecológica no ha logrado conformarse como un proceso de racionalización capaz de contestar, ser asimilada o trascender a la racionalidad económica dominante. Por ello los "tomadores de decisiones" pueden anteponer la conciencia económica a la de la supervivencia humana y del planeta, y negar las evidencias científicas sobre el cambio climático. Los principios del desarrollo sostenible (el pensar globalmente y actuar localmente, las responsabilidades comunes pero diferenciadas, el consentimiento previo e informado, o el principio de que quien contamina paga) se han convertido en eslogans que no alcanzan a constituir una deontología o un sistema normativo para moderar y reorientar el proceso económico hacia la sustentabilidad. El movimiento ambientalista es un campo disperso de grupos sociales que antes de solidarizarse por un objetivo común, muchas veces se confrontan, se diferencian y se dispersan tanto por el fraccionamiento de sus reivindicaciones como por la comprensión y el uso de conceptos que definen sus estrategias políticas.

Para que hubiera una conciencia de especie sería necesario que la humanidad en su conjunto compartiera la vivencia de una catástrofe común o de un destino compartido por todo el género humano en términos equivalentes, como aquella que llevó el silogismo aristotélico sobre la mortalidad del hombre a una conciencia de sí de la humanidad.[16] La peste convirtió el simbolismo del silogismo en experiencia vivida, transformando la máxima del enunciado en un imaginario colectivo. De forma similar, la prohibición del incesto fundó la cultura humana en una conciencia genérica antes que el simbolismo del complejo de Edipo le diera sentido trágico y forma literaria a una "ley cultural" vivida que no fue instaurada ni por Sófocles ni por Freud. El saber constitutivo del ser y de la identidad

---

[16] Pues como ha afirmado Lacan (1974-1975), del enunciado de Aristóteles "todos los hombres son mortales" se desprende un sentido que sólo anidó en la conciencia una vez que la peste se propagó por Tebas, convirtiéndola en algo "imaginable" y no sólo en una pura forma simbólica, una vez que toda la sociedad se sintió concernida por la amenaza de una muerte real.

implica un desprendimiento de la "conciencia de sí" como certidumbre del sujeto frente a un mundo objetivo. Está más cerca de un
"sentimiento de sí" que pasa por la experiencia vivida.[17]

En la sociedad del riesgo del mundo actual la inseguridad global
está más concentrada en la guerra generalizada y en la violencia cotidiana que en el peligro inminente de un colapso ecológico. La
amenaza que se ha establecido en el imaginario colectivo y que mantiene pasmado al mundo es la del terrorismo que se manifiesta en un
miedo a la guerra desenfrenada, al derrumbe de reglas básicas de
convivencia y a la disolución de una ética de y para la vida, más que
en una conciencia de la revancha de una naturaleza sometida y ex-
plotada. El holocausto y los genocidios a lo largo de la historia humana no parecen haber dejado como enseñanza la necesidad de una
ética de la vida como protección ante los intereses del poder. Más
alejada del conocimiento común, del imaginario colectivo y de la experiencia vivida está la ley límite de la entropía, para generar una
conciencia que responda efectivamente al riesgo ecológico y que re-
conduzca la acción hacia la construcción de sociedades sustentables.
La crisis ambiental que se cierne sobre el mundo aún se percibe como una premonición catastrofista, más que como un riesgo ecológico real para toda la humanidad.

El conocimiento puesto al servicio de la productividad y la ganancia ha roto la relación del saber con la trama de la vida. El conocimiento convertido en soporte de la razón económica produce el desconocimiento del ser y proscribe la experiencia vivida como fuente
del saber. La bioética se inscribe en este debate entre el conocimiento como racionalidad formal del capital y una ética de la vida. La
transgénesis pone la vida al servicio de la ganancia económica a un
ritmo que impide que el conocimiento científico, la norma legal y la
experiencia vivida puedan generar una conciencia o un saber sobre
las transformaciones que imprime al orden ontológico y al riesgo
ecológico. Lo peligroso no es lo desconocido o la vulnerabilidad de
las acciones desprotegidas por un saber, sino el desencadenamiento
de consecuencias imprevisibles por la intervención del conocimiento en lo real, que se produce fuera de la conciencia humana.

---

[17] "Ese sentimiento elemental no es la *conciencia de sí*. La conciencia de sí es conse-
cutiva a la conciencia de los objetos, que sólo se da distintamente en la humanidad.
Pero el sentimiento de sí varía necesariamente en la medida en que quien lo experi-
menta se aísla en su discontinuidad" (Bataille, 1997: 105).

Hoy en día la filosofía se debate entre un conocimiento que asegure la existencia y la transgresión del conocimiento como la aventura hacia lo desconocido. Esta encrucijada del saber es una tensión ética entre el deseo y la moral, donde, dice Levinas,

podemos ver cierta concepción del saber, que ocupa en la civilización occidental un lugar privilegiado. Unir el mal al bien, arriesgarse por los rincones ambiguos del ser sin hundirse en el mal y, para ello, mantenerse más allá del bien y del mal, es saber [...] Saber es probar sin probar antes de hacer. Pero únicamente queremos un saber enteramente experimentado en nuestras propias evidencias. No emprender nada sin saberlo todo; no saber nada sin haber ido a verlo por sí mismo, sean cuales sean las malaventuras de la exploración. Vivir peligrosamente –pero asegurado– en el mundo de las verdades. Vista así, la tentación de la tentación es [...] la propia filosofía (Levinas, 1996: 63).

Pero ese aseguramiento no es el que proporciona un conocimiento *a priori,* sino el saber de la experiencia vivida. No es el que viene del logos del pensamiento teórico, de la norma racional, sino de la vida probada, del saber alimentado por el sabor de la existencia. La prohibición del incesto es un saber que se implanta en el ser desde la experiencia vivida de los hombres, del descubrimiento de sus laberintos como seres simbólicos y biológicos. No es la ley dictada por un dios, sino la norma social construida para asegurarse la vida. Quizá por ello esa ley social no necesitó quedar grabada en las tablas de Moisés como mandamiento divino, sino que se inscribió en la conciencia humana como norma de convivencia y supervivencia. Por ello no hay posible conocimiento de la mujer como mujer, del hombre como hombre, desde el *logos.* Conocerse pasa por la experiencia sexual y la relación amorosa, por la vivencia existencial, la cual nunca llega a descifrar el enigma de la relación del amor y la sexualidad con el ser para establecer el origen del conocimiento en la diferencia entre los sexos, el nexo del saber con esa fuente originaria del ser.

Para Levinas la tentación de la tentación a la que cede la filosofía es la de construirse un saber que conjure los peligros de lo desconocido y asegure la existencia. Contra la tentación epistemológica de generar un conocimiento que cerca a la realidad para controlarla, el saber que navega entre las aguas inquietas de la vida, sorbiéndola y saboreándola, llegando a saberla, pero sin llegar nunca al conocimiento, dejando siempre abierta la puerta del deseo de seguir sa-

biendo y seguir siendo, dejando al acto de vida la alteridad y la otredad, que trasciende la unidad y la universalidad del conocimiento,
para poder seguir percibiendo al "otro como otro, como extraño a
todo cálculo, como prójimo" (1996: 64).

Sin duda prácticamente todo el mundo tiene hoy conciencia de
problemas ecológicos que afectan su calidad de vida; pero éstos se
encuentran fragmentados y segmentados según su especificidad local. Más aún, no todas las formas y grados de conciencia generan movimientos sociales. Más bien prevalece lo contrario, y los problemas
más generales, como el calentamiento global, son percibidos desde
concepciones muy diferentes, desde quienes ven allí la fatalidad de
catástrofes naturales, hasta quienes lo entienden como la manifestación de la ley límite de la entropía y el efecto de la racionalidad económica. El ambientalismo es pues un caleidoscopio de teorías, ideologías, estrategias y acciones no unificadas por una conciencia de especie, salvo por el hecho de que el discurso ecológico ha empezado
a penetrar todas las lenguas y todos los lenguajes, todos los idearios y
todos los imaginarios. La ley límite de la entropía que sustentaría desde la ciencia tales previsiones, y los desastres "naturales" que se han
desencadenado en los últimos años, parecen aún disolver su evidencia en los cálculos de probabilidades, en la incertidumbre vaga de los
acontecimientos, en el corto horizonte de las evaluaciones y la multiplicidad de criterios en los que se elaboran sus indicadores. Lo que
prevalece es una dispersión de visiones y previsiones sobre la existencia humana y su relación con la naturaleza, en la que se borran las
fronteras de las conciencias de clase, pero no por ello la diversidad
de conciencias alimentadas por intereses y valores diferenciados.

La recomposición del mundo por la vía de la diferenciación del
ser y del sentido rompe el esquema imaginario de una concertación
de intereses diferenciados a través de una racionalidad comunicativa (Habermas, 1990). La conciencia de la crisis ambiental se funda
en la relación del ser con el límite, en el enfrentamiento del todo objetivado del ente con la *nada* que alimenta el advenimiento del ser,
en la interconexión de lo real, lo imaginario y lo simbólico que obli-
tera al sujeto, que abre el agujero negro de donde emerge la existencia humana, el ser y su relación con el saber. El sujeto de la ecología
política no es el hombre construido por la antropología, ni el *ser-ahí*
genérico de la fenomenología, sino el ser propio que ocupa un lugar
en el mundo, que construye su mundo de vida como "producción de
existencia" (Lacan, 1975): la nada, la falta en ser y la pulsión de vida

que van impulsando y anudando el posible saber en la producción de la existencia, forjando las relaciones del ser y el saber, del ser con lo sido y lo que aún no es, de la utopía más allá de toda trascendencia prescrita en la evolución ecológica.

No hay conciencia ecológica porque la trascendencia no se da en el orden ecológico sino en la relación de otredad, y "lo absolutamente otro, no se refleja en la conciencia. Se le resiste al punto de que incluso su resistencia no se convierte en contenido de conciencia... La puesta en cuestión del Yo por obra del Otro me hace solidario con el Otro de una manera incomparable y única. No solidario como la materia es solidaria con el bloque del que forma parte, ni como el órgano es solidario con el organismo del que es función" (Levinas, 2000: 63, 64):

El Otro no es otro con una alteridad relativa, como en una comparación, las especies, aunque sean últimas, se excluyen recíprocamente, pero se sitúan en la comunidad de un género, se excluyen por su definición, pero se acercan recíprocamente por esta exclusión a través de la comunidad de su género. La alteridad del Otro no depende de una cualidad que lo distinguiría del yo, porque una distinción de esta naturaleza implicaría precisamente esta comunidad de género que anula ya la alteridad [...] El lenguaje condiciona el pensamiento: no el lenguaje en su materialidad física, sino como actitud del Mismo frente al otro, irreducible a la representación de otro, irreducible a la intención de pensamiento, irreducible a una conciencia de [...], porque se relaciona con lo infinito del Otro. El lenguaje no funciona en el interior de una conciencia, me viene del otro y repercute en la conciencia al cuestionarla [...] Considerar al lenguaje como una actitud del espíritu no conduce a desencarnarlo, sino precisamente a dar cuenta de su esencia encarnada, de su diferencia con relación a la naturaleza constituyente, con relación a la conciencia pura, destruye el concepto de inmanencia (Levinas, 1977: 207, 218).

Si el saber ambiental reestablece el saber en el ser, ¿cuál es el espacio de la relación entre el ser y el ambiente? El ambiente no es el entorno ni el medio ecológico; no es tan sólo ese saber que circunda al conocimiento centrado. El ambiente del saber arraigado en el ser, del ser constituido por su saber, es la red de relaciones de otredad que se establecen entre seres diferenciados con sus saberes diferenciados. La conciencia ecológica se inscribe así en una política de la diferencia referida a los derechos del ser y a la invención de nuevas identidades atravesadas y constituidas en y por relaciones de poder en el saber.

GÉNERO Y ECOFEMINISMO: FALOCRACIA, DIFERENCIA Y EQUIDAD

En años recientes, las reivindicaciones de los derechos de la mujer y los debates en torno a la cuestión de género se han sumado a las luchas ambientalistas. Desde el feminismo radical hasta el ecofeminismo, el dominio de la mujer y la explotación de la naturaleza aparecen como resultado de la conformación de estructuras sociales jerárquicas, desde el patriarcado y la gerontocracia de las primeras formaciones culturales hasta las divisiones de clases de la sociedad moderna. Así, una visión ecofeminista emancipatoria ha venido asociando la sensibilidad y la naturaleza orgánica de las mujeres con el cuidado de la naturaleza, enlazando de esta manera las luchas feministas y ambientales (Shiva, 1991).

Más allá de la visión naturalista que asocia al feminismo y al ecologismo, la ecología política indaga los fundamentos de las luchas ecofeministas dentro de una política de la diferencia. Pues no se trata simplemente de un movimiento a favor de la participación de las mujeres en los asuntos y reivindicaciones ambientalistas o en la promoción de los derechos ciudadanos y de género dentro de las perspectivas abiertas por el desarrollo sustentable. El enigma a descifrar y la política a construir reclaman la comprensión de la forma particular de *ser mujer* y de la perspectiva política que abre una "visión" feminista y de género en la cuestión del poder, la cultura, la organización social, la naturaleza y el desarrollo sustentable, y que va más allá del lugar de la mujer en una estructura social dada y de las reivindicaciones de igualdad con los lugares privilegiados de los hombres en un orden establecido determinado.

Si bien no existe un movimiento ecofeminista formalmente constituido y actuante, éste se expresa en las ideas, teorías y prácticas que dan soporte y orientan las luchas actuales de las mujeres para identificar las causas fundamentales de los problemas ambientales y los vínculos entre la degradación ambiental y las estructuras del poder social, económico y político (Mellor, 1997). Este propósito expreso del movimiento lleva a indagar: ¿cuál es la especificidad del lugar desde donde las mujeres comprenden –en tanto que mujeres– la crisis ambiental y aportan una visión propia para la construcción de una racionalidad ambiental? ¿Hay una afinidad natural de las mujeres con la naturaleza que legitima sus reivindicaciones sociales y las vuelve voceras privilegiadas de los derechos de la naturaleza? ¿Cómo se inscriben las formas particulares de cognición y sensibilidad de la

mujer y las identidades de género en la desconstrucción de las lógicas de dominación? ¿De qué manera las diferentes visiones de género, más allá de sus reivindicaciones legítimas de igualdad dentro del
modelo establecido, abren perspectivas alternativas para un desarrollo sustentable, equitativo y justo?

Luego de que Simone de Beauvoir planteara que ninguna revolución puede disolver la estructura social de la manera que la revolución
social puede modificar las diferencias de clase, el ecofeminismo ha intentado abrir un debate sobre el lugar que ocupa la diferencia de género en los procesos de jerarquización social organizados en torno al
falocentrismo en la división histórica del trabajo y en sus impactos ambientales. Empero, el debate ha girado por lo general en torno a la
condición biológica de la mujer en la división sexual-social del trabajo
y a las relaciones de dominación dentro de las estructuras jerárquicas
establecidas por el patriarcado. Menor ha sido el interés por indagar
la rajadura en el ser que instaura la diferencia de los sexos, esa diferencia originaria y particular que produce la otredad sexual significada
por el lenguaje. El pensamiento ecofeminista toma como referencia
buena parte del pensamiento ecologista sobre el dualismo como causa de la objetivación de la naturaleza y dominación de la mujer que
conduce a la crisis ambiental, extendiendo la diferencia de género
desde su origen biológico-simbólico hasta su construcción sociohistó-
rica. Si no hay una causa natural de la diferencia entre los sexos que
justifique la desigualdad y la dominación de la mujer –lo que lleva el
debate al terreno de una ética política más allá del plano de lo natural–, la cuestión ecofeminista se traslada hacia una indagación sobre la
diferencia de los sexos que, a través de procesos de significación y en
el orden simbólico de la cultura, produce efectos en las formas de
identificación de los sujetos, en las jerarquías sociales, en las relaciones
de dominación desde la diferencia de géneros como construcción sim-
bólico-social. Pues más allá de todo esencialismo y naturalismo,

la diferencia de los géneros precede a la diferencia de los sexos [...] la diferencia está desde siempre, en el orden del significante, en el orden simbólico, desde donde distribuye emblemas y atributos de género. Estos atributos
se resignificarán como diferencia sexual en el camino de las identificaciones
que llevarán al sujeto humano a ser hombre o mujer, o cualquier combinación de ambos [...], porque el contenido de lo que puede ser masculino y femenino no posee ninguna esencialidad natural, adquiere diferentes modalidades acordes con una historicidad socialmente determinada y con varian-

tes en el tiempo y en el espacio [...] ¿Qué es lo que conserva un carácter estructurante y fundante? Lo que es fundante es la *diferencia* de los sexos, y esa diferencia es un efecto del significante. De allí la promoción al primer plano del significante Falo, que es el significante de la diferencia. Lugar de la represión originaria, tachadura que funda al sujeto separándolo, cortándolo, diferenciándolo del Otro, promovido a objeto del deseo ya y desde siempre perdido [...] Si el falocentrismo es la relevancia del significante fálico en relación con la castración simbólica, la falocracia emana de un orden totalmente distinto: es la manera en que la diferencia se organiza como apropiación diferenciada de privilegios y poderes. De la diferencia se deriva un ordenamiento jerárquico de dominación y sumisión (Saal, 1998: 24, 33).

Lo anterior llevaría a preguntarnos por el papel que desempeña la interdicción del incesto en la desigualdad de los sexos, el lugar del complejo de Edipo en el establecimiento de las relaciones de dominio del hombre sobre la mujer y el sentido en que la falocracia organiza este poder de sumisión. El hecho de que desde siempre y en toda cultura existe y funciona una ley que permite el acceso a ciertas mujeres al tiempo que plantea la interdicción de otras y que siempre ha existido una jerarquización cuyas posiciones más elevadas están reservadas a los hombres, parecería confirmar la universalidad del Edipo. Pero si este dominio no es el de un orden natural, tampoco estaría determinado por el orden simbólico (fálico). Es justamente por la *falta en ser* que instala el orden simbólico, que el deseo se desboca hacia una voluntad de dominio en búsqueda de una completitud. Desde ese soporte (esa falla), el hombre toma recursos de su fortaleza física para establecer una supremacía en el orden natural y social, desarrollando estrategias discursivas, teóricas y jurídicas en las que los juegos de lenguaje se convierten en armas de dominio. No es que haya nada natural o esencial en el orden simbólico que autorice al hombre a una posición de superioridad. Pero desde una posición de poder en su relación con la mujer (y con los otros) ha construido y se ha apropiado un lenguaje que opera como dispositivo de poder. Se ha construido su discurso de amo.[18] La jerarquía y el dominio del hombre no se fundan en ninguna superioridad legítima. Sin embar-

[18] Para Moscovici el dominio de los hombres se ha apuntalado en el uso que han dado a la ley de prohibición del incesto aferrándose a ella como una ley simbólica transhistórica para mantener su dominio en el orden establecido. Pero de ser así, habría que mostrar la anacronía de la ley de prohibición del incesto en las sociedades modernas, la posibilidad de transgredirla y de trascender la culpa de su trasgresión.

go, la política feminista se sostiene en ese "lugar" preestablecido para la mujer por la estructura simbólica y la estructura económica que
tiene sus orígenes en el don-intercambio de mujeres;[19] en el lugar
del falo y de las funciones de producción y reproducción.[20]

El ecofeminismo, siguiendo al feminismo radical, ve en las jerarquías sociales del patriarcado la causa principal de la destrucción
ecológica y del dominio de la mujer. El patriarcado aparece como la
forma social que organiza el pensamiento, la cultura y las relaciones
de género. Las cosmogonías y formas de uso de la naturaleza son más
"ecológicas" en sociedades tradicionales. Mas no por ello las relaciones sociales son menos patriarcales e impera menos la gerontocracia
y el dominio sobre la mujer. Para estas sociedades la reivindicación feminista les viene de fuera, de la cultura moderna (occidental), lo que
rompe la visión lineal del origen patriarcal de la crisis ambiental, al

[19] "El intercambio [...] el don de las mujeres, pone en juego los intereses de quien
da pero se funda en la generosidad. Esto responde al doble aspecto del 'don-intercambio', de la institución a la que se dio el nombre de *potlatch* [...], la superación y la culminación del cálculo [...] se trata de [...] una especie de revolución interna cuya intensidad debió de ser grande, puesto que el pavor embargaba los espíritus con sólo
pensar en un incumplimiento. Éste es el movimiento que probablemente está en el
origen del *potlatch* de las mujeres, es decir, en la exogamia, del don paradójico del objeto de la codicia. ¿Porqué se habría impuesto con tanta fuerza –y en todas partes– una
sanción, la de la prohibición, si no se hubiera opuesto a un impulso difícil de vencer,
como es el de la actividad genésica? Recíprocamente, ¿no fue designado a la codicia
el objeto de la prohibición por el mero hecho de la prohibición? ¿No lo fue al menos
al principio? Al ser la prohibición de naturaleza sexual, parece que subrayó el valor
sexual de su objeto. O, más bien, dio un valor *erótico* a dicho objeto [...] Pero esta evolución contradictoria estaba dada de antemano. La vida erótica no pudo ser *regulada*
más que durante un tiempo. Las reglas al final tuvieron como resultado expulsar al
erotismo fuera de las reglas. Una vez disociado el erotismo del matrimonio, éste co-
bró un sentido ante todo material [...]: las reglas que apuntaban al reparto de las mu-
jeres-objeto de codicia fueron las que aseguraron el reparto de las mujeres-fuerza de
trabajo" (Bataille, 1997: 218-219).
[20] "La apropiación del poder, la ocupación del lugar del falo, la asunción imagina-
ria de esa completitud que no posee, trae como consecuencia la anulación de las mujeres, y a veces también la psicosis del hijo [...] Es en este campo así deslindado donde las reivindicaciones políticas de las mujeres encuentran su legitimidad [...] Dada su
condición de reproductora, apropiarse de la mujer es apropiarse de la productora de
productores y, en consecuencia, es también la primera expropiación" (Saal, 1998:38).
Desde esta visión "freudo-marxista" el feminismo encontraría una vía de emancipación
en la medida en que la mujer se aleja de la función reproductora y se libera de ese lugar asignado por la estructura económica, pero también en la medida que logra desconstruir el lugar designado por la teoría psicoanalítica al complejo de Edipo y a la ley
de prohibición del incesto, desujetándose de la racionalidad económica y de la racionalización de las formaciones del inconsciente (Deleuze y Guattari, 1985).

mismo tiempo que plantea el problema de las reivindicaciones culturales de los pueblos ante la sustentabilidad y las de género en un encuentro intercultural de diferencias. Si el conocimiento del mundo aparece como una construcción masculina, sería necesaria su desconstrucción feminista. Empero, esta perspectiva ecofeminista no logra romper con la concepción esencialista de la naturaleza y de la mujer o la visión constructivista del lugar de la mujer en la estructura social. Desde allí se plantea una reivindicación conjugada de la mujer y de la naturaleza que no llega a explicitar una visión femenina del saber más allá de sus atribuciones naturales, de su sensibilidad y de su lugar en una estructura de poder determinada.

Más allá de los roles asignados por la tradición, de las relaciones de poder que establece el patriarcado, de las metáforas que asemejan la fertilidad de la madre tierra con la función biológica reproductora de la mujer, con las tareas de recolección y cuidado de la tierra, en fin, de la distribución de roles sociales y la división sexual del trabajo, la política del género plantea la cuestión de una diferencia originaria y radical: la de ser hombre y ser mujer, la diferencia de los sexos como constitutiva del orden simbólico, lugar donde se inscribe la lengua para asignar y distribuir los lugares de los seres humanos (mujeres y hombres) y las cosas del mundo en cosmovisiones y estructuras sociales; lugares desde donde se generan sentidos, se producen sensibilidades y se atribuyen formas de ser en el mundo, de pensar el mundo, de sentir el mundo; lugares donde se establece la diferencia entre el afán de control de la naturaleza, la apertura al enigma de la existencia y la seducción del infinito. Desde esa división originaria se construyen –culturalmente– las diferencias de género: la razón, la sensibilidad y la mirada de la mujer y del hombre en la cultura occidental (cosificadora y dominante); sus contrastes con las culturas orientales y tradicionales (más sensuales, menos posesivas). Sobre ese fondo, la cultura distribuye roles sociales y configura diferentes formas de ser frente y con la naturaleza. Estos enigmas e interrogantes sobre la relación del género en el orden del ser, del lenguaje, de la significación y del sentido, desnaturalizan la cuestión del género; llevan a mirarla desde esa disyunción no natural de la diferencia de los sexos que constituye el orden simbólico de la naturaleza humana, de donde emanan las relaciones de poder y las jerarquías sociales. De esta manera es posible trascender la mirada naturalista que busca revalorizar las funciones y relaciones con la naturaleza a partir de las capacidades naturales del hombre y la mujer, o de las jerarquías que llevan a la explotación del hombre, de la naturaleza y de la mujer.

El ecofeminismo se debate entre la visión esencialista de la mujer vinculada a la naturaleza por sus condiciones "naturales" y la visión constructivista que indaga los procesos sociales que han llevado a codificar y jerarquizar las relaciones de género con la naturaleza. La política de la diferencia indaga lo propio del género, de la división de los sexos en su relación con el pensamiento y la construcción de la realidad; busca entender cómo se enlaza la división de los sexos y la constitución del orden simbólico con la disyunción del ser y el ente, la cosificación del mundo y el establecimiento de jerarquías sociales, es decir, la constitución y legitimación de relaciones de dominación del hombre hacia la mujer y hacia la naturaleza. La ecología política enlaza así el orden de la naturaleza, el lenguaje, la cultura y el género como agentes conjugados en la construcción de las relaciones cultura-naturaleza.

En esta perspectiva, lo que distingue a la mujer del hombre no es tanto su afinidad con la naturaleza por las funciones orgánico-naturales que cumple como mujer (gestación, maternidad, cuidado de la casa y la progenie), sino su resistencia a subsumirse dentro de un orden plenamente racional, su amalgama de inteligencia y sensibilidad y su renuncia a doblegar las emociones y sentimientos bajo el régimen de la lógica racional. La equidad de género demanda un derecho que no es sólo el de una mejor distribución de los lugares y puestos que ha ganado el hombre en la sociedad. La reivindicación ecofeminista busca recuperar, para hombres y mujeres, el sentido de una feminidad perdida al equipararse e igualarse con el hombre dentro de los códigos de la razón que separan y dominan al hombre, a la mujer, a la cultura y a la naturaleza. La política de la diferencia lleva así a indagar, más allá de todo esencialismo, la manera como en la división de los sexos se configura el enigma del género y del erotismo, como se constituye el carácter simbólico del ser humano donde se inscribe el orden del deseo, que marca para siempre el problema de la dominación y de justicia humana. Pues más allá de los derechos a la igualdad ante la diferencia de los sexos, más allá de la división de los seres humanos cosificados a través de su distribución (natural-/simbólica) en géneros (masculino, femenino, neutro), que se designan como "el", "la", "lo" –la diferencia entre la "a" y la "o" que los definen–, el género como cuestión que atañe al ser, y al derecho a ser, se inscribe en el orden del erotismo:

Hay, quizá, para la justicia un fundamento en el dominio de la pasión. Es en el orden más equívoco, en el dominio ejercido a cada instante sobre ese orden –o ese desorden–, en donde se funda la justicia por la que subsiste el mundo. Ese orden, equívoco por excelencia, es justamente, el orden de lo erótico, el terreno de lo sexual (Levinas, 1996: 130)

No hay una fuente natural del erotismo ni de la justicia de género, y ante este propósito fracasan los dispositivos teóricos e instrumentales (e ideológicos) de la jurisprudencia y de una ética naturalista. En esta visión errada de la justicia de género se han alistado tantas luchas feministas, buscando justicia en la identidad e igualdad de derechos: políticos, económicos, ecológicos y sexuales. Al no reconocer la originalidad fundacional de la diferencia de género se pasa por encima y de lado de lo fundamental de la justicia ambiental. Pues la diferencia de género y entre los sexos es raíz y abismo de lo humano, y la justicia que de allí emana entre la tentación y la responsabilidad con el otro (habrá que decir también la otra), va más allá de los funciones socioorgánicas que juega cada sexo en una redistribución de funciones ante la sustentabilidad; va más allá de los derechos relacionados con las preferencias y las identidades sexuales.[21]

Más allá de la génesis y la determinación de la división de los sexos y la diferencia de género sobre el lugar que ocupan los sujetos en la estructura social y en la distribución ecológica, la diferencia de género emerge enigmáticamente desde la fuente del deseo que abre esta disyunción de lo uno y una ontología de la otredad en la que se juegan las posiciones de lo masculino y lo femenino, y todos los matices que se expresan en la proliferación de identidades de género, que ciertamente no pacifican el conflicto y la lucha entre los sexos ni neutralizan la perversión y la lucha por el poder como forma de falificar (falsificar) la búsqueda de completitud del ser. Por ello el feminismo, el ecofeminismo y las reivindicaciones de género, si bien se sitúan dentro de una política de la diferencia, no se resuelven en una

---

[21] Quizás una veta para comprender lo femenino en el orden del poder esté inscrita en la concepción de la justicia proveniente de la Biblia (Viejo Testamento) que señala al definir la palabra *sanedrín* como el significante por antonomasia de la justicia en su sentido fundamental de responsabilidad hacia el otro, en un espacio semicircular que provoca la mirada frente a frente como un cáliz de flores donde la justicia se separa de la tentación por una corona de flores, y no por las murallas, fronteras, fortificaciones y cárceles con las que el orden jurídico y judicial pretenden en nuestras sociedades occidentales separar lo bueno de lo malo (Levinas, 1996).

fórmula de distribución económica o ecológica, reasignando derechos de propiedad y apropiación de la naturaleza a partir de la rea-
signación de roles y funciones socioecológicas que, más allá de todo
esencialismo, quisieran disolver toda jerarquía, opresión y sojuzgamiento provenientes de ciertas relaciones originarias de poder dicta-
das por la división de los sexos y las circunstancias de género.

Esta perspectiva no tira por la borda la legitimidad de las reivindicaciones de igualdad de género en el acceso al trabajo y a las funciones
sociales y a las posiciones de poder dentro de las estructuras sociales establecidas; pero lleva la indagación sobre las relaciones género/am-
biente a descifrar otros enigmas. Pues ciertamente las relaciones de poder que se han establecido en la larga historia de dominación de la mujer y de la naturaleza no se resuelven por la repartición de cuotas de
poder en el mundo cosificado y reglamentado por la sociedad falocén-
trica, que coloca al falo como significante de la totalidad imposible, de
la completitud ilusoria originada por la falta originaria y una falla esencial: el vacío en el que fragua la división originaria de los sexos y la disyunción entre el ser y el ente, allí donde se establece la marca de la diferencia y la otredad, condición de la vida donde se abisma la existencia humana.

Si el ecofeminismo está llamado a pensar la posible desconstrucción de esas estructuras del inconsciente y de la racionalización teórica para sitiar y asaltar los espacios de poder forjados y ganados por
los hombres, también debe armarse con estrategias de poder que,
sin ser exclusivas de la mujer, son más "femeninas" frente a las formas "machistas" de dominación. El poder de la seducción es más noble y sabio que la imposición del poder; la seducción es más dulce
aunque no siempre menos perversa (Baudrillard, 1979). La seducción reconduce el poder del deseo –la nietzscheana voluntad de poder que es *voluntad de poder querer*– abriendo las vías de la historia para forjar una nueva racionalidad a través de las relaciones de otredad. En ese proceso emancipatorio, es dado esperar que la mujer ha-
ble, formule sus derechos y los reivindique. Pero cabe preguntarse si
hay un habla propia de la mujer, un estilo, una tonalidad, una sensibilidad que ratifique, si no un dualismo fundado en la diferencia de
género, sí una diferencia en la manera de pensar, de sentir y de hacer su mundo. De ser así, la teoría feminista radical implicaría un
nuevo pensamiento, nuevas formaciones discursivas, una nueva gramática: una estrategia de seducción como alternativa a las estrategias
de dominación.

Las mujeres, que como los indígenas han resistido al dominio desde el silencio, no habrán de reivindicar sus derechos por una ecualización de las partes alícuotas del poder de dominio que las ha sojuzgado. Para emanciparse del poder real, habrán de construir el espacio teórico entre la organización del orden simbólico y del deseo en la génesis del sujeto, y la relación entre el ser, el saber y el poder. Los puentes entre esos espacios teóricos han quedado colgantes. No se ha vinculado la estructura del deseo inconsciente con las formas culturales de cognición y sus estructuras epistémicas; los lugares sociales que generan las identidades de género con las formas de saber y las relaciones de poder en el saber que atraviesan (y son atravesadas por) las relaciones de género. Establecer una identidad entre la racionalidad y la masculinidad por un lado, y la feminidad, la naturaleza y la sensibilidad por el otro, resulta demasiado simplista. Habría pues que indagar el sentido de la alteridad trascendente en la que la feminidad ocupa un lugar privilegiado:

La noción de alteridad trascendente –obra del tiempo– se investiga en principio a partir de la *alteridad-contenido*, a partir de la feminidad. La feminidad –y habría que ver en qué sentido puede decirse esto de la masculinidad o de la virilidad, es decir, de la diferencia de los sexos en general– se nos aparece como una diferencia que contrasta con todas las demás diferencias, no solamente como una cualidad diferente de todas las demás, sino como la cualidad misma de la diferencia [...] La diferencia sexual es una estructura formal, pero una estructura formal que troquela la realidad de otro modo y condiciona la posibilidad misma de la realidad como multiplicidad, contra la unidad del ser proclamada por Parménides. La diferencia sexual no es tampoco una contradicción. La contradicción del ser y la nada los reduce a uno y otro, no deja lugar a distancia alguna. La nada se convierte en ser, y ello es lo que nos condujo a la noción de *hay*. La negación del ser tiene lugar en el plano del existir anónimo del ser en general. La diferencia sexual no es tampoco la dualidad de dos términos complementarios [...que] presuponen un todo preexistente [...] Lo patético del amor consiste en la dualidad insuperable de los seres. Es una relación con aquello que se nos oculta para siempre. La relación no neutraliza *ipso facto* la alteridad, sino que la conserva. Lo patético de la voluptuosidad reside en el hecho de ser dos. El otro en cuanto otro no es aquí un objeto que se torna nuestro o que se convierte en nosotros: al contrario, se retira en su misterio. Este misterio de lo femenino –lo femenino, lo esencialmente otro (Levinas, 1993: 74, 128-129).

Siguiendo a Levinas, podemos decir que el ambiente es femenino, por su relación de otredad con el conocimiento positivo:

Lo que me parece importante en esta noción de lo femenino no es únicamente lo incognoscible, sino cierto modo de ser que consiste en hurtarse a la luz [...] Todo su poder consiste en su alteridad. Su misterio constituye su alteridad [...] Del mismo modo que con la muerte, no nos enfrentamos en este caso con un existente, sino con el acontecimiento de la alteridad [...] la esencia del otro es la alteridad. Por ello, hemos buscado esta alteridad en la relación absolutamente original del Eros, una relación que no es posible traducir en términos de poder [...] se trata de un acontecimiento en el existir, pero un acontecimiento diferente de la hipóstasis mediante la cual surge un existente. Mientras que el existente se realiza en lo "subjetivo" y en la "conciencia", la alteridad se realiza en lo femenino (1993: 130-131).

La diferencia entre los sexos no sólo se estructura desde los lugares que ocupan hombres y mujeres por la castración y el Edipo. No es una diferencia de esencias constitutivas en la que el hombre es congénere de la cultura y la mujer de la naturaleza; donde la subjetividad del hombre se estructura en la producción y la de la mujer en la reproducción. La cuestión del género se juega en una relación de alteridad en los vaivenes del ser, del tiempo y la existencia, en la relación entre las luces y las sombras del saber, en la relación original del Eros, entre la vida y la muerte, en la fusión sexual en la que el hombre se viene y la mujer se va. La ecología política se abre al enigma por el cual la diferencia de género genera diferentes formas de identificación, distintas formas de saber y de sentir en las que adviene el ser a la vida y se abisma ante la nada.

ÉTICA, EMANCIPACIÓN, SUSTENTABILIDAD

La ecología política busca su identidad teórica y política en un mundo en mutación, en el que las concepciones y conceptos que hasta ahora orientaron la inteligibilidad del mundo y la acción práctica parecen desvanecerse del campo del lenguaje significativo. Mas el pensamiento dominante se resiste a abandonar el diccionario de las prácticas discursivas que envuelven a la ecología política (como a todos los viejos y nuevos discursos que acompañan la desconstrucción del mundo) a pesar de que han perdido consistencia teórica y resuenan como el eco nostálgico de un mundo para siempre pasado, para siempre perdido: el del pensamiento dialéctico, el de la universalidad y unidad de las ciencias, el de la esencia de las cosas y la trascendencia de los hechos. Y sin embargo *algo* nuevo puja por salir y manifestarse en este mundo de incertidumbre, de caos y confusión, de sombras y penumbras, donde a través de los resquebrajamientos y resquicios de la racionalidad monolítica y monopólica del pensamiento totalitario se asoman las primeras luces de la complejidad ambiental: lucidez mínima en la inconformidad, necesidad de comprensión, deseo de emancipación, voluntad de poder.

La emancipación del proyecto objetivador del mundo fundado en la metafísica, la epistemología positivista y el pensamiento totalizador, llevado a su límite por la racionalización modernizadora de la lógica formal de la racionalidad económica, no radica en una reivindicación del sujeto separado, aislado y esterilizado a través de la ética científica que invitaba a no intervenir con los sentimientos ni con el deseo en la razón pura y el conocimiento objetivo. El sujeto renace de la imposible totalización de una conciencia (de especie), arraigando en la invención y proliferación de nuevas identidades, en la emergencia de nuevos actores sociales habitados por el deseo y el derecho de *ser en el mundo*:

La "muerte del sujeto" [...] ha sido sucedida por un nuevo y extendido interés en las múltiples identidades que están emergiendo y proliferando en nuestro mundo contemporáneo [...] Tal vez la muerte del Sujeto [...] ha sido la principal precondición de este renovado interés en la cuestión de la subjetividad. Quizás es la misma imposibilidad de seguir refiriendo las expresiones concretas y finitas de una subjetividad multiforme a un centro trascendental lo que hace posible concentrar nuestra atención en la propia multiplicidad [...] en el mismo momento en el que se colapsa el terreno de la subjetividad absoluta, también se colapsa la posibilidad misma de un objeto absoluto [...] Soy un sujeto precisamente porque no puedo ser una conciencia absoluta, porque algo constitutivamente ajeno me confronta; y no puede haber un objeto puro como resultado de esta opacidad/alienación que muestra las trazas del sujeto en el objeto. Así, una vez que el objetivismo desapareció como un "obstáculo epistemológico", se hizo posible desarrollar todas las implicaciones de la "muerte del sujeto" [...] el secreto veneno que lo habitaba, la posibilidad de su segunda muerte: "la muerte de la muerte del sujeto"; la proliferación de finitudes concretas cuyas limitaciones son la fuente de su fuerza; el percatarse que puede haber "sujetos" porque la brecha que "el Sujeto" supuestamente debía cerrar, en realidad es incolmable (Laclau, 1996: 20-21).

La ética ambiental es una ética de la emancipación en el sentido de una vuelta al Ser que entraña una reapropiación del mundo: de la cultura, de las identidades, de la naturaleza. Es la actualización de la *voluntad de poder*. Mas la reactivación de esta voluntad está más allá de cualquier voluntarismo. Sobre todo en la "era del vacío" (Lipovetsky, 1986), en la que se ha desactivado la voluntad como agencia y dispositivo a la mano del sujeto. El sujeto la ha cedido involuntariamente a una voluntad suprema y externa. Parece haberse disipado así la voluntad de liberarse de los poderes totalitarios: del amo, del capital, del jefe, del jerarca. Ni la lucha de clases ni la rebelión parecen abrir puertas a esa *necesidad de emancipación*, tan proclamada por Marcuse. La vida flota en un espacio vacío, sujeta al azar, a la incertidumbre, a la entropía, a procesos de degradación de la vida donde la voluntad como propósito no apunta hacia ningún fin, a una luz, a una salida. La ideología dominante nos hace desear conforme a los designios del poder establecido. La voluntad se ha adormecido y se ha depositado en un banco que no responde a nuestros intereses, se ha delegado a un dispositivo tecnológico externo para adquirir cosas, bienes, incluso sueños, deseos, belleza y poder. Ya no es necesario movilizarnos, actuar, ni desear. El deseo muere de inanición por inutilización e inutilidad de la voluntad propia, porque ésta ha sido transferida al poder de la tecnología y del mercado. La voluntad de poder a través de la recuperación del sentido no puede provenir de la razón pura, de un consenso entre las razones deslavadas por el proceso de racionalización. La ética como relación con el Otro hace revivir al Ser de los escombros de la racionalidad que ha forjado al Mundo Objeto.

La voluntad de poder (Nietzsche, 1968) no es la que afirma la razón económica, ni como voluntad de ejercer su poder sobre el mundo y las cosas, ni como su imaginería de conducir hacia una vía ilimitada de progreso, de placer y felicidad. La voluntad de poder se inscribe en la ética ambiental como deseo de vida (del deseo que habita al ser), de una vida que anime no sólo el gusto por la vida, sino que dé vida a un pensamiento que fecunde la vida humana en el camino de su poder querer vivir.

Mientras los juegos de lenguaje para seguir imaginando este mundo de ficción y virtualidad son infinitos, también lo son para avizorar futuros posibles, para construir utopías, para reconducir la vida. Y el pensamiento, que ya nunca será único ni servirá como instrumento de poder, busca comprender, enlazar su poder simbólico y sus imaginarios para reconducir lo real hacia los intereses de la vida. Y si este proceso no habrá de sucumbir al poder perverso y anónimo de la hiperrealidad y la simulación guiadas por la aleatoriedad de las cosas o por los designios de los poderes dominantes, es porque un principio básico sigue sosteniendo la existencia en la razón y en la consistencia del pensamiento, en un mundo que nunca será totalmente conocido y controlado por el pensamiento; que nunca más será regido por *razones de fuerza mayor*.

La crisis ambiental marca el límite del logocentrismo, de la voluntad de unidad y universalidad de la ciencia, del pensamiento único y unidimensional, de la racionalidad entre fines y medios, de la productividad económica y la eficiencia tecnológica, del equivalente universal como medida de todas las cosas, que bajo el signo monetario y la lógica del mercado han recodificado al mundo y los mundos de vida en términos de valores de mercado intercambiables y transables. La emancipación de esta racionalidad se plantea como un desasimiento de la sobreeconomización del mundo. Ello implica resignificar la libertad, la igualdad y la fraternidad como principios de una moral política que terminó siendo cooptada por el liberalismo económico y político –por la ecualización y privatización de los derechos individuales, de fraternidades disueltas por el interés y la razón de fuerza mayor–, para renombrarlos en la perspectiva de una política de la desujeción y la emancipación, de la equidad en la diversidad, de la solidaridad entre seres humanos con culturas, visiones e intereses colectivos, diversos y diferenciados.

La ecología política es una política de la diferencia, de la diversificación de sentidos; más allá de una política para la conservación de la biodiversidad que sería recodificada y revalorizada como un universal ético o por el equivalente universal del mercado, es la trasmutación de la lógica unitaria hacia la diversificación de proyectos de construcción de sociedades sustentables. Esta política abre los sentidos civilizatorios, no como una mutación de la naturaleza o el progreso del conocimiento científico-tecnológico, sino por una revolución del orden simbólico y una agenda abolicionista que ponen la voluntad desconstruccionista del pensamiento posmoderno al servicio de una política de la diferencia, bajo el principio de libertad y de sustentabilidad:

La agenda abolicionista propone comunidades autogestionarias establecidas de acuerdo al ideal de *organización espontánea*: los vínculos personales, las relaciones de trabajo creativo, los grupos de afinidad, los cabildos comunales y vecinales; fundadas en el respeto y la soberanía de la persona humana, la responsabilidad ambiental y el ejercicio de la democracia directa "cara a cara" para la toma de decisiones en asuntos de interés colectivo. *Esta agenda apunta a cambiar nuestro rumbo hacia una civilización de la diversidad, una ética de la frugalidad y una cultura de baja entropía, reinventando valores, desatando los nudos del espíritu, sorteando la homogeneidad cultural con la fuerza de un planeta de pueblos, aldeas y ciudades diversos* (Borrero, 2002: 136).

El discurso de la ecología política no es el discurso lineal que hace referencia a los "hechos", sino aquel de la poesía y la textura conceptual, que al tiempo que enlaza la materia, los símbolos y los actos que constituyen su territorio y la autonomía de su campo teórico-político, también lleva en ciernes la crítica de los discursos de los paradigmas y las políticas establecidas, para abrirse hacia el proceso de construcción de una nueva racionalidad a partir de los potenciales de la naturaleza y los sentidos de la cultura, de la actualización de identidades y la posibilidad de lo que "aún no es".

La ecología política no solamente explora y actúa en el campo del poder que se establece dentro del conflicto de intereses por la apropiación de la naturaleza; a su vez hace necesario repensar la política desde una nueva visión de las relaciones de la naturaleza, la cultura y la tecnología. La ecología política abre así nuevos espacios de actuación en la complejidad ambiental emergente y se inscribe dentro de un proyecto libertario para abolir toda relación jerárquica y toda forma de dominación a través de movimientos sociales y prácticas políticas. La ecología política se funda en un nuevo pensamiento y en una nueva ética: una ética política para renovar el sentido de la vida (Leff, 2002; PNUMA, 2002).

La emancipación no es una distribución del poder, de los medios y estrategias políticas para proveer condiciones de producción, decisión y participación en una política de equidad y democracia. La emancipación viene de más adentro, de la voluntad de poder que tiene sus raíces en el ser y no en el orden jurídico de la justicia y el orden económico de la distribución. El "empoderamiento" con el cual se pretende dar voz a los sin voz no les devuelve la palabra propia. La emancipación del Ser es la liberación de la palabra y del pensamiento para ejercer el derecho de Ser, que está más allá de las reivindicaciones por una distribución ecológica y una justicia ambiental.

Así, dentro de la imaginación abolicionista y el pensamiento libertario que inspiran a la ecología política, la disolución del poder de una minoría privilegiada para sojuzgar a las mayorías excluidas se convierte en una tarea prioritaria. La ecología política es un árbol cultivado por los movimientos sociales que se cobijan bajo su follaje; un árbol con ramas que enlazan diversas lenguas, una Babel donde habremos de comprendernos desde nuestras diferencias, donde cada vez que alcemos el brazo para alcanzar sus frutos degustemos el sabor de cada terruño de nuestra geografía, de cada cosecha de nuestra historia, de cada vino de nuestra invención. Andando ese camino habremos de darle nombre propio a su savia, como esos *seringueiros* que se inventaron como seres en este mundo bajo el nombre del árbol del que con su ingenio extrajeron el alimento de sus cuerpos y el espíritu de su cultura.

7. RACIONALIDAD AMBIENTAL, OTREDAD Y DIÁLOGO DE SABERES

INTRODUCCIÓN

La crisis ambiental es el síntoma –la marca en el ser, en el saber, en la tierra– del límite de la racionalidad fundada en una creencia insustentable: la del entendimiento y la construcción del mundo llevado por la idea de totalidad, universalidad y objetividad del conocimiento que condujo a la cosificación y economización del mundo. El ecologismo es el último intento por recuperar la unidad de ese mundo resquebrajado, fundado en ese mito de origen anclado en la metafísica, que con la disyunción entre el ser y el ente inicia la odisea del mundo occidental, aventura civilizatoria que llega a su límite con la crisis ambiental: crisis de la naturaleza como degradación del ambiente, pero, sobre todo crisis del conocimiento, que sólo es posible trascender rompiendo el cerco de la mismidad del conocimiento y su identidad con lo real fundado en el imaginario de la representación, abriéndose al infinito desde un diálogo de saberes en el encuentro del Ser con la Otredad.

A partir de los años sesenta la interdisciplinariedad y las teorías de sistemas aparecieron como las vías más certeras para articular un conocimiento fraccionado del mundo (Apostel, 1975; Leff, 1986b). Al mismo tiempo se fue configurando un discurso en torno al desarrollo sostenible, el cual busca actualizar y unificar las visiones del mundo conmovidas y dislocadas por la crisis del desarrollo y el límite del crecimiento económico. En la perspectiva de la sustentabilidad reemerge la idea de futuro –de un futuro sustentable– en el campo de la historia, de un proceso de transformación social orientado por una ética de solidaridad transgeneracional. El discurso del desarrollo sostenible se ha dado así unos principios que deberían orientar las acciones para alcanzar los fines de la sustentabilidad. Así llega a formularse la idea de un "futuro común" como el "saber de fondo" en el que se inscriben los Principios de Río, la Carta de la Tierra, la Agenda 21 y el más reciente Plan de Implementación de Johannesburgo. Los documentos en los que se plasma este ideario –con problemas a resolver, mecanismos a establecer y fines a alcanzar–, conforman una bitácora programática de acciones a emprender, de políticas a desarrollar, de comportamientos a modificar. Mas estos principios no alcanzan a constituir una ética, una deontología, una racionalidad práctica o una ruta crítica para alcanzar los fines de sustentabilidad.

La sustentabilidad como marca de un límite de la racionalidad que organiza al planeta-mundo y a los mundos de vida en la era de la globalización es el horizonte que permite trascender el cierre de la historia y reabrir el caso del punto final del estado del mundo que, partiendo de la denominación de lo real, llega al congelamiento de sus significados; no tanto por un agotamiento de la significación del lenguaje, sino por la codificación del mundo bajo el signo omnipresente, omnipotente y ominoso de la ley económica. La "logística" del desarrollo sostenible se viene aplicando como un *ars combinatoria*, en un intento de reintegrar las partes disociadas y fragmentadas del cuerpo social, sin un fundamento teórico sobre las raíces ontológicas, epistemológicas y éticas de esta crisis de la humanidad. La construcción de un futuro sustentable implica pensar la apertura de la historia, el desasimiento del orden cosificador y sobreeconomizador del mundo. Apunta hacia la creatividad humana, el cambio social y la construcción de alternativas. Es ello lo que lleva a la racionalidad ambiental a pensar la apertura de *lo mismo* hacia *lo otro*.

En la profundidad de las transformaciones y el reordenamiento del mundo bajo la égida de la globalización económico-ecológica, está fraguando el campo de una ecología política, donde emergen los conflictos en torno a la apropiación social de la naturaleza. Estos procesos se expresan en formaciones discursivas que resignifican a la naturaleza y confrontan a las políticas dominantes del desarrollo sostenible. La disputa sobre los sentidos de la sustentabilidad dentro del campo de la ecología política problematiza a los principios éticos, epistemológicos y ontológicos, atrayéndolos de su campo originario de la metafísica y de la filosofía al del conflicto de intereses en torno a la apropiación social de la naturaleza. En este sentido se abren nuevas perspectivas de indagación sobre los procesos sociales que orientan la construcción de un futuro sustentable.

a) El desbordamiento de la interdisciplinariedad como una combinatoria e integración de las perspectivas provenientes de las disciplinas existentes y sus referentes (cosificados) del mundo, hacia un diálogo de saberes. La comprensión y la intervención social sobre la naturaleza rebasan el campo privilegiado de las ciencias y de la racionalidad dominante y llevan a pensar la sustentabilidad desde el encuentro de seres constituidos por saberes.

b) La construcción de una racionalidad ambiental dentro de un campo conflictivo de intereses y concepciones diversos, que pone en juego una disputa sobre los sentidos de la sustentabilidad, problematizando el lugar del conocimiento, de la racionalidad, del saber y de la ética en la construcción de un futuro sustentable.

c) La construcción de sociedades sustentables trascendiendo la relación del conocimiento con la objetividad de una realidad producida por el efecto de la globalización y de la unificación de las formas de comprensión del mundo, abriendo la puerta de la historia desde la diversidad cultural y la relación ética del Ser con lo Otro.

Estos temas ponen de relieve el problema de la relación social a través del lenguaje y del habla, de la comunicación intersubjetiva y de la relación de otredad, que llevan a cuestionar y a desconstruir los preconceptos que fundan nuestra percepción del mundo desde las entrañas de su racionalidad dominante. Para ello habremos de explorar dos vías para abordar el encuentro de saberes y de racionalidades en la construcción del desarrollo sostenible:

a) El concepto de racionalidad comunicativa de Jurgen Habermas, como forma de entendimiento de los procesos actuales de racionalización social, en cuanto a su posibilidad de conducir hacia la construcción de un consenso social que oriente la acción social para alcanzar un futuro común sustentable.

b) El concepto de otredad de Emmanuel Levinas, que introduce una relación ética, anterior y más allá de toda ontología y toda epistemología, en la construcción de un porvenir sustentable.

Estas vías serán contrastadas con el concepto de racionalidad ambiental y nos llevarán a desarrollar los principios de un diálogo de saberes en la construcción de sociedades sustentables. Esta indagación habrá de problematizar el concepto mismo del saber (ambiental) para pensar las relaciones de constitución entre el ser y el saber que permitan trascender las relaciones de conocimiento del mundo entre sujeto cognoscente y realidad objetiva; de los límites de lo cognoscible y la apertura a lo Otro y lo Infinito desde una perspectiva ética. La racionalidad ambiental emergerá como el concepto de una *razón razonable* que trasciende a la racionalidad sujeta a la positividad de un presente sin futuro, de una utilidad sin valores, de un mundo objetivado sin referentes ni sentidos.

El diálogo de saberes es la tensión dialéctica del vacío de sentido, de lo que falta por decir al poner en tensión dos sentencias, dos propuestas, dos argumentaciones, de donde emerge la potencia de la razón, de la palabra, del habla y de lo inefable en el encuentro con la otredad más allá de la razón teórica y la ontología del ser. En el contexto de este texto, la producción teórica que habrá de producirse en la contrastación de pensamientos y teorías es la puesta en acto (de escritura) de un diálogo en el que la relación de otredad de los saberes convocados se produce en un texto a texto (letra a letra), más acá del encuentro cara a cara y el diálogo fresco de la palabra viva de los actores sociales, quienes desde sus razones, significaciones y prácticas apuestan por un futuro sustentable.

HABERMAS Y LA RACIONALIDAD COMUNICATIVA

Jurgen Habermas se inscribe dentro de la tradición del pensamiento crítico alemán que de Marx y Weber a Horkheimer y Adorno cuestiona el saber totalizante que se desprende de la dialéctica del iluminismo y de la racionalidad teórica e instrumental como fundamento del pensamiento de la modernidad. Sin abandonar dicho concepto de racionalidad, busca actualizarlo y adecuarlo al carácter de la sociedad que esta misma racionalidad ha construido. De esta manera postula que

La teoría de la acción comunicativa puede explicar [el hecho de que] es la propia evolución social la que tiene que generar los problemas que objetivamente abran a los contemporáneos un acceso privilegiado a las estructuras generales de su mundo de vida (1990: 572).

Y en esta perspectiva declara:

El propósito de este bosquejo argumentativo es mostrar que necesitamos una teoría de la acción comunicativa si queremos abordar hoy de forma adecuada la problemática de la racionalización social (1989: 23).

Habermas recusa la totalización del conocimiento y de una conciencia genérica. De esta manera señala que

La filosofía no puede referirse hoy al conjunto del mundo, de la naturaleza, de la historia y de la sociedad, en el sentido de un saber totalizante [...] El caso es que el pensamiento, al abandonar su referencia a la totalidad, pierde también su autarquía. Pues el objetivo que ahora ese pensamiento se propone de un análisis formal de las condiciones de racionalidad no permite abrigar ni esperanzas ontológicas de conseguir teorías sustantivas de la naturaleza, la historia, la sociedad, etc., ni tampoco las esperanzas que abrigó la filosofía trascendental de una reconstitución apriorística de la dotación trascendental de un sujeto genérico, no empírico, de una conciencia en general (*Ibid.*: 16-17).

Habermas busca situar la racionalidad del momento actual más allá de la retotalización del conocimiento por la vía de la razón teórica, el pensamiento sistémico y la interdisciplinariedad de las ciencias. Sin embargo, esta crítica del saber totalizante, de la esencialidad ontológica que soporta las teorías objetivantes y de una conciencia general fundada en la idea de un sujeto trascendental, traslada la supremacía del concepto científico y la categoría filosófica que sostienen a la racionalidad teórica e instrumental, a una razón inmanente al lenguaje como soporte a su racionalidad comunicativa. En este sentido, Habermas busca:

Introducir una teoría de la acción comunicativa que dé razón de los fundamentos normativos de una teoría crítica de la sociedad [...] dentro del cual puede retomarse aquel proyecto de estudios interdisciplinarios sobre el tipo selectivo de racionalización que representa la modernización capitalista [a partir] del concepto de razón comunicativa, de una razón inmanente al uso del lenguaje, cuando este uso se endereza al entendimiento (1990: 563).

Con su teoría de la acción comunicativa Habermas busca entender cómo la razón objetivamente escindida puede mantener todavía una unidad, y cómo establecer una mediación entre las culturas de expertos y la práctica cotidiana. Ante la recusa de un saber totalizador, la racionalidad comunicativa enfrenta el reto de hacer inteligible la dispersión de enunciados y actos de habla. Basado en una teoría de la argumentación, busca una fórmula razonable para alcanzar consensos por medio de una comunicación que se expresa a través del lenguaje racional, superando las sombras de irracionalidad que refleja el fracaso del iluminismo ante la imposible transparencia del mundo. Siguiendo la tradición filosófica del idealismo, el racionalismo y la fenomenología, Habermas continúa adherido a una suerte de razón *a priori* –unitaria, universal, genérica– inmanente al lenguaje, capaz de generar consensos entre racionalidades y mundos de vida diferentes. En esta perspectiva, afirma que

el mundo sólo cobra objetividad por el hecho de *ser reconocido y considerado* como uno y el mismo mundo *por* una comunidad de sujetos capaces de lenguaje y de acción. El concepto abstracto de mundo es condición necesaria para que los sujetos que actúan comunicativamente puedan entenderse entre sí sobre lo que sucede en el mundo o lo que hay que producir en el mundo. Con esta *práctica comunicativa* se aseguran a la vez del contexto común de sus vidas, del *mundo de la vida* que intersubjetivamente comparten. Éste viene delimitado por la totalidad de las interpretaciones que son presupuestas por los participantes como un saber de fondo. Para poder aclarar el concepto de racionalidad, el fenomenólogo tiene que estudiar, pues, las condiciones que han de cumplirse para que se pueda alcanzar comunicativamente el consenso (1989: 30-31).

Cuán alejada de este mundo ideal de una intersubjetividad basada en un "saber de fondo" está la visión de una racionalidad ambiental conformada por matrices de racionalidad que no unifican sus visiones, cogniciones e interpretaciones en ninguna totalidad, y cuyos consensos no disuelven las diferencias que alimentan la productividad del diálogo de los saberes que en ellas se inscriben. En todo caso, el saber de fondo que establece las condiciones de consenso no sólo se deriva de una racionalidad instrumental o de una verdad preestablecida. Pues como afirma Habermas,

la racionalidad de las personas no sólo se manifiesta en su capacidad para llegar a un acuerdo sobre hechos o para actuar con eficiencia […] es evidente que existen *otros* tipos de emisiones y manifestaciones que, aunque no vayan vinculadas a pretensiones de verdad o de eficiencia, no por ello dejan de contar con el respaldo de buenas razones.

Habermas incorpora al orden de lo racional toda acción que, fundándose en valores, sea posible de ser argumentada racionalmente y susceptible de crítica. En este sentido, es racional

aquel que sigue una norma vigente y es capaz de justificar su acción frente a un crítico interpretando una situación dada a la luz de expectativas legítimas de comportamiento. E incluso llamamos racional a aquel que expresa verazmente un deseo, un sentimiento, un estado de ánimo, que revela un secreto, que confiesa un hecho, etc., y que después convence a un crítico de la autenticidad de la vivencia así develada sacando las consecuencias prácticas y comportándose en forma consistente con lo dicho [incluyendo las] manifestaciones provistas de sentido inteligibles en su contexto, que van vinculadas a una pretensión de validez susceptible de crítica (*Ibid.*, 1989: 34).

De esta manera, una acción no sólo es racional por ser objetiva y corresponder con "hechos", sino por ser argumentable racionalmente y susceptible de crítica. En este sentido, la racionalidad comunicativa excluye las razones inefables y las motivaciones irracionales, considerando válidas tan sólo las expresiones que puedan establecer una intersubjetividad fundada en un código cultural y estándares de valor compartidos, de manera que,

las acciones reguladas por normas, las autopresentaciones expresivas y las manifestaciones o emisiones evaluativas vienen a completar los actos de habla constatativos para configurar una práctica comunicativa que sobre el trasfondo de un mundo de vida tiende a la consecución, mantenimiento, y renovación de un consenso que descansa sobre el reconocimiento intersubjetivo de pretensiones de validez susceptibles de crítica (*Ibid.*: 36).

En este sentido, los valores son válidos en la medida que remitan a juicios objetivos que se expresan a través de una capacidad argumentativa sobre un saber de fondo, delimitando el campo de la racionalidad a aquel en el cual un hecho o un valor puedan fundamentarse objetivamente y ser susceptibles de crítica. Y en este sentido considera que

una manifestación cumple los presupuestos de la racionalidad si y sólo si encarna un saber falible guardando así una relación con el mundo objetivo, esto es, con los hechos, y resultando accesible a un enjuiciamiento objetivo (*Ibid.*: 26).

Habermas parte de

la versión cognitiva en sentido estricto del concepto de racionalidad, que está definido exclusivamente por referencia a la utilización de un saber descriptivo [...] de la utilización no comunicativa de un saber proposicional en acciones teleológicas [que nace] del concepto de *racionalidad cognitivo-instrumental* que a través del empirismo ha dejado una profunda impronta en la autocomprensión de la modernidad. Este concepto tiene la connotación de una autoafirmación con éxito en el mundo objetivo posibilitada por la capacidad de manipular informadamente y de adaptarse inteligentemente a las condiciones de un entorno contingente. [A esta versión cognoscitiva Habermas añade] la utilización comunicativa del saber proposicional en actos de habla [incorporando] un concepto de racionalidad más amplio que enlaza con la vieja idea de logos. Este concepto de *racionalidad comunicativa* posee connotaciones que en última instancia se remontan a la experiencia central de la capacidad de aunar sin coacciones y de generar consenso que tiene un habla argumentativa en que diversos participantes superan la subjetividad inicial de sus respectivos puntos de vista y merced a una comunidad de convicciones racionalmente motivada se aseguran a la vez de la unidad del mundo objetivo y de la intersubjetividad del contexto en que desarrollan sus actividades (*Ibid.*: 27).

La racionalidad comunicativa se enmarca así en una concepción del mundo objetivo y de una intersubjetividad anclada en un yo dueño de su lenguaje y de su razón. Sin embargo, la capacidad argumentativa no remite ni a la verdad ni a la justicia. Habermas no logra desprenderse de la idea de racionalidad que organiza y limita el entendimiento del mundo moderno. De esta manera, concibe al psicoanálisis como una terapéutica basada en la argumentación, donde en el "proceso de autorreflexión juegan su papel las razones; el correspondiente tipo de argumentación lo estudió Freud para el caso del diálogo terapéutico entre el médico y el paciente". Los sueños, los deseos, las utopías, la denegación y la resistencia del silencio –todo lo que estaría estructurado por el lenguaje del deseo inconsciente–, estaría fuera de la esfera de la racionalidad comunicativa, pues lo racional sería exclusivo de "una persona que se muestra dispuesta al entendimiento y que ante las perturbaciones de la comunicación reacciona reflexionando sobre las reglas lingüísticas (*Ibid.*: 42).

Siguiendo a Horkheimer y Adorno, Habermas busca superar el entendimiento del mundo desde el principio de representación y de la racionalidad cognoscitivo-instrumental para construir el concepto de racionalidad comunicativa fundado en una filosofía del lenguaje en el que:

esa facultad mimética [que] escapa a la conceptualización de las relaciones sujeto-objeto definidas en términos cognitivo-instrumentales [donde] el núcleo racional de estas operaciones miméticas sólo podría quedar al descubierto si se abandona el paradigma de un sujeto que *se representa* los objetos y que *se forma* en el enfrentamiento con ellos por medio de la acción, se lo sustituye por el paradigma de la filosofía del lenguaje, [donde] el entendimiento intersubjetivo o comunicación, y el aspecto cognitivo-instrumental queda inserto en el concepto, más amplio, de *racionalidad comunicativa.* [Ello implica] un cambio de paradigma en teoría de la acción: mudar de la acción teleológica a la acción comunicativa; y por otro lado, un cambio de estrategia en la tentativa de reconstruir el concepto moderno de racionalidad que la descentración de la comprensión del mundo hace posible. El fenómeno que hay que explicar ya no es el *conocimiento* y el *sojuzgamiento* de una naturaleza objetivada tomados en sí mismos, sino la intersubjetividad del *entendimiento posible* [...] El foco de la investigación se desplaza entonces de la racionalidad *cognitivo-instrumental* a la racionalidad *comunicativa* (Habermas, 1989: 497, 499)

Habermas deja atrás el paradigma del conocimiento de lo real fundado en el imaginario de la representación para acercarse a un entendimiento del mundo. De esta manera busca pasar de la filosofía de la conciencia a una filosofía del lenguaje que daría nuevas bases a la idea iluminista de la razón y los procesos de racionalización, en el sentido de repensar las condiciones de un pacto social orientado por un entendimiento del mundo y fundado en una racionalidad comunicativa:

A diferencia de "representación" o de "conocimiento", "entendimiento" precisa de la apostilla "no coaccionado", ya que ese término ha de entenderse aquí en el sentido de un concepto normativo. Desde la perspectiva de los participantes, "entendimiento" no significa un proceso empírico que da lugar a un consenso fáctico, sino un proceso de recíproco convencimiento, que coordina las acciones de los distintos participantes a base de una *motivación por razones* [...] Es precisamente esto lo que nos autoriza a abrigar la esperanza de obtener, a través de la clarificación de las propiedades formales de la interacción orientada al entendimiento, un concepto de racionalidad que exprese la relación que entre sí guardan los momentos de la razón separados en la modernidad, ya los rastreemos en las esferas culturales del valor, en las formas diferenciadas de argumentación o en la propia práctica comunicativa cotidiana (*Ibid.*: 500)

Empero, la razón integradora y consensual que propone Habermas resulta en una racionalización de lo social establecido y del pensamiento de lo social por el funcionamiento de la racionalidad inmanente a la acción comunicativa, más que de una política de la diferencia capaz de conciliar visiones e intereses diversos mediante un diálogo de saberes. La racionalidad comunicativa sería la que correspondería a la función unificadora de lo social del estado democrático de la modernidad:

Si partimos de que la especie humana se mantiene a través de las actividades socialmente coordinadas de sus miembros y de que esta coordinación tiene que establecerse por medio de la comunicación, y en los ámbitos centrales por medio de una comunicación tendiente a un acuerdo, entonces la reproducción de la especie exige *también* el cumplimiento de las condiciones de la racionalidad inmanente a la acción comunicativa. Estas condiciones se tornan accesibles en la modernidad –es decir, con la descentración de la comprensión del mundo y la diferenciación de distintos aspectos universales de validez [...] El proceso de autoconservación, al tener ahora que satisfacer las condiciones de racionalidad de la acción comunicativa, pasa a depender de las operaciones interpretativas de los sujetos que coordinan su acción a través de pretensiones de validez susceptibles de crítica. De allí que lo característico de la posición de la conciencia moderna no sea tanto la unidad de autoconservación y autoconciencia como esa situación de que son expresión la filosofía social burguesa y la filosofía burguesa de la historia: que el plexo de la vida social se reproduce a través de las acciones "racionales con arreglo a fines" de sus miembros, controlados por medios generalizados de comunicación, y simultáneamente a través de una voluntad común anclada en la práctica comunicativa de todos los individuos [...] A diferencia de la razón instrumental, la razón comunicativa no puede subsumirse *sin resistencias* bajo una autoconservación enceguecida. Se refiere no a un sujeto que se conserva relacionándose con objetos en su actividad representativa y en su acción, no a un sistema que mantiene su consistencia o patrimonio deslindándose frente a un entorno, sino a un mundo de la vida simbólicamente estructurado que se constituye en las aportaciones interpretativas de los que a él pertenecen y que sólo se reproduce a través de la acción comunicativa. Así, la razón comunicativa no se limita a dar por supuesta la consistencia de un sujeto o de un sistema, sino que participa en la estructuración de aquello que se ha de conservar. La perspectiva utópica de reconciliación y libertad está basada en las condiciones mismas de la socialización (Vergesellschaftung) comunicativa de los individuos, está ya inserta en el mecanismo lingüístico de reproducción de la especie (*Ibid.*: 506-507).

El entendimiento del mundo que propone la racionalidad comunicativa de Habermas resuena en las estrategias discursivas del desarrollo sostenible que buscan un consenso para la autoconservación del planeta más allá del dictado de un imperativo económico, ecológico o tecnológico y se abre a un diálogo de interpretaciones (simbólicamente estructurado) que no se sometería a las razones de fuerza mayor del sistema, participando en la estructuración de aquello que hay que conservar. Si bien las condiciones de la sustentabilidad no son las que emergen de una "conciencia de especie", la socialización comunicativa se da con un fondo de saber establecido y del "mecanismo lingüístico" de reproducción de la especie.

Sin embargo, lo que justamente está en juego en la construcción de un futuro sustentable son las formas emergentes de significación del mundo y de la naturaleza, por lo que la política de la sustentabilidad no lleva a un consenso sobre la base de una racionalidad fundada en la inmanencia del lenguaje, sino de las estrategias de poder que promueven el saber de fondo de la ecología, del pensamiento sistémico y de la lógica del mercado, y de estrategias diferenciadas, divergentes y muchas veces antagónicas de reapropiación del mundo y de la naturaleza. La sustentabilidad posible será la resultante de estas tensiones –y sus vías políticas de resolución–, más que de una solución por la vía de un consenso a través de una racionalidad comunicativa, que oriente la construcción de un "futuro común".

A partir de los presupuestos de la racionalidad comunicativa, Habermas analiza las relaciones actor-mundo como tipos puros de acción orientada al entendimiento y piensa que

analizando los modos de empleo del lenguaje puede aclararse qué significa que un hablante [...] entable una relación pragmática con: algo en el mundo objetivo (como totalidad de las entidades sobre las que son posibles enunciados verdaderos); con algo en el mundo social (como totalidad de las relaciones interpersonales legítimamente reguladas); con algo en el mundo subjetivo (como totalidad de las propias vivencias a las que cada quien tiene un acceso privilegiado y que el hablante puede manifestar verazmente ante un público), relación en la que los referentes del acto de habla aparecen al hablante como algo objetivo, como algo normativo o como algo subjetivo (Habermas, 1990: 171).

Habermas define así al saber como la experiencia subjetiva que puede trasladarse hacia el entendimiento y ser tematizada:

En cuanto el asunto se convierte en ingrediente de una situación, puede devenir sabido y ser problematizado como hecho, como contenido de una norma, como contenido de una vivencia. Antes de hacerse relevante para una situación, esa misma circunstancia sólo está dada en el modo de una *autoevidencia del mundo de la vida* con la que el afectado está familiarizado intuitivamente sin contar con la posibilidad de una problematización. Ni siquiera es algo "sabido" en sentido estricto, si el saber se caracteriza por poder ser fundamentado y puesto en cuestión. Sólo los limitados fragmentos del mundo de la vida que caen dentro del horizonte de una situación constituyen un contexto de acción orientada al entendimiento que puede ser tematizado y aparecer bajo la categoría de *saber* (*Ibid.*: 176).

La racionalidad comunicativa se constituye así desde el fondo de un saber, un saber que remite a la conciencia que se levanta por encima de la evidencia del mundo de la vida para poner a prueba su objetividad, para ser fundamentado y cuestionado, tematizado y problematizado. El saber sale de su interioridad para entrar en el ámbito de la norma, de la objetividad de la relación intersubjetiva, alejado de la relación ser-saber, de los saberes comunes diferenciados y de sus disensos. La otredad (el saber del otro, el saber en potencia, el no saber) queda fuera del entendimiento, para disolverse en la familiaridad de la cultura constituida por el saber común de formas de la inteligibilidad del entendimiento posible preestablecidas por las estructuras del mundo de la vida:

las nuevas situaciones emergen a partir de un mundo de la vida que está construido a partir de un acervo cultural de saber que nos es siempre familiar. Frente a ese mundo los agentes comunicativos no pueden adoptar una posición extramundana, al igual que tampoco pueden hacerlo frente al lenguaje como medio de los procesos de entendimiento merced a los que el mundo de la vida se mantiene [...] Las estructuras del mundo de la vida fijan las formas de la intersubjetividad del entendimiento posible [...] hablante y oyente se entienden desde, y a partir de, el mundo de la vida que les es común, sobre algo en el mundo objetivo, en el mundo social y en el mundo subjetivo (*Ibid.*: 178-179).

La racionalidad comunicativa se mantiene dentro de una epistemología positivista y fenomenológica, desconociendo el campo de la comprensión existencial del ser en el mundo, del saber abierto al mundo no objetivo, del saber abierto a la diversidad de saberes y a la otredad, afirmando la necesidad de rescatar una razón universal capaz de iluminar las figuras opacas del pensamiento mítico y las manifestaciones incomprensibles de las culturas ajenas:

> La prueba definitiva de una teoría de la racionalidad con la que la comprensión moderna del mundo pudiera asegurarse de su universalidad, sólo estribaría en que las figuras opacas del pensamiento mítico se iluminaran y se aclararan las manifestaciones no-comprensibles de las culturas ajenas, y se aclararan de suerte que no sólo entendiéramos los procesos de aprendizaje que nos separan de ellas, sino que nos percatáramos también de lo que hemos *desaprendido* en el curso de nuestros procesos de aprendizaje (*Ibid.*: 568).

El saber ambiental y el diálogo de saberes emergen del cuestionamiento de ese "saber de fondo" por la crisis ambiental que vuelve problemáticos los mundos de vida modernos y tradicionales, y cuestiona la centralidad, la universalidad y la generalidad de un pretendido saber totalizante ordenador del proceso de globalización. La razón económica e instrumental y los procesos de racionalización en el entendimiento de la realidad han quedado saturados y rebasados. El tránsito hacia la sustentabilidad anuncia otro saber, otra racionalidad, que trascienden lo pensable desde la ontología y la epistemología herederas de la metafísica y la naturalización de la cultura.[1]

La racionalidad comunicativa vendría a ser el intento póstumo para hacer inteligible el mundo –y los mundos de la vida– que ha generado la racionalidad cognoscitiva e instrumental. La acción social es movilizada –normada, legitimada– por lo comunicable racionalmente y cercada por los límites que esa razón impone a la invención de un futuro. El diálogo de saberes se establece dentro de una racionalidad ambiental que rompe el cerco de la racionalidad objetivante y se abre hacia la otredad; busca comprender al otro, negociar y alcanzar acuerdos con el otro, sin englobar las diferencias culturales en un saber de fondo universal ni traducir "lo otro" en términos de "lo mismo". El futuro se abre en un diálogo de saberes diferenciados, mas también con

---

[1] "A un desarrollo de la diferencia ontológica, en el sentido de una teoría de la comunicación generalizada (que se sirva de las contribuciones de la psicología, de la teoría de la información, de los estudios sobre la pragmática de la comunicación, de la teoría de los sistemas), debería de este modo ponerse al lado una nueva meditación de la diferencia ontológica, como hacerse valer de la naturaleza en cuanto fondo-trasfondo-desfundamentación natural de la cultura" (Vattimo, 1998:147). Cf. cap. 7, *supra* y cap. 8, *infra*.

un "diálogo" abierto a lo inefable e invisible, en una atenta espera con las incógnitas de aquello que no se presenta al conocimiento objetivo y a la argumentación razonada: que no es inmanente a la ontología, a la razón y a la palabra. Las perspectivas de la sustentabilidad se despliegan así en el horizonte del encuentro del ser con la otredad.

ÉTICA, ONTOLOGÍA Y SABER EN LEVINAS:
EL TODO, EL OTRO, EL FUTURO, EL INFINITO

La racionalidad de la modernidad, al orientar el pensamiento y la acción hacia ciertos fines, ha construido diques al flujo del tiempo en el ser. La ciencia, afirma Prigogine, produce un conocimiento fuera del tiempo; desconoce el pasado y el futuro. La racionalidad que se propone como sentido un fin, pone fin a la historia; va interviniendo a las gramáticas y conjugaciones de los tiempos futuros de las diferentes lenguas y bloqueando el campo de significancia que viene de la relación abierta por la diversidad cultural en la creatividad de los sentidos de la naturaleza, en la infinita generatividad entre lo real y lo simbólico.

Dante habría sido el primero en denunciar en su *Infierno* los límites del conocimiento y el cerco que erige al futuro:

> *Però comprender puoi*
> *che tutta morta*
> *fia nostra conoscenza*
> *da quel punto, che del futuro*
> *fia chiusa la porta*

Y George Steiner más recientemente advierte que

No habrá historia individual ni social, tal como la conocemos, sin las siempre renovadas fuentes de vida que brotan de las proposiciones en futuro. Componen lo que Ibsen llamaba "mentira de la vida", la dinámica compleja de la anticipación, de voluntad, de ilusión consoladora de la que depende nuestra supervivencia psíquica y, por qué no, biológica (Steiner, 2001a: 172).

El futuro humano no es la evolución de la naturaleza. Es un tiempo que se construye a partir de proposiciones de futuro que se formulan en relaciones de otredad y en un diálogo de saberes. La relación de otredad no es una de referencia con lo Real, de trascendencia del Ser o de transferencia con un gran Otro. No se establece en la polaridad que produce el pensamiento metafísico como la dualidad mente-cuerpo, sujeto-objeto, unidad-diversidad. No es una relación dialéctica. La relación con lo otro se da en el orden del ser y del saber; es una relación de diferencia, pero sobre todo es *deferencia*, relación ética con el otro humano y no una relación ontológica, epistemológica o fenomenológica. Si Heidegger encuentra la raíz del malestar de la cultura occidental en la disyunción entre el ser y el ente, Levinas acusa un pecado original de raíces más profundas: el de la constitución del ser humano por el lenguaje. Desde allí recupera un sentido ético capaz de conmover los fundamentos ontológicos del pensamiento que cerca al ser, que lo pone en estado de sitio y lo fija en la objetividad de un presente sin trascendencia ni escapatoria. Pues el conocimiento objetivo, aunque sea desinteresado, no por ello deja de estar marcado por el modo en que el ser cognoscente ha abordado lo Real. Por ello, todo diálogo guiado por una racionalidad comunicativa, más allá de su voluntad expresa de lograr consensos que diriman los conflictos de la "diferencia", queda atrapado en un "saber de fondo" que desconoce a la otredad que abre la puerta al futuro.

Desde esa aseveración se devela otro sentido del discurso, del habla y de la comunicación: aquel que se expresa al descubrirse el rostro y entrar en diálogo con un otro:

El rostro es una presencia viva, es expresión. La vida de la expresión consiste en deshacer la forma en la que el ente, que se expone como tema, se disimula por ella misma. El rostro habla. La manifestación del rostro es ya discurso [...] Esta manera de deshacer la forma adecuada al Mismo para presentarse como Otro, es significar o tener un sentido. Presentarse al significar, es hablar (Levinas, 1977/1997: 89).

Levinas, demarcándose de Heidegger, postula así una ética anterior y más allá de toda ontología:

La esfera primordial que corresponde a lo que llamamos el Mismo sólo se vuelve hacia lo absolutamente otro por la llamada del Otro. La *revelación*, con relación al *conocimiento objetivante*, constituye una verdadera inversión. En Heidegger ciertamente, la coexistencia es planteada como una relación con otro, irreducible al conocimiento objetivo, pero reposa también, a fin de cuentas, en la relación con el *ser en general,* en la comprensión, en la ontología. De antemano, Heidegger plantea este fondo del ser como horizonte en el que surge todo ente, como si el horizonte y la idea de límite que incluye y que es propia de la visión, fuesen la trama última de la relación. Además, en Heidegger, la intersubjetividad es coexistencia, un *nosotros* anterior al Yo y al Otro, una intersubjetividad neutra. El cara-a-cara, a la vez, anuncia una sociedad y permite mantener un Yo separado (*Ibid.*: 91).

El Otro es rostro, pero también es lo otro del saber totalizador. El ambiente, en tanto que es un saber, aparece como esa *externalidad* (lo absolutamente Otro) del conocimiento objetivo que busca la mismidad entre la palabra y la cosa, la identidad entre el concepto y lo real, el reflejo del ente en el conocimiento. Por ello el ambiente no es una dimensión internalizable o asimilable dentro de un sistema teórico, una economía del saber, o en los paradigmas objetivantes del conocimiento:

Si la totalidad no puede constituirse, es porque lo Infinito no se deja integrar. No es la insuficiencia del Yo la que impide la totalidad, sino lo Infinito del Otro [...] En la metafísica, un ser está en relación con lo que no podría absorber, con lo que no podría comprender, en el sentido etimológico de este término [...] El Mismo y el Otro no podrían entrar en un conocimiento que los abarcara. Las relaciones que sostiene el ser separado con el que lo trasciende no se producen sobre el fondo de la totalidad, ni se cristalizan en sistema (*Ibid.*: 103).

El infinito no es existir sin límites, sino la apertura a la invención del ser por la acción del límite en lo real (entropía) y en lo simbólico (la muerte). La realidad del ente –cosa, dato, hecho– como suma articulada de determinaciones de procesos objetivos, ignora y niega la "indeterminación absoluta del hay", postulando un "existir sin existentes", negando la existencia en el tiempo y el tiempo del ser y de lo real. El ente que se manifiesta en la realidad presente se "produce" en el tiempo y abre lo posible como potencia indeterminada del ser. La diferencia no sólo se da en la disyunción del ser y en la diversidad del ser. Se da en una relación de alteridad que rechaza la totalidad y la globalidad, que abre así el infinito en la dialéctica del ser de lo real y del ser-ahí, con lo Otro y con el otro. La apertura y fertilidad del ser que surge del encuentro con lo otro es algo invisible, imprevisible desde una visión, un conocimiento y un saber que pudieran anticiparse a los "hechos", al advenimiento del ser en un devenir de lo posible ya inscrito en la potencia de lo real como epigénesis, novedad, azar y teleonomía. La llamada del infinito es la convocatoria a aquello que sólo podría provenir de un encuentro con un otro que no se conforma ni disuelve en la universalidad, generalidad, unidad o mismidad del pensamiento sobre el mundo presente. Lo que emerge en el encuentro con la otredad escapa a toda voluntad, a toda idea y a todo poder sobre su *realización* posible:

El Otro me mide con una mirada incomparable con aquella con la que lo descubro. La dimensión de *altura* en la que se coloca el Otro es como la curvatura primera del ser en la cual se sostiene el privilegio del Otro, el desnivelamiento de la trascendencia [...] El Otro no es trascendente porque sería libre como yo. Su libertad, al contrario, es una superioridad que viene de su trascendencia misma [...] La relación con el Otro no se convierte, como en el conocimiento, en gozo y posesión, en libertad. El Otro se impone como una exigencia que domina esta libertad, y a partir de aquí, como más original que todo lo que pasa en mí. El otro, cuya presencia excepcional se inscribe en la imposibilidad ética de matarlo [...] indica el fin de los poderes. Si no puedo más poder sobre él, es porque desborda absolutamente toda *idea* que puedo tener de él (*Ibid*.: 109).

El saber emerge en esa relación de otredad con el conocimiento objetivo. El saber ambiental, con su criticidad de la razón dominadora, no es internalizable en los paradigmas científicos y su diversidad y diferencia no se disuelven en la totalidad del conocimiento objetivo ni en el saber de fondo que posibilita un consenso de saberes a través de una racionalidad comunicativa. Este "Otro" del conocimiento

no se abandona a la "tematización" o a la "conceptualización" del Otro. Querer escapar a la disolución en el Neutro, plantear el saber como un recibimiento del Otro [es] la condición del lenguaje sin la cual el discurso filosófico mismo no es más que un acto truncado [...en] que la apariencia de un discurso se desvanece en el Todo (*Ibid*.: 110).

El Ambiente-Otro no se subsume en un saber de fondo; los saberes en los que encarna no se unifican en un consenso guiado por principios de una racionalidad comunicativa. Ésa es la condición del diálogo de saberes como un *encuentro creativo* que abre la puerta de salida a la autonomía subsumida en la homogeneidad y universalidad del mundo, al *a priori* racional y al entendimiento de una existencia para sí, que globalizan y engullen a la diversidad en el forzamiento de una unidad. El diálogo de saberes conduce la heteronomía de un habla dirigida al otro, donde es posible dar el salto afuera de la realidad establecida para construir nuevos mundos de vida:

Hablar supone una posibilidad de romper y de comenzar. Plantear el saber como existir mismo de la creatura, como el remontarse, más allá de la condición hacia el Otro que funda, es separarse de toda una tradición filosófica que buscaba en sí el fundamento de sí misma, fuera de las opiniones heterónomas. Pensemos que la existencia *para sí*, no es el último sentido del saber, sino el retomar el cuestionamiento de sí, el retorno hacia el antes que sí en la presencia del Otro. La presencia del Otro –heteronomía privilegiada– no dificulta la libertad, la invierte. La vergüenza de sí, la presencia y el deseo de lo Otro, no son la negación del saber: el saber es su articulación misma. La esencia de la razón no consiste en asegurar al hombre un fundamento y poderes, sino en cuestionarlo y en invitarlo a la justicia [...] El Otro no nos afecta como aquel que es necesario sobrepasar, englobar, dominar, sino en tanto que otro, independiente de nosotros: detrás de toda relación que pudiéramos mantener con él, que surge nuevamente absoluto (*Ibid.*: 110, 111).

El diálogo de saberes es un diálogo entre seres marcado por la heteronomía del ser y del saber, por una otredad que no se absorbe en la condición humana genérica, sino que se manifiesta en el encuentro de seres culturalmente diferenciados; de seres constituidos por saberes que no se reducen al conocimiento objetivo y a la verdad ontológica, sino que remiten a la justicia hacia el otro: justicia que no se disuelve ni se resuelve en un campo unitario de derechos humanos, sino en el derecho a tener derechos diversos de seres diferenciados por su cultura. El diálogo de saberes se forja desde la virtualidad de todo ser que se da en una trascendencia que es devenir, de lo sido-siendo abierto a lo por-venir que no habrá de emerger por la potencia de un desenvolvimiento ontológico (la autoorganización de la materia, la mutación genética, la epigénesis del desarrollo biológico y la emergencia de la noosfera). El saber se constituye y el diálogo de saberes se produce en la relación del ser con su externalidad infinita, en el encuentro con un ser-Otro, desde sus diferencias, en el horizonte de un infinito que anuncia un futuro no proyectable, no predecible, quizá inefable.

Lo que *aún no es*, no es la imposibilidad del ser, no es la desazón de la palabra que falta y de lo real inasible, sino la potencia de aquello

que se encuentra, que nace y se construye desenmascarando la opresión del discurso y la realidad fijada por la palabra, develando el conocimiento que encubre el ser, desencadenando la potencia de lo real
hacia el infinito, que es horizonte que no llega nunca a mostrar su rostro y hacerse presente, que no es integrable en un ser pleno, que se
produce movilizando las ausencias y la falta en ser, la fuerza del no,
del aún no, del "menos que nada", que más que elogio de la contradicción y de la negación –del No convertido en un nuevo absoluto, el
contrario de la Idea totalizadora–, es el reencantamiento de la vida
con el infinito que abre la relación de otredad; el paso de la indiferencia de la naturaleza hacia el ser y a la reanudación de los sentidos desde la diferencia. Más que aprender a convivir en un mundo desasegu-
rado por la inminencia del caos y la incertidumbre, es la reinserción
de la vida en el enigma indescifrable de la existencia humana.

Levinas desenmascara el efecto silenciador del empirismo, de la
palabrería que articula datos y hechos (la realidad hecha por la denotación cosificadora), que deja con su estela de silencio la imposibilidad de proferir una palabra lúcida y un acto salvador frente al
cierre de la historia en la globalización mercantilizada y ecologizada.[2] De esta manera desplaza la idea de verdad como correspondencia entre lo real y el concepto, la palabra y la cosa, al juego infinito
de pensamientos, razonamientos y saberes entre seres diversos, diferentes, diferenciados. Es desde este cuestionamiento de la representación de la realidad que la ética sale al rescate del ser de los desvaríos del conocimiento y el encerramiento de las ciencias. Desde allí
se establece el rencuentro de lo real y lo simbólico como potencia
del ser no cosificado en la realidad avasallante de una "razón de fuerza mayor", lugar donde el diálogo de saberes abre, aún, un porvenir
fundado en la otredad y la justicia. El saber trasciende al conocimiento fundado en la relación entre objetos. El diálogo de saberes
parte de la interlocución con un otro que no está "dado". Contra todo empirismo, Levinas afirma que

el Otro es principio del fenómeno. El fenómeno no se deduce de él; no se
lo encuentra al ascender a partir del signo que sería la cosa, hacia el interlocutor que emite ese signo sin un movimiento análogo a la marcha que con-

_____

[2] "El espectáculo del mundo silencioso de los hechos está embrujado: todo fenómeno enmascara, mistifica infinitamente, volviendo la actualidad imposible [...] Comprender una significación no es ir de un término de la relación al otro, percibir relaciones en el seno del dato" (Levinas: 114)

duciría de la apariencia a las cosas en sí. Porque la deducción es una manera de pensar que se aplica a objetos ya dados. El interlocutor no podría ser deducido, porque la relación entre él y yo es presupuesta por toda prueba (*Ibid.*: 114, 115).

El diálogo de saberes no es el diálogo intersubjetivo ni el de las cosas en sí puestas en comunicación como entes denotados, como una relación de objetos significados por la palabra. Lo que la palabra pone en juego es aquello que se produce en el lenguaje, a saber, "el despliegue positivo de la relación pacífica con lo Otro sin frontera o sin negatividad alguna" (Derrida, 1998: 120). El diálogo de saberes sólo es posible dentro de una política de la diferencia, que no es apuesta por la confrontación, sino por la paz justa desde un principio de pluralidad. Es en ese sentido que Levinas afirma que "La unidad de la pluralidad es la paz y no la coherencia de elementos que constituyen la pluralidad" (*Ibid.*: 125).

El saber ambiental viene así a cuestionar al sistema discursivo que afirma la realidad realmente existente: la objetividad puesta en escena por una conciencia que emerge como representación de una realidad presente; la correspondencia de una racionalidad con el todo social que esta misma racionalidad ha generado. La otredad proviene del significante que se manifiesta al hablar, pensar y proponer "otro mundo" que está en otro lugar –utopía– del mundo objetivo y presente, pues:

La objetividad en la que el ser es propuesto a la conciencia no es un residuo de la finalidad […] Se *plantea* en un discurso, en una *negociación* que *propone* el mundo. Esta *proposición* se realiza entre dos puntos que no constituyen un sistema, un cosmos, una totalidad […] La objetividad del objeto y su significación, provienen del lenguaje. Esta modalidad por la cual el objeto es puesto como tema que se ofrece, incluye el hecho de significar: no el hecho de remitir al pensador que lo acopla a eso que es significado (y que es parte del mismo sistema), sino el hecho de manifestar el significante, el emisor del signo, una alteridad absoluta que, sin embargo, le habla y, por lo mismo, tematiza, es decir, propone un mundo (Levinas, 1977/1997: 118).

El saber ambiental funda *otra racionalidad*, cuestionando el conocimiento que ha construido la realidad actual, controvirtiendo las finalidades preestablecidas y los juicios *a priori* de la racionalidad económica e instrumental. El discurso ambiental es palabra viva que propone un mundo nuevo desde significantes que asignan nuevos

sentidos a lo real y a las cosas; desde una palabra que no sólo denomina y domina; desde un habla que espera un escucha y una respuesta. Es en este sentido que Levinas afirma que "El lenguaje no ex-
terioriza una representación preexistente en mí: pone en común un
mundo hasta ahora mío" (*Ibid.*: 192). La significación y la inteligibilidad del mundo no provienen pues de la falta del Mismo y su necesidad de completarse, sino del "deseo del Otro":

La significación se sostiene en el Otro que dice o que entiende el mundo y
al que su lenguaje o su entendimiento precisamente tematizan. La significación parte del verbo en que el mundo es, a la vez, tematizado o interpretado, en el que el significante no se separa nunca del signo que emite, sino que
recobra siempre al mismo tiempo que expone [...] La significación de los seres no se manifiesta en la perspectiva de la finalidad, sino en la del lenguaje.
Una relación entre términos que se resisten a la totalización [...] La resistencia de un término al otro no señala aquí el residuo oscuro y hostil de la alteridad, sino, por el contrario la inagotable excedencia de delicadeza de la palabra [...] La palabra es siempre un recuperar lo que siempre fue simple signo arrojado por ella, promesa siempre renovada de esclarecer lo que fue oscuro en la palabra (*Ibid.*: 119-120).

El diálogo de saberes no se conduce por la fórmula de racionalidad comunicativa basada en significados objetivos y en códigos de racionalidad preestablecidos por un saber de fondo común; el diálogo
de saberes es el encuentro de interlocutores que rebasa toda conceptualización, toda teoría y toda finalidad guiada por una racionalidad,
que antepone la justificación de una racionalización a la razón y la
justicia del Otro. Pues como acierta Levinas,

La "comunicación" de las ideas, la reciprocidad del diálogo, ocultan ya la
esencia profunda del lenguaje. Ésta reside en la irreversibilidad de la relación entre Yo y el Otro [...] el lenguaje sólo puede hablarse, en efecto, si el
interlocutor es el comienzo de su discurso, si permanece, en consecuencia,
más allá del sistema, si no está *en el mismo plano* que yo [...] Los interlocutores como singularidades, irreductibles a los conceptos que constituyen al co-
municar su mundo y al apelar a la justificación del Otro, presiden a la comunicación. La razón supone estas singularidades o estas particularidades, no
a título de individuos ofrecidos a la conceptualización o que se despojan de
su singularidad para recobrarse idénticas, sino precisamente como interlocutores, seres irremplazables, únicos en género, rostros. La diferencia entre

las dos tesis: "la razón crea las relaciones entre el Yo y el Otro" y "la enseñanza del Yo por el Otro crea la razón" no es puramente teórica (*Ibid.*: 124, 263).

La relación de otredad funda otra racionalidad. El encuentro cara-a-cara no es un encuentro en el imaginario de lo visible o en los reflejos de la representación. Lo simbólico que se expresa en el rostro vuelve a las fuentes del enigma del lenguaje, la confluencia de significaciones y la disputa de sentidos que emanan de la organización simbólica de lo real y se expresa en la diversidad cultural. El encuentro con la otredad que entra en juego por el lenguaje y el habla, más allá del nombrar lo nuevo, abre el camino a la realización de "lo que aún no es". Pero la emergencia de lo inédito y lo innombrable pasa también por esa llamada al ser desde el lenguaje, del "todavía no del lenguaje" que evoca y convoca la poesía:

El poeta; a pesar de todo, el poema [...] Para ser lo que debe, lo que es capaz de ser –un acto de acercamiento, un movimiento hacia el Otro– debe comenzar con el reconocimiento de su disparidad, admitir de una vez por todas que habla desde otro ámbito y que no puede imponerse, que debe contentarse con ofrecerse a sí mismo, aunque nadie lo solicite, en su desnudez, en el silencio que lo rodea. Ningún poema puede nacer de la convicción que ya existe un lenguaje que une dos cosas distintas; aún debemos crear y descubrir el todavía-no del lenguaje: el anhelo de una utopía, de un sitio inexistente. Como si desde este punto del vacío por fin pudiéramos continuar y averiguar donde estamos (Auster, 1996: 18-19, del prólogo de Jordi Doce).

El diálogo de saberes no aspira a la analogía ni a la reducción de la diversidad de sentidos en las homologías de significantes, en su sumisión a un discurso que recoja sus puntos comunes haciendo de lado sus diferencias, sus polisemias, sus silencios y sus significaciones creativas. El diálogo de saberes produce lo absolutamente nuevo en la fusión de los elementos que se encuentran, como en una reacción química, donde las propiedades de la molécula y del nuevo compuesto no están contenidas en sus átomos y sus elementos originarios; o a la producción de sentido y de lo real que surge de las sinergias de la pluralidad y la diversidad cuando

la rima que crean [...] altera la realidad de cada uno. De la misma manera que dos objetos físicos, cuando se los aproxima uno al otro, generan fuerzas electromagnéticas que no sólo afectan la estructura molecular de cada uno, sino también el espacio entre ellos, alterando su propio ambiente, así dos (o más) eventos que riman establecen una conexión en el mundo, agregando una sinapsis más a ser transitada a través del vaso pleno de la experiencia (Auster, 1988: 161).

Mas el diálogo de saberes no es una química, ni una genética, ni una poética, pues allí los elementos no se funden, no riman; se encuentran desde su otredad absoluta; la armonía de sus contrapuntos no elimina las disonancias y desentendidos entre paradigmas y formaciones discursivas, entre el habla y la escucha. ¿Qué es entonces aquello que se produce en el chispazo de ese encuentro de otredades y diferencias, en esa virtualidad de la producción de sentidos asignados a la naturaleza por la creatividad de la palabra y la fertilidad del diálogo de saberes? Pues no basta afirmar que "el mundo llega a ser objeto. Ser objeto, ser tema, es ser aquel del cual puedo hablar con alguien que ha atravesado el plano del fenómeno y me ha asociado a él" (Levinas, 1977/1997: 22). La *racionalidad ambiental* complejiza el encuentro con la otredad que se da en la epifanía del rostro al asociar formas diferenciadas de significar lo real, el fenómeno, la realidad objetiva; al descongelar los sentidos de la naturaleza que han quedado fijados por la palabra haciendo dialogar "naturalezas" que han sido denominadas por diferentes lenguajes. La palabra que encadena significantes y fija significados desencadena a su vez nuevos sentidos.

El encuentro entre matrices de racionalidad que articulan lo material y lo simbólico en una diversidad de identidades culturales se plasma en un campo de relaciones y estrategias de poder en el saber, por encubrimientos ideológicos que velan las miradas, que sujetan a los sujetos, y que el encuentro cara-a-cara no alcanza a develar. El diálogo de saberes está habitado por el no saber, por lo indecible, por una huella que está antes y más allá de la palabra, más allá del ser y del saber. Es la apertura a la idea de infinito alimentado por el hambre del deseo. La huella, dice Levinas, es "el *más allá* del que proviene el rostro". Es

el Ausente absolutamente perimido, absolutamente pasado, retirado en aquello que Paul Valéry llama *profond jadis, jadis jamais assez* y que ninguna introspección sabría descubrir en Sí [...] La idea del infinito es Deseo. Consiste, paradójicamente, en pensar más de lo que es pensado, conservándolo sin embargo en su desmesura en relación con el pensamiento, en entrar en relación con lo inasible, garantizando su estatuto de inasible (Levinas, 2000: 67, 64).

Es la huella que desde el límite mira al infinito y abre lo posible:

La clara distinción de los diversos posibles, el don de ir al límite de lo más lejano, proceden de la tranquila atención. El juego sin regreso de mí mismo, el ir más allá de todo lo dado, exige no sólo esta risa infinita, sino también esta lenta meditación (insensata, pero por exceso). Es la penumbra y el equívoco. La poesía aleja al mismo tiempo del día y de la noche. No puede cuestionar ni poner en acción este mundo que me ata (Bataille, 1996: 161).

El saber que habita al ser lleva a cuestas la huella de algo que fue, que no procede de, sino que precede a mi existencia, que no logro pensar, comprender, decir. Es ante-pensamiento por obra del orden simbólico. Renacimiento desde la palabra, el habla y el encuentro con la otredad. El infinito al que remite la relación de Otredad, el tiempo que fragua en el campo del saber, el futuro que abre el diálogo de saberes, no podría ser un tiempo cronológico; ni siquiera se reduce al tiempo existencial al que nos remite la ontología heideggeriana, el del ser para la muerte, de una temporalidad inscrita en el ser ahí. En el prefacio al libro que recoge el curso de 1946-1947 donde esboza las ideas (una fenomenología de la alteridad y de su trascendencia) que habrán de dejar la huella a ser recorrida en su pensamiento posterior y póstumo, Levinas reflexiona y evalúa treinta años después, en la madurez de su pensamiento (*Le temps et l'Autre* fue publicado en 1979), la idea de tiempo que allí se anunciaba:

El tiempo del *Otro* no presenta el tiempo como horizonte ontológico del *ser del ente*, sino como modo del *más allá del ser*, como relación del pensamiento con lo Otro –mediante diversas figuras de la socialidad frente al rostro de otro hombre: erotismo, paternidad, responsabilidad respecto del prójimo– como relación con lo Absolutamente Otro, con lo Trascendente, con lo Infinito. Una relación o una religión que no está estructurada como saber, es decir, como intencionalidad […] El tiempo […] significaría, en su diacronía, una relación que no compromete la alteridad del otro, asegurando sin embargo su no-indiferencia al "pensamiento" (Levinas, 1993: 68).

El tiempo del otro se inscribe en el diálogo de saberes como una apertura hacia lo impensable (para una tradición, un paradigma, una racionalidad) del pensamiento del otro y de aquello que queda fuera del campo de significación y comprensión de un conocimiento, de una teoría, de una cosmovisión. El diálogo de saberes se sitúa en la perspectiva de esta relación de otredad, en su horizonte de trascendencia del ser, en una espera activa con lo impensado y el no saber. El diálogo de saberes no se produce con la intención y la finalidad de reabsorber cosmovisiones y racionalidades diferenciadas en un código común de lenguaje de un mundo acabado, presente, globalizado, sino que se proyecta en la creación de un mundo futuro, de otro mundo posible; de un mundo hecho de muchos mundos, de diversidad cultural e identidades diferenciadas. El saber se inscribe en el devenir del ser –más allá de todo conocimiento– por la agencia de lo no pensado y la productividad de lo invisible. La producción de la historia a partir de esa relación de otredad no es una relación de conocimiento. Se trata de una

relación con *aquello* que, siendo de suyo inasimilable, absolutamente otro, no se dejaría asimilar por la experiencia, o con *aquello* que, siendo de suyo infinito, no se dejaría com-prender [...] Una relación con un In-visible cuya invisibilidad no procede de la incapacidad del conocimiento humano sino de la ineptitud del conocimiento en cuanto tal –de su in-adecuación– frente al Infinito de lo absolutamente otro (*Ibid.*: 69-70).

La justicia no podrá entonces producirse por la objetividad del mundo, sino contra la evidencia de la historia, de la razón que produce una verdad que es dominio, de las normas universales del juicio:

Es necesario que el juicio, en el que la subjetividad debe permanecer apologéticamente presente, se haga contra la evidencia de la historia (y contra la filosofía, si la filosofía coincide con la evidencia de la historia). Es necesario que lo invisible se manifieste para que la historia pierda su derecho a la última palabra, necesariamente injusta para la subjetividad, inevitablemente cruel [...] La manifestación de lo invisible no remite a la evidencia. Se produce en la bondad reservada a la subjetividad, que no se encuentra así simplemente sometida a la verdad del juicio, sino que es la fuente de esta verdad. La verdad de lo invisible se produce ontológicamente por la subjetividad que la dice [...] Lo invisible es el agravio que inevitablemente resulta del juicio de la historia visible, aunque la historia se desarrolle racionalmente. El juicio viril de la historia, el juicio viril de la "razón pura", es cruel. Las normas universales de este juicio hacen callar la unicidad en la que se sostiene la apología y de donde saca sus argumentos. Lo invisible, al ordenarse en totalidad, agravia la subjetividad, porque, por esencia, el juicio de la historia consiste en traducir toda apología en argumentos visibles y en silenciar la fuente inagotable de la singularidad de donde surgen y de la cual ningún argumento podrá dar razón. Porque la singularidad no puede tener lugar en una totalidad (Levinas, 1977/1997: 257).

La subjetividad se comunica con ese secreto nunca develado por una ontología o por una epistemología, con esa sombra invisible e inefable del ser, más allá de la conciencia y de la intencionalidad representativa, con ese yo extraño que habla:

El secreto que es para el otro es lo que se revela sólo para el otro [...] Al denegar este secreto, la filosofía habría llegado a residir en un malentendido de lo que hay que conocer, a saber, que hay secrecía y que es inconmensurable con conocer, con el conocimiento y con la objetividad, como en la "interioridad subjetiva" inconmensurable que extrae Kierkegaard de cada relación del conocimiento del tipo sujeto/objeto [...] Quizá sea allí donde encontramos el secreto de la secrecía, a saber, que no es una cuestión de conocer y que está allí para nadie. Un secreto no pertenece, nunca puede decirse que esté *(chez soi)* [...] Tal es el *Unheimlichkeit* del *Geheimnis*, y debemos cuestionar sistemáticamente el alcance de este concepto y sus funciones, de forma regulada, en dos sistemas de pensamiento que se extienden igualmente, aunque en diferentes maneras, más allá de la axiomática del sí mismo o del *chez soi* como *ego cogito*, como conciencia de la intencionalidad representativa, por ejemplo, y de manera ejemplar en Freud y Heidegger. La cuestión del yo mismo [*self*]: "quién soy yo?", no en el sentido de "quién soy yo", sino "quien es ese yo" que puede decir "quién"? Qué es el "yo", y que pasa con la responsabilidad una vez que la identidad del "yo" tiembla *en secreto*? (Derrida, 1996: 92).

La idea de eso otro no cognoscible cuestiona la idea del saber y del conocimiento que ha generado el pensamiento metafísico y filosófico. Mas si el horizonte del devenir al que abre la otredad se da en una relación que está *más allá del ser* y *no está estructurada como un saber*, no por ello es indiferente al pensamiento. Si bien la relación del pensamiento con lo Otro entraña una relación más allá de toda ontología y de toda epistemología, no por ello es ajena al ser y al saber, a la relación del ser con el saber. El vínculo del ser con el saber no es una relación de conocimiento, de representación de la realidad en el pensamiento, de identidad del concepto con lo real. Pero la re-

lación ética del encuentro "cara-a-cara" con el Otro tampoco se produce en un mundo separado del orden ontológico: de la potencia de
lo real que se despliega en el tiempo hacia un futuro de posibilidades; de un ser ahí que, en el orden del sujeto y más allá del carácter
genérico del ser humano (del ser para la muerte), encarna como ser
en el mundo, arraiga en formas de identidad que sin estar enclava-
das en un orden intemporal y mantenerse inmutables dentro de una
estructura mítica, que más allá de toda esencialidad como marca
inalterable de un origen que garantizara su inmanencia en el ser y su
permanencia en el tiempo, conserva y proyecta lo sido hacia lo que
aún no es. Pero al mismo tiempo, en esa relación de otredad, el tiempo se abre hacia algo nuevo que no está prefigurado ni determinado
en la generatividad de la materia y la potencia de lo real; que está
más allá del ser, de toda ontología y toda epistemología. El saber se
produce en el horizonte de una diacronía que trasciende a la sincro-
nía de los tiempos que confluyen en un presente, que pudieran reflejarse y expresarse en una conciencia que emerge "orgánicamente"
de la evolución del cosmos hacia la génesis de una noosfera. En ese
sentido, el diálogo de saberes se inscribe en la perspectiva de una
"diacronía [que] sea más que una sincronización, [donde] la proximidad sea *más preciosa* que el hecho de darse, que la fidelidad de lo
inigualable sea *mejor* que la conciencia de sí" (*Ibid.*: 70).

En este sentido, la relación con lo Otro y la idea de Infinito desde
el tiempo del Otro, permiten pensar el saber ambiental como el campo de externalidad (el Otro) del conocimiento científico, y el diálogo de saberes como la relación de otredad que abre la historia hacia
un futuro sustentable. Allí se construye el campo de la racionalidad
ambiental en el que las ciencias y la economía se confrontan con ese
Otro absoluto que es el Ambiente. En ese encuentro se van constituyendo identidades estratégicas que van dialogando con otras que le
son semejantes en cuanto a su diferenciación con el Mismo común
(el pensamiento único); singularidades que habrán de situarse siempre como uno frente a otro, haciendo ética, política y pedagógica su
relación de otredad. Ésta es la fecundidad del diálogo de saberes
que, partiendo de la condición existencial del ser y de la ética de la
otredad, se despliega en un campo de diversidades culturales.

INTERDISCIPLINARIEDAD, INTERCULTURALIDAD, INTERSUBJETIVIDAD Y DIÁLOGO DE SABERES

La crisis ambiental ha sido asociada con el fraccionamiento del conocimiento. De esta manera, la comprensión del mundo actual ha reclamado un pensamiento de la complejidad para reintegrar los miembros mutilados al cuerpo de la ciencia. La interdisciplinariedad y la teoría de sistemas emergen como dispositivos metodológicos para la constitución de un saber holístico. Estos nuevos enfoques buscan reintegrar las partes fragmentadas de un todo de conocimiento que, si bien pone el acento en las interrelaciones de los procesos, no renuncia a los principios de objetividad y unidad del conocimiento. Tanto la interdisciplinariedad como la teoría de sistemas se mantienen dentro del cerco del logocentrismo de las ciencias, de la matematización del saber, de la certidumbre y control del mundo; son las nuevas herramientas de un saber totalitario que se resiste a comprender el lugar de exterioridad que ocupa el saber ambiental en relación con el conocimiento científico. El saber ambiental aparece como un imposible de las ciencias.[3]

Entre las mallas de las teorías de sistemas y los métodos interdisciplinarios se escurre la onda ontológica de lo real y las significaciones asignadas a la realidad que escapan a los paradigmas formales del conocimiento, así como los saberes que no están en la misma frecuen-

---

[3] George Bataille habría afirmado que "la ciencia [...] ofrece al pensamiento un fundamento estable. Pero al margen de ese fundamento permanece un inaccesible, *un imposible* que no puedo tampoco eliminar" (Bataille, 1996: 180). Contra una posible comunicación entre esos saberes impares reunidos por un saber de fondo, Guattari habría afirmado que "Un agenciamiento colectivo de enunciación dirá algo del deseo sin referirlo a una individuación subjetiva, sin encuadrarlo en un tema preestablecido y sobre significaciones previamente codificadas. En esas condiciones, el análisis no podría instaurarse 'por sobre' las relaciones de fuerza, 'después' de la cristalización del 'socius' en diversas instancias: más bien participa de esa cristalización, volviéndose inmediatamente político en un momento en que la división del trabajo entre especialistas del decir y especialistas del hacer tiende a esfumarse [...] El *agenciamiento colectivo de enunciación* pone en interacción los flujos semióticos, los flujos materiales y los flujos sociales, más allá de su posible recuperación en un corpus lingüístico o un metalenguaje teórico." Pues al intentar hacer converger la significancia a un saber de fondo cabe preguntarse "¿A quién se habla? ¿A un interlocutor universal? ¿A alguien que ya conoce los códigos, las significaciones y combinaciones posibles? La enunciación individuada está prisionera por significaciones dominantes. Sólo un grupo-sujeto puede trabajar los flujos semióticos, quebrar las significaciones, abrir el lenguaje a otros deseos y forjar otras realidades" (Guattari, 1989: 88-89).

cia de las ciencias y por lo tanto no se integran en un mismo sistema de conocimiento.[4] Las teorías y disciplinas científicas constituyen paradigmas que edifican obstáculos epistemológicos que se erigen en barreras para la reintegración de los saberes que giran desorbitados en sus espacios de externalidad. El saber ambiental problematiza a las teorías constituidas para internalizar en ellas una "dimensión ambiental" que constituye lo impensable de sus paradigmas de conocimiento. Sin embargo, el saber ambiental no viene a completar la falta de conocimiento de las ciencias ni su propósito es retotalizar y reunificar el conocimiento. El ambiente es la falta incolmable de conocimiento de las ciencias. Es la exterioridad del saber ambiental lo que cuestiona el encerramiento del conocimiento objetivante, que al forzar la unificación del saber, genera el fraccionamiento de las ciencias y el desconocimiento del saber. El saber ambiental es el actor disidente del proyecto epistemológico totalitario de las ciencias.

La sustentabilidad aparece en el horizonte de esta desconstrucción de la historia, mas no podrá plantearse como un objetivo a ser alcanzado por la vía de la racionalidad cognoscitiva e instrumental. La sustentabilidad no es decidible desde el conocimiento (de la gestión científica, la interdisciplinariedad, o la prospectiva tecnológica). La construcción de un futuro sustentable es un campo abierto a lo posible, generado en el encuentro de otredades en un diálogo de saberes, capaz de acoger visiones y negociar intereses contrapuestos en la apropiación de la naturaleza. El diálogo de saberes se plantea desde el reconocimiento de los saberes –autóctonos, tradicionales, locales– que aportan sus experiencias y se suman al conocimiento científico y experto; pero implica a su vez el disenso y la ruptura de una vía homogénea hacia la sustentabilidad; es la apertura hacia la diversidad que rompe la hegemonía de una lógica unitaria y va más allá de una estrategia de inclusión y participación de visiones alternativas y racionalidades diversas cuyas diferencias serían zanjadas por una racionalidad comunicativa para hacerlas converger en un "futuro común".

En este sentido, la apuesta por una política de la diferencia está llevando a la reinvención de identidades culturales y al diseño de

---

[4] Contra la voluntad de unificar ciencias y saberes tradicionales, Baudrillard ha afirmado que se trata de dos sistemas heterogéneos que no pueden transcribirse de uno al otro: "Proyección ilógica de un sistema operacional, estadístico, informático, simulacional, sobre un sistema de valores tradicionales, de representación, de voluntad de opinión [...] no existe ninguna relación entre un sistema de sentido y un sistema de simulación" (Baudrillard, 1983: 97-98).

nuevas estrategias de reapropiación de la naturaleza. Esta política se establece en un espacio de confrontación, resistencia y negociación con la globalización económico-ecológica que se encuentra y enfrenta con su Otro en las comunidades indígenas y campesinas locales. En el diálogo de saberes se pone en juego un proceso de reapropiación de saberes, de conocimientos, de discursos. Es un campo de debate, confrontación y disputa de sentidos en el que se constituyen nuevas identidades, desde las cuales se abre un diálogo entre comunidades y un intercambio de experiencias entre sociedades campesinas y grupos indígenas. Es la apuesta política de esa hospitalidad levinasiana, donde la identidad cultural recibe al otro (a las otras) comunidades fuera de la totalidad sistémica, como un acto de solidaridad en el que se potencian mutuamente y donde surge algo nuevo e inédito en el campo de la historia.

El diálogo de saberes se plantea en la fecundidad de la otredad que abre un porvenir que no está dado ni en la extrapolación del presente ni en la conducción racional de un proceso de desarrollo fundado en el conocimiento. El futuro –el porvenir– está más allá de la generatividad del mundo material, de la novedad que emerge de la evolución biológica y la mutación genética, de la invención e innovación tecnológica. Está más allá del devenir y de la trascendencia como expresión de algo contenido de antemano dentro de un orden ontológico, epistemológico y fenomenológico; como una potencialidad del ser, de lo real y del lenguaje. La otredad como el encuentro entre yo y tú, de lo Mismo con lo Otro, abre un mundo hacia lo que *puede llegar a ser* en el encuentro y diálogo entre seres hablantes.

Si el ser se trasciende en su relación con lo otro, ello significa que el futuro no es sólo actualización y trascendencia de la potencia de lo real, del elemento que despliega su ser liberado de las barreras y cadenas que le impone la realidad, el interés, la economía, la razón. El porvenir no es el desarrollo dialéctico del ser o de la materia hacia un futuro sustentable como potencia de lo real, de la razón o de la conciencia. Sin duda se sostiene y funda en la potencia de lo real y se despliega en un proceso de apropiación de esa potencia por el pensamiento; pero es impulsado por el deseo y por la apertura hacia la otredad, que trasciende (está más allá de) la realidad, del ser y de la existencia.

Levinas trasciende la fijación objetivista y el cerco totalitario de la epistemología y la ontología, para comprender la construcción del mundo –su objetivación– a partir de la otredad; no escapa sin embargo a una ética basada en una concepción humanista de la existencia guiada por el gozo, la satisfacción, la felicidad, de la ética como forma suprema de la condición humana que rige la significación del ser y nuestro actuar en el mundo. Esta visión se enlaza a la comprensión del ambiente como lo Otro de la ciencia y que abre un diálogo de saberes; que no sólo reconoce lo inédito, lo incomprensible y lo inefable del Otro que aparece en la injusticia y la desigualdad, sino también el derecho a la diferencia y de lo absolutamente otro de las identidades no asimilables a un código superior de conocimiento y justicia. La racionalidad ambiental incorpora en las relaciones de otredad al "otro cultural", a la variedad de formas de comprensión y significación del mundo que abren la vía de construcción de un futuro sustentable a partir de las formas de ser y de saber de los pueblos. El diálogo de saberes se inscribe en una racionalidad ambiental que lleva a la desconstrucción de la globalización totalitaria del mercado para abrir paso a la construcción de sociedades sustentables a partir de sus formas diversificadas de significación de la naturaleza.

La sustentabilidad no es la ecologización del planeta y está más allá de los consensos que unifican mundos de vida orientados por una racionalidad comunicativa hacia un futuro común. El destino es un infinito que se forja en el encuentro de muchos mundos, de mundos que se miran con otros ojos, que lo moldean de otras formas. Los saberes que allí se encuentran admiten la inclusión del no ser en el ser en una relación que no es una dialéctica. El diálogo de saberes se establece en un campo de fuerzas donde la creatividad del lenguaje y el habla trascienden a la rima de los significados asignados a la realidad y a la innovación pura de la palabra. Es un diálogo habitado y habilitado por el poder. La producción de sentidos en el campo de la sustentabilidad emerge dentro de estrategias de poder en el saber. La disputa de sentidos en torno a la sustentabilidad no resulta de una polisemia de significantes, sino de estrategias de valorización y apropiación de la naturaleza.

Las nociones de desarrollo sustentable o sostenible adquieren su sentido dentro de formaciones discursivas organizadas por estrategias de poder, sea por la recodificación de la naturaleza (de los bienes y servicios ambientales) en términos económicos y valores de mercado, sea por la valorización cultural de la naturaleza. Las nociones de desarrollo, de biodiversidad, de territorio, de autonomía, emergen para configurar estrategias que movilizan acciones sociales, que legitiman derechos, que reinventan identidades asociadas con la reapropiación social de la naturaleza. Estas estrategias de poder en el campo del saber ambiental se despliegan en el diálogo de saberes entre intelectuales y grupos de base en la invención de discursos teóricos y políticos que se entretejen, se hibridan, se mimetizan y se confrontan en un diálogo entre las comunidades y la academia, entre la teoría y la praxis, entre el saber indígena y el conocimiento científico de la naturaleza.

La epifanía del rostro como ética que trasciende a la ontología del ser debe repensarse así como un encuentro entre seres y un diálogo de saberes en la perspectiva de una racionalidad ambiental, replanteando la relación sociedad-naturaleza, materia-cultura, real-simbólico. Pues junto con la ética de la otredad del tú y yo, de la ruptura con la mismidad que funda la metafísica y la ciencia aparece ese Otro –el ambiente– como externalidad del logos (de las ciencias objetivantes, de la realidad generada como reflexión del conocimiento sobre lo real). El saber ambiental emerge allí como lo absolutamente Otro de las ciencias cerradas en sus objetos de conocimiento. El Ambiente produce una significancia que trasciende toda posible trasmutación del Otro en lo Mismo, la absorción de los diferentes niveles de generatividad de la materia (del cosmos a la biosfera y a la noosfera) en un orden ecológico y un pensamiento holístico que reabsorbe sus diferencias en una nueva totalidad sistémica. El saber ambiental y el diálogo de saberes conducirían así a una "experiencia de lo totalmente exterior, tan contradictorio en los términos como una experiencia heterónoma" (Levinas, 2000: 53).

La máxima ética que se expresa en la epifanía del rostro en el mandamiento del "no matarás" trasciende en el orden de una racionalidad ambiental al respeto de la vida del prójimo para dejar ser a la vida y dar vida al ser. Ello implica el no matar la diversidad de formas de vida y formaciones culturales; dejar ser a la naturaleza y los significados culturales, la riqueza de seres y saberes. El diálogo de saberes desactiva así la violencia que se ejerce por la homogeneización forzada del mundo diverso, por la sumisión de voluntades y visiones diferenciadas a un discurso universal sobre la naturaleza y el "desarrollo sostenible", por la sujeción a un sistema (lógico, ecológico, económico) que desustantiva al ser para someterlo al poder de una lógica suprema (economización de la naturaleza, del hombre, de la cultura). El diálogo de saberes se inscribe en la desconstrucción del mundo globalizado atrapado en las formas de representación de la realidad que produce el logocentrismo y el pensamiento único. Pues como apunta Levinas,

La relación con las cosas, la dominación de las cosas, esta manera de estar sobre ellas, consiste precisamente en no abordarlas jamás desde su individualidad [que] sólo existe (y es) accesible a partir de la generalidad, a partir de lo universal, a partir de las ideas, a partir de la ley. Nos hacemos de la cosa a partir de su concepto. La violencia, que parece ser la aplicación de una fuerza a un ser, en realidad, niega al ser toda su individualidad, tomándolo como elemento de su cálculo y como caso particular de un concepto. Esta manera de la realidad sensible de ofrecerse a través de su generalidad, de tener un sentido no a partir de ella misma, sino a partir de relaciones que sostiene con todos los otros elementos de la representación [de un sistema] y en el seno de una representación que ya se ha apoderado del mundo, es lo que puede llamarse la forma de esta realidad (*Ibid.*: 2000: 86-87).

En esta denuncia de la violencia del concepto, de la teoría y el pensamiento sistémico, Levinas parece reivindicar los saberes subyugados bajo el peso del poder de un orden lógico supremo, de una ley universal, de los saberes institucionalizados, cuya mejor autopsia nos ha sido legada por Michel Foucault. Contra la violencia del sujetamiento a las relaciones sistémicas bajo el dominio de la racionalidad económica y la racionalidad instrumental, se levanta la voz de la otredad a través del diálogo de saberes. Es allí donde Levinas hace intervenir la *expresión* del rostro, que más que el reflejo de un pensamiento que anima al conocimiento del otro, convoca a un acto de interlocución en el que seres diferentes se subordinan uno al otro dentro de un diálogo de saberes donde se establece un campo de sentidos plurales que provienen de la diversidad del ser. En este diálogo adquieren expresión *seres culturales* constituidos por sus saberes, cuyos conflictos podrán resolverse en el consenso generado a través de una racionalidad comunicativa, pero que no disuelven sus diferencias en el conocimiento del otro o en un saber de fondo común:

Lo que es expresado no es un pensamiento que anima al otro [*autrui*] es también el otro [*autrui*] presente en ese pensamiento. La expresión torna presentes lo comunicado y el comunicante, ellos se confunden en ella. Pero eso no quiere decir tampoco que la expresión nos *brinda conocimiento del otro* [*autrui*]. La expresión nos habla de alguien, no es un dato sobre una coexistencia, no suscita, además del saber, una actitud; la expresión invita a hablar a alguien. La actitud más directa hacia un ser *Kath Autó* no es el conocimiento que podemos tener de él, sino precisamente el comercio social con él [...] El ser presente domina o penetra su propia aparición: él es interlocutor. Los seres que se presentan uno a otro, se subordinan uno al otro. Esta subordinación constituye el acontecimiento primero de una transición entre libertades y de un mandamiento [...] Un ser manda a otro, sin que eso sea simplemente en función de un todo que abraza, de un sistema, y sin que esto sea por tiranía (*Ibid.*: 88).

Al decir de Lenger (en su entrevista a Levinas), éste "muestra fenomenológicamente que el Decir del otro antecede al *Cogito* y que inaugura por vez primera cada sentido posible de cada pensamiento posible" (*Ibid.*:105). Esta relación ética desplaza la subjetividad trascendental hacia la exterioridad del ser, que es al mismo tiempo la exteriorización del conocimiento hacia el saber en relación con el ser y lo real y no sólo del yo en relación con el prójimo. El diálogo de saberes reenlaza así la ética, la ontología y la epistemología. Es el trenzado de lo real, lo simbólico y lo imaginario tensado por la otredad situada en la diversidad cultural.

Frente al proyecto totalizante del conocimiento objetivo y la fijación del conocimiento en el presente, de la historia basada en "hechos", de un futuro limitado a la extrapolación de las tendencias de la realidad, sin cambio, sin creatividad, sin posibilidad, el diálogo de saberes reestablece la relación entre el ser y el saber, abre el concepto genérico del ser (Heidegger) para pensar la diversidad del ser cultural dentro de una política de la diferencia y para la reapropiación del mundo arraigado en la reconstitución de las identidades culturales.

El diálogo de saberes pone en relación seres y saberes que no se subsumen ni retotalizan como simples variantes de lo Uno y lo Mismo. Son relaciones de otredad en cuanto a sus diferencias irreconciliables; pero que al mismo tiempo se dan en un "fondo" de Otredad, en un espacio y un tiempo que están fuera de la positividad del conocimiento, en la esfera de un saber ambiental como Otro del conocimiento, en esa trascendencia que no es la del "desarrollo" de aquello que está en la inmanencia del ser y en la potencia de lo real, sino en ese devenir hacia un futuro más allá del presente, en ese Infinito que está más allá de la trascendencia orgánica, fenomenológica o dialéctica. Es la condición existencial del existente –del ser simbólico–, lo que abre el mundo a un haz de diferenciaciones que, siendo ramas de una misma condición humana, configuran identidades que se viven, se encuentran y dialogan desde la relación de constitución del *ser-saber* que reconoce su alteridad fundamental, su diferencia radical, su irreconciliable otredad.

Es en este sentido que Levinas afirma que "la relación con el porvenir es la relación misma con otro" (Levinas, 1993: 117). El encuentro de saberes se produce más allá de la conciencia y del conocimiento, ya que,

La intencionalidad de la conciencia permite distinguir al yo de las cosas, pero no hace desaparecer el solipsismo [que como afirma Levinas no es un sofisma, sino la estructura misma de la razón], porque su elemento, la luz, nos hace dueños del mundo exterior, pero es incapaz de encontrarnos un interlocutor. La objetividad del saber racional no elimina en absoluto el carácter solitario de la razón (*Ibid.*: 105).

El diálogo de saberes no es pues lo que se pone en juego en la intersubjetividad de la racionalidad comunicativa para disolver las diferencias en un consenso. Si bien es cierto que las contradicciones entre interlocutores y actores sociales remiten al campo político de la "resolución de conflictos", donde se negocian intereses y se alcanzan acuerdos, esto no disuelve las diferencias entre seres culturales. Por ello el diálogo de saberes, más que una fusión o reconciliación entre opuestos, produce una *demasía* que se da en el encuentro con los demás. Lo que abre la historia hacia el porvenir de un futuro sustentable en el diálogo de saberes no es sólo lo incognoscible, lo irrepresentable de eventos que aún no afloran a la realidad y al pensamiento, sino también esa relación del saber con lo real y la existencia que, sin dejar de tener referentes en la realidad, está en un espacio de externalidad del conocimiento y de la objetividad del presente.

El futuro sustentable no es el devenir de una conciencia colectiva, la comunión de una colectividad de un consenso común de toda la humanidad frente a la crisis ambiental. La construcción social de la sustentabilidad se da en otra dimensión de lo posible y de la creatividad que pudieran provenir desde la conciencia del sujeto. Pone en juego aquello que emerge de relaciones de otredad. No es tan sólo la relación que surge del encuentro de individuos que se comunican desde su yo mismo; también enfrenta y concilia identidades colectivas que se presentan ante un yo privado. Esos "comunes" no se disuelven en lo que tiene de común la humanidad, en la generalidad de lo humano, en una conciencia de especie. Junto con la individualidad del yo, el hecho humano se organiza en formaciones culturales diferenciadas, en colectividades de seres con identidades propias que se reconfiguran y actualizan en una relación con el saber, de estrategias de poder en el saber, que se definen en relación con la naturaleza, con los otros culturales y con ese Otro que es la racionalidad modernizadora.

La otredad que conforma el campo de fuerzas donde se produce el diálogo de saberes está más allá de la positividad del conocimiento que fija la realidad en un presente; de un principio hologramático y un pensamiento holístico, donde la parte está en un todo y el todo en cada parte en una totalidad de interrelaciones sin otredades. Las relaciones de otredad no son una dialéctica donde el contrario fuera internalizable como un *alter ego* dentro de un sistema; no es una alteridad asimilable en un movimiento predecible o en una argumentación predicable, en el contenido en una estructura, en un desdoblamiento del ser, o en la producción de una novedad, en la emergencia de una conciencia de sí a partir de un fundamento ecológico del ser.

El saber ambiental no se justifica por la certeza de sus postulados y su correspondencia con la realidad. Su sentido más fuerte es el que establece con la utopía, como pensamiento que moviliza la construcción de otros mundos posibles y nuevas realidades sociales, abriendo el cerco del *conocimiento consabido*. El saber ambiental no sólo se manifiesta en el modo propositivo y argumentativo del discurso en el campo conflictivo de los sentidos de la sustentabilidad. También se encarna en los imaginarios colectivos, las cosmovisiones y formaciones simbólicas que se plasman en los saberes, técnicas y prácticas que configuran estilos e identidades culturales y en las formas de organización socio-cultural-productiva de apropiación de la naturaleza.

El diálogo de saberes en la construcción de un futuro sustentable no produce pues la síntesis e integración de las ciencias y los saberes existentes: enlaza palabras, significaciones, razones, prácticas, propósitos, que en sus sintonías y disonancias, sus acuerdos y disensos, van formando un nuevo tejido discursivo y social. El diálogo de saberes se manifiesta en la disputa de sentidos de la sustentabilidad y se expresa por intereses contrapuestos en torno a la apropiación de la naturaleza. Pero el conflicto social generado por la externalización (exterminio) de la naturaleza no se reabsorbe en una retotalización del saber. El conflicto ambiental no es resoluble (reintegrable en lo Uno y lo Mismo) por medio del conocimiento objetivo de la ciencia ni por la reintegración interdisciplinaria del saber, desplazando la problemática de una gestión científica de la sustentabilidad hacia el campo (abierto) de un conflicto por la reapropiación social de la naturaleza. Es allí donde la interdisciplinariedad se desplaza hacia el diálogo de saberes.

El diálogo de saberes articula palabras en discursos que son algo más y otra cosa que postulados de una axiomática, de una racionalidad instaurada en una realidad, para dar coherencia y consistencia a aquello que hoy empieza a manifestarse en el encuentro y enlazamiento de discursividades, de pensamientos, de hablas y de acciones que plantea la relación entre el ser y el saber. Se trata del campo de una *política de la diferencia* que pone en movimiento una relación del ser y lo real, con lo Otro y con el Infinito. El saber ambiental es el espacio de disidencia del conocimiento centrado, de la epistemología apoltronada en su trono unitario y en su reino universal. El saber ambiental combate todo totalitarismo del conocimiento: su propósito holista, sistémico, transparente; su objetivo cosificador y su afán de controlar y dominar el mundo. El saber ambiental no aspira a la totalidad, sino al infinito; enfrenta así al logocentrismo de las ciencias y a los regímenes de poder que discriminan a los saberes no científicos.

Frente a una epistemología que busca empuñar la palabra para designar a los objetos de la realidad, en el diálogo de saberes el habla es empeñada en un sentido dialógico frente a otro, en una construcción de la realidad fundada no en el crecimiento del conocimiento que avanza en su adecuación a un objeto preexistente, sino en la construcción de una realidad posible fundada en una ética de la otredad. Levinas recupera así el sentido originario de la palabra:

La función original de la palabra no consiste en designar un objeto para entrar en comunicación con otro, en un juego que carece de mayores consecuencias; sino en asumir respecto de alguien una responsabilidad ante alguien. Hablar es empeñar intereses humanos. La responsabilidad sería la esencia del lenguaje [...] reconocer la prioridad de lo objetivo no excluye que las personas desempeñen un papel: no hay corazón sin razón, y no hay razón sin corazón (Levinas,1996: 40, 50).

El saber no es el conocimiento que lleva a la objetivación del ser, la fijación de lo real en la realidad, del control y manipulación de la naturaleza y de la sociedad, sino aquél que surge de la exigencia de enfrentar la violencia del no saber. Por ello puede definirse la filosofía como "una subordinación de todo acto al saber que cabe poseer sobre ese acto, siendo el saber, justamente, la exigencia despiadada de no pasar al lado de nada, de superar la congénita estrechez del acto puro y poner así remedio a su peligrosa generosidad" (*Ibid.*: 64).

El diálogo de saberes se produce en un nuevo espacio de relaciones que desborda al campo comunicacional establecido por reglas de racionalidad. Es un encuentro entre seres diferenciados a través de discusividades cuyos sentidos trascienden a las relaciones entre las cosas del mundo marcadas por signos que, desde una densidad histórica de significados asignados a la realidad, han sido postuladas, codificadas y afirmadas en las expresiones del lenguaje y en sus estrategias argumentativas sobre un "estado de cosas". El diálogo de saberes está más allá de la positividad del lenguaje que afirma al ser y al pensamiento, que se hace presente en toda enunciación y predicación. El diálogo de saberes convoca también al encuentro a esas sombras de la nada que acompañan a la creatividad que surge de toda denominación de las cosas del mundo y a la emergencia de lo nuevo que emana del encuentro de saberes: lo irrepresentable, lo inefable, lo insólito, lo inédito; lo que pone en predicamento a todo predicamento que busca instaurar su realidad y fijar su presencia como presente intemporal. El ser-saber dialoga con lo que aún no es y con lo que nunca adviene al ser, pero que moviliza el surgimiento del pensamiento y la insurgencia de la acción. Saber ante otro, ante lo otro, es deseo de ser; es pensar más allá de lo que se piensa:

El Deseo es arder en un fuego diferente de la necesidad que la saciedad extingue, pensar más allá de lo que se piensa. A causa de ese aumento inasimilable, a causa de ese más allá, hemos llamado Idea del Infinito a la relación que vincula al Yo con el Otro. La idea del infinito es Deseo. Consiste, paradójicamente, en pensar más allá de lo que es pensado, conservándolo sin embargo en su desmesura en relación con el pensamiento, en entrar en relación con lo inasible. El infinito no es entonces el correlato de la idea del infinito, como si la idea fuera una intencionalidad que se realizara en su objeto [...] Hablar es antes que nada este modo de venir desde atrás de la propia apariencia, desde atrás de su forma, una apertura en la apertura (Levinas, 2000: 63-64, 60).

La relación de otredad abre un devenir y un porvenir que no provienen de una trascendencia dialéctica, de una determinación genética, de una realización de lo real, de una productividad del ser. Es una eventualidad que viene del encuentro del ser y del saber con lo impensado. El diálogo de saberes se inscribe en una política de la diferencia que trasciende a todo ecologismo que, está a la espera de la emergencia de una conciencia ecológica prefigurada en el seno de las relaciones ecosistémicas que soportan la vida del planeta. Es esta política de la diferencia la que impide una reabsorción de los diversos seres, saberes e identidades en lo Mismo, en lo Uno, sea ésta la unidad de las relaciones que postula la ecología generalizada, la unidad dialéctica de los contrarios, la unidad de la ciencia, el pensamiento único o el cerco hegemónico de la ley del mercado.

El diálogo de saberes no es un diálogo intersubjetivo en la búsqueda de un consenso a través de una racionalidad comunicativa. El diálogo de saberes convoca y se inserta en una política de la interculturalidad, que se plantea en el campo estratégico del posicionamiento de actores sociales ante la reapropiación social de la naturaleza y la construcción de un futuro sustentable. Ese futuro *más allá del conocimiento* no es tan sólo obra de la fecundidad del Yo, de un yo que abierto al Otro trasciende el cerco de lo Mismo, del pensamiento único, del cierre de la historia por un logos centralizador y un mercado globalizador. El diálogo de saberes se despliega desde identidades propias que, sin recurso a una esencia, se "reconfiguran" inventando nuevos territorios del ser, que se demarcan del Gran Otro de la globalización económica que impone su *razón de fuerza mayor*, para hablar desde nuevos lugares del ser. Desde el arraigo del ser cultural en identidades y sus territorios se generan saberes ambientales que se encuentran y dialogan en un intercambio de experiencias, resolviendo los conflictos generados por intereses contrapuestos, hibridando las ciencias con los saberes y prácticas tradicionales. No es sin embargo obvio el proceso mediante el cual se establece el diálogo de saberes, se fertilizan culturas diversas y se construyen solidaridades –ni unificación, ni integración, ni consenso– entre sus diferencias.[5]

El diálogo de saberes como tensión y solidaridad entre seres culturales que dialogan desde sus diferencias no siempre integrables ni "traducibles", se plantea como condición de la democracia en el campo de la sustentabilidad; lo que desborda el propósito de una

---

[5] En este terreno, Boaventura de Sousa Santos ha postulado la "necesidad de una teoría de la *traducción* como parte de la teoría crítica postmoderna. Es por vía de la traducción y de una hermenéutica diatópica que una necesidad, una aspiración, una práctica en una cultura dada puede hacerse comprensible e inteligible para otra cultura. El conocimiento-emancipación no aspira a una gran teoría, sino a una teoría de traducción que sirva de soporte epistemológico a las prácticas emancipatorias, todas ellas finitas e incompletas y, por eso, solamente sustentables cuando están ligadas en red (Santos, 2000).

gestión del desarrollo sustentable basado en el conocimiento de la ciencia o el conocimiento experto, para incluir las visiones, saberes e intereses culturales que participan, fuera de la ciencia, en los procesos sociales de reapropiación de la naturaleza. En este sentido, el futuro sustentable no podría asegurarse mediante una racionalidad cognoscitivo-instrumental. Más bien pone en juego una multiplicidad de racionalidades e intereses, cuya resultante será un mundo más democrático, diverso, justo, creativo y sustentable, donde nada está asegurado de antemano.

Mas si la sustentabilidad está "más allá" de un proceso conducido por el control de la razón (científica, interdisciplinaria), el diálogo de saberes abre caminos para transitar de un mundo objetivado hacia la resignificción del mundo que subvierte y trasciende a una comunión de valores y una lógica que orientaría el proceso de desarrollo hacia un "futuro común" (la internalización de una conciencia ecológica y de un valor de la supervivencia de la vida), y a la negociación de intereses bajo la lógica del mercado. La sustentabilidad convoca a una palabra nueva para reconducir la historia, una palabra que emerge de la relación con el otro, que procede de una diferencia absoluta:

Esta relación entre el Otro y yo, que brilla en su expresión, no termina ni en el número ni en el concepto. El Otro permanece infinitamente trascendente, infinitamente extranjero, pero su rostro, en el que se produce su epifanía y que me llama, rompe con el mundo que puede sernos común y cuyas virtualidades se inscriben en nuestra *naturaleza* y que desarrollamos también por nuestra existencia. Pero la palabra procede de la diferencia absoluta. O, más exactamente, una diferencia absoluta no se produce en un proceso de especificación en el que, descendiendo de género a especie, el orden de las relaciones lógicas choca contra el dato que reduce a relaciones: la diferencia así encontrada permanece solidaria a la jerarquía lógica en la que resulta y aparece sobre el fondo del género común. La diferencia absoluta, inconcebible en términos de lógica formal, sólo se instaura por el lenguaje. El lenguaje lleva a cabo una relación entre los términos que rompen la unidad de un género. Los términos, los interlocutores, se absuelven de la relación o siguen siendo absolutos en la relación. El lenguaje se define tal vez como el poder mismo de romper la continuidad del ser o de la historia [...] El *discurso* pone en relación con aquello que sigue siendo esencialmente trascendente [...] En el Discurso, la diferencia que se acusa inevitablemente entre el Otro como mi tema y el Otro como mi interlocutor, eximido del tema que por un instante parecía poseerlo, pone pronto en tela de juicio el sentido que doy a mi interlocutor. Por ello,

la estructura formal del lenguaje anuncia la inviolabilidad ética del Otro [...]
El hecho de que el rostro mantiene por el discurso una relación conmigo, no
lo alinea en el Mismo. Permanece absoluto en la relación. La dialéctica solip-
sista de la conciencia siempre sospechosa de su cautividad en el Mismo, se in-
terrumpe. La relación ética que sostiene el discurso, no es, en efecto, una variedad de la conciencia cuyo radio parte del Yo. Cuestiona el yo. Este cuestionamiento parte del otro (Levinas, 1977/1997: 208-209).

La palabra nueva no encuentra el campo labrado, ni libres las vías
de acceso; no sólo por las cargas denotativas del lenguaje que arrastra la realidad presente, sino sobre todo por las estrategias de poder
en el saber, que obstaculizan las posibilidades de la sustentabilidad
convirtiéndolas en una retórica del desarrollo sostenible, en la afirmación de un presente insustentable. El diálogo de saberes abre así
una vía de la comprensión del mundo haciéndose y transformándo-
se en su diversidad, más allá de un conocimiento holístico de la
realidad a partir de saberes objetivos sobre procesos cosificados, realizados. El conocimiento margina al sujeto y al sentido; el entendimiento comprende las relaciones entre procesos en el encuentro de
las formas diferenciadas de significación del otro, de los otros. El diálogo de saberes se ofrece como un proceso de comunicación de saberes, de intercambio de experiencias y complementación de conocimientos. Mas no es una metodología para establecer una comunidad de aprendizaje, así como el pensamiento de la complejidad no
es un método para la interdisciplinariedad de las ciencias. El diálogo de saberes no sólo establece un espacio de sinergias y complementariedades entre los saberes existentes sobre el mundo actual y
la realidad presente, sino que apunta a la producción (más que la generatividad óntico-epistémica-científica-tecnológica) de nuevas formas de comprensión del mundo que emergen del intercambio dialógico de saberes y de la disputa de sentidos de la sustentabilidad en
la reapropiación social de la naturaleza y de la cultura.

RACIONALIDAD AMBIENTAL Y FUTURO SUSTENTABLE:
OTREDAD, SIGNIFICANCIA Y SENTIDO

El conocimiento sólo conoce objetos, aun los objetos del conocimiento. Conoce objetivando el mundo. Cuanto más lo aprehende,

más se desborda sobre lo incognoscible, sobre lo impensable. El saber ambiental se despliega en la externalidad de ese centro, de esa objetividad. El no saber del conocimiento alza su vuelo como águila sobre un abismo, flotando sobre el vacío del pensamiento para detener la caída del ser en la nada. El saber ambiental no aspira a la retotalización del mundo y a la complementariedad del conocimiento por la vía del diálogo de saberes. El saber ambiental se construye como recuperación del ser, apertura del mundo hacia lo posible, liberación del cerco del conocimiento y la jaula de la racionalidad. Es el soplo de vida que renace de la pulverización del conocimiento objetivo, en los intersticios que se abren de sus fracturas y en la diferencia del ser; polvo terrenal que se hace suelo fertilizando una nueva racionalidad, otra manera de pensar el mundo, de vivir en la tierra.

En la categoría de *racionalidad ambiental*, lo sustantivo es el concepto de ambiente. El ambiente es el saber que emerge en el espacio de externalidad del logocentrismo de las ciencias modernas. La crisis ambiental es generada por el desconocimiento de lo real –la exclusión de la naturaleza, la marginación de la cultura, el exterminio del otro, la anulación de la diferencia–, por la unidad, sistemicidad y homologación de las ciencias. La problemática ambiental es el efecto que produce la racionalidad formal, instrumental y económica como formas de conocimiento y en su voluntad de dominación, control, eficacia y economización del mundo. Mas el ambiente no es el campo de exterminio de la razón, espacio de exclusividad de lo inconsciente y lo irracional, delirio de una ética divorciada del juicio racional. La cuestión ambiental inaugura una nueva racionalidad; es racional porque *es pensable* (incluyendo el orden de lo no pensado y de lo por pensar); moviliza saberes y acciones sociales para la construcción de sociedades sustentables.

La racionalidad ambiental no es una "ecologización" del pensamiento ni un conjunto de normas e instrumentos para el control de la naturaleza y la sociedad, para una eficaz administración del ambiente. La racionalidad ambiental es una teoría que orienta una praxis a partir de la subversión de los principios que han ordenado y legitimado la racionalidad teórica e instrumental de la modernidad. Es una racionalidad –en sentido weberiano– que articula una racionalidad teórica e instrumental con una racionalidad sustantiva; es una racionalidad que integra el pensamiento, los valores y la acción; es una racionalidad abierta a la diferencia, a la diversidad y pluralidad de racionalidades que definen y dan su especificidad e identidad a la relación de lo material y lo simbólico, de la cultura y la naturaleza. La racionalidad ambiental es una razón desconstructora de la racionalidad de la modernidad; es una racionalidad abierta a lo impensable dentro de los códigos de la razón establecida. Es una razón crítica de la racionalidad dominadora –encerrada en sí misma y cegada a la otredad–, para pensar la diferencia y lo que aún no es; es una categoría para construir un real que haga posible la realización de esos fines a los que apuntan esas desgastadas palabras (equidad, democracia, diversidad, sustentabilidad), para devolverles su sentido y su potencialidad.[6]

La apertura al futuro no es un mero reinicio de la génesis del mundo movilizada por la autoorganización de la materia y por las infinitas posibilidades de traer el mundo al ser por la asignación de significados a la realidad mediante la función creadora del signo. El futuro sustentable es una construcción social que emerge de la tensión productiva del encuentro de seres y el diálogo de saberes, que cuestiona el imperio de una racionalidad cosificadora y objetivadora, la mercantilización de la naturaleza y la economización del mundo. La racionalidad ambiental renueva la potencia de la palabra para significar la hiperrealidad que ha generado la racionalidad instrumental y las formas de conocimiento del mundo. El futuro sustentable se debate entre la automatización de procesos en los que se aceleran las intercomunicaciones y la sinapsis de conexiones electrónicas generadoras de realidades virtuales, y la posibilidad de que la historia se reoriente por la vía de la recreación y multiplicación de sentidos –de una vida sentida y con sentido– que supere el vertiginoso vértigo de la expulsión hacia la nada del ser por el automatismo autorreflexivo del cálculo y la aceleración de colisiones de objetos fuera de todo significado que rebasan las posibilidades de recuperación del sentido mediante la comunicación de comunidades interactivas guiadas por intereses, ideologías y pasiones comunes.

Allí donde el habla se agota en su capacidad de generar comunión y sentido es donde la racionalidad ambiental aparece como una razón que orienta la sustentabilidad y una ética por la vida fundada en el sentido de la existencia (cultura) y su relación con lo real (naturaleza); donde el sentido aún pueda ser encarnado en un ser-ahí, arraigado y territorializado en la tierra firme de lo real: una racionalidad capaz de contrarrestar la proyección hacia el vacío de la realización y

---

[6] Ver cap. 5, *supra*.

racionalización, objetivación y fragmentación del mundo conducido por las leyes ciegas del mercado –de un mercado libre de ideas–, donde la palabra y el concepto dejan de "tocar" al mundo, de producir significaciones, disolviéndose en la transparencia de una realidad en la cual ya no hay creación posible.

El punto crucial del futuro sustentable está entre la operatividad de un proceso de generatividad y autoorganización de la materia y el conocimiento (de los mecanismos de la mutación genética y la evolución biológica a los de la innovación tecnológica y la comunicación electrónica en la hiperrealidad virtual), y un devenir como creatividad y *poiesis*, un llegar a ser del Ser (Heidegger) a través de la palabra y el pensamiento, del sentido y la significancia, de la creatividad de la relación de lo real y lo simbólico.

El diálogo de saberes es el proceso que libera al mundo de la fijación de la realidad en la generalidad de lo uno –en la globalización de ley universal del mercado–, para abrir el horizonte de un más allá; de un porvenir cuyo motor no es la generatividad de la *physis*, sino un campo de posibilidad que se funda en la potencialidad de lo real movilizado por el deseo de ser y la significancia del mundo. La racionalidad ambiental está más allá de la ontología pero no es puro imaginario. El porvenir está iluminado por la responsabilidad hacia el otro que se expresa en la epifanía del rostro y que se vuelve acción a través del diálogo en un fondo de intereses contrapuestos por la apropiación del mundo. En ese contexto, la responsabilidad como habilidad para responder al otro se convierte en el principio para un diálogo de saberes:

la activación de la responsabilidad (decisión, acto, *praxis*) siempre tendrá lugar antes y más allá de cualquier determinación teórica o temática [...] Disidencia, diferencia, herejía, resistencia, secreto –tantas experiencias que son paradójicas en el sentido fuerte que Kierkegaard le da a la palabra. De hecho se reduce a vincular el secreto a una responsabilidad que consiste [...] en *responder*, es decir, en contestar al otro, ante el otro y ante la ley (Derrida, 1996: 26).

El diálogo de saberes es una relación que, más allá de comprender las relaciones ontológicas del mundo, compromete una responsabilidad con el otro; pero no es una pura relación ética, pues la ética que asume la responsabilidad con el otro no destraba la fijación del espíritu totalitario de la realidad globalizada en el conocimiento del mundo. El diálogo de saberes se inscribe dentro de una política de la diferencia que moviliza a actores sociales constituidos por saberes que se enfrentan en procesos de apropiación de la naturaleza. Aquí el saber se ubica en otro lugar que el conocimiento que intenta correlacionar el concepto con la realidad. El saber que constituye al ser es un saber fáctico pero al mismo tiempo es una constelación de sentidos que organizan prácticas culturales y productivas. Es un saber que no renuncia a la razón, pero que la irriga con sensibilidades, sentimientos y sentidos. El diálogo de saberes fertiliza la diversidad cultural; no es sólo confluencia, consenso y síntesis de pensamientos y conocimientos, sino una serie sin fin de relaciones de otredad entre seres diferenciados, sin síntesis dialéctica, donde las hibridaciones y confrontaciones de saberes generan nuevos potenciales para afianzar identidades singulares y heterónomas que, en un proceso inverso a la homogeneidad y a la generalidad de la idea universal, fortalece cada autonomía en las sinergias de encuentros con lo otro y lo diferente.[7]

El diálogo de saberes no es un mero intercambio simbólico. La significancia del lenguaje destraba la fijación de significados establecidos entre las palabras y las cosas. El diálogo de saberes reabre el diálogo entre lo material y lo simbólico, entre cultura y naturaleza. El diálogo de saberes renace de la expulsión del lenguaje del paraíso de la unidad, después de Babel, dejando que las lenguas se enlacen como lianas con una naturaleza que despliega las ramas de la vida en la exuberante biodiversidad del planeta y la riqueza cultural de la humanidad. Es la dispersión que surge de esa explosión originaria del ser y de la identidad en la que la primera palabra del mono gramático toca a la semilla semántica donde se enlazan los signos de la palabra con los signos de la naturaleza en el erotismo infinito de la relación entre lo real y lo simbólico:

Hanuman: mono/grama del lenguaje, de su dinamismo y de su incesante producción de invenciones fonéticas y semánticas. Ideograma del poeta, señor/servidor de la metamorfosis universal: simio imitador, artista de las repeticiones, es el animal aristotélico que copia del natural pero asimismo es la semilla semántica, la semilla-bomba enterrada en el subsuelo verbal y que

---

[7] "Todos los humanos poseen un marco cognoscitivo, pero los diferentes humanos poseen marcos diferentes. Los diálogos y contactos entre humanos son, por lo tanto, procesos de constante (y de hecho, infinita) traducción: entre lenguajes y entre marcos cognoscitivos" (Bauman, 2001: 128, cit. en Floriani, 2004: 46).

nunca se convertirá en la planta que espera su sembrador, sino en la otra, siempre otra. Los frutos sexuales y las flores carnívoras de la alteridad brotan del tallo único de la identidad (Paz, 1974: 111).

Esta creatividad de la historia fundada en el encuentro con la otredad, la recreación del mundo y la construcción de un futuro, hoy aparece como una quimera más que como una utopía, cuando el terror en la era de la globalización impone la desconfianza hacia el otro, cuando la sociedad homogeneizada en sus formas de ser y pensar ve en su semejante el reflejo fantasmagórico de uno mismo que le reafirma su identidad aterrorizada, vaciada de significado y de sentido (Heine: *Der Doppelgänger*).

Y sin embargo, sólo la relación con lo otro abre la vía para salir de la mismidad ensimismada del yo que se afirma en la presencia y en la empiricidad de la realidad. La otredad es la condición del ser –del ser allí fuera del yo–, pues como especula Paul Auster, "Ser está siempre afuera, nunca dentro del yo mismo" (1990: 132). Haciendo resonar el llamado del inconsciente freudiano: *"wo Es war soll Ich werden"* y la poética de Baudelaire: *"il me semble que je serais toujours bien là où je ne suis pas"*, Auster afirma: *"wherever I am not is the place where I am myself"*. Este enunciado vendría a problematizar las propuestas heideggeriana y lévinasiana; la primera por pensar el ser como anclaje y fundamento de toda ontología; la otra por pensar todo encuentro con la otredad desde la ipseidad del yo como el lugar desde donde la mismidad puede mirar al otro, migrar hacia lo otro. El ser afuera del yo mismo *(self)*, significa que el ser no se constituye en la afirmación del yo ni desde las determinaciones que le vienen del inconsciente, sino desde una exterioridad del yo mismo, en relación con lo otro. Decir que soy en el lugar en el que no estoy, significa que no soy allí, sino en un lugar allá, afuera en el mundo, fuera de mi mundo. Mi ser no se constituye en una relación interna, sino en una relación con una otredad que no es la del otro inconsciente o de la condición existencial del ser para la muerte, sino de la externalidad del yo y del ser. Salir al encuentro con lo otro es desandar el camino para llegar a ese lugar donde aún no soy, donde no estoy, del cual aún no hay un saber; lugar donde el saber encarna en el ser; donde el saber se siente y se hace sentido, siguiendo el sendero señalado por Eliot:

Para llegar a donde estás, para ir desde donde no estás,
Debes ir por un camino en el que no hay éxtasis.
Para llegar a lo que no sabes
Debes tomar el camino que es el camino de la ignorancia.
Para poseer lo que no posees,
Debes ir por el camino de la desposesión.
Para llegar a lo que no eres
Debes ir a través del camino en el cual no eres.
Y lo que no sabes es lo único que sabes
Y lo que tienes es lo que no tienes
Y donde estás es donde no estás.

Eliot, *Four quartets*

El ser se desborda hacia lo otro antes de poder totalizarse en su interioridad. Steiner nos previene sobre cualquier salida fácil hacia la exterioridad del "ser con", ya sea en una relación ética o en los entramados del lenguaje:

Ser nos sobrepasa con su coerción ciega y dispendiosa. Siempre está "en exceso". Somos llevados ante ello hacia nuestra extinción personal [...] Levinas en su diálogo continuo con la celebración del ser de Heidegger, argumenta que sólo el altruismo, sólo la resolución de vivir para los otros, puede validar y hacer aceptable el terror de la existencia. Debemos trascender el ser para "ser con". Una noble doctrina, pero también una evasión. Ningún motivo de sacrificio, ninguna lucha por reparar, va al corazón de la cuestión (Steiner, 2001b: 40).

El diálogo de saberes fertiliza la existencia humana en el encuentro de seres diferenciados. Su potencial no está en la generación de un consenso de visiones y perspectivas alternas, de la negociación de intereses encontrados, de una síntesis dialéctica o una ética de la responsabilidad y la otredad. El diálogo de saberes es una comunicación entre seres constituidos y diferenciados por sus saberes; en la forja del ser-ahí en el saber que se plasma en el ser cultural que diferencia al ser genérico –ser para la muerte–, en una pléyade de seres culturales constituidos por identidades propias, que acarrean una huella de su origen pero al mismo tiempo lo reinventan al diferenciarse (resistir y desistir) de la identidad global y el pensamiento único. Ese encuentro entre seres en el diálogo de saberes prende la chispa de la creatividad humana, donde la diversidad cultural se vuelve innovación discursiva, hibridación de racionalidades y sentidos que se despliega ramificando procesos que enlazan diversas vías de significancia entre lo simbólico y lo real, entre el pensamiento y la acción; donde las ramas del saber se sueltan del tronco del conocimiento para convertirse en nuevas raíces y fertilizar nuevos territorios del ser, del saber: producción infinita de sentidos que, entre filiaciones y otredades, abona el suelo de la existencia humana.

El diálogo de saberes trasciende así el solipsismo del sujeto y de la razón individual y la ipseidad del yo en su relación con el otro. Es sobre todo el encuentro de identidades colectivas fundadas en autonomías culturales, desde donde se despliega un diálogo intercultural. Es en este sentido y en este contexto que están emergiendo proyectos, estudios y movimientos sociales en los cuales la autonomía cultural aparece como condición del desarrollo sostenible y una sociedad fundada en la convivencia de sujetos autonómicos basados en sus diversidades culturales y en una política de la diferencia.[8]

El diálogo de saberes no se da en una multirreferencialidad con la complejidad de lo real desde un saber de fondo. Por el contrario, el diálogo de saberes produce un saber sin fondo, abierto al infinito por la interacción del ser y el saber con el mundo, donde la relación de lo real con lo simbólico trasciende al significado de la palabra y la cosa y desborda la relación de significación entre el concepto y la realidad. El diálogo de saberes en la diversidad cultural y en el contexto de una política de la diferencia no se da en un saber de fondo porque la comunicación es un intercambio de sentidos, no siempre y no en todo convergentes, entre interlocutores con lenguajes, significancias, intenciones e intereses diferentes; sentidos anclados en un yo (individual) y un nosotros (colectivo) que no se funden en un todos, salvo por la condición común de todos los hombres como mortales, que afirma el silogismo y confirma la experiencia.

No hay saber de fondo en una acción comunicativa que implica un diálogo entre desiguales y diferentes, porque toda comunicación busca un entendimiento y entender es siempre traducir (Steiner, 2001a). Toda palabra pronunciada, todo mensaje emitido, todo sentido compartido, pone en movimiento un desciframiento y comprensión desde el lugar de otro, que no disuelve su diferencia en un entendimiento común; lo que disolvería la significancia misma del lenguaje y del

[8] Ver cap. 9, *infra*.

ser en el que anida en un significado fijado entre signo y referente. Como un juego intergaláctico, el diálogo de saberes es el encuentro entre soles que se iluminan, chocan y se dispersan desde diferentes trayectorias, cambiando luces y colores, transformando la materia por un fuego que no consume la autonomía de los astros que en su inter-acción funden sus cuerpos celestiales para generar nuevas estrellas que deambulan desorbitadas en la entropía del firmamento que no está sellado por la palabra divina ni por la ley universal. Espacio exte-rior en espera de la palabra humana.

La relación entre las palabras y las cosas, entre el concepto y lo real, no alcanza a completar un mundo, ni siquiera entre los hablan-tes de una misma lengua y en el seno de una cultura. Siempre hay al-go de lo real que se anuncia en el lenguaje, aunque no siempre se enuncia por la palabra. La realidad se produce por el lenguaje. Hay un *algo* que se genera por la significancia del lenguaje –que no es ni la designación de la realidad ya dada por la palabra ni un efecto de conocimiento– que en tanto no adviene a la presencia, es invisible, impensable e inefable. Ese *algo por venir* que nace de la relación de sig-nificancia entre lo real y lo simbólico es activado por el diálogo de sa-beres.

El diálogo de saberes abre los sentidos que se cierran y se agotan en la designación del mundo por la palabra, donde la existencia que-da consignada en un designio, en una deuda-significado-culpa del ser con la realidad forjada por el signo y el código, ante la cual el sujeto resignado, sometido al poder de la palabra que fija lo real en una rea-lidad, deja de aletear y sobrevolar el mundo en búsqueda de nuevos significados. El diálogo de saberes emancipa el poder de la palabra desde la tensión de otros lenguajes y otras miradas; desde la otredad del ser y del saber. Tensión de seres-saberes que está más allá de la dia-lógica y la dialéctica de sentidos preestablecidos; que enfrenta a seres constituidos por saberes encarnados en sentimientos, sensualidades y sentidos que no se colman y saturan en la totalidad de lo ya sido, lo ya pensado, lo ya asignado por la palabra. Estos seres-saberes se car-gan de energía, generan sinergias en su apertura y tensión con la otredad, con el Otro, con lo otro, con la nada y con el no saber; con la diferencia y diversidad de lo existente; con el advenimiento de la existencia en su relación con lo sido, con lo conocido, y con el porve-nir; con lo por pensar y con lo que aún no es. Este diálogo prepara el campo para una fertilización infinita de sentidos por la palabra, da lu-gar a la palabra nueva, pues

La fruta de la pasada estación fue comida
Y la bestia bien alimentada pateará el plato vacío
Pues las palabras del año pasado pertenecen al lenguaje del
año pasado
Y las palabras del año siguiente esperan una nueva voz.

Eliot, *Four quartets*

El futuro sustentable será el fruto de ese tiempo nuevo, donde la palabra pueda bañar con su frescura al ser secuestrado y a lo real paralizado por la palabra envejecida, por el arma teórica que ha conquistado al ser y lo ha encarcelado en su realidad. Pues desde la metafísica, el pensamiento ha cosificado al mundo, encerrándolo en sus conceptos y categorías (ser, naturaleza, ente, cosa, idea, mente, cuerpo). En todo este revuelo de palabras lanzadas al viento desde la antigua Babel, la significancia del mundo se reactiva desde la potencia del habla en el movimiento del diálogo de saberes (todo lo contrario al extraviado deseo de construir diccionarios y glosarios que fijen el sentido de los conceptos para lograr un consenso y una comprensión de la complejidad ambiental sobre un fondo común de saber). La racionalidad no se somete a una lógica del lenguaje pues la palabra es como el amor gitano: *un enfant de Bohème qui n'a jamais connu de loi.*

Es así como la ética se reencuentra con la ontología y con la gnoseología en la relación de lo real, lo imaginario y lo simbólico, en el acto de pensar y de sentir, de ser en el mundo y de construir un mundo desde un ser diverso arraigado en su cultura, en sus formas de significar sus mundos de vida, desde una ética de la otredad y una política de la diferencia. La racionalidad ambiental en la que se inscribe el diálogo de saberes conduce hacia un nuevo concepto de lo social –de las relaciones sociales, del tejido social–, donde se inscriben los procesos de sociabilidad del ser y del saber. Contra la idea de que la sociabilidad provendría de la autonomía del sujeto y su capacidad como hablante, Vigotsky comprendió que "todas las funciones psíquicas superiores surgen de una colaboración social [que] el lenguaje interior surge de la diferenciación de la función originariamente social del lenguaje [de] la progresiva individualización que se produce sobre la base de su esencia social" (Marina, 1998: 86).

La constitución originaria del yo mismo provendría de su esencia social. La otredad encontraría su fundamento en "lo humano" sobre la base de su "ser social". La lengua y la facultad del lenguaje no son propiedades individuales, sino que surgen de la sociabilidad originaria del ser humano. Lo que "supone admitir que la mente 'individual' es en realidad social, en su génesis y su funcionamiento. El lenguaje interior se origina por la introyección del habla comunicativa, y de ella retiene sus propiedades. Los signos, en su carácter externo, son instrumentos objetivos de la relación con otros. Al volverse interiores se convierten en instrumentos internos y subjetivos de la relación con uno mismo" (*Ibid*.: 87).

Lo anterior abre la pregunta sobre esa "esencia social", una sociabilidad originaria del ser humano anterior al lenguaje y al habla comunicativa, donde emerge y se configura el yo mismo que sale al encuentro con el otro. Mas, ¿qué relaciones constituyen lo social, si es que este tejido no está hecho primordialmente de lenguaje? ¿Dónde encontramos la esencia social cuando ésta se fuga de las relaciones de producción, de la significación de la lengua, y del orden de la cultura? Tal vez habrá que rastrearla en el orden del poder, de las estrategias de poder en el saber y su encarnación en el ser.

No podemos hoy concebir la generatividad de lo humano y lo social en términos del paradigma del progreso fundado en el desarrollo de las fuerzas productivas, de esa razón dialéctica puesta al servicio de un materialismo histórico fundado en su base económica. No sólo por el fracaso histórico del socialismo real, sino porque la crisis ambiental marca el límite de la racionalidad económica e instrumental que orientó los fines de la modernidad. No es la objetividad de la dialéctica entre fuerzas productivas y relaciones sociales de producción lo que abre la historia a través de sus cambios revolucionarios. Su objetividad queda atrapada en el sistema de representación desde el cual la conciencia no alcanza a desalienarse de la cosificción económica del mundo. La salida hacia un mundo sustentable y con sentido existencial está en la exterioridad de ese mundo cosificado y su apertura hacia el ser. En este sentido, Levinas afirma:

La existencia del hombre permanece fenomenal en tanto que sigue siendo interioridad. El lenguaje por el cual un ser existe para otro, es su única posibilidad de existir una existencia que es más que su existencia interior [...] Entre la subjetividad cerrada en su interioridad y la subjetividad mal entendida en la historia, está la asistencia de la subjetividad que habla [...] Con la exterioridad, que no es la de las cosas, desaparece el simbolismo y comienza el orden del ser [...] Lo que falta a la existencia interior no es un ser superlativo, que prolongue y amplifique los equívocos de la interioridad y de su simbolismo, sino un orden en el que todos los simbolismos se descifran por los seres que se presentan absolutamente: que se expresan (Levinas, 1977/1997: 200, 195).

El ser no se devela a través de una esencia, de una verdad oculta pero inmanente. El ser se expresa a través de un saber, que no es un código interno, sino un tejido de relación entre lo interno y lo externo, entre lo material y lo simbólico, entre el objeto y su ambiente, entre el presente y el devenir, entre yo y el otro. El ser se constituye en relación con un saber y se expresa por un discurso ante otro discurso –como el sentido que no proviene de la relación unívoca del signo y el significado de la cosa, sino del enlazamiento de un significante con otros significantes en un tejido discursivo. El diálogo de saberes es un diálogo de seres ante una exterioridad. Abre lo que el signo cierra al designar al ser como un ente, como una cosa. Pone en juego nuevamente la palabra viva, el significante abierto ante otro significante:

El ser, la cosa en sí, no es, con relación al fenómeno, lo oculto. Su presencia se presenta en su palabra. Poner la cosa en sí como oculta, implicaría suponer que ella es al fenómeno lo que el fenómeno es a la apariencia. La verdad del develamiento es, a lo sumo, la verdad del fenómeno oculto bajo las apariencias. La verdad de la cosa en sí no se devela. La cosa en sí se expresa. La expresión manifiesta la presencia del ser, no corriendo simplemente el velo del fenómeno. Es, de suyo, presencia de un rostro y a partir de aquí, llamada y enseñanza, *entrada en relación* conmigo, relación ética. Además, la expresión no manifiesta la presencia del ser al remontar del signo al significado. Presenta el significante. El significante, el que dona el signo, no es significado. Es necesario haber estado en sociedad de significantes para que el signo pueda aparecer como signo. El significante debe pues presentarse ante todo signo, por sí mismo: presentar un rostro. La palabra [...] desbloquea lo que todo signo cierra en el momento mismo en que abre el paso que conduce al significado, haciendo *asistir* al significante a esta manifestación del significado. Esta asistencia mide la excedencia del lenguaje hablado sobre el lenguaje escrito vuelto signo [...] El lenguaje no agrupa los símbolos en sistemas, descifra los símbolos. Pero en la medida que esta significación original del Otro ya ha tenido lugar, en la medida que un ente se ha *presentado* y se ha auxiliado, los signos distintos a los signos verbales pueden servir de lenguaje (*Ibid.*: 199).

El significante debe re-presentarse para re-significar el mundo, para salvar al lenguaje de sus desviaciones en toda denotación y connotación que desde la formación social establece y cristaliza significados en los imaginarios sociales, en la referencia del signo con lo real, del discurso con la realidad. El nuevo comienzo al que apunta la sustentabilidad no pretende un retorno al estado del lenguaje anterior a Babel, al germen del pensamiento único y de la idea universal, para que el significante pueda generar nuevos sentidos de lo real. El diálogo de saberes se inicia desde seres diferenciados habitados ya por significaciones y saberes que se han constituido en relación con mitos, ritos, prácticas, ideologías y paradigmas de conocimiento.

El diálogo de saberes se establece en el campo de estrategias de poder en el saber: las que se entretejen en cada constelación de saberes; las que se desarrollan en relación con el saber dominante para reorganizar los mundos de vida desde la resistencia a la globalización económica, a la colonización del saber, a la integración cultural. El diálogo de saberes es un campo de confrontación de racionalidades y de hibridación de saberes que arraigan en identidades culturales y en prácticas de uso de la naturaleza. Lo social es anterior y está más allá de toda relación denotativa entre la palabra y la cosa, del signo y el significado, en el sentido de que ningún lenguaje logra abstraerse de las significaciones sociales (culturales) insertas en estrategias de poder por la apropiación del mundo. Más allá de los juegos de lenguaje posibles en la producción del sentido de lo real, el diálogo de saberes se inscribe en un proceso de resignificación y reapropiación cultural de la naturaleza.

El diálogo de saberes, más allá de toda estrategia comunicativa, se establece en este campo del poder en el saber, instaurado en el discurso de la sustentabilidad, donde ningún término es neutro; donde incluso las nociones de territorio, autonomía, cultura y naturaleza son resignificados en este proceso de renovación/apropiación del mundo. Es desde la disputa de los sentidos de la sustentabilidad que emerge en lo social una creatividad del lenguaje puesta en juego por el diálogo de saberes, que rompe el cerco de racionalidad impuesto sobre el mundo actual. El diálogo de saberes da la mano y abraza a los saberes subyugados, sobre todo con aquellos que dieron sustento a las culturas tradicionales y que hoy resignifican sus identidades y se posicionan en un diálogo y resistencia con la cultura dominante que impone su saber supremo. El diálogo de saberes es un diálogo con interlocutores que han perdido la memoria y la palabra, cuyos saberes tradicionales han sido sepultados por la modernidad impuesta. El diálogo se convierte en indagación, exégesis y hermeneusis de textos borrados; es una terapéutica política para devolver el habla y el sentido de lenguajes cuyo flujo ha sido bloqueado. Es la recuperación de esas "lenguas que una vez fueron de fuego, pero que han sido obliteradas en mudas cenizas" (Steiner, 2001b: 203).

No es necesario remitirse a la poesía para cuestionar el propósito representativo del lenguaje. La acción comunicativa desplegada para establecer consensos en torno a una visión y una política del desarrollo sostenible no es producto de la creatividad del lenguaje ni del diálogo racional. El consenso es movilizado por procesos comunicacionales que responden a estrategias de poder que trabajan en el tejido mismo del discurso y de la política, donde los conceptos, los términos y los instrumentos de la gestión del desarrollo sostenible son organizados (innovados, negociados, aplicados) por la lógica del poder de la racionalidad dominadora y no por una racionalidad dialógica crítica. El consenso se sostiene en un discurso automático que se difunde por contagio y mimetismo y no por una respuesta racional de interlocutores heterónomos. Los términos se establecen por la fuerza del uso y la convención sin dar cuenta de la razón teórica del discurso o de la razón práctica que orienta el sentido de las acciones.

La formación de una racionalidad ambiental es un proceso de renovación del mundo, de desconstrucción de los fundamentos de la civilización occidental y las falacias de la globalización económica. El diálogo de saberes apunta hacia un renacimiento que no surgirá de la palabra maestra de un dios, sino del encuentro de los *seres ahí* que habitan el mundo desde sus culturas y sus condiciones existenciales. El diálogo de saberes no es la introyección de los principios preestablecidos en el saber de fondo del pensamiento o de una ética ecologista sino el encuentro del que nace el sentido colectivo, desde sus diversidades y diferencias, sus consensos y disensos, de sus condiciones ecológicas y culturales de existencia.

En otro lugar que el de la creación filosófica, teórica y poética que extiende sus alas y se hace mundo, la construcción de un futuro sustentable habrá de forjarse en el crisol de un diálogo de saberes, donde nace lo nuevo en el encuentro con la otredad, la diversidad y la diferencia; sin jerarquías, desde el derecho humano a hacerse un lugar en el mundo y a ser con los demás. Condición de dignidad de la existencia humana que hoy reclama su derecho de reapropiación de la naturaleza a través del habla y la palabra.

8. CULTURA, NATURALEZA Y SUSTENTABILIDAD: PULSIÓN AL GASTO Y ENTROPÍA SOCIAL

CAMBIO GLOBAL Y SUSTENTABILIDAD: RACIONALIDAD Y CULTURA

La racionalidad económica que se configuró en el proceso de constitución, expansión e internacionalización del capital, ha instaurado una nueva cultura global, donde se expresa el orden de racionalidad del proceso civilizatorio de la modernidad. La teoría económica ha desempeñado una función predominante en el proceso de legitimación y de racionalización del capital: del establecimiento del modo de producción capitalista, el desarrollo de las ciencias, el progreso tecnológico y la generalización de los intercambios mercantiles. La racionalidad económica generó una concepción del desarrollo de las fuerzas productivas que privilegió al capital, al trabajo y al progreso técnico como los factores fundamentales de la producción, desterrando de su campo a la cultura y a la naturaleza. La degradación socioambiental emerge como el efecto más elocuente de la crisis de la civilización moderna, construida sobre bases de una racionalidad social *contra natura* que atenta contra la diversidad étnica y cultural del género humano.

En el proceso histórico de construcción de la modernidad, la conquista, la colonización y la integración al mercado mundial de las culturas precapitalistas dejó truncos los proyectos civilizatorios de las culturas de los trópicos y sus procesos de coevolución con las muy variadas condiciones de su entorno geográfico y ecológico. Con la imposición de la racionalidad económica en la vida cultural de los pueblos la naturaleza dejó de ser referente de la simbolización y significación de las prácticas sociales, potencial de la riqueza material y soporte de la vida espiritual de los pueblos, para convertirse en la fuente de materias primas que alimentó la acumulación de capital a escala mundial. El progreso impulsado por la acumulación de capital y la lógica del mercado, antes de alcanzar el pleno empleo y una justa distribución de la riqueza, ha generado un proceso de crecimiento económico caracterizado por el intercambio desigual entre recursos naturales y mercancías tecnológicas. La desigualdad, inmanente a la racionalidad económica, se manifiesta en procesos de polarización y marginación social, así como en una producción de pobreza estrechamente asociada con la degradación del ambiente, la destrucción de la base de recursos y la desintegración de las formaciones culturales fundadas en sus identidades étnicas, sus lenguas autóctonas y sus prácticas tradicionales. El efecto ecodestructivo generado por la racionalización económica del mundo –por sus dispositivos teóricos, discursivos y lingüísticos de poder– así como por las distorsiones y desviaciones de las idealizadas condiciones de equilibrio económico –las imperfecciones del mercado–, han generado una conciencia crítica sobre la irracionalidad ambiental de la racionalidad económica.[1]

La crisis ambiental ha planteado la necesidad de dar bases de sustentabilidad al proceso económico, buscando controlar y revertir los costos ecológicos de los patrones de producción y consumo, y sus efectos en el deterioro ambiental y en la calidad de vida de las mayorías. Esta degradación ambiental está asociada con procesos de desforestación, erosión y pérdida de fertilidad de los suelos, con la contaminación de recursos hídricos y el despilfarro de recursos energéticos, así como con la polución ambiental y el aumento de riesgos ecológicos. El calentamiento global, la desestabilización de los equilibrios ecológicos, el enrarecimiento de la capa estratosférica de ozono y la contaminación de los recursos hídricos del planeta son la manifestación de esta crisis ambiental a escala global. El incremento de la pobreza, la marginación y el deterioro de la calidad de vida de la población expresan la dimensión social de esta degradación ecológica.

La destrucción creciente de la base de recursos de la Tierra, así como los desequilibrios ecosistémicos que ocasionan estos procesos, ha llevado a que los asuntos ambientales ocupen un lugar prioritario dentro de la agenda de la geopolítica del desarrollo sostenible y de las "metas del milenio". Esto muestra el carácter global de la degradación ambiental y la interdependencia de las condiciones de orden geofísico y ecológico con los procesos económicos, las estructuras ins-

---

[1] En este sentido, el imperialismo del inglés, dice Steiner, asociado con "toda la imagen que se tiene en el mundo del consumo de masas, del comercio y la comunicación internacionales, de las artes populares, del conflicto generacional, de la tecnocracia, se encuentra embebida de referencias y hábitos lingüísticos ingleses y anglonorteamericanos [...] son, en virtud de su misma difusión planetaria, agentes de primer orden en la destrucción de la diversidad lingüística natural. Acaso esta destrucción sea la más irreparable de las catástrofes ecológicas que caracterizan a nuestra época" (Steiner, 2001a: 478-479).

titucionales, las relaciones de poder y las formas de organización cultural, a escala tanto mundial como nacional y local, que acompañan a estos procesos de cambio. En las últimas tres décadas se ha venido diseñando una nueva geopolítica de apropiación de la naturaleza en el contexto de la globalización económica. Desde que sonó la alarma ecológica a principios de los años setenta, y luego del ocaso del socialismo real, el surgimiento del orden unipolar de la economía neoliberal ha estado acompañado de avances en las formas y prácticas de la democracia política, de la emergencia de la sociedad civil y el fortalecimiento de los derechos humanos. La cultura de la posmodernidad pone de relieve el valor de la pluralidad y de la diferencia. Así, el mundo antes jalonado entre los polos capitalismo-socialismo, este-oeste, centro-periferia, Norte-Sur, aparece ahora atravesado por las tensiones generadas por la tendencia homogeneizadora de la razón económica, frente a la emergencia de nuevos actores sociales y luchas populares por sus autonomías étnicas y por sus derechos culturales. La protesta social por el deterioro ambiental y los reclamos por mejorar la calidad de vida están llevando la cuestión ambiental al terreno de los derechos humanos; junto con el reconocimiento de la importancia de conservar la biodiversidad del planeta se están legitimando las reivindicaciones de las comunidades indígenas y campesinas para preservar su patrimonio de recursos naturales y culturales.

Los procesos de degradación ecológica, de desintegración cultural y de inequidad social, generados por la sobreeconomización del mundo, se han convertido en un costo ecológico-social creciente del proceso de globalización. Las políticas del desarrollo sostenible buscan interiorizar estos costos para garantizar las condiciones ambientales de un proceso de producción sostenible en el largo plazo. Sin embargo, la transición hacia la sustentabilidad está generando posiciones teóricas y políticas diferenciadas. Frente a las propuestas que buscan soluciones tecnológicas, así como la asignación de precios de mercado y derechos de propiedad a los "bienes y servicios ambientales" del planeta, en los movimientos ambientalistas de los países del Sur se está configurando una concepción alternativa en la cual las condiciones de la sustentabilidad se basan en los potenciales ecológicos de la naturaleza, la diversidad cultural, la democracia participativa y una política de la diferencia. En esta perspectiva, la diversidad ecológica y cultural no sólo es considerada como un principio ético –como un valor intrínseco, no mercantil–, sino como *medios de producción* y *potenciales productivos* que conforman un sistema de recursos naturales, cultura-

les y tecnológicos capaces de reorientar la producción hacia la satisfacción de las necesidades básicas, reconociendo los valores culturales
de las poblaciones del tercer mundo. El principio de diversidad no sólo se concibe como un patrimonio cultural que debe ser conservado,
sino como una condición para la construcción de un futuro sustentable. Esta visión del desarrollo sustentable entraña la socialización de
la naturaleza y de sus potenciales ecológicos. De esta manera, el imperativo de la sustentabilidad está llevando a la emergencia de nuevos
movimientos sociales en las áreas rurales del tercer mundo por la reapropiación de su patrimonio de recursos naturales y culturales, y por
la autogestión de sus procesos productivos.[2]

La racionalización de la sustentabilidad abre la posibilidad de
construir un nuevo paradigma productivo, fundado en los potenciales de la naturaleza y en la recuperación y el enriquecimiento del conocimiento que a lo largo de la historia han desarrollado diferentes
culturas sobre el uso sustentable de sus recursos ambientales. El derecho a la gestión participativa en el manejo comunitario de los recursos está construyendo sus vías de legitimación social, así como los
instrumentos técnicos y legales que requiere para reorientar las decisiones en materia de política económica hacia los objetivos y valores
de la sustentabilidad. La orientación de la acción social hacia los fines de la sustentabilidad moviliza los potenciales ecológicos negados
por la racionalidad económica y teórica dominantes, al haber subyugado a los saberes tradicionales, desintegrando a las identidades étnicas donde arraiga el potencial de la diversidad cultural, y desencadena las fuerzas sociales que han quedado allí bloqueadas, oprimidas y
marginadas.

La construcción de una racionalidad ambiental encuentra así sus
raíces más profundas en la cultura, entendida como el orden que entreteje lo real y lo simbólico, lo material y lo ideal, en las diferentes
formas de organización social de los grupos humanos en comunidades y naciones, en las formas diversas en que sus lenguajes y sus hablas dan significado a los territorios que habitan y a la naturaleza con
la cual conviven y coevolucionan. A diferencia de la racionalidad económica que busca colonizar y reintegrar la diversidad del mundo
dentro de sus códigos de comprensión y sus estrategias de dominación, la racionalidad ambiental no es un orden supremo que busca-
ría reorganizar a partir de sus principios generales el pensamiento y

[2] Ver cap. 9, *infra.*

las prácticas sociales para ajustarlos a ciertas condiciones objetivas de sustentabilidad, establecidas desde fuera y por encima de las organizaciones culturales que habitan el mundo. No es un orden superior donde fraguan las culturas en moldes de acero y jaulas de hierro, sino nidos donde germinan sus identidades y donde reinventan sus sentidos existenciales. La diversidad cultural es lo más sustantivo de la racionalidad ambiental, el principio que la constituye como un orden radicalmente diferente de la racionalidad económica.

Entre racionalidad ambiental y orden cultural hay una estrecha relación, que no es de identidad. Toda racionalidad se establece en el dominio de lo pensado y lo razonado, incluso cuando se abre hacia la comprensión de lo más irracional y enigmático de la existencia humana. Aun cuando nos referimos a la "racionalidad" de un cierto orden ontológico, de un cierto "orden de cosas", esas "racionalidades intrínsecas" se refieren ya a una codificación de los principios, axiomas y rasgos que la caracterizan, que establecen un sistema de reglas que configuran pensamientos y movilizan acciones con arreglo a fines o valores, o que confieren sentidos conforme a normas sociales preestablecidas por la tradición. Así, cuando aludimos a una "racionalidad ecológica", nos referimos a las condiciones materiales, físicas y biológicas del conjunto de procesos que mantiene el funcionamiento de un ecosistema, o de la biosfera, incluyendo la incorporación de dichas condiciones como "valores de conservación" en una "ética ecológica". La cultura es un orden más comprensivo y significativo que el de una racionalidad, aunque también una cultura puede ser "intervenida" por una racionalidad hasta el punto en el que ésta penetra, codifica e invade todas sus esferas culturales. Es en ese sentido que el nazismo llegó a ser la expresión cultural de la racionalidad dominadora del iluminismo, o que el totalitarismo objetivador y cosificador de la racionalidad de la modernidad ha invadido al erotismo humano hasta su exacerbación (Horkheimer y Adorno, 1944/1969).

Una racionalidad cultural puede referirse a los rasgos que dan identidad a una cultura, su lengua, sus costumbres y prácticas que configuran un estilo étnico. Mas la cultura no queda subsumida en el orden de racionalidad que la define como una esencia o un carácter inmanente. La organización cultural no está orientada por una teleología o por un fin preestablecido. Si una racionalidad confiere sentidos a una organización cultural, la cultura contiene en sí la capacidad de reorganizar su relación simbólica con la naturaleza y de producir nuevos sentidos que abren los significados codificados y predeterminados por un proceso de racionalización. Si el orden cultural se manifiesta a través de "racionalidades culturales" diversas, esas racionalidades no se refieren simplemente a las cosmovisiones propias de cada cultura, sino que son ya la resultante del encuentro entre racionalidades y culturas, donde el orden cultural mantiene viva su capacidad de simbolización y significación que trasciende la axiomatización, sistematización y codificación por un orden de racionalidad determinado.

La cultura –la diversidad cultural– está constituida por "matrices de racionalidad". Éstas se expresan como "matrices de sentido", más que como órdenes preestablecidos de racionalidad, es decir, como estructuras culturales organizadas por el lenguaje que se reproducen determinadas por su propia estructura. Si la significancia trasciende al orden racional, la matriz de racionalidad no conforma una retícula de carácter algebraico, topológico o geológico, donde se ordenan elementos de un conjunto, donde se asignan lugares en un espacio o se asientan en una roca fundamental los cristales y fósiles de las formas de la existencia material y simbólica. Son *matrices* de racionalidad en el sentido genérico (orgánico) del término, lugares donde se fecunda, anida y se desarrolla el germen de la significancia que abre los sentidos infinitos de la cultura. La cultura es el orden de una *racionalidad sin fin*, porque el fin constriñe el significado hacia un objetivo y de esa manera marca el fin del tiempo, del infinito. Las racionalidades culturales abren un diálogo de saberes que no se unifica en un consenso, ni tan sólo es una traducción o trasmutación de sentidos. El diálogo de saberes que se produce en el encuentro entre culturas es un proceso de hibridación en el cual el encuentro de culturas diferentes anida en una matriz generativa de lo nuevo, que no está inscrita ni determinada en el orden generativo y transformacional de una estructura genética o del lenguaje. La cultura no sólo se diversifica, sino que sus ramas se reencuentran, enlazan e hibridan, generando una dialéctica social que desde una ética de la otredad abre y construye nuevos sentidos emanados del "espíritu" de los pueblos y del habla de las personas, más allá de las determinaciones del *logos*, de la lengua, de la economía. Es el acto poético –la *poiesis*– que recupera el sentido creativo de las gramáticas de futuro lanzadas al mundo después de Babel y que desde la existencia y el encuentro de seres culturales diversos genera lo que aún no adviene al ser: nuevos mundos de vida. Este campo generativo de diversidad de sentidos no es infinito, y ciertamente remite a la sintaxis de los tiempos pasados y a la conjugación de los tiempos futuros. Como afirma Steiner:

El hombre que realmente tenga algo nuevo que decir, cuyas innovaciones lingüísticas no se limiten al *decir*, sino que se orienten hacia *lo que se quiere decir*, es excepcional [...] La cultura y la sintaxis, la matriz cultural que la sintaxis define y delimita, tienen la suficiente fuerza para retenernos donde estamos. Ésta es la razón fundamental por la que resulta imposible toda lengua privada eficaz. Todo código cuyo sistema de referencias sea puramente individual carece, por definición, de consistencia propia. Las palabras que hablamos encierran mucho más conocimiento; una carga afectiva mucho más rica que la que poseemos conscientemente; en las palabras, los ecos se multiplican. El significado es una función de los antecedentes sociales e históricos, y de los reflejos compartidos (Steiner, 2001a: 474).

La racionalidad ambiental se constituye en esa matriz cultural, en ese diálogo de saberes y encuentro de otredades; emerge como aquello que, siendo desconocido por la racionalidad científica y económica, es pensable mediante la razón, pero que está más allá de la razón. El orden de la cultura no es sólo el de los territorios en los que se han sedimentado y cristalizado formas autóctonas, ancestrales y tradicionales del ser cultural, sino el de universos abiertos a la resignificación de sus mundos de vida, en procesos de mestizajes culturales, de resignificaciones de la naturaleza, de reinvenciones culturales, de hibridaciones entre lo orgánico, lo tecnológico y lo simbólico. En un mundo que se ha desprendido de todo esencialismo ontológico e identitario, la cultura es el orden abierto a la resignificación del mundo, a lo por pensar, a la producción de una diversidad de mundos posibles.

En el proceso de globalización, las identidades culturales se están reconfigurando en el marco y en las perspectivas del desarrollo sustentable, como una redefinición del ser, en un proceso de arraigo en un territorio y de reapropiación de la naturaleza. La identidad no renace simplemente desde su esencia originaria y la resistencia de la tradición a través del tiempo y de la historia. Ésta se forja en su relación, enfrentamiento y demarcación con una identidad suprema, aquella que desde la invención cultural de un dios único, y hasta el mercado global, han trazado un proyecto de unificación del pensamiento y de la humanidad, como una integración de sus diversidades y diferencias. La relación de otredad no existe en las culturas aisladas que coevolucionaron con su medio ecológico. Allí toda ética fue configurada dentro del marco de creencias y sentidos existenciales organizados en forma de mitos y rituales en sus cosmovisiones particulares. Las culturas se desconocían entre sí. Esta forma de ser de las pri-

meras culturas se transformó con la sociedad de clases, desde la es-
clavitud hasta el proletariado, y luego con la emergencia de las identidades híbridas, en el proceso de democratización de la ciudadanía
y el renacimiento de las comunidades indígenas.

Luego de las guerras tribales y las guerras de los primeros impe-
rios, es el capitalismo –mercantil, industrial, tecnológico, ecológico–
el que lleva a la unificación forzada de la raza humana dentro de una
racionalidad económica y la ley suprema del mercado. La ética como
responsabilidad hacia el otro (el negro, el indígena, el judío, el gitano) es la respuesta del ser al forzamiento de una unidad, de un pensamiento único, de una unidad lógica: la de la identidad de la lógica
formal, la del imaginario de la representación. La lógica del pensamiento único, del conocimiento transparente, se ha filtrado hacia
los designios guiados por una voluntad de pureza racial y superioridad cultural, que han llevado a la sumisión, subyugación, opresión,
explotación, negación y exterminio del otro. La emancipación a partir del proyecto ético de la otredad, y los derechos culturales que
abren una política de la diferencia, se configuran en esta respuesta y
resistencia al dominio e imposición de una lógica unitaria sobre la
diversidad cultural.

Si hoy el forzamiento de la razón unitaria está llevando hacia un
pensamiento y una política de la diferencia, a una desconstrucción
de la economía globalizada guiada por la ley suprema del mercado
para fundar economías regionales y locales fundadas en la potencia
de la naturaleza y los sentidos de la cultura, al mismo tiempo la reacción hacia esta razón hegemónica está generando fundamentalismos
radicales que, sin un proyecto de reconstrucción cultural para la sustentabilidad de los pueblos, se manifiestan en una voluntad desesperada e irracional de muerte y destrucción. Fuera de una política de
la diferencia y del disenso se exacerba la negación absoluta del ser
engendrada por la afirmación de identidades únicas y superiores,
que han abierto una confrontación de fundamentalismos que no deja lugar para la construcción de una nueva racionalidad para la sustentabilidad y convivencia de la diversidad cultural. La resistencia cultural que se hace manifiesta en la resistencia a la globalización de lo
Uno y de lo Mismo no es la defensa de una identidad inmutable, sino la preservación de la capacidad de una cultura de revivir, de reor-
ganizarse, de reidentificarse, de reinventarse. Más allá de la conservación de una esencia cultural que certifica una identidad; más allá de
una etnogénesis, la complejidad ambiental está llevando a reconfigu-

rar las identidades en su cara a cara con el Otro de la globalización y los otros de la diversidad cultural en un diálogo de saberes.

Los órdenes de racionalidad establecen complejas relaciones con esa reconfiguración de las culturas. El régimen de racionalidad económica y científica que ha regido los destinos de los diferentes países y pueblos del orbe no tiene nacionalidad ni territorio. Si bien es posible identificar expresiones y matices que caracterizan y diferencian al capitalismo inglés y francés, al socialismo soviético y cubano, a la ciencia norteamericana y rusa, a la tecnología alemana y japonesa, las esferas culturales de cada nación –norteamericana, alemana, francesa, italiana, española, brasileña, argentina, mexicana, aymara, náhuatl, inca, maya, etc.– son constelaciones que se expanden en universos más amplios que los que pueden identificarse y reducirse a las formas particulares de una determinada racionalidad. Existen, sin embargo, grados más o menos fuertes de simbiosis, sintonía y sinergia entre racionalidades y culturas; culturas más susceptibles de ser racionalizadas a través de procesos históricos. Así, el régimen de racionalidad que caracteriza a la modernidad ha podido recodificar las organizaciones culturales de pueblos y naciones, y ha prestado sus armas a los regímenes militares y fascistas más opresivos e inhumanos que haya podido vivir la humanidad. La cultura de la modernidad puede definirse por el grado en el que el orden cultural es absorbido por una cierta racionalidad formal e instrumental, que organiza tanto sus instituciones económicas y jurídicas como los mundos de vida de las personas. En la medida en que la modernidad marcada por la racionalidad económica se convierte en el orden hegemónico, coloniza e invade todos los órdenes del ser. La resistencia a estos regímenes racionalizados que opone la cultura de los pueblos se manifiesta en procesos históricos en los que se van entretejiendo las racionalidades impuestas con las fuentes autóctonas de las culturas dominadas. La cultura moldea las formas de adopción y adaptación a la racionalidad de la modernidad.[3]

Las diferentes culturas nacionales definen las maneras como se in-

---

[3] En este sentido podemos identificar en América Latina (y en todo el mundo) diversas modalidades de capitalismos ecologizados que son resultado del encuentro entre la racionalidad económico-ecológica, tal como se expresa en el discurso, los mecanismos y los instrumentos de la geopolítica del desarrollo sostenible, y las identidades de las diferentes culturas nacionales y locales, cuyos rasgos culturales las hacen más o menos susceptibles de adaptarse o de resistir a un esquema de racionalidad legitimado por un orden global externo, desde los sentidos de sus culturas.

serta, se institucionaliza y funciona la racionalidad económico-ecológica: los principios, normas, reglas que orientan el pensamiento y la acción social hacia la sustentabilidad ambiental del planeta. La variedad de ambientalismos depende de las culturas que subyacen a los movimientos sociales que llevan a oponerse a la imposición de un régimen económico y a interiorizar los principios y valores de una "racionalidad ecológica". Las diferencias en los ecologismos manifiestos en los pueblos y las políticas ambientales de los gobiernos de los países latinoamericanos son en buena parte expresión de una cultura –mexicana, argentina, chilena, brasileña, costarricense, venezolana, cubana– en sus predisposiciones, mentalidades, resistencias –de su propia historia de sumisión y luchas libertarias– para dejarse "racionalizar" por las razones de fuerza mayor de la economía y la ecología.

Los propósitos de la transición democrática y los principios del ambientalismo –la participación de la sociedad civil en la gestión de sus recursos ambientales y sus estilos diversos de vida–, enfrentan a los esquemas del crecimiento que destruye la naturaleza y concentra el poder, abriéndose a un proyecto social fundado en los principios de la productividad ecológica, la diversidad cultural y la democracia participativa. La ecología política emerge ante los impactos de la racionalidad económica (guiada por la maximización de las ganancias y del excedente económico en el corto plazo, con sus efectos en la concentración del poder económico y político), sobre la degradación del medio y la destrucción de la base de recursos naturales, abriendo cauces a un desarrollo más democrático, equitativo y sustentable.

DIVERSIDAD CULTURAL, AUTOGESTIÓN COMUNITARIA
Y DESARROLLO SUSTENTABLE

En los años setenta el discurso del ecodesarrollo planteó un conjunto de principios para alcanzar un desarrollo sustentable: el reconocimiento del valor de la diversidad biológica y cultural; el fortalecimiento de las capacidades *(self-reliance)* de las comunidades; la promoción de la participación ciudadana en la gestión de los recursos naturales y del medio ambiente (Sachs, 1982). Las *estrategias del ecodesarrollo* orientaban la descentralización de los procesos productivos con base en las condiciones ecológicas y geográficas de cada región,

incorporando los valores culturales de las comunidades en la definición de sus proyectos de desarrollo y sus estilos de vida. Fundado en
esos principios, ha surgido un proceso social por la defensa, protección y reapropiación de su patrimonio de recursos naturales, planteando alternativas al orden económico dominante.

Las bases culturales del desarrollo sustentable se manifiestan tanto en el ámbito urbano como en el rural, en tanto que todo grupo
humano es portador y parte de una cultura. Sin embargo su expresión más clara en relación con la construcción de un paradigma productivo alternativo, fundado en los potenciales ecológicos y culturales, se da en el medio rural, en los procesos de producción de las sociedades campesinas y las comunidades indígenas. La producción
agrícola, ganadera y forestal depende allí fundamentalmente de las
condiciones geográficas y ecológicas del medio en el que las culturas
han evolucionado, transformando los ecosistemas a través de sus estilos étnicos de apropiación de la naturaleza. Sin embargo, la producción silvícola y agropecuaria ha venido adoptando las formas de
propiedad de la tierra y los patrones tecnológicos de uso del suelo
que ha impuesto la racionalidad económica y tecnológica, traduciéndose en formas de sobreexplotación y subutilización de los recursos
potenciales. Los procesos productivos inducidos por la economía de
mercado –desde las grandes agroempresas capitalistas hasta los gigantes de la biotecnología–, desplazan los valores culturales tradicionales de las prácticas actuales de uso de la tierra y los recursos.

Así pues, la propuesta de un paradigma productivo fundado en
las identidades culturales de los productores toma mayor sentido en
las comunidades rurales –indígenas y campesinas–, que conservan o
que son capaces de reapropiarse productivamente sus economías locales con base en la revalorización de sus prácticas y saberes tradicionales. En este sentido se viene reconociendo la importancia del patrimonio cultural de la humanidad, y la posibilidad de aprovechar el
vasto repertorio de conocimientos aún existente en diversas culturas,
para diseñar políticas de manejo de los recursos capaces de mantener el equilibrio ecológico, la biodiversidad y la base de recursos naturales, proveyendo al mismo tiempo a las poblaciones locales de
medios para participar, y oportunidades para beneficiarse, directamente de la gestión de sus recursos, a través de prácticas productivas
acordes con sus identidades culturales (McNeely y Pitt, 1985).

Estos principios se están convirtiendo en nuevos derechos culturales que están siendo plasmados tanto en el discurso del desarrollo

sostenible[4] como en las propuestas que emergen de los nuevos movimientos de las comunidades indígenas (Instituto Indigenista Interamericano, 1991).[5] El reconocimiento del valor de la diversidad cultural llevó al establecimiento de la Comisión Mundial sobre Cultura y Desarrollo y a lanzar la Década Mundial para el Desarrollo Cultural, buscando rescatar el papel de la cultura en el nuevo orden mundial (Unesco, 1995). Hoy en día las demandas de autonomía y diversidad cultural empiezan a ser reconocidas como derechos humanos fundamentales y se están incorporando de manera decisiva a los procesos de reforma del estado –de un estado pluriétnico– en la transición democrática de los países del tercer mundo (Díaz Polanco, 1991; González Casanova y Roitman, 1996; Sánchez, 1999). La necesidad de respetar los principios de autonomía, participación y autodeterminación de los pueblos no sólo se presenta como una condición para la preservación de su cultura y sus identidades étnicas, sino también como una estrategia para adaptar a las poblaciones indígenas a la modernidad, integrarlas a la sociedad nacional y al orden económico mundial (Goodland, 1985). Más allá de la voluntad de integrar la diversidad cultural al orden económico global dominante, la reivindicación de

---

[4] Así, el Informe Bruntland, elaborado por la Comisión Mundial sobre Medio Ambiente y Desarrollo afirma: "Las poblaciones tribales e indígenas requerirán una atención especial, ya que las fuerzas del desarrollo económico trastornan sus estilos de vida tradicionales [...] que pueden ofrecer a las sociedades modernas muchas lecciones en la administración de los recursos en los complejos ecosistemas de bosques, montañas y zonas áridas. Algunas enfrentan la amenaza de verse extinguidas a causa de un desarrollo insensible, sobre el cual no tienen control. Se deberían reconocer sus derechos tradicionales y se les debería conceder una participación decisiva en la formulación de las políticas acerca del desarrollo de los recursos en sus regiones [...] para aumentar el bienestar de la comunidad en consonancia con su estilo de vida" (WCED, 1987: 12,116).

[5] En este sentido, la Declaración de los Pueblos Indígenas y Campesinos sobre los Recursos Naturales de México, aprobada en el Segundo Simposio sobre Pueblos Indios y Recursos Naturales en México, celebrado en Oaxtepec, Morelos, en junio 5-9 de 1991, destacó la importancia de las identidades étnicas y los valores culturales en el manejo sustentable de los recursos naturales. Se afirma así la "gran trascendencia de los pueblos indios y campesinos de la región, como defensores de los recursos naturales, pues sus formas de percepción, conocimiento, uso y manejo de la naturaleza, han permitido establecer opciones contra los planes de explotación y usos industriales modernos, ecológicamente destructivos". Asimismo, se exige "que los indígenas y campesinos que vivimos en las [...] reservas de la biosfera y las zonas ecológicamente protegidas o en sus áreas de influencia participemos en la elaboración de los reglamentos de manejo para la protección y aprovechamiento de los recursos naturales, así como en la elaboración de los decretos para el establecimiento de nuevas áreas protegidas".

las autonomías culturales de los pueblos es el reclamo de un derecho de las comunidades a conservar su lengua, sus costumbres y creencias, a decidir sobre sus propias instituciones, a reapropiarse sus territorios y su naturaleza como hábitat y medios de producción, y a reinventar y readaptar sus prácticas de uso de los recursos.

Las estrategias de manejo productivo de la biodiversidad de las poblaciones indígenas y campesinas no se sujetan a las políticas conservacionistas para establecer áreas de reserva de los recursos naturales, o para ajustarse a los mecanismos de la geopolítica del desarrollo sostenible, muchas veces en conflicto con los intereses y derechos de las poblaciones locales.[6] La dimensión cultural del desarrollo sustentable replantea las condiciones y potenciales de la producción en el medio rural, incluyendo no sólo a los pueblos indígenas y a las poblaciones campesinas, sino en general a las comunidades rurales y urbanas que, arraigadas en sus identidades culturales, participan en la gestión de sus recursos naturales. Esta estrategia de desarrollo sustentable se funda en una nueva ética y en nuevos principios productivos del desarrollo, tanto para preservar la base de recursos, como para asegurar la supervivencia y elevar el bienestar de las mayorías marginadas de los beneficios del actual desarrollo y de una población creciente que rebasa los umbrales de la pobreza crítica.

En la transición hacia la sustentabilidad se debaten diversas estrategias. Por una parte, el progreso de la racionalización económica avanza en un proceso de capitalización de la naturaleza y de la cultura, buscando refuncionalizar las condiciones ecológicas y comunales (los costos ecológicos y las demandas culturales) dentro de formas "ecologizadas" de reproducción y expansión del capital. Por otra parte, emergen nuevos movimientos campesinos e indígenas por la reapropiación de sus estilos de vida y su patrimonio de recursos naturales y culturales, que de esta manera se convierten en actores privilegiados en la construcción de una racionalidad ambiental. Estas luchas sociales buscan rescatar los potenciales ecológicos incorporados a los estilos étnicos de aprovechamiento sustentable de los recursos, imbricados en los valores culturales y en las prácticas productivas de las sociedades rurales de América Latina y del tercer mundo. Estos movimientos teóricos y políticos estarían llevando así a enriquecer el patrimonio natural y cultural que ha cristalizado en prácticas tradicionales de uso de la naturaleza, generando un potencial ecológico y

---

[6] Ver cap. 3, *supra*.

cultural para el manejo productivo sustentable de la naturaleza. En este sentido, las prácticas culturales de manejo de los ecosistemas no sólo contribuyen a preservar el equilibrio ecológico del planeta, sino a potenciar la sustentabilidad de las comunidades rurales.

La revalorización de los saberes tradicionales y la revitalización de economías autogestionarias para satisfacer las necesidades básicas de las comunidades empiezan a ser incorporadas en las demandas de nuevos actores sociales en el medio rural del tercer mundo.[7] Los saberes autóctonos articulan el conocimiento técnico con las cosmovisiones de los pueblos, integrando así los procesos de significación cultural donde se decantan percepciones y prácticas arraigadas en contextos geográficos, ecológicos y sociales específicos. Las capacidades adaptativas e innovadoras de los campesinos se derivan de años de experimentación de sus prácticas tradicionales y de coevolución con las transformaciones del medio. Así, la reapropiación de sus saberes no sólo contribuye a elevar sus niveles de producción, sino que al mismo tiempo fortalece las identidades étnicas, la cohesión social y la inventiva cultural, que determinan la capacidad de autogestión productiva de las comunidades.

Siguiendo este impulso histórico, diversos grupos de científicos y técnicos, así como promotores del desarrollo rural y comunidades de base, han venido desarrollando distintas experiencias de manejo de recursos naturales, que incluyen a la cultura como un "recurso" comunitario. De esta manera buscan crear condiciones políticas en el interior de la sociedad nacional para fomentar las iniciativas de proyectos de pequeña escala, promoviendo apoyos de los gobiernos para reforzar las capacidades de subsistencia y producción sustentable de las comunidades, y para multiplicar alternativas ecológicamente adaptadas a partir de la fertilización de proyectos culturales diversos. En esta perspectiva del desarrollo sustentable los valores éticos del ambientalismo no se disuelven en los fines de la productividad económica. La racionalidad ambiental se va asentando en el soporte material del ecosistema y en el orden simbólico de la organización cultural donde se arraiga un desarrollo ecológicamente sustentable, económicamente sostenible y socialmente justo. En este proceso se van concretando diferentes estilos de etno-eco-desarrollo y estrategias de integración de las economías de autosubsistencia a las economías nacionales y al mercado mundial. La racionalidad ambiental

---

[7] Ver cap. 9, *infra*.

reorienta la producción en el medio rural en función de las matrices de racionalidad de los diferentes productores rurales, incrementando su potencial ecotecnológico y compatibilizando al mismo tiempo la autogestión y autosuficiencia de las comunidades con la preservación de los equilibrios ecológicos globales y con la producción de excedentes comercializables para la economía global.

La viabilidad del desarrollo sustentable fundado en una concepción del *ambiente como potencial productivo* dependerá no sólo del avance de los derechos de apropiación de las comunidades rurales, sino también del incremento de sus capacidades de autogestión. Ello implica la puesta en práctica de estrategias de conocimiento para lograr una alta productividad en el manejo integrado de los recursos: la recuperación del saber tradicional y su mejoramiento a través de la incorporación crítica y selectiva de los avances de la ciencia y la tecnología; los procesos de transformación productiva y de asimilación de innovaciones tecnológicas por parte de las comunidades, conservando sus identidades, el arraigo a sus territorios y sus estilos culturales de etno-eco-desarrollo. De esta manera, el desarrollo sustentable es resignificado desde la cultura.

RACIONALIDADES CULTURALES Y RACIONALIDAD PRODUCTIVA

La cultura, como forma específica de organización material y simbólica del género humano, remite a una diversidad de cosmovisiones, formaciones ideológicas y formas de significación, así como de técnicas y prácticas productivas que definen diferentes estilos de vida. Hoy en día se ha configurado una *cultura ecológica* que conforma un sistema de valores que orienta a un conjunto de comportamientos individuales y colectivos hacia los fines de la sustentabilidad. Éstos incluyen valores relativos a las prácticas de conservación y uso de los recursos naturales y energéticos; a la vigilancia de los agentes sociales sobre los impactos ambientales y los riesgos ecológicos; a la organización de la sociedad civil por la defensa de sus derechos ambientales; a la participación de las comunidades en la autogestión de sus recursos naturales (Leff, 1990). Esta cultura ecológica constituye una categoría general de la racionalidad ambiental sustantiva, ya que este conjunto de valores y prácticas se concretan a través de racionalidades culturales específicas, es decir, de la articulación entre los sistemas de significación y los sistemas productivos de formaciones socioeconómicas, comunidades rurales y grupos sociales específicos, en contextos geográficos e históricos determinados. De esta forma, los valores que movilizan las acciones sociales hacia una gestión ambiental del proceso de desarrollo y hacia los fines de la sustentabilidad se definen en la práctica a través de racionalidades culturales que surgen de las formas de organización productiva y de los estilos étnicos de los pueblos indios, las comunidades campesinas, las clases medias urbanas y las organizaciones vecinales.

El proceso de acumulación y globalización del capital, al inducir un consumo creciente de naturaleza como insumos del proceso productivo y generar un cúmulo cada vez mayor de desechos y residuos –convertidos en contaminación tóxica y térmica–, ha generado una presión creciente sobre el equilibrio de los ecosistemas, así como sobre la capacidad de renovación y la productividad de los recursos naturales. Con la sobreexplotación del "capital natural" se han transformado y destruido muchas de las prácticas productivas de pueblos y civilizaciones que durante milenios mantuvieron un uso sustentable de sus recursos ambientales. Así, por ejemplo, la explotación de productos maderables y la desforestación con el propósito de implantar sistemas de cultivo comerciales y áreas de ganadería extensiva, han llevado a una rápida destrucción de las selvas tropicales del planeta. La preocupación por los efectos de estos procesos en los equilibrios ecológicos globales y en la degradación de la base de recursos, ha venido en aumento, y con ello el interés por recuperar los conocimientos tradicionales de las poblaciones autóctonas y locales, que incluyen un amplio repertorio de técnicas para la conservación y manejo sustentable de sus recursos (Vayda *et al.,* 1985; Gómez-Pompa, 1993). En esta perspectiva, los valores culturales de la naturaleza arraigan en principios de una nueva racionalidad productiva.

El orden cultural ha sido visto como un conjunto de valores que entran en sintonía con la racionalidad formal del capital (la ética protestante en el espíritu del capitalismo), o en las formas de complementariedad entre la racionalidad económica y la jurídica, donde la economía incorpora ciertos principios éticos o morales como valores y derechos universales del hombre. Pero la cultura –en tanto que valores específicos que modulan los estilos de vida y los derechos de las comunidades sobre sus territorios étnicos, sobre sus prácticas sociales y sus instituciones para la autogestión de sus recursos–, ha estado excluida de los paradigmas de la economía, de los procesos de racionalización social y de las políticas del desarrollo sostenible. Los principios de la gestión ambiental del desarrollo y la construcción de sociedades sustentables no sólo plantean la necesidad de establecer criterios ecológicos sobre el uso del suelo y la distribución de la población en el territorio, sino que se fundan en una crítica de las necesidades de producción y consumo inducidas por el crecimiento acumulativo y la lógica de la ganancia de corto plazo. A ello se suma la crítica a la homogeneización de los patrones productivos y culturales, en tanto que se reivindican los valores de la diversidad cultural y la preservación de las identidades de los pueblos como un principio ético y como condición para un desarrollo sustentable.

Estos planteamientos van más allá de las posiciones ecologistas que buscan preservar la naturaleza por sus valores estéticos y recreativos, por apego a los valores tradicionales, por solidaridad con las sociedades "primitivas", o por simple resistencia al cambio y al progreso. Los valores de la conservación han adquirido una importancia práctica en la esfera productiva por los efectos globales de la destrucción de los mecanismos de equilibrio de la naturaleza –de la preservación de la biodiversidad depende el equilibrio ecológico del planeta–, pero también porque la naturaleza es fuente de recursos genéticos y de materias primas para la producción de mercancías (productos alimenticios, farmacéuticos y nuevos materiales). La preservación de las identidades étnicas, los valores culturales y las prácticas tradicionales de uso de los recursos, aparecen así como una condición para la puesta en práctica de proyectos de gestión ambiental y de manejo de los recursos naturales a escala local, al tiempo que se han convertido en un insumo para los procesos de etno-bio-prospección de las empresas de biotecnología que se apropian de esos saberes a través de los derechos de propiedad intelectual. En todo caso, los saberes culturales son una base para la reapropiación de la naturaleza desde una racionalidad alternativa.

En esta perspectiva, las disciplinas etnológicas y antropológicas adquieren un nuevo sentido como herramientas prácticas para el estudio de las relaciones de las culturas con su medio y como instrumentos para la apropiación productiva de la naturaleza. Particular importancia han tenido los estudios etnobiológicos, en cuanto permiten recuperar las formas de uso de los recursos vegetales de las sociedades tradicionales, así como de muchos grupos étnicos y comunidades campesinas que mantienen prácticas de uso sustentable de sus recursos. Estas prácticas productivas incorporan principios de una racionalidad ecológica en el uso de los recursos que se reflejan tanto en las formaciones ideológicas como en los instrumentos técnicos de cada organización cultural, generada en el desarrollo de una economía "natural" basada en largos procesos de adaptación ambiental y de asimilación cultural.

Sin embargo, la organización cultural no se constituye ni es guiada por un determinismo biológico o geográfico. La tecnología y las prácticas productivas de cada formación social están entretejidas con sus formaciones ideológicas, la simbolización de su ambiente, el significado social de los recursos y los referentes naturales de sus creencias religiosas; estos procesos generan *estilos étnicos* (Leroi-Gourhan, 1964-1965) de percepción y apropiación, formas de acceso socialmente sancionado, prácticas de manejo de los ecosistemas y patrones culturales de uso y consumo de los recursos, que han configurado las "ideologías agrícolas tradicionales" (Alcorn, 1993) y diversas "estrategias de producción mesoamericanas" (Boege, 1988) basadas en el aprovechamiento múltiple y sustentable de los "ecosistemas-recurso" (Morello, 1986). En la perspectiva de construcción de una racionalidad ambiental basada en la diversidad cultural, no sólo interesa conocer las clasificaciones y las taxonomías que reflejan el saber florístico y faunístico de las diversas etnias, sino todo un sistema de creencias y saberes, de mitos y rituales, que conforman los "modelos holísticos" de percepción y aprovechamiento de los recursos ambientales de las culturas tradicionales (Pitt, 1985), y que están íntimamente relacionados con la organización económica y las prácticas productivas de las sociedades tradicionales (Godelier, 1974; Meillassoux, 1977).

Lo étnico adquiere así una especificidad propia en el diseño de prácticas diferenciadas de manejo de los recursos, que constituyen la riqueza del patrimonio cultural y de recursos naturales de los pueblos.[8] Esta organización cultural va readaptándose a los procesos de aculturación y de cambio tecnológico, reafirmando y transformando sus rasgos de identidad. De esta forma, las culturas indígenas americanas conservaron y redefinieron sus identidades étnicas a través de los procesos de mestizaje ocurridos desde la conquista española y portuguesa. Hoy en día, ante el proceso de racionalización económica llevado por los imperativos de la globalización, cobra particular interés la supervivencia de las etnias y su articulación a nuevas estra-

---

[8] Para un estudio de "lo étnico" en la cultura del maíz en México, véase Boege, 1988.

tegias de uso de los recursos, frente al impacto de la modernización del agro.

La cultura aparece así como un orden tensado entre la racionalización económica y la construcción de una racionalidad ambiental. La cultura es concebida como un "recurso social" que se articula con la base de recursos naturales.[9] En este sentido, las disciplinas etnológicas y antropológicas se articulan con la ecología para definir el patrimonio de recursos naturales y culturales de diferentes etnias y grupos culturales; para comprender las prácticas culturales de uso de los recursos y aplicarlas a las estrategias de un desarrollo sustentable (Leff, 1985; Leff y Carabias, 1993). La cultura constituye un conjunto de procesos "mediadores" entre las determinaciones históricas, políticas, económicas y geográficas sobre el uso del suelo y los recursos, y la transformación efectiva de los ecosistemas naturales. De este modo, las prácticas tradicionales de percepción y uso de los recursos actúan como un "mecanismo" amortiguador de la degradación ambiental, incluso en los casos en los cuales se incrementa la demanda económica y se intensifica el ritmo de explotación de los recursos de una determinada región. Sin embargo, esta "resiliencia cultural" ha venido desapareciendo al desintegrarse las identidades étnicas y la organización productiva de las culturas tradicionales en los procesos de colonización, capitalización y modernización. De esta manera, más allá de ser guiada por una cultura ecológica genérica, la sustentabilidad se construye a través de las formas que adoptan las racionalidades culturales específicas de cada etnia, cada pueblo y cada comunidad.

Los procesos de aculturación continúan vulnerando las identidades étnicas a través de procesos de colonización que desplazan a las poblaciones de sus territorios, transformándolas en trabajadores asalariados, por la imposición de megaproyectos de desarrollo rural, por la localización de "polos de desarrollo" y por la implantación de paquetes tecnológicos para maximizar los beneficios económicos de cultivos comerciales y transgénicos, así como de la ganaderización en los trópicos, que se han venido implantando a pesar de ser inapropiados para las condiciones ecológicas y edafológicas del trópico y ajenos a la cul-

---

[9] La cultura aparece como "el complemento de los recursos naturales en los sistemas productivos campesino-indígenas [... que] orienta el uso de los recursos, mientras que éstos condicionan, hasta cierto grado, las opciones de vida del grupo étnico. Así concebida, la cultura es un recurso social, capaz de usarse destructiva o racionalmente, de perderse o desarrollarse" (Varèse y Martin, 1993).

tura tradicional de uso de los recursos. A su vez, la degradación ambiental repercute en el desuso de muchas técnicas tradicionales, como ocurre con las prácticas de silvicultura y de pesca (Cunha y Rougeulle, 1993). Muchas veces el contacto de la población autóctona con los procesos de modernización genera respuestas hacia la reafirmación de sus valores tradicionales; pero en otros casos conduce a la negación de su identidad étnica y sus valores culturales, por el deseo de asimilarse a la cultura dominante (Viveros, Casas y Caballero, 1993).

Ante la pérdida de patrimonio cultural, varios autores han señalado la importancia de rescatar los "estilos de desarrollo prehispánicos" (Gligo y Morello, 1980) y el "modo de producción campesino" (Toledo, 1980). Se plantea así el proyecto de incorporar las bases ecológicas y los valores culturales en las condiciones generales de la producción y de explorar el potencial de la organización cultural y de la productividad ecotecnológica de diversos ecosistemas para el desarrollo sustentable de las comunidades rurales del tercer mundo, es decir de construir una nueva racionalidad productiva basada en una diversidad de racionalidades culturales.

PATRIMONIO DE RECURSOS NATURALES:
COMPLEMENTARIEDADES ECOLÓGICAS Y CULTURALES

Hasta muy recientemente, siguiendo las tendencias generadas por la racionalización de la producción capitalista, la producción agraria se ha venido impulsando dentro del criterio de maximizar la productividad agronómica de la tierra –la producción anual por hectárea–, sin considerar sus costos energéticos y socioambientales ni, incluso, los costos económicos vistos en una perspectiva de mediano y largo plazo. Los estudios de Pimentel y Pimentel (1979) sobre la irracionalidad energética de la agricultura capitalizada llevaron a elaborar indicadores para medir y valorizar la fertilidad sostenida de los suelos (producción por unidad de espacio y tiempo), la eficiencia energética (kilocalorías producidas por kilocalorías invertidas) y la producción sostenida de recursos (de valores de uso naturales), en relación con las necesidades básicas y la calidad de vida de la población.[10] Ello

---

[10] El sistema de milpa en México extrae 12 Kcal. por Kcal. invertida, mientras que en los sistemas agrícolas de Estados Unidos varía de 2.7 a 3 Kcal. Esta relación cambia

es particularmente importante en los ecosistemas tropicales, que presentan la más alta productividad natural debido a su diversidad y complejidad, pero que al mismo tiempo son los más frágiles e inadecuados para un uso intensivo del suelo. Esto está llevando a definir la sustentabilidad ambiental del desarrollo agrícola a través del ordenamiento ecológico de los flujos de materia, energía e información, que sienta las bases para asegurar una productividad ambientalmente sostenida. Asimismo promueve un nuevo paradigma de producción rural que se define a través de las racionalidades culturales de uso de los recursos.

Los estudios recientes sobre la racionalidad energética y ecológica de los sistemas tradicionales de cultivo muestran cómo las prácticas tradicionales de labranza y el uso de fertilizantes orgánicos, así como la asociación, relevo y rotación de cultivos, conservan e incluso incrementan el rendimiento agrícola de los suelos. Así, la ciencia y práctica de la agroecología ha venido registrando incrementos de la producción en cultivos asociados, confirmando el valor de una estrategia de manejo múltiple y diversificado de los recursos en la elevación de la productividad ecológica (Altieri, 1987, 1993). Por su parte, la alternancia de cultivos acelera el tiempo de cosecha, reduciendo la incidencia de plagas, así como el consumo de agua y de energía. La asociación de cosechas anuales de ciclo corto con cultivos perennes permite obtener varias cosechas al año de manera sostenible, mejorando la eficiencia del uso del suelo. A su vez, la integración de estas prácticas incrementa la productividad agroecológica, disminuyendo al mismo tiempo el deterioro ambiental.

La puesta en práctica de estos principios agroecológicos hace necesario elaborar indicadores que permitan evaluar proyectos alternativos de uso de recursos, no sólo en términos de su rentabilidad económica, sino también de su racionalidad energética y de sus beneficios en cuanto a sus efectos de equilibrio ecológico, equidad social y sustentabilidad ambiental. Sin embargo, no es posible traducir los valores y potenciales ambientales en precios de mercado y homogeneizarlos dentro de las cuentas nacionales que miden la produc-

---

cuando se aplican insumos agroquímicos y maquinaria en suelos delgados y frágiles del trópico, y en áreas donde las lluvias son inestables. Así, mientras que en Estados Unidos se producen entre 129 y 144 kg de grano por litro de diésel, en México se obtienen sólo 20 kg. de cereales como trigo y sorgo, ya que los suelos tropicales son más vulnerables y muestran una menor capacidad de respuesta al uso de agroquímicos para mantener una productividad sostenida (Pimentel y Pimentel, 1979).

ción económica de riqueza (Tsuru, 1971; Kapp, 1983); tampoco es posible reducir estos valores a un cálculo energético. Ciertamente se pueden simular modelos alternativos de uso de los recursos y asignar "precios sombra" a las externalidades negativas del proceso económico y a los objetivos no económicos de las estrategias de uso sustentable de los recursos. Pero más allá de las dificultades para asignar tasas de descuento a procesos de largo plazo, la valorización del patrimonio de recursos naturales y culturales en términos económicos es un problema irresoluble. El valor económico asignado a la conservación de la biodiversidad (valor de sus recursos genéticos, valor sumidero de carbono, valores escénicos y ecoturísticos) no corresponde a los valores materiales y simbólicos asignados desde las diferentes culturas. Ningún precio compensa la alienación y el desarraigo producidos por la destrucción de las identidades étnicas. ¿Qué valor de mercado tienen la equidad, la democracia, la calidad de vida?

Se plantea así el problema de evaluar los principios éticos, los valores culturales y los potenciales cualitativos e inconmensurables del desarrollo sustentable. Éste no es solamente una cuestión técnica, sino que implica la legitimación de conocimientos y valores tradicionales (Thrupp, 1993), así como de los nuevos derechos ambientales. Pero, sobre todo, la valorización del patrimonio natural y cultural como principios de una estrategia alternativa de desarrollo fundada en la diversidad cultural requiere la construcción teórica de una nueva *racionalidad productiva*, que incorpore los procesos culturales y ecológicos como fundamento del proceso productivo capaz de constituir las relaciones sociales y orientar las fuerzas productivas hacia un desarrollo sustentable. En esta perspectiva, el legado cultural de los pueblos indígenas de América Latina aparece como un recurso indisociable de su patrimonio de recursos naturales y del vínculo que han establecido históricamente con su entorno a través de sus prácticas sociales y productivas. En este sentido, la organización espacial y temporal de cada cultura conforma un sistema de relaciones sociales de producción que potencian el aprovechamiento integrado, sustentable y sostenido de los recursos naturales.[11]

---

[11] "El patrimonio cultural es un recurso importante para la región [...] La sustentabilidad de las grandes estrategias agrícolas de los Andes, en las selvas tropicales, en las tierras anegadizas, etc., requerirá la incorporación de tecnologías mayas, incaicas y preincaicas, aztecas y de otras etnias. Tales etnias campesinas poseen un riquísimo patrimonio tecnológico cuyo deterioro ha provocado enormes costos ecológicos en numerosos países, especialmente en México y Perú. Ellos lograron resolver problemas

El manejo ecológico de los recursos fue una práctica ampliamente desarrollada por diversas culturas prehispánicas. Estas prácticas contemplaron la complementariedad de los diversos espacios y pisos ecológicos de regiones que muchas veces se extendían más allá del territorio y los ecosistemas de un grupo étnico (Murra, 1975; Denevan, 1980). Ello permitió optimizar la oferta ecológica de diversas regiones, basada en el uso estacional de los cultivos y de la fuerza de trabajo, los espacios productivos y los tiempos de regeneración de los recursos (el sistema de roza-tumba-quema), integrando la producción a través del intercambio interregional de excedentes económicos. Asimismo, fomentó el aprovechamiento de los recursos hidráulicos y la construcción de importantes obras tecnológicas para la captación y conservación de agua, para la prevención de la erosión (terrazas) y para elevar la productividad agrícola (chinampas, camellones, campos elevados).

Esta estrategia productiva implicó el desarrollo no sólo de prácticas de uso de los recursos específicos de cada grupo étnico, sino de toda una "cultura ecológica", que funcionaba como soporte material y simbólico de las relaciones sociales y las fuerzas productivas de las sociedades prehispánicas y precapitalistas. Esa *macrocultura* ordenadora de los procesos productivos operaba a través de un sistema de complementariedades de los espacios ecológicos y los tiempos de producción y regeneración de la naturaleza para un manejo sustentable y productivo de los recursos; de las temporadas de lluvias y sequías; de la distribución anual de cultivos según sus procesos de crecimiento diferenciados y las condiciones ecológicas de cada estación; del uso integral de un recurso y el manejo integrado de las variedades genéticas de diversas especies vegetales (el maíz, la papa), en función de las condiciones topográficas y de la variedad y calidad de suelos; de las diferentes estrategias de uso final (autoconsumo/mercado), y de los

en los que la tecnología del Norte ha fracasado o está en balbuceos iniciales como, por ejemplo, en articular el policultivo agrícola en pequeños desmontes con el uso extensivo de la selva contigua (lo hacen los descendientes de los mayas); manejar rodeos mixtos multipropósito para sobrevivir en climas semiáridos de alta variabilidad (los aymara y los quechua en Bolivia); manejar la selva caducifolia para transformarla en ecosistema poliproductivo, incluso en épocas de sequías extraordinarias; desarrollar germoplasma que responda a climas de baja predictibilidad de lluvias (variedades de maíz y frijol de ciclos muy cortos, cortos y largos); desarrollar variedades adaptables a distintos pisos altitudinales (incas, mayas) y al gradiente latitudinal (pueblos andinos, mayas); desarrollar sistemas de variedades de germoplasma de rápida respuesta a distintos climas higrotérmicos, como por ejemplo en tomate, maíz, poroto, papa, zapallos" (Morello, 1990).

insumos tecnológicos (maquinaria, fertilizantes) para el manejo de los recursos (Bellón, 1993).

Estas prácticas tradicionales generaron diversas estrategias de cultivos combinados, de procesos de regeneración selectiva y de manejo de los recursos naturales de los bosques tropicales, a través de la diversificación y complementariedad de sus funciones ecológicas. Estos principios fueron utilizados en diversas prácticas de uso integrado de recursos naturales (huertos familiares, milpas y acahuales), y están siendo recuperados en un nuevo concepto de manejo de reservas de la biosfera, con sus áreas núcleo, de amortiguamiento, de manejo y de investigación (López-Ornat, 1993). Sin embargo, las temporalidades impuestas por las estrategias productivas actuales no respetan la periodicidad e intensidad en el uso de los recursos en las comunidades indígenas tradicionales debido a la creciente presión que ejerce la economía de mercado y el incremento de la población en las formas de uso de los recursos naturales.

La articulación productiva de distintos ecosistemas y regiones, así como la percepción de la naturaleza como procesos y no como un *stock* de recursos, definió diferentes "estilos de desarrollo ambiental prehispánicos" que permitían optimizar el uso de la fuerza de trabajo y el potencial ecológico a través de una producción diversificada, ajustada a las condiciones ambientales de cada región, combinando cultivos e integrando actividades agrícolas y forestales con las de caza, pesca y recolección (Gligo y Morello, 1980). Este estilo de desarrollo se fue concretando a través de la complementariedad de los procesos de trabajo y de un conjunto de prácticas de cooperación interétnica para el manejo integrado de los recursos. La integración de las economías familiares, comunitarias y regionales permitía el usufructo e intercambio de productos provenientes de un territorio más amplio. Asimismo se establecieron reglas consensuales sobre la administración y regulación colectiva de la producción, basadas en largos procesos de observación de la naturaleza, de desarrollo técnico, de experimentación productiva, de innovación de conocimientos, de intercambio de experiencias y diálogo de saberes.

En el medio rural del tercer mundo, la estructura social está íntimamente asociada con los valores de la cultura, que norman la intervención del hombre en la transformación de su entorno natural. Así, el acceso social y culturalmente sancionado a los recursos naturales, tanto a través de las tradiciones culturales como de las formas de tenencia de la tierra (los ejidos y la propiedad comunal de la tierra) y la división del trabajo, favorecen en muchos casos prácticas productivas que utilizan de manera ecológicamente racional los recursos naturales. De esta manera, las culturas tradicionales en India establecen relaciones específicas con el medio, desarrollando prácticas de conservación y de manejo sustentable de sus recursos a través de la diversificación de nichos ecológicos ocupados por diferentes grupos endógamos, que se complementan sin sobreponerse en una misma región. Cada familia, tribu o casta social tiene derecho a la explotación de una parcela de tierra o a ciertos recursos naturales bajo la regulación de la comunidad (Gagdil y Iyer, 1993). Estas prácticas incluyen restricciones sobre el territorio que puede ocupar cada grupo social y en el que puede usufructuar sus recursos, sobre las técnicas, los métodos y los periodos autorizados para la explotación de los recursos vegetales y animales, estableciendo una división del trabajo por sexo y edad, y una especialización ecológica de cada casta para el usufructo de los recursos (Gagdil, 1985).

De esta manera, la organización cultural de cada formación social regula la utilización de los recursos para satisfacer las necesidades de sus miembros. Estos sistemas generan mecanismos que restringen el acceso, norman las prácticas y regulan los ritmos de extracción de los recursos, estableciendo lazos de parentesco y reciprocidad, derechos territoriales y formas de propiedad que favorecen el uso sustentable y sostenido de los recursos. La percepción "holística" del ambiente que caracteriza a los sistemas gnoseológicos de las sociedades tradicionales se inscribe en sus cosmovisiones, sus mitos, sus rituales y sus prácticas productivas; el saber de los procesos geofísicos (cambios de estaciones y climas; ciclos bio-geo-químicos, ecológicos e hidrológicos) se asocia con el conocimiento de los diferentes tipos de suelo, permitiendo utilizar los espacios ecológicos de manera complementaria y hacer un uso múltiple e integrado de los recursos bióticos. La naturaleza es percibida así como un *patrimonio cultural* y no sólo como un recurso económico.

LAS CONDICIONES CULTURALES DEL DESARROLLO SUSTENTABLE: PRODUCTIVIDAD ECOTECNOLÓGICA Y RACIONALIDAD AMBIENTAL

La incorporación de la cultura y la diversidad cultural en la perspectiva del desarrollo sustentable abre tres posibles vías de interpretación:

a) La emergencia de una *cultura ecológica* como la incorporación en la conciencia social de un conjunto de valores de cuidado de la naturaleza y valorización de la diversidad biológica, incluyendo los derechos de los diversos grupos étnicos a la apropiación, manejo y usufructo de los recursos de sus territorios.

b) La integración de la cultura a las condiciones generales de la producción, entendiendo que la gestión ambiental participativa de las propias comunidades –que implica la preservación de su identidad étnica y sus valores culturales– es una condición para la conservación ecológica y de la base de recursos para cualquier estrategia de producción sustentable.

c) Como un principio ético-productivo del desarrollo de las fuerzas productivas en un paradigma alternativo de producción, en el que la innovación tecnológica y la productividad ecológica están entretejidas con las formas culturales de simbolización y significación de la naturaleza que definen la productividad ambiental de un territorio y articulan la organización productiva de diferentes formaciones socioeconómicas en procesos de *productividad cultural.*[12]

Los principios de racionalidad ambiental definen así un concepto de *productividad sustentable* que trasciende la oposición entre conservación y crecimiento. No sólo se trata de preservar espacios de conservación de recursos, de incorporar tecnologías limpias, de generar programas de recuperación y ordenamiento ecológico, o de integrar microeconomías marginales de subsistencia al proceso de globalización dominante. La racionalidad ambiental construye espacios de producción sustentable fundados en la capacidad ecológica de sus-

---

[12] El concepto de productividad cultural vincula la noción de cultura –que generalmente designa formaciones sociales y actividades humanas que no se caracterizan por tener como finalidad un incremento de su productividad–, con el concepto de productividad, propio de la racionalidad económica y tecnológica y de la ideología del progreso de la modernidad, la cual ha buscado diezmar, colonizar, reducir e integrar a las sociedades "tradicionales" y recodificar sus valores culturales en términos de los valores de la modernidad. El concepto de productividad cultural aparece así como un concepto híbrido en el encuentro entre las ciencias modernas y los saberes tradicionales, para dar cuenta de la fuerza productiva de una comunidad a partir de su percepción y valorización significativa de la naturaleza, de las formas de aprovechamiento productivo de sus recursos, de sus motivaciones para reorganizar sus actividades productivas y de su capacidad para generar y asimilar nuevos conocimientos a sus prácticas productivas tradicionales. En forma análoga, el concepto de productividad primaria, proveniente de la ecología, es transformado en un concepto de productividad ecológica dentro de un paradigma de productividad ecotecnológica (Leff, 1975, 1984,1994a).

tentación de la base de recursos de cada región y de cada localidad y en las racionalidades culturales de las poblaciones que las habitan.

Los conceptos de *productividad ecotecnológica* y *racionalidad ambiental* permiten construir un proceso productivo integrado por tres niveles de productividad: ecológica, tecnológica y cultural. Las formas de significación y valorización cultural de la naturaleza establecen un *sistema de recursos naturales culturalmente definido* y orientan un conjunto de prácticas productivas hacia una economía sustentable, basada en una productividad sostenible a largo plazo. Entre los procesos y prácticas culturales que establecen las condiciones culturales de sustentabilidad, es posible distinguir, por una parte, *procesos directamente productivos* (la significación cultural de la naturaleza que define un sistema de recursos, las prácticas culturales de aprovechamiento de la productividad natural y la obtención de una cosecha sostenible de valores de uso-significado, la mediación de la racionalidad cultural en la innovación tecnológica) y un conjunto de *condiciones culturales de una producción sustentable* (la preservación de las identidades étnicas, las normas culturalmente sancionadas de acceso y uso de los recursos, los derechos sobre sus territorios, etc.), que son soporte de las prácticas de gestión de procesos productivos sustentables.

Todo sistema de recursos naturales es definido culturalmente. Todo sistema de producción rural depende de la racionalidad de sus agentes productivos. Una racionalidad cultural no es nunca homogénea; ésta variará si el productor es una empresa rural comercial o una comunidad que ha coevolucionado en un medio desarrollando a lo largo de su historia un conjunto de prácticas productivas en las cuales han asignado significados culturales a la naturaleza, seleccionado y transformando algunos de sus elementos como recursos, y desarrollando formas culturales de aprovechamiento. Estas racionalidades se configuran en cada formación social a través de la integración de sus cosmovisiones con sus formas sociales de organización de su territorio, de propiedad de la tierra y percepción de los recursos, estableciendo relaciones sociales y técnicas de producción específicas. Es a través de la cultura que se definen las prácticas de uso del suelo y los patrones de aprovechamiento de los recursos naturales.

La preservación de las identidades étnicas y los valores tradicionales de las culturas, el arraigo a sus tierras y sus territorios étnicos, constituyen soportes para la conservación de la biodiversidad –del equilibrio, la resiliencia y la complejidad de los ecosistemas–, estableciéndose como condición de su productividad sostenida. La solidaridad, la cohesión interna y la autonomía de las comunidades indígenas y campesinas son fuente de motivación de las poblaciones rurales y base de su actividad creativa, innovadora y productiva, de su capacidad de cambio y adaptación, de su potencial para incorporar elementos de la ciencia y la tecnología modernas a sus prácticas tradicionales, que contribuyen a incrementar y estabilizar la productividad ecotecnológica de un territorio. Si bien no es posible desagregar la contribución específica de cada uno de estos procesos culturales –directos o indirectos– a la productividad global, su eficacia y funcionalidad dentro de un sistema eco-tecno-social complejo y productivo constituyen en conjunto las condiciones culturales de la sustentabilidad dentro de una racionalidad ambiental.

Varios estudios sobre el uso que han hecho diversos grupos étnicos de su ambiente a lo largo de su historia en diferentes regiones del mundo, han mostrado cómo su conocimiento sobre el funcionamiento de los suelos les ha permitido aprovecharlos de manera eficiente, obteniendo cosechas bajo condiciones socioeconómicas y ambientales limitantes, conservando a su vez la base de recursos naturales. Un vasto sistema de conocimientos, prácticas y tradiciones sobre el potencial de aprovechamiento múltiple e integrado de los recursos ha estado entretejido en las tramas ecológicas, las relaciones sociales, los imaginarios colectivos y los procesos productivos sustentables de los pueblos (Leff y Carabias, 1993; Paré, 1996; Lazos y Paré, 2000; Diegues, 2000; Paré y Chavero, 2003). Allí se entrelazan el conocimiento tradicional de los recursos vegetales, tanto silvestres como cultivados; los complejos sistemas taxonómicos de diversas culturas; las múltiples funciones que realizan las prácticas agrícolas tradicionales en la conservación de procesos ecológicos y en la protección del suelo de la erosión hídrica y eólica; la conservación de la diversidad genética y de la vegetación silvestre; la regeneración selectiva de especies útiles; el mantenimiento de la fertilidad de los suelos por el mejoramiento de sus características físico-químicas y biológicas y por la captación y retención del agua; y la innovación de sistemas agroecológicos altamente productivos.

Entre estos procesos destaca el conocimiento tradicional sobre el manejo del barbecho o selva secundaria, en el que interviene un sofisticado saber sobre los procesos de regeneración selectiva de especies en el sistema de roza-tumba-quema, que permite transformar los ecosistemas tropicales en eficientes sistemas agro-silvo-productivos aprovechando el "subsidio" que ofrece la naturaleza" (Hecht *et al.*, 1993) a la productividad ecotecnológica. Los huertos familiares y los sistemas de barbecho han funcionado como proyectos culturales de sucesión dirigida a partir de las características de los ecosistemas y de los estilos étnicos de uso de los recursos de las comunidades que intervienen en su diseño y aprovechamiento. Estas estrategias de manejo de los recursos constituyen agro-eco-sistemas altamente estables, diversificados y productivos, que simulan la estructura y dinámica de los ecosistemas naturales, maximizando el uso de cada nicho ecológico disponible. Además, están basadas en un amplio repertorio de conocimientos, saberes y prácticas tradicionales de las culturas que se han asentado en los complejos y productivos ecosistemas de las zonas tropicales del planeta, preservando y cultivando de forma selectiva especies útiles (Gispert, *et al.*, 1993; Gómez-Pompa, 1993).

Los sistemas de saberes tradicionales conjugan así diversos objetivos a través de la fusión de prácticas culturales, sociales y productivas; éstas permiten optimizar la oferta ecológica de los recursos, conservando las condiciones de una producción sostenida, una distribución más equitativa de los recursos y una apropiación diferenciada de satisfactores en el tiempo y en el espacio. De esta manera, las estrategias de uso múltiple de la naturaleza llevan a "decodificar la variedad de sus diversos microambientes, desarrollando prácticas productivas que no sólo preservan la biodiversidad, sino que elevan el nivel de autosatisfacción de las necesidades materiales de la comunidad" (Toledo y Argueta, 1993). La racionalidad cultural arraigada en las prácticas productivas basadas en un aprovechamiento ecológico de la naturaleza contrasta con los modelos de especialización productiva, homogeneización de la naturaleza y maximización del beneficio a los que induce la racionalidad económica. La naturaleza no acumulativa de las economías indígenas y campesinas, así como la racionalidad de las economías de autosubsistencia (Chayanov, 1974), integran valores culturales orientados por objetivos de prestigio, estabilidad, solidaridad interna y satisfacción endógena de necesidades, así como de distribución y acceso equitativo de la comunidad a los recursos ambientales. Los valores culturales que se expresan en los mitos y en los rituales de las sociedades tradicionales, se entretejen con los saberes de la comunidad sobre sus condiciones de producción (saberes acumulados en una larga tradición y experiencia), manifestándose tanto en el conocimiento del medio como en la división y formas de trabajo. Las técnicas en uso alcanzan un alto grado de complejidad, articulándose con la organización social y con las formaciones ideológicas de las comunidades. Estas formas de cohesión social y autosuficiencia productiva permiten en la actualidad la supervivencia de muchas poblaciones en condiciones de autosubsistencia. El mejoramiento de las prácticas autogestionarias de aprovechamiento múltiple de los recursos permitiría incorporar a una vasta población marginada y pauperizada a un proceso de desarrollo sustentable (Parra, 1993).

La organización ecosistémica y cultural de los recursos ofrece así nuevos potenciales para orientar formas innovadoras de organización social y productiva. Esta *racionalidad ambiental* irradia nuevas fuerzas productivas a través de la redistribución de la población en el espacio geográfico, de la reorganización y relocalización de las actividades productivas y de la actividad autogestionaria de la sociedad. Este proceso modifica la cantidad y calidad de los satisfactores, así como la distribución social de la riqueza, a través de la descentralización de actividades económicas, la conservación e incremento de la productividad sostenida de los ecosistemas y las formas de apropiación y manejo del patrimonio natural y cultural de los pueblos.

Desde estos principios se abre la posibilidad de construir un nuevo paradigma productivo fundado en los principios de una productividad ecotecnológica resignificada y normada por los valores y las formas de organización cultural. Este paradigma productivo está sustentado en la conservación de ciertas estructuras funcionales básicas de los ecosistemas, de las que dependen su fertilidad y estabilidad, es decir, de su potencial productivo a largo plazo y de la capacidad de regeneración de sus recursos. De esta manera, las prácticas tradicionales han conservado las condiciones ecológicas del medio, guiando el proceso evolutivo de las especies a través de prácticas culturales de selección y aprovechamiento de los recursos de la naturaleza (Colunga y Zizumbo, 1993). En ese mismo sentido puede seguirse potenciando la productividad primaria de los ecosistemas mediante la aplicación de una tecnología ecológica para incrementar una producción de valores de uso socialmente necesarios y culturalmente definidos.

La distribución espacial de los recursos biológicos, sus intercambios materiales y energéticos, el reciclaje ecológico de los desechos orgánicos y de los residuos o subproductos de los procesos industriales, establecen nuevos ciclos de nutrientes y balances de energía en el ecosistema. Los procesos biotecnológicos pueden incrementar el crecimiento de las especies sujetas a procesos de manejo múltiple, contribuyendo a elevar el nivel de la productividad ecológica. La conservación de las estructuras funcionales que sustentan las condiciones de estabilidad y productividad de los ecosistemas depende de las prácticas culturales y económicas de acceso y explotación de los recursos. Así, la preservación y el aprovechamiento productivo de la biodiversidad dependen de las organizaciones culturales que viven en ecosistemas particulares y desarrollan estilos propios de manejo de su ambiente, generando formas particulares de selección y regeneración de especies, transformando a los ecosistemas en sistemas de recursos con una oferta sostenida de satisfactores para la comunidad.

La productividad ecotecnológica depende del conocimiento cultural de las condiciones de fertilidad de los suelos y del manejo productivo, sustentable y sostenido de los ecosistemas; de la complementariedad productiva de los espacios territoriales y de los ciclos temporales en el aprovechamiento integral e integrado de los recursos naturales. El estilo de desarrollo de la población y la percepción cultural de su ambiente, así como las condiciones sociales de acceso y apropiación de sus recursos, la aplicación de sus medios técnicos de producción y consumo de sus productos, norman los procesos de explotación, degradación y productividad sostenible de sus ecosistemas. La división social del trabajo, la distribución del tiempo disponible entre diversas actividades productivas y no productivas, y la eficiencia de sus procesos de trabajo, se establecen en función de los espacios territoriales, las formas de propiedad y las unidades legales de producción de los diferentes grupos culturales.

En muchos casos, las prácticas tradicionales de las comunidades han incorporado los principios de un aprovechamiento ecológicamente racional de sus recursos al desarrollo de sus fuerzas productivas. En este sentido, la defensa de su autonomía cultural contribuye a conservar y a desarrollar el potencial productivo de su ambiente. El impacto ambiental de estas prácticas productivas no depende solamente de las propiedades técnicas de sus medios de producción, sino que está sujeto a las condiciones socioculturales y los estilos étnicos de vida de los que depende su aplicación. Las creencias religiosas, las normas morales y los valores culturales de los pueblos, así como sus transformaciones a través de un proceso histórico de explotación económica y dominación cultural, no sólo establecen formas determinadas de organización productiva, sino que condicionan su disposición y capacidad para incorporar nuevos conocimientos tecnológicos a sus prácticas tradicionales. El acceso socialmente sancionado y la participación comunitaria en la gestión de sus recursos productivos, afectan la distribución social de los recursos de la naturaleza y de la riqueza producida; además, promueven la satisfacción de las necesidades básicas y las demandas de la población, a la vez que contribuyen a establecer nuevas formas y niveles de productividad. A través de los valores culturales de una comunidad se inserta el potencial ecológico y tecnológico en sus procesos de trabajo y opera como una fuerza productiva. En este sentido, las instituciones culturales –las formas de cooperación, el trabajo colectivo, la división familiar y social del trabajo, el intercambio intercomunitario– definen la productividad cultural del desarrollo sustentable.

La sustentabilidad del sistema productivo implica la necesidad de construir una tecnoestructura que esté normada por las condiciones ecológicas del medio. Sin embargo, las formas efectivas de su utilización como medios de producción están sujetas a las condiciones de asimilación cultural de nuevas tecnologías que potencien los saberes técnicos tradicionales y que puedan ser administradas por las propias comunidades. En este sentido, es posible definir un *sistema tecnológico apropiado* como aquella tecnoestructura que, estando caracterizada por su adecuación e integración a las condiciones ecológicas del medio, se concreta a través de las prácticas productivas de las comunidades y define su productividad a través del proceso de apropiación colectiva y subjetiva de los medios ecotecnológicos de producción por parte de los productores directos. Este proceso implica la asimilación cultural de nuevas habilidades, la interiorización de nuevos conocimientos y la posesión de los medios de producción y de los instrumentos de control que hagan posible la autogestión de sus recursos productivos.

Desde la perspectiva cultural del desarrollo sustentable, la productividad tecnológica está asociada con la capacidad de recuperar y mejorar las prácticas tradicionales de uso de los recursos. Estos procesos de innovación dependen de las motivaciones de las comunidades hacia la autogestión de sus procesos productivos y de su capacidad innovadora para incorporar conocimientos científicos y tecnológicos modernos que incrementen la productividad de sus prácticas tradicionales, sin destruir su identidad étnica y sus valores culturales, de los cuales dependen su vitalidad, el sentido existencial de sus estilos de vida, su creatividad y su energía social como fuentes de productividad. La articulación de estos procesos ecológicos, tecnológicos y culturales define la base real de recursos de una formación social y genera nuevos potenciales productivos para el desarrollo sustentable.

Las prácticas agroecológicas constituyen un ejemplo práctico de aplicación de los principios del paradigma ecotecnológico. Estas prácticas amalgaman el conocimiento agrícola tradicional con elementos de la ciencia y la tecnología modernas, innovando prácticas que son culturalmente compatibles con la racionalidad de la producción campesina. Las técnicas resultantes son ecológicamente apropiadas y culturalmente apropiables; permiten elevar la productividad y preservan la capacidad productiva del ecosistema; conservan las identidades culturales y los servicios ambientales del planeta, contribuyendo a la adaptabilidad hacia los cambios climáticos (Altieri, 1987, 1993). El paradigma de productividad ecotecnológica ofrece nuevas bases para un desarrollo sustentable que se sostiene en las culturas que han habitado los ecosistemas y que se actualizan en los procesos de innovación y asimilación cultural en las prácticas productivas en el ámbito local. Estos procesos están siendo movilizados por la emergencia de nuevos actores sociales en el campo que luchan por traducir los principios del ambientalismo en nuevas prácticas productivas que puedan ser apropiadas por las comunidades para satisfacer sus necesidades básicas y sus aspiraciones dentro de diversos estilos de vida y de desarrollo.[13]

LA CULTURA Y LA PULSIÓN AL GASTO: LA PARTE MALDITA

La cultura ecológica emerge en la narrativa de la globalización como una conciencia conservacionista frente a la racionalidad económica productivista y derrochadora. El discurso de la sustentabilidad tiende a atribuir a la cultura –y a las culturas– una voluntad y una capacidad intrínsecas de preservación del medio ambiente donde habitan como una experiencia vivida de conservación cultural, como una facultad y un mecanismo adquirido en el proceso de evolución ecocultural. Y sin embargo, la cultura no funciona como una "superestructura" de la base orgánica de la vida que asegura su reproducción a través de procesos de adaptación y transformación, donde las leyes de conservación y evolución se reflejan en las cosmovisiones y prácticas culturales de uso de la naturaleza. Los estilos étnicos de aprovechamiento de la naturaleza no siguen una ruta trazada por un determinismo geográfico

[13] Ver cap. 9, *infra.*

o biológico; sus cosmovisiones no son ideogramas que corresponden y reflejan fielmente a la naturaleza donde habitan; el proceso de significación cultural de la naturaleza no es una relación de significante-significado. Por ello, si bien las racionalidades de las culturas tradicionales –sus cosmovisiones y prácticas– resultan más afines a las condiciones de conservación y evolución de la naturaleza –sobre todo comparadas con la impronta *antinatura* de la racionalidad económica–, la organización cultural no escapa a la "entropía social" que produce el desorden del orden simbólico y la desmesura del deseo, y su relación con el "derroche de energía viva", con la "furia destructora" y la "orgía de aniquilamiento" de la naturaleza desencadenada por el orden simbólico y la sexualidad. En ese sentido Bataille habría afirmado que,

La posibilidad humana dependió del momento en que, presa de un vértigo insuperable, un ser se esforzó en decir que *no* [...] El hombre se sublevó para no seguir más el movimiento que le impulsaba; pero de ese modo, no pudo hacer otra cosa que precipitarlo hasta una velocidad vertiginosa. Si en las prohibiciones esenciales vemos el rechazo que opone el ser a la naturaleza entendida como derroche de energía viva y como orgía de aniquilamiento, ya no podemos hacer diferencias entre la muerte y la sexualidad. La sexualidad y la muerte sólo son los momentos agudos de una fiesta que la naturaleza celebra con la inagotable multitud de los seres; y ahí sexualidad y muerte tienen el sentido del ilimitado despilfarro al que procede la naturaleza, en un sentido contrario al deseo de durar propio de cada ser [...] Las prohibiciones en las que tomó forma una reacción única con dos fines distintos [...] [forman] un complejo indivisible. Como si el hombre hubiese captado inconscientemente y de una sola vez lo que la naturaleza tiene de imposible (lo que nos es *dado*) cuando exige seres a los que promueve a participar en esa furia destructora que la anima y que nada saciará jamás (Bataille, 1997: 65-66).

Más allá de comprender y ajustar el comportamiento de las sociedades tradicionales sobre la base de los imperativos de una racionalidad ecológica y energética, Bataille (1967) indagó el pensamiento "primitivo" y su organización cultural desde su *pulsión al gasto*, como una forma cultural de desperdicio de un excedente (de libido, de energía). Bataille contrapone la ética protestante de la frugalidad y la acumulación, a la del gasto ritual. La entropía social no es la manifestación simple y llana del ser humano inmerso en un mundo donde imperan las leyes generales de la entropía, de un sistema termodinámico alejado del equilibrio, sino la expresión de un ser movido por un deseo insaciable, por el exuberante desgaste y la irremediable perdición de lo humano. Ya desde 1933 Bataille —ese explorador del lado oscuro de la existencia humana— adelanta con *La noción de gasto*, su visión "entropizante" de la cultura, dentro de su propósito de formular una economía general que habría de continuar (su culminación nunca fue consumada) con *La parte maldita* (Bataille, 1967). Empieza así a diseñarse desde 1931, cuarenta años antes que Georgescu-Roegen, una indagación sobre "la dependencia de la economía en relación con las travesías de la energía sobre el globo terrestre". Su itinerario se iniciaba con estas preguntas fundadoras:

¿No debe abordarse el conjunto de la actividad productiva dentro de las modificaciones que recibe de lo que la rodea, o lo que esto aporta a su alrededor? [...] Si desarrollamos incesantemente las fuerzas económicas, ¿no debemos plantearnos los problemas *generales* vinculados al movimiento de la energía sobre el globo? (Bataille, 1967: 58).

Si bien en esa época flotaba ya en el ambiente el concepto de entropía en la temática energética y ecológica emergente que impulsó a precursores de la economía ecológica como Patrick Geddes, Alfred Lotka, Frederick Soddy y Vladimir Vernadsky, estas preguntas críticas habrían de desarrollarse veinte años más tarde con el surgimiento de una "conciencia ecológica". Bataille transgrede el dogma de la racionalidad económica desde el impulso de la vida simbólica y deseante: desde la cultura. Su aporte no consistió, como en otros autores de la época, en acomodar un concepto de entropía proveniente de las ciencias naturales al campo cultural que había penetrado en el ámbito científico. En vano buscaremos en los textos de Bataille la palabra *entropía* o su aplicación del concepto al orden cultural.[14] Bataille esboza una noción de entropía social desde su descubrimiento del gasto no utilitarista en el intercambio destinado a la pérdida pura. En una clarividente visión "pre-prigoginiana" sobre la vida humana afirmaba:

La vida humana, distinta de la existencia jurídica y tal como ha tenido lugar de hecho sobre el globo aislado en el espacio celeste, del día a la noche, de

---

[14] Aparentemente su único acercamiento a las nociones relacionadas con la circulación de la energía en la tierra parece haber sido *La biosphere* de Vernadsky, y eso varios años después, en la publicación de *La parte maldita*.

una comarca a la otra, no puede en ningún caso limitarse a los sistemas cerrados que le son asignados dentro de las concepciones razonables. El inmenso trabajo de abandono, de derramamiento y de tormenta que la constituyen podrían expresarse diciendo que ella no comienza sino con un déficit de esos sistemas: al menos lo que ella admite de orden y de reserva no tiene sentido sino a partir del momento en el que las fuerzas ordenadas y reservadas se liberan y se pierden por fines que no pueden sujetarse a nada sobre lo que sea posible rendir cuentas. Es sólo por tal insubordinación, incluso miserable, que la especie humana cesa de estar aislada en el esplendor sin condición de las cosas materiales (*Ibid.*: 43-44).

Contra la visión de los impulsos e intereses humanos planteados en términos de conservación y producción por la racionalidad económica, Bataille postula una razón más profunda del comportamiento económico: la pulsión hacia el gasto, el deseo y voluntad de una pérdida pura, sin interés ni retorno. Bataille anticipa el móvil del placer ante el fin de una "necesidad" o de un valor económico fundado en un "tiempo de trabajo socialmente necesario" o en una racionalidad utilitarista. La fiesta, el derroche y el desgaste aparecen como el principio originario y el fin último que conducen la motivación del ahorro y la racionalización de las conductas económicas. Frente al consumo productivo de naturaleza, Bataille adelanta la idea de un *gasto improductivo*, de una *necesidad de pérdida desmesurada*. Este gasto no se refiere al consumo entendido como el momento de "realización de la mercancía" –condición *sine qua non* de la revalorización del capital– sino a un gasto simbólico que, como un sacrificio, aparece como una pérdida pura, sin un fin económico, como una degradación de energía sin límite. El sentido de la noción de gasto surge cuando

La riqueza aparece como adquisición en tanto que el hombre rico adquiere un poder, pero se dirige completamente hacia la pérdida en el sentido de que ese poder se caracteriza como poder de perder. Es sólo por la pérdida que trae aparejados la gloria y el honor (*Ibid.*: 34-35).

Más allá del problema de la internalización de costos y beneficios ecológicos y ambientales preconizados por la economía ambiental, o del problema de la inconmensurabilidad destacado por la economía ecológica, Bataille pone el acento en la imposible valorización de ese acto de pérdida pura, en esos impulsos ilógicos e irresistibles de rechazo de bienes materiales o morales que hubiera sido posible utilizar racionalmente [...] de esa *degradación* que, bajo formas tanto siniestras como magníficas, no ha dejado de dominar la existencia social (*Ibid.*: 44).

De esta manera anticipa lo que veinte años después plasmaría el discurso ambiental. Sin recurrir a un concepto de entropía, Bataille ve a la economía general y su crisis como un conflicto entre la sobreabundancia de energía disponible y la necesidad de una pérdida sin ganancia del excedente de energía que no puede servir al crecimiento del sistema. Y todo ello a consecuencia de una causa: el lujo que precipita la dilapidación de energía, de un ineluctable "movimiento de lujosa exuberancia, de la cual somos [los humanos] la forma más aguda" (*Ibid.*: 73). La economía nos impulsa al crecimiento y al consumo lujoso (exacerbación del consumo exosomático), que consume al mundo descargando un excedente de energía dilapidada, un derroche de recursos sin intercambio económico, sin ganancia económica. Es la sinrazón de la pérdida pura y catastrófica:

Generalmente no hay crecimiento sino bajo las formas de una lujosa dilapidación de energía. La historia de la vida sobre la tierra es principalmente el efecto de una loca exuberancia: el evento dominante es el desarrollo del lujo, la producción de formas de vida cada vez más onerosas [...] El sentimiento de una *maldición* está ligado a esta doble alteración del movimiento que exige de nosotros el consumo de riquezas. Rechazo de la guerra bajo la forma monstruosa que reviste, rechazo de la dilapidación lujosa, cuya forma tradicional significa desde ahora la injusticia. En el momento en que el acrecentamiento de las riquezas es más grande que nunca, acaba de tomar ante nuestros ojos el sentido que siempre tuvo, de alguna manera, de *parte maldita* [...] Lo que la *economía general* define de entrada es un carácter explosivo de este mundo, llevado al extremo de la tensión explosiva en la época actual. Una maldición pesa evidentemente sobre la vida humana, en la medida que no tiene la fuerza de detener un movimiento vertiginoso (*Ibid.*: 71, 76-77, 79).

La radical intuición de Bataille sobre las fuerzas destructivas provenientes de las cavernas del deseo, volverá a resurgir en su abordaje sobre *El erotismo*. En su deseo de elaborar en *La parte maldita* una economía política iluminada por la pulsión al gasto, su propósito es estudiar el "movimiento de la energía excedente que se traduce en la efervescencia de la vida". En sus formas más actuales de expresión

esta pérdida se enmarca dentro de la dinámica poblacional y económica; aparece como problemas que resultan de la existencia de excedentes (económicos, demográficos), el primero por una "necesidad de una exudación"; el segundo por una "necesidad de crecimiento". Es el problema de una producción excedente que desborda sobre procesos improductivos "disipadores de una energía que no
puede acumularse de manera alguna" (*Ibid.*: 63). Por la primera vía
habríamos de desembocar en el problema de la "bomba poblacional" (Erlich, 1968); por la segunda, en el del gasto improductivo,
desde la *creación destructiva del capital* (Schumpeter, 1972), hasta la absorción del excedente económico como estrategia del capital mono-
polista, ya sea a través del consumo y la inversión de los capitalistas,
del esfuerzo por vender, o del gasto en la industria de guerra (Baran
y Sweezy, 1970).

Exuberancia de la vida y delirio de la economía. Sin embargo, *la
parte maldita* se mantiene oculta tras la racionalidad económica que
genera el inexorable gasto exuberante del excedente económico o
del crecimiento exponencial de la población por sobreabundancia
de la naturaleza. Estas "causas naturales" velarían las verdaderas causas y sentidos que quedan así encubiertos bajo una cortina de humo
en el pensamiento que los piensa, en la imposible conciencia de su
verdad. Si la primera habrá de surgir de la negra luz de la entropía,
la segunda habrá de refulgir en la oscura lucidez del deseo, y ambas,
del poder de la vida de consumirse intensamente. La racionalidad
ambiental establece los vasos comunicantes que van del proceso ineluctable hacia la muerte entrópica que genera la racionalidad económica con las fuerzas oscuras de la subjetividad humana, en sus intrin-
cados laberintos entre lo Real y lo Simbólico y con las singularidades
de racionalidades culturales diferenciadas.

La parte maldita de la economía no es sólo ese exceso de energía
que se dilapida por incapacidad del metabolismo humano y de la racionalidad económica para gobernar su crecimiento y su caída catastrófica en forma de destrucción de recursos y bienes, de vidas humanas, en las guerras, en la lucha de clases o en los conflictos ambientales. La parte maldita es también la entropía en sí, la pérdida
ineluctable de energía útil, su degradación en calor. Estos dos procesos se conjugan: tanto en la dinámica poblacional como en el
proceso económico, el impulso al gasto por el deseo es el principio
humano que desencadena, moviliza y magnifica el metabolismo de
la materia en los organismos vivos y en la economía global. La ley

de la cultura se enlaza así con la ley de la entropía, no como una mera analogía o como una ley ontológica genérica del ser y de las cosas, sino como dos procesos diferenciados que se desnudan y se anudan. Es lo real de la muerte entrópica frente a la muerte existencial y el orden simbólico; es la ley dialéctica de la entropía en la organización y desorganización de la materia y de la vida; es la ley contradictoria del deseo entre la vida y la muerte.

El ecologismo postula una ética de la vida. Y sin embargo ésta no podrá incorporarse a una nueva racionalidad mientras sigamos desconociendo la marca de la muerte que significa la vida humana, desde donde construimos nuestros mundos de vida y salimos al encuentro con la naturaleza. Pues como afirma Bataille,

La muerte, *ruptura* de esa discontinuidad individual en la que nos fija la angustia, se nos propone como una verdad más eminente que la vida [...] Hay, en el paso de la actitud normal al deseo, una fascinación fundamental por la muerte. Lo que está en juego en el erotismo es siempre una disolución de las formas constituidas [...] una disolución de esas formas de vida social, regular que fundamentan el orden discontinuo de las individualidades que somos [...] El erotismo abre a la muerte. La muerte lleva a negar la duración individual. ¿Podríamos, sin violencia interior, asumir una negación que nos conduce hasta el límite de todo lo posible? [...] Se requiere mucha fuerza para darse cuenta del vínculo que hay entre la promesa de vida –que es el sentido del erotismo– y el aspecto lujoso de la muerte (Bataille, 1957/1997: 24, 23, 29, 63).

Bataille explora esa pulsión al gasto que provoca la erotización de la existencia humana en el *don*, que opera como una forma cultural de despilfarro de un excedente (de libido, de energía), que contrapone el gasto ritual a una ética de la frugalidad y la conservación.[15] Más allá de enlazar los flujos de valor económico y valor energético y de abrir las perspectivas de una teoría del valor capaz de articular al valor económico con el desgaste energético y con el deseo humano –la naturaleza y la cultura, lo material y lo simbólico, en el proce-

---

[15] "El deseo de producir con poco gasto es pobremente humano. Y aún es, en la humanidad, el principio estrecho del capitalista, del administrador de una sociedad o del individuo aislado que revende con la esperanza de engullir al final los beneficios acumulados. Si tomamos en consideración la vida humana en su globalidad, veremos que ésta aspira a la prodigalidad [...] *hasta la angustia, hasta el límite en que la angustia ya no es tolerable.* El resto es cháchara de moralista" (Bataille, 1957/1997: 64).

so económico–, Bataille introduce la tendencia al gasto (entropía) como un hecho cultural, producto del deseo humano, que se hace manifiesto en las formas simbólicas del intercambio económico y del consumo. Es lo que Bataille ve en el sacrificio y el don que descubre en la organización económico-simbólica de los aztecas en México y en el *potlatch* de los indios del noroeste de Estados Unidos. Es la manifestación de una entropía social –del gasto sin utilidad, de disipación de la riqueza– inscrita en una racionalidad social diferente, en una economía fundada en relaciones de otredad, en relaciones de reciprocidad donde el poder se adquiere a través de la pérdida. A partir del *Essai sur le don* de Marcel Mauss, Bataille analiza la paradoja del don como forma de intercambio mediante el cual se adquiere un poder:

El *potlatch* deja ver un vínculo entre las conductas religiosas y las de la economía [...] No habría *potlatch* si [...] el problema último fuera la adquisición y no la disipación de las riquezas útiles [...] si hay en nosotros, a través del espacio donde vivimos, un movimiento de la energía que utilizamos, pero que no es reductible a la utilidad [...] podemos desconocerla, pero también podemos adaptar nuestra actividad al cumplimiento de eso que ocurre fuera de nosotros. La solución del problema que así se plantea demanda una acción en dos sentidos contrarios: por una parte debemos rebasar los límites más próximos dentro de los cuales actuamos normalmente, y por otra parte incorporar por algún medio nuestro exceso dentro de nuestros límites. El problema planteado es el del gasto del excedente. Por una parte debemos dar, perder o destruir. Pero el don sería insensato [...] si no tomara el sentido de una adquisición. Es necesario que *dar* resulte en *adquirir un poder*. El don tiene la virtud de un exceso del sujeto que da, pero a cambio del objeto donado el sujeto se apropia del exceso: él encara su virtud, aquello para lo cual tuvo la fuerza, como una riqueza, como un *poder* que a partir de ahora le pertenece. Se enriquece de un desprecio de la riqueza, y aquello en lo que se muestra avaro es el efecto de su generosidad. Pero no podría adquirir él solo un poder hecho de un abandono del poder: si destruyera el objeto en su soledad, en silencio, no resultaría ninguna suerte de *poder* [...] pero si destruye el objeto ante otro, o si lo dona, el que da toma efectivamente ante los ojos del otro el poder de dar o de destruir. Él es rico desde ahora por haber hecho de la riqueza el uso deseado en la esencia de la riqueza: es rico por haber consumido ostensiblemente aquello que no es riqueza sino consumiéndola. Pero la riqueza efectuada dentro del *potlatch* –en el consumo para otro—no tiene existencia de hecho, sino en la medida en que el otro es modificado por el consumo [...] la acción que se ejerce sobre los otros constituye justamente el poder del don, que uno adquiere por el hecho de *perder*. La virtud ejemplar del *potlatch* se da en esa posibilidad del hombre de aprehender lo que se le escapa, de conjugar los movimientos sin límite del universo con el límite que le pertenece (Bataille, 1967:106-107).

El *potlatch* expresa una racionalidad *diferente* de la racionalidad económica, la explotación del otro, el fin de maximizar ganancias, el poder por la propiedad y acumulación de bienes de producción y de consumo. El *potlatch* establece una paradójica relación de poder que proviene de dar, obligando al otro a responder dando más. La rivalidad con el otro acarrea como contrapartida un don mayor. Ese intercambio de dones, ofrendas y regalos implica una usura, no en el sentido del beneficio de un interés por un préstamo o de la usura de los bienes de capital en el proceso de producción, sino de la pulsión a extraer, acumular, intercambiar y consumir más "naturaleza" que lo "necesario", para poderla donar al otro. Esta "lógica" de intercambio y consumo conlleva una pérdida en términos de entropía.

En el erotismo se abre la puerta hacia la pérdida pura, el deseo de perderse en la nada antes que someterse a una norma de vida. A vivir el éxtasis de la voluptuosidad y beber el cáliz de una muerte que abrasa lo que a la vida razonable no conviene, ni contiene. El ser humano es un ser "entropizante": no sólo porque su instinto de supervivencia y la manía de acumulación de capital y riqueza lo llevan a acelerar y exacerbar los procesos de explotación y transformación de la materia y la energía del planeta, sino porque la degradación de la entropía está inscrita en el orden de lo real (muerte entrópica del universo; flecha del tiempo) así como en el orden simbólico y de la existencia humana (ser para la muerte), por esa *falta en ser* que impulsa al ser humano en el erotismo, en su búsqueda de continuidad y totalidad, hacia un gasto sin reserva en la sexualidad y en el intercambio, en la producción y el consumo, en la vida y la muerte.

¿Quién podría entonces condenar al hombre por llevar dentro de sí ese impulso hacia el despilfarro, a encarnar la contradicción de una vida insustentable? Esa relación entre naturaleza y cultura abre una extraña dialéctica en la que el hombre inaugura su historia poniendo límites a la naturaleza desbordada de su sexualidad, reconduciendo el deseo por la vía de la economización del mundo que culmina en una crisis marcada por el derroche ilimitado del consumo, llevando a que las leyes de la naturaleza (entropía) impongan sus límites a la cultura de la modernidad. Bataille habría adelantado así una ley antropomórfica de la ineluctable entropía de la cultura humana al afirmar:

Me limito a dar a entender hasta qué punto la vida, que es exuberante pérdida, está al mismo tiempo orientada por un movimiento contrario que exige su crecimiento. No obstante, lo que gana al final es la pérdida. La reproducción no multiplica la vida más que en vano, la multiplica para ofrecerla a la muerte, cuyos estragos es lo único que se acrecienta cuando la vida intenta ciegamente expandirse. Insisto en el despilfarro que se intensifica a pesar de la necesidad de una realización en sentido contrario (Bataille, 1957/1997: 237).

La sustentabilidad es la marca de la prohibición y del límite en el orden económico. La racionalidad ambiental asume la interiorización del límite y de la prohibición en el terreno de la producción; pero al mismo tiempo el saber ambiental reerotiza el mundo ante la deserotización del pensamiento objetivador y la economización del mundo (Leff, 1998). La racionalidad ambiental transgrede el orden dominante para incorporar los principios de un desorden organizado (neguentropía). La construcción de la sustentabilidad no conduce a la negación de la naturaleza entrópica del universo y de lo humano, sino a su reconocimiento y a un *saber vivir* dentro del límite, en sus márgenes y frente a los horizontes de lo posible y del porvenir. Ésta es la función del saber ambiental y el sentido "prigogiano" del acto emancipatorio y creativo de la transgresión:

El efecto más constante del impulso al que doy el nombre de transgresión es el de organizar lo que por esencia es desorden. Por el hecho de que comporta el exceso hacia un mundo organizado, la transgresión es el principio de un desorden organizado [...] El lenguaje no se da independientemente del juego de la prohibición y de la transgresión. Por eso la filosofía, para poder resolver [...] los problemas, tiene que retomarlos a partir de un análisis histórico de la prohibición y de la transgresión. A través de la contestación, basada en la crítica de los orígenes, es como la filosofía, volviéndose transgresión de la filosofía, accede a la cima del ser (*Ibid.*: 125, 280).

Empero, la reapropiación cultural de la naturaleza no podrá ser resultado de una transgresión del orden establecido por medio del pensamiento filosófico, como tampoco lo será como una "expresión" de la naturaleza en una conciencia ecológica de la especie humana. La emancipación y la creatividad de otros mundos posibles se dan en un "juego" entre lo Real y lo Simbólico, entre Naturaleza y Cultura, entre la cosa y la obra. En este sentido Heidegger habría abierto una pregunta justa, cargada de sentido:

¿Debe ser llevada la obra a la naturaleza, no por sí, sino por su llegar a ser creatura y la relación que ésta tiene con las cosas de la tierra, si es que lo cósico debe meterse exactamente en lo manifiesto? [...] ¿Cómo se extraería la desgarradura si no fuera llevada a lo manifiesto por la proyección creadora como lucha entre la medida y lo sin medida? En la naturaleza está metida en verdad una desgarradura, que es medida y límite, y un poder productor ligado con ella que es el arte. Pero también es cierto que este arte se hace patente en la naturaleza únicamente mediante la obra, porque está metido originalmente en ésta (Heidegger, 1958: 109).

La reapropiación de la naturaleza es una resignificación de la naturaleza en los senderos de vida que abre la existencia. Implica un pensamiento pero también tomar la palabra para renombrar, resignificar y dar nuevos sentidos a la vida cultural en su conexión con el orden natural, para hacer manifiesto el ente desde el ser a través del lenguaje, para reincorporarse al mundo a través del discurso:

El lenguaje es el que lleva primero al ente como ente a lo manifiesto. Donde no existe ningún habla como en el ser de la piedra, la planta y el animal tampoco existe ninguna patencia del ente y en consecuencia tampoco de la no-existencia y de lo vacío. Cuando el habla nombra por primera vez al ente, lo lleva a la palabra y a la manifestación. Este nombrar llama al ente a su ser, partiendo de él. Tal decir es un proyectar la luz donde se dice lo que como ente llega a lo manifiesto. Proyectar es descargar algo yacente, en que la ocultación se dirige al ente como tal [...] El lenguaje en este caso es el acontecimiento de aquel decir en el que nace históricamente el mundo de un pueblo y la tierra se conserva como lo oculto. Es decir, proyectante es aquel que en la preparación de lo decible, al mismo tiempo, trae al mundo lo indecible como tal. En tal decir se acuñan de antemano los conceptos de la esencia de un pueblo histórico, es decir, la patencia de éste a la historia universal (*Ibid.*: 112-113).

Si el lenguaje codifica y organiza a la cultura, al mismo tiempo es el instrumento que rompe las cadenas de la racionalidad fijada en sus propios fines, de la racionalización que condena a un orden establecido, de la referencia a una realidad cristalizada, de una ciencia verificadora de "hechos" de la historia y "datos" de la realidad. El lenguaje es la vía que resignifica al mundo y recrea los sentidos de la existencia. En este sentido afirma Steiner:

Creo que la comunicación de la información, de los "hechos" manifiestos y verificables constituye sólo una parte, y quizá una parte secundaria, del discurso humano. Los orígenes y la naturaleza del habla tienen como características profundas su potencial de artificio, de antiobjetividad, de "indeterminable" futuridad [...] que hacen que las relaciones de esa conciencia con la "realidad" sean creativas. Por medio del lenguaje [...] refutamos lo inexorablemente empírico del mundo. Por medio del lenguaje construimos lo que he llamado "mundo de la alternatividad" [...] las distintas lenguas imprimen al mecanismo de la "alternatividad" un ciclo dinámico, transferible. Materializan las necesidades de la vida privada y las necesidades de territorialidad, indispensables para la conservación de la propia identidad. En mayor o menor grado, cada lengua ofrece su propia lectura de la vida. Moverse entre las lenguas, traducir, aun cuando no sea posible pasear sin restricciones por la totalidad, equivale a sentir la propensión casi desconcertante del espíritu humano hacia la libertad (Steiner, 2001a: 482).

La reapropiación cultural de la naturaleza entraña una política del ser y del tiempo, de la identidad y de la diferencia que están arraigadas en la tierra, incorporadas en el Ser y hechas historia a través del tiempo. La obra de un pueblo se produce como su particular forma de ser en su mundo, de decir su mundo, y de crearlo al decirlo; pero esa "creación" de su *verdad como identidad* no prescinde ni se abstrae de lo Real. Su identidad, su *estilo étnico* nace de ese encuentro de lo real de su naturaleza –su ambiente, su entorno ecológico– y de sus formas de significación como construcción de sus territorios de vida.

Desde la transgresión a la cultura dominante y la desconstrucción del pensamiento dominador, se plantea la posibilidad de construir una racionalidad ambiental, que más allá de la ecologización de la cultura, da curso a un movimiento social por la reapropiación de la naturaleza y a la construcción de sociedades sustentables. La ecología política transita del pensamiento emancipador del discurso filosófico a la praxis de los movimientos sociales. Los protagonistas del ambientalismo naciente toman la palabra para reconstituir la relación creativa entre naturaleza y cultura.

9. EL MOVIMIENTO AMBIENTAL POR LA REAPROPIACIÓN SOCIAL DE LA NATURALEZA: SERINGUEIROS, ZAPATISTAS, AFRODESCENDIENTES Y PUEBLOS INDÍGENAS DE AMÉRICA LATINA

LA ECOLOGÍA POLÍTICA Y LOS MOVIMIENTOS AMBIENTALISTAS

La destrucción ecológica y la degradación ambiental, junto con la marginación social y la creciente pobreza generadas por la racionalización económica del mundo –por las ineficaces políticas asistenciales del estado y las políticas neoliberales de ajuste–, están impulsando la construcción de identidades colectivas y expresiones de solidaridad inéditas, generando nuevas formas de organización social para afrontar la crisis ambiental, cuestionando al mismo tiempo la centralidad del poder y el autoritarismo del estado. Sin embargo, el ambientalismo no ha penetrado propiamente en el campo del análisis sociológico de los nuevos movimientos sociales. Los primeros analistas que se percataron de la emergencia del ecologismo lo percibieron como uno más de los nuevos movimientos sociales –feministas, religiosos, urbanos, populares, de género–, que en sus "formas no políticas de hacer política", aportaban nuevas perspectivas a la cultura política (Mainwaring y Viola, 1984). Otros analistas han visto en el ambientalismo el único movimiento "verdaderamente nuevo" dentro de los nuevos movimientos sociales, cuya novedad se deriva de la respuesta social hacia un hecho sin precedentes en la historia: la destrucción ecológica y el cambio global (Gunder-Frank, 1988).

La crisis ambiental no sólo plantea los límites de la racionalidad económica, sino también la crisis del estado; de esta crisis de legitimidad y de sus instancias de representación emerge la sociedad civil en búsqueda de nuevos principios para reorientar el proceso civilizatorio hacia los fines de la sustentabilidad. Las demandas de democracia, equidad y justicia de la sociedad están llevando a la construcción de un nuevo ideario político donde confluyen ideas, valores e intereses, que si bien no constituye una visión del mundo homogénea que dé consistencia a una conciencia ecológica global y común, y a un bloque de principios que otorguen organicidad y legitimidad a una ética ambiental capaz de generar un consenso en el proceso de "racionalización ambiental", está abriendo espacios de poder y movilizando procesos políticos donde surgen los nuevos actores de los movimientos ambientalistas que están poblando la escena de la ecología política.

Las investigaciones sociológicas sobre los nuevos movimientos sociales han puesto de relieve los problemas teóricos y metodológicos que surgen para la percepción y caracterización del ambientalismo. Su reciente irrupción y sus manifestaciones en la arena política están planteando retos teóricos a la sociología para que los comprenda y los explique, ya que por su complejidad no corresponden a la tipología de los actores de los movimientos sociales tradicionales y a su definición en función de los sistemas de referencia a los que se remite la acción colectiva. Los movimientos sociales del medio rural, que surgen por la reapropiación de la naturaleza y la autogestión de sus recursos productivos, problematizan su clasificación como movimientos políticos reivindicativos en la esfera del sistema económico –por una mejor distribución de los recursos y la riqueza social dentro del modo de producción dominante–, del sistema político –por el reconocimiento de sus derechos e intereses en el marco de las normas jurídicas y de los procesos institucionales de representación– o del sistema cultural –por un estado pluriétnico y la integración de las poblaciones indígenas al desarrollo nacional (Giménez, 1994). Los movimientos ambientales emergentes no luchan tan sólo por una mayor equidad y participación dentro del sistema económico y político dominante –cuyas reglas de funcionamiento serían compartidas por los grupos sociales en conflicto–, sino por construir un nuevo orden social.

Las organizaciones socioambientales tienden a asociarse en redes de agrupaciones autónomas, segmentadas y policéfalas, en estructuras no jerárquicas, descentralizadas y participativas. Estos nuevos movimientos se caracterizan por sus nuevas demandas de participación social, la obtención de bienes simbólicos y la recuperación de estilos tradicionales de vida, pero también por la defensa de nuevos derechos étnicos y culturales, ambientales y colectivos, y la reivindicación de su ancestral patrimonio de recursos ambientales. Sus luchas por la dignidad y la democracia, contra el sometimiento y sobreexplotación de grupos sociales, lo son al mismo tiempo por un derecho de reapropiación de sus territorios y de autogestión de sus recursos naturales. Sus formas "apolíticas" de hacer política son una nueva manera de establecer las reglas del juego y las estrategias de lucha en el campo de la ecología política. Las estrategias de estos nuevos movimientos sociales plantean una ruptura con las formas tradicionales de organización y con los canales de intermediación política. Estos procesos están dinamizando y transformando las formas de sustentación, de ejercicio y de lucha por el poder, al abrir nuevos espacios de confrontación, negociación y concertación relacionados con la toma de decisiones relativa a la apropiación de la naturaleza y la participación social en la gestión ambiental. En este sentido los movimientos ambientalistas emergen como transmisores de cambios sociales a través de conflictos que no suelen resolverse mediante los procedimientos jurídicos establecidos ni analizarse dentro de los paradigmas dominantes del pensamiento sociológico "normal" (Gerlach y Hine, 1970; Gunderlach, 1984; Nedelmann, 1984).

En este contexto surgen los movimientos de protesta por el deterioro ambiental y la destrucción de los recursos naturales, por la tala inmoderada de bosques, por los efectos ambientales y sociales generados por los procesos de ganaderización, de la agricultura altamente tecnologizada, la invasión de productos transgénicos, la hiperconcentración urbana y los megaproyectos de desarrollo regional, por los peligros de las plantas nucleares y los riesgos de la biotecnología, así como a favor de la conservación de los recursos naturales, de la diversidad biológica y el mejoramiento del ambiente; por el desarrollo de nuevas tecnologías y la promoción de procesos autogestionarios y de participación en la toma de decisiones.

Los grupos ecologistas o ambientalistas emergentes han venido ocupando un lugar importante entre los nuevos movimientos de la sociedad civil (religiosos, feministas, juveniles, estudiantiles y de las minorías étnicas). Aunque estos movimientos comparten muchos rasgos, también se diferencian tanto por sus móviles y objetivos como por sus formas específicas de organización y sus estrategias de lucha, así como por las diversas formas en las que significan y valorizan *su* naturaleza desde sus culturas. Los movimientos ambientalistas emergen como respuesta de la sociedad al creciente deterioro ambiental, adoptando muy diversas formas de organización, de expresión política y eficacia de sus acciones, lo que dificulta sistematizar sus experiencias, tipificar sus estrategias y determinar sus tendencias. Una característica de estos movimientos es la eficacia de sus formas de organización y de lucha. El principio de autonomía en el que fundan sus formas de organización, y su cautela en inscribirse en los procedimientos políticos establecidos, puede confinarlos en espacios de "solidaridad marginal" carentes de medios para generar un proceso generalizado de transformaciones sociales e institucionales, o a radicalizar los medios de la acción política, rompiendo los canales institucionales de intermediación entre los individuos y el estado a través de las organizaciones y partidos políticos convencionales.

Al mismo tiempo los nuevos movimientos ambientalistas muestran un mayor grado de flexibilidad, adaptabilidad, capacidad de respuesta y posibilidades de radicalizar sus demandas, lo que les ofrece ventajas estratégicas frente a las organizaciones políticas institucionalizadas, partidos políticos y sindicatos. Los nuevos movimientos políticos han diferenciado así las formas de acción y de comportamiento político. En oposición a muchos de los nuevos movimientos políticos que surgen en torno a demandas morales y sociales, individuales y asignables a grupos definidos de la población (religiosos, juveniles, estudiantiles, de género), los movimientos ambientalistas en los países subdesarrollados están directamente asociados con las condiciones de producción y de satisfacción de las necesidades básicas de la población y están caracterizados por su diversidad cultural y política. Esto les confiere una perspectiva más global, a pesar de la heterogeneidad de los diferentes grupos ambientalistas, de sus diferentes perspectivas sociales, estrategias políticas y prácticas concretas de acción.

Los movimientos ambientalistas pueden caracterizarse por una serie de objetivos explícitos en sus programas de organización y por las manifestaciones de sus estrategias políticas, así como por la organización en torno a la incorporación de valores y a la resolución de problemas concretos, que encuentran canales de expresión, orientan acciones y despliegan estrategias de poder en formas novedosas. Los movimientos ambientalistas se orientan por uno o más de los siguientes objetivos:

a] Una mayor participación en los asuntos políticos y económicos y en la gestión de los recursos ambientales.

b] Su inserción en los procesos de democratización del poder político y la descentralización económica.

c] La defensa de sus territorios, sus recursos y su ambiente, más allá de las formas tradicionales de lucha por la tierra, el empleo y del salario.

d] La construcción de nuevos modos de producción, estilos de vida y patrones de consumo apartados de los modelos capitalistas y urbanos globales, transnacionales y extranjeros.

e] La búsqueda de nuevas formas de organización política, diferentes de los sistemas corporativos e institucionales de poder.

f] La organización en torno a valores cualitativos (calidad de vida), más allá de los beneficios derivados de la oferta del mercado y del estado benefactor.

g] La crítica a la racionalidad económica fundada en la lógica del mercado, la maximización de la ganancia y la eficiencia tecnológica, y a los aparatos de control económico y coerción política e ideológica del estado.

Las estrategias del movimiento ambientalista incorporan demandas populares de participación y contra la desigualdad, marginación, explotación y sujeción que producen los procesos económicos y políticos prevalecientes –demandas de mejoras salariales, de propiedad de la tierra, de vivienda y servicios públicos– en sus nuevas luchas por la defensa de su patrimonio de recursos naturales, de conservación de la biodiversidad, de preservación del medio ambiente, de afirmación de sus identidades y derechos culturales, de mejoramiento de la calidad de vida. De esta manera abren nuevas perspectivas para la construcción de un futuro sustentable, para incidir en la toma de decisiones sobre nuevos patrones de uso de los recursos, modelos de urbanización, formas de asentamientos humanos, innovación de procesos productivos y condiciones de trabajo más satisfactorias. Si bien el movimiento ambiental llega a fragmentarse por la diversidad de sus demandas, formas de organización y estrategias de lucha, también puede generar una fuerza social capaz de incorporar las reivindicaciones ambientalistas en los programas del estado y de los partidos políticos tradicionales, abriendo nuevos espacios de participación para la sociedad civil en la gestión ambiental, así como para la gestación de nuevos derechos ambientales, legitimando nuevas vías para la apropiación social de la naturaleza.[1]

El movimiento ambiental no sólo incide sobre el problema de la distribución del poder y del ingreso, de la propiedad formal de la tierra y de los medios de producción, y de la incorporación de la población a los mecanismos de participación de los órganos corporativos de la vida económica y política. Las demandas ambientales propugnan la participación democrática de la sociedad en la gestión de sus recursos actuales y potenciales, así como en el proceso de toma de

---

[1] En este sentido se viene generando una estrategia política de articulación de la diversidad. Cf. Grünberg, 1995.

decisiones para la elección de nuevos estilos de vida y la construcción de futuros posibles bajo los principios de pluralidad política, equidad social, diversidad étnica, sustentabilidad ecológica, equilibrio regional y autonomía cultural (Leff, 1992).

La incorporación de las clases trabajadoras y de las poblaciones rurales a las vías abiertas por el progreso y la modernidad, ha significado en muchos casos la degradación de sus condiciones de existencia: desarraigo cultural, emigración territorial, marginación social, explotación económica, desempleo, inaccesibilidad a los servicios públicos, destrucción de sus recursos naturales, abandono de sus prácticas culturales de uso de los recursos y pérdida de sus medios de subsistencia. La economía del mercado y las compensaciones derivadas de las políticas sociales del estado han sido incapaces de satisfacer las necesidades básicas mínimas de las mayorías y han incrementado las manifestaciones de la pobreza crítica. Esta situación es más notoria en los grupos marginados del proceso económico nacional, para quienes la satisfacción de sus necesidades materiales y espirituales depende en mayor grado de sus condiciones ecológicas y culturales locales de sustentabilidad. Ningún salario compensa la pérdida de integridad cultural de los pueblos y la degradación irreversible del potencial productivo de sus recursos. Así, más allá de las deficiencias e insuficiencias del sistema productivo para satisfacer las demandas de los consumidores, la racionalidad ambiental plantea una crítica radical de las necesidades y orienta los procesos económicos hacia el mejoramiento de la calidad de vida de las personas, dando nuevas bases al proceso de producción.

Los grupos ambientalistas no siempre se identifican con una clase, un partido o un estrato social. Es un movimiento que atraviesa, con diferentes líneas de tensión, todo el tejido social. Por otro lado, el movimiento ambiental se articula con otros movimientos y organizaciones políticas dentro de las organizaciones populares y de las clases trabajadoras, de campesinos, obreros, grupos indígenas y clases medias. El ambientalismo va más allá de la adición de nuevas reivindicaciones dentro de las demandas y formas tradicionales de negociación. Incorpora nuevos criterios para la acción social, nuevas formas de participación, nuevos objetivos y valores para el desarrollo humano, nuevas estrategias económicas para la satisfacción de las necesidades materiales, a través de la activación de otros principios éticos y fuerzas naturales.

Los movimientos ambientales abren así nuevas interrogantes para el análisis sociológico de la acción social:

a] sobre el impacto democratizador de estos movimientos en las estructuras políticas establecidas;

b] sobre las formas en las que el discurso ambientalista –sus propósitos, sus valores, sus estrategias y sus prácticas concretas– influyen en la deslegitimación de las formaciones ideológicas, del discurso político y de las políticas económicas prevalecientes;

c] sobre las estrategias políticas de estos movimientos emergentes ante el estado, los partidos, los sindicatos, y sus alianzas con otros movimientos de la sociedad civil;

d] sobre la nueva cultura política, de mayor pluralidad y tolerancia, que oriente la transición de una sociedad jerarquizada, antiecológica y desigual hacia una sociedad sustentable, equitativa y democrática;

e] sobre nuevas reglas del poder que permitan una distribución más igualitaria de los potenciales ecológicos y de los bienes y servicios ambientales del planeta.

El concepto de racionalidad ambiental permite evaluar el carácter "ambiental" de una serie de movimientos sociales. La incorporación de principios ambientales en las prácticas productivas y en las estrategias políticas para la construcción de sociedades sustentables sólo puede definirse en función del conjunto de valores y propósitos que dan coherencia y sentido a una racionalidad ambiental cultural concreta, con referencia a la cual pueden evaluarse las acciones y movimientos sociales que se inscriben y participan en su proceso de constitución. Los actos de conciencia y sus efectos en la organización social y en la movilización política son "ambientales" en tanto que incorporan un conjunto de valores que conforman una racionalidad sustantiva del ambientalismo, y en tanto que, como procesos sociales, prácticas productivas y acciones políticas, constituyen "actos de racionalidad ambiental". Sin esta perspectiva metodológica en el estudio de los movimientos ambientales se corre el riesgo de reducir el campo de percepción a aquellos grupos que se autodenominan "ecologistas", y perder de vista el carácter ambientalista de otros movimientos (campesinos, indígenas, populares) que, sin reconocerse como ambientalistas ni incorporar algunas veces de manera explícita reivindicaciones ecológicas en sus demandas políticas, se enlazan en luchas que contribuyen a generar las condiciones para construir sociedades sustentables fundadas en los principios de una racionalidad ambiental.[2]

---

[2] Bachelard habría afirmado que "La riqueza de un concepto científico se mide por su poder deformador. Esta riqueza no puede asignarse a un fenómeno aislado al que le

En este sentido el movimiento ambientalista es un medio para la realización de los propósitos de la sustentabilidad, no sólo a través de sus luchas contra la contaminación y su defensa de los recursos naturales, sino también por su eficacia en la legitimación de los nuevos derechos ambientales y colectivos de la ciudadanía y de los pueblos indígenas, en la promoción de nuevos saberes, conocimientos científicos y tecnológicos y su aplicación en proyectos de autogestión de los recursos naturales, en la elaboración de nuevos instrumentos para la gestión ambiental y en el mejoramiento de las condiciones de existencia y la calidad de vida de diferentes grupos sociales.

El cuestionamiento de los modelos y procedimientos de la democracia representativa llevó a la nueva izquierda de los años sesenta –junto con los movimientos de la sociedad civil por la igualdad y la justicia social, la reivindicación de los derechos humanos de las minorías y la transición hacia una cultura política más plural– a proponer nuevos esquemas para una democracia participativa. Más allá de la competencia entre los partidos y la alternancia en el poder, se abrió un proceso social que pugna desde entonces por una democracia sustantiva, fundada en la participación directa de la ciudadanía en la toma de decisiones que afecta sus modos de vida. La ecología social y un cierto ecoanarquismo, guiados por un pensamiento eco-

sería reconocida una riqueza cada vez mayor de caracteres, y sería cada vez más rico en comprensión [...] Habrá que deformar los conceptos primitivos, estudiar sus condiciones de aplicación y sobre todo incorporar las condiciones de aplicación de un concepto en el sentido mismo del concepto. Es en esta última necesidad en la que reside [...] el carácter dominante del nuevo racionalismo, correspondiente a una fuerte unión de la expresión y de la razón" (Bachelard, 1938: 61). La falta de concepto a su vez vuelve invisibles a los movimientos. De esta manera, diversos estudios sobre los nuevos movimientos sociales y acerca de las poblaciones indígenas por la autonomía, incluyen las "luchas ecologistas" como limitadas al "reclamo del control y acceso a los recursos naturales (permisos, licencias, concesiones, etc.) y al manejo ambiental, sin abordar abiertamente aspectos que tienen que ver con un nuevo ordenamiento jurídico-político nacional y con cuestiones relativas al poder y al territorio" (Sánchez, 1999: 13). Como veremos a lo largo de este capítulo, si bien la conciencia ecológica no siempre es un imaginario traslúcido que se refleje directamente en la discursividad de los movimientos sociales, y en muchos casos esta conciencia y su expresión quedan diferidas por motivos estratégicos que ponen de relieve las demandas de autonomía y derechos culturales en las formas que adopta una política de la diferencia y del ser cultural en la lucha de poder con el estado nacional (es lo que ocurre con el movimiento de los pueblos indígenas de México y otros países), en muchos casos, ya visibles, los actores sociales de las luchas de los pueblos indígenas y campesinos se están constituyendo a través de la reinvención de sus identidades y sus estrategias políticos en una relación directa con los procesos de reapropiación de la naturaleza y de sus procesos productivos.

logista, plantearon la necesaria descentralización económica y una municipalización de los procesos de producción y de toma de decisiones, y la organización de ecocomunidades autogestionarias y sustentables.[3] Sin embargo, la democracia que promueve esta ecología social, así como la democracia representativa, se sitúa por encima de las condiciones de producción y de existencia del tercer mundo. Los actores sociales del "ecologismo de los pobres" (Martínez-Alier, 1995), luchan por el control de sus condiciones de producción, por la apropiación de su patrimonio histórico de recursos naturales y por la reinvención de sus identidades culturales. En esta perspectiva, la democracia adquiere un sentido más amplio y nuevas atribuciones como un proceso social orientado a fortalecer las capacidades de decisión y de autogestión para el desarrollo pleno de las facultades y del potencial productivo de los pueblos y comunidades de cada región. La democracia ambiental establece un estrecho vínculo entre las condiciones de sustentabilidad ecológica, pluralidad política, diversidad étnica y equidad social.

El movimiento ambientalista se caracteriza por la variedad de sus actores sociales y por la diversidad de sus reivindicaciones. Éstas no sólo se distinguen por regiones, grado de desarrollo de los países o niveles de consumo de diferentes clases sociales, sino que emergen del interés particular que se va constituyendo en diferentes grupos sociales en relación con problemas ambientales particulares (contaminación ambiental, daños ecológicos), de la apropiación y uso de los recursos naturales, y de demandas sociales y culturales vinculadas con el usufructo de bienes y recursos ambientales o de los procesos de degradación de los potenciales ecológicos del planeta. El escenario del movimiento ambientalista se despliega en un campo de fuerzas caracterizado por disputas y conflictos ambientales que van desde la apropiación de los recursos naturales como medios de producción y de vida hasta los sentidos existenciales y la ética asociada con el cuidado o destrucción de la naturaleza.

En este sentido, más allá del propósito de establecer una tipología de movimientos y actores sociales, es posible "mapear" una *variedad de ambientalismos* (Guha y Martínez-Alier, 1997). Es posible descubrir

---

[3] Esta propuesta adquiría sentido dentro de la ilusión de que la sociedad postindustrial habría transitado hacia un estadio de "postescasez"; una vez satisfechas las necesidades básicas, la abundancia material abriría las puertas a los valores de la libertad, la solidaridad y la ecología (Bookchin, 1971; Ingelhart, 1991).

allí expresiones, manifestaciones, actividades y luchas que van desde la diferenciación de las ideologías y demandas de los países ricos y pobres, hasta las expresiones que adquieren estos movimientos dentro de diferentes ideologías teóricas (ecología social, ecología profunda, ecoanarquismo, ecodesarrollo, etc.), así como sus formas de expresión, generalmente asociadas con otras reivindicaciones sociales por los derechos humanos, la etnicidad y la justicia distributiva. Es posible enumerar una serie de casos ilustrativos de conflictos ambientales dentro de una amplísima gama de luchas que incluyen los movimientos en defensa y reapropiación de los bosques y la biodiversidad (el movimiento Chipko en India, el movimiento de los seringueiros en Brasil o el Proceso de Comunidades negras en Colombia); las reclamaciones de compensación por daños ecológicos y a la salud humana (derrames de petróleo, desforestación, contaminación industrial); movimientos de resistencia al neoliberalismo y a los tratados de libre comercio, que incluyen posicionamientos contra las propuestas de reconversión ecológica y valorización económica de los servicios ambientales dentro del mecanismo de desarrollo limpio, así como los convenios y protocolos internacionales para el desarrollo sostenible (convenios de biodiversidad y cambio climático; protocolos de bioseguridad y recursos genéticos); conflictos entre conservación ecológica y comercialización de recursos, bienes y servicios ambientales; controversias en los mecanismos jurídico-económicos y por la legitimación de derechos de apropiación de la naturaleza (derechos de propiedad intelectual-derechos de los agricultores y de las poblaciones indígenas).

No es el propósito de este capítulo desplegar toda la variedad de expresiones de los movimientos ecológico-ambientales. Me interesa sobre todo destacar los procesos que involucran a nuevas organizaciones indígenas y campesinas, a los nuevos actores y movimientos sociales que están abriendo cauces y sentidos a la construcción de la sustentabilidad desde sus identidades y culturas. El discurso en el que se inscriben las luchas de las poblaciones indígenas se ha venido "ambientalizando", al igual que los reclamos de varios grupos campesinos. Hay trazas y raíces profundas de este nuevo ambientalismo social en las demandas de reapropiación de tierras, de sus identidades culturales, de las prácticas tradicionales y de los procesos productivos, así como en las luchas por democratizar los poderes locales y nacionales y descentralizar la economía hacia un desarrollo regional guiado por los principios de ordenamiento ecológico del territorio

(Instituto Indigenista Interamericano, 1990). En este sentido, la organización comunitaria y el proceso no jerárquico, autónomo y participativo en la toma de decisiones de los movimientos indígenas y campesinos, adquieren tonalidades y resonancias ambientalistas, aunque muchos de ellos aún no expresan sus raíces ambientalistas en demandas concretas de reapropiación y autogestión de sus recursos naturales (Sánchez, 1999).

Las luchas por la tierra están pasando a ser luchas "económicas" por la apropiación de los procesos productivos de los que dependen las condiciones de vida de la población y luchas "políticas" en tanto que cuestionan las estructuras de poder y plantean una participación activa de las poblaciones en los procesos de toma de decisiones. Las demandas de socialización de la naturaleza van más allá del rescate de un patrimonio natural y cultural y se presentan como una lucha por la apropiación del potencial ecológico de sus recursos productivos. No se trata pues, como pretendería una estrategia revolucionaria ortodoxa, de una simple reapropiación de los medios de producción por las clases desposeídas y explotadas, sino de toda una crítica del modo de producción fundado en la racionalidad económica y en los intereses del capital, y excluyente de las condiciones ecológicas y de los potenciales productivos de la naturaleza y de la cultura. Más allá de la apropiación pasiva de los procesos productivos guiados por la vía unidimensional (económico-tecnológica) de las fuerzas productivas, la democracia ambiental propugna la participación creativa de las comunidades rurales en la construcción de una nueva economía. Ésta se está fraguando en una nueva racionalidad en las prácticas productivas de grupos campesinos e indígenas, fundadas en los potenciales ecológicos de cada región, así como en los valores culturales y las identidades de cada comunidad.

REVALORIZACIÓN Y REAPROPIACIÓN DE LA NATURALEZA:
EQUIDAD Y DIVERSIDAD CULTURAL

Las demandas de democratización en el ámbito mundial, junto con los derechos indígenas y los principios ambientales que alcanzaron notoriedad planetaria y legitimidad en 1992 con motivo de la Conferencia de Naciones Unidas sobre Medio Ambiente y Desarrollo y con los quinientos años de la conquista, dieron por resultado una fertilización cruzada del movimiento ambiental e indígena, junto con el movimiento por la democracia que se viene fraguando en las luchas sociales del mundo y del continente americano. Los principios de la diversidad ecológica y cultural y de la gestión participativa de los recursos se han venido arraigando efectivamente en el movimiento ambientalista, expresándose en el discurso de las luchas indígenas y en las estrategias de organización productiva de las comunidades agrarias, como lo muestra el surgimiento, en los últimos años, de numerosos movimientos campesinos guiados por demandas ecologistas (Moguel *et al.*, 1992). Sin embargo, en muchos casos la lucha por la tierra sigue predominando sobre la *lucha por la reapropiación del patrimonio de recursos naturales y del proceso productivo*. En otros casos, a pesar de la fusión de las demandas de democracia, sustentabilidad y equidad, la expresión de las demandas sigue planteando en primer término los derechos tradicionales por la tierra y el reclamo popular por transformar las relaciones de poder y dominación, y por abrir nuevos espacios de autonomía y democracia. Los principios ecológicos de la producción sustentable parecerían quedar relegados a segundo término de la contradicción y la reivindicación social.

La sobreexplotación de los recursos, la degradación del ambiente y la desposesión de las poblaciones autóctonas han sido resultado de la racionalidad económica que ha desterrado a la naturaleza del campo de la producción y desterritorializado –marginado, cuando no exterminado– a las poblaciones indígenas. La capitalización de la naturaleza y la economización del mundo han venido destruyendo las bases ecológicas de la producción y subyugando culturas. De allí surge el propósito de incorporar los valores y potenciales de la naturaleza para generar un proceso de desarrollo sustentable y sostenido. Sin embargo los costos ambientales y la valorización de los recursos naturales no son determinados de manera objetiva y cuantitativa en la esfera económica, sino que dependen de percepciones culturales, derechos comunales e intereses sociales. Las estrategias de poder por la apropiación de la naturaleza están generando una fuerza política que se refleja en algunos casos en la economía a través de la elevación de los precios de los recursos y los costos ambientales, y en otros casos en la puesta en valor de bienes y servicios ambientales hasta ahora no mercantilizados, que abren una disputa por la valorización de la naturaleza.

El movimiento ambiental no sólo transmite los costos ecológicos hacia el sistema económico como una resistencia a la capitalización de la naturaleza, a través de una lucha social para mejorar las condiciones de sustentabilidad y la calidad de vida, sino que conlleva un conflicto por la apropiación de la naturaleza. Este movimiento social no solamente incrementa los costos ecológicos del crecimiento económico, sino que también reduce la parte de la naturaleza que podría ser apropiada por el capital. La racionalidad ambiental orienta así procesos y acciones sociales hacia la desconstrucción de la racionalidad económica, la descentralización del proceso de desarrollo y el descentramiento de las bases mismas del proceso productivo. La revalorización y la capitalización de la naturaleza no resuelven la contradicción entre conservación y desarrollo al incorporar las condiciones ecológicas de la producción al crecimiento sostenido de la economía, sino que llevan a repensar el ambiente como un potencial para un desarrollo alternativo que integre a la naturaleza y a la cultura como fuerzas productivas. En esta perspectiva, la naturaleza aparece como un medio de producción y no sólo como insumo de un proceso tecnológico, como un objeto de contemplación estética y de reflexión filosófica. El ambiente emerge como un sistema complejo, objeto de un proceso de reapropiación social.

La sustentabilidad del proceso económico no depende solamente de la elaboración de normas ecológicas que deban ser respetadas por el sistema económico y del diseño de un sistema jurídico ambiental que legisle y penalice acciones antiecológicas. Los movimientos sociales que con sus demandas revalorizan y reivindican para sí las condiciones ecológicas y comunales de la producción, aparecen como el soporte de *otra racionalidad productiva*, donde se entretejen de manera sinérgica procesos de orden natural, tecnológico y social para generar un potencial ambiental que ha quedado oculto por el orden económico dominante. La equidad en el acceso y los beneficios de los bienes y servicios ecológicos no se reduce a la posible ecualización de costos y beneficios en el uso de los recursos ambientales dentro de la actual racionalidad económica. Los principios de equidad y democracia –de una ética de la otredad y una política de la diferencia– abren nuevas perspectivas para la construcción de sociedades sustentables, más allá del limitado reverdecimiento de la economía a través del cálculo de los costos de la preservación y la restauración ambiental. La racionalidad ambiental impulsa así la creación de nuevas teorías y valores que cuestionan el paradigma económico dominante y orientan la acción social hacia la construcción de una nueva racionalidad productiva, fundada en los potenciales de la naturaleza y los significados de la cultura.

Es en los mundos de vida de las comunidades donde los principios de racionalidad cultural del ambientalismo toman todo su sentido en términos de diversidad y de participación, y donde puede concebirse la construcción de esta nueva racionalidad productiva. En el nivel local es donde más claramente se manifiesta la irreductibilidad y especificidad de los procesos materiales y simbólicos, de las diversas formas de significación cultural que definen al potencial ambiental del desarrollo. No existe una medida cuantitativa y homogénea que pueda dar cuenta de los procesos diferenciados de los que depende la producción sustentable de valores de uso y permita cuantificar sus efectos en la calidad de vida definida por diferentes racionalidades culturales.

La producción sustentable no se reduce a una medida de masa y energía ni a un cálculo cuantitativo de valor. La sustentabilidad es el resultado de la articulación de la productividad ecológica, tecnológica y cultural; del balance de la producción neguentrópica de biomasa a través de la fotosíntesis y de la producción de entropía generada por la transformación tecnológica de la materia y la energía en los procesos productivos. En esta perspectiva, el desarrollo sustentable encuentra sus raíces en las condiciones de diversidad ecológica y cultural. Esos procesos materiales singulares y no reductibles dependen de las estructuras funcionales de los ecosistemas que sostienen la producción de recursos bióticos y servicios ambientales; de la eficiencia energética de los procesos tecnológicos; de los procesos simbólicos y las formaciones ideológicas que subyacen a la valorización cultural de los recursos naturales, y de las estrategias de poder que determinan los procesos de apropiación social de la naturaleza.

La sustentabilidad ecológica –la destrucción o el fortalecimiento de los potenciales ecológicos del planeta– está vinculada indisolublemente a un principio de equidad. Más allá de plantearse como un compromiso con los derechos de las generaciones futuras de disponer de recursos para su sustento y desarrollo, se trata de un principio de equidad *intra*generacional, es decir, de los derechos de acceso y usufructo de los bienes naturales y los servicios ambientales del planeta por diferentes grupos sociales. La reapropiación social de la naturaleza va más allá de la necesidad de resolver los conflictos de inequidad ecológica mediante una repartición más justa de los costos de la degradación y contaminación ambiental, una mejor evaluación del *stock* de recursos dentro de las cuentas nacionales y una mejor distribución del ingreso. Es decir, no se trata de un problema de evaluación de costos y beneficios dentro de las formas actuales de explotación y uso de la naturaleza y de la pretensión de resolver la cuestión de la distribución ecológica mediante la asignación de precios y la designación de formas adecuadas de propiedad a los recursos.

Las condiciones de existencia de las comunidades dependen de la legitimación de los derechos de propiedad de las poblaciones sobre su patrimonio de recursos naturales y de su propia cultura, y por la redefinición de sus procesos de producción, sus estilos de vida y sus sentidos existenciales. Así, las luchas sociales por la reapropiación de la naturaleza van más allá de la resolución de los conflictos ambientales a través de la valorización económica de la naturaleza y la concesión de derechos sobre el uso de los recursos. Los nuevos derechos indígenas, ambientales y colectivos están desconstruyendo los principios en los que se fundan los derechos humanos individuales, de aquellos que pretendidamente vendrían a ser otorgados a través de una "distribución del poder" desde arriba a las comunidades, generando nuevos derechos para la reapropiación de la naturaleza y de la cultura. Las reivindicaciones de justicia ambiental de los grupos indígenas, en sus luchas por la dignidad, la autonomía, la democracia, la participación y la autogestión, están rebasando las demandas "tradicionales" de justicia en términos de una mejor distribución de los beneficios derivados del modo de producción, el estilo de vida y el sistema político dominante.

La democracia ambiental cuestiona así la posibilidad de alcanzar una justicia en términos de la conmensurabilidad y equivalencia de los derechos de propiedad sobre los recursos cuando el objetivo y los fines a alcanzar se definen a través de visiones y valores diferenciados, muchas veces opuestos y antagónicos de diversos grupos sociales en torno a la apropiación de la naturaleza. De esta manera, la aplicación de las reglas del derecho no dirime los conflictos en torno a la justicia ambiental. La aplicación de la ley no evita que surjan desigualdades donde los temas y objetos en disputa dependen de racionalidades e intereses diferenciados. La reapropiación de la naturaleza plantea un principio de *equidad en la diversidad*, que implica la autodeterminación de las necesidades, la autogestión del potencial ecológico de cada región en estilos alternativos de desarrollo y la autonomía cultural de cada comunidad. Estos procesos definen las condiciones de producción y las formas de vida de diversos grupos de la población en relación con el manejo sustentable de su ambiente.

Lo anterior no implica que los movimientos sociales ambientalistas se sitúen por encima de la ley, sino que los derechos humanos culturales y por la reapropiación de la naturaleza –los derechos comunales por los recursos comunes– se van ganando a través de procesos de cambio social que transforman la norma establecida por el sistema de regulación jurídica de la sociedad: de la racionalidad jurídica solidaria con la racionalidad económica. Es en este sentido que la "racionalización" de los principios de la racionalidad ambiental, al ir legitimando los nuevos derechos ciudadanos, colectivos e indígenas, va al mismo tiempo "desconstruyendo" la racionalidad formal económico-ecológica-jurídica que orienta y legaliza los procesos de capitalización de la naturaleza y la cultura, y afianzando una política de la diferencia. De esta manera, los nuevos derechos indígenas y ambientales van generando sus condiciones de legitimación dentro del marco jurídico prevaleciente, cuestionándolo y ampliándolo para dar cauce a nuevas demandas y reivindicaciones sociales (Leff, 2001).

La equidad no puede ser definida en términos de un patrón homogéneo de bienestar, de la repartición del *stock* de recursos disponibles y la distribución de los costos de contaminación del ambiente global. La equidad es la condición para desarticular los poderes dominantes que actúan sobre la autonomía de los pueblos, y para posibilitar la apropiación de los potenciales ecológicos de cada región mediados por los valores culturales y por los intereses sociales de cada comunidad. Desde esta perspectiva, la valorización de la naturaleza rebasa el problema de la inconmensurabilidad de los diferentes procesos de orden físico, biológico y social, a través de un patrón homogéneo de medida de los valores ambientales y de los flujos de materiales y energía en los procesos productivos y su "metabolismo" con la naturaleza. La sustentabilidad depende de los estilos culturales y los intereses sociales que definen las formas de propiedad, apropiación, transformación y uso de los recursos, y que se establecen a través de relaciones de poder que se entretejen en la confrontación entre la racionalidad económica y la racionalidad ambiental, impulsada por los actores sociales del ambientalismo.

DEMOCRACIA AMBIENTAL Y GESTIÓN PARTICIPATIVA DE RECURSOS AMBIENTALES

La sociedad civil está emergiendo en respuesta a los procesos de marginación, desposesión y empobrecimiento de las mayorías por las clases dominantes y grupos privilegiados, cuestionando las relaciones de poder económico y político del orden establecido. Muchos de estos nuevos movimientos sociales responden a los efectos de las políticas neoliberales, pero también al ejercicio autoritario del poder por parte del estado y a la ineficacia de la empresa pública y privada para dotar a la sociedad de condiciones de vida adecuadas (equipamiento básico, empleos y medios de producción, bienes y servicios ambientales). Ante ello, la sociedad civil reclama una mayor participación en la toma de decisiones en las políticas públicas y en la autogestión de sus recursos productivos y sus condiciones de existencia.

La legitimidad que ha alcanzado el propósito de transitar hacia una sociedad más democrática y una economía más sustentable está movilizando a nuevos actores sociales y reivindicando nuevos derechos humanos: éstos incluyen tanto el derecho a la información y al conocimiento, como a la defensa, acceso y beneficio equitativo de los bienes "comunes" de la humanidad; también están legitimándose nuevos derechos étnicos, junto con las demandas emergentes de grupos indígenas y campesinos por la reapropiación colectiva de su patrimonio de recursos naturales y culturales, así como por la autogestión de sus medios de producción y sus condiciones de existencia. Estos nuevos derechos plantean a su vez la cuestión de la valorización y socialización de la naturaleza como fuente de riqueza, potencial productivo, medios de vida y valores existenciales para las poblaciones que habitan el medio rural.

Estos derechos emergen dentro de una nueva cultura ecológica y democrática, planteando la necesidad de crear órganos de representación de los diferentes grupos sociales y mecanismos efectivos para dirimir sus intereses ambientales, muchas veces contrapuestos. Sin embargo, estos procesos desbordan los propósitos de una democracia política fundada en un régimen plural de partidos y sus modelos de representación. La explosión de reivindicaciones diversas que emergen de la apertura democrática y el imperativo de sustentabilidad ecológica plantea la necesidad de canalizar sus demandas hacia procesos de toma de decisiones más participativos. A su vez, expone la necesidad de establecer procedimientos que atiendan con justeza y justicia, y resuelvan de manera consensuada y pacífica, el conflicto de intereses que necesariamente surge de la recomposición de fuerzas políticas, la redefinición de los derechos de propiedad de los medios (ecológicos y tecnológicos) de producción, la reapropiación de los recursos naturales y la redistribución de la riqueza.

El problema que viene surgiendo con las organizaciones sociales no es sólo el de su solidaridad interna y su capacidad de coalición para defender sus causas e intereses comunes, sino también el de la representatividad de grupos mayoritarios de la población y de la sociedad civil en su conjunto. Ello se debe a que, en su inmensa mayoría, las organizaciones sociales ambientalistas constituyen un campo disperso de intereses que se manifiestan en el localismo de sus espacios de actuación y el carácter restringido de sus demandas, lo que impide aglutinar las diferentes manifestaciones de la degradación socioambiental en un conjunto de actores unidos en torno a reivindicaciones y propósitos compartidos, y con estrategias políticas capaces de enfrentar a los poderes corporativos y hegemónicos dominantes. El movimiento ambiental, a diferencia de las anteriores luchas obreras y campesinas diferenciadas y aglutinadas en clases sociales, se define por su carácter transclasista, ya que está constituido por diversos actores sociales, cuya fuerza tiende a diluirse en la multiplicidad de sus intereses y demandas, dificultando su articulación en un frente común.

Empero, el principio de autonomía –que acoge los intereses diversos del ambientalismo– viene a cuestionar el principio de la representación de la democracia política que unifica a la ciudadanía mas no responde a sus intereses. El principio de autonomía de las organizaciones ambientalistas, los grupos indígenas y grupos independientes emergentes plantea un rechazo a toda estructura jerárquica y autoritaria y a las formas establecidas de ejercicio del poder. Este problema se hace manifiesto incluso cuando alguna organización pretende representar los intereses de las demás y hablar en nombre de la sociedad civil en su conjunto o de grupos diversos de la población –de las comunidades indígenas y campesinas o de otras organizaciones de la sociedad civil– en los diálogos y negociaciones políticas nacionales e internacionales. Del movimiento ambientalista surge un nuevo concepto de democracia participativa y directa, demarcándose de la vía de la democracia representativa.

La problemática ambiental ha venido resignificando las demandas y las luchas sociales en el medio rural. Las luchas campesinas están transitando de su carácter reivindicativo por el empleo, el salario y una mejor distribución de la riqueza, así como por restituir a las comunidades agrarias sus tierras para revertir los procesos de empobrecimiento del campo, a un movimiento político y económico por la gestión de sus condiciones de vida y sus procesos productivos. La cuestión ambiental reclama la preservación de la base natural de recursos para una producción sustentable, movilizando a las poblaciones locales para la reapropiación de sus medios naturales de producción y de existencia. Emana de allí una nueva visión de la naturaleza, ya no sólo como una abstracción ontológica de la realidad, espacio de contemplación estética, o condición general del desarrollo sostenible, sino como un nuevo potencial productivo, como un patrimonio histórico y cultural de las comunidades rurales.

Lo anterior está desencadenando nuevas estrategias políticas para la apropiación y socialización de la naturaleza, y generando nuevas prácticas productivas para una agricultura sustentable. En este sentido, los reclamos de los pueblos indígenas ya no sólo son por sus espacios étnicos, su cultura, su lengua y sus tradiciones, sino también por la reapropiación de sus territorios de biodiversidad y el aprovechamiento del potencial que encierran los recursos ecosistémicos en los que se asientan para satisfacer sus necesidades y desarrollar su cultura. De esta manera se están redefiniendo los derechos humanos vinculados con la posesión, propiedad y usufructo de los bienes y servicios de la naturaleza.

Las nuevas luchas campesinas por el desarrollo sustentable se han venido asociando y entretejiendo con las luchas por la democracia, es decir, por una decisión consensuada desde las bases mismas de las organizaciones populares por su participación directa en la gestión de sus recursos productivos. El movimiento ambiental reivindica los principios de descentralización y autonomía como fundamento de sus formas de organización y toma de decisiones, oponiéndose a las estructuras jerárquicas y los sistemas centralizados de gestión pública que caracterizan a las instituciones políticas. En las organizaciones productivas de base estos principios adquieren su sentido más amplio, buscando romper con la ideología productivista dominada por los órganos de decisión del poder económico, por las instancias de mediación en la negociación de los intereses del campesino y por las prácticas de corrupción en la obtención de créditos e insumos productivos, así como en la mercantilización de los productos del campo. De allí están surgiendo los actores del ambientalismo en las zonas rurales del tercer mundo, demandando nuevas formas de organización autogestionaria de sus procesos de producción y comercialización, y de sus mundos de vida.

La cuestión ambiental, vista desde los intereses de los actores sociales del campo, aporta una concepción particular, no sólo al desarrollo sustentable sino también a la democracia: y no sólo a la democracia representativa, por la necesidad de incorporar, dirimir y resolver pacíficamente los conflictos de intereses de diferentes grupos, sino también a un proyecto de democracia directa, en relación con la gestión comunitaria de los recursos productivos y la socialización de la naturaleza, abierta a una diversidad de alternativas ecológicas y culturales. La democracia se redefine así en términos de la propiedad, el acceso y la apropiación efectiva de los recursos ambientales y del vínculo social entre los objetivos de la sustentabilidad ecológica y la igualdad social. El principio de equidad es proclamado tanto por el discurso del liberalismo social como por el discurso del desarrollo sostenible. Sin embargo las políticas sociales dejan la participación efectiva de la sociedad y la distribución de oportunidades, de empleos y de la riqueza misma, a la resultante de las políticas de ajuste estructural y crecimiento económico. La cuestión ambiental plantea el problema de la inequitativa distribución de los recursos escasos del planeta y de los desiguales costos sociales y ambientales del crecimiento económico que generan los criterios de eficacia productiva, los derechos de consumo adquiridos por los grupos privilegiados de la sociedad y su resultante en la disposición de desechos contaminantes sobre el ambiente global.

La democracia ambiental cuestiona el sentido de la igualdad social en la generación y resolución de los conflictos por la apropiación de la naturaleza. Una sociedad estratificada acepta diferencias de poder e incluso consiente –a través de los mecanismos ideológicos, jurídicos y políticos de sujeción social y coerción política– una distribución desigual de los recursos y de la riqueza. Esto sucede en las sociedades de clases y altamente jerarquizadas, una vez que los estamentos sociales se legitiman a través de procesos de racionalización ideológica y jurídica, y en tanto que la jerarquía social, con sus efectos de dominación y opresión, no rompe los límites de la tolerancia social. Así, el sistema de castas en India ha permitido establecer accesos socialmente sancionados a los recursos y ha establecido un régimen democrático con los más altos índices de pobreza. La sociedad de clases en el orden capitalista rompe con esas normas de control ecológico al mercantilizar al hombre y a la naturaleza.

Los procesos de sujetamiento ideológico que instrumentan estas formas de dominación han logrado inducir una actitud pasiva y tolerante ante la desigualdad, que funciona como un mecanismo de control del conflicto social. Este mecanismo se está desactivando con la legitimación de los valores de la sustentabilidad y de la democracia, y con el avance de los derechos humanos por la pluralidad cultural, las identidades étnicas y la calidad de vida a través de un ambiente sano y productivo; pero sobre todo porque se ha rebasado el umbral de tolerancia de la discriminación racial y la exclusión social. Reflejo de ello ha sido la emergencia de los derechos indígenas en el panorama político de los derechos humanos.[4]

La cuestión de la equidad está surgiendo en relación con la responsabilidad compartida de las diferentes naciones y grupos sociales frente a los problemas ambientales globales. Ciertamente los países del Norte son los causantes mayores del cambio global al consumir tres cuartas partes de los recursos naturales y energéticos del planeta. La Convención sobre el Cambio Climático y el Protocolo de Montreal están demandando una reducción proporcional de todos los países en la producción de CFC y gases de efecto invernadero. Sin embargo, los países del tercer mundo podrían reclamar –y algunos grupos ambientalistas lo están haciendo– su derecho a elevar sus niveles de consumo para satisfacer sus necesidades básicas, antes de comprimir aún más sus ya deprimidos niveles de bienestar. De esta manera, frente a la responsabilidad compartida de todas las naciones del mundo ante los problemas globales que reclaman los países del Norte, los países pobres piden a los países ricos que restrinjan sus niveles de hiperconsumo. La responsabilidad común basada en las desigualdades ya adquiridas se disuelve en una nueva política de la equidad en la diversidad, en una ética de la otredad y una política de la diferencia.

De esta manera los objetivos de equidad y democracia se enlazan en la perspectiva del desarrollo sustentable. Desde los diversos intereses sociales antagónicos que atraviesan el campo de la ecología política, emergen estrategias políticas y productivas alternativas y muchas veces contrapuestas para la resolución de la problemática ecológica y para la apropiación social de la naturaleza. Sin embargo, cada vez se evidencia más el hecho de que los problemas globales tienen su arraigo en el ámbito local. Es en el espacio del municipio y de la comunidad donde la sustentabilidad de los procesos productivos depende de una gestión democrática de los recursos ambientales. Es en este nivel donde cobran sentido las luchas de los grupos indígenas

---

[4] Es emblemática la insurgencia del Ejército Zapatista de Liberación Nacional en México en 1994 y su más reciente reorganización en torno a comunidades autónomas y autogestionarias.

por la socialización de la naturaleza, por la reapropiación democrática de su patrimonio de recursos naturales y culturales y por la autogestión de sus potenciales ambientales de desarrollo sustentable. Es aquí donde las condiciones ecológicas de la producción sustentable y la equidad social se enraizan en los principios de identidad étnica y de diversidad cultural.

La representatividad de las comunidades locales generalmente resulta inoperante ante las reglas del poder, los procedimientos políticos y los instrumentos de gestión global establecidos por los gobiernos nacionales y por la geopolítica del "desarrollo sostenible" del orden económico mundial, ya que se sitúan por encima de las conciencias, los valores y los intereses que definen las condiciones de producción de cada localidad. El desarrollo sustentable del campo implica la necesidad de ajustar las prácticas de uso de los recursos naturales a las condiciones ecológicas y geográficas de cada unidad de producción; pero también depende de los valores culturales que definen las necesidades, deseos y aspiraciones de cada comunidad en relación con su ambiente. Las normas que rigen las *condiciones de propiedad, acceso y apropiación* de los recursos ambientales de las comunidades rurales para su subsistencia se enfrentan a las condiciones que dicta el mercado –los "mecanismos" de desarrollo limpio y de implementación conjunta– para la producción agrícola, las cuales han venido dominando las decisiones en cuanto a la selección de cultivos y de tecnologías.

El principio de gestión participativa en el manejo de los recursos ambientales implica la construcción de una racionalidad productiva fundada en las condiciones y potenciales de la naturaleza y de la cultura. Este concepto de democracia ambiental va más allá de la pluralidad política de los partidos, de la representación de los grupos sociales y de la diversidad étnica de una nación. Los derechos autónomos de los pueblos no propugnan tan sólo una mayor y mejor representatividad de sus intereses en los órganos parlamentarios y de representación ciudadana, ni crear instancias para dirimir pacíficamente los conflictos en torno a la propiedad de la tierra y el usufructo de los bienes y servicios ambientales, o una mejor distribución ecológica y económica en el orden global. La racionalidad ambiental que subyace a los principios de democracia ambiental confronta a la racionalidad económica dominante y a la lógica del mercado, que operan como un mecanismo homogeneizador, jerarquizante, polarizante y excluyente –de explotación de la naturaleza, de degradación ambiental y de marginación social– en el proceso de racionalización de la globalización.

La legitimación de los nuevos derechos étnicos y ciudadanos en una cultura democrática, y la constitución de nuevas bases jurídicas para un desarrollo sustentable y equitativo, son insuficientes para lograr la sustentabilidad, la equidad y la diversidad cultural mientras no se den nuevas bases a una economía sustentable basada en la sinergia de los potenciales ecológicos, culturales y tecnológicos, de manera que los valores de la diversidad étnica y biológica no sólo actúen como principios éticos frente a la racionalidad económica que los desborda, sino como fundamentos de una racionalidad productiva alternativa. Ello permitiría llevar los valores del ecologismo al plano de una producción descentralizada, a un proyecto de nación pluriétnica, de una economía integrada por un conjunto de economías locales y regionales sustentables para satisfacer las necesidades básicas de cada población y de cada comunidad, canalizando sus excedentes hacia el mercado nacional e internacional. No se trata de exaltar las virtudes de microeconomías autosuficientes dentro de una utopía parroquial, una economía bucólica o la vuelta a un pasado idílico. La racionalidad ambiental implica un proyecto de *democracia en la producción* que va más allá de la democracia política formal y de la ética ecologista.

El proyecto de democracia ambiental que anima la emergencia de nuevos movimientos y organizaciones campesinas independientes no ha sido comprendido por los partidos ni integrado a sus plataformas electorales y programas de gobierno. Tampoco ha sido incorporado por buena parte del movimiento ambientalista y ecologista, más esperanzado en los efectos transformadores de los valores individuales y conservacionistas de rechazo a la cultura del hiperconsumo y respeto a los valores humanitarios, o por quienes apuestan al crecimiento sostenible con la fe puesta en el mercado. Los partidos políticos podrán simpatizar con los campesinos e indígenas, pero ninguno de ellos parece tener una respuesta a las condiciones de la producción que demanda la solución a los problemas del campo, y que van más allá de la regularización de la tenencia de la tierra, las reformas del campo y el respeto a los derechos culturales que se multiplican en torno a nuevas demandas ecologistas. Ello implica disolver el proyecto integracionista que busca asimilar el mosaico pluriétnico a la cultura nacional y liberar los modos de producción de cada comunidad de los designios del mercado mundial y de las políticas económicas neoliberales.

La transición hacia una democracia ambiental entraña un complejo proceso de transformaciones productivas, innovaciones tecnológicas, reformas del estado y cambios culturales e ideológicos, para establecer una cultura de pluralidad y de justicia en un proyecto democrático. La cultura de la democracia ambiental va más allá de la difusión de los valores ambientales; implica una política de la equidad diferenciada. Ello no sólo plantea el problema de concertar intereses encontrados, sino de desplegar una política de la diferencia capaz de amalgamar diversos códigos culturales.

Los avances de las luchas por los derechos humanos y ecológicos han generado nuevas instituciones para dirimir los intereses ambientales de individuos y grupos sociales dentro del marco de un estado de derecho y de una cultura democrática. El movimiento indigenista ha politizado y ecologizado su discurso y sus luchas. Sin embargo, no basta con aceptar formalmente la existencia de otros grupos culturales como ciudadanos integrantes de la nación, ni con reconocer sus diversos códigos culturales y conocimientos tradicionales en una nación multiétnica; no se trata de asimilar sus economías dentro de los patrones de la racionalidad económica dominante, sino de construir un nuevo orden económico, integrado por diferentes unidades ambientales de producción definidas por estilos diversos de etno-eco-desarrollo.

En el tránsito hacia la democracia ha dominado una visión centrada en el objetivo de alcanzar un sistema político plural, representativo de los intereses de la sociedad, en el marco de una economía neoliberal. Las nuevas relaciones de poder que emanan de la sociedad civil, de las acciones de los movimientos sociales y de la legitimación de los nuevos derechos humanos quedan bloqueadas o limitadas frente al propósito de recuperar el crecimiento y la estabilidad económica dentro del margen de acción que permiten las estructuras jerárquicas y las prácticas establecidas del poder económico institucionalizado. La democracia directa es acechada por las razones de fuerza mayor y el interés supremo de la racionalidad formal y del orden económico-político dominantes. El liberalismo económico está ensanchando las desigualdades sociales, desafiando la posibilidad de establecer regímenes verdaderamente democráticos en condiciones de pobreza e inequidad. Los gobiernos democráticos de América Latina y del tercer mundo mantienen altos niveles de desigualdad y pobreza, de analfabetismo y desnutrición. Para deshacer el nudo gordiano neoliberal y entretejer los objetivos de la democracia con los de equidad y sustentabilidad, es necesario construir y practicar un concepto de democracia más rico en atribuciones; pasar de la libertad y la transparencia del voto a localizar y arraigar su sentido en las condiciones mismas de la producción, que permitan mantener un sistema productivo vigoroso y participativo, en el que se generen condiciones para erradicar la pobreza y para satisfacer las necesidades y aspiraciones de los diferentes grupos de la población, donde la socialización y la apropiación de los recursos productivos permitan reducir la desigualdad económica y social.

El principio de gestión participativa de los recursos ambientales implica una democracia directa, en la que la acción ciudadana no se restringe al consenso social que puede alcanzarse a través de los mecanismos de mediación y representación de los altos niveles de toma de decisiones. Esta democracia desde las bases plantea una vía directa de apropiación de los recursos productivos, para el manejo colectivo de los bienes comunes de la humanidad y los servicios ecológicos de la naturaleza. Frente al dominio de los "tomadores de decisiones" y "hacedores del mundo", elegidos "democráticamente", hoy en día emergen las identidades y autonomías de los pueblos, regenerando sus capacidades de autogestión de los procesos productivos para eliminar la pobreza, mejorar su calidad de vida y construir comunidades sustentables.[5] El proyecto de democracia ambiental enfrenta así la fragmentación del mundo que genera la uniformización forzada de un orden mecánico y homogeneizador impuesto sobre la naturaleza y el hombre, promoviendo una reintegración socioambiental fundada en nuevas solidaridades sociales, en la pluralidad de identidades culturales y en la diversificación de estilos de desarrollo.

DEGRADACIÓN AMBIENTAL Y PRODUCCIÓN DE POBREZA

La degradación ambiental y el avance de la pobreza se han convertido en los signos más claros de la crisis social de nuestro tiempo. Han pasado más de siete lustros desde que Gunnar Myrdal (1968, 1971)

[5] La democracia ambiental se expresa así dentro de procedimientos de una democracia comunitaria de dos formas: 1] por el reparto equitativo de los recursos de la comunidad entre todas las unidades domésticas y familiares que la integran y, 2] por una toma de decisiones colectiva y consensuada mediante las asambleas del ejido (Toledo, 1994b).

advirtiera el drama y los desafíos del mundo pobre, resultado de la "desigualdad mantenida voluntariamente a través de la estratificación económica y social y de la pasividad política de las masas". Se fue perfilando así el derecho de los países pobres a desarrollarse y a tomar su destino en sus propias manos. Sin embargo las políticas públicas han sido incapaces de detener el incremento de la pobreza. Ésta no sólo se percibe a través de las disparidades entre naciones, sino del ensanchamiento de las desigualdades sociales dentro de cada país. La erradicación de la miseria se plantea como el principio más elemental de dignidad humana y justicia social, y como una condición del desarrollo sustentable.[6]

La relación de las comunidades pobres y su ambiente se caracteriza por el hecho de que tanto su supervivencia como la satisfacción de sus necesidades básicas dependen de la armonía entre sus prácticas productivas, las condiciones ecológicas de su medio y sus valores culturales. De allí que el concepto de desarrollo sustentable cobre su sentido más amplio en los procesos de producción rural. En la producción agropecuaria y silvícola las condiciones de sustentabilidad se enlazan de forma directa con los estilos culturales de percepción de la naturaleza y con las prácticas de uso y transformación de los recursos. Allí se confrontan los intereses relativos a la apropiación de la naturaleza de los agentes económicos con los derechos de propiedad y de autogestión de las comunidades de su patrimonio histórico de recursos naturales y culturales.

Las teorías económico-sociales que buscaron las causas del subdesarrollo, la marginación y la polarización social en la dependencia tecnológica, el intercambio desigual, la explotación del capital y el colonialismo interno no penetraron en las causas ambientales de la pobreza: la destrucción de la base de recursos naturales, el desarraigo de la población de su entorno natural, la disolución de sus identidades colectivas, sus solidaridades sociales y sus prácticas tradicionales. Así, los proyectos del estado en América Latina para sacar a los pueblos de su "atraso" con la capitalización del campo y el proceso dependiente de industrialización no sólo produjeron fracasos económicos, sino que desencadenaron procesos de destrucción ecológi-

---

[6] "Todos los estados y todas las personas deberán cooperar en la tarea esencial de erradicar la pobreza como un requisito indispensable del desarrollo sustentable, a fin de reducir las disparidades en la calidad de vida y responder mejor a las necesidades de la mayoría de los pueblos del mundo" (ONU, 1992: principio 5).

ca y degradación ambiental, al haber sepultado los potenciales de recursos naturales y culturales que durante centurias han sustentado a las civilizaciones de los tristes trópicos americanos, asiáticos y africanos. Esta desorganización de las prácticas productivas en el medio rural ha traído como consecuencia el empobrecimiento de las comunidades indígenas y campesinas.

El discurso dominante del desarrollo sostenible ha tendido a ver en el crecimiento demográfico de los pobres la principal causa de su pobreza. Al pobre se le acusa de ser el mayor responsable del deterioro ambiental, sin advertir que pobreza y destrucción ecológica han sido resultado de una racionalidad económica que han explotado al mismo tiempo al hombre, a la mujer y a la naturaleza; de un orden económico que ha transferido los costos ecológicos del crecimiento económico hacia los países del tercer mundo, y de políticas económicas que han expulsado a los pobres hacia las zonas ecológicamente más frágiles del planeta.[7] De este diagnóstico se deduce que sólo podrá reducirse el crecimiento demográfico eliminando la pobreza y mejorando la calidad de vida de la población; y como corolario se prescribe el crecimiento económico fundado en la racionalidad productiva que ha generado la degradación ambiental, la polarización social y la pobreza extrema de estos países.[8]

La crisis ambiental ha venido a cuestionar la racionalidad económica que induce la destrucción de la naturaleza y genera la pobreza.

[7] Contra la argumentación malthusiana, la pobreza no emerge del desajuste entre el crecimiento poblacional y la escasez de recursos naturales, sino del desgaste ambiental que producen los patrones de producción y consumo. Los países del Norte son los mayores causantes de los problemas ecológicos globales al consumir más de tres cuartas partes de los recursos energéticos, hidrocarburos, recursos fósiles, minerales y maderas de los bosques del planeta; 11.5% de la población mundial, concentrada en los países ricos, con tasas de crecimiento poblacional de menos del 0.8% anual, provocan un impacto mucho mayor sobre el equilibrio ecológico del planeta que la población sobreabundante de los pobres de la tierra.

[8] Ya desde el Informe de la Comisión Bruntland (WCED, 1987), se reconoció que la escala de la economía humana era insostenible, en el sentido de que consume su propio capital natural; pero al mismo tiempo los acuerdos de Río 92, las Metas del Milenio y el Plan de Implementación de la más reciente Cumbre Mundial del Desarrollo Sostenible de Johannesburgo (2002) prescriben el crecimiento económico como la vía para mejorar las condiciones de existencia de las mayorías y eliminar la pobreza (buscando compatibilizar el crecimiento económico con la preservación de la base de recursos y los equilibrios ecológicos del planeta), sin asumir las limitaciones que impone la racionalidad económica a la internalización (y disolución) de las externalidades socioambientales que genera.

De allí emerge la propuesta para construir una nueva racionalidad productiva fundada en la articulación de los procesos ecológicos productores de recursos naturales y los procesos tecnológicos de transformación industrial. Ello conduce a revisar las políticas de desarrollo social que intentan resolver el problema de la pobreza por medio del crecimiento económico y de las políticas asistenciales del estado, marginando al pobre de su derecho de autodeterminar sus condiciones de existencia.

Hoy en día se está configurando una nueva percepción de esta problemática. La pobreza empieza a ser vista como un proceso generado por la racionalidad económica y tecnológica dominante. Esto está llevando al pobre a cuestionar sus relaciones de sujeción con el mercado y con el estado tutelar, y a convertirse en un sujeto activo, capaz de recuperar su potencial productivo desaprovechado (sus valores culturales desdeñados, sus técnicas olvidadas, sus conocimientos y aptitudes despreciados) y de construir nuevas estrategias productivas para aliviar su pobreza, satisfaciendo sus necesidades básicas y sus aspiraciones culturales. Los pobres están descubriendo así las causas de su condición y están abriendo vías de participación inéditas para su emancipación, constituyendo nuevos sujetos sociales que animan movimientos sociales por la reapropiación de sus recursos naturales y culturales.

Este cambio de percepción, organización y acción social comienza a legitimarse en los medios académicos, en las agencias internacionales y en los programas gubernamentales que buscan entender y atender a la pobreza a través de programas de *desarrollo social*. La visión del *ambiente* como un *potencial productivo alternativo* va abriendo el círculo ideológico cerrado de argumentación sobre las relaciones población-recursos, y politizando la problemática de la socialización de la naturaleza. En lugar de agregar el objetivo de la supervivencia de los pobres marginados rurales al del crecimiento de la economía global, empieza a delinearse una alternativa en la cual la autonomía cultural de las comunidades y la autogestión de sus recursos ambientales sientan las bases para un desarrollo endógeno sustentable y para aliviar la pobreza.[9]

[9] El estudio del Fondo Internacional de Desarrollo Agrícola sobre *El estado de la pobreza rural en el mundo* reconoce que los pobres rurales son pobres por la inadecuada gestión de los recursos naturales y del medio ambiente, así como por la falta de acceso directo y condiciones de autogestión de los recursos productivos: tierra, agua, crédito, infraestructura, tecnología y servicios sociales. De esta forma empieza a aceptar-

Las prácticas productivas de las sociedades precapitalistas se fueron constituyendo a lo largo de la historia en una estrecha relación con su medio geográfico y ecológico. Esto permitió a las comunidades rurales del tercer mundo desarrollar diversas estrategias de adaptación al medio, generando saberes prácticos y conocimientos técnicos para apropiarse de sus recursos naturales (Palerm y Wolf, 1972; Leff y Carabias, 1993). Esta relación cultural con el medio y de coevolución étnico-ecológica ha sido bloqueada por la implantación de tecnologías modernas impulsadas por la capitalización del campo, dejando a su paso una creciente destrucción ecológica y un empobrecimiento de las mayorías marginadas de los beneficios de ese "maldesarrollo".

La pobreza asociada con la pérdida de fertilidad de la tierra no resulta del hecho de que el principio ricardiano de los rendimientos decrecientes se haya acentuado debido a la expansión de la agricultura, que encuentra en los límites de la frontera agropecuaria un constreñimiento de orden geográfico; o de la cuestión malthusiana, entendida como los límites de la capacidad de carga de los ecosistemas frente al incontrolado crecimiento demográfico en el medio rural. La pobreza es resultado del agotamiento de la fertilidad de los suelos debida a la irracionalidad ecológica de una agricultura altamente tecnificada y a la capitalización de la naturaleza, que encuentra sus límites en la imposición de la maximización del beneficio económico aplicada por encima de las condiciones de sustentabilidad de los ecosistemas.

El deterioro ambiental ha sido una de las causas principales del avance de la pobreza rural, así como de la pobreza urbana generada por la expulsión de la población del campo hacia la ciudad. La capitalización del agro a través de la revolución verde generó sobreproducción y subconsumo de alimentos, dejando un saldo devastador de degradación socioambiental –pérdida de fertilidad de las tierras, salinización y erosión de suelos, contaminación de los mantos acuíferos, polarización social y miseria extrema–, por el uso intensivo de insumos agroquímicos y energéticos.[10] En este sentido, la globaliza-

se que la prosperidad de los pobres depende del mejoramiento de los medios de producción a que tengan acceso directo y al desarrollo de sus capacidades institucionales locales (Jazairi *et al.*, 1992).

[10] Varios estudios han mostrado el impacto de esta modernización forzada del campo en la expropiación, expulsión y marginación de la población rural, en el desarraigo de sus tierras y de sus tradiciones, en sus procesos de desnutrición y empobre-

ción económica genera un proceso de degradación ambiental y empobrecimiento a escala planetaria.[11]

La pobreza se recrudeció con la crisis económica de los años ochenta; las políticas de ajuste acentuaron el proceso de marginación y segregación social, arrojando un saldo de más de 200 millones de pobres en América Latina a final de la década, según datos de la CEPAL, que se han incrementado hasta alcanzar 224 millones en 2003 (PNUD, 2004). Este proceso ha repercutido en un descenso del ingreso y de la calidad de vida de las mayorías empobrecidas del tercer mundo. Una de sus manifestaciones del avance de la pobreza han sido sus efectos en la desnutrición de la población. El deterioro alimentario es mayor en los estratos de más bajos ingresos, que han tenido que suprimir de su dieta el consumo de carne, pescado y productos lácteos. Esta crisis alimentaria y nutricional afecta a una población que ya antes de la crisis tenía graves deficiencias nutricionales.

La cuestión de la pobreza ha llegado así a ocupar el centro de la agenda internacional, junto con los problemas ambientales y del desarrollo sustentable (UNEP, 2002). Sin embargo, más allá de los lacerantes diagnósticos sobre el estado de la pobreza, de las nuevas metodologías e indicadores para medir la pobreza rural y de las metas del milenio para revertirla; más allá del interés por conocer las formas, el número, las condiciones y las líneas divisorias entre pobreza, pobreza absoluta y miseria extrema, se ha vuelto imperativo generar nuevas estrategias para enfrentar la degradación socioambiental, explorando vías de *reconversión de la pobreza* en procesos productivos que permitan satisfacer las necesidades básicas de las comunidades rurales y urbanas. La pobreza no sólo resulta del crecimiento demográfico que sobrepasa las capacidades de absorción de mano de obra por el sistema económico.

cimiento (García *et al.*, 1988a, 1988b; Tudela *et al.*, 1989).

[11] "A pesar que los valores medios de algunos indicadores [...] (esperanza de vida, mortalidad infantil, calorías *per capita*) exhibieron a nivel mundial una evolución generalmente positiva en las décadas recientes, si tomamos en cuenta el cambiante *sistema socio-ecológico total*, se revela una perversa espiral descendente hacia un empobrecimiento global [...] a pesar que la producción de alimentos *per capita* ha estado aumentando en los últimos 20 años [...] el número de desnutridos está creciendo. Se estima que la desnutrición afecta a 950 millones de personas [...] Esto está claramente asociado a las situaciones de pobreza, a las desigualdades en la distribución de las tierras y la riqueza, y no a una escasez física de alimentos a nivel mundial. El concepto de empobrecimiento global incluye la existencia de mecanismos globales que generan pobreza, y la producción de efectos globales que se originan en pobrezas locales" (Gallopín *et al.*, 1991).

El proceso de *producción de pobreza y degradación socioambiental* es generado por la racionalidad económica prevaleciente. Esta *sobrepoblación pauperizada*, que se manifiesta como un problema social, constituye al mismo tiempo un potencial humano que no es apropiable directamente por el mercado de trabajo ni constituye campos de inversión del capital. Por ello es necesario reintegrar esos espacios marginados a un proceso productivo que beneficie directamente a las comunidades.

Las políticas de desarrollo en América Latina no han incorporado las condiciones ecológicas y culturales a un proceso de desarrollo sustentable para mejorar la calidad de vida de los grupos mayoritarios de la sociedad, enfrentando la problemática de la pobreza rural desde sus raíces y en toda su complejidad (Carabias, Provencio y Toledo, 1994). Ha surgido así un movimiento social en el campo que ya no sólo defiende los derechos tradicionales por la tierra, sino también las identidades y los valores culturales de las etnias y grupos campesinos; su derecho a establecer relaciones productivas sustentables con su entorno natural, como una estrategia para reconvertir su propia pobreza y sus campos erosionados en fuente de riqueza para satisfacer sus necesidades básicas y sus aspiraciones sociales.

El movimiento campesino e indígena de los habitantes de los bosques y las selvas tropicales, de las cordilleras, las sierras y los montes, de los páramos y las pampas, viene así reivindicando sus derechos de propiedad, acceso, apropiación y autogestión, e incorporando nuevas estrategias de aprovechamiento de los recursos: proyectos agroecológicos, reservas extractivas y manejo de la biodiversidad (Toledo *et al.*, 1989; Escobar, 1997; Porto, 2001; Leff, Argueta, Boege y Porto, 2002). Varias comunidades rurales de América Latina y del tercer mundo se han incorporado a este proceso, tanto por las riquezas forestales y la biodiversidad de sus ecosistemas como por su numerosa población, cuya supervivencia depende del manejo autogestionado de sus tierras y sus recursos a través de la organización de economías autosuficientes y sustentables.

DESARROLLO SOCIAL Y DESARROLLO SUSTENTABLE.
DESARROLLO ENDÓGENO Y AUTOGESTIÓN PRODUCTIVA

Hasta ahora la economía fue encargada de crear y distribuir la riqueza, y por lo tanto de combatir la pobreza, filtrando sus efectos desde arriba y desde afuera, hasta alcanzar sus efectos distributivos en la sociedad. Este modelo se está agotando con el cuestionamiento de las políticas neoliberales por "generar pobreza y desintegración social, depredación de recursos naturales, deterioro de la calidad de vida, inestabilidad política e incompatibilidad de su práctica con el desarrollo democrático" (Vuskovic, 1993: 247).[12]

Las políticas de desarrollo social se inscriben dentro del proyecto económico neoliberal, reconociendo que el mercado es incapaz de regular el empleo y la distribución equitativa de la riqueza y, por esta vía, hacer frente al empobrecimiento de las mayorías. El sistema económico no sólo produce pobreza a través del desempleo estructural que genera el sistema económico; la pobreza se produce también por los efectos de marginación social y de desequilibrio ambiental que provocan las tecnologías "modernas" ajenas a las condiciones ecológicas y culturales del medio rural. Esto ha llevado a diseñar nuevas políticas públicas que buscan formas de cooperación entre el mercado, el estado y la organización productiva de las comunidades, en la gestión de los recursos productivos. Lo anterior ha planteado la necesidad de incorporar criterios de sustentabilidad en las políticas del desarrollo rural. Ante el descrédito de las anteriores formas de intervención del estado en la economía y en los servicios sociales, el proyecto de desarrollo social llama a definir nuevos modos de colaboración entre el estado y las comunidades locales, planteando formas inéditas de participación de la sociedad en los procesos de toma de decisiones, así como de atender el reclamo de participación de las comunidades en la autogestión de sus recursos productivos.

[12] Vuskovic aseveró que "una estrategia eficaz de combate a la pobreza termina por conformar toda una estrategia de desarrollo global alternativa. En ella se revierten por completo los signos de las estrategias parciales: en lugar de la reconversión productiva que privilegia las producciones de exportación, una reconversión de la economía hacia las necesidades básicas de la población; en vez de la concentración del ingreso como condición para favorecer la acumulación privada, una redistribución progresiva del ingreso que sustente el mejoramiento de la condición de vida del conjunto de la población y genere nuevas demandas como estímulo a la inversión privada y a la formación pública del capital; en lugar de impulsar la máxima tecnificación posible de los sectores ya modernizados, dar prioridad al avance técnico de los estratos rezagados." Se trata de que a "la fuerza de trabajo que ha quedado fuera de la economía formal, en ocupaciones precarias con ingresos mínimos e inestables, en lugar de [...] extenderle una ayuda puramente asistencial, se definan acciones que la incorporen progresivamente a otras condiciones de trabajo; lo cual puede suponer [...] en muchos casos, una reorganización de sus actividades y un apoyo decidido para que superen su condición actual de expulsión y marginación" (Vuskovic, 1993: 252, 263-264).

Las políticas de desarrollo social buscan abastecer bienes y servicios básicos a la población, contrarrestar la desnutrición y garantizar servicios mínimos de salud. Se ha promovido así la construcción de infraestructura y servicios públicos: caminos, electrificación, alcantarillado, agua potable, escuelas y clínicas. Los procesos de autoconstrucción contribuyen así a generar las *condiciones generales de la producción*, cubriendo áreas que hasta ahora han sido consideradas responsabilidad del estado por no ser del interés de la empresa privada. Estas políticas combinan esquemas de gasto social del estado con las energías y la fuerza de trabajo de la sociedad civil marginada. El estado pasa así de su condición de "benefactor" a la de cogestor, buscando aliviar la pobreza a través del apoyo a las capacidades propias de producción y gestión de la población. Frente a estas políticas sociales, y desde una perspectiva autogestionaria, el alivio a la pobreza y el acceso a los productos básicos se plantea como una redefinición de las necesidades fundamentales desde las propias comunidades y con la producción directa para el autoconsumo basada en el manejo múltiple e integrado de recursos y el establecimiento de mercados regionales para el intercambio de excedentes.[13]

El neoliberalismo social ha surgido como una respuesta del estado a las demandas emergentes de la sociedad para establecer nuevas relaciones de poder y formas de participación para democratizar la toma de decisiones y descentralizar los procesos productivos, fortaleciendo las capacidades de las comunidades locales para resolver sus problemas. Sin embargo, estas políticas se vienen poniendo en práctica con un sentido pragmático, sin cuestionar las causas de la pobreza que surgen de los modelos dominantes de desarrollo y sin buscar fundar una racionalidad productiva en bases ecológicas sustentables y en principios de equidad y autogestión de las comunidades.

Los principios de racionalidad ambiental aplicados a la gestión ambiental participativa ofrecen nuevas bases para enfrentar la pobreza. El ambiente, a través de la articulación de procesos ecológi-

---

[13] A diferencia del estado benefactor, que buscó producir la infraestructura, satisfactores y servicios que no son cubiertos por el sector privado, la política de desarrollo social pretende, "más que la provisión directa, la garantía de que los grupos sociales podrán acceder a esos satisfactores, ya sea por la vía mercantil, procesos de autoproducción o a través de la provisión pública". Se trata de una política donde el estado produce, vigila y regula el acceso social a bienes y servicios básicos, con la "obligación de que el estado cubra los espacios donde los grupos sociales no pueden hacer efectiva su demanda a través del mercado" (González Tiburcio, 1992: 202).

cos, culturales y sociales, hace emerger un *potencial productivo* hasta ahora ignorado por las políticas económicas dominantes. Surge de allí una fuente de *productividad sostenible*, proveniente de la articulación de los procesos ecológicos que dan soporte y alimentan la producción y regeneración de los recursos naturales; de la innovación de tecnologías productivas y sustentables que amalgaman las prácticas y saberes tradicionales con la ciencia moderna; de la energía social contenida en la organización productiva de las comunidades; de los estilos culturales que definen la percepción de los recursos y las necesidades de cada comunidad.

Estos principios ambientales abren nuevas perspectivas a las políticas de desarrollo social. Éstas no vendrían a contener tan sólo la destrucción ecológica, la producción de pobreza y la marginación social que generan las políticas económicas; no se sumarían a las normas de control ambiental como políticas coyunturales para hacer frente a los problemas de degradación socioambiental en el corto plazo, asumiendo que en el mediano y largo plazo el mercado habrá de resolver el desequilibrio ecológico y la desigualdad social. Más allá de esas acciones preventivas y reactivas, las políticas de desarrollo social deberán contribuir a encauzar la transición hacia una economía sustentable integrada por procesos productivos que se construyen desde las bases sociales, las raíces ecológicas y las identidades culturales de las comunidades.

El alivio a la pobreza y el desarrollo sostenible requieren, más allá de la integración de las políticas de ajuste económico con políticas ambientales y de desarrollo social, la necesidad de construir estilos de desarrollo fundados en una nueva racionalidad productiva para enfrentar la disociación entre la esfera económica que gobierna el mercado para una clase dominante y la esfera social con políticas de alivio a la pobreza. Se plantea allí la disyuntiva entre un desarrollo hacia afuera, ajustado a las condiciones del mercado mundial, frente a la alternativa de un desarrollo endógeno (Sunkel, 1991), orientado a fortalecer las capacidades productivas de las comunidades, abriendo cauces al desarrollo autogestionario y autodependiente de los pobres para emanciparse de su estado de pobreza (Max-Neef, Elizalde y Hopenhayn, 1993).

Los programas del neoliberalismo social buscan detener la pobreza crítica frente a la abundancia depredadora de las minorías; instrumentan políticas de protección a los ecosistemas en lugar de impulsar programas de *ecología productiva* que den bases de sustentabilidad y equidad a la producción agropecuaria y forestal. El alivio a la pobreza no depende del aprovechamiento del excedente de fuerza de trabajo de los pobres para la construcción de infraestructura básica y para generar las condiciones de producción del capital en expansión, sino de la movilización del potencial productivo de los ecosistemas y de las propias comunidades para su propio beneficio.

La reorientación de la economía hacia un desarrollo endógeno implica la necesidad de fortalecer la capacidad de autogestión de las comunidades ante el predominio de la producción para el mercado y las relaciones de dependencia que tradicionalmente han mantenido con el estado. Se plantea allí la disyuntiva de que la población pauperizada se reintegre como fuerza de trabajo desvalorizada a la producción de los servicios sociales y productos básicos, que contribuya a la expansión de los mercados, o que se convierta en protagonista de sus propias condiciones de existencia a través de la autogestión de sus recursos productivos. Ello significa una redefinición de las estrategias de organización productiva de las comunidades rurales, donde las prácticas autogestionarias de las comunidades enfrentan a los intereses de las empresas y entran en el terreno conflictivo de las estrategias y las luchas sociales por la apropiación de la naturaleza.

Los principios de racionalidad ambiental movilizan acciones hacia el establecimiento de bases de sustentabilidad y para la gestión democrática de la producción rural, de manera que sean los actores sociales del campo quienes decidan y controlen los procesos productivos, y no los intereses corporativos y las leyes ciegas del mercado. De estos principios emerge la demanda de la sociedad civil, de las comunidades indígenas y los pueblos de las florestas por el acceso y apropiación de sus recursos y del entorno en el que históricamente se han configurado sus civilizaciones, dándoles sustento vital y cultural. Estas demandas de las comunidades buscan recuperar sus prácticas tradicionales, generar nuevas técnicas y apropiarse del conocimiento científico moderno, para la autogestión de sus fuerzas productivas, democratizando así los procesos de producción y sus medios de vida.

En la transición hacia la sustentabilidad y la democracia, y en el contexto de la globalización económica, el ambiente aparece como un potencial productivo para que las comunidades puedan reapropiarse de su patrimonio de recursos naturales y culturales, y desarrollen procesos productivos orientados a eliminar la pobreza y a alcanzar niveles de autosuficiencia a través de la autogestión de sus recursos. En este juego y confrontación de racionalidades, el estado debe actuar como mediador entre los intereses empresariales y comunitarios por la apropiación de los recursos naturales. El estado debe asumir la responsabilidad de garantizar condiciones mínimas de producción para la autosubsistencia de las comunidades, otorgándoles el apoyo político, jurídico y financiero necesario para legitimar sus derechos comunales y fortalecer sus capacidades de desarrollo sustentable.

Los imperativos de la sustentabilidad no deben limitarse a ajustar las condiciones ecológicas, culturales y sociales que determinan el aprovechamiento equitativo y sustentable de los recursos a los principios de una racionalidad económica que tan sólo valora el patrimonio de recursos naturales y culturales en términos de un capital natural y humano, es decir, del valor de la fuerza de trabajo y de las materias primas que fijan los mecanismos del mercado. La transición hacia la sustentabilidad plantea al estado el reto de dirimir pacíficamente los conflictos que generan las formas de articulación de la economía global con microeconomías autosuficientes, endógenas y sustentables fundadas en el mejoramiento del potencial ambiental de cada localidad. Parte sustantiva de este proceso es el de garantizar la equidad en el acceso y la distribución de beneficios derivados del "capital natural", así como la valorización de las riquezas genéticas y de los saberes tradicionales de los pueblos indígenas y las sociedades rurales; pero, sobre todo, el estado debe asumir el compromiso de transferir conocimientos a las comunidades y generar una mayor capacidad técnica para que desarrollen el potencial productivo, a través de procesos de cogestión que mejoren las condiciones de vida de la población, que aseguren la sustentabilidad a largo plazo de los procesos productivos, y que incrementen al mismo tiempo los excedentes económicos para el intercambio comercial. Estos procesos abren así nuevas oportunidades a ejidos y minifundios localizados en las áreas forestales y agrícolas del tercer mundo para un desarrollo descentralizado y sustentable.

Sin embargo, el movimiento que viene generándose en favor de una transformación productiva del campo sobre bases ecológicas, junto con el fomento de la autogestión de los recursos agroecológicos y agroforestales por parte de las propias comunidades, se enfrenta al impulso que está dando el estado, en sus políticas agrarias, a reformas asociadas con la liberalización de los mercados y la inversión de grandes capitales en predios ganaderos, agrícolas y forestales, y con el establecimiento de los nuevos "latifundios genéticos". Con la capitalización del agro se busca incrementar la producción comercial, induciendo nuevos procesos de concentración de la tierra y capitalización de la naturaleza que no garantizan las condiciones de subsistencia de las comunidades rurales ni la preservación de la base de recursos naturales.

Frente a estas disyuntivas, los movimientos de las poblaciones rurales por la autogestión de sus recursos ambientales plantean la posibilidad de pasar de las políticas preventivas y remediales frente al proceso de degradación socioambiental, hacia la construcción de una racionalidad productiva sobre bases sólidas de equidad y sustentabilidad. Éstos son los principios que orientan los movimientos sociales por la reapropiación de la naturaleza, de sus culturas, de sus saberes, de sus prácticas y de sus procesos productivos, abriéndose camino a través de la instauración de nuevos derechos ambientales, culturales y colectivos.

DERECHOS HUMANOS Y AUTONOMÍA.
LUCHAS SOCIALES POR LA REAPROPIACIÓN DE LA NATURALEZA

La racionalidad ambiental orienta las acciones sociales por los principios de la sustentabilidad, la autonomía, la autogestión, la democracia, la equidad y la participación. No es una racionalidad ecológica ceñida a los valores intrínsecos de la naturaleza que tanto reclaman el biocentrismo y el conservacionismo. De esta manera, las comunidades indígenas y campesinas están asociando sus luchas por legitimar sus derechos culturales con demandas por el acceso y la apropiación de la naturaleza, en las que subyacen estructuras de poder, valores culturales y estrategias productivas alternativas. La equidad que propugna el ambientalismo no sólo se refiere a la igualdad de derechos de la humanidad a poblar el planeta, a consumir energía y descargar desechos al ambiente común, en un mundo donde un habitante del Norte consume 40 veces más energía y recursos naturales que el promedio de la población de los países del Sur.

El desplazamiento de los derechos humanos tradicionales hacia los derechos ambientales rebasa los derechos jurídicos de igualdad entre los hombres –que incluyen a los derechos universales a la salud y a la educación– hacia los derechos a autogestionar sus condiciones de existencia, lo que implica un proceso de reapropiación de la naturaleza como base de su supervivencia y condición para generar un proceso endógeno y autodeterminado de desarrollo. Las luchas sociales por la reapropiación de la naturaleza –por su resignificación y revalorización– plantean una serie de preguntas: ¿a quién pertenece la naturaleza?; ¿quién otorga los derechos para poblar el planeta, para explotar la tierra y los recursos naturales y para contaminar el ambiente?; ¿es una decisión que cae sobre la gente de las alturas del poder, como la fatalidad de una ley natural, o es la movilización de los pueblos lo que genera el poder para redistribuir los costos ecológicos y los potenciales de la naturaleza?

La reapropiación de la naturaleza trae de nuevo al campo de fuerzas de la política la cuestión de la lucha de clases, esta vez no sobre la apropiación de los medios industrializados, sino de los medios y las condiciones naturales de la producción, los medios de vida y los significados de la existencia humana. A diferencia de la apropiación de los medios de producción, guiada por el desarrollo de las fuerzas naturales desencadenadas y constreñidas por la tecnología, las acciones sociales orientadas por la racionalidad ambiental plantean la apropiación de la naturaleza dentro de una diversidad de estilos de desarrollo sustentable.

Frente a la desposesión y marginación de grupos mayoritarios de la población, la sociedad emerge reclamando su derecho a participar en la toma de decisiones en las políticas públicas que afectan sus condiciones de existencia y en la autogestión de sus recursos productivos. Estos movimientos se están fortaleciendo con la legitimación de las luchas sociales por la democracia y los nuevos derechos culturales. Los derechos humanos están incorporando la protección de los bienes y servicios ambientales comunes de la humanidad, así como el derecho de todo ser humano a desarrollar plenamente sus potencialidades. Los nuevos derechos culturales –a sus territorios étnicos, lenguas indígenas, prácticas culturales– están ampliando las demandas políticas y económicas de las comunidades por sus autonomías locales y regionales para reivindicar su derecho a autogestionar el manejo productivo de sus recursos, incluyendo el control colectivo de sus recursos naturales y la autodeterminación de sus estilos de vida. Estos movimientos sociales emergentes están influyendo en la redefinición de los derechos de propiedad, así como en las formas concretas de posesión, apropiación y aprovechamiento de los recursos naturales.

La apropiación y el manejo de la biodiversidad se está convirtiendo en ejemplo paradigmático. Las estrategias de las empresas transnacionales de biotecnología para apropiarse del material genético de los recursos bióticos se oponen a los derechos de las poblaciones indígenas de los trópicos sobre su patrimonio histórico de recursos naturales. Esta cuestión no puede resolverse a través de una pretendida justa distribución de los costos y beneficios derivados de la etno-bio-prospección y de los derechos de propiedad intelectual sobre los recursos genéticos del planeta; y no sólo por la imposibilidad de contabilizar el valor económico de la biodiversidad por el tiempo de trabajo invertido en la preservación y producción del material genético, por el valor actual de mercado de sus productos, o por el futuro potencial económico frente a los valores culturales de la biodiversidad. El punto crucial en la disputa por la biodiversidad se juega entre las estrategias de capitalización de la naturaleza a través de los derechos de propiedad intelectual y la legitimación de los derechos de los pueblos indígenas para reapropiarse de su patrimonio de recursos naturales y culturales que ha sido resultado de la evolución biológica guiada por las formas culturales de selección de especies y uso de los recursos.

En este sentido, los pueblos de las florestas amazónicas han planteado la autogestión de reservas extractivistas. La inscripción de las comunidades indígenas y campesinas en la globalización económica y en la geopolítica del desarrollo sostenible está llevando a importantes luchas de resistencia y de *reexistencia* (Leff, Argueta, Boege y Gonçalves, 2002), en un proceso de reubicación en el mundo de la posmodernidad. Los pueblos y las comunidades están resignificando el discurso de la democracia y de la sustentabilidad para reconfigurar sus estilos de etno-eco-desarrollo, desencadenando movimientos inéditos por la reapropiación y la autogestión productiva de la biodiversidad, como el hábitat en el que ha evolucionado la cultura de estas comunidades y donde habrán de definir sus proyectos futuros de vida. Hoy, la reconfiguración de sus identidades, la reapropiación de sus territorios y la reafirmación de sus lenguas y costumbres están entretejidas con la revalorización de su patrimonio de recursos naturales, que conforma el ambiente que han habitado y donde se han desarrollado históricamente, para incorporar su potencial productivo y orientarlo hacia el mejoramiento de sus condiciones de existencia y de su calidad de vida, definidas por sus valores culturales y sus identidades étnicas.

Los propósitos de las luchas indigenistas y ambientalistas –que se traslucen en las prácticas y en el discurso de los nuevos actores sociales del medio rural– desbordan la norma social establecida en la ley jurídica. Incluso, debido al carácter innovador y crítico de los procesos ideológicos y políticos por los que cuales se van legitimando los derechos y acciones, su expresión rebasa la esfera discursiva y normativa de lo que puede ser acuñado en los códigos del derecho positivo y de la legislación ambiental. La generalidad, pero también la concreción y ambivalencia de la norma jurídica, siempre funcional al orden social vigente y a los intereses dominantes, desdibujan la complejidad de las utopías ambientales inscritas en las luchas por la autonomía de los pueblos indígenas en cuanto a su potencial creativo para construir una racionalidad social alternativa.

Las luchas ecologistas y de las poblaciones indígenas han venido a cuestionar la capacidad de los órganos oficiales de atención a los pueblos indígenas y sus instancias de mediación. Asimismo, cuestionan el principio constitucional que otorga al estado, como propietario de los recursos de la nación, el derecho de dar en "concesión" su explotación, ya sea al estado mismo (minería, hidrocarburos), a la empresa, o incluso al campesinado, a través del reparto de la tierra, los derechos de propiedad de territorios o las condiciones de la producción en el campo (precios de insumos, transferencia de tecnología y asesoría, etc.).[14] Estas luchas plantean el derecho de apropiación y autogestión del patrimonio natural de los pueblos indígenas, el cual no estaría regido ni por un modelo económico homogéneo ni por un orden jurídico que uniformaría los derechos de las comunidades en función de un bien común definido desde el centro, desde el estado tutelar y del mercado, para determinar desde allí la distribución de las condiciones de la producción a través de las políticas neoliberales en el campo.

En la búsqueda de nuevos espacios independientes, diversas organizaciones indígenas en México promovieron la creación del Conse-

---

[14] En el caso de México, estas consideraciones, que se reflejan en la conciencia, en el discurso político y en las acciones de las organizaciones indígenas y campesinas, vienen a cuestionar las reformas de los años noventa a la Constitución. Así, el artículo 4 –que por primera vez reconoce a los pueblos indígenas como parte de la nación–, debe revisarse para integrar estos espacios étnicos dentro de unidades productivas, lo que implica el reconocimiento a sus derechos de propiedad y apropiación de un patrimonio histórico de recursos productivos, tanto naturales como culturales. Por otra parte, las reformas al artículo 27, que buscan reactivar la productividad del campo por medio de nuevas formas de asociación de los productores rurales con el capital, han privilegiado la orientación de la producción hacia el mercado sin considerar las condiciones socioambientales, los potenciales ecológicos y la diversidad cultural que debe guiar la producción sustentable en el campo.

jo para el Desarrollo de los Pueblos Indígenas, integrado por repre-
sentantes genuinos de los distintos pueblos indígenas. El consejo vendría a convertirse en un medio de diálogo, coordinación y gestión directa de los indígenas frente al estado, integrado por consejos locales, estatales y regionales, sin intermediarios y con capacidad propia
de decisión, planteando alternativas viables para el desarrollo de los
pueblos indígenas que partan de ellos mismos, generando sus propias capacidades para autogestionar su proceso de desarrollo. Esto
plantea la necesidad de una revisión de la Constitución, de manera
que no sólo se reconozca la existencia de las diferentes etnias, sino
también las autonomías de los pueblos indígenas. En este proceso están surgiendo una serie de organizaciones autónomas de los pueblos
indios, tales como la Nación Purépecha, el Movimiento Nacional por
las Regiones Autónomas Pluriétnicas, el Consejo Guerrerense 500
Años, y numerosos movimientos agrarios y comunalistas, como los de
Chiapas y Oaxaca, que incluyen organizaciones de productores, que
expresan la voluntad de desarrollarse a partir de sus propias identidades étnicas. Estos movimientos sociales están recuperando, a través
de sus usos, costumbres y prácticas tradicionales, su patrimonio de recursos naturales y culturales, y encontrando en el ambientalismo las
bases para un desarrollo productivo autónomo y sustentable.

Quizá el caso más significativo e inédito sobre la eficacia de las luchas indígenas ha sido la transformación de la Constitución de Colombia en 1991, con la cual el estado reconoce el derecho a la propiedad colectiva de las tierras ocupadas por las comunidades negras
del litoral pacífico –uno de los territorios de mayor riqueza en biodiversidad del mundo– y a sus identidades culturales. Si bien el proyecto de constituir estados pluriétnicos en América Latina no es exclusivo de Colombia (el renacimiento de los pueblos indios viene pugnan-
do por ello en países como Bolivia, Ecuador o México), la confluencia
de este proceso con la participación de las comunidades negras en el
Proyecto Biopacífico para la conservación de la biodiversidad de esa
zona acicateó la emergencia de un movimiento inédito por la identidad y el territorio. Ello condujo a la construcción de los nuevos derechos de las comunidades negras que quedaron expresados en la Ley
70 de 1993, año en que se conforma el Proceso de Comunidades Negras.[15]

---

[15] Sobre la constitución, organización y expresión del movimiento del Proceso de
Comunidades Negras, véase L. Grueso, C. Rosero y A. Escobar, 1998, en Escobar, 1999:

La lucha de los pueblos latinoamericanos por la autonomía, y la ambientalización de sus luchas, está movilizando cambios en el orden constitucional y jurídico en torno a los nuevos derechos culturales: a la autonomía, la identidad y el territorio. Los movimientos indígenas están rebasando los espacios ganados con anterioridad por los derechos humanos y sancionados por la ley vigente. En el crisol de los procesos de legitimación de los derechos de los pueblos, a través de sus luchas de resistencia, sus estrategias de poder y sus formas de organización política en defensa de su patrimonio de recursos naturales y culturales, se están forjando los nuevos actores del ambientalismo en el medio rural, labrando el terreno y cimentando las bases de un nuevo orden social y productivo.[16]

cap. 7. El Proyecto Biopacífico, financiado por el Fondo Mundial para el Medio Ambiente (GEF), a pesar de su limitado monto en el contexto general del Plan Pacífico de "desarrollo sostenible" que venía emprendiendo el estado –un plan de capitalización de la naturaleza que pretendía apropiarse y controlar los recursos de la biodiversidad de la región–, constituye el contrapunto del proceso de construcción de la identidad negra que venía emergiendo en resistencia al Plan Pacífico, legitimando la participación de las comunidades en la gestión de la biodiversidad, y abriendo nuevos cauces por esa vía para la reinvención de las identidades de las poblaciones negras, no en su lucha *contra* el sistema, sino *con* su naturaleza, por la reapropiación cultural, política y económica de su territorio. El movimiento del PCN se planteó así como objetivo "consolidar un movimiento social de comunidades negras que asuma la reconstrucción y la afirmación de la identidad cultural como base de la construcción de una expresión organizativa autónoma que luche por la conquista de nuestros derechos culturales, sociales, políticos, económicos y territoriales, y por la defensa de los recursos naturales y el medio ambiente" (Grueso, Rosero y Escobar, 1998:180).

[16] El proyecto Latautonomy, financiado por la Unión Europea, es un ejemplo de este intento de implantar nuevos parámetros para establecer una sociedad convivencial, a partir de los presentes procesos de autonomía en sociedades indígenas de América Latina para una "política orientada al desarrollo sostenible y la democratización de un ambiente social". Su objetivo principal es la elaboración de un concepto de autonomía multicultural como una alternativa socioeconómica y un marco político a los estados nacionales centralizados sobre la base de identidades culturales. Tomando como ejemplo aquellas áreas indígenas de América Latina donde los procesos de autonomía durante las ultimas dos décadas han creado una base política y socioeconómica para un desarrollo sostenible, el proyecto busca analizar y evaluar los esfuerzos de los que hacen política tanto en las organizaciones basadas en la comunidad como en organizaciones gubernamentales y no gubernamentales, para crear un nuevo marco para el desarrollo de sociedades civiles. Con este fin el primer objetivo científico del proyecto será la investigación, análisis y evaluación de los conceptos y prácticas de sociedades indígenas en seis áreas principales de América Latina:

La región de Chiapas, México, y la lucha del movimiento zapatista por la autonomía municipal;

La Región Autónoma del Atlántico Norte (RAAN) de Nicaragua, donde la vida política y económica de toda una región está regulada por el Estatuto de Autonomía de 1986;

LA AMBIENTALIZACIÓN DE LAS LUCHAS CAMPESINAS, LAS POBLACIONES INDÍGENAS Y AFRODESCENDIENTES

Las nuevas luchas sociales en el campo –que podemos definir como ambientalistas en el sentido de que articulan demandas tradicionales con un proceso emergente de legitimación de sus derechos a la auto-gestión de sus recursos productivos y la transformación del sistema político y económico dominantes (la lucha por la transición hacia una *democracia en la producción*)–, están alejadas del ecologismo meramente conservacionista y de los proyectos individuales de automargina-ción del orden social dominante. Los nuevos movimientos del medio rural desafían la hegemonía del poder político y económico, de los procesos de decisión y gobernabilidad; son luchas por la producción y por la democracia que implican la participación directa de las pobla-ciones en la construcción de una *nueva racionalidad social y un nuevo paradigma de producción*. Aunque muchas veces resulta difícil discernir estas demandas de manera explícita en las expresiones discursivas y en las acciones políticas de las luchas indígenas y campesinas –más vol-cadas hacia la construcción de un sistema político democrático como condición para la reapropiación de sus medios ecológicos y culturales de producción y el desarrollo de nuevas prácticas autogestionarias de sus recursos productivos–, los nuevos actores sociales del campo están revalorizando su patrimonio natural y cultural, incluyendo sus prácti-cas tradicionales de manejo de sus recursos naturales. Las estrategias de estos nuevos movimientos no se ubican dentro de los esquemas tra-dicionales por un cambio revolucionario del sistema político y la transformación del modo de producción; sus demandas trascienden las reivindicaciones de clases (en el sentido marxista tradicional), es-

La región kuna de San Blas, Panamá, primer área donde se ha puesto en práctica la idea de autonomía multicultural, especialmente en el nivel de la educación multi-lingüe;

Los pueblos indígenas de Venezuela, donde la nueva Constitución de enero de 2000 ha llevado a una discusión amplia dentro y fuera de las comunidades indígenas.

La región de Alto Río Negro, Brasil, que ha sido declarada oficialmente, en 1998, Te-rritorio dos Indios, como resultado de una alianza de 34 diferentes pueblos indígenas;

La Sierra de Ecuador, donde la Confederación Nacional de Organizaciones Indí-genas del Ecuador (CONAIE) ha conseguido importantes espacios autonómicos con un alto grado de autonomía territorial, y lucha en el presente por la constitución de un estado plurinacional multiétnico y pluricultural;

La región del Chapare, Bolivia, donde el movimiento de los cocaleros de base in-dígena multiétnica, está luchando por el control de los municipios dentro del acuer-do de la *Ley de Participación Popular*.

tableciendo nuevas solidaridades, alianzas y efectos simbólicos (las estrategias del EZLN y de diversas agrupaciones indígenas y campesinas), y abriendo cauces hacia la construcción de una nueva racionalidad productiva, a través de un proyecto de democracia directa.

Los efectos transformadores de estos movimientos sociales en el medio rural no podrían estar dados de antemano en función del potencial renovador que llevan en germen o por la incapacidad del sistema para disolver el conflicto social que surge de la marginación, opresión e injusticia que genera. La realización de sus utopías dependerá del grado de conciencia de los propios movimientos sociales y de sus estrategias de poder (en las esferas de lo económico, político y simbólico) para subvertir y transformar el orden social establecido.

Los movimientos sociales en el campo están pasando de una fase de lucha por la tierra a una fase de lucha por la apropiación del proceso productivo. Si en algo se distingue el ambientalismo del marxismo ortodoxo es en que no busca tan sólo un cambio en las formas de propiedad de los medios de producción, es decir, la apropiación por parte de los campesinos del proceso productivo ahora dominado y administrado por empresas e intereses ajenos y externos. Se trata de una lucha por la reconstrucción del proceso productivo, en la cual se mezclan la lucha por el territorio, por las tradiciones e identidades culturales, por los saberes productivos, con los principios de nuevas ciencias y técnicas –la agroecología, la economía ecológica, la biotecnología– para construir un nuevo paradigma de productividad que articula los procesos ecológicos, tecnológicos y culturales, internalizando sus saberes en las prácticas productivas de las comunidades. Ello implica una nueva amalgama de conocimientos, una reapropiación del saber y una nueva conciencia sobre la naturaleza y la cultura insertas en el proceso productivo; una nueva visión del mundo y un fortalecimiento de las capacidades de autogestión de la vida social y productiva de cada comunidad.

Lo anterior está llevando a los movimientos indígenas y campesinos a plantear nuevas estrategias productivas. Sin embargo, la contraposición de visiones e intereses en lo relativo a la apropiación de la naturaleza se manifiesta en la controversia en torno a las políticas que afectan las condiciones de transformación de la producción rural. Éstas se manifiestan en los debates acerca de las reformas del campo, que siguen estando guiadas por criterios de productividad y rentabilidad, de descentralización económica y política, sin considerar las condiciones ecológicas y los intereses de las propias comunidades rurales para alcanzar una productividad sustentable a través de sus propias capacidades de autogestión, de su autonomía cultural y sus identidades étnicas.

La voluntad productivista, confiada en la habilidad empresarial y política en pro del campo y del impulso a la producción derivado de las fuerzas del mercado, podría llevar a acentuar la destrucción del medio rural y los riesgos ecológicos, al imponer tecnologías intensivas en insumos industriales y ritmos de explotación de los recursos inadecuados para su uso sostenible. De esta manera, la revolución verde destruyó la complejidad ecosistémica, induciendo la contaminación y salinización de los suelos, ocasionando una pérdida de fertilidad de las tierras y una rentabilidad decreciente de las inversiones; al mismo tiempo afectó la salud de los productores rurales por el abuso de plaguicidas, así como el desplazamiento y la desnutrición de la población rural, provocando un incremento en la pobreza de los habitantes del campo. Hoy, la invasión de una agricultura transgénica, marcada por la concentración de tierras y ganancias, está generando nuevas formas de inequidad en el campo y nuevos riesgos ecológicos (Pengue, 2000).

La cerrazón de la razón económica imperante a una vía productiva alternativa ha descalificado los reclamos de muchas organizaciones indígenas y campesinas, que se han organizado para reconstruir sus modos de producción, incorporando los potenciales ecológicos para un desarrollo sustentable. Esta estrategia implica la gestión directa de las comunidades en la reorganización de sus prácticas productivas, en la recuperación y mejoramiento de sus prácticas tradicionales y sus valores culturales a partir de principios de autonomía e identidad cultural. A su vez conlleva un proceso de reapropiación del proceso productivo por parte de las comunidades y una lucha de resistencia para evitar ser proletarizados o reducidos a simples agentes pasivos de las nuevas asociaciones productivas, guiadas por un proceso de racionalización económico-ecológica dentro de la geopolítica del desarrollo sostenible.

La destrucción ecológica del planeta, la degradación socioambiental y la desposesión de las poblaciones autóctonas de su patrimonio de recursos naturales y culturales, han planteado la impostergable necesidad de transformar los principios de la racionalidad económica, de su carácter desigual y depredador, para construir una racionalidad productiva capaz de generar un desarrollo equitativo, sustentable y duradero. Este debate teórico y político ha generado un amplio movimiento social, en el que los principios del desarrollo sustentable se van arraigando en luchas populares, en organizaciones ciudadanas y en las comunidades rurales para la autogestión de sus tierras y sus recursos naturales.

En este contexto han surgido vigorosas organizaciones en diferentes regiones del mundo, entre los que destacan el movimiento chipko contra la privatización de los bosques del Himalaya (Guha, 1989), y de los seringueiros de la Amazonía por desarrollar reservas extractivas de los recursos de sus florestas (Allegretti, 1987; Gonçalves, 2001) y de las comunidades afrodescendientes del Pacífico colombiano por la apropiación y autogestión de sus reservas de biodiversidad (Escobar, 1999). Varias comunidades rurales del tercer mundo se han venido sumando a este proceso, tanto por sus riquezas forestales y la biodiversidad de sus selvas como porque su supervivencia y condiciones de vida dependen del manejo sustentable y la autogestión de los recursos agroforestales. Los movimientos sociales asociados con el desarrollo de los nuevos paradigmas agroecológicos a las prácticas productivas del medio rural, no son sino una parte de un movimiento más amplio y complejo, orientado hacia la transformación del estado y del orden económico dominante. El movimiento por el desarrollo sustentable se inscribe así en las luchas sociales por la democracia directa y participativa y la autonomía de los pueblos indios, abriendo perspectivas a un nuevo orden económico, político y cultural mundial.

El movimiento por la conservación productiva de los bosques y selvas ha pasado a ocupar un papel importante en la resolución de problemas ambientales globales, como el calentamiento de la atmósfera, debido tanto a las tasas de desforestación como a los efectos de la creciente concentración urbana, al incremento de la producción industrial y al uso exponencial de energéticos de origen fósil. Se ha planteado así el imperativo de preservar las funciones ecológicas de los bosques que contribuyen a mantener los equilibrios hidrológicos y climáticos de la tierra, y de mejorar el potencial de producción forestal de los trópicos, basado en sus particulares condiciones de productividad natural y regeneración, a través de prácticas de conservación y manejo sustentable de los recursos que permitan preservar su biodiversidad, al tiempo que se valorizan económicamente los servicios ambientales que ofrecen al equilibrio económico del planeta dentro de la nueva geopolítica del desarrollo sostenible.[17]

[17] Ver cap. 3, *supra*.

Sin embargo, el actual proceso de transformación productiva del campo –guiado por los imperativos del mecanismo de desarrollo limpio y por la implantación de productos transgénicos– no sólo plantea una interrogante sobre la posibilidad de generar empleos para la población rural que será expulsada de un agro modernizado –y ahora ecologizado– hacia las ciudades que sufren ya altos índices de congestión y contaminación ambiental. El efecto de desposesión y emigración del campo –la reapropiación del capitalismo verde y transgénico de tierras comunales y de pequeños propietarios forzados a vender sus parcelas como forma desesperada de supervivencia–, está generando un éxodo del campo y una presión creciente sobre tierras marginales y ecosistemas frágiles, empobreciendo aún más a la población rural y acentuando la pérdida de fertilidad de los suelos. En esta perspectiva se plantea el reto de frenar la pérdida de bosques y suelos, al tiempo que se desarrollan nuevas opciones que permitan aprovechar el potencial productivo de los ecosistemas en las comunidades rurales de los trópicos.

La transición hacia la sustentabilidad plantea la necesidad de articular los espacios de economías autogestionarias y endógenas, fundadas en la apropiación comunitaria de los recursos, con las fuerzas omnipresentes del mercado mundial; incorporar las bases naturales y culturales de sustentabilidad a la racionalidad de la producción; equilibrar la eficacia productiva con la distribución del poder, de manera que sean los propios sujetos sociales de esta nueva economía quienes decidan y controlen los procesos políticos y productivos, y no las leyes ciegas y los intereses corporativos del mercado. Emergen así los principios de una gestión ambiental participativa, la exigencia de la sociedad civil, las poblaciones indígenas, los pueblos de las florestas, las comunidades negras, que demandan un acceso y apropiación de sus recursos, del entorno en el que históricamente se han configurado sus civilizaciones, dándoles sustento vital y cultural. Éstas se funden ahora en una demanda de democracia participativa y directa, que implica su derecho a plantearse y realizar otros futuros posibles, a innovar técnicas y a apropiarse de ellas como fuerzas productivas, a democratizar los procesos de producción de sus medios de vida. Así, el movimiento ambiental está abriendo nuevas vías para revertir la degradación ecológica, la concentración industrial, la congestión urbana y la concentración del poder; para romper con la alienación de un modelo unipolar y homogéneo, depredador y desigual; para seguir la evolución de la naturaleza hacia la diversidad biológica y la aventura de la humanidad por la vía de la heterogeneidad cultural; para lograr formas más productivas e igualitarias, pero también mejores formas de convivencia social y de relación con la naturaleza.

Los imperativos de la sustentabilidad no deben limitarse a ajustar (forzar) las condiciones ecológicas, culturales y sociales que determinan el aprovechamiento equitativo y sustentable de los recursos a los principios de una racionalidad económica que reduce el valor del patrimonio de recursos naturales y culturales a aquellos elementos que pueden ser recodificados en términos de capital natural y humano, es decir, del valor de la fuerza de trabajo y de las materias primas que fijan los mecanismos del mercado. El verdadero reto es desarrollar nuevas formas de articulación de una economía global sustentable con economías locales, mejorando el potencial ambiental de cada localidad y preservando la base de recursos naturales y la diversidad biológica de los ecosistemas. Los principios de la productividad ecotecnológica y de la agroecología plantean la posibilidad de construir una economía más equilibrada, justa y productiva, fundada en la diversidad biológica de la naturaleza y la riqueza cultural de los pueblos.

El nuevo orden económico aspira a dar bases de sustentabilidad a la racionalidad del mercado. Sin embargo, la sustentabilidad global depende de los procesos ecológicos, cuya conservación y potenciación se establece en los procesos productivos primarios –en las economías de subsistencia que no han estado regidas tradicionalmente por los principios de acumulación y producción para el mercado–, que afectan directamente la fertilidad de los suelos, la productividad de los bosques y la preservación de la biodiversidad. En este sentido, una economía sustentable debe fundarse en los principios y saberes de la agroecología y en el manejo forestal comunitario sustentable, de los que dependen las condiciones de vida de la mayoría de la población del tercer mundo.

Los métodos de la agroecología han mostrado el potencial de sus estrategias para desarrollar una agricultura sustentable y altamente productiva, basada en la capacidad de fotosíntesis de los recursos vegetales, el manejo de los procesos ecológicos, los cultivos múltiples y su asociación con especies silvestres, el "metabolismo" entre procesos de producción primaria y de transformación tecnológica, y el reciclaje ecológico de residuos industriales. Los potenciales ecológicos que dan soporte a las estrategias agroecológicas de las comunidades rurales han generado vastas y variadas experiencias que empiezan a ser sistematizadas ofreciendo principios, métodos y técnicas capaces de ser generalizados y aplicados a diferentes contextos geográficos y culturales (AGRUCO/PRATEC, 1990; Altieri, 1987; Altieri y Nicholls, 2000; ANGOC, 1991; CLADES, 1991; Gliessman, 1989; Rist y San Martín, 1991; Krishnamurthy y Ávila, 1999; Krishnamurthy y Uribe, 2002; Sevilla y González de Molina, 1992). La importancia de desarrollar y aplicar los métodos de la agroecología al manejo productivo y sustentable de los recursos forestales y agrícolas radica en la oferta potencial de recursos que puede generar para mejorar las condiciones de subsistencia de los millones de campesinos e indígenas que se encuentran en estado de desnutrición y pobreza extrema, debido en gran parte a la implantación de modelos productivos que no han considerado las condiciones ecológicas, sociales y culturales propias de estas comunidades rurales. En este sentido, los principios de la agroecología ofrecen la posibilidad de impulsar prácticas productivas sobre bases ecológicas y democráticas.

La complejidad y fragilidad de los ecosistemas tropicales que definen la vocación de los suelos, así como la heterogeneidad cultural de la organización social de los países tropicales, obligan a plantearse nuevas estrategias para el manejo de los recursos forestales, más que a competir en el marco de una producción homogénea, fijada por las condiciones del mercado mundial. La oferta natural de recursos procedente de la diversidad biológica de los ecosistemas tropicales, ofrece condiciones ventajosas para aplicar los principios de la agroforestería en proyectos de autogestión productiva y de manejo múltiple e integrado de los recursos agrícolas, forestales y ganaderos, así como en la transformación agroindustrial *in situ* de sus recursos, fomentando la integración regional de agroindustrias y mercados. Esta estrategia resulta más adecuada a las condiciones ecológicas y sociales de la producción sustentable en el trópico que la homogeneización forzada de los recursos, orientada hacia las oportunidades coyunturales del mercado mundial. Ello implica la necesidad de desarrollar tecnologías eficientes y adecuadas para ser administradas por las propias comunidades para transformar los recursos naturales a escalas que correspondan con los ritmos de oferta ecológicamente sustentable, y que permitan el aprovechamiento de especies de uso no convencional.

Los principios de la agroecología y de la agroforestería para el manejo integrado de recursos plantean la posibilidad de construir una economía más equilibrada, justa y productiva, fundada en la diversidad biológica de la naturaleza y la riqueza cultural de los pueblos de

América Latina y del tercer mundo. Se abren aquí diversas posibilidades, que van desde el manejo de reservas extractivas y del bosque natural hasta el desarrollo de prácticas agroecológicas para el aprovechamiento múltiple de la selva tropical, la regeneración selectiva de sus recursos naturales y el manejo de cultivos diversificados. Investigaciones actuales muestran el potencial de desarrollo para el autoconsumo y para el mercado mundial que ofrece el manejo productivo de los diversos y exuberantes recursos de la selva tropical, pasando de la agricultura itinerante tradicional a establecer parcelas fijas altamente productivas basadas en el uso múltiple e integrado de sus recursos (Boege, 1992).

Sin embargo, para generar ese nuevo potencial es necesario legitimar los derechos de las comunidades y fortalecerlas políticamente, dotándolas al mismo tiempo de una mayor capacidad técnica, científica, administrativa y financiera, para la autogestión de sus recursos productivos. Desde fines de los años setenta una vertiente del movimiento ambiental en varios países del tercer mundo se ha venido arraigando en las comunidades rurales, incorporando a sus demandas tradicionales por la tierra la defensa de los bosques y la autogestión de sus recursos naturales. Ello se refleja en la organización de los productores forestales, que luchan por transformar el régimen de explotación de los recursos de las empresas concesionarias, y contar con un nuevo modelo de apropiación de su patrimonio de recursos, de autogestión de la producción y comercialización, adquiriendo al mismo tiempo el control de los servicios técnicos forestales y generando un proceso de innovaciones técnicas a partir de las prácticas tradicionales de uso de los recursos. Las propuestas para el aprovechamiento sustentable de los bosques y los recursos naturales están arraigándose en nuevas formas de organización de las comunidades para la defensa y el control colectivo de sus recursos, así como para el desarrollo de estrategias productivas alternativas (Aguilar, Gutiérrez y Madrid, 1991).[18] Están surgiendo así nuevas prácticas productivas dentro de un desarrollo alternativo fundado en el potencial pro-

---

[18] En este sentido, la Declaración del Foro Nacional sobre el Sector Social Forestal, celebrado en Pátzcuaro, Michoacán, del 5 al 7 de abril de 1992, reafirma el valor de las experiencias recientes de autogestión de los recursos forestales, las cuales "han mostrado el papel insustituible de las empresas campesinas en el arraigo de 17 millones de mexicanos, en la generación de empleos y productos para el autoconsumo y la exportación, y para la conservación de la cubierta vegetal y la diversidad biológica" (*El Cotidiano*, 1992: 49-52).

ductivo de los ecosistemas del trópico, así como en la diversidad cultural y en las capacidades organizativas de las comunidades rurales.

La posibilidad de convertir los recursos agrícolas y forestales en base del desarrollo y el bienestar de las comunidades rurales aparece también como medio para la protección efectiva de la naturaleza, de la biodiversidad y del equilibrio ecológico del planeta. La consolidación de estos procesos dependerá del fortalecimiento de la capacidad organizativa de las propias comunidades para desarrollar alternativas productivas que les permitan mejorar sus condiciones de vida y aprovechar sus recursos de manera sustentable. De esta forma, los pobladores de los bosques, las selvas tropicales y las áreas rurales del tercer mundo podrán aliviar su pobreza y conservar su patrimonio de recursos como un potencial económico para satisfacer sus necesidades actuales y las de las generaciones venideras.

La construcción de este potencial alternativo de desarrollo dependerá de la producción de tecnologías apropiadas para el manejo productivo de la biodiversidad de los ecosistemas y para el aprovechamiento múltiple de sus recursos, revirtiendo las tendencias a transformarlos en plantaciones y cultivos especializados de alto rendimiento en el corto plazo. Se abren así perspectivas promisorias para un desarrollo agroforestal, generando medios de producción mejorados asimilables a las prácticas productivas de las comunidades rurales. Sin embargo, el control de las empresas de biotecnología sobre las cada vez más sofisticadas técnicas de ingeniería genética, pone en desventaja a las poblaciones indígenas y campesinas frente a los consorcios internacionales, que cuentan con los medios científicos y económicos para apropiarse del material genético de los recursos que han sido y son patrimonio histórico de los pobladores de las regiones tropicales. Ello plantea la necesidad de desarrollar estrategias que no sólo permitan a las comunidades rurales legitimar sus derechos sobre su patrimonio de recursos y la propiedad de la tierra, sino asegurar también la transferencia y apropiación de nuevos recursos tecnológicos para mejorar sus condiciones de autogestión productiva.

Las perspectivas para el uso sustentable de los recursos se encuentran atravesadas por poderes desiguales que defienden proyectos alternativos de desarrollo. Así, los países del Norte han manifestado su interés en preservar la biodiversidad del planeta y en explotar los recursos forestales de los países subdesarrollados amparándose en los derechos de propiedad intelectual y las patentes sobre mejoras genéticas de los recursos vegetales. Por su parte, los países del Sur se resisten a ceder el control sobre sus recursos a los mecanismos del mercado mundial y a las cada vez más sofisticadas estrategias de dominación que están desarrollando los países del Norte sobre la base del control del conocimiento científico, la propiedad de las innovaciones biotecnológicas y su poder financiero.

Ante esta disyuntiva, los principios de racionalidad ambiental y productividad ecotecnológica se vinculan con la necesidad de reforzar el poder y las capacidades de las propias comunidades para emprender un desarrollo endógeno, fundado en el aprovechamiento de las tierras, los bosques y las selvas tropicales, bajo los principios de la autogestión comunitaria y el uso ecológicamente sustentable de los recursos naturales. Esta estrategia ha dejado de ser tan sólo una propuesta de académicos, intelectuales y grupos ambientalistas, para plantearse como una demanda de las comunidades rurales. Han surgido así numerosas experiencias y todo un movimiento para la puesta en práctica de los principios del ecodesarrollo y de la agroecología por los propios productores del campo y los bosques, quienes luchan por reapropiarse del control colectivo de sus recursos naturales y culturales y de la reorganización de sus prácticas productivas.

Los métodos de la agroecología en la producción agrícola y forestal se nutren del conocimiento milenario acumulado por las comunidades indígenas y rurales del mundo entero, y en particular de las regiones tropicales del planeta; al mismo tiempo conducen hacia una "verificación científica" de los fundamentos de las prácticas culturales de manejo sustentable de los recursos. De esta manera, las propias comunidades rurales han incorporado en sus reclamos de autogestión un principio de prevención contra la "cientifización" del saber agroecológico inscrito en los sistemas de conocimientos tradicionales y arraigado en la racionalidad cultural y en la identidad étnica de las propias comunidades, que pudiera imponerse desde la legitimidad de las instituciones académicas a las prácticas de los productores rurales.[19]

---

[19] En este sentido Lory Ann Thrupp (1993) señala que: "Algunos investigadores examinan el conocimiento tradicional con métodos empíricos formales, tales como experimentos controlados de laboratorio. Estas investigaciones y análisis sin duda son de valor para verificar la función y efectividad de las prácticas de las poblaciones locales. Sin embargo [...] esta forma de sistematización puede ser inapropiada para apreciar el verdadero significado de esos sistemas de conocimiento, al ser abstraídos del contexto histórico y cultural de las prácticas locales, de sus complejos matices y de su dimensión filosófica y espiritual."

En la puesta en práctica de estas estrategias de gestión participativa se avanza en la realización de un desarrollo alternativo, en el que se va forjando una nueva conciencia social y un conocimiento colectivo sobre el potencial que encierra el manejo ecológico de los recursos naturales y la energía social que surge de los procesos sociales de autogestión productiva. Éstos van rompiendo un largo proceso de explotación de los recursos y de las comunidades rurales como fuente de acumulación de capital, centralización política y concentración urbana, en los que las economías de escala y de aglomeración ya se han revertido, rebasando umbrales críticos de equilibrio ecológico y tolerancia social que se reflejan en el incremento de la pobreza crítica y la degradación ambiental.

Desde esta constatación está surgiendo una demanda de las comunidades por el reconocimiento de sus derechos de uso, usufructo y manejo de sus recursos forestales. Emerge así una nueva conciencia y un nuevo espíritu de organización colectiva, que movilizan un desarrollo alternativo al modelo homogeneizador del proyecto neoliberal, ajeno a la diversidad cultural y al potencial productivo de los ecosistemas del trópico. Este movimiento ha llevado a incrementar el número de organizaciones rurales y campesinas, así como de proyectos de investigación, desarrollo y extensión, orientados por los principios de la agroecología y la agroforestería comunitaria, generando una colaboración en forma de redes para el intercambio de experiencias y conocimientos, así como para fortalecer el consenso social a favor de los nuevos proyectos productivos en el agro, buscando incidir en las políticas de producción rural y generar estilos de desarrollo sustentables.

De esta manera, un movimiento social cada vez más amplio avanza en la construcción de una racionalidad productiva alternativa, fundada en condiciones ecológicamente sustentables de producción, así como en criterios de equidad social y de diversidad cultural capaces de revertir los procesos de degradación ambiental y de generar beneficios directos para las comunidades responsables de la autogestión de sus recursos ambientales. Son los pobladores que habitan los bosques, las selvas tropicales y las áreas rurales donde se asienta y significa su cultura, donde se forjan sus solidaridades colectivas y se configuran sus proyectos de vida, quienes pueden asumir el compromiso de mantener la base de recursos como legado de un patrimonio histórico y cultural, y como fuente de un potencial económico para las generaciones venideras.

MOVIMIENTOS DE REAPROPIACIÓN DEL MUNDO Y DE REEXISTENCIA

Los nuevos movimientos sociales no sólo avanzan en una defensa de derechos tradicionales, en oposición a un régimen de exclusión y marginación, en una lucha por la supervivencia. Estos movimientos de reapropiación son al mismo tiempo movimientos de resistencia y de reexistencia.[20] Lo que reclaman estos movimientos no son sólo derechos a la naturaleza, sino un derecho del ser cultural. En este sentido, a través de luchas tradicionales por un territorio, estos movimientos avanzan en la apropiación de un discurso y una política (del desarrollo sostenible al desarrollo sustentable), y para ello reinventan sus identidades en relación con los "otros" y con la naturaleza. No sólo reviven en el panorama político como nuevos movimientos que reivindican espacios en un mundo objetivado y economizado. Reexisten. Vuelven a asumir su voluntad de poder ser como son; no como han sido, sino como quieren ser. Despiertan sus sueños, renacen sus utopías, para reinventar su existencia, para pasar del resentimiento por la opresión al re-sentimiento de sus vidas.

Los *seringueiros* en la selva amazónica de Brasil han sido los actores de un movimiento por la reafirmación de sus identidades y de una estrategia de manejo sustentable de la naturaleza con la cual han convivido y coevolucionado por más de un siglo, transformándola a través de prácticas en las cuales hoy se configura un nuevo proyecto productivo, cultural y político. Los *seringueiros* no son la actualización de una identidad originaria; se han formado en un proceso social desde sus luchas sindicales como trabajadores en el negocio de exportación del látex en el siglo XIX hasta la invención de sus reservas extractivistas en el estado de Acre, en Brasil. Son protagonistas de una lucha por la reapropiación de *su* naturaleza, por la afirmación de *su* cultura y por la construcción de un proyecto propio de sustentabilidad. La geografía que ha trazado el *seringueiro* es resultado de un movimiento en el pensamiento que acompaña a una acción social que reconfigura identidades colectivas, reorganiza el espacio ecológico y construye nuevos territorios teóricos, políticos y culturales. Esta nueva geografía es producto de un movimiento social en el que el hombre va significando su hábitat y asignando a sus prácticas el nombre de su cultura: va *geografiando* la tierra al hacer el camino

---

[20] La noción de "reexistencia" ha sido formulada por Carlos Walter Porto Gonçalves (2002b y Leff *et al.*, 2002).

de la *seringa*, en un proceso histórico en el que se hace *seringueiro*. La cultura, a través de sus saberes sobre el mundo, imprime su sello en la tierra, en el bosque, en la selva; son saberes que describen y se inscriben en un territorio a través de prácticas productivas y luchas sociales; son prácticas mediante las cuales se apropian de *su* naturaleza dándole nombre propio. Son procesos de reterritorialización –en el sentido que Guattari le da al término– en los que el hombre se arraiga en un territorio e irriga su destino: *habitus* que construye un hábitat, ser cultural que se conforma y da forma al medio.

Los *seringueiros* están construyendo un nuevo territorio epistemológico donde se están reconstituyendo las relaciones sociedad-naturaleza. No se trata tan sólo de una nueva topología social, sino de un proceso de resignificación y transgresión de los territorios del conocimiento para repensar el tiempo y el espacio; es una nueva escritura en la piel de la tierra que funda un nuevo lugar para nombrar al ser. Estos territorios se configuran en la confrontación de intereses entre el mercado mundial y la cultura local; en este campo de lucha por la reapropiación de un lugar donde habitar, los *seringueiros* han dejado las marcas de su cultura en la tierra y su huella en la historia, construyendo su modo de vida en un territorio conformado por la cultura; de una cultura que coevoluciona con la naturaleza, definiendo una identidad en confrontación con "los de afuera". El *territorio seringueiro* es el espacio construido en la disputa por un recurso al cual la cultura imprime el nombre de una naturaleza en la que se reconoce. Los *seringueiros* llamaron *seringueira* a ese árbol-madre, cuya leche es la *seringa*, alimento de un pueblo del que toma su nombre propio.

El hombre nombra al árbol; el árbol se hace cuerpo. El *territorio seringueiro* es la tierra extasiada por el calor del sol y por la caricia de la mano del hombre: erotización de su mundo de vida, construcción social de un espacio habitado. Sol y carne es la *seringa*, producto de la fotosíntesis y de la cultura; cultura que conserva y cultiva al árbol como sustento de la vida, extrayendo su savia lechosa, haciéndose *cultura seringueira*. La *seringa* nace del encuentro de la tierra cristalizada con la vida; del cortejo de la vida con la roca endurecida. Es la caricia clorofílica del sol en la corteza del árbol; es el amor cortesano del árbol con la tierra y con el hombre. El hombre adoró al árbol; el árbol echó raíces en la tierra y absorbió del oasis subterráneo la savia de su cultura. El territorio de esta geografía es la vida hecha cuerpo y símbolo, saberes y sabores, prácticas y costumbres. La cultura da nombre, significado y sentido a la naturaleza; escribe un territorio, imprime sus marcas en la tierra. Es la tierra labrada, el árbol labrado, de la alborada al sol poniente, sol radiante que va engrosando sus troncos y extendiendo sus ramas para abrazar al hombre. De la *seringueira* acariciada y seducida por el hombre fluye la vida de una cultura. El *seringueiro* enlaza a la naturaleza y a la cultura para enjugar la leche de la *seringa*, sentido y sustento de un pueblo. Tierra erotizada por la mano del hombre, fertilizada con técnicas, con símbolos y signos. El *seringueiro* se va forjando en esa referencia inagotable con su medio, con ese mundo externo y extraño que es la naturaleza. Naturaleza desnaturalizada. Naturaleza cultivada, culturizada.

Desde esta política cultural por la identidad, el clamor por la equidad y la sustentabilidad es una lucha por la diversidad, por el derecho de *ser diferente*. Es el derecho a la singularidad y a la autonomía frente al forzamiento de la universalidad impuesta por la globalización dominadora. Esta política del ser y el devenir está emergiendo en la reconstitución de las identidades y la innovación de proyectos culturales en el tránsito a una sustentabilidad fundada en la diversidad, la equidad y la justicia. Una nueva racionalidad ambiental se está forjando en los movimientos emergentes de los pueblos indígenas, como en el Proceso de las Comunidades Negras del Pacífico sur colombiano, las cuales han afirmando nuevos principios y derechos de organización política desde la naturaleza y la cultura. De esta manera están reclamando:

1. La reafirmación del ser (de ser negros) [...] desde el punto de vista de nuestra lógica cultural, de nuestra manera particular de ver el mundo, de nuestra visión de la vida en todas sus expresiones sociales, económicas y políticas [...] 2. Derecho al territorio (un espacio para ser) [...] y para vivir de acuerdo con lo que pensamos y queremos como forma de vida [...] del hábitat donde el hombre negro desarrolla su ser en armonía con la naturaleza. 3. Autonomía (derechos al ejercicio del ser) [...] en relación a la sociedad dominante y frente a otros grupos étnicos y partidos políticos, partiendo de nuestra lógica cultural, de lo que somos como pueblo negro [...] 4. Construcción de una perspectiva propia de futuro [...] partiendo de nuestra visión cultural, de nuestras formas tradicionales de producción [...] y de organización social [...] 5. Somos parte de la lucha que desarrolla el pueblo negro en el mundo por la conquista de sus derechos. Desde sus particularidades étnicas, el movimiento social de comunidades negras aportará a la lucha conjunta [...] por la construcción de un proyecto de vida alternativo (Escobar, Grueso y Rosero, 1998, cit. en Escobar, 1999: 180-181).

Hernán Cortés, líder también del movimiento del PCN, expresa desde su propio ser y con palabra propia el pensamiento y el imaginario que insuflan la reinvención de su identidad, donde se entreteje la identidad en el tiempo en el que nacen y la confrontación de los tiempos en los que se debate su existencia y se abre su futuro posible. Su palabra se entreteje en las corrientes de la interculturalidad, el mestizaje y la hibridación del ser cultural y la biodiversidad:

La relación entre pueblos afrodescendientes y la naturaleza está determinada por unos *mandatos ancestrales*, que recogen unos criterios conservados de nuestros ancestros africanos, otros apropiados de las culturas indígenas y criterios que fueron definidos en el proceso de reconstrucción social y cultural en los territorios donde se había conquistado la libertad [...] Los muertos nunca se van, se quedan en los árboles, en los arroyos, en los ríos, en el fuego, en la lluvia, en la orilla [...] El mandato ancestral: *todos somos una gran familia*, nos designa un profundo respeto hacia los demás seres de la naturaleza, que como seres vivientes, los árboles, la tierra, los animales, el agua [...] *tienen derechos*. Las dinámicas de doblamiento, movilidad, ocupación territorial y las prácticas de uso y manejo de la biodiversidad pasan por la concepción de que la trilogía *territorio, cultura, biodiversidad*, es un todo íntegro, indivisible; el territorio se define como un espacio para ser y la biodiversidad como lo que permite permanecer [...] los pueblos afrodescendientes asumen la naturaleza como un *sistema biocultural*, donde la organización social, las prácticas productivas, la religiosidad, la espiritualidad y la palabra [...] determinan un *bien vivir* (Cortés, 2002: 218-218).

Estas identidades "híbridas" no sólo se construyen en oposición a otras identidades, no son sólo estrategias de resistencia, no son meras identidades políticas fragmentadas (Hobsbawm, 1996); son la renovación del ser que se constituye con un nosotros, con unos comunes: tierras, ideologías, aspiraciones. Las luchas de emancipación son luchas de reexistencia del Ser y de reapropiación de la naturaleza. No son sólo reclamos por una mejor distribución ecológica y económica, sino disputas de sentidos existenciales que se forjan en la relación de la cultura con la naturaleza. Ello implica que los pueblos tomen la palabra. La descolonización implica hablar diferente; es un derecho a la diferencia y a las identidades comunes que pasa por estrategias discursivas donde la poesía política puede enfrentar la verdad de la ciencia positivista; donde la justicia ambiental descoloniza el derecho positivo y a todos los dispositivos de poder en el saber que se han legitimado e institucionalizado para someter e integrar al otro al orden dominante.

La resignificación del mundo y la reidentificación cultural atraviesan un campo de fuerzas políticas y se inscriben en estrategias discursivas donde se encuentran la lógica colonizadora del mercado global y la irrupción de fuentes locales de nuevos sentidos, la reconstrucción de identidades guiadas por estrategias para la afirmación de sus mundos de vida. Estos procesos emancipatorios no surgen por la explosión de una ética de la liberación que hubiera quedado reprimida; no es la expresión de una conciencia adormecida; no es la alocución de las lenguas de los pueblos ante un régimen de tolerancia en los avances de una cultura democrática global, respetuosa de las diferencias. La palabra nueva no surge de la nada, no nace fuera de las lenguas donde se expresa, de los intereses contra los que se manifiesta, de las sintaxis y códigos que organizan sus significados. Pero como la poesía, nace una palabra nueva que ilumina el mundo con nuevos significados, con nuevas posibilidades. Es un lenguaje estratégico en el que el derecho a la diferencia se expresa cambiando las metáforas del mundo, desarmando al enemigo con la palabra que alumbra y deslumbra. Ésa ha sido la apuesta de Marcos, quien ha hecho de la política un campo de batalla para la retórica poética y el cuento metafórico, renunciando a la mismidad y al tú por tú para entrar en una política de la otredad y de la diferencia. La negociación política en la cultura de la diferencia se da en un juego de traducciones entre significaciones e intereses inconmensurables. El conflicto no se dirime en un consenso, sino en un acuerdo de convivencia de la diferencia, que incluye los disensos y los desentendimientos entre formas diferenciadas de comprensión y una ética de respeto a la otredad.

En ese encuentro de saberes, disputa de intereses, los discursos por la sustentabilidad se encuentran y enlazan de formas contradictorias. Así, los pueblos indígenas se inscriben en la retórica del desarrollo sostenible para extraer de allí nuevos sentidos. El diálogo de saberes genera alianzas entre académicos y activistas donde se construye en común un discurso político de las comunidades. Un bello ejemplo de estas hibridaciones es la construcción en común del discurso político del Proceso de las Comunidades Negras del Pacífico colombiano. La investigación participativa y la acción comprometida de intelectuales y académicos generan en el diálogo constante con los activistas del movimiento una transmisión de categorías, lenguajes que los activistas internalizan para comprender y explicar sus circunstancias. Este movimiento de emancipación étnico-cultural trasciende las concepciones meramente raciales de la identidad. Siguiendo a Stuart Hall (1990), el PCN comprende que

La identidad es algo que se negocia en términos culturales, económicos y políticos [...] por un lado, la identidad se concibe como enraizada en una serie de prácticas culturales compartidas, como una especie de ser colectivo [...] por el otro, la identidad también se ve en términos de las diferencias creadas por la historia; esta visión enfatiza tanto el ser como el llegar a ser, implica posicionamientos más que esencias, discontinuidades al mismo tiempo que continuidades. Diferencia y semejanza, de esta forma constituyen para Hall la naturaleza doble de la identidad de los grupos de la diáspora africana [...] en el contexto del "Nuevo Mundo", lo africano y lo europeo se "creolizan" sin cesar, y las identidades culturales son marcadas entonces por diferencia e hibridación (Grueso, Rosero y Escobar, 1998, cit. en Escobar 1999: 188-189).

De esta manera las poblaciones indígenas y afrodescendientes están afirmando sus derechos culturales para recuperar el control sobre su territorio como un espacio cultural, ecológico y productivo.[21] Una nueva racionalidad se está forjando en las identidades de los actores emergentes de nuevos movimientos sociales, que se expresa como una demanda política para la valorización del ambiente y la reapropiación de la naturaleza. La política de la diversidad cultural y de la diferencia está emergiendo junto con la construcción de un saber ambiental, donde el tiempo-significante habita al ser.[22] Esta política

---

[21] Pueblos indígenas y afrodescendientes no han luchado hasta ahora brazo con brazo; en algunos casos, como en el Pacífico colombiano, las poblaciones indígenas gozan de ciertas prerrogativas por el reconocimiento del estado anterior al más reciente de las poblaciones afrodescendientes. Sólo en estos últimos tiempos se ha hecho manifiesta la voluntad de juntar sus agendas, como sucedió en el Primer Foro Social Américas, el 30 de julio de 2004, cuando decidieron emprender una política que integre sus luchas desde la interculturalidad. Allí manifestaron que "la lucha tiene que ser conjunta, porque ambos pueblos sufren discriminación racial, irrespeto a su derecho a la territorialidad y la biodiversidad, así como a su cultura", porque ambos, indígenas y afrodescendientes son afectados por problemas comunes: territorialidad, desigualdad, exclusión social, racismo; pero también porque ambos pueblos mantienen ejes comunes de lucha, como la reafirmación de su identidad y la cultura de resistencia, y porque "hay una deuda histórica con los pueblos indígenas y con los afros".

[22] Ver cap. 6, *supra*.

cultural se está fraguando en el crisol en el que diversos actores sociales están reinventando sus sentidos y prácticas culturales, en la hibridación de procesos materiales y simbólicos, en la actualización de seres hechos de tiempo, de vida y de historia. El despertar de tradiciones y la supervivencia de significaciones culturales se entretejen en el diseño de nuevas prácticas sociales y productivas en el encuentro de lo tradicional y lo moderno. La *resistencia cultural* que está en la forja de la racionalidad ambiental no es la manifestación de una nueva razón totalitaria, sino la imbricación de "matrices de racionalidad" que se expresan en nuevas identidades que reconfiguran la relación de lo Real y lo Simbólico, que resignifican y revalorizan la naturaleza.

Estos procesos de emancipación, reapropiación y reexistencia se debaten en un campo de disputas por la construcción de territorialidades, dominada por relaciones de poder instauradas por el proyecto de modernidad, guiado por la racionalidad del mercado y del estado nacional. La crisis de este proceso es lo que ha movilizado a los nuevos actores sociales que hoy en día están tejiendo nuevas territorialidades, fundadas en la actualización de los procesos históricos que han ido transformando las relaciones de la cultura con la naturaleza; construyendo *otra* territorialidad fundada en la producción de sentidos y la construcción de nuevos derechos. De allí emergen propuestas para construir una nueva racionalidad productiva, basada en el poder neguentrópico de la fotosíntesis. Se van definiendo así nuevas estrategias para establecer unidades de conservación y manejo de los potenciales ecológicos de diversos territorios, en procesos de reapropiación cultural de la naturaleza. El movimiento de los *seringueiros* por sus derechos ecológicos y culturales, por la invención de sus identidades y de sus reservas extractivistas, aparece, junto con los movimientos de los pueblos indígenas, las poblaciones afrodescendientes y tantos otros movimientos étnico-ambientalistas emergentes, como un proceso que cambia el lugar asignado a los sujetos por las teorías y por las formas de racionalidad dominantes, creando nuevos derechos y construyendo nuevos territorios donde se asientan nuevas identidades. Es un campo donde se conforman subjetividades y sentidos que transforman el medio donde se localizan formas de ser y de habitar; donde se renuevan usos, costumbres y prácticas.

Hoy las luchas por la reapropiación de la naturaleza son luchas por el derecho a la diferencia cultural, por el derecho a vivir en y con la naturaleza, a forjarse una identidad y a diseñarse un estilo de vida.

Es un movimiento por la construcción de un futuro sustentable, fundado en los potenciales de la naturaleza y de la cultura; es actualización de una historia vivida y proyección hacia un futuro posible. Es la disyunción de un mundo globalizado, homogeneizado, hacia un mundo de diversidad y diferencia; la actualización de identidades en el mundo de la complejidad ambiental en una bifurcación de senderos en el devenir histórico, trazados por los movimientos sociales por la reapropiación de la naturaleza y sus modos de vida. Las identidades que se afirman en estos procesos no están predeterminadas; no son simples actualizaciones en el tiempo; no son reconfiguraciones de entes que se dan en la hibridación de órdenes ontológicos (natural, tecnológico, simbólico); éstas se van tejiendo a través de luchas sociales en las que se disputan territorialidades, es decir, espacios donde se ponen en juego formas del ser y de habitar el mundo. El ambiente se convierte en el lugar donde se forman las subjetividades y los actores sociales que están transformando las relaciones socioespaciales de la cultura con la naturaleza.

El movimiento social ambientalista convierte así el pensamiento en política; incorpora las narrativas posmodernas a una política de la diferencia; arraiga la reflexión sobre el ser en nuevas identidades; desanda los caminos de la racionalización, desdice la palabra maldita y desdichada, recupera la palabra bendecida para ofrecerla a los condenados de la tierra (Fanon, 1968). Las identidades del *seringuei-ro,* del afrocolombiano o del indígena zapatista desconstruyen los soportes teóricos, jurídicos, económicos y políticos que sostienen la territorialidad con la que se debaten y confrontan los hombres y mujeres de los campos, los bosques y las selvas, para construir su singular forma de ser: su autonomía. La ecología política de estos movimientos está fertilizando territorios donde se plantan las identidades de los pueblos mesoamericanos, amazónicos, andinos, guaraníes; de las poblaciones negras y los campesinos sin tierra; de los indígenas que pueblan los desiertos del norte mexicano hasta los mapuches del sur patagónico; en fin, de todas las etnias de este continente y del mundo entero que hoy en día despliegan sus luchas por la reapropiación de su naturaleza y la reexistencia de su cultura.

BIBLIOGRAFÍA

Adams, R. N. (1975), *Energy and structure: A theory of social power*, Austin, Texas University Press.

Agarwal, A. y S. Narain (1991), *Global warming in an unequal world: A case of environmental colonialism*, Nueva Delhi, Center for Science and Environment.

AGRUCO/PRATEC (1990), *Agroecología y saber andino*, Lima, Proyecto de Agrobiología de la Universidad de Cochabamba/Proyecto Andino de Tecnologías Campesinas.

Aguilar, J., P. Gutiérrez y S. Madrid (eds.) (1991), *La empresa social forestal*, Tercer Taller de Análisis de Experiencias Forestales, 4-5 de octubre, México, ERA/SAED/GEA/ICIDAC/CEA/ CAMPO.

Alcorn, J. (1993), "Los procesos como recursos: La ideología agrícola tradicional del manejo de los recursos entre los boras y huastecos y sus implicaciones para la investigación", en E. Leff y J. Carabias (eds.), 1993, *Cultura y manejo sustentable de los recursos naturales*, México, UNAM/Miguel Ángel Porrúa, vol. 2, pp. 329-365.

Allegretti, M. H. (1987), "Reservas extrativistas: Uma proposta de desenvolvimiento da floresta amazônica", Curitiba, mimeografiado.

Althusser, L. (1969), *Pour Marx*, Londres, Allen Lane [*La revolución teórica de Marx*, México, Siglo XXI, 1967].

—— (1970a), "Idéologie et appareils ideologiques d'état", París, *La Pensée*, 151.

—— (1970b), *Lenin y la filosofía*, México, Era.

Altieri, M. (1987), *Agroecology: The scientific basis of alternative agriculture*, Boulder, Westview.

—— (1993), "Agroecología, conocimiento tradicional y desarrollo rural sustentable", en E. Leff y J. Carabias (eds.), *Cultura y manejo sustentable de los recursos naturales*, México, UNAM/Miguel Ángel Porrúa, 1993, vol. 2, pp. 671-680.

Altvater, E. (1993), *The future of the market*, Londres y Nueva York, Verso.

Amin, S. (1973), *Le developpement inegale*, París, Minuit.

—— (1974), *La acumulación a escala mundial*, México, Siglo XXI.

ANGOC (1991), *Southeast Asia regional consultation on people's participation in environmentally sustainable development*. Manila.

Auster, P. (1988), *The invention of solitude, The book of memory*, Nueva York, Penguin.

—— (1990), *The New York trilogy*, Nueva York, Penguin.

—— (1996), *Desapariciones*, prólogo de Jordi Doce, Valencia, Pre-textos.

Bachelard, G. (1984), *La formación del espíritu científico*, México, Siglo XXI.

—— *L'engagement rationaliste* (1972), París, Presses Universitaires de France.

Barnett, H. J. y C. Morse (1963), *Scarcity and growth: The economics of natural resources scarcity*, Baltimore, Johns Hopkins University Press.

Bastide, R. (2001), *O candomblé da Bahia*, São Paulo, Companhía das Letras.

Bataille, G. (1957/1997), *El erotismo*, México, Tusquets.

—— *La part maudite* (1967), París, Minuit.

—— *Lo imposible* (1996), México, Coyoacán.

—— *La oscuridad no miente*, (2001), México, Taurus.

Baudrillard, J. (1974), *Crítica de la economía política del signo*, México, Siglo XXI.

—— (1976), *L'échange symbolique et la mort*, París, Gallimard.

—— (1980), *Espejo de producción: O la ilusión crítica del materialismo histórico*, Barcelona, GEDISA.

—— *Les strategies fatales* (1983), París, Grasset.

—— *De la séduction* (1979), París, Galilée.

—— *The transparency of evil* (1993), Londres, Verso.

Bauman, Z. (2001), *En busca de la política*, México, Fondo de Cultura Económica.

Bellmann, C. , Dutfield, G. y Meléndez-Ortiz, R. (eds.) (2003), *Trading in knowledge. Development perspectives on trips, trade and sustainability*, Reino Unido y Estados Unidos, Earthscan/ICTSD.

Bellón, M. (1993), "Conocimiento tradicional, cambio tecnológico y manejo de recursos: Saberes y prácticas productivas de los campesinos en el cultivo de variedades de maíz en un ejido del estado de Chiapas, México", en E. Leff, y J. Carabias (eds.), *Cultura y manejo sustentable de los recursos naturales*, México, UNAM/Miguel Ángel Porrúa, 1993, vol. 2, pp. 297-327.

Berman, M. (1993), *Todo lo sólido se desvanece en el aire. La experiencia de la modernidad*, México, Siglo XXI.

Bertalanffy L. von (1976), *Teoría general de los sistemas*, México, Fondo de Cultura Económica.

Bertrand, G. (1982), "Construire la geographie physique", *Hérodote*, 26: 90-118.

Boege, E. (1988), *Los mazatecos ante la nación*, México, Siglo XXI.

—— (1992), "Selva extractiva y manejo del bosque natural: Las selvas del sureste de México", *El Cotidiano*, (48): 28-34.

Boff, L. (1996), *Ecología: Grito de la tierra. Grito de los pobres*, Madrid, Trotta.

Böhme, G. *et al.* (1976) "Finalization in science", *Social Science Information*, 15: 307-330.

Bookchin, M. (1971), *Post-scarcity anarchism*, Montreal y Nueva York, Black Rose, 1990, 2a. ed.

—— (1989), *Remaking society: Pathways to a green future*, Boston, South End.

—— (1990), *The philosophy of social ecology. Essays on dialectical naturalism*, Montreal, Black Rose.

Borrero, J. M. (2002), *La imaginación abolicionista. Ensayos de ecología política*, Cali, PNUMA/CELA/Hivos.

Bray, D. (1992), "La lucha por el bosque: Conservación y desarrollo en la Sierra Juárez", *El Cotidiano* (48): 21-27.

Broch, H. (1945), *The death of Virgil*, Nueva York, Vintage.

Calva, J. L. (1990), "Crisis alimentaria", México, *Demos*, (3): 27.

Canguilhem, G. (1971), *La connaissance de la vie*, París, J. Vrin.

—— (1977), *Idéologie et rationalité dans l'histoire des sciences de la vie*, París, J. Vrin.

Carabias, J., E. Provencio y C. Toledo (1994), *Manejo de recursos naturales y pobreza rural*, México, Fondo de Cultura Económica.

Carrizosa J. (1985), "Racionalidad económica vs. racionalidad ecológica", XV Congreso Interamericano de Planificación, Bogotá, 25-29 de noviembre.

Carvalho, I. (2001), *La invenção ecológica. Narrativas e trajetórias da educação ambiental no Brasil*, Porto Alegre, Universidade Federal de Río Grande do Sul.

Castro, R. (1999), *Los servicios ambientales de los bosques: El caso del cambio climático*, México, PNUD.

CEPAL/PNUMA (1984), "Incorporación de la dimensión ambiental en la planificación", *Revista Interamericana de Planificación*, vol. XVIII, núm. 69, México.

CEPAL (1991), *Inventarios y cuentas del patrimonio natural en América Latina*, Santiago de Chile.

Chayanov, A. V. (1974), *La organización de la unidad económica campesina*, Buenos Aires, Nueva Visión.

CLADES (1991), *Agroecología y desarrollo*, núm. 1, marzo de 1991, Santiago, Chile.

CNDH (1999), "El derecho a la identidad cultural", *Gaceta*, Comisión Nacional de Derechos Humanos, (México), núm.103.

Colunga, P. y D. Zizumbo (1993), "Evolución bajo agricultura tradicional y desarrollo sustentable", en en E. Leff y J. Carabias (eds.), *Cultura y manejo sustentable de los recursos naturales*, México, UNAM/Miguel Ángel Porrúa, vol. 1, pp. 123-163.

Contreras, E., M. E. Jarquín y G. Torres (eds.) (1992), *Pobreza, marginalidad e informalidad (Una bibliografía mexicana 1960-1990)*, México, CIIH-UNAM.

Cortés, H. (2001), "El sistema biocultural y la ética del 'bien vivir' de los pueblos afrodescendientes del Pacífico colombiano", en E. Leff (ed.) *Ética, vida, sustentabilidad*, México, Red de Formación Ambiental para América latina y el Caribe, PNUMA, *(2002), op. cit.*

Costanza, R. *et al.* (1991), *Ecological economics: The science and management of sustainability*, Nueva York, Columbia University Press.

Daly, H. E. (1991), *Steady-state economics*, Washington, D. C., Island.

Daly, H. E. y K. N. (1993), Townsend, *Valuing the Earth. Economics, ecology, ethics*, Cambridge, Mass., The MIT Press.

Deleuze, G. (2000), *Nietzsche*, Madrid, Arena.

Deleuze, G. y F. Guattari, (1985), *El anti-Edipo*, Barcelona, Paidós.

—— (1987), *A thousand plateaus*, Mineapolis, University of Minnesota Press.

Denevan, W. M. (1980), "Tipología de configuraciones agrícolas prehispánicas", *América Indígena*, núm. 40, pp. 610-652.

De Oliveira Cunha, L. H. y M. D. Rougeulle (1993), "Usos del espacio y de los recursos naturales en el litoral de Guaraqueçaba, Brasil", en E. Leff y J. Carabias (eds.), *Cultura y manejo sustentable de los recursos naturales*, México, UNAM/Miguel Ángel Porrúa, vol. 2, pp. 489-549.

De Oliveira Cunha, L. H. (1996), "Cultura y naturaleza: Saberes y prácticas en las aguas", *Formación Ambiental*, núm. 15, PNUMA.

Derrida, J. (1967), *De la grammatologie* [ed. en esp. *De la gramatología*, México, Siglo XXI, 1971].

—— (1989), *Márgenes de la filosofía*, Cátedra, Madrid.

—— (1996), *The gift of death*, Chicago, The University of Chicago Press.

—— (1998), *Adiós a Emmanuel Lévinas. Palabra de acogida*, Madrid, Trotta.

Descola, P. y G. Pálsson (eds.) (1996), *Nature and society. Anthropological perspectives*, Londres y Nueva York, Routledge.

Devall, B. y G. Sessions (1985), *Deep ecology*, Salt Lake City, Gibbs Smith.

Diegues, A. C. (ed.) (2000), *A imagem das águas*, São Paulo, Hucitec.

Dragan, J. C. y M. C. Demetrescu (1986), *Entropy and bioeconomics. The new paradigm of Nicholas Georgescu Roegen*, Roma, Nagard.

Dragan, J. C. , E. K. Siefert y M. C. Demetrescu (1993), *Entropy and bioeconomics*, First International Conference of the European Association for Bioeconomic Studies, Roma, 20-30 de noviembre de 1991, Milán, Nagard.

Dwivedi O. P. (1986), "La science politique et l'environnement", *L'impact de l'environnement, Revue Internationale des Sciences Sociales*, 28(3): 403-417, UNESCO/ERSS.

Echeverría, B. (1998), *Valor de uso y utopía*, México, Siglo XXI.

Eliot, T. S. (1998), *The complete poems and plays (1909-1950)*, Nueva York, San Diego, Londres, Harcourt Brace & Company.

Emmanuel, A. (1971), "El intercambio desigual", en *Imperialismo y comercio internacional*, México, Siglo XXI.

Engels, F. (1966), *Ludwig Feuerbach et la fin de la philosophie classique allemande*, París, Éditions Sociales.

—— (1968), *Dialectique de la nature*, París, Éditions Sociales.

Escobar, A. (1995), *Encountering development. The making and unmaking of the third world*, Princeton, Princeton University Press.

—— (1997), "Cultural politics and biological diversity: State, capital and social movements in the Pacific coast of Colombia", en O. Starn, y R. Fox (eds.), *Culture and social protest: Between resistance and revolution*, New Brunswick, Rutgers University Press.

—— (1999), *El final del salvaje. Naturaleza, cultura y política en la antropología contemporánea*, Bogotá, CEREC/ICAN.

—— (2000), "An ecology of difference: Equality and conflict in a glocalized world", mimeografiado.

Escobar, A. y A. Pedrosa (eds.) (1996), *Pacífico ¿Desarrollo o diversidad? Estado, capital y movimientos sociales en el Pacífico colombiano*, Bogotá, CEREC/Ecofondo.

Fanon, F. (1968), *Les damnes de la terre*, París, F. Maspero.

Fearnside, P. M. (2001), "Saving tropical forests as a global warming countermeasure: An issue that divides the environmental movement", en *Ecological Economics*, (39) 167-184.

Ferry, L. (1992), *Le nouvel ordre écologique*, París, Grasset.

Floriani, D. (2004), *Conhecimento, meio ambiente e globalização*, Curitiba, Juruá/PNUMA.

Foucault, M. (1966), *Les mots et les choses*, París, Gallimard [ed. en esp., *Las palabras y las cosas*, México, Siglo XXI, 1968].

—— (1969), *L'archeologie du savoir*, París, Gallimard [ed. en esp., *La arqueología del saber*, México, Siglo XXI, 1970].

—— (1977), *Historia de la sexualidad*, vol. I, *La voluntad de saber*, México, Siglo XXI.

—— (1980), *Power/knowledge*, Nueva York, Pantheon.

—— (1998), *La verdad y las formas jurídicas*, Barcelona, GEDISA.

Funtowicz, S. y J. Ravetz (1993), *Epistemología política. Ciencia con la gente*, Buenos Aires, Centro Editor de América Latina.

—— (1994), "Emergent complex systems", *Futures*, 26(6), pp. 568-582.

Gagdil, M. (1985), "Social restraints on resource utilization: The Indian experience", en J. McNeely y D. Pitt, *Culture and conservation: The human dimension in environmental planning*, IUCN, Croom Helm, Londres.

Gagdil, M. y P. Iyer (1993), "La diversificación en el uso de los recursos de propiedad común en la sociedad india", en E. Leff y J. Carabias (eds.), *Cultura y manejo sustentable de los recursos naturales*, México, UNAM/Miguel Ángel Porrúa, vol. 2, pp. 551-573.

Gallopín G. (1986), "Ecología y ambiente", en E. Leff (ed.), *Los problemas del conocimiento y la perspectiva ambiental del desarrollo*, México, Siglo XXI.

Gallopín, G., M. Winograd e I. Gómez (1991), *Ambiente y desarrollo en América Latina y el Caribe: Problemas, oportunidades y prioridades*, Bariloche, Grupo de Análisis de Sistemas Ecológicos, Fundación Bariloche.

García, R. (1986), "Conceptos básicos para el estudio de sistemas complejos", en E. Leff (ed.), *Los problemas del conocimiento...*, *op. cit.*

—— (1994), Interdisciplinariedad y sistemas complejos", en E. Leff (ed.), *Ciencias sociales y formación ambiental*, Barcelona, GEDISA/UNAM/PNUMA.

García, R. *et al.* (1988a), *Modernización en el agro: ¿Ventajas comparativas para quién? El caso de los cultivos comerciales en El Bajío*, México, IFIAS-UNRISD-CINVESTAV/IPN.

—— (1988b), *Deterioro ambiental y pobreza en la abundancia productiva. El caso de la Comarca Lagunera*, México, IFIAS-CINVESTAV/IPN.

Georgescu-Roegen, N. (1971), *The entropy law and the economic process*, Cambridge, Harvard University Press.

—— (1993a), "Looking back", en J. C. Dragán, E. K. Seifert y M. C. Demetrescu (eds.) *Entropy and bioeconomics*, Milán, EABS, Nagard, pp. 11-21.

—— (1993b), "Thermodynamics and we, the humans", en *Entropy and bioeconomics*, *op. cit.* pp. 184-201.

Gerlach, L.P. y V. Hine (1970), *People, power, change: movements of social transformation*, Indianapolis, Ind., Bobbs-Merril.

Giampietro, M. (1993), "Escaping the Georgescu-Roegen paradox on development: Equilibrium and non-equilibrium thermodynamics to describe technological evolution", en *Entropy and Bioeconomics*, *op. cit.*, pp. 202-229.

Gil Villegas F. (1984), "El concepto de racionalidad en la obra de Max Weber", *Revista Mexicana de Ciencias Políticas y Sociales*, año XXX, núms. 117-
118, pp. 25-47.

Giménez, G. (1994), "Los movimientos sociales. Problemas teórico-metodo-
lógicos", *Revista Mexicana de Sociología*, año LVI, núm. 2, pp. 3-14.

Gispert, M., A. Gómez y A. Núñez (1993), "Concepto y manejo tradicional
de los huertos familiares", en E. Leff y J. Carabias (eds.), *Cultura y manejo
sustentable de los recursos naturales*, México, UNAM/Miguel Ángel Porrúa,
vol. 2, pp. 575-623.

Givone, S. (1995), *Historia de la nada*, Buenos Aires, Adriana Hidalgo.

Gliessman, S. R. (1989), *Agroecology: Researching the ecological basis for sustainable agriculture*, Nueva York, Springer-Verlag.

Gligo, N. y J. Morello (1980), "Notas sobre la historia ecológica de América
Latina", en O. Sunkel, y N. Gligo, *Estilos de desarrollo y medio ambiente en la
América Latina*, México, Fondo de Cultura Económica.

Godelier, M. (1969), *Rationalité et irrationalite en economie*, París, F. Maspero.

—— (1974), *Economía, fetichismo y religión en las sociedades primitivas*, México,
Siglo XXI.

—— (1984), *L'idéel et le matériel*, París, Fayard.

Goldmann, L. (1959), *Recherches dialectiques*, París, Gallimard.

Gómez-Pompa, A.(1993), "La silvicultura maya", en E. Leff y J. Carabias
(eds.), *Cultura y manejo sustentable de los recursos naturales,* México, UNAM-
/Miguel Ángel Porrúa, vol. 2, pp. 367-384.

Gonçalves, C. W. P. (2001), *Geo-grafías. Movimientos sociales, nuevas territorialidades y sustentabilidad*, México, Siglo XXI.

—— (2002a), "Latifundios genéticos y existencia indígena", *Revista Chiapas*,
núm. 14, México, UNAM/Era, pp. 7-30.

—— (2002b), "O latifúndio genético e a r-existência indígeno-camponesa",
Geographia, año 4, núm. 8, Niteroi, Universidade Federal Fluminense,
p.p. 39-60.

González Casanova, P y M. Roitman (eds.) (1996), *Democracia y estado multiétnico en América Latina*, México, Centro de Investigaciones Interdisciplinarias en Ciencias y Humanidades, UNAM/Demos/La Jornada Ediciones.

—— (2004), *Las nuevas ciencias y las humanidades. De la academia a la política*,
Barcelona, Anthropos.

González Tiburcio, E. y A. de Alba (1992), *Ajuste económico y política social en
México*, México, El Nacional.

Goodland, R. (1985), "Tribal peoples and economic development: The human ecological dimension", en J., McNeely y D. Pitt, *Culture and conservation*, Londres, Croom Helm.

Gorz, A. (1989), *Critique of economic rationality*, Londres, Nueva York, Verso.

Grinevald, J. (1993), "The biosphere and the noosphere revisited: Biogeoche-
mistry and bioeconomics", en *Entropy and bioeconomics, op. cit.*, pp. 241-258.

Grueso, L. , C. Rosero y A. Escobar (1998), "The process of black community organizing in the Southern Pacific coast of Colombia", en S. Álvarez,

E. Dagnino y A. Escobar (eds.), *Cultures of politics/Politics of cultures: Revisioning Latin American social movements*, Westview, Boulder (reproducido en A. Escobar, *El final del salvaje. Naturaleza, cultura y política en la antropología contemporánea*, Bogotá, CEREC/ICAN, 1999, cap. 7).

Grünberg, G. (ed.)(1995), *Articulación de la diversidad*, Quito, Biblioteca Abya-Yala.

Guattari, F. (1989) *Cartografías del deseo*, Santiago de Chile, Francisco Zegers.

—— (1990), *Las tres ecologías*, Valencia, Pre-Textos.

Guha, R. (1989), *The unquiet woods: Ecological change and peasant resistance in the Himalaya*, Nueva Delhi, University of California Press, Berkeley y Oxford University Press.

Guha, R. y J. Martínez-Alier (1997), *Varieties of environmentalism. Essays North and South*, Londres, Earthscan.

Gunder Frank, A. y M. Fuentes (1988), "Nine thesis on social movements", *IFDA Dossier*, núm. 63, pp. 27-44.

Gunderlach, P. (1984), "Social Transformation and New Forms of Voluntary Associations", *Social Science Information*, vol. 23, núm. 6, pp. 1049-1081.

Günther, F. (1993), "Man in living systems", en *Entropy and Bioeconomics, op. cit.* pp. 259-275.

Gutman P. (1986), "Economía y ambiente", en E. Leff (ed.), *Los problemas del conocimiento..., op. cit .*

Habermas, J. (1989), *Teoría de la acción comunicativa. I. Racionalidad de la acción y racionalización social*, Buenos Aires, Taurus.

—— (1990), *Teoría de la Acción Comunicativa. II. Crítica de la razón funcionalista*, Buenos Aires, Taurus.

Hall y Rosillo-Calle (1999), "Biomass: A Future renewable Carbon Feedstock for Energy", en V.N. Parman, H. Tribusch, A. Bridgwater, D.O. Hall, *Chemistry for the Energy Future*, Oxford, pp. 101-102, 109, 118.

Haraway, D. (1991), *Simians, cyborgs and women. The Reinvention of Nature*, Nueva York, Routledge.

—— (1997), *Modest_Witness@Second_Millenium. FemaleMan_Meets_Onco Mouse*, Nueva York y Londres, Routledge.

Hardin, G. (1968), "The Tragedy of commons", *Science*, 162, pp. 1243-1248.

Hayek, E.(ed.) (1995), *Pobreza y medio ambiente en América Latina*, Buenos Aires, Konrad Adenauer Stiftung-CIEDLA.

Hecht, S., A. B. Anderson y P. May (1993), "El subsidio de la naturaleza: La agricultura itinerante, los bosques sucesionales de palmas y el desarrollo rural, en E. Leff y J. Carabias (eds.), *Cultura y manejo sustentable de los recursos naturales*, México, UNAM/Miguel Ángel Porrúa, vol. 1, pp. 249-278.

Heidegger, M. (1951), *El ser y el tiempo*, México, Fondo de Cultura Económica.

—— (1988), *Identidad y diferencia*, Barcelona, Anthropos.

—— (1975), *La pregunta por la cosa*, Buenos Aires, Argentina, Alfa.

—— (2001), *Arte y poesía*, México, Fondo de Cultura Económica.

Hesse M. (1985), "La tesis fuerte de la sociología de la ciencia", en L. Olivé, *La explicación social del conocimiento*, México, UNAM.

Hinterberger, F. y E. Seifert (1995), "Reducing material throughput: A contribution to the measurement of dematerialization and sustainable human development", en J. van der Straaten y A. Tylecote (eds.), *Environment, technology and economic growth: The challenge to sustainable development*, Aldershot, Edward Elgar.

Hobbelink, H. (1992), "La diversidad biológica y la biotecnología agrícola", *Ecología Política*, (Icaria, Barcelona), núm. 4, pp. 57-72.

Hobsbawm, E. (1996), "Identity politics and the left", *New Left Review*, I/217, mayo-junio de 1996, pp. 38-47.

Horkheimer, M. y T. Adorno (1969), *Dialéctica del iluminismo*, Buenos Aires, Sudamericana.

Ingelhart, R. (1991), *El cambio cultural en las sociedades industriales avanzadas*, Madrid, Siglo XXI.

Ingold, T. (1996), "The Optimal Forager and Economic Man", en P. Descola y G. Pálsson, *op. cit.*

Instituto Indigenista Interamericano (1990), "Política indigenista 1991-1995", *América Indígena*, vol. 50, núm. 1.

IUCN/UNEP/WWF (1991), *Caring for the earth. A strategy for sustainable living*, Gland.

Jalée, P. (1968), *Le pillage du tiers monde*, París, François Maspero.

Jazairi I., M. Alamgir y T. Panuccio (1992), *The state of world rural poverty. An inquiry into its causes and consequences*, Nueva York y Londres, FIDA, Nueva York University Press/Intermediate Technology Publications.

Jonas, H. (2000), *El principio vida. Hacia una biología filosófica*, Madrid, Trotta.

Kapp, W. (1983), "Social costs in economic development", en J. E. Ullmann (ed.), *Social costs, economic development and environmental disruption*, Lanham, University Press of America.

Kay, J. (2000), "Ecosystems as self-organizing holarchic open systems: Narratives and the second law of thermodynamics" en S.E. Jorgensen y F. Müller (eds.), *Handbook of ecosystem theories and management*, CRC Press/Lewis, pp. 135-160.

Kay, J., M. Boyle, H. Regier y G. Francis (1999), "An ecosystem approach for sustainability: Addressing the challenge of complexity", *Futures*, vol. 31, núm. 7, pp. 721-742.

Kosik, K. (1970), *La dialectique du concret*, París, François Maspero.

Krishnamurthy, L. y M. Ávila (1999), *Agroforestería básica*, México, PNUMA.

Krishnamurthy, L. y M. Uribe (eds.),(2002), *Tecnologías agroforestales para el desarrollo sostenible*, México, PNUMA.

Kuhn, T. S. (1970), *The structure of scientific revolutions*, Chicago, The University of Chicago Press.

Lacan, J. (1976), "Subversión del sujeto y dialéctica del deseo en el inconsciente freudiano", *Escritos*, México, Siglo XXI.

—— (1974-75) *Seminario RSI (Réel, symbolique, imaginaire)*, mimeografiado.

—— Seminario VII. *La Ética en el psicoanálisis*.

Laclau, E. (1996), *Emancipations*, Londres y Nueva York, Verso.

Lander, E. (ed.) (2000), *La colonialidad del saber*, Buenos Aires, CLACSO/UNESCO.

Lazos, E. y L. Paré, *Miradas indígenas sobre una naturaleza entristecida. Percepciones del deterioro ambiental entre nahuas del sur de Veracruz*, México, UNAM/Plaza y Valdés.

Leff, E. (1975), "Hacia un proyecto de ecodesarrollo", México, *Comercio Exterior*, vol. XXV, núm. 1, pp. 88-94.

—— (1980a.), "La teoría del valor en Marx frente a la revolución científico-tecnológica", en E. Leff (ed.), *Teoría del valor*, México, UNAM.

—— (1980b), "Ecología y capital", *Antropología y marxismo*, núm. 3.

—— (1984), "Productividad ecotecnológica y manejo integrado de recursos: Hacia una sociedad neguentrópica", *Revista Interamericana de Planificación*, vol. XVIII, núm. 69.

—— (1985), "Ethnobotany and anthropology as tools for a cultural conservation strategy", en J. McNeely y D. Pitt (eds.), *Culture and conservation: The human dimension in enviromental planning*, Londres, IUCN y Croom Helm.

—— (1986a), "Ecotechnological productivity: A conceptual basis for the integrated management of natural resources", *Social Science Information*, vol. 25, núm. 3, pp. 681-702.

—— (1986b), "Ambiente y articulación de ciencias", en E. Leff (ed.), *Los problemas del conocimiento y la perspectiva ambiental del desarrollo*, México, Siglo XXI.

—— (1988), "El movimiento ambiental en México y América Latina", *Ecología: Política/Cultura*, vol. 2 (6), pp. 28-38.

—— (1990), "Cultura ecológica y racionalidad ambiental", en M. Aguilar y G. Maihold (eds.), *Hacia una cultura ecológica*, México, Fundación Friedrich Ebert.

—— (1992), "Cultura democrática, gestión ambiental y desarrollo sustentable en América Latina", *Ecología Política*, núm. 4 (Icaria, Barcelona), pp. 47-55.

—— (1993a.), "La dimensión cultural del manejo integrado, sustentable y sostenible de los recursos naturales", en E. Leff y J. Carabias (eds.), *Cultura y manejo sustentable de recursos naturales*, México, CIIH-UNAM/M. A. Porrúa/PNUMA.

—— (1993b), "Marxism and the environmental question: From the critical theory of production to an environmental rationality for sustainable development", *Capitalism, Nature, Socialism*, núm. 13, pp. 44-66.

—— (1994a), *Ecología y capital. Racionalidad ambiental, democracia participativa y desarrollo sustentable*, México, Siglo XXI/UNAM.

—— (1994b), "Sociología y ambiente", en E. Leff (ed.), *Ciencias sociales y formación ambiental*, Barcelona, Gedisa/UNAM/PNUMA.

—— (1994c), "El movimiento ambiental y las perspectivas de la democracia en América Latina", en M. P. García y J. Blauert (eds.), *Retos para el desarrollo y la democracia: Movimientos ambientales en América Latina y Europa*, Caracas, Fundación Friedrich Ebert/Nueva Sociedad.

—— (1994d), "Pobreza y gestión participativa de los recursos naturales en las comunidades rurales. Una visión desde América Latina", *Ecología Política*, núm. 8, Barcelona, Icaria, pp. 125-136.

—— (1995a), *Green production. Towards an environmental rationality*, Nueva York, Guilford Press.

—— (1995b), "¿De quién es la naturaleza? Sobre la reapropiación social de los recursos naturales", *Gaceta Ecológica*, núm. 37, (INE-SEMARNAP, México), pp. 58-64.

—— (1996a), "From ecological economics to productive ecology: Perspectives on sustainable development from the South", en R. Costanza, O. Segura, y J. Martínez-Alier (eds.), *Getting down to earth: Practical applications of ecological economics*, Island Press, Washington, D. C., International Society for Ecological Economics, pp. 77-89.

—— (1996b), "La insoportable levedad de la globalización. La capitalización de la naturaleza y las estrategias fatales de la sustentabilidad", *Revista Universidad de Guadalajara*, núm. 6, pp. 21-27.

—— (1996c), "Los nuevos actores sociales del ambientalismo en el medio rural", en H. Carton de Grammont y H. Tejera, *La sociedad rural frente al nuevo milenio*, vol. 4 "Los nuevos actores sociales y los procesos políticos en el campo", México, UNAM/INAH/ UAM/Plaza y Valdés.

—— (1997), "Ecotechnological productivity: The emergence of a concept and its implications for sustainable development", *Proceedings of the European Association for Bioeconomic Studies,* Second International Conference: Implications and Applications of Bioeconomics, Palma de Mallorca, 11-13 de marzo de 1994, Nagard, Milán, pp. 235-254.

—— (1998/2002), *Saber ambiental: Racionalidad, sustentabilidad, complejidad, poder*, México, Siglo XXI/UNAM/PNUMA, 3a. ed.

—— (2000), "Pensar la complejidad ambiental", en E. Leff (ed.), *La complejidad ambiental*, México, Siglo XXI/UNAM/PNUMA.

—— (2001a), *Epistemología ambiental*, São Paulo, Cortez.

—— (2001b), "Espacio, lugar y tiempo. La reapropiación social de la naturaleza y la construcción local de la racionalidad ambiental" (Caracas), *Nueva Sociedad,* núm. 175, septiembre-octubre 2001, pp. 28-42.

—— (2003), "La ecología política en América Latina: Un campo en construcción", *Polis*, vol. II, núm. 5, pp. 125-145.

—— (2004), Aventuras da epistemologia ambiental: da articulação das ciências ao diálogo de saberes, Idéias Ambientais, Centro de Desenvolvimento Sustentavel, Universidade de Brasilia, Editora Garamond, Río de Janeiro.

—— (coordinador) (1986), *Los problemas del conocimiento y la perspectiva ambiental del desarrollo*, México, Siglo XXI.

Leff, E., J. Carabias y A. I. Batis (1990), *Recursos naturales, técnica y cultura. Estudios y experiencias para un desarrollo alternativo*, México, Centro de Investigaciones Interdisciplinarias en Humanidades, UNAM.

Leff, E. y J. Carabias (eds.), (1993), *Cultura y manejo sustentable de los recursos naturales,* México, UNAM/Miguel Ángel Porrúa.

Leff, E. (ed.) (1986), *Los problemas del conocimiento y la perspectiva ambiental del desarrollo*, México, Siglo XXI.

—— (1994), *Ciencias sociales y formación ambiental*, Barcelona, GEDI-SA/UNAM/PNUMA.

—— (2000), *La complejidad ambiental*, México, Siglo XXI/UNAM/PNUMA.

—— (2001), *Justicia ambiental*. *Construcción y defensa de los nuevos derechos ambientales, culturales y colectivos en América Latina*, México, PNUMA/CEIICH-UNAM.

—— (2002), *Ética, vida, sustentabilidad*, México, PNUMA.

Leff, E. y M. Bastida (eds.) (2001), *Comercio, medio ambiente y desarrollo sustentable. Las perspectivas de América Latina y el Caribe*, México, PNUMA/CEIICH-UNAM.

Leff, E., A. Argueta, E. Boege y C. W. Porto Gonçalves (2002), "Más allá del desarrollo sostenible. La construcción de una racionalidad ambiental para la sustentabilidad. Una visión desde América Latina", en E. Leff, E. Excurra, I. Pisanty y P. Romero (eds.), pp. 479-578.

Leff, E., E. Excurra, I. Pisanty y P. Romero (eds.) (2002), *La transición hacia el desarrollo sustentable. Perspectivas de América Latina y el Caribe*, México, PNUMA/INE-SEMARNAT/UAM.

Leis, H. (2001), *La modernidad insustentable. Las críticas del ambientalismo a la sociedad contemporánea*, Montevideo, PNUMA/Nordan.

Lenin, V. (1962), *Matérialisme et empiriocriticisme*, Œuvres, París, tomo 14, Editions Sociales.

Leroi Gourhan, A. (1964-1965), *Le geste et la parole*, París, 2 vols. Albin Michel.

Levinas, E. (1977/1997), *Totalidad e infinito. Ensayo sobre la exterioridad*, Salamanca, Sígueme, (4a. ed.).

—— (1993), *El tiempo y el otro*, Barcelona, Paidós.

—— (1996), *Cuatro lecturas talmúdicas*, Barcelona, Riopiedras.

—— (2000), *La huella del otro*, México, Taurus.

Lévy-Strauss, C. (1968), *Antropología estructural*, Barcelona, Paidós.

Lipovetsky, G. (1986), *La era del vacío*, Barcelona, Anagrama.

López-Ornat, A. (1993), "Las reservas de la biosfera y la gestión de recursos naturales: El Caso de Sian Ka'an", en E. Leff y J. Carabias (eds.), *Cultura y manejo sustentable de los recursos naturales*, México, UNAM/Miguel Ángel Porrúa, vol. 2, 861-716.

Lotka, A. J. (1922), "Contribution to the energetics of evolution", *Proc. Nat. Acad. Sci.*, 8, pp. 147-154.

Lozada, G. A. (1993), "Georgescu-Roegen's critique of statistical mechanics revisited", en *Entropy and Bioeconomics, op. cit.*, pp. 389-398.

Lukács, G. (1960), *Histoire et conscience de classe*, París, Minuit [ed. en esp., *Historia y conciencia de clase*, Barcelona, Grijalbo].

Lyotard, J. F. (1979), *La condition postmoderne*, París, Minuit.

Mainwaring, S y E. Viola (1984), "Los nuevos movimientos sociales, las culturas políticas y la democracia: Brasil y Argentina en la década de los ochenta", *Revista Mexicana de Sociología*, núm. 101, pp. 35-84.

Mannheim K. (1936), *Ideology and utopia. An introduction to the sociology of knowledge*, Londres, Routledge & Kegan Paul.

—— (1940), *Man and society in an age of reconstruction*, Nueva York, Harcourt, Brace & World.

Marcuse, H. (1968), "Philosophy and critical theory", *Negations*, Nueva York, Penguin.

—— (1968), *L'homme unidimensionnel*, París, Minuit [ed. en esp., *El hombre unidimensional*, México, Joaquín Mortiz, 1987].

—— (1972), "Industrialization and capitalism in the work of Max Weber", *Negations*, Nueva York, Penguin.

Margalef, R. (1968), *Perspectives in ecological theory*, Chicago, The University of Chicago Press.

Marina, J. A. (1995/1999), *Ética para náufragos*, Barcelona, Anagrama.

—— (1998), *La selva del lenguaje*, Barcelona, Anagrama.

Marini, R. M. y T. Dos Santos (eds.), López Segrera, F. (ed.), *El pensamiento social latinoamericano en el siglo XX*, Caracas, tomos I y II, UNESCO.

Martínez-Alier, J. (1994), "The merchandizing of biodiversity", *Etnoecológica*, (México), núm. 3, pp. 69-86.

—— (1995), *De la economía ecológica al ecologismo popular*, Montevideo, Nordan-Comunidad/Icaria.

—— (1997), "Conflictos de distribución ecológica", *Revista Andina*, vol. 29, año 15, núm. 1, pp. 41-66.

Martínez-Alier, J. y K. Schlüpmann, (1991), *La ecología y la economía*, México, Fondo de Cultura Económica.

Martínez-Alier, J. y J. Roca, (2000), *Economía ecológica y política ambiental*, México, Fondo de Cultura Económica/PNUMA.

Marx, K. (1965), *Oeuvres, Économie I*, París, Gallimard.

—— (1965), *Oeuvres, Économie II*, París, Gallimard.

—— (1968), *Grundrisse*, vols. 1-3, París, Anthropos.

Mayumi, K. (1993), "Georgescu Roegen's 'fourth law of thermodynamics' and the flow-fund model", en *Entropy and bioeconomics, op. cit.*, pp. 399-413.

Max-Neef, M., A. Elizalde y M. Hopenhayn (1993), *Desarrollo a escala humana*, Montevideo, Nordan Comunidad/Redes.

McNeely J. y D. Pitt (eds.) (1985), *Culture and conservation: The human dimension in environmental planning*, Londres, IUCN/Croom Helm.

Meadows, D. H., D. L. Meadows y J. Randers (1972), *Los límites del crecimiento*, México, Fondo de Cultura Económica.

Meillassoux, C. (1977), *Terrains et theories*, París, Anthropos.

Mellor, M. (1997), *Feminism & ecology*, Cambridge, Polito.

Mignolo, W. (2000), *Local histories/global designs: Coloniality, subaltern knowledges, and border thinking*, Princeton, Princeton University Press.

Moguel, J., C. Botey y L. Hernández (1992), *Autonomía y nuevos sujetos sociales en el desarrollo rural*, México, Siglo XXI/CEHAM.

Morello, J. (1986), "Conceptos para un manejo integrado de los recursos naturales", en E. Leff (ed.), *Los problemas del conocimiento..., op. cit.*

—— (1990), "Insumos para la agenda ambiental latino-americana", en *Nuestra propia agenda,* BID/PNUD.

Morin, E. (1973), *Le paradigme perdu: La nature humaine,* París, Seuil.

—— (1977), *La méthode. La nature de la nature,* París, Seuil.

—— (1980), *La méthode. La vie de la vie,* París, Seuil.

—— (1993), *Introducción al pensamiento de la complejidad,* Barcelona, GEDISA.

Murra, J. V. (1975), *Formaciones económicas y políticas del mundo andino,* Lima, IEP.

Myrdal, G. (1968), *Asian drama,* Londres, Penguin.

—— (1971), *Le defi du monde pauvre,* París, Gallimard.

Naess, A. y D. Rothenberg (1989), *Ecology, community and lifestyle,* Cambridge, Cambridge University Press.

Naredo, J. M. (1987), *La economía en evolución,* Madrid, Siglo XXI.

Nedelmann, B. (1984), "New Political Movements and changes in Processes of Intermediation", *Social Science Information,* vol. 23, núm. 6, pp. 1029-1048.

Nietzsche, F. (1974), *The gay science,* Nueva York, Vintage.

—— (1968), *The will to power,* Nueva York, Vintage.

Norgaard, R. (1984), "Coevolutionary development potential", *Land Economics,* 60, pp. 160-173.

—— (1994), *Development betrayed,* Londres, Routledge.

O'Connor, J. (1988), "Capitalism, nature, socialism: A theoretical introduction", *Capitalism, Nature, Socialism,* núm. 1, pp. 11.

—— (1991), "The second contradiction of capitalism: Causes and consequences", Santa Cruz, CES-CNS *Conference Papers,* núm. 1.

O'Connor, M. (1991), "Entropy, structure, and organizational change", *Ecological Economics,* 3, pp. 95-122.

—— (1993a), "On the misadventures of capitalist nature", *Capitalism, Nature, Socialism* 4(3), pp. 7-40. ("El mercadeo de la naturaleza. sobre los infortunios de la naturaleza capitalista", *Ecología Política,* núm. 7 [Icaria, Barcelona], 1994, pp. 15-34).

—— (1993b), "On steady state: A valediction", en *Entropy and bioeconomics, op. cit.,* pp. 414-457.

—— (ed.) (1994), *Is capitalism sustainable?,* Nueva York, Guilford.

ONU (1992), *Agenda 21,* Río de Janeiro, Conferencia de las Naciones Unidas sobre Medio Ambiente y Desarrollo.

Paré, L. (1996), "Experiencias de gestión comunitaria de los recursos naturales", en L. Paré, y M. J. Sánchez (eds.), *El ropaje de la tierra: Naturaleza y cultura en cinco regiones rurales,* México, IISUNAM/Plaza y Valdés, pp. 357-415.

Paré, L. y E. Lazos (2003), *Escuela rural y organización comunitaria: Instituciones locales para el desarrollo y el manejo ambiental,* México, UNAM/Plaza y Valdés.

Parra, M. (1993), "La producción silvoagropecuaria de los indígenas de los Altos de Chiapas", en E. Leff y J. Carabias (eds.), *Cultura y manejo sustentable de los recursos naturales,* México, UNAM/Miguel Ángel Porrúa, vol. 2, pp. 445-487.

Passet, R. (1979), *l'économique et le vivant*, París, Payot.

—— (1985), "L'économie: des choses mortes au vivant", *Encyclopaedia Universalis*, "Symposium", pp. 831-841.

Paz, O. (1974), *El mono gramático*, Barcelona y México, Seix Barral.

Pearce, D. y K. Turner (1990), *Economics of natural resources and the environment*, Baltimore, Johns Hopkins University Press.

Pearce, D. y D. Moran (1994), *The economic value of biodiversity*, Gland, IUCN.

Pêcheux, M. (1975), *Les verites de la palice*, París, F. Maspero.

Pengue, W. (2000), *Cultivos transgénicos*, Buenos Aires, Lugar Editorial.

Piaget, J. (1968), *Biología y conocimiento*, México, Siglo XXI.

Pimentel, D. y M. Pimentel (1979), *Food, energy and society*, Nueva York, Edward Arnold.

Pitt, D. (1985), "Towards Ethnoconservation", en J. McNeely y D. Pitt, *Culture and Conservation, op. cit.*

PNUMA/AECI/MOPU (1991), *Desarrollo y medio ambiente en América Latina y el Caribe. Una visión evolutiva*, Madrid.

PNUMA (2002), *Manifiesto por la vida. Por una ética de la sustentabilidad*, en E. Leff (2002a), <www. rolac. unep. mx >

Polanyi, K. (1947/1992), *La gran transformación*, México, Juan Pablos.

—— (1958), *Personal knowledge*, Chicago, The University of Chicago Press.

Polanyi, M. (1946), *Science, faith and society*, Chicago, The University of Chicago Press.

Popper, K. (1973), *La logique de la découverte scientifique*, París, Payot.

Poster, M. (1988), *Jean Baudrillard. Selected Writings*, Stanford, Stanford University Press.

Prigogine, I. (1997), *El fin de las certidumbres*, Madrid, Taurus.

Prigogine, I. e I. Stengers (1984), *Order out of chaos*, Nueva York, Bentam.

Przybylski, T. (1993), "Entropy as a measure of forest damages", en *Entropy and Bioeconomics, op. cit.*, pp. 476-481.

Quiroga, R. (1994), *El tigre sin selva. Consecuencias ambientales de la transformación económica de Chile: 1974-1993*, Santiago de Chile, Instituto de Ecología Política.

Ramos de Castro, E. M. (1992), "Pobreza, desenvolvimiento e crise ecológica: Õrganizaçoes do campo como resposta", en Pinto de Oliveira (ed.), *Comunidades rurais, Conflitos agrários e pobreza*, Belém, Brasil, Universidade Federale do Pará.

Rappaport R. A. (1971), "The flow of energy in an agricultural society", *Scientific American*, 224(3).

Redclift, M. (1987), *Sustainable development. Exploring the contradictions*, Londres, Routledge.

Richta, R. (1969), *La civilisation au carrefour*, París, Anthropos.

Rist, S. y J. San Martín (1991), *Agroecología y saber campesino en la conservación de suelos*, Cochabamba, RUNA.

Robles, I. (1985), "¡Para que no olvidemos!: La voz de la verdad: So. Co. Se. Ma", en E. Leff, y J. M. Sandoval (eds.), Primera Reunión Nacional sobre

Movimientos Sociales y Medio Ambiente, Programa Universitario Justo Sierra, México, UNAM, mimeografiado, pp. 155-164.

Rodin, L. E., N. I. Bazilevich y N. N. Rozov (1975), "Primary productivity of the main world ecosystems", en W. H. van Dobben y R. H. Lowe-McConnell, *Unifying concepts in ecology*, La Haya, W. Jung B. V., y Wageningen, Centre for Agricultural Publishing and Documentation.

Rorty, R. (1979), *Philosophy and the mirror of nature*, Princeton, Princeton University Press.

Saal, Frida (1998), *Palabra de analista*, México, Siglo XXI.

Sachs I. (1982), *Ecodesarrollo. Desarrollo sin destrucción*, México, El Colegio de México.

Sánchez, C. (1999), *Los pueblos indígenas: Del indigenismo a la autonomía*, México, Siglo XXI.

Sandoval, I. E. y G. García Colorado (1999), *El derecho a la identidad cultural*, México, Instituto de Investigaciones Legislativas, H. Cámara de Diputados.

Santos, B. (2000), *A crítica da raza indolente*, São Paulo, Cortez.

Sartre, J.P. (1960), *Critique de la raison dialectique*, París, Gallimard.

Savater, F. (1994), *Sobre vivir*, Barcelona, Ariel.

Scheer, H. (2000), *Economía solar global. Estrategias para la modernidad ecológica*, Barcelona, Galaxia Gutenberg.

Schmidt, A. (1976), *El concepto de naturaleza en Marx*, México, Siglo XXI.

Schrödinger, E. (1944), *What is life?*, Cambridge, Cambridge University Press.

Schumpeter, J. (1972), *Capitalisme, socialisme et démocratie*, París, Payot.

Sejenovich, H. y G. Gallo Mendoza (1996), *Manual de cuentas patrimoniales*, México, PNUMA/Fundación Bariloche/Instituto de Economía Energética.

Sevilla, E. y M. González de Molina (1992), *Ecología, campesinado e historia*, Madrid, Las Ediciones de la Piqueta.

Shiva, V. (1991), *Abrazar la vida*, Montevideo, Instituto del Tercer Mundo.

Steiner, G. (2001a), *Después de Babel*, México, 3a. ed., Fondo de Cultura Económica.

Steiner, G. (2001b), *Grammars of creativity*, New Haven y Londres, Yale University Press.

Súnkel, O. (1991), "Del desarrollo hacia adentro al desarrollo desde adentro", *Revista Mexicana de Sociología*, año LIII, núm. 1, pp. 3-42.

Sweezy, P. y P. Baran (1970), *Le capital monopoliste*, París, F. Maspero.

Thompson, E. (1998), *Costumes em comum: Estudos sobre a cultura popular tradicional*, São Paulo, Cia das Letras.

Thrupp, L. A. (1993), "La legitimación del conocimiento local: De la marginación al fortalecimiento de los pueblos del tercer mundo", en E. Leff y J. Carabias (eds.), *Cultura y manejo sustentable de los recursos naturales*, México, UNAM/Miguel Ángel Porrúa, vol. 1, pp. 89-122.

Toledo, V. M. (1980), "Ecología del modo campesino de producción", *Antropología y Marxismo*, núm. 3, pp. 35-55.

—— (1994a), "Tres problemas en el estudio de la apropiación de los recursos naturales y sus repercusiones en la educación", en E. Leff (ed.), *Ciencias sociales y formación ambiental*, *op. cit.*

—— (1994b), "La vía ecológico-campesina de desarrollo: una alternativa para la selva de Chiapas", *La Jornada del Campo*, año 2, núm. 23, 25 de enero, 1994.

Toledo, V. M. y A. Argueta (1993), "Naturaleza, producción y cultura en una región indígena de México: Las lecciones de Pátzcuaro", en E. Leff y J. Carabias (eds.), *Cultura y manejo sustentable de los recursos naturales*, México, UNAM/Miguel Ángel Porrúa, vol. 2, pp. 413-443.

Toledo, V. M. *et al.* (1989), *La producción rural en México: Alternativas ecológicas*, México, Fundación Universo Veintiuno.

Tricart, J. (1978), "Vocations des terres, ressources ou contraintes et développement rural", *Hérodote*, 12, pp. 65-75.

—— (1982), "Géographie/Écologie", *Hérodote*, 26.

Tricart, J. y J. Killian (1982), *La ecogeografía y la ordenación del medio natural*, Barcelona, Anagrama.

Tsuru, Sh. (1971), "In place of GNP", *Social Science Information*, vol. 10, núm. 4.

Tudela, F. (ed.) (1989), *La modernización forzada del trópico: El caso de Tabasco*, México, El Colegio de México.

UAM (1992), *El Cotidiano*, número especial sobre "Bosques", núm. 48, México, UAM-Azcapotzalco.

UICN/PNUMA/WWF (1991), *Cuidar la tierra. Estrategia para el futuro de la vida*, Gland.

UNEP (2001), "Enhancing synergies and mutual supportiveness of multilateral environmental agreements and the world trade organisation", <http://www. unep. ch/etu>

UNESCO (1995), *Our creative diversity*, París, Report of the World Commission on Culture and Development.

UNESCO/PNUMA (1988), *Universidad y medio ambiente en América Latina y el Caribe. Seminario de Bogotá*, Bogotá, ICFES/Universidad Nacional de Colombia.

Varèse, S. y G. Martin (1993), "Ecología y producción en dos áreas indígenas de México y Perú: Experiencias y propuestas para un desarrollo culturalmente sustentable", en E. Leff y J. Carabias (eds.), *Cultura y manejo sustentable de los recursos naturales*, México, UNAM/Miguel Ángel Porrúa, vol. 2, pp. 717-740.

Vattimo, G. (1998), *Las aventuras de la diferencia*, Barcelona, Península, 3a. ed.

Vayda, A. P., C. J. Pierce y M. Brotokusumo (1985), "Interactions between people and forests in East Kalimantan", en J. McNeely y D. Pitt, *Culture and Conservation, op. cit.*

Vessuri H. (1986), "Antropología y ambiente", en E. Leff, (ed.), *Los problemas del conocimiento..., op. cit.*

Viveros, J. L., A. Casas y J. Caballero (1993), "El manejo de los recursos y la alimentación tradicional entre los mixtecos de Guerrero", en E. Leff y J. Carabias (eds.), *Cultura y manejo sustentable de los recursos naturales*, México, UNAM/Miguel Ángel Porrúa, vol. 2. pp. 625-670.

Vuskovic, P. (1993), *Pobreza y desigualdad en América Latina*, México, CIIH-UNAM.

Walker, K. J. (1987), "Methodologies for social aspects of environmental research", *Social Science Information*, vol. 26, núm. 4, pp. 759-782.

WCED (1987), *Our common future*, Oxford, Report by the World Commission on Environment and Development.

Weber, M. (1983), *Economía y Sociedad*, México, Fondo de Cultura Económica.

―――― (1930), *The Protestant ethic and the spirit of capitalism*, Londres, Unwin.

Whittaker, R. H. (1975), *Communities and ecosystems*, Nueva York y Londres, MacMillan.

Whorf, B. L. (1956), *Language, thought and reality*, Cambridge, The MIT Press.

WRI/UNEP (1990), *World resources 1990-1991*, Oxford y Nueva York, Oxford University Press.

Young, F. W., F. Bertoli y S. Bertoli (1981), "Rural poverty and ecological problems: Results of a new type of baseline study", *Social Indicators Research*, (9), pp. 495-516.

ÍNDICE ONOMÁSTICO

ÍNDICE TEMÁTICO

ÍNDICE

formación: eugenia calero
con tipos new baskerville 10/12.5

impreso en encuadernación domínguez
5 de febrero, lote 8
col. centro, ixtapaluca
edo. de méxico, c.p. 56530
17 de diciembre de 2004